内燃机设计与优化

主　编　舒歌群

副主编　吴　坚　高文志

参　编　刘月辉　辛千凡　梁兴雨

　　　　祖炳锋　夏淑敏

主　审　辛千凡

天津大学出版社

TIANJIN UNIVERSITY PRESS

内容简介

本书主要论述内燃机设计的基本知识和理论,同时也纳入新的设计案例及当前有关内燃机设计的新理论与方法,内容包括内燃机设计理论基础、内燃机的系统设计、内燃机的零部件设计共 3 篇。内燃机的系统篇包括内燃机动力学,内燃机的振动与噪声、空气系统、冷却系统、润滑系统;内燃机的零部件篇包括曲轴、活塞组、连杆组、机体、气缸盖和气缸套,配气机构,起动机构。全书以水冷四冲程车用汽油机和柴油机为重点,兼顾其他类型和用途的内燃机。

作为内燃机专业方向的教科书,本书从教学要求和学生基础出发,着重讲解内燃机设计的基本理论、设计原则和重要方法,贯彻"少而精"的原则,希望学生在有限的时间内掌握内燃机设计与优化的基本知识和主要理论,文字上力求通俗易懂,便于自学。

本书可作为大专院校内燃机专业方向"内燃机设计"课程的本科生教材,也可供从事内燃机设计、研究、生产和使用等部门的技术人员参考。

图书在版编目(CIP)数据

内燃机设计与优化 / 舒歌群主编. -- 天津 : 天津
大学出版社, 2021.8
ISBN 978-7-5618-7026-6

Ⅰ.①内… Ⅱ.①舒… Ⅲ.①内燃机－设计 Ⅳ.
①TK402

中国版本图书馆CIP数据核字(2021)第173722号

NEIRANJI SHEJI YU YOUHUA

出版发行	天津大学出版社	
地　　址	天津市卫津路92号天津大学内(邮编:300072)	
电　　话	发行部:022-27403647	
网　　址	www.tjupress.com.cn	
印　　刷	廊坊市海涛印刷有限公司	
经　　销	全国各地新华书店	
开　　本	185 mm×260 mm	
印　　张	33.25	
字　　数	830千	
版　　次	2022年8月第1版	
印　　次	2022年8月第1次	
定　　价	98.00元	

序

随着内燃机技术的发展与进步,内燃机的设计方法与设计过程中涉及的零部件设计、系统性能分析与参数优化也在不断变化。该教材是通过与现代企业的生产实际相结合,根据内燃机专业方向的教学需求编写的。该教材采用简洁的描述手法,精简内容,突出少而精与深入浅出的特点,并力求反映内燃机设计领域的国内外最新成果和水平。本书共分 3 篇 13 章。第 1 篇介绍内燃机设计的理论基础,包括设计总论和耐久性设计基础;第 2 篇论述内燃机的系统设计;第 3 篇论述内燃机的零部件设计。本书主要供内燃机专业方向本科生或研究生作为教材,也可供从事内燃机设计、制造和研究开发的工程技术人员和热力发动机专业研究生参考。

本书由中国科学技术大学舒歌群教授任主编,广汽集团汽车工程研究院吴坚高级工程师和天津大学高文志教授任副主编,由辛千凡博士主审。本书是集体创作的结晶,除了保留 1989 年万欣、林大渊主编的《内燃机设计》(第 2 版)教材的部分内容外,各章的撰写工作分工如下。第 1 章"内燃机设计总论"由舒歌群、辛千凡、刘月辉、吴坚撰写。第 2 章"内燃机的耐久性设计基础"中,"内燃机零部件的热机械强度"由刘月辉撰写,"内燃机零部件的润滑和摩擦"由梁兴雨撰写。第 3 章"内燃机动力学"由舒歌群、吴坚、高文志撰写。第 4 章"内燃机的振动与噪声"由舒歌群和高文志撰写。第 5 章"内燃机的空气系统"由辛千凡撰写。第 6 章"内燃机的冷却系统"由祖炳锋、夏淑敏、辛千凡撰写。第 7 章"内燃机的润滑系统"由梁兴雨和辛千凡撰写。第 8 章"曲轴"、第 9 章"活塞组"和第 10 章"连杆组"由刘月辉撰写。第 11 章"机体、气缸套和气缸盖"由祖炳锋和夏淑敏撰写。第 12 章"配气机构"由高文志撰写。第 13 章"起动机构"由辛千凡和高文志撰写。

由于编著者水平有限,错误与缺点在所难免,欢迎批评指正。

编著者
2022 年 1 月

天津大学出版社 1989 年版《内燃机设计》序

　　《内燃机设计》是高等院校内燃机专业的一门主课,万欣同志讲授该课多年,教学经验丰富,他以少而精的原则主编的《内燃机设计》讲义,经反复使用修改,1983 年内部发行,深受学生欢迎,亦为一些兄弟院校所采用,反映取材适当、概念清晰、深入浅出、好教易学,可以作为高等院校内燃机专业的一本通用教材。

　　万欣同志毕生致力于内燃机专业教育事业,勤恳工作,治学严谨,曾翻译英、俄、日书刊多种。他在兼任《内燃机学报》编辑部主任期间,做出显著成绩。万欣同志不幸于 1985 年 6 月病逝。最近我校内燃机教研室设计组重新整理了这本讲义,由天津大学出版社正式出版并以志纪念。

天津大学教授　　　　　　　　　

中国科学院学部委员　　　史绍熙

目　　录

第二篇　内燃机的系统设计

第一篇　内燃机设计的理论基础

第 1 章　内燃机设计总论

1.1　内燃机设计中的系统工程

动力机械是一种将可以利用的其他形式的能源转换成机械能并用以驱动工作机械做功的装置。动力机械与被驱动装置所构成的具有特定用途的装置称为动力装置。根据所用能源种类和工作原理的不同,动力机械可以分为不同的种类。内燃机是热能动力机械(热机)的一种,是将燃料在机器内部燃烧时所释放出的热能转换成机械能的机械。内燃机主要指往复活塞式内燃机,它是目前应用最为广泛的一种热机,具有体积小、移动灵便、效率高、可靠性好、操纵和使用方便等优点。

内燃机是一种复杂的机械,既体现在它是由多个子系统和零部件组成的复杂系统,也体现在它兼具性能和耐久性等不同的产品属性。因此,内燃机设计需要采用系统工程的思想和方法,研究子系统之间的相互作用,权衡并解决不同产品属性之间的矛盾。

内燃机专业课程通常包括内燃机原理、内燃机构造、内燃机设计三部分。内燃机原理课程一般介绍热力学工作循环、换气过程、传热、燃油喷射、燃烧、排放控制、排气后处理、涡轮增压、电子控制、动力装置匹配等。内燃机构造课程一般介绍典型结构、系统和零部件的功能以及机构特点。内燃机设计课程一般介绍与内燃机原理密切相关的系统设计和与内燃机构造密切相关的零部件设计,该课程对设计标准和设计方法的介绍更为深入,具体包括系统设计、零部件设计的概念,产品属性,可靠性,产品开发流程,优化方法,静强度,疲劳断裂,热损伤,润滑,摩擦,磨损,动力学,振动,噪声,空气系统,配气机构,冷却系统,润滑系统,起动机构,零部件(活塞、连杆、曲轴、机体、气缸盖、气缸套等)设计。

内燃机产品的研发活动按照工作性质可以分为分析、设计、测试、项目管理四大类。

1)分析是在设计之前,使用先进的模拟计算手段对产品的性能、耐久性、封装性、成本等属性进行推演寻优,确定设计指标和参数取值。性能包括功率、油耗、排放、噪声、安全性等;耐久性涉及静强度、疲劳断裂、热损伤、磨损、腐蚀等失效故障问题;封装性指尺寸、质量、间隙、相对位置等。

2)按照产品实体的层级,可以把设计分为系统设计和零部件设计。内燃机系统设计的目的是确定准确而详细的性能设计指标和耐久性约束条件,并将它们贯穿在产品研发的各个阶段,统筹协调零部件设计。耐久性约束条件包括最大气缸压力、排气歧管气体温度和压力等参数。按照工作对象或工质的不同,可以把系统设计分为空气系统设计、冷却系统设计、润滑系统设计等。零部件设计通常依靠针对性能的计算流体动力学(Computational Fluid Dynamics, CFD)、针对耐久性的有限元分析(Finite Element Analysis, FEA)和磨损分析等手段,设计出满足设计指标要求的零部件。

3)测试是将按照系统和零部件设计指标以及供应商供货能力制造出来的样机进行性能和耐久性实验验证,识别并解决预测误差以及与设计期望值之间的差距问题。除了按照性能和耐久性划分测试种类外,还可以把测试划分为整机测试和零部件测试。

4)项目管理是针对某一内燃机研发项目,统筹协调分析、设计、测试的研发工作,完成交付样机和量产化产品的任务。

由此可见,设计是内燃机产品研发活动的中心环节。设计的创新既体现在对过去经验的总结和继承,也体现在使用先进的分析式计算和设计工具,高效地实现准确的设计指标,以及研发先进的内燃机技术。本书将内燃机设计所涉及的内容划分为三个部分进行论述,分别是通用理论基础(包括总体设计、可靠性、现代设计方法、优化方法、耐久性基础等)、系统设计、零部件设计。

在当前的新能源时代谈论内燃机设计,需要考虑内燃机的技术发展前景和所处的地位。在新能源时代,内燃机的发展面临全球性的燃料液体化和动力装置电动化这两条既互相竞争又互相补充的技术路线。这两条技术路线的博弈是一个在国家层面上的交通能源系统工程问题。目前,内燃机使用的燃料主要是汽油、柴油、天然气等。这些化石资源在未来的几百年内有可能会逐步耗尽,而且对于贫油贫气的国家来讲,能源安全也是一个必须重视的战略问题。中国多煤少油,巨量的煤炭资源优势为内燃机煤制液体燃料的发展指出了一条可行的道路,如煤制甲醇或煤制液化天然气。相比于动力电池和气体燃料,液体燃料具有先天的能量密度优势,即车辆携带很小体积的液体燃料便能拥有较长的续航里程。因此,煤炭能源行业和化工原料行业均对煤炭甲醇化及将煤制甲醇用于交通运输行业抱有强烈的愿望,以期实现煤炭资源的综合优化利用。

内燃机设计的目标不仅要针对动力强劲、体积紧凑、节能减排等传统需求,而且需要重视新型代用燃料(尤其是甲醇)作为未来可再生液体燃料的应用前景。其中,还要求设计者具有二氧化碳控制(碳控)的长远眼光。在全球碳控道路上,总体目标是从增碳(消耗化石能源排碳)到零碳(植树造林吸碳达到碳中和,可再生能源的排碳和吸碳抵消),进而到负碳(碳捕集、封存和利用)。碳控很重要,产品的可用性也同样重要。根据内燃机在车辆或装备上的不可替代性,可以按照可用性优先度从高到低的顺序,将车辆所用的排碳动力机械划分为七级:军用动力装备柴油机;海运、河运柴油机;铁路柴油机;长途货运重型卡车柴油机;远程工程机械和农用机械柴油机;交通不便和高冷高寒地区的车辆用内燃机;普通乘用车、小型货车、公交客车用内燃机。可用性优先度越高,意味着该内燃机越不可替代,而且越能够被豁免零碳或负碳的要求。在以上七类车辆或装备所用的内燃机产品中,目前只有第七类"普通乘用车、小型货车、公交客车用内燃机"适合使用动力电池适量取代一部分内燃机。因此,从全球碳控和产品可用性之间的平衡来讲,内燃机将长期独立存在,或以混合动力的形式与动力电池存在于同一车辆或装备上,实现优势互补。

内燃机设计是一项复杂的工作,需要协调产品研发中的四维元素,即产品实体(系统、子系统、零部件)、产品属性(性能、耐久性、封装性、成本)、工作职能(分析、设计、测试、项目管理)、产品用途(道路用、非道路用、船用、机车用、固定式、军用等),并实现系统集成。内燃机设计的复杂性还体现在设计者对全球各种矛盾对立的技术路线的把握和驾驭。因此,"内燃机设计"课程所包含的内容十分广泛而复杂。掌握这一领域的一个有效方法是采用系统工程的思想和系统设计的手段对关键知识点予以梳理。

作为"内燃机设计"课程的教科书,需要考虑学生用于学习本课程的时间和精力均有限,因此在内容安排上必须十分精练,而且需要充分注意教学用书所必须具有的特点。本书力图在有限的篇幅内多讲解设计思想,即充分介绍设计目的、设计方法、设计判据,以及典型的结构形式、大致的尺寸比例范围等。本书不主张在课程中讲授过多的结构实例和具体方案,因为内燃机的设计过程是不断发展变化的,新技术也不断涌现,对于学习者来讲,最重要的是掌握举一反三、触类旁通的思想和能力。作者希望学生在以后的工作中有能力根据具体工作要求独立进行深入的分析、设计和测试。当今的内燃机设计正由粗糙的经验式设计向精密的分析式设计发展,并由偏重于零部件的设计向系统和零部件并重的方向发展。因此,本书除了保留传统的对零部件设计的深入论述外,还特别强调系统设计方法和分析式模拟计算的设计手段。本书中的有些专题内容可以安排选修课,以便指导有兴趣的学生更深入地学习。

1.2　内燃机的产品属性设计要求

1.2.1　内燃机的动力性

作为动力机械,使用者对内燃机的首要要求是应能在规定的转速下可靠地输出所标定的功率。转速和功率的具体数值是根据用途确定的,因此在设计任务书中,它们总是作为目标数据而给定。

为了标明内燃机在使用中可以发出的功率,制造商会在内燃机的铭牌上标注额定功率。按照《往复式内燃机　性能　第一部分:功率、燃料消耗和机油消耗的标定及试验方法　通用发动机的附加要求》(GB/T 6072.1—2008)的规定,往复式内燃机的额定功率可按以下四种不同情况进行标定。

1)15 min 功率:内燃机允许连续运转 15 min 的标定功率。它适用于汽车、摩托车等用途的内燃机功率标定。

2)1 h 功率:内燃机允许连续运转 1 h 的标定功率。它适用于工业拖拉机、工程机械、内燃机车、船舶等用途的内燃机功率标定。

3)12 h 功率:内燃机允许连续运转 12 h 的标定功率。它适用于农用拖拉机、内燃机车、内河船舶等用途的内燃机功率标定。

4)持续功率:内燃机允许长期连续运转的标定功率。它适用于船舶、电站、农业排灌动力用途的内燃机功率标定。

当同一种内燃机用于不同用途时,制造商可以相应地标定出不同的额定功率,并设法限制内燃机在超过额定功率的情况下工作,以保证可靠性和防止其他性能指标恶化(如排气冒烟等)。

内燃机的有效功率 $\dot{W}$(kW)可按下式计算:

$$\dot{W} = \frac{p_e i V_h N}{30\tau} \tag{1.1}$$

$$\dot{W} = 0.785\,4 \times 10^{-3} \times \frac{p_e C_m i D^2}{\tau} \tag{1.2}$$

式中　p_e——平均有效压力(MPa);

i——气缸数；

V_h——气缸的工作容积（L）；

N——曲轴转速（r/min）；

τ——冲程数（如四冲程，$\tau=4$）。

气缸的工作容积可按下式计算：

$$V_h = \frac{\pi D^2}{4} S \qquad (1.3)$$

式中　D——气缸直径（mm）；

S——活塞行程（mm）。

活塞平均速度 C_m（m/s）可按下式计算：

$$C_m = \frac{SN}{30} \times 10^{-3} \qquad (1.4)$$

可见，当其他条件相同时，平均有效压力 p_e 越高，则有效功率 $\dot{W}$ 越大。由于平均有效压力 p_e 等于平均指示压力 p_i 和内燃机机械效率 η_m 的乘积（即 $p_e = p_i \eta_m$），所以提高 p_e 必须从提高 p_i 或 η_m 着手。要想提高 p_i，就需要解决两方面的问题：一是如何向气缸内充入更多的空气，并使更多的燃料能在气缸内有效地燃烧；二是如何使内燃机的零部件能够在随 p_i 增大而增高的燃烧压力和温度下可靠地工作。

机械效率 η_m 反映了内燃机在运转过程中本身的机械功损失。机械功损失包括吸气和排气的泵气损失、零部件做相对滑动时的摩擦功损失和驱动辅助机构所消耗的机械功。表1.1 中列出了汽车用内燃机各部分机械功损失所占的百分比。

表 1.1　汽车用内燃机的各零部件机械功损失所占的百分比

损失	汽油机	柴油机
活塞、活塞环和气缸的摩擦功	44.0%	50.0%
连杆大头轴承和主轴承的摩擦功	22.0%	24.0%
换气损失	20.0%	14.0%
配气机构的机械功	8.0%	6.0%
机油泵、水泵、燃油泵等的机械功	6.0%	6.0%
总计	100.0%	100.0%

对于柴油机，采用废气涡轮增压是大幅度提高平均有效压力的有效措施。各类内燃机已经达到的 p_e 值以及在将来 10~15 年内有可能达到的 p_e 值（括号中的数值），见表1.2。

表 1.2　各类内燃机平均有效压力

内燃机类型	p_e（MPa）
汽油机	1.0~1.5
交流发电机组用柴油机	0.9~1.05（1.25~1.5）
内燃机车与中速船用柴油机	1.0~2.0（3.0~4.0）
轻型高速柴油机	1.2~1.8（2.5~3.0）
二冲程低速柴油机	1.2~1.5（2.0）

由式（1.1）还可以看出，当其他条件相同时，曲轴转速（内燃机转速）越高，内燃机的功率越大。转速与内燃机极限功率之间的关系，如图 1.1 所示。

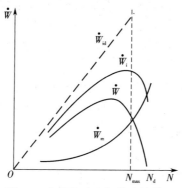

图 1.1　内燃机功率与转速的关系

在理想情况下，如果每循环中充入气缸的工作气体量（用充量因数表示）和燃烧的有效程度都保持为 100% 不变，则当内燃机转速升高时，内燃机所发出的指示功率 $\dot{W}_{id}$ 将成比例地线性上升。实际上，由于气体在进气和排气管路中流动时管路对流动产生阻力，当转速增加时，随着气体流速增大，流动阻力也随之增大，从而使充入气缸的工作气体量达不到理想状态；当转速过高时，燃烧情况可能恶化。因此，内燃机实际输出的指示功率将按曲线 $\dot{W}_i$ 变化。此外，随着转速增加，机件的机械损失功率也很快增大，如曲线 $\dot{W}_m$ 所示。综上，内燃机所能发出的有效功率 $\dot{W} = \dot{W}_i - \dot{W}_m$。所以，当内燃机转速提高到某一数值 N_d 时，将会出现 $\dot{W}_i = \dot{W}_m$ 的情况。此时，内燃机的机械效率 $\eta_m = 0$，所有指示功率都消耗于本身的机械损失，导致有效功率等于零。一台内燃机在空车（不带负荷）的情况下，加大油门空转时就是这种情况。为了使内燃机能够输出有效功率，并使之具有可以接受的有效燃料消耗率，其机械效率 $\eta_m = \dfrac{\dot{W}}{\dot{W} + \dot{W}_m}$ 不应小于 60%，这就从工作过程的角度确定了内燃机的最高工作转速，如图 1.1 中的 N_{max} 所示。内燃机的各个零部件应能保证在这个最高工作转速下长期可靠地运转。随着转速的提高，单位时间内气缸所完成的工作循环的次数会增加，这将使零部件所承受的机械负荷和热负荷均增加。而且，转速的增加也将使机件之间相互摩擦呈线性增加，机件所承受的磨损也随之加剧，因此必须采取相应的措施保证零部件能在这样的条件下可靠工作。

内燃机的最低稳定工作转速也是受到限制的。内燃机的工作转速范围应适合动力装置的要求。例如，在大型船舶上，当柴油机直接驱动与传动轴连接的螺旋桨时，为了使螺旋桨有较高的推进效率，柴油机的转速一般为 110~130 r/min；驱动交流发电机的内燃机的转速 N 应使发电电流具有规定的频率，即满足

$$N = 60\frac{f}{z} \tag{1.5}$$

式中　f——交流电的频率（我国标准为 50 Hz）；

　　　z——发电机磁极的对数。

如果内燃机的最高转速设计为 3 000 r/min,但若和有两对磁极的发电机配套,则内燃机只能在 1 500 r/min 的转速下工作(频率 50 Hz),这会导致内燃机的潜力不但不能发挥,而且机组也比较笨重,因此应该使该内燃机与具有一对磁极的发电机配套。

为了保持所发电电流的频率恒定,还应该使内燃机的转速不随发电机负荷的变化而改变。特别是当发电机的负荷有突然的大幅度变化时,内燃机的转速不应有大的波动。这些可以依靠安装调速器来实现。

装有废气涡轮增压器的内燃机需要设法解决调速上的困难。这是由于当内燃机的负荷突然加大时,如果不采取特别措施,增压器转速就不能立即增加,导致需在几秒甚至十几秒后,充入气缸的空气量才能得到相应的增加。这就使这类柴油机所能达到的 p_e 值受到限制。

对于汽车、拖拉机和工程机械来讲,要求内燃机的最大扭矩点出现在尽量低的转速下。最大扭矩与达到额定功率时的扭矩的比值称为扭矩适应性系数 μ_m。达到最大扭矩时的转速与达到额定功率时的转速的比值称为转速适应性系数 μ_n。μ_m 越大,μ_n 越小,车辆行驶中换挡的次数就能够越少。对于汽油机,μ_m=1.25~1.35,μ_n=0.45~0.55;对于柴油机,μ_m≤1.15,μ_n=0.55~0.7。

1.2.2　内燃机的经济性

内燃机的经济性指内燃机的使用价值应该尽量大,而为使用内燃机所必须付出的使用代价应该尽量小,这是设计人员应该争取的重要目标之一。其中,使用代价包括购置费、油料消耗、使用中的劳动强度、维护修理费、使用寿命等。

燃料消耗是影响经济性的主要部分。内燃机的燃油消耗率通常指额定工况时的油耗率,单位为 g/(kW·h)。在绝大多数使用情况下,内燃机的工况不论是功率还是转速都是经常变化的,所以设计时应着眼于使常用工况下的油耗率最低。虽然,对于利用率高的内燃机,油耗率对其经济性的影响极大。但是,对于利用率低的内燃机,如应急备用电站用柴油机,在其设计上应着重追求起动方便和运行可靠,油耗率反而不是特别重要。

目前,船用中速柴油机在节油工况下的油耗率已降至大约 165 g/(kW·h);船用低速柴油机的油耗率的最低记录已达 158 g/(kW·h),其对应的有效热效率 η_e 已接近50%;车用汽油机的最低油耗率已达约 200 g/(kW·h),其对应的有效热效率 η_e 为 42%~43%。内燃机的有效热效率是有效功率与燃料放热率的比值。普通车用内燃机的有效热效率 η_e 和油耗率 g_e,见表 1.3。

表 1.3　普通车用内燃机的有效热效率和油耗率

内燃机类型	η_e	g_e [g/(kW·h)]
汽油机	35%~43%	197~242
高速柴油机	35%~45%	185~231

1.2.3　内燃机的大修期

内燃机的使用寿命有以下几个定义:① 无须进行第一次维护的累计使用时间;② 到必

须取出活塞进行小修之前的累计使用时间;③ 到必须将机器拆散进行大修之前的累计使用时间;④ 直到机器进行了几次大修之后,必须报废时的累计使用时间。对于车用内燃机,也可以用行驶里程来代替使用时间。

内燃机设计者需要努力延长定义②的寿命,甚至将使定义②的寿命与定义③的寿命相同作为一个更高的目标;同时,应当努力延长定义③的寿命,即通常所说的内燃机寿命。

内燃机的大修期指大修前的产品使用时间。内燃机制造商通常采用 B50 大修寿命或 B10 大修寿命作为可靠性的指标。B50 大修寿命指产品在规定的使用条件下,使用到其中有 50% 的产品达到大修状态时的使用寿命,可按实际使用的小时数或车辆行驶里程数计算。类似地,B10 大修寿命指产品在规定的使用条件下,使用到其中有 10% 的产品达到大修状态时的使用寿命,即内燃机累计工作到这一时间后,预计有 10% 的产品需要大修。

内燃机的大修寿命指内燃机从出厂到大修以前的累计工作小时数或累计车辆行驶里程数,也称为内燃机的使用寿命。它主要取决于内燃机的一些主要零部件磨损达到不能继续工作的极限量;在个别情况下,也可能由零部件在交变载荷下的疲劳强度决定。内燃机大修寿命与内燃机强化程度,以及主要零部件的材料、设计、加工精度、润滑条件、运转情况等密切相关。

内燃机的大修一般在缸套和曲轴轴颈磨损到一定极限尺寸,内燃机不能继续正常工作后进行。这时,内燃机通常表现出动力明显下降、机油消耗量明显增多、起动困难、工作噪声显著增大等。某些柴油机缸套和曲轴主轴颈的最大允许磨损极限值见表 1.4。

表 1.4　某些柴油机缸套、曲轴主轴颈和连杆轴颈的最大允许磨损极限值 [1]　　单位:mm

缸套				曲轴	
50~100 mm	100~200 mm	200~400 mm	200~400 mm	主轴颈	连杆轴颈
$(2{\sim}5) \times 10^{-3}D$	$1.25 \times 10^{-3}D$	$2.5 \times 10^{-3}D$	$5 \times 10^{-3}D$	直径磨损:$1.25 \times 10^{-3}D_1$ 椭圆度:$8 \times 10^{-4}D_1$	直径磨损:$1.25 \times 10^{-3}D_2$ 椭圆度:$8 \times 10^{-4}D_2$

注:D 是缸套内径;D_1 是曲轴主轴颈外径;D_2 是连杆轴颈外径。

传统上,以缸套和曲轴磨损量达到极限值作为大修依据,该方法的不便之处在于必须把内燃机解体后才能测量缸套和曲轴的磨损量。因此,有时也以气缸压缩压力降低程度和各缸压缩压力差异作为判定大修与否的标准。

虽然现代内燃机的使用比较简单,但是维护和修理却需要一定的技术。尤其在偏僻地区,维护与修理常成为难题。因此,在设计大批量生产的内燃机时,应使修理工作简单易行,包括减少所规定的维护工作量、简化维护工作和延长使用说明书中规定的相邻两次维护的时间间隔等。最理想的情况是做到免维护或把必须的维护工作缩减到只是定期检查润滑系统或冷却系统。

---

① 数据来源:吴兆汉,汪长民,林桐藩,等.内燃机设计 [M]. 北京:北京理工大学出版社,1990.

1.2.4　内燃机的可靠性

内燃机的可靠性是影响内燃机产品竞争力的首要因素,是内燃机生产企业设计、制造和管理综合水平的重要标志。内燃机的可靠性指内燃机在设计规定的使用条件下,具有持续工作、不致因故障而影响正常工作的能力。具体来讲,可靠性指内燃机的质量延伸到产品服务时间区域的能力。质量是由产品属性中的性能、耐久性、封装性所组成的。值得注意的是,可靠性不等同于耐久性。可靠性问题可以发生在上述任何一个产品属性方面。

根据严重程度,内燃机的故障可分为四类:致命故障(Ⅰ类)指导致人身伤亡或重要零部件报废或造成重大经济损失的故障,如连杆或连杆螺栓断裂、飞轮碎裂、曲轴和机体等重要零部件报废等;严重故障(Ⅱ类)指内燃机主要性能超过规定限制,造成主要零部件损坏或需要解体才能排除的故障,如内燃机燃油消耗率超过规定限值,气缸套、活塞、活塞环或轴瓦损坏,需要更换零部件修复的严重三漏问题等;一般故障(Ⅲ类)指需要停机检修、不需要更换主要零部件且可用随机工具排除的故障,如非主要零部件的损坏、三漏,内部紧固件松动等;轻度故障(Ⅳ类)指一般不导致停机、不需要更换零部件且可用随机工具在短时间内排除的故障,如非重要部位的紧固件松动等。

在以上四类故障中,涉及的内燃机主要零部件包括:机体、气缸套、气缸垫、气缸盖及其螺栓;活塞、活塞销、活塞环、连杆、连杆小头衬套、连杆轴瓦和连杆螺栓;曲轴及其连接螺栓、主轴承或主轴瓦、轴承盖、飞轮及其螺栓;正时齿轮、凸轮轴及其轴瓦、摇臂和摇臂轴;气门、气门座、气门导管、气门弹簧、气门挺柱和气门推杆;输油泵、喷油泵、调速器、喷油器、空气滤清器和燃油滤清器;水泵、水箱、冷凝器、热交换器和风扇;机油泵、机油冷却器和机油滤清器;增压器和中冷器;安全装置(超速保护、机油的高温和低温保护等)。内燃机的解体指拆卸气缸盖、齿轮室盖、油底壳、飞轮、上下机体或连杆盖等。

内燃机产品的可靠性考核可通过台架可靠性实验、现场可靠性实验和用户调查等多方面来进行。我国内燃机行业有关标准规定了中、小功率柴油机产品的可靠性考核评定办法、台架实验方法、故障分类及判定规则,可用以下三个指标评价内燃机产品的可靠性[①]。

(1)首次故障前平均工作时间

首次故障前平均工作时间(Mean Time To First Failure, MTTFF)指内燃机出现首次故障时的累计工作时间的平均值,单位是 h。其可按下式计算:

$$MTTFF = \frac{1}{r}\left(\sum_{i=1}^{r} t_i + \sum_{j=1}^{n-r} t_j \right) \tag{1.6}$$

式中　n——实验样机台数;

　　　r——发生首次故障(不计轻度故障)的台数;

　　　t_i——实验期间第 i 台样机发生首次故障时的累计工作时间(h);

　　　t_j——实验期间(包括磨合和性能实验)未发生故障的第 j 台样机的累计工作时间(h)。

① 中华人民共和国工业和信息化部. 中小功率柴油机 可靠性评定方法: JB/T 11323—2013[S]. 北京:机械工业出版社,2014.

（2）平均故障间隔时间

平均故障间隔时间（Mean Time Between Failures，MTBF）是相邻两次故障之间的平均工作时间，单位是 h。其可按下式计算：

$$MTBF = \frac{\sum_{i=1}^{n} t_{c,i}}{r_a} \qquad (1.7)$$

式中　n——实验样机台数；

　　　$t_{c,i}$——实验期间第 i 台样机的累计工作时间（h）；

　　　r_a——实验期间（包括磨合和性能测试）所有样机发生故障（不计轻度故障）的总数。

（3）无故障性综合评分值

无故障性综合评分值 Q 是产品无故障性的综合评价指标。实验期间，如果有一台样机发生致命故障，则该产品的无故障性综合评分值为不及格，不再计算其 Q 值。在未发生致命故障时，按下式计算其无故障性综合评分值 Q：

$$Q = 100 - \frac{(MTBF)_0}{nT_0} \sum_{i=1}^{r_0} (K_i E_i) \qquad (1.8)$$

式中　$(MTBF)_0$——规定的平均故障间隔时间目标值（h）；

　　　T_0——规定试验截止时间；

　　　r_0——实验期间（包括磨合和性能测试）样机发生故障（不计轻度故障）的总数；

　　　K_i——第 i 个故障的故障危害系数，严重故障、一般故障、轻度故障的 K 值分别为 60、20 和 5；

　　　E_i——第 i 个故障的时间系数。

当计算结果 $Q<0$ 时，Q 以 0 分计；当 $r_0=0$ 时，$Q=100$。E_i 可按下式计算：

$$E_i = \sqrt{\frac{2T_0}{T_0 + T_i}} \qquad (1.9)$$

式中　T_i——第 i 个故障发生时，样机的累计工作时间（h）。

依照内燃机行业标准，中、小功率柴油机的可靠性实验可根据不同的使用特性按照表 1.5 至表 1.7 进行相应的循环实验，总的实验时间为 1 000 h。

表 1.5　按照速度特性工况运行的柴油机

序号	工况		时间（min）
	转速	扭矩	
1	额定转速	额定工况扭矩	50
2	最高空载稳定转速	—	10
3	停机	0	10
4	最大扭矩的转速	最大扭矩	50

表 1.6　按照负荷特性工况运行的柴油机

序号	工况		时间（min）
	转速	扭矩	
1	最低空载稳定转速	—	10
2	105% 额定转速	105% 额定工况扭矩	50
3	停机	0	10
4	中间转速	105% 额定工况扭矩	50

表 1.7　按照螺旋桨推进工况运行的柴油机

序号	工况		时间（min）
	转速	扭矩	
1	最低空载稳定转速	—	10
2	103% 额定转速	110% 额定工况扭矩	50
3	停机	0	10
4	中间转速	110% 额定工况扭矩	50

1.2.5　内燃机的封装性指标

内燃机外廓尺寸的紧凑性和质量是整机封装性的两个重要指标。在设计动力装置时，为了有更多的可用空间，希望将内燃机占用的空间缩至最小，即要求内燃机结构紧凑。内燃机的尺寸紧凑性定义为

$$\delta = \frac{iV_h}{LBH} \times 100\% \qquad (1.10)$$

式中　L、B 和 H——内燃机外廓的长度、宽度和高度；

　　　　V_h——单个气缸的排量；

　　　　i——气缸数。

当总排量 iV_h 一定时，气缸数 i 和气缸的排列方式（如直列式、V 形、X 形和星形等，如图 1.2 所示）对 δ 值有很大影响。另外，零部件和总成的安排以及附属设备，如空气滤清器、增压器、中冷器以及管路等的合理布置，也对 δ 的大小有重要影响。

单缸机的 δ 值很小，仅为 0.3%~0.5%；直列式内燃机的气缸排列方式优化较好时，δ=1%~1.2%；V 形内燃机的 δ 值可超过 2%。如果不考虑增压系统所占的空间，采用更为复杂的气缸排列方式，可使 δ 值达到 4%~5%。设计内燃机时，一方面需要设法使各部分的布置紧凑，另一方面也应考虑加工、装配、维护和修理的便利性。

对于车用内燃机和移动式内燃机，质量小（即重量轻）是一个所追求的目标。在某种程度上，内燃机质量小表明其耗用的金属量少。但在争取耗用最少量金属的同时，必须保证内燃机的各个部分具有足够的强度和刚度，以保证工作可靠。如果刚度不足，在力的作用下，内燃机就会出现超出允许限度的变形，使零部件失去正确的形状和与相邻零部件间的正确配合关系，后果是出现附加应力、异常磨损、不能保证密封等，直至出现严重的故障。

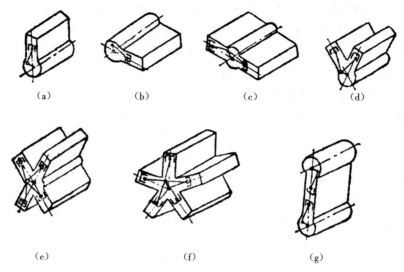

图 1.2　内燃机的气缸排列方式

（a）直列式　（b）直列卧式　（c）对置卧式 H 形　（d）V 形　（e）X 形　（f）星形　（g）对置式 H 形

　　因此,应选用具有必要物性的材料,并考虑材料的最合理布置。内燃机是复杂的机器,其构造和工作条件十分复杂,加之工艺原因和材料品质不均匀,要实现金属材料的最佳布置是有很大难度的。一般认为,用黑金属制成的内燃机,其每升工作容积对应的质量(G_L , kg/L)如果在 70~90 kg/L 的范围内,则认为是合理的;如果 G_L 值大于 90~100 kg/L,则材料布置就过于臃肿;如果要使 G_L 值低于 60 kg/L,则需采用轻金属。但轻金属的使用会在一定程度上影响内燃机的刚度和使用寿命。如果在内燃机质量上没有特殊要求,但希望使用寿命较长且工作可靠,则可取 G_L =70~100 kg/L。内燃机的最低 G_L 值能够达到 30~40 kg/L,但这会缩短内燃机的使用寿命,并且在设计过程中需要进行大量的实验研究工作。

　　另一个衡量内燃机质量的指标是质量功率比,它是内燃机的净质量(不包括燃油、机油、冷却液和其他不装在内燃机机体上的附属设备的质量)与额定功率之比,单位为 kg/kW。随内燃机用途不同,质量功率比的变化范围较大,见表 1.8。

表 1.8　各种内燃机的质量功率比

内燃机种类	质量功率比(kg/kW)
汽油机	2~7
汽车用柴油机	4~9
拖拉机用柴油机	7~27
轻型高速柴油机	1.4~7
中速柴油机	7~27
低速柴油机	27~80

1.2.6　内燃机的封装性设计方法

　　内燃机的性能设计基本属于系统设计的范畴,主要是对空气系统、冷却系统、润滑系统和振动噪声系统进行"气–液–固"方面的功能设计,并产生气体载荷和机械载荷的耐久性约束条件,分派给各零部件设计专业去实现。内燃机的耐久性设计基本属于零部件设计的范畴,主要是对曲轴、活塞、连杆、机体、气缸盖、气缸套等零部件进行疲劳强度、热损伤、磨损等方面的耐久性设计,以及热流 CFD 等方面的性能设计。本书的后续各章将对内燃机的性能和耐久性做详细介绍。本小节专门论述内燃机封装性的设计方法。

1.2.6.1　整机封装性设计中的自顶向下的设计方法

内燃机由许多零部件组成,各零部件之间不但必须以一定的配合关系形成一个整体,而且必须在做相对运动的过程中互不干涉。因此,在设计每个零部件时,必须把它看成是整个内燃机的一部分,并注意该零部件与其他零部件之间的关系。内燃机的详细设计通常采用自顶向下(Top-down)的设计思路,即设计方案由整机系统骨架线设计传递到子系统骨架线设计,再传递到零部件详细设计。具体的封装性设计流程包括三个阶段:整机系统方案设计、子系统方案设计、零部件详细设计,如图 1.3 所示。

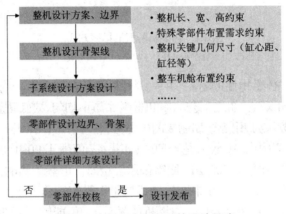

图 1.3　内燃机自顶向下的设计思路

(1)整机系统方案设计

根据使用要求,拟定出内燃机的设计方案,确定内燃机关键技术参数和总体布局方案的边界约束,有时也包括绘出外部附件的布置边界和其他反映结构与布置特点的辅助曲面。整机设计的目的是确定设计方案的总体构造特点,确定各主要零部件的布置方案、轮廓尺寸和约束边界,确定各关键系统装置、零部件(缸体、缸盖、高压油泵等)的安装位置,同时检查整机轮廓尺寸及技术方案是否满足整机边界要求。整机系统骨架线设计有时包含多种布置方案,经后续实验验证选型后,需要选择确定最终的设计方案。

(2)子系统方案设计

在封装性的子系统方案设计阶段,主要是根据整机系统方案传递的设计约束边界条件和技术参数进一步确定各子系统内零部件的具体设计方案。子系统方案设计主要包含整机系统传递的关键参数和为实现系统功能所包含的各零部件的约束关系、装配关系、关键零部件的技术参数等。子系统方案设计起到承上启下的作用,它既是整机系统方案实现的具体功能载体,也是系统对各零部件设计方案的细化指导和约束。

(3)零部件详细设计

基于子系统设计方案的要求,开展详细的零部件设计,主要包括三维模型建模、零部件设计方案校核、零部件工程图设计。在零部件详细设计过程中,需要考虑生产线装配工艺、生产线共线、加工需求等因素。零部件的实际尺寸与原先规定的边界约束条件和几何参数等可能有偏差。因此,必须要基于整机系统方案设计的模型,进行一次全面的校核,防止各零部件之间存在间隙不足、运动干涉、零部件无法装配等问题。

1.2.6.2　整机系统骨架线设计方法

在自顶向下的封装性设计过程中,整机系统骨架线设计是最为关键的步骤。内燃机的基本尺寸、主要参数和整体构造是在整机系统骨架线中定义的。整机系统骨架线设计的细化和完善程度直接影响子系统方案设计。如果整机系统骨架线过于粗糙,没有将设计方案和系统边界很好地传递给子系统方案设计,会导致各子系统方案设计被迫重新修改和确认边界,导致产生大量重复性设计工作。下面简要介绍整机系统骨架线的绘制方法,主要是从整机的主要关键参数开始,按照六个步骤进行设计,如图 1.4 所示。

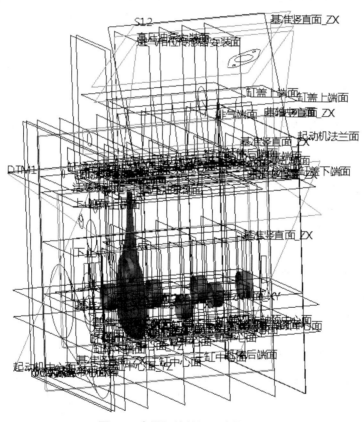

图 1.4　内燃机的整机系统骨架线

1)定义坐标系。以第一缸中心线与曲轴回转中心线所在的平面交点为原点。X 轴沿曲轴中心线的方向,指向内燃机前端(附件端);Z 轴沿气缸中心线方向,指向缸盖;Y 轴按右手坐标系定义。基于该坐标系和缸心距,定义各缸的中心线、缸径、曲轴主轴颈直径、曲轴回转半径、连杆轴径等整机关键参数。

2)绘制整机的约束边界平面、约束曲面、尺寸边界约束条件等,定义内燃机的整体设计边界。

3)在第一缸的中心面绘制连杆轮廓图和连杆轮廓包络线,输出至缸体、曲轴、油底壳等,作为设计约束条件,也用于检查连杆等运动零部件是否会与其他零部件相撞,以及曲轴平衡重是否与活塞底部相撞。

4)定义内燃机各关键子系统的装配约束面和安装孔位等关键特征,如油底壳安装面、后油封座安装面、缸盖罩安装面等。

5)由于内燃机的轴向尺寸设计约束条件对于整机布置最为关键,在绘制内燃机整机系统骨架线时,需要对轴向尺寸进行详细分析,主要包含正时机构、附件轮系、平衡轴、机油泵等影响轴向尺寸的关键方案,对它们进行边界细化设计。

6)根据各子系统的设计约束条件和参数要求,发布对各子系统的统筹设计要求,使各子系统的设计能够直接继承整机系统发布的边界参数条件。

1.2.6.3　封装性图纸设计

在从系统到零部件的封装性设计过程中,除了在三维模型中进行上述骨架线设计外,还需要在图纸上落实内燃机的结构布局和各部分尺寸,这种作图工作通常按下列步骤进行:首先从内燃机的全局出发,确定各局部结构的轮廓尺寸,然后根据给定的轮廓尺寸设计各零部件的细节,最后将各局部图纸汇总在一起,从总体结构上审查各局部的设计是否正确。这个图纸设计的流程按照从粗到细的顺序,具体分为三个阶段。

(1)草图设计阶段

绘制出以纵横剖面图为主要内容的整机方案草图,有时也包括外形布置图和其他反映结构及布置特点的辅助视图。草图设计的目的是确定设计方案的总体构造特点,确定各主要零部件的轮廓尺寸,确定各辅助装置(风扇、水泵、机油泵等)的安装位置,检查内燃机的外廓尺寸和安装尺寸是否恰当。

(2)工作图设计阶段

根据草图设计中给出的轮廓尺寸,进一步确定各零部件的细节,绘制零部件工作图和表明各零部件之间装配关系的组件图。在组件图中,标明零部件装配在一起之后的配合尺寸(间隙或过盈的范围)及其他技术要求。在工作图上,标明零部件的全部必要尺寸和公差、所用材料、工作表面的表面结构要求、其他技术条件等。在技术条件中,注明图纸上难以表明的其他要求,如毛坯要求、热处理要求、质量和质量公差等。

(3)装配图绘制阶段

考虑到各零部件的实际尺寸与原来规定的轮廓尺寸之间可能存在偏差,因此有必要按照零部件的工作图,在装配图中进行全面的检查,防止在内燃机制成后出现零部件互相碰撞或无法拆装等问题。装配图是拟订装配工艺规程的依据。用户也可根据装配图了解内燃机的构造。在装配图上,需要标出内燃机的型号、各组件和零部件的标号、外廓尺寸和安装尺寸。

1.2.6.4　封装性草图绘制方法

在各阶段的图纸绘制工作中,草图设计是最关键的阶段,因为内燃机的基本尺寸、主要参数和整体构造均是在草图设计阶段确定下来的。如果确定得好,这一机型不但能够满足主要用途的使用需求,而且在经过部分改装后还能满足其他用途的需求,做到一机多用;如果确定得不好,生产内燃机所投入的大量人力、物力就不能充分发挥效果,造成浪费。因此,必须认真对待草图设计,绝对不能马虎应付。下面简要介绍封装性草图的绘制方法。如图1.5所示,草图的绘制通常是由横剖面图开始,分五步进行设计。

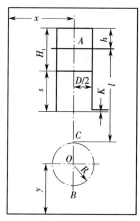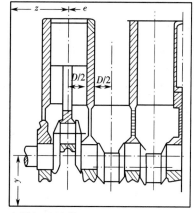

图 1.5　内燃机设计草图

1）在横剖面图上，首先绘出气缸中心线和曲柄箱的水平中心线，所得交点 O 就是曲轴的中心。以 O 点为中心，以 R 和 $R+l$ 为半径，在气缸中心线上所截出的点分别是活塞位于上止点时的曲柄销和活塞销中心的位置。

2）以上述各点为中心，可以绘出曲轴、活塞、连杆和气缸的轮廓图。

3）在绘出曲轴箱的外廓后，可以绘制纵剖面图。

4）有许多部分需要在横剖面图和纵剖面图上同时进行绘制，如凸轮轴及其传动零部件。有的部分还需要同时绘制辅助视图，才能把相互之间的位置关系表达清楚，如气缸盖上的零部件布置等。

5）利用所绘制的图纸，检查连杆等运动零部件运行时是否与其他零部件相撞，还应检查整个连杆是否能通过气缸体进行拆装，以及曲轴平衡重是否与活塞底部相撞。

1.3　内燃机现代设计方法和产品开发流程

1.3.1　内燃机现代设计方法

为了了解现代设计与传统设计的区别，首先回顾人类从事设计活动的三个历史发展阶段。

1）古代的经验设计阶段。设计者多为具有丰富经验的手工艺人，全凭其直观感觉进行设计。设计方案存在于手工艺人的头脑之中，无法记录表达。在 17 世纪之前的设计基本都处在这一阶段。

2）近代的半理论半经验设计阶段。随着产品逐渐变得复杂，需求逐渐增多，单个手工艺人的经验或头脑中的构思已经难以满足要求，因而出现了设计和制造的分工，出现了图纸、设计理论和经验公式，并出现了零部件标准化、通用化、产品系列化等系统工程的早期思想。这个设计阶段的特点是设计盲目性和试凑性大为降低，设计效率和设计质量大幅提高。

3）现代分析式系统设计阶段。随着电子计算机技术的发展和应用软件的蓬勃开发，出现了设计和分析的分工，大量精密的模拟计算取代粗糙的经验公式，并广泛使用计算机立体建模，设计效率得到极大提高。同时，并行工程和系统工程的思想在设计领域得到广泛应用,用以协调系统与零部件之间的设计配合。

内燃机设计的目的是使产品在系统和零部件上实现设计要求的产品属性,即性能、耐久性、封装性、成本,并实现在服役期内的可靠性。按照产品实体的层级划分,内燃机设计方法可以分为系统设计和零部件设计。

内燃机系统设计以系统工程为先导,以分析式精密设计为中心,涵盖系统集成中的大部分工作,尤其是分析和设计这两个工作职能。系统设计将内燃机产品的不同属性和不同的子系统、零部件优化集成起来,注重使用先进的模拟分析和计算手段,在产品开发周期的前期产生详细的系统设计指标,并在开发周期的全程予以贯穿和维护。工作职能流程化要求在数据质量和组织技术纪律上确保内燃机系统设计指标和分析结论在系统集成过程中的贯穿协调作用,如图 1.6 所示。内燃机系统设计领域不仅包括工业性很强的系统性能指标的设计和优化,而且包括高等分析方法和模拟技术的开发,以及基于性能模拟的内燃机先进技术开发。具体地讲,它是一个服务于现代设计的,以空气系统性能为核心的,以耐久性和可靠性为约束条件的,以能量管理为基础的,以无偏差的虚拟系统样机指标为追求目标的技术领域。在排放和燃料经济性的双重法规要求下,内燃机系统设计的任务是做好系统设计方案的优化,如图 1.7 所示。例如,内燃机空气系统设计采用的工具是缸内热力学理论和一维气体动力学仿真软件(GT-POWER),如图 1.8 所示。在进行基于 GT-POWER 软件的仿真分析时,需要构建内燃机循环模拟模型,其中包括模型理论、输入参数、输出参数 3 个部分。模型理论涉及发动机循环热力学、质量守恒和能量守恒、缸内气体物性变化、气缸和管道的传热、涡轮增压器原理、燃烧和放热率、一维气波动力学、进排气声学、活塞组动力学、与 Matlab/Simulink 相联系的控制。输入参数涉及内燃机的几何尺寸、气门升程型线和气道流量因数、涡轮增压器性能图和效率、内燃机本体散热量占燃料总能量的比例、内燃机机械摩擦、排气再循环(Exhaust Gas Recirculation, EGR)、冷却器和中冷器特征、燃油喷射或燃烧定时。输出参数涉及气缸平均参数(如有效燃油消耗率),内燃机内部的瞬时气体压力、温度和流量。

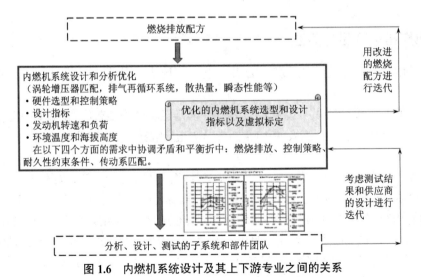

图 1.6　内燃机系统设计及其上下游专业之间的关系

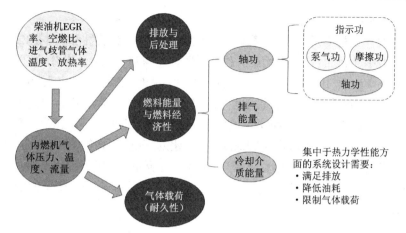

图 1.7　内燃机空气系统设计的任务

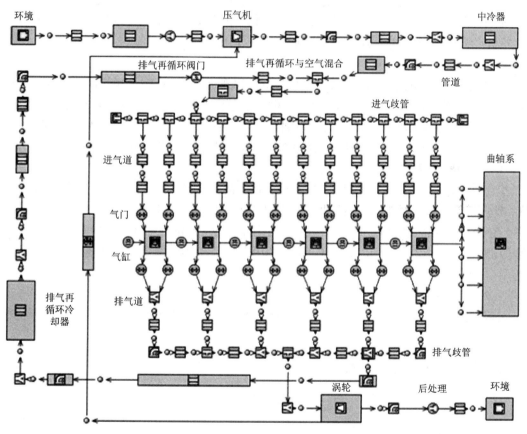

图 1.8　内燃机空气系统设计的工具

　　内燃机的零部件设计依靠多种分析方法实现零部件的设计指标。在热流性能分析方面,通常依靠 CFD 软件分析流场功能,如在进气歧管内新鲜空气与 EGR 气体的混合,以及在冷却水套内的冷却液流场分布;在振动噪声方面,通常依靠多体动力学和边界元分析;在静强度断裂和疲劳寿命方面,通常依靠 FEA 软件分析应力和应变;在其他耐久性属性方面,依靠热损伤分析和磨损分析等手段。

　　无论系统设计还是零部件设计,都面临在性能、耐久性、封装性和成本这四大产品属性方面的权衡和折中,因此需要使用优化方法,这部分内容将在1.3.4小节中详述。

　　在建模和制图方面,由于计算机技术的迅猛发展,现代内燃机设计方法有了巨大进步和本质改变。传统的内燃机设计方法主要是依靠“图板 + 经验 + 台架实验”的做法,这种方法效率低、周期长,难以满足当今产品研发的要求。现代内燃机设计不仅依靠计算机辅助设计(Computer Aided Design,CAD)软件实现高度自动化的三维实体造型和二维制图,而且还能实现虚拟样机装配,检查干涉和运动效果。CAD 与计算机辅助工程(Computer Aided Engineering,CAE)手段相结合,实现了从过去的粗糙的经验式设计模式到现代的精密的分析式设计模式的转变。

1.3.2　内燃机产品设计原则

　　内燃机设计需要遵循系列化、通用化、标准化的三原则。实行这“三化”的目的是为了使用最低的成本覆盖最大的产品应用范围,因此在设计中必须努力贯彻执行。当设计问题与“三化”要求出现矛盾时,需要仔细权衡利弊,决定取舍。

　　(1)产品系列化

　　内燃机的用途虽然十分广泛,但从生产和管理的角度来看,却希望产品的类型不要过多。机型少,便于集中力量进行深入研究,也便于组织大规模生产。为了实现此目的,国家拟定出以缸径为基本尺寸的内燃机系列型谱。在型谱中属于同一系列的内燃机,其缸径和基本结构相同,通过改变缸数和进行其他结构上的变型来满足多个用途的不同需求。

　　(2)零部件通用化

　　通用化表示在不同的内燃机产品上共享相同的零部件。对于工业界广泛使用的零部件,其规格已经标准化,所以零部件通用化还意味着凡是能采用标准件的就不采用非标准件。在一个产品中,通用件所占的比例可用通用化系数(标准件不计算在内)和总通用化系数(标准件计算在内)来表示。在同一系列的内燃机上,应做到多数零部件通用或组件总成通用,尤其做到易损件通用。

　　(3)零部件标准化

　　标准化指在设计中应按照国家机械制图标准来绘图,并尽可能按照有关国家标准和行业标准确定技术条件。

1.3.3　内燃机产品设计流程

　　内燃机产品设计流程如图 1.9 所示。为了实现产品属性目标(性能、耐久性、封装性、成本),现代设计流程清晰地划分了工作职能(分析、设计、测试)和产品实体(系统、子系统、零部件)之间的组合关系,为传统的设计流程中的几个产品开发阶段明确赋予了系统集成的内涵。

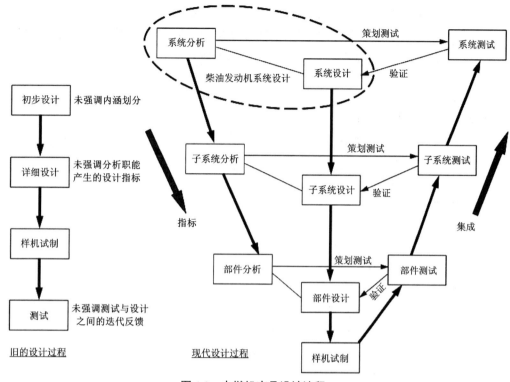

图 1.9　内燃机产品设计流程

内燃机是一种构造复杂、布置紧凑的机器,牵涉的供应商数量众多,其供货技术能力参差不齐,因此内燃机整机和零部件必须经过实验验证。内燃机产品通常无法只经过一次设计便定型,而是需要经过初步设计、详细设计、量产化设计等几个逐步细化的修改迭代阶段,最终才能完成总装图、结构装配图、零部件图、设计说明书、工艺文件、使用说明书等技术文件。

为了缩短产品开发周期,应尽量减少设计迭代修改的次数。现代内燃机产品设计流程的一个突出特点是在开发初期就在系统和零部件上大量投入分析计算资源,因为在产品开发后期对重大设计失误进行纠正,需要付出极大的代价。

详细设计包括从外形设计到要求的尺寸与公差设计,包括确定制造过程、材料和质量控制过程的技术参数。详细设计的另一个重要内容是准备技术文件和确定零部件供应商。每个供应商都应具有自己的零部件编号与跟踪系统。例如,新内燃机可能使用一些市场上现有的零部件,但大部分零部件是新开发的。内燃机上的每个零部件都需要以各种方式进行跟踪,包括成本、产品目录和装配线上的供应链跟踪,以及投入市场后的售后服务跟踪。

内燃机的现代设计流程通常包括六个阶段:前期研究阶段、概念设计阶段、详细设计阶段、设计验证阶段、产品认证及生产准备阶段、量产化支持及项目总结阶段。在内燃机研发项目的实际开展过程中,可以根据项目的工作范围、难易程度、时间周期来决定是否省略、合并或部分重叠其中某些阶段及相关工作内容。

1.3.3.1　前期研究阶段

成立项目预研组,开展可行性研究,编制内燃机开发项目的可行性研究报告,组织可行性研究报告的评审工作。可行性研究报告包括以下内容。

1）制订产品应用平台、整机系统和关键子系统的技术方案，初步确定整机的性能目标。

2）初步构建项目工作组，编制项目组织架构的初版。

3）初步制订产品质量目标。

4）确定项目预算。

5）确定量产化成本目标。

6）初步确定人力资源规划。

7）初步编制项目开发计划。

8）供应商资源分析。

9）市场分析。

10）制造可行性分析和投资分析等。

1.3.3.2　概念设计阶段

概念设计阶段包括以下内容。

1）发布项目组织架构。

2）确定并发布产品质量目标书。

3）确定并发布项目开发计划，同步编制次级细化计划。

4）确定整机开发目标，发布整机系统和各子系统的设计任务书。

5）初步绘制内燃机系统骨架线。

6）编制设计零部件清单的初版。

7）完成各子系统的技术方案评审和三维概念数据发布。

8）开展概念设计阶段的计算机辅助分析。

9）开展整机概念布置和运动校核分析，确定总体布置方案。

10）开展设计问题管理工作。

11）完成概念设计阶段的成本分析。

12）发布零部件设计的初步资料，确定同步开发的零部件供应商的范围。

13）针对项目质量目标，开展情况分析和项目风险管理。

概念设计阶段的核心内容是确定整机的总体布置方案，完成各子系统的技术方案评审和三维概念数据发布。

概念设计阶段包括系统设计和零部件设计两部分工作。系统设计的任务是制订系统设计指标和耐久性约束条件。无论是在系统设计的早期阶段（初步设计）、中期阶段（详细设计）还是后期阶段（量产化设计），都需要根据供应商能力和内燃机实验结果修订系统设计指标，使准确的设计指标贯穿于整个产品开发过程。系统设计指标的制订始于用户的需求，包括额定功率、最大扭矩、转速范围、车辆瞬态响应速度、燃料消耗率、耐久性、内燃机质量、保养间隔、保养要求等。设计者还需要清楚市场上竞争产品的优势和劣势，确定产品的技术路线，制订总体设计方案。此后，设计者需要选择燃烧系统、后处理系统和空气系统，并对总体设计参数（如排量、气缸数、缸径、行程、压缩比、充量因数）进行缸内热力学过程的模拟计算和一维空气网路选型计算，开展更为详细的优化计算（包括配气机构凸轮型线、进排气系统、涡轮增压器），最终确定系统设计指标。

零部件设计的任务是通过满足零部件设计指标要求来满足系统设计指标要求。当系统设计指标被分派给各子系统和零部件的分析和设计部门后,便需要完成零部件的性能、耐久性、封装性和成本设计。例如,在性能方面,可以使用 CFD 软件和燃烧三维模型对燃烧室形状、火花塞位置、喷油器位置和喷雾油束等进行优化,并进行进气涡流和冷却水套设计;在耐久性方面,可以使用有限元和边界元技术计算在力学载荷和热负荷作用下的零部件强度和疲劳极限,估算气缸盖螺栓、连杆轴承盖和主轴承盖螺栓的预紧载荷,以及气缸垫密封性等;在封装性方面,需要确定缸心距、连杆长度和机体高度等关键尺寸,以及缸盖和机体的材料。上述这些参数对工作载荷大小、载荷合理分布,以及提高内燃机耐久性都有十分重要的影响。例如,缸心距影响曲轴长度、刚度、主轴承和连杆轴承的承压面积,也影响缸盖螺栓间距、气缸垫密封性、机体结构、主轴承螺栓和缸盖螺栓的载荷分布,而且会影响冷却水套结构、冷却液流通面积、冷却液在机体与缸盖之间的热量传递。

在零部件设计完成后,可以使用振动噪声模拟软件分析内燃机的噪声 - 振动 - 声振粗糙度(Noise-Vibration-Harshness, NVH)特征,包括曲轴、凸轮轴和机体的动力学振动等,并根据分析结果修改设计。例如,气缸体和气缸盖的结构将影响噪声向其他零部件的传递,以及气缸体与气缸盖本身表面的声辐射,因此要进行振动与模态分析,确定促使噪声传递与辐射放大的频率范围,降低振动幅值或使振动的固有频率远离内燃机的常用工作转速频率。用于内燃机 NVH 分析的模型与性能分析模型同样重要,它们的区别在于:性能模型主要在研发前期生成系统设计指标时使用;NVH 模型主要在研发中后期有了零部件设计细节后,在虚拟集成时使用。

1.3.3.3　详细设计阶段

详细设计阶段包括以下内容。

1)完成内燃机的总体布置和各子系统方案的优化设计,确定内燃机系统骨架线,以及缸体、气缸盖、曲轴、喷油器、冷却系统、润滑系统、进排气系统、配气机构的布置方案。

2)完成整机的布置和运动分析。

3)更新零部件设计清单。

4)完成系统和零部件的详细设计,并发布首轮样机数据。

5)开展产品接口设计。

6)开展详细设计阶段的计算机辅助分析。

7)开展 NVH 分析。

8)继续开展设计问题管理工作。

9)开展工艺分析。

10)编制内燃机装配技术指导书。

11)编制或修订技术标准。

12)编制报价资料。

13)开展试制供应商的评价及选择。

14)编制设计认可方案。

15)编制样件和检测计划。

16)编制整机的试制和实验计划。

17)完成详细设计阶段的成本分析。

18)继续针对项目质量目标,开展达成情况分析和项目风险管理。

1.3.3.4 设计验证阶段

内燃机的设计验证阶段按照样件的状态和验证内容,可以分为四个子阶段:单机的手工样件设计;软模设计;硬模设计;产品搭载耐久性验证。内燃机项目可以是全新开发,也可以是改型设计或变更设计,需要根据内燃机项目的性质,策划各子阶段的任务。各阶段样机试制的数量应根据验证需求情况进行合理规划。

单机的设计验证工作主要包括以下内容。

1)开展样件试制过程验证。

2)开展样件检测。

3)开展样机试制。

4)完成内燃机热力学开发。

5)完成内燃机机械开发。

6)开展内燃机台架标定。

7)完成设计优化,发布样机数据。

8)完成计算机辅助分析,包括 NVH 分析。

9)更新设计认可方案。

10)更新试制和实验计划。

11)编制下一轮样件计划和检测计划。

12)继续针对项目质量目标,开展达成情况分析和项目风险管理。

当单机的设计验证工作完成后,便可以进入产品搭载耐久性验证阶段,主要包括以下内容。

1)完成内燃机的可靠性实验。

2)完成搭载耐久性阶段的设计优化,发布生产准备数据。

3)开展设计数据变更管理。

4)完成零部件、子系统和整机系统的设计认可。

5)发布内燃机产品的技术标准。

6)继续针对项目质量目标,开展达成情况分析和项目风险管理。

内燃机实验验证分为零部件台架实验、整机台架实验、设备在用实验(例如在车实验)。其中,每种实验又包括性能实验和耐久性实验。当零部件设计完成后,需要进行性能和耐久性的台架验证实验。尽管这种零部件实验比理论分析所需费用更高,但其费用远低于内燃机整机验证实验的费用。零部件实验的核心任务是为后续的整机实验提供合格的量产化产品。

在性能方面,内燃机的整机性能验证包括排放实验、振动与噪声实验、性能可靠性实验三大类。例如,NVH 实验是在半消声实验室中开展的,主要测量内燃机周围各测点的声压级。内燃机的振动模态实验和零部件对噪声的影响实验在内燃机台架上进行,同时也要完成车辆的自由声场实验。

在完成整机设计后,可以试制一台或一组样机。可根据计算机建立的零部件数模进行零部件铸造。有些零部件(如曲轴、连杆和凸轮轴等)可以用钢坯加工。试制出的样机大部分用于性能和耐久性台架实验,也有一些装配到车辆上去实验。样机制造也提供了对制造和装配工艺开展研究的机会,能够发现一些难于装配的设计问题,并提出合适的改进方案,克服生产上的困难。

内燃机开发过程中的一个关键环节是制造加工。需要确定产品的铸造、锻造和加工过程,以及装配线设计、质量控制程序、实验要求、设备购买与安装等。需要避免在加工过程中出现过大的设计变动。内燃机的大部分零部件由专业工具加工,这将大大提高生产效率并降低单件的加工成本,但会增加加工设备的资金投入,这就要求在加工制造过程的早期阶段必须提早确定加工设备的尺寸和特性。如果在后期进行改造,成本将会非常高。

在产品大规模投产前,必须进行小批量的试产,以确保内燃机装配过程没有问题。小批量试产还可以提供用于场地实验和顾客评价所需的内燃机数量,保证排放和噪声满足法规要求。在大规模投产后,修改内燃机设计的目的主要是降低成本和维修费用,以及扩大内燃机的配套应用范围。

1.3.3.5　产品认证及生产准备阶段

内燃机产品认证及生产准备阶段主要包括以下内容。

1)设计方协助生产单位准备样机试制。

2)设计方协助生产单位准备样机实验。

3)提供生产线调试的技术支持。

4)获取样机试制和样机实验的反馈意见,改进产品设计。

5)协助完成零部件的生产认证。

6)协助编制内燃机用户说明书和维修手册。

7)完成量产化数据的发布。

在这个阶段,主要是对整机制造的性能一致性、可靠性、装配品质和外观品质进行验证和评价。该阶段顺利完成后,即可进入量产化阶段,产品正式投产。产品认证及生产准备阶段的核心任务是完成试制实验验证,并发布量产化设计数据。

1.3.3.6　量产化支持及项目总结阶段

项目量产一段时间后,需要组织项目开发总结会议,会议内容包括项目风险管理总结,项目开发费用使用情况总结,项目人力资源投入总结,研发经验教训总结,技术总结,完成技术规范、设计指南、知识适应性评价和改善设想,换代产品的下一步计划。项目开发总结会议的成功召开宣告项目开发工作的结束。

1.3.4　内燃机的优化设计方法

1.3.4.1　优化方法简介

优化方法从简单到复杂分为参变量扫值法、试验设计法、响应曲面方法、蒙特卡罗方法等。前两种方法是不涉及概率的确定性优化方法,后一种方法是涉及概率的非确定性优化方法。

优化是在一定的约束条件下求解以达到最佳目标的过程。优化技术已被广泛应用于所有工程领域,以便选择最佳设计。假设自变量因子的总数为 k,一个单目标优化问题可以描述为:从一个 k 维向量 $\boldsymbol{X} = [X_1, X_2, \cdots, X_k]^{\mathrm{T}}$ 中寻求自变量因子的值,以期将目标函数 $f(\boldsymbol{X}) = f(X_1, X_2, \cdots, X_k)$ 最小化;同时满足不等式约束条件 $g_j(\boldsymbol{X}) \leqslant 0$ $(j = 1, 2, \cdots, m)$ 和等式约束条件 $m_u(\boldsymbol{X}) = 0$ $(u = 1, 2, \cdots, p\,; p < k)$;并满足自变量因子取值范围 $X_i^{\mathrm{L}} \leqslant X_i \leqslant X_i^{\mathrm{U}}$ $(i = 1, 2, \cdots, k)$。式

中，X_i^{L} 和 X_i^{U} 分别代表自变量因子 X_i 的下限和上限。在内燃机的优化问题中，应尽可能选取合理的单目标函数（如油耗）、等式约束条件（如排放）和不等式约束条件（如耐久性极限），尽可能使不同的设计方案之间具有公平的可比性。

（1）参变量扫值法

参变量扫值法能够计算目标函数值，对于具有少量因子的简单问题，能够方便有效地寻找最优解。扫值是将自变量的值从小到大在取值范围内像席卷扫描似地，以一定的间隔取一遍。参变量扫值法是一种比较简单、规范的基本优化方法，可以用来处理涉及 2~3 个因子的定解问题或优化问题，其特征是在扫值时只改变一个（或最多两个）参数的取值，并固定其他参数值，如图 1.10 所示。这种方法的优点是简单直观，适用于只有一个或两个自变量的系统；但其缺点显而易见，因为很多内燃机设计问题都具有三个以上的自变量。这时，就需要使用试验设计（Design of Experiments，DoE）。

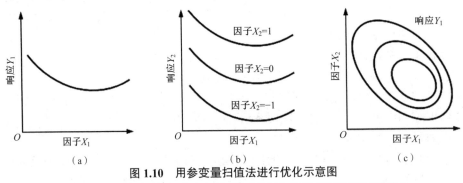

图 1.10　用参变量扫值法进行优化示意图

（a）一维参变量扫值　（b）二维参变量扫值（曲线）　（c）二维参变量扫值（等值线）

（2）试验设计法

试验设计中的每个自变量因子都是一个输入参数，每个自变量因子都具有两个或两个以上的离散的确定性取值（称为水平值）。如果将每个因子视为空间中的一维，多个因子便在试验设计中形成一个多维因子空间或设计空间。试验设计中的每次排列运行（或称运行情形、算例等）代表着所有因子的某些水平值的一次组合，或者说代表着因子空间内的一个点。试验设计中所有排列运行的完整列表，称为一个设计矩阵（或阵列组合）。试验设计中的每个响应是一个输出参数（如有效燃油消耗率、排气再循环率、应力）。对于一个给定的响应参数，自变量因子对它的影响分为两种：主效应和相互作用效应（交互作用），如图 1.11 所示。相互作用效应指该响应相对于某一个因子的变化行为，取决于另一个因子的水平值大小。相互作用项的数学表述是两个或多个因子相乘，图形表述是在相互作用效应图上两条曲线相交。

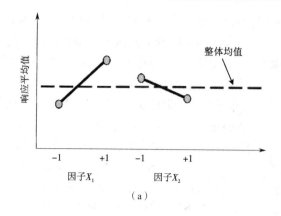

（a）

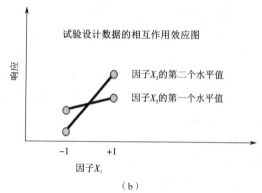

（b）

图1.11　主效应图和相互作用图

（a）主效应图　（b）相互作用图

试验设计是一个用于设计实验或策划模拟计算的统计设计技术。试验设计的方法主要包括田口（Taguchi）方法（正交设计方法）和响应曲面方法（Response Surface Method, RSM）。响应曲面方法是一个比田口法更为先进且正规的统计学优化方法，而且是确定性系统设计和概率性系统设计中所采用的基本方法。本书将单独列一小节重点介绍响应曲面方法。对田口法感兴趣的读者可以参考相关文献。

（3）蒙特卡罗方法

在非确定性领域中与试验设计方法相对应的是蒙特卡罗（Monte Carlo）模拟。它是一种设计实验或模拟计算的统计概率技术，用来研究因子和响应的非确定性概率分布。在蒙特卡罗模拟中，每个自变量因子可能有多达1 000个随机的水平值（取值）。每次蒙特卡罗模拟的运行情形是所有随机因子的随机取值组合。蒙特卡罗模拟的优点是能够根据干扰因子取值的概率分布预测失效概率，避免最坏容差叠加所导致的过度设计或无视概率的设计不足。蒙特卡罗模拟能够解决"为多变性而设计"和"为可靠性而设计"的需求，用来补充"为定目标而设计"的方法所产生的设计指标。

1.3.4.2　响应曲面方法

试验设计已被广泛用于高效率地识别内燃机开发过程中的设计或标定方案。由于各自变量因子的不同取值所组成的不同组合的个数（即所有可能的设计方案数）随着因子个数的增加而呈指数级增长，采用试验设计来筛选和识别关键因子就变得非常重要。试验设计是在寻找设计解决方案时,系统地减少成本和时间的一种方法。与试凑法或"一次一因子"法不同,试验设计能够构建一个将因子的取值高效合理地结合在一起的统计学计划,以提取信息。试验设计往往使用部分析因设计(即抛弃一些因子取值组合),而非全析因设计,来同时改变各因子的取值,从而将试验运行次数大幅减少,同时又不太损失数据中包含的信息质量。全析因设计由于不抛弃任何因子取值组合,在描述各因子之间的关系方面,提供的信息最完整。但是,当因子个数超过5~6时,使用超过3个水平层次的全析因设计就显得不现实了,因为此时试验运行次数会变得过于庞大。而且,与更为有效的部分析因设计相比,全析因设计往往没有必要,因为其只提供稍多一点的信息,却以试验运行次数巨幅增长为代价。因此,当因子个数远大于3时,使用试验设计的优势将变得非常明显。

当用试验设计或蒙特卡罗模拟获得实验数据或模拟数据后,通常需要进行优化来搜索最优的或抗扰的设计解。搜索最优解的方法有很多,然而它们都需要一个能够将作为输入的自变量因子与作为输出的响应参数联系起来的连续数学函数。这种连续数学函数称为拟合器(Emulator),如采用曲面拟合建立的多项式。这些拟合器在前面介绍的优化问题构造中,作为目标函数或约束条件函数。响应曲面方法能够生成这些拟合器。响应曲面方法是一个统计设计加曲面拟合的方法,它使用拟合器来表征任何输入与输出之间的关系。拟合器可以用来研究主效应和相互作用效应,预测尚未运行的结果,产生敏感度脉谱图,并进行优化。在响应曲面方法中,曲面拟合的阶次一般低于3阶,因此该方法不太适合高度非线性的场合。例如,在快速变化和高度非线性的瞬态排放循环中,在建立输入与输出参数之间的关系方面,神经网络是比响应曲面方法更好的工具。

在响应曲面方法中,拟合器模型通常是一个包含因子项(一般最高为3阶)和相互作用项的多项式函数:

$$
\begin{aligned}
Y_1 = {} & C_0 + C_{11}X_1 + C_{12}X_1^2 + C_{13}X_1^3 + \\
& C_{21}X_2 + C_{22}X_2^2 + C_{23}X_2^3 + \\
& C_{31}X_3 + C_{32}X_3^2 + C_{33}X_3^3 + \\
& C_{1121}X_1X_2 + C_{1131}X_1X_3 + C_{2131}X_2X_3
\end{aligned} \tag{1.11}
$$

式中　Y_1——响应参数;

　　　X_1,X_2 和 X_3——因子项;

　　　X_1X_2,X_1X_3 和 X_2X_3——相互作用项;

　　　C_{ij}——系数,由最小二乘法确定。

控制因子和干扰因子在响应曲面方法的试验设计中是可以混合在一起的。

响应曲面方法的优化过程通常包括六步。其中,拟合器项数的构造和试验设计矩阵的选择是影响优化精度和效率的两个至关重要的步骤。

1)在统计学的试验设计矩阵里选择因子及其水平值。

2)用实验测试或数值模拟产生响应参数值(如使用内燃机热力学工作循环模拟计算)。

3)构建拟合器,用多项式或其他连续函数和曲面拟合连接因子与响应。

4)用富余的试验设计排列运行次数(即那些在构造拟合器时没有用到的运行次数)检查曲面的拟合精度和预测精度,以验证拟合器模型。

5）用拟合器和先进搜索算法进行优化，在约束条件下搜索全局最优解。

6）对优化结果进行确认运行。

恰当的统计学试验设计结果依赖于所采用的拟合器的模型结构。与在单因子的响应曲线拟合中可以使用高阶（如6阶）的情形不同，响应曲面方法一般使用低阶多项式（通常低于3阶）来应对多个因子。对于复杂的过程，多项式模型中较低的阶或较少的项数通常会使模型更加偏离真实的物理机理结果，但这样可以采用较少的试验运行次数来建立模型。复杂系统的模型必须使用相互作用项或高阶多项式项。

对于 k 个因子，p 项多项式系数，它们之间具有以下关系：

$$\begin{cases} p = 1 + k, & \text{一阶不带相互作用} \\ p = 1 + k + k(k-1)/2, & \text{一阶带相互作用} \\ p = 1 + 2k + k(k-1)/2, & \text{二阶带相互作用} \end{cases} \tag{1.12}$$

因此，二阶多项式模型比一阶模型在模型构建上需要更多的试验运行次数，也需要更多的因子水平值的层级数。图1.12展示了试验设计中的试验运行次数与因子个数和拟合器构造之间的关系。

具有两个因子水平值的一阶模型可用于初步筛选因子；具有更多因子水平值的试验设计加上二阶甚至三阶模型，可用来建立拟合器回归模型，以便进行优化计算。当因子数目很少（如2~3个）时，可以采用全析因设计，否则必须使用部分析因设计。对于二阶拟合器模型，应该采用具有3~5个因子水平值的中心组合设计或非标准的空间填充设计，如图1.13所示。

使用优化目标函数（如有效燃油消耗率）的拟合器能够求解出一个优化解，包括最小油耗值及其对应的各因子取值。将这样一个优化点的计算根据不同的约束条件反复进行若干次，便能够产生一条一维的优化线或二维的优化平面。二维等值线优化图是将响应曲面方法的拟合器反复使用，不止仅仅计算一个优化点，而是在整个二维平面内对每个横纵轴坐标的约束点均进行逐点优化计算，从而产生二维的全域优化结果，有利于在优化意义上公平地比较不同的点（即设计方案），因为在二维平面内的每一个点都是优化的解。图1.14给出这样一个例子，即柴油机在额定功率工况的排放优化标定结果。其中，四个因子分别是喷油压力、喷油定时、空燃比、排气再循环率；优化目标是油耗最小化；约束条件是各种不同的氮氧化物和碳烟的排放值。在二维平面上的油耗等值线数据域的边界由各因子的范围和耐久性约束条件确定（如最高气缸压力和排气歧管气体温度）。

1.3.4.3　单目标优化和多目标优化

很多内燃机设计问题可以用单目标优化解决，即把油耗最小作为优化目标。但是，一些多目标优化问题也经常出现，如同时优化油耗和噪声。这时，如果不采用更为复杂的帕累托（Pareto）最优解方法，可以使用以下三种方法把多目标优化转化成单目标优化。

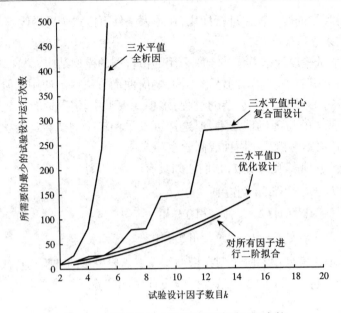

图 1.12 试验设计中的因子和试验运行次数

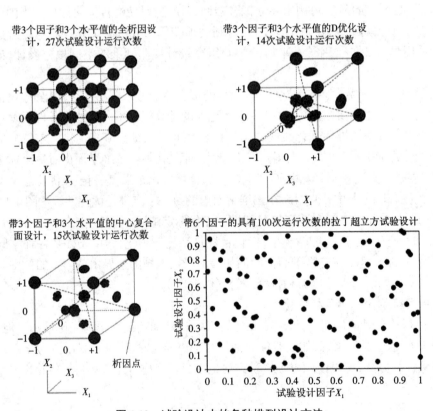

图 1.13 试验设计中的各种排列设计方法

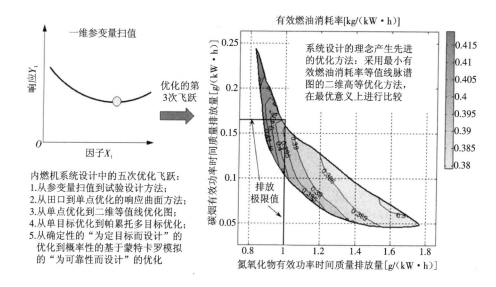

图 1.14　柴油机在额定功率工况的排放优化标定实例

（1）带约束条件的单目标函数

将一个评判标准作为主要标准，而将其余的评判标准作为辅助或次要标准，一种可行的优化方法，可以将该主要标准作为优化的目标函数，并将辅助标准作为约束条件且赋予可以接受的最小值或最大值。

（2）非规范化带加权的单目标函数

当所有目标函数都具有相同的参数或属性、相同的单位，但处于不同工作条件下（如有效燃油消耗率或氮氧化物在不同的内燃机转速和负荷或不同的环境温度下的排放量）时，可以对所有的目标函数使用加权因数，以构造一个单目标函数。

（3）规范化带加权的单目标函数

当目标函数具有不同的参数或带不同单位的属性（如排放、有效燃油消耗率、噪声）时，可将每个参数用各自的参考值或目标值归一化后，组合构造为一个单目标的混合函数。

1.4　内燃机的主要结构尺寸

1.4.1　缸径和缸数

内燃机总体设计的任务是确定内燃机的主要尺寸，包括气缸直径（缸径）D、活塞行程 S（或曲柄半径 R）、连杆长度 l、缸心距 L_0 等。内燃机的主要结构参数包括行程缸径比 S/D、连杆比 $\lambda=R/l$、缸心距缸径比 L_0/D、气缸数 i 和气缸夹角 φ 等。

当内燃机的额定功率和转速确定后，根据估计的平均有效压力，由式（1.1）可得内燃机的总工作容积为 iV_h。在选取平均有效压力时，应考虑技术力量所能达到的数值，并留有余地。

在确定缸数 i 时，除了需要考虑内燃机动力学和曲轴的扭转振动方面的问题外，还应注意其他一些问题。

1）汽油机由于其燃烧过程的特点，气缸直径不能过大，一般不宜超过 120 mm。

2）压燃点火式内燃机，由于其燃油喷射和燃烧过程的特点，气缸直径不能过小，一般不宜小于 85 mm。

3）内燃机的缸径应符合国家规定的系列型谱，其尾数应取整数，优先选用 0 和 5。

4）当缸径 D 确定后，选择 S/D 值，即可确定行程 S，然后可确定一个气缸的活塞排量。

5）缸径越大，则一个气缸的往复运动部分的质量就越大。惯性力将限制转速的提高。

6）缸数少，则内燃机结构简单，但结构就越不紧凑，运转中的振动较大，平稳性较差。

7）高转速直列式内燃机一般最多具有 6 个气缸，特殊情况下可增至 8 缸。低转速带滑块的直列式内燃机可有多达 12 个气缸。

8）采用星形结构、尺寸紧凑、质量小的大功率高速内燃机最多可具有的缸数可达 56 个。但是，这种内燃机的结构很复杂，而且维护和修理均很困难，因此只用于特殊情况。

1.4.2　行程缸径比

高速柴油机的行程缸径比 S/D 值通常为 0.9~1.15；中速柴油机的 S/D 值通常为 1~1.25；低速柴油机的 S/D 值通常为 1.6~2.2；汽油机的 S/D 值通常为 0.8~1.35。如果 S/D 值较小，则行程 S 较短。高转速内燃机采用较小 S/D 值的原因主要有两方面：一是大 D 值便于安排气门；二是 S 值较小且活塞平均速度 C_m 一定时，便于提高内燃机转速 N。

活塞平均速度 C_m 是另一个重要的总体设计参数。由式（1.4）可以看出，C_m 与内燃机功率有关。由于 C_m 直接反映活塞相对于气缸壁的滑动速度，从而也直接关系到 1.2.3 节所述的定义①的寿命和内燃机的工作可靠性。另外，C_m 越高，活塞做往复运动时的惯性力越大，换气时流过气门的气体平均流速也越高。所有这些都决定了内燃机不能采用过高的 C_m 值。

从内燃机的使用寿命和工作可靠性角度考虑，各类内燃机的最高 C_m 许用值如下。

1）高速运输用内燃机：10.0~12.5 m/s 或 13.5 m/s。

2）要求使用寿命较长的高速内燃机：8.0~10.5 m/s。

3）中速柴油机：7.0~8.5 m/s。

4）低速柴油机：4.0~6.5 m/s。

但是，把 C_m 值选得过低也是不恰当的。首先，对于具有给定工作容积的内燃机，C_m 值过低会导致功率过低，即影响每升工作容积所能发出的功率。其次，对于像活塞环和气缸壁这种摩擦副，C_m 值过低不利于在摩擦表面建立起有效的润滑油膜，会使磨损加剧。因此，对于低转速内燃机，必须采用较大的 S/D 值。

在具体选择 S/D 值时，还应注意三个问题：应尽量使气缸的散热面积与气缸容积之比最小；便于燃烧室设计；尽可能使内燃机的尺寸紧凑。

有些系列内燃机产品具有一种缸径，但是有两种行程。这样设计的目的是要通过加大活塞行程使内燃机排量和功率增加，或是通过减小活塞行程来减小内燃机排量，在提高转速的基础上，不使 C_m 增加太多。这些设计选项需要通过综合优化进行确定。关于内燃机的其他结构参数，将在后续有关章节中进行介绍。

1.5　内燃机的基本类型和典型构造

由于内燃机的使用领域十分广泛,不同用途具有不同的使用条件,因此对内燃机在设计类型上的具体要求也不同。例如,各种类型的活塞往复式内燃机虽然具有共同的基本工作原理和共同的基本构造形式,但在燃料和燃烧机理上却有各自的特殊之处,导致其在设计上的不同特点。内燃机的类型主要包括汽油机、柴油机、气体燃料内燃机。

1.5.1　汽油机

1.5.1.1　汽油机概述

汽油是易挥发燃料,但汽油和空气的混合气的自燃点很高,一般须依靠外源(火花)点燃。因此,在汽油机上具有预先把汽油与空气混合的装置(如化油器)。汽油和空气的混合气在气缸内被压缩后,依靠火花塞的跳火点燃,因此汽油机需要有点火系。

汽油机的压缩比较低,一般在 12 以下。其混合气燃烧时,缸内压力增长率较低,最高爆发压力也较低,所以工作比较柔和,零部件所受的负荷较轻,机体可以做得单薄些。汽油机的燃烧方式允许内燃机采用较高的转速,如 3 000~6 000 r/min,甚至 10 000 r/min 以上。

由于汽油机构造简单、轻巧、造价低、工作平稳、噪声较小,主要用在摩托车、小型汽车和小型载重卡车上,也用于工农业生产和国防建设中要求质量轻、携带方便的小型动力机械场合。汽油机的缺点是燃料价格较贵(与柴油机比),而且燃油消耗率较高。另外,汽油是易燃品,贮存时必须注意防火安全。

汽油机按总气缸工作容积可分为以下四种。

1)超小型汽油机:总气缸工作容积在 750 mL 以下的双缸或单缸机。

2)小型汽油机:总气缸工作容积在 0.75~2.0 L。

3)中型汽油机:总气缸工作容积在 2.0~4.0 L,一般有 6 个气缸。

4)大型汽油机:总气缸工作容积在 4.0 L 以上,一般有 8 个气缸。

表 1.9 列出了几种汽油机的主要参数。

表 1.9　几种汽油机的典型技术参数

型号和制造商	LJ469Q-AE 五菱柳机	1.4FSI 大众	4A15K2 广汽	3B15J1 广汽	1.6FSI 大众	4B20J1 广汽	B58 宝马	4.0T V8 阿斯顿马丁
进气形式	自然吸气	自然吸气	自然吸气	增压中冷	自然吸气	增压中冷	增压中冷	双涡轮增压
喷油方式	缸内直喷	缸内直喷	气道喷射	缸内直喷	缸内直喷	缸内直喷	缸内直喷	缸内直喷
气缸数	4	4	4	3	4	4	6	8
燃料种类	汽油	汽油	汽油	汽油	汽油	汽油	汽油	汽油
气缸排列	直列	直列	直列	直列	直列	直列	直列	V 形
排量	1.25 L	1.4 L	1.5 L	1.5 L	1.67 L	2.0 L	3.0 L	4.0 L
排放标准	国六	欧四	国五	国六	欧四	国六	国六	欧五
额定功率	67 kW	65 kW	68 kW	110 kW	85 kW	170 kW	240 kW	375 kW
额定转速	6 000 r/min	5 200 r/min	5 750 r/min	5 500 r/min	6 000 r/min	5 550 r/min	5 500 r/min	6 000 r/min

续表

型号和制造商	LJ469Q-AE 五菱柳机	1.4FSI 大众	4A15K2 广汽	3B15J1 广汽	1.6FSI 大众	4B20J1 广汽	B58 宝马	4.0T V8 阿斯顿马丁
最大扭矩	118 N·m	130 N·m	120 N·m	220 N·m	155 N·m	380 N·m	450 N·m	685 N·m
最大扭矩转速	3 600~4 400 r/min	3 750 r/min	3 750~4 250 r/min	1 500~4 000 r/min	4 000 r/min	1 750~4 000 r/min	1 200~5 000 r/min	2 000~5 000 r/min
最低燃油消耗率	—		232 g/(kW·h)	222 g/(kW·h)		235 g/(kW·h)		
发动机形式	4 缸直列,水冷,四冲程	4 缸直列,水冷,四冲程	4 缸直列,水冷,四冲程,阿特金森循环	3 缸直列,水冷,四冲程,米勒循环	4 缸直列,四冲程,水冷	4 缸直列,水冷,四冲程	6 缸直列,水冷,四冲程	V 形,水冷,四冲程
缸径 × 行程	69.8 mm × 81.6 mm	76.5 mm × 75.6 mm	75 mm × 84.6 mm	83 mm × 92 mm	76.5 mm × 86.9 mm	83 mm × 92 mm	82 mm × 94.6 mm	—
缸心距	—	82 mm	82.5 mm	90 mm	82 mm	90 mm	—	—
压缩比	10.2	12	13	11.3	12	10	11	10.5

1.5.1.2 LJ469Q-AE 型汽油机

LJ469Q-AE 型汽油机的纵横剖面图,如图 1.15 所示。该机的主要结构特点:气缸盖材料为铸铝合金(ZL104),基本壁厚为 4 mm;燃烧室为结构紧凑的蓬顶型,有利于 4 个气门的布置;横流式进排气道布置在燃烧室两侧,可使进气在缸内形成进气滚流;机体材料为特种合金铸铁,整体设计为全支承龙门结构,无缸套;缸盖螺栓的螺纹起点下沉,螺栓搭子的加强筋向下延伸至裙部,减小了机体的应力和变形;冷却水套与裙部设计为多曲面结构,提高了机体刚度;气缸孔表面设计为耐磨性能良好的平台网纹结构,网纹斜角为 15°~30°;配气机构采用双顶置凸轮轴和直动式液压气门间隙调节器,可自动调节气门与凸轮之间的间隙。

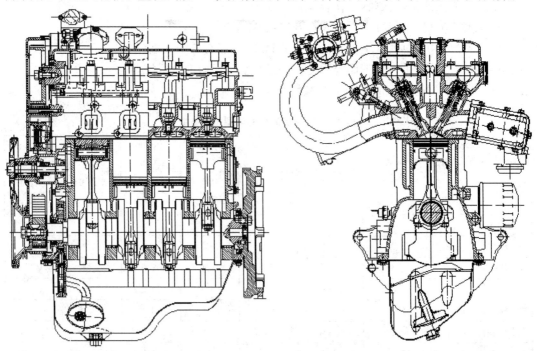

图 1.15 LJ469Q-AE 型汽油机纵横剖面图

1.5.1.3　1.4FSI 和 1.6FSI 型汽油机

　　1.6FSI 型汽油机如图 1.16 所示。1.4FSI 和 1.6FSI 型汽油机的主要技术特点：采用 Bosch MED 9.5.10 版电控汽油缸内直接喷射系统；采用结构优化的铝制机体；具有减轻质量的主运动件；机体与气缸盖的冷却水分开循环，采用横流式冷却系统；采用声学特性优化的齿形链条配气传动机构；配气传动机构罩盖集成了粗、细机油滤清器和曲轴箱强制通风装置；在油底壳内安装流量可调式机油泵；采用进气凸轮轴相位连续调节机构（1.6FSI 汽油机）。

　　由于新设计的机体必须与现有的 EA111 系列汽油机的机体共线生产，因此不仅保持 82 mm 的缸心距不变，而且仍采用基本型发动机的可靠的深裙型结构。在结构改进设计中，设计者特别重视并加强了发动机变速器连接法兰的刚性，提高了动力总成的弯曲振动固有频率；通过优化结构，大大改善了铝合金机体的声学特性。全新设计的顶面敞开式铝合金机体采用 $Al-Si_9Cu_3$ 材料压铸而成，并镶铸灰铸铁气缸套（1.4FSI 和 1.6FSI 型通用）。

　　按压缩比 12 进行活塞设计，活塞由高耐热过共晶铝合金制成，并根据减轻质量和减少摩擦等要求进行了优化。尽管 FSI 型汽油机的活塞顶面形状较复杂，具有燃油喷束和空气气流 2 个导向凹坑，但其采用新工艺铸造，质量只为 235 g，与老机型活塞相比降低了约 10%。

图 1.16　1.6FSI 型汽油机外观图

　　FSI 型汽油机采用气缸盖横流式冷却，通过机体侧面铸出的水道和气缸盖中重新设计的冷却水套来实现。气缸盖和机体中的冷却水回路分别由两个相互独立的节温器控制。气缸盖中的横流式冷却在功能上分成上、下两个区域：在下部，冷却气缸盖和燃烧室的火力面；在上部，汇集各缸的冷却水流，并将冷却水导向节温器。气缸盖的下部贴近燃烧室冷却水套的横截面大小按照水流的速度确定，从而能够获得最高的冷却效率。

　　为了改善扭矩特性，提高最大功率，并实现内部 EGR，1.6FSI 型汽油机的进气凸轮轴相位可以连续调节,其叶轮式相位调节器的相位角度调节范围是从基准位置向进气门早开的方向提前 40°。在发动机运转时,由相位传感器采集凸轮轴的实际角度位置,并与储存在电控单元中的额定值比较,然后由电磁阀控制压力机油流入或流出叶轮式相位调节器,从而将凸轮轴转角调节到规定位置。当发动机起动时,借助锁销将凸轮轴相位调节器锁定在原始的进气门迟开位置。

1.5.1.4　4B20J1 型汽油机

广汽自主开发的 4B20J1 型高性能汽油机如图 1.17 所示。4B20J1 中的 4 表示气缸数,B 表示机型系列,20 表示发动机排量,J 是结构特征代号,1 是变型代号。该机采用 4 缸直列布置形式,缸体为龙门式,缸体下方采用 5 个主轴承支撑曲轴。

图 1.17　4B20J1 型汽油机剖切图

如图 1.18 所示,进、排气凸轮轴布置在发动机顶部,通过滚子摇臂和液压挺柱对进、排气门进行驱动。滚子摇臂由一个具有杠杆作用的钢板型材和凸轮滚子组成。摇臂一端固定在液压挺柱之上,另一端定位在气门之上,滚子位于两者之间。凸轮通过滚子对摇臂施加作用力,并传递到气门,完成驱动动作。在进、排气凸轮轴上均配备有可变气门相位调节器,在不同运行工况下,可实现对进、排气门开启和关闭时刻的调整,优化发动机性能。在发动机底部布置有两根平衡轴。平衡轴由曲轴通过齿轮驱动,用来平衡二阶往复惯性力,降低发动机运转时的振动。

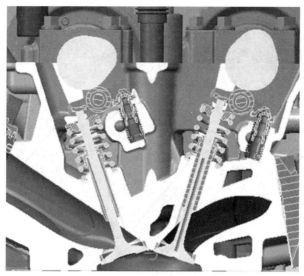

图 1.18　4B20J1 型汽油机的气门机构

如图 1.19 所示,该机的燃油喷射方式为缸内直喷,采用喷射压力为 35 MPa 的高压喷射系统,可提升燃油雾化效果。该机采用小型化增压技术,增压器采用双流道、电控废气阀、斜流压叶轮技术,在加速响应、冷起动排放、燃油经济性方面均获得了良好的提升效果。

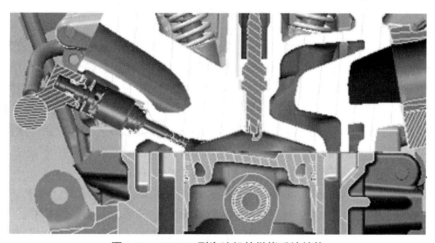

图 1.19　4B20J1 型汽油机的燃烧系统结构

1.5.1.5　B58 型汽油机

B58 型汽油机为 6 缸直列布置形式,如图 1.20 所示。该机为长冲程设计,缸径和冲程分别为 82 mm 和 94.6 mm,这种设计可以在满足排量要求的情况下,缩短发动机的长度,有利于在车辆上的布置。该机采用封闭式缸体设计,比开放式缸体强度大,因此更适合高负荷和高气体压力工况。该机采用无缸套结构,可以减轻质量。运用电弧喷涂技术在缸筒表面喷涂一层 0.3 mm 厚的钢膜,起耐磨作用。为了保证冷却,设计者为该机专门设计了热管理模块。

图 1.20　B58 型汽油机

1.5.2　高速柴油机

1.5.2.1　高速柴油机概述

柴油是不易挥发的重质碳氢化合物。柴油蒸气和空气的混合气的自燃点较低,可依靠压缩冲程终点处气缸内气体的高温点燃。为了能够有效控制开始燃烧的时刻,柴油燃料是在压缩冲程接近终点时经喷油器喷入气缸并与空气混合的。由于柴油机在压缩冲程终点需要有足够高的缸内气体温度,压缩比一般要求在 12 以上。因此,压缩冲程终点的缸内压力和燃烧最高压力都较高,燃烧过程也比较粗暴。柴油机的最高转速受燃烧条件限制,一般不超过 4 500 r/min,个别机型的转速可达到 5 000 r/min 左右。柴油机的缸径不宜过小,下限一般是 60 mm,而重型低速柴油机的最大缸径可高达 1 m 左右。

与汽油机相比,柴油机的燃油消耗率较低,所用燃料的价格也较低。由于柴油不易挥发,存储和使用均比较安全,故广泛用于对燃料安全要求较高的场合(如军用)。柴油机的缺点是工作相对比较粗暴、噪声大、构造复杂、笨重、价格较高。按照设计特点,柴油机可分为高速、中速、低速、重型低速等类型。高速柴油机主要用作移动机械的动力,如作为汽车、拖拉机、内燃机车和小型船舶的动力。在这些应用场合,柴油机的尺寸和质量都受到限制,但希望功率较高。高速柴油机的转速一般为 1 000~4 500 r/min,活塞平均速度大于 8 m/s,质量功率比为 4~14 kg/kW。在高速轻型强化柴油机中,通过减轻结构质量并强化工作过程,如提高转速和采用高增压技术,质量功率比能够低至 1.4 kg/kW 左右。表 1.10 中列出了几种高速柴油机的主要参数。

1.5.2.2　YC4A140L-T20 型柴油机

YC4A140L-T20 型柴油机属于 YC4A 系列,如图 1.21 所示。YC4A 系列柴油机主要作为农业机械(如拖拉机)的动力源。YC4A140L-T20 型柴油机的设计特点如下。

图 1.21　YC4A140L-T20 型柴油机

1）对主要零部件进行有限元分析,运用新的减振降噪技术和新结构,使整机结构紧凑、受力合理。

2）采用德国 FEV 公司特有的燃烧、换气、润滑、冷却等模拟计算手段,使发动机具有低燃油消耗和低噪声的特点,且整机动力强、寿命长、可靠性高。

3）采用涡轮增压器技术,降低燃油消耗率。

1.5.2.3　WP7.300E40 型柴油机

潍柴 WP7 系列柴油机主要用于卡车、客车、发电、船机、工程机械等动力源,排放指标先进。WP7.300E40 型柴油机如图 1.22 所示。该机的主要技术特点:齿轮室后置,齿轮室与飞轮壳采用一体化设计;采用整体式缸盖(每缸 4 气门)、整体式摇臂轴、专用活塞环;采用湿式气缸套;侧置发动机冷却水泵,并与机油冷却器集成;采用转子机油泵;采用整体式皮带轮减震器;具有模块化前端驱动系统机构;可集成吊装;具有液力缓速冷却、节温器、暖风、尿素箱解冻等多功能出水管总成。

图 1.22　WP7.300E40 型柴油机

表 1.10　几种高速柴油机的典型技术参数

型号	厂商	适配范围	进气形式	气缸数	气缸排列形式	排量(L)	排放标准	额定功率(kW)	额定转速(r/min)	最大扭矩(N/m)	最大扭矩转速(r/min)	全负荷最低燃油耗率[g/(kW·h)]	发动机形式	净质量(kg)	缸径(mm)	行程(mm)	每缸气门数
YC4A140L-T20	广西玉柴	92~118 kW小麦收割机、水稻收割机、3~4行玉米收割机、74~81 kW拖拉机	增压中冷	4	直列	4.84	国二	103	2 300	480	1 600~1 800	≤205	水冷、四冲程、直喷	500	108	132	2
WP7.300E40	潍柴动力	卡车、客车、发电、船机、工程机械	增压中冷	6	直列	7.14	国四	220	2 100	1250	1 200~1 700	≤185	电控高压共轨	500	108	136	4
ISF3.8s5168	北京福田康明斯	轻卡、中卡、轻客、皮卡、MPV、SUV等轻型车辆以及小型工程机械和小型发电机组等	增压中冷	4	直列	3.76	国五	125	2 600	592	1 300~1 700	195	高压共轨、直喷、SCR	335	102	115	4
GW4D20	长城动力	皮卡	涡轮增压	4	直列	1.996	国四	95	4 000	305	1 800~2 800	210	双顶置凸轮轴、电控高压共轨、进气中冷	210	83.1	92	4
CA6DL-22E4	一汽无锡柴油机厂	9~12 m公路、旅游和城市大型客车、15 t以上重型载货车、6 m³水泥搅拌车	增压中冷	6	直列	7.13	国四	164	2 300	860	1 300~1 700	192	直喷、电控共轨	700	110	125	4
H20-120E60	安徽全柴动力	轻卡、皮卡、SUV	增压中冷	4	直列	2	国六	90	3 200	325	2 000	≤202	水冷、四冲程、高压共轨	220	81	95.5	4
YN4A035-33CR	云内动力	非道路机械	自吸	4	直列	2.67	国三	22.1	2 200	124	1 350~1 650	<205	水冷	250	90	105	2
IE6D255-e4ES	天津雷沃动力	重卡	增压中冷	6	直列	5.98	国四	188	2 500	900	1 300~1 700	—	水冷、四冲程	—	100	127	4
GKTAA25-G34	上柴动力	发电用	增压中冷	6	直列	25.18	国三	520	1 500~1 800	—	—	192	水冷、四冲程、直喷	2 700	170	185	4
EA288	一汽大众	乘用车	增压中冷	4	直列	2	国四	103	4 200	320	1 750~2 500	—	水冷、四冲程、高压共轨	—	95.5	81	4

1.5.2.4 ISF3.8s5168 型柴油机

康明斯 ISF3.8s5168 型柴油机如图 1.23 所示。该机采用中置喷油器、增压中冷、电控高压共轨等先进配置,升功率达到 33.2 kW/L,满足国四排放标准,如采用选择性催化还原(Selective Catalytic Reduction,SCR)技术,可以升级至国五排放标准。该机的主要技术特点如下。

1)采用模块化设计,各模块功能相对独立,如水泵与机油冷却器、机油滤清器集成,节温器座与进气管集成等,使零部件数量减少 40%,故障率降低。一旦出现故障,可以单独更换故障模块,降低维修成本。

2)采用后置正时传动机构。与前置正时传动机构相比,配气定时的准确性略有提高,而且降低了噪声,质量分配更加均匀,增大了附件布置空间。

3)采用合成材料制成的气门室罩及油底壳,降低了整机质量,同时有利于降低覆盖件的辐射噪声。

图 1.23 ISF3.8s5168 型柴油机

4)采用整体龙门式缸体和整体式缸盖,强度更高。

5)采用压板式珩磨工艺改善活塞、活塞环与缸孔的配合,降低机油消耗率,延缓机油老化,增大机油的更换里程(达 2 万千米),降低了保养成本。

6)采用先进理念进行摩擦副设计,如无气门导管设计等。

7)实现主轴瓦宽度极限设计。由于整机的强化程度很高,为了保证主轴瓦的比压处于许用范围内,该机的主轴瓦有效宽度(去除两侧倒角后)与主轴承盖的宽度一致,实现了主轴瓦宽度的极限设计。

8)曲轴通风系统设计独特,通过安装在凸轮轴齿轮上的曲轴箱呼吸器分离曲轴箱废气和机油。

9)采用带废气旁通阀的涡轮增压器。

1.5.2.5　GW4D20 型柴油机

GW4D20 型柴油机是一款高性能车用柴油发动机,采用强制水冷、ω 形燃烧室、16 气门、双顶置凸轮轴(Double Overhead Camshaft, DOHC)、进气中冷,并采用电控高压共轨、可变几何形状涡轮(Variable Geometry Turbine, VGT)、电控 EGR 等先进技术,具有动力性强、经济性好、可靠性高、低温起动迅速等特点,只需改变电子控制单元(Electronic Control Unit, ECU)控制策略即可使排放达到欧 V 标准,如图 1.24 所示。该机的主要技术特点如下。

图 1.24　GW4D20 型柴油机

1)采用平分式机体结构,加工方便,结构紧凑。

2)机体为无缸套结构,结构紧凑。缸孔变形小,缸孔之间设有水道,以保证冷却。在机体上安装了冷却喷嘴以冷却活塞,防止活塞过热。

3)机油泵腔与机体集成为一体,结构更加紧凑。

4)活塞配备内冷油道,并依靠机体的机油喷嘴进行有效冷却。

5)采用双顶置凸轮轴、4 气门、滚子摇臂式配气机构。配气机构的进、排气摇臂通用。采用液压挺柱自动补偿气门间隙,降低配气机构噪声,且安装方便。

6）在 EGR 系统中采用电控 EGR 阀。ECU 通过采集发动机水温、转速、空气流量等信号，计算并控制合适的 EGR 阀门开度，实现对废气再循环气流量的精确控制。

7）采用 VGT 技术，针对不同的发动机工况调节所需的空燃比，减小泵气损失。

8）在电控高压共轨喷油系统中，最大轨压为 180 MPa。

1.5.2.6 CA6DL-22E4 型柴油机

CA6DL 系列柴油发动机是为适应中、重型卡车国四和国五排放标准而开发的系列产品。如图 1.25 所示，CA6DL-22E4 型柴油机能适应中、重型卡车对高爆发压力、双级增压等的需求。该机的主要技术特点如下。

1）采用 4 气门技术，进排气效率高。

2）采用电控高压共轨技术，喷油压力高、雾化率高、燃烧充分、烟度低、排放裕度大，具备排放升级潜力。

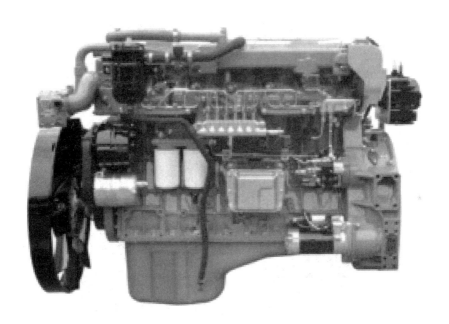

图 1.25　CA6DL-22E4 型柴油机

3）对运动摩擦副和结构件等采用强化设计。

4）活塞、活塞环、曲轴、轴瓦和强力螺栓等关键零部件采用国际一流品牌产品。

5）尿素喷射系统具有后冷（After run）功能，以防止尿素管路结晶引起的喷嘴堵塞。尿素管路和尿素箱具有水加热和电加热功能，以适应寒区运行。整机 B10 寿命达到 80 万千米。

6）可选装自主研发的集成整车控制单元（Vehicle Control Unit，VCU）、多态开关等，供油可以按照车载负荷自动调整。

7）采用斜齿轮传动提高传动平稳性，降低机械噪声。采用梯型框架结构机体，增加整机结构刚度，减小振动。整车振动小，噪声低。

8）可选装发动机制动和排气制动装置，制动功率大。

9）可选装车载诊断系统（On-Board Diagnostics，OBD），以便进行实时故障提醒。

1.5.2.7　H20-120E60 型柴油机

H20-120E60 型柴油机符合国六排放标准，可用于轻卡、皮卡、物流车、工程车和厢式货车，如图 1.26 所示。该机的主要技术特点如下。

1）采用高压共轨喷油系统、涡轮增压、4 气门、双顶置凸轮轴、液压挺柱、铝制缸盖、齿形正时皮带。

2）后处理系统采用柴油氧化催化器（Diesel Oxidation Catalyst，DOC）、柴油颗粒过滤器（Diesel Particulate Filter，DPF）、选择性催化还原（Selective Catalytic Reduction，SCR）、逸氨催化器（Ammonia Slip Catalyst，ASC）。

3）采用集成式机油泵和模块化 EGR 系统。

4）整机 B10 寿命达 50 万千米。

图 1.26　H20-120E60 型柴油机

1.5.2.8　GKTAA25-G34 型柴油机

GKTAA25-G34 型柴油机属于上柴动力 K 系列发电机组用柴油机，如图 1.27 所示。该机是为了满足电站市场对大功率和低排放的需求而全新开发的产品，技术指标先进。该机的主要技术特点如下。

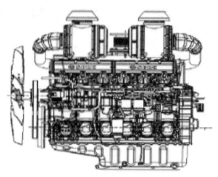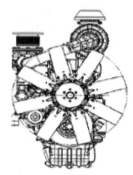

图 1.27　GKTAA25-G34 型柴油机

1）采用 4 气门、双增压器,保证进气充分、高效燃烧。

2）采用一缸一盖的模块化设计,结构紧凑,使用和维护方便。

3）使用合金锻钢曲轴和齿型连杆,传递效率高、可靠性好。

4）采用龙门式高强度机体和后置齿轮室结构,整机刚度强、振动小、噪声低。

5）具有双电控燃油喷射系统,实现了高功率与高性价比之间的平衡。在高功率时,采用高压共轨系统;在低功率时,采用电控单体泵系统。

1.5.2.9　EA288 型柴油机

EA288 型柴油机动力强劲,经济性、可靠性、排放及噪声指标先进,如图 1.28 所示。该机的主要技术特点如下。

图 1.28　EA288 型柴油机

1）采用 4 缸直列式、4 气门,带电控 EGR 阀和低温 EGR 冷却系统,带动态行驶反馈的可调式涡轮增压器,带涡流风门的进气歧管。

2）采用铝制横流式气缸盖、垂直纵置气门、顶置凸轮轴。两个顶置凸轮轴通过带集成间隙补偿的直齿圆柱齿轮连接，并由曲轴通过齿型皮带和排气凸轮轴的齿轮来驱动。气门由带液压气门间隙补偿元件的低摩阻滚柱摇臂挺杆开启。

3）采用具有压电式喷嘴的高压共轨燃油喷射系统。

4）采用 DPF，前端带有 DOC。

5）采用锻造曲轴，能够承受高机械负荷。只有 4 个平衡重，不仅降低了曲轴轴承的负载，而且使发动机的振动和噪声较低。

6）油底壳内装备平衡轴。

1.5.3　中速和低速柴油机

中速柴油机的转速一般为 600~1 000 r/min，气缸直径为 200~280 mm；低速柴油机的转速一般为 200~600 r/min，气缸直径较大，一般为 200~500 mm。中、低速柴油机的特点是使用寿命长，并着重于降低燃油消耗率和燃用价格低廉的重型柴油。其中，转速较低者（400 r/min 以下）多用在中等吨位的客轮、货轮和渔船中作为主机使用，而转速较高者和高速柴油机主要作为船用辅机、内燃机车、发电站、排灌站等的动力源。

大连机车车辆有限公司生产的 12V240ZC 型船用柴油机是典型的中速柴油机，如图 1.29 所示。该机为 12 缸 V 形四冲程柴油机，V 形夹角 50°，采用水冷、直接喷射、开式浅 ω 形燃烧室、废气涡轮定压增压、增压空气中间海水冷却器。该机采用铸焊机体、并列连杆、球墨铸铁曲轴、钢顶铝裙活塞、20 高锡铝基钢背加垫轴瓦、4 气门整体式气缸盖、单体式喷油泵、C3XC 型调速器、ZN250C 型增压器和 KLQ45C 型中冷器。活塞环槽和气缸套内孔采用氮碳共渗软氮化表面处理。活塞环中的第一道气环是球墨铸铁镀铬不对称桶面环，第二道和第三道气环是合金铸铁镀铬锥面环，第四道气环是合金铸铁镀铬变节距螺旋撑簧油环。传动齿轮系统布置在副输出端。曲轴齿轮压装在曲轴副输出端，通过传动机构驱动凸轮轴。在曲轴副输出端上安装硅油簧片扭振减震器。用于驱动机油泵和冷却水泵的曲轴主动齿轮上的法兰伸出箱体外，驱动辅助装置。机油泵、高温水泵和低温水泵通过泵支承箱布置在机体的副输出端。两水泵结构和性能完全一致，均为海水泵，可以通用互换。该机的主要技术参数如下。

图 1.29　12V240ZC 型柴油机

1）缸径为 240 mm,冲程为 275 mm,单缸排量为 12.44 L。

2）发动机压缩比为 12.4,最大气缸爆发压力为 12 MPa。

3）最低怠速为 600 r/min。

4）额定功率为 1 700 kW,额定转速为 900 r/min。

5）活塞平均速度为 8.25 m/s。

6）超负荷功率能力:在标准环境条件下,在额定转速(900 r/min)时,允许超过扭矩 5%,即柴油机超负荷功率为 1 785 kW,且每 24 h 超负荷运行不得超过 1 h;在低于额定转速(900 r/min)时,各工况不允许超扭矩运行。

7）旋转方向为顺时针(面向飞轮端)。

1.5.4　低速大功率柴油机

低速大功率柴油机通常用作大吨位远洋船舶的主机。由于功率大,为了使工作可靠,柴油机的曲轴通过联接轴直接驱动螺旋桨旋转。为了使船舶具有良好的推进效率,需要较大的螺旋桨尺寸,要求发动机有较低的转速。因此,这类柴油机的转速是很低的,通常仅为 60~130 r/min。

随着船舶吨位和航速的增加,要求柴油机的功率增大。所以,这类柴油机的气缸直径一般在 500 mm 以上。为了不使发动机过长,每台柴油机的气缸数通常不超过 12 个。目前,最大的一种低速大功率柴油机的气缸直径为 1 060 mm,行程为 1 900 mm,转速为 150~174 r/min,其每个气缸的最大功率可达 2 900 kW,整机的最大功率可达 34 800 kW。

为了提高柴油机的工作可靠性,低速大功率柴油机与前述各类柴油机相比,结构上有很大区别。其中,该类柴油机的最主要构造特点是在曲柄连杆机构中带有滑块,所以这类柴油机又称为滑块内燃机,如图 1.30 所示。与此相对应,其他各类常见内燃机统称为裙型活塞式内燃机,此类发动机是依靠活塞裙部在气缸中滑动起导向作用。低速大功率柴油机目前均采用二冲程式,而且为了降低运营成本,均燃用重油,质量功率比一般在 35~54 kg/kW。

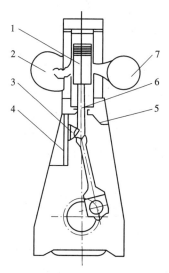

1—活塞;2—进气贮气箱;3—滑块;4—导轨;5—隔板;6—活塞杆;7—排气管

图 1.30　低速大功率柴油机结构

近年来,已有越来越多的大吨位远洋船舶改用裙型活塞式内燃机作为主机。采用四冲程和二冲程的大功率中速、高增压、裙型活塞式内燃机的柴油机已迅速发展起来。例如,这种四冲程发动机的单气缸功率可达 800 kW,一台 18 缸 V 型柴油机的总功率可达 14 400 kW,平均有效压力可达 1.85 MPa,最大活塞平均速度约为 8 m/s。在船上,可以通过齿轮箱把几台这种柴油机联结在一起,并把转速降到 90 r/min 左右,用来驱动螺旋桨。由于螺旋桨的转速低,与滑块式柴油机驱动的螺旋桨相比,其推进效率可提高 6% 左右。扣除减速齿轮箱的机械损失后,总效率仍能提高 2%~4%。这种柴油机的质量功率比为 11.5~13.0 kg/kW,加上齿轮箱的质量也仅为 13.6 kg/kW 左右,质量功率比和外廓尺寸明显优于滑块式内燃机,因而有利于提高船舶的有效载货量和有效容积。

1.5.5 天然气内燃机

燃气内燃机与汽油机和柴油机相比,具有不同的设计特点。低碳能源时代越来越重视气体清洁燃料的开发和利用,如天然气、页岩气、煤层气和生物质气。在各种代用燃料中,天然气因具有储量大、燃烧清洁、排放少、热值高、经济性好等优点而备受关注。天然气是继煤炭和石油之后的第三大化石能源,其主要成分是甲烷(占比 82%~98%),并含有少量的乙烷、丙烷和丁烷。另外,可燃冰的开采极大地增加了甲烷燃料的全球储量。可燃冰分布于深海沉积物或陆地的永久冻土中,是天然气和水在高压低温条件下形成的类冰状的结晶物质($CH_4 \cdot 8H_2O$),其中甲烷含量为 80%~99.9%,其外观像冰且遇火可燃烧,又称为天然气水合物或甲烷水合物。可燃冰开采后能释放出天然气,1 m³ 的可燃冰燃烧释放的能量相当于 164 m³ 的天然气。可燃冰的全球预测储量是煤炭、石油和天然气等化石能源的数倍以上,能够供人类使用上千年。因此,可燃冰与页岩油气一起被视为传统化石能源的替代能源。

目前,天然气内燃机的燃料主要包括压缩天然气(Compressed Natural Gas,CNG)和液化天然气(Liquefied Natural Gas,LNG)。LNG 是在常压下把气态的天然气经过脱水、脱酸,去除其中的重烃类等杂质,然后冷却到 -162 ℃,使之凝结为液体。LNG 的体积约为同质量气态天然气体积的 1/625,比 CNG 更便于运输和储存。LNG 无色、无味、无毒、无腐蚀性,燃点比汽油和柴油都高很多。而且,LNG 气化后的密度比空气小,能够迅速挥发扩散,不容易被点燃,具有良好的安全性。与汽油和柴油相比,等热值的天然气的价格显著较低,而且天然气燃烧后产生的 CO_2、NO_x、CO、HC 的排放量均明显减少,且几乎没有颗粒物排放。天然气的研究法辛烷值(Research Octane Number,RON)比汽油高很多,抗爆性能好,能够通过使用高压缩比(10~12)或涡轮增压来提高内燃机的热效率。但是,由于天然气的着火温度高、火焰传播速度比汽油慢、火焰温度低,在低负荷和稀薄燃烧条件下,会造成较多的未燃 HC 和 CO 排放。汽油、轻柴油、天然气和氢气的物性比较见表 1.11。

表 1.11 汽油、轻柴油、天然气和氢气之间的物性比较

	汽油	轻柴油	天然气	氢气
含碳原子数	C5~C11	C15~C23	C1~C3	—
质量成分中碳的百分比(%)	85.5	87	75	—
质量成分中氢的百分比(%)	14.5	12.6	25	—

	汽油	轻柴油	天然气	氢气
低热值(MJ/kg)	44.5	42.5	50.05	120
体积热值(MJ/m³)	—	—	33	10.22
理论空燃比(质量比)	14.7	14.5	17.25	34.38
理想混合气热值(MJ/m³)	3.758	3.819	3.23~3.39	3.184
闪点(℃)	−58~10	55~110	−190	—
自燃温度(℃)	427	220	540~650	585
辛烷值	90~98	20~30	130	35
在空气中的燃烧浓度范围(空气体积百分比,%)	1.0~7.6	0.5~4.1	5~15	4.1~75
火焰传播速度(cm/s)	38~47	39~47	34~37	291
最小点火能量(μJ)	240	—	290	20

热值是单位质量的燃料完全燃烧释放出的热量。与汽油和柴油相比,虽然天然气的热值较高,但是天然气与空气形成的混合气的热值较低。真正决定内燃机动力性的是单位气缸容积的混合气热值。由于天然气的理论空燃比是 17.25,高于轻柴油的 14.5。因此,天然气单位体积的混合气热值有所下降,比柴油低 18.3%,比汽油低 16.3%。这是天然气内燃机功率损失的主要原因。

按照不同的燃气进气方式,天然气内燃机可分为机械混合器进气、电控混合器进气、电控喷射进气。喷射进气又分为进气道单点喷射、多点顺序喷射、缸内直接喷射;按照引燃方式可分为火花塞点燃式和柴油引燃式;按照空燃比可分为当量混合比燃烧方式和稀薄燃烧方式。

汽油机和柴油机在运行时,燃油在进入气缸的过程中会因蒸发和汽化而吸收热量。天然气作为气体燃料则无此效应,因此相对来讲热负荷会更高,尤其是在当量燃烧时。采用稀薄燃烧时,过量的空气能够增加混合气的比热容,降低缸内温度和热负荷。

当量混合比燃烧是将天然气和空气在进气冲程中形成均质混合气,并由火花塞点燃,把过量空气系数控制在 1 附近,采用三元催化器处理 NO_x、HC(主要成分是未燃甲烷)和 CO 等排放污染物。稀薄燃烧是通过空燃比闭环控制,将过量空气系数控制在 1 以上和失火极限以下,通常为 1.3~1.8,并采用 SCR 装置处理 NO_x 排放物,并采用 DOC 处理 HC 和 CO 排放,类似柴油机的后处理装置。由于稀薄燃烧时,混合气点火困难,因此需要较高的点火能量。混合气过稀也会导致未燃碳氢排放增加。研究表明,在内燃机中,稀薄燃烧所需的点火能量是当量混合比燃烧的 1.5 倍,而当量混合比燃烧所需的点火能量是汽油燃烧的 3 倍。天然气内燃机的柴油引燃指在活塞到达压缩上止点之前先向缸内喷射少量柴油,通过柴油自燃而点燃难以被压燃的天然气。柴油引燃相当于多个火源同时着火,其点火能量远大于火花塞点火,有利于加强天然气的火焰传播速度,提升燃烧效率。

在几种天然气内燃机采用的燃烧技术中,当量混合比燃烧的点火方式受到爆震的限制,内燃机压缩比不能太高,而且由于缸内温度高、传热损失大,内燃机热效率较低;稀薄燃烧由于空气量大,无节流泵气损失,缸内混合气的热力学过程的等熵指数增大,燃烧温度低,排气温度和热负荷降低,可以在不发生爆震的情况下,增大内燃机压缩比,提高热效率;点燃式天然气内燃机的缺点是排气温度较高,影响内燃机可靠性,而且由于主要采用在进气系统喷射燃料的方式,内燃机的充量因数比直喷内燃机低大约10%,导致动力性不足,体现在以相同的排量却达不到柴油机的扭矩水平;柴油引燃式天然气内燃机能够克服上述缺点,其采用高压缩比和较大的过量空气系数,因此点火可靠、内燃机热效率高。

满足国五排放标准的点燃式天然气内燃机普遍采用稀薄燃烧加 DOC。满足国六排放标准的重型 LNG 发动机很多采用当量混合比燃烧加 EGR 和三元催化器技术,也有一些发动机采用稀薄燃烧加 SCR、DOC。国六排放法规对后处理系统的要求更高,采用稀薄燃烧方式难以满足要求,必须采用当量混合比燃烧加 EGR、三元催化器,才能满足排放要求。天然气内燃机几乎没有颗粒物排放,因此无须加装 DPF。

天然气内燃机的燃烧温度高,气缸壁面处的机油蒸发量增大。另外,采用当量混合比燃烧的天然气内燃机采用进气节气门控制进气量,导致在低速低负荷时缸内出现负压,造成机油从活塞环开口处的窜入量增大。因此,与柴油机相比,一些天然气内燃机的机油消耗量会增大,需要对活塞环进行优化设计。由于天然气对气门没有润滑作用,而且由于排气温度较高,气门与座圈之间容易产生严重磨损,需要在座圈角度等结构设计和润滑油灰分上进行优化。气体燃料燃烧产生的较高温度容易导致润滑油被氧化和硝化而产生油泥,并使润滑油中的金属清净剂产生金属盐结垢。因此,燃气内燃机要求润滑油具有良好的油泥分散性。由于甲烷的温室气体效应远大于二氧化碳,因此必须重视天然气内燃机中甲烷从气门重叠角处逃逸的现象。甲烷逃逸量与天然气喷射方式、气门重叠角大小、进排气歧管压力差有关。另外,燃气内燃机的缸内温度较高,内燃机散热量较大,冷却系统需要具有足够的冷却能力,以防止水箱过热。

1.5.6　生物质气内燃机

与自然界形成的天然气资源不同,生物质能源是继石油、煤炭、天然气之后的第四大能源,属于可再生能源,主要包括沼气和合成气,如图 1.31 所示。合成气产生于垃圾或固体废物高温热解气化,含有大量 H_2(占 50%~60%)和 CO_2,以及少量 CH_4(大约占 8%)和 CO。由于没有氮气,生物质气的热值是 13~18 MJ/m^3,远高于其他非甲烷类合成气的热值(6 MJ/m^3),但与甲烷类燃气相比仍属于低热值燃气。由于原料本身含氢量高,并利用了水蒸气余热,因此合成气中氢气的组分很高。另外,合成气中含有较多的 CO_2 组分,在富氢特征上类似于焦炉煤气(H_2+CO)、掺氢天然气(CH_4+H_2)、掺氢沼气(CH_4+CO_2+H_2)和纯氢气。

通常,合成气经过除焦油、除水分和除尘,并经冷却后送进内燃机发电。高氢合成气中的氢气具有在稀薄燃烧条件下促燃的作用,但也有进气管回火和排气管"放炮"的风险。高氢含量造成的回火和"放炮"问题能够依靠缸内进气混合或缸内直喷、优化气门重叠角、增强涡轮增压扫气等设计措施予以解决。

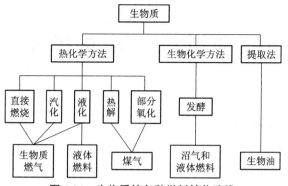

图 1.31 生物质的各种燃料转化路线

由于合成气燃料的 RON 较高,因此合成气燃料内燃机的压缩比较汽油机高一些。实际上,气体燃料内燃机的抗爆性一般不用 RON 表征,而用甲烷值(Methane Number, MN)表征。合成气燃料的十六烷值低,着火温度高,难以实现压燃。因此,合成气燃料内燃机需要使用火花塞点火或柴油引燃。与理论混合气热值相比,稀混合气的热值更低,浓混合气的热值更高。内燃机燃用稀混合气时,燃料消耗量较低;燃用浓混合气时,内燃机的功率更大,因为功率正比于混合气的热值。类似于天然气内燃机,合成气燃料在气缸内会占很大一部分体积,使得进入气缸的空气体积减小,造成空气量不足和功率下降。由于合成气燃料的着火温度高,所以在低负荷时容易发生燃烧困难,造成 CO 和 HC 排放较多。合成气燃料内燃机的高原性能比液体燃料内燃机差,因为可燃气体会因压力下降而导致体积增加,使单位体积内的热值降低。

综上所述,高氢热解合成气燃料是一种具有独特优点的新型、优质的气体燃料,包括三个主要优点:高氢气含量、高 CO_2 含量、高热值(相比于其他合成气)。高氢气含量能够促燃并提高燃烧品质和内燃机热效率;高 CO_2 含量能够增强抗爆能力和抑制 NO_x 排放,并有助于实现涡轮增压;高热值能够提高内燃机功率。这种燃料具有结合氢气和 CO_2 的优点,辅之以 CO 和 CH_4,且无 N_2,在内燃机动力性、燃气消耗率、污染物排放等方面具有非常优越的综合性能。另外,在合成气燃料方面,燃料设计的概念变得日益重要。合成气热解装置能够通过改变热解条件,灵活地调整燃气组分,并按照内燃机的需求优化燃气中的各组分比例,制造出性能优越的新型气体燃料。

第2章　内燃机的耐久性设计基础

2.1　内燃机零部件的热机械强度

内燃机零部件的工作环境具有特殊性,除了承受机械负荷外,还承受热负荷,而且这些负荷通常具有较大的随机性和循环周期性。热机械强度和磨损是影响内燃机耐久性的最重要的两个方面。热机械强度又分为热损伤、静强度、疲劳强度等。

2.1.1　内燃机的机械负荷和热负荷

2.1.1.1　机械负荷

零部件在工作过程中要承受机械负荷的作用。在力的作用下,零部件将产生机械应力和变形。当机械应力超过一定限度时,零部件将发生断裂性破坏;当变形超过一定限度时,零部件之间的相互配合关系将被破坏。所有这些失效模式都会使零部件失去工作能力。因此,在设计内燃机零部件时,需要了解该零部件在工作过程中的受力情况。

内燃机零部件的机械负荷分为弹簧引起的压力、转速引起的惯性力、气体载荷引起的气压力等。在本书的第3章"内燃机动力学"和第4章"内燃机的振动与噪声"中将详细介绍机械负荷的特征。值得注意的是,气缸内的气体载荷是由内燃机的空气系统设计所决定的,与发动机的性能密切相关。例如,扭矩越高,往往要求更高的增压压力和缸内气压。气体载荷通常是作为系统设计的耐久性约束条件予以指定。

2.1.1.2　热负荷

内燃机的不同零部件在工作过程中所承受的机械负荷和热负荷均有所不同。例如,曲轴和连杆等主要承受机械负荷,而气缸盖、气门、活塞和气缸套等因与高温气体直接接触,在承受机械负荷的基础上,还需承受严酷的热负荷。热负荷随着内燃机小型化和升功率密度逐渐增大而不断加剧,给内燃机零部件的设计带来了新的挑战。因此,进行内燃机零部件设计时需要特别注意热负荷导致的损伤和故障。

内燃机的热负荷可以用传热量(热通量)、温度差、温度梯度、温度等参数来表示。其中,温度可以是金属温度(一般在零部件设计时采用),也可以是气体温度(一般在系统设计时采用)。例如,在内燃机空气系统设计指标中制订的耐久性约束条件,通常包括排气歧管气体温度和压气机出口空气温度,二者是发动机热负荷在系统层面的表征。

现以气缸为例,讨论零部件的热负荷问题。可将气缸壁表面的一小块区域近似视为一个平面,它与高温气体相接触,主要通过对流换热将气体的热量 Q_{id} 传给气缸壁。假设气体温度 t_g(℃)与气缸壁内表面金属温度 t_{id}(℃)均为定值,则气缸壁内表面的受热量 Q_{id}(J)可表示为

$$Q_{id} = \alpha_g(t_g - t_{id})A_{id}\tau \qquad (2.1)$$

气缸壁内表面的受热强度 q_{id}[J/(m²·h)]可表示为

$$q_{id} = \frac{Q_{id}}{A_{id}\tau} = \alpha_g (t_g - t_{id}) \tag{2.2}$$

式中　A_{id}——气缸壁内表面的面积(m²);

　　　α_g——从气体到气缸壁内表面的传热系数 [J/(m²·h·K)];

　　　τ——传热时间(h)。

传热系数 α_g 的数值可由实验确定,或用经验公式近似计算。内燃机缸内传热系数的常用经验公式为

$$\alpha_g = C_1 \times \frac{p^{0.8}}{D^{0.2} T^{0.53}} (C_2 C_m + C_3)^{0.8} \tag{2.3}$$

式中　C_1、C_2、C_3——常数;

　　　C_m——活塞平均速度;

　　　D——气缸直径;

　　　p 和 T——缸内气体的压力和温度。

由此可以看出,随着内燃机工作过程强化(增压)程度的增强,缸内气体的压力和温度会上升,零部件的受热量将增加。活塞平均速度越高,气缸内的气体流动速度和湍流扰动就越加剧,传热系数越大。

如果冷却系统不能及时带走零部件的受热量 Q_{id},零部件的温度就会持续上升。冷却系统带走热量以防止内燃机过热,代表着一种热损失。如果想减少热损失,就需要减小 Q_{id}。由式(2.2)可以看出,在 q_{id} 相同的条件下,减小 Q_{id} 的措施是减小缸内传热面积(如将燃烧室设计得更紧凑)或提高发动机转速(减少每个工作循环时间)。

为了防止气缸壁的温度过高,应对气缸外壁进行冷却。假设气缸外壁上一小块传热面积为 A_{od}(也近似为平面),温度是 t_{og}(℃),冷却介质温度是 t_w(℃),则传给冷却介质的热量和气缸外壁的受热强度可表示为

$$Q_{od} = \alpha_{od} (t_{od} - t_w) A_{od} \tau \tag{2.4}$$

$$q_{od} = \frac{Q_{od}}{A_{od}\tau} = \alpha_{od} (t_{od} - t_w) \tag{2.5}$$

式中　α_{od}——气缸壁外表面到冷却介质的传热系数。

α_{od} 值随所用冷却介质的种类、流速和零部件外表面的情况等因素而改变。内燃机有两种冷却方式,分别为采用冷却液的液冷和采用冷却空气的风冷。在液冷时,α_{od} 约为21 000 J/(m²·h·K);在风冷时,α_{od} 为 80~630 J/(m²·h·K)。由于风冷的传热系数较小,为了能够有效散热,通常需要在气缸外壁上设置散热片,以增大散热面积,并通过散热片的合理设计和提高吹过散热片的空气流速,提高传热系数。

在零部件壁面的金属层内部,热量由高温侧传向低温侧,这个过程就是热传导,如图 2.1所示。稳态导热量可表示为

$$Q = \frac{\lambda}{S} (t_{id} - t_{od}) A\tau \tag{2.6}$$

式中　Q——导热量(J);

　　　A——传热面积(m²);

　　　S——零部件的壁厚(m);

λ——零部件材料的导热系数 $[J/(m\cdot h\cdot K)]$，如铸铁的 λ 值为 170~190 $J/(m\cdot h\cdot k)$，铝合金的 λ 值约为 540 $J/(m\cdot h\cdot K)$；

t_{id} 和 t_{od}——零部件内、外表面的金属温度（℃）；

τ——传热时间（h）。

式（2.6）可改写为

$$\frac{t_{id}-t_{od}}{S}=\frac{Q}{A\tau}\cdot\frac{1}{\lambda}=\frac{q}{\lambda} \tag{2.7}$$

式中　$\dfrac{t_{id}-t_{od}}{S}$——零部件壁面的温度梯度；

q——热流强度 $[J/(m^2\cdot h)]$，由下式计算：

$$q=\frac{Q}{A\tau} \tag{2.8}$$

如前所述，正是温度梯度使零部件产生热变形和热应力。如式（2.7）所示，减小零部件中温度梯度的措施是减小热流强度 q 和采用导热系数 λ 大的材料。

若将式（2.7）改写为

$$t_{id}-t_{od}=\frac{q}{\lambda}\cdot S \tag{2.9}$$

则可以看出，当其他条件相同时，零部件的壁厚 S 越大，则内外壁之间的温度差就越大。从减小内壁温度和热应力的角度看，使用薄壁比较好。

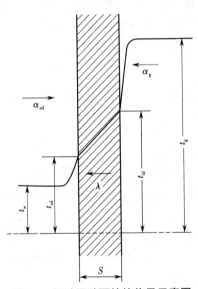

图 2.1　经过平壁面的热传导示意图

2.1.2　热损伤的主要形式

内燃机零部件的热损伤指各零部件在热负荷的直接或间接作用下导致失效而无法正常工作。根据热负荷的作用方式，热损伤的主要失效模式为热应力断裂、热变形、热烧蚀和热磨损、热氢脆、热疲劳。

2.1.2.1　热应力断裂

材料的物理特性如弹性模量、膨胀系数等通常随温度的变化而变化。当内燃机的环境温度快速或大幅改变时,零部件材料的性质可能会发生非单调且不可逆的变化。当零部件的温度超过某极限值时,材料的力学特性会急剧恶化,尤其是在机械负荷和热负荷的双重作用下,该温度极限值会被轻易超越,造成应力过高,发生断裂损伤。对于碳素结构钢,这个温度极限值是 350~400 ℃,如图 2.2 所示;对于一般铝合金,该值是 100~150 ℃,如图 2.3 所示。

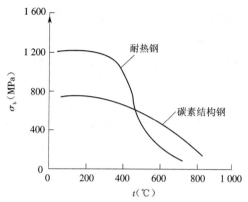

图 2.2　钢的极限强度随温度的变化趋势

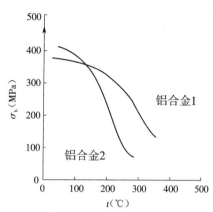

图 2.3　铝合金的极限强度随温度的变化趋势

2.1.2.2　热变形

在内燃机工作过程中,零部件各部分的受热强度通常不一致,会导致零部件内部各处的温度出现差异,进而造成零部件各处的膨胀量不同,从而发生变形,称为热变形,如图 2.4 所示。如果零部件的构造使各部分不能自由地产生热变形,则在零部件内部将会产生应力,称为温度应力或热应力,如图 2.5 所示。与热应力造成的断裂损伤不同,热变形对精细装配组件的正常运行影响更大,并会加剧在机械负荷下的变形。如果在设计过程中考虑不周,热变形会造成运动副卡死或应变集中等现象。

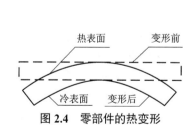

图 2.4　零部件的热变形

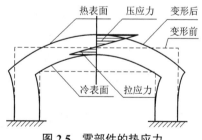

图 2.5　零部件的热应力

2.1.2.3　热烧蚀

热负荷对磨损的影响通常是基于机械磨损的。高温会恶化零部件表面的润滑,使磨损加剧。当零部件的表面温度超过允许值时,附在零部件表面上的机油将失去黏性、被碳化,甚至被烧掉。因此,做相对滑动的零部件表面会因失去正常润滑而遭到破坏。当零部件的表面温度过高时,甚至超过其自身或合金材料中部分成分的熔点时,零部件会出现带有熔化烧糊现象的损伤,即热烧蚀。在内燃机中,比较典型的热磨损和热烧蚀是缸套的熔着和拉缸现象。

2.1.2.4 热氢脆

热应力断裂、热变形、热烧蚀损伤模式均是基于热负荷和机械负荷的叠加影响,而氢脆现象则主要归因于热负荷本身。氢脆是在材料加工过程中,有部分氢元素渗入零部件的材料内部,在受到热负荷作用时,尤其是在高温冲击下,被氢气渗透的局部材料的脆性会大幅度提高,导致其整体抗冲击应力的能力下降,造成损伤。

2.1.2.5 热疲劳

热疲劳是金属材料在循环和反复变动的热负荷条件下产生的疲劳损坏现象。热疲劳损伤受众多因素的影响,包括材料本身的晶粒粗细、强度、塑性、热负荷冲击性和反复性、组合材料的膨胀系数等。内燃机零部件的工作环境通常是往复多变的,温度梯度急剧变化。由于大量零部件由复合材料制成,因此热疲劳损伤是零部件耐久性设计中必须考虑的一个问题。

除了上述介绍的热损伤形式外,内燃机工作过程中还存在热腐蚀和高温蠕变等热负荷造成的零部件损伤现象。内燃机零部件的热损伤是包括机械负荷和热负荷在内的多种因素共同影响的结果,而且损伤形式表现为多样化并存的复杂情况。在这些热损伤形式中,最具有代表性的是热疲劳。因此,热疲劳强度在零部件设计中尤为重要。

2.1.3 内燃机零部件的疲劳强度

内燃机的大多数零部件在工作过程中要承受交变的机械负荷作用,产生机械应力和机械变形。当机械应力超过一定限度时,零部件将产生疲劳损伤,甚至发生断裂,如曲轴、连杆等典型的受力零部件。当机械变形超过一定限度时,零部件之间的相互配合关系将被破坏。活塞、气缸套、气缸盖、排气门等零部件在工作中除了承受机械载荷外,还与高温燃气直接接触,因而受到较大的热负荷作用。当温度超过某极限值时,零部件材料(尤其是活塞铝合金材料)的力学性能会急剧下降。除了机械应力外,受热零部件中各处温度的不同还会导致热应力的产生。另外,受热零部件的热负荷会随着发动机工况的变化而改变,从而产生热疲劳损伤。例如,内燃机的缸盖鼻梁区和柴油机的活塞燃烧室的凹坑边缘处可能会由于交变的热负荷作用而产生热疲劳损伤。

为了保证内燃机零部件在机械负荷和热负荷作用下能够可靠地工作,在设计阶段就需要分析零部件的耐久性。考虑到内燃机零部件的工作应力和材料强度都存在一定的离散性,使用可靠性理论并利用概率统计方法来评估零部件的安全程度和寿命更为合理和全面。但是,在耐久性分析领域引入可靠性工程的前提是需要准确掌握零部件应力和材料强度的统计数据分布情况,而这种分析工作具有很大的难度。因此,对于机械负荷和热负荷情况极为复杂的发动机主要零部件来讲,在疲劳强度设计方面还存在很多有待深入研究的问题。

2.1.3.1 静强度

传统的静强度计算不考虑交变载荷的变化特征,只首先求出零部件在危险部位的最大工作应力,然后根据材料的静强度数据,结合工程经验,在留有一定的强度储备的情况下,确定零部件的承载能力。一般来讲,许用应力或许用安全系数是用来判断零部件耐久性的设计参数。静强度计算主要针对受静载荷的零部件。对于一些不太重要的承受交变载荷的零部件,也可以采用静强度方法进行计算,然后再根据其工作条件,乘以一个大于 1 的动载系数予以修正。静强度计算有时还用于对承受交变载荷的零部件的初步计算。

承受静载荷的零部件主要有屈服和断裂两种失效模式。材料的失效形式与应力状态有关。同一种材料在不同的应力状态下,会呈现出不同的失效形式。不同的材料在相同的应力状态下,也会呈现出不同的失效形式。

屈服是剪应力作用过大的结果。普通低碳钢试件在拉伸实验中,当应力达到材料的屈服极限后,会出现屈服现象。材料在发生屈服后,应力基本保持不变,而拉伸变形继续增长。在光滑试件表面,可以看到与轴线成 45° 角的一系列滑移线。这是由于最大剪应力是作用在 45° 斜截面上,而材料是沿着最大剪应力的作用面产生滑移的。当发生屈服时,零部件变形中的大部分变形都是不可恢复的塑性变形。

断裂包括脆性断裂和韧性断裂两种形式。脆性断裂是拉应力过大的结果,在断裂中没有明显的塑性变形产生。例如,铸铁试件在拉伸实验中,会沿着最大拉应力作用的横截面拉断;铸铁试件在受扭转时,大致会沿着 45° 方向的螺旋线拉断,这也是最大拉应力的作用结果。至于韧性断裂,由于在断裂前材料已经发生了屈服,可以按照屈服破坏进行分析。

简单杆件在承受轴向拉、压作用时,材料处于单向应力状态。这种在单向应力状态下的强度条件可以直接通过实验建立。简单杆件的工作应力应小于材料的许用应力 $[\sigma]$。许用应力一般是由材料实验得到的屈服强度 σ_y 或抗拉强度 σ_b 除以安全系数 n 得到:

$$\sigma_1 \leqslant [\sigma] \tag{2.10}$$

$$[\sigma] = \frac{\sigma_y}{n} \tag{2.11}$$

$$[\sigma] = \frac{\sigma_b}{n} \tag{2.12}$$

在复杂应力状态下,零部件材料单元体的三个主应力 σ_1、σ_2、σ_3 可以具有任意的比值。在某一特定比值下,由直接实验得出的破坏条件对于其他比值一般不适用。因此,不能直接通过实验方法来确定在复杂应力状态下的破坏条件。对于处于复杂应力状态下的零部件,已有多种在实验资料和实践经验基础上提出的强度理论。

1)最大拉应力理论,也称为第一强度理论。该理论认为材料的断裂取决于最大拉应力,即处于复杂应力状态下的材料的三个主应力中的数值最大的 σ_1 在达到材料的强度极限时,材料就发生断裂。该理论适用于某些承受拉应力的脆性金属材料,如铸铁。最大拉应力理论的计算公式为

$$\sigma_1 \leqslant \frac{\sigma_b}{n} \tag{2.13}$$

2)最大剪应力理论,也称为第三强度理论。该理论认为材料的屈服取决于最大剪应力,即处于复杂应力状态下的材料,只要其最大剪应力达到某极限值,材料就发生屈服而进入塑性状态,而这一极限值是在材料拉伸实验中出现屈服时的最大剪应力的一半。该理论适用于某些塑性金属材料的屈服条件,称为屈雷斯加(Tresca)屈服条件。最大剪应力理论的计算公式为

$$\sigma_1 - \sigma_3 \leqslant \frac{\sigma_y}{n} \quad\quad\quad (2.14)$$

3）歪形能理论，也称为第四强度理论。该理论认为单元体储存的歪形能密度达到某极限值时，材料就会发生屈服。根据该理论得到的材料处于复杂应力状态下的屈服条件为

$$\sqrt{\frac{1}{2}\left[(\sigma_1 - \sigma_2)^2 + (\sigma_2 - \sigma_3)^2 + (\sigma_3 - \sigma_1)^2\right]} \leqslant \frac{\sigma_y}{n} \quad\quad (2.15)$$

此屈服条件又称为冯·米塞斯（Von Mises）屈服条件。目前，对于塑性材料，推荐采用冯·米塞斯屈服条件，但屈雷斯加屈服条件也能给出比较满意的结果。

2.1.3.2　疲劳强度

（1）疲劳应力循环

内燃机零部件在工作中承受的载荷往往是变化的。例如，在稳态工况下，内燃机缸内压力载荷以一个工作循环为周期发生高频变化，对应的零部件应力呈周期性变化。在高频变化的应力作用下，内燃机零部件（如曲轴、连杆和活塞等）可能会产生疲劳破坏。作用在内燃机零部件上的这种大小和方向呈现周期性或不规则变化的载荷称为疲劳载荷。零部件在疲劳载荷作用下的应力也是变化的，称为疲劳应力。应力变化的一个周期称为一个应力循环。图 2.6 所示的按正弦规律变化的应力。

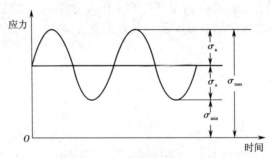

图 2.6　按正弦规律变化的应力

应力循环一般可用循环中的最大应力 σ_{max} 和最小应力 σ_{min} 来描述，也可以用平均应力 σ_m 和应力幅 σ_a 来描述。其中，平均应力 σ_m 可以看作是应力循环中不变的静态分量，而应力幅 σ_a 是应力循环中的交变分量。上述这些应力之间的关系可以表示为

$$\sigma_m = \frac{\sigma_{max} + \sigma_{min}}{2} \quad\quad\quad (2.16)$$

$$\sigma_a = \frac{\sigma_{max} - \sigma_{min}}{2} \quad\quad\quad (2.17)$$

由式（2.16）和式（2.17）可得：

$$\sigma_{max} = \sigma_m + \sigma_a \quad\quad\quad (2.18)$$

$$\sigma_{min} = \sigma_m - \sigma_a \quad\quad\quad (2.19)$$

可以看出，在应力循环中的最大应力 σ_{max} 和最小应力 σ_{min}、平均应力 σ_m 和应力幅 σ_a，它们是两两独立的。因此，零部件的交变应力可以用最大应力 σ_{max} 和最小应力 σ_{min} 来表示，也可以用平均应力 σ_m 和应力幅 σ_a 来表示。

应力循环特征通常用应力比 R 来表示，其表达式为

$$R = \frac{\sigma_{min}}{\sigma_{max}} \qquad (2.20)$$

当 R=-1 时，σ_{min}=-σ_{max}，此时的应力循环称为对称应力循环。当 R=0 时，σ_{min}=0，称为脉动应力循环，此时 σ_m=σ_a=0.5σ_{max}。当 R=1 时，σ_{min}=σ_{max}，σ_a=0，此时的应力为静态应力。静态应力可以看作是交变应力的一种特例。

（2）疲劳破坏的特点与疲劳载荷分类

零部件在疲劳载荷作用下破坏的特征与在静载荷作用下破坏的特征有很大不同，其主要特点如下。

1）一般来讲，材料的疲劳极限远小于材料的抗拉强度极限。例如，45 号钢的弯曲疲劳极限为 300 MPa，而它的抗拉强度极限为 620 MPa。

2）不论脆性材料还是塑性材料，在发生疲劳断裂时，在宏观上都没有呈现出明显的塑性变形。

3）通常，应力循环次数达到几十万次甚至几百万次时，材料才会发生疲劳断裂，即疲劳断裂是一个损伤累积的过程。

4）疲劳断裂在宏观和微观上具有典型特征：断口上会呈现光滑的裂纹扩展区和粗糙的脆性断裂区。裂纹扩展区一般会有贝壳状的花纹，如图 2.7 所示。通过分析零部件的断口特征，能够帮助判定是否为疲劳断裂。

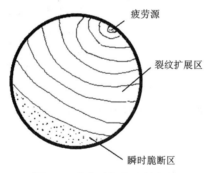

图 2.7　疲劳破坏断口特征

疲劳破坏可分为热疲劳和机械疲劳，如图 2.8 所示。热疲劳是由于温度的循环变化而引起应力和应变发生循环变化，并由此产生的疲劳破坏。机械疲劳是零部件在交变机械应力作用下引起的疲劳破坏。机械疲劳根据载荷的形式又可分为振动疲劳、轴向拉压疲劳、接触疲劳、扭转疲劳、弯曲疲劳、复合应力疲劳等。

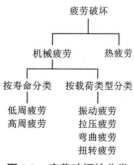

图 2.8　疲劳破坏的分类

根据零部件发生疲劳破坏前所经历的循环次数,疲劳破坏还可以分为高周疲劳(High Cycle Fatigue, HCF)和低周疲劳(Low Cycle Fatigue, LCF),如图 2.9 所示。一般认为,产生疲劳破坏时,循环次数 N 在 10^4~10^5 以下的属于低周疲劳,循环次数在 10^4~10^5 以上的属于高周疲劳。材料在低周疲劳和高周疲劳模式下表现出不同的性质。在高周疲劳时,材料所受的交变应力远低于屈服极限,应力与应变之间的关系是线性的,属于弹性变形。相比之下,低周疲劳时的应力比较大,接近或超过材料的屈服极限,且材料在每一个应力循环中都会产生一定量的塑性变形和较大的应变,应力和应变之间不再是线性关系。

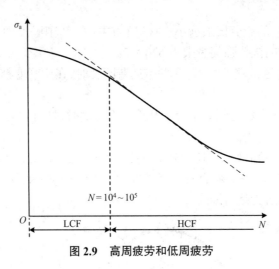

图 2.9 高周疲劳和低周疲劳

内燃机的大多数零部件(如曲轴、连杆、活塞等)主要承受高周疲劳载荷。少数零部件,如气缸盖鼻梁区、柴油机活塞燃烧室的凹坑边缘、排气歧管等,由于受很高的热负荷,发动机的工况变化会引起这些零部件的热状态反复发生变化,从而承受一定的低周热疲劳载荷,但这些零部件仍然主要受高周疲劳载荷影响。

(3)材料的疲劳极限

交变应力作用下的金属材料疲劳强度常用 $\sigma\text{-}N$ 曲线或疲劳极限来衡量。在一定的应力循环特征值 R 下,材料能够承受无限次应力循环而不发生破坏的最大应力,称为在这一循环特征值下的疲劳极限。材料的疲劳极限需要通过实验测试得到,而实验中不可能做到无限次应力循环,而是规定一个足够大的有限循环次数 N(也称为循环寿命)。

1)材料的 $\sigma\text{-}N$ 曲线。

在测定钢的 $\sigma\text{-}N$ 曲线的实验中,使用一组标准尺寸的试件,施加具有某个应力比 R 值和不同的最大应力 σ_{max} 的交变应力,直到试件破坏,记录不同的最大应力 σ_{max} 造成各试件破坏时的循环次数 N。以最大应力 σ_{max} 为纵坐标,以循环次数 N 为横坐标,可以得到钢的 $\sigma\text{-}N$ 曲线。在对数坐标系中,$\sigma\text{-}N$ 曲线可用一段斜线和一段水平直线组成的线条来近似,如图 2.10 所示。其中,斜线和水平线交点对应的 $N=10^7$。将该处对应的循环最大应力 σ_{max} 作为材料在指定循环特征值 R 下的疲劳极限 σ_r。可以看出,当循环次数 $N>10^7$ 时,$\sigma\text{-}N$ 曲线可看作是一条水平曲线。这意味着当 $\sigma=\sigma_r$ 时,试件经过 $N_0=10^7$ 次循环后就会破坏。当 $\sigma>\sigma_r$ 时,试件经过有限次循环后($<10^7$)就会破坏。而当 $\sigma<\sigma_r$ 时,试件经过无限多次循环后也不会破裂,具有无限寿命。结构钢和其他铁基合金的 $\sigma\text{-}N$ 曲线也具有相同的特征。需要指出的是,

由于疲劳实验中每个试件的疲劳循环次数并不完全相同，$\sigma\text{-}N$ 曲线一般表示标准试件存活率为 50% 的循环寿命的 $\sigma\text{-}N$ 曲线。

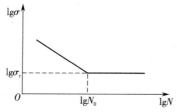

图 2.10　钢的 $\sigma\text{-}N$ 曲线（对数形式）

对于铝合金等有色金属来讲，$\sigma\text{-}N$ 曲线没有水平段，而是向下无限倾斜，可以人为规定 $N_0 = 5 \times 10^7 \sim 5 \times 10^8$ 为疲劳极限。对于这类材料，需要注意的是，规定的循环次数不同，疲劳极限也就不同，如图 2.11 所示。

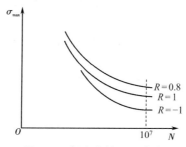

图 2.11　铝合金的 $\sigma\text{-}N$ 曲线

$\sigma\text{-}N$ 曲线与实验中的应力比 R 值有关。在应力比 $R=-1$ 时得到的疲劳极限称为对称循环的疲劳极限，常用 σ_{-1} 表示。在应力比 $R=0$ 时得到的疲劳极限称为脉动循环的疲劳极限，常用 σ_0 表示。如果没有特殊说明，$\sigma\text{-}N$ 曲线一般是指从对称循环（$R=-1$）的疲劳实验中得到的，即疲劳极限一般指的是 σ_{-1}。

2）材料的疲劳极限线。

如果改变应力比 R 值进行疲劳实验，材料疲劳破坏的循环次数是不同的，会得到一组不同的 $\sigma\text{-}N$ 曲线，如图 2.12 所示。其中，直线 $N=10^7$ 与这些 $\sigma\text{-}N$ 曲线的交点分别为 A、C、D，对应的 σ_{max} 代表了在指定的疲劳循环次数 $N_0=10^7$ 时，不同的应力比 R 值时的疲劳极限。

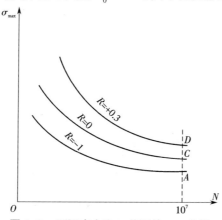

图 2.12　不同应力比 R 值下的 $\sigma\text{-}N$ 曲线

　　根据图 2.12 中的 A、C、D 点对应的 σ_{max} 和 R 值,可以求得对应的 σ_m、σ_a。可在图 2.13 中标出 A、C、D 点,并连成曲线。曲线 $ACDB$ 是在不同的应力比 R 值下循环寿命为 $N_0=10^7$ 的疲劳极限,称为疲劳极限线。该线上所有的点都具有相同的疲劳寿命,因此疲劳极限线又称为等寿命线,可认为等寿命线上的所有点的应力都是等效的。落在曲线 $ACDB$ 外的点所对应的应力大于材料的疲劳极限,循环寿命小于 10^7。落在此曲线内部的点对应的循环应力小于材料的疲劳极限,循环寿命大于 10^7。

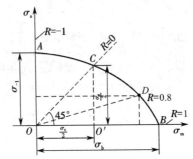

图 2.13　不同应力比 R 值下的疲劳极限

　　由式(2.18)至式(2.20)可知 $\dfrac{\sigma_a}{\sigma_m}=\dfrac{1-R}{1+R}$,如图 2.13 中过原点的直线的斜率为 k,则有

$$k=\frac{\sigma_a}{\sigma_m}=\frac{1-R}{1+R} \tag{2.21}$$

　　可见图 2.13 中不同斜率的直线对应不同的应力比 R,同一直线上的所有点具有相同的应力比。该直线和曲线 $ACDB$ 的交点所对应的横纵坐标之和为该应力比 R 值下的疲劳极限值。图中 A 点的平均应力 $\sigma_m=0$,是对称循环下的疲劳极限;C 点的应力幅 $\sigma_a=\sigma_m$,最小应力 $\sigma_{min}=0$,是脉动循环;B 点的应力幅 $\sigma_a=0$,是静态应力,σ_m 等于材料的强度极限 σ_b。可以认为材料在静载下的强度极限 σ_b 是疲劳极限的一种特例。

　　由于疲劳实验的成本很高,在大多数情况下,一般只进行对称循环疲劳实验($R=-1$),只能确定 A 点和 B 点。此时,可把疲劳极限线 $ACDB$ 简化为直线 AB,称为 Goodman 直线。如果还有脉动循环疲劳实验($R=0$)的数据,也可以将疲劳极限线 $ACDB$ 用折线表示。

　　直线 AB 为 Godman 疲劳极限线。如图 2.14 所示,在图中取任一点 $m(\sigma_m,\sigma_a)$,连接 O、m 两点,交直线 AB 于 M 点,则直线 OM 上的所有点都具有相同的应力比 R 值。M 点为该应力比 R 值时的疲劳极限点。

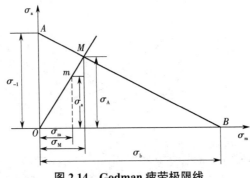

图 2.14　Godman 疲劳极限线

根据图 2.14 中 Goodman 疲劳极限线,如果定义不对称循环系数 $\psi_\sigma=\sigma_{-1}/\sigma_b$,直线 AB 上任意一点 $M(\sigma_A,\sigma_M)$ 的应力都可表示为

$$\sigma_{-1}=\sigma_A+\psi_\sigma\sigma_M \tag{2.22}$$

观察上式,通过引入不对称循环系数 ψ_σ 可将直线 AB 上的任意应力比 R 值下的非对称循环应力折算成对称循环应力来处理。同样地,在 OM 上任一点 $m(\sigma_m,\sigma_a)$ 的应力也可以折算为对称循环应力:

$$\sigma_{-1m}=\sigma_a+\psi_\sigma\sigma_m \tag{2.23}$$

也就是说,应用 Goodman 直线可将非对称循环应力折算成对称循环应力,方便采用 σ—N 曲线进行分析。Godman 直线形式简单,在工程上应用广泛,计算结果偏保守安全。

除了 Goodman 直线图外,在实际工程中还经常使用 Goodman-Smith 疲劳极限线图,如图 2.15 所示。它根据 Goodman 提出的线性经验公式,用直线代替实际的疲劳极限线,用屈服极限作为应力界限,对实际疲劳极限线图进行修正而得到。它的纵坐标不采用应力幅 σ_a,而是采用最大应力 $\sigma_{\max}$(正半轴)和最小应力 $\sigma_{\min}$(负半轴)。

只要知道材料的强度极限、屈服极限、对称循环下的疲劳极限,即可绘制出材料的 Goodman-Smith 图。图 2.16 展示了 Goodman-Smith 疲劳极限线图的画法[1]。其中,σ_b 是拉伸强度极限,σ_{yt} 是拉伸屈服极限,σ_{yc} 是压缩屈服极限,σ_{-1} 是对称循环疲劳极限。

Goodman-Smith 图中的 OI 为 45° 斜线,A 点和 E 点分别是在对称循环下的疲劳极限点 σ_{-1} 和 $-\sigma_{-1}$。以材料屈服作为疲劳强度的极限,用水平线 BC 与直线 AI 相交于 B 点,与直线 OI 相交于 C 点,过 B 点做垂线与横轴相交于 D 点,水平线 GF 与直线 OI 的反向延长线相交于 G 点。如果假设在压缩屈服前,平均应力不影响疲劳极限的应力幅值,就可以过疲劳极限点 A 和 E 分别做 OI 的平行线 AH 和 EF。直线 EF 与直线 GF 相交于点 F。直线 FH 与直线 EA 平行。连接 $ABCDEFGHA$,形成八边形,构成了材料的 Goodman-Smith 疲劳极限线图。

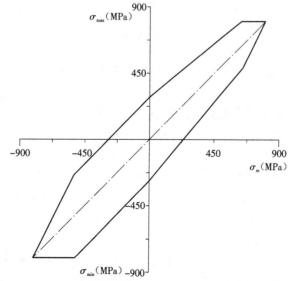

图 2.15　QT900 球墨铸铁的 Goodman-Smith 疲劳极限线图[2]

① 项彬,史建平,郭灵彦,等. 铁路常用材料 Godman 疲劳极限图的绘制与应用 [J]. 中国铁道科学,2002,23(4):72-76.
② 图片来源: AVL. AVL EXCITE Designer Version 6.1[EB/OL].(2004-06-01)[2020-09-10]. https://www.avl.com/excite/

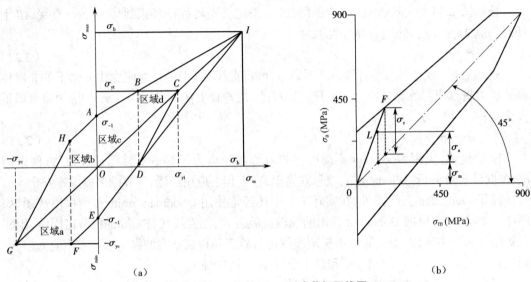

图 2.16　Goodman-Smith 疲劳极限线图

（a）Goodman-Smith 图的画法 ①　（b）Goodman-Smith 图的安全系数定义 ②

疲劳强度安全系数可以有多种定义方法。

应用 Goodman 方法,可将用两个变量 σ_m 和 σ_a 表达的 m 点的应力折算为在 $\sigma_m=0$ 的情况下的一个变量 σ_{-1m}。这样,在等效处理后,就能够借助静强度安全系数的概念,定义在 m 点处的疲劳强度安全系数为

$$n = \frac{\sigma_{-1}}{\sigma_{-1m}} = \frac{\sigma_{-1}}{\sigma_a + \psi_\sigma \sigma_m} \tag{2.24}$$

除了前述的 Goodman 方法借用静态强度安全系数方法外,应用 Goodman-Smith 图时,可以如图 2.16(b)那样固定应力比 R 值,通过比较应力幅值 σ_a 或最大应力 σ_{max} 的数值来确定安全系数。图 2.16(b)中直线 LF 上的点具有相同的应力比,其中点 F 对应的应力为 σ_r,点 L 对应的应力为 σ_a,按照固定应力比 R,比较应力幅的方法,点 L 对应的安全系数 $n_L = \dfrac{\sigma_r}{\sigma_a}$。

也可以固定平均应力 σ_m,比较应力幅值 σ_a 或最大应力 σ_{max} 来确定安全系数。因此,在评估疲劳强度安全系数时,一定要注意所采用的方法。

疲劳极限除了与应力比 R 值有关,还与施加在试件上的载荷形式有关。同一种材料在弯曲、拉压、扭转等不同载荷下的疲劳极限是不同的。例如,45 号钢的弯曲疲劳极限为 300~335 MPa,而扭转疲劳极限为 160~187 MPa。由于在实际工程应用中,承受弯曲交变应力的零部件较多,而且测定弯曲疲劳极限比较简单,所以弯曲疲劳极限最为常用。如果没有特殊说明,疲劳极限即指弯曲疲劳极限。如果载荷不是弯曲应力而是其他形式的应力,在采用弯曲疲劳极限时需要进行修正。

（4）实际零部件的疲劳强度

从标准试棒试验得到的材料的疲劳极限不能直接用于判断实际零件的疲劳强度,这是

① 图片来源: AVL. AVL EXCITE Designer Version 6.1[EB/OL].（2004-06-01)[2020-09-10]. https://www.avl.com/excite/

② 图片来源:项彬, 史建平, 郭灵彦, 等. 铁路常用材料 Goodman 疲劳极限线图的绘制与应用 [J]. 中国铁道科学, 2002, 23（4）:72-76.

因为实际零部件的结构形状、尺寸和表面加工情况等各不相同,这些因素都会影响其疲劳极限。实践经验表明,这些因素主要影响应力幅,但不影响平均应力。在实际零部件的疲劳计算中,可在 Goodman 疲劳安全系数定义的基础上,将前述因素的影响分别用有效应力集中系数、尺寸影响系数、强化系数等对公式进行修正。修正后的实际零部件疲劳强度安全系数可表示为

$$n = \frac{\sigma_{-1}}{\dfrac{k_\sigma}{\varepsilon_\sigma \beta}\sigma_a + \psi_\sigma \sigma_m} \tag{2.25}$$

式中　σ_{-1}——材料的疲劳极限;

　　　k_σ——有效应力集中系数;

　　　ε_σ——尺寸影响系数;

　　　ψ_σ——应力不对称循环系数;

　　　β——表面强化系数。

与光滑试件相比,在实际零部件的圆角、沟槽、孔、螺纹等截面突变的部位会产生应力集中。有效应力集中系数可以定义为

$$k_\sigma = \frac{光滑试件的疲劳极限}{同尺寸有应力集中的试件的疲劳极限} \tag{2.26}$$

用大直径的试件做疲劳实验时,疲劳极限随直径增大而降低。降低的程度用尺寸影响系数表示。尺寸影响系数定义为

$$\varepsilon_\sigma = \frac{大尺寸光滑试件的疲劳极限}{标准尺寸光滑试件的疲劳极限} \tag{2.27}$$

试件表面加工状态也影响疲劳极限。例如,粗车、精车、磨削等加工留下的加工痕迹,可以看成是微小的缺口,存在不同程度的应力集中,影响疲劳极限。此外,疲劳裂纹多产生在零部件表面。对零部件表面进行淬火、渗碳、氮化等表层处理后,可提高表层强度,从而提高疲劳极限。表面强化系数可定义为

$$\beta = \frac{实际表面状态的试件的疲劳极限}{表面磨光的标准试件的疲劳极限} \tag{2.28}$$

(5)多个载荷下的疲劳寿命

疲劳破坏是一个损伤累积的过程。对于单个等幅交变载荷,可以利用材料的 σ-N 曲线来估算在不同应力下达到疲劳破坏所需经历的循环次数。但是,零部件实际上在更多的情况下是交替承受多个应力。因此,不能直接使用 σ-N 曲线来估计其寿命,还需要借助疲劳损伤累积准则。工程中最常用的是疲劳损伤线性累积准则,又称为迈纳(Miner)准则。Miner 准则认为,在疲劳实验中,试件在给定的应力水平的反复作用下,所造成的损伤与应力循环次数成线性累积关系;当损伤达到某一临界值时,就会发生疲劳失效。

如图 2.17 所示,假设在材料的 σ-N 曲线上,在不同的应力 σ_1、σ_2、$\cdots$、σ_n 作用下,零部件达到疲劳破坏的循环次数分别为 N_1、N_2、$\cdots$、N_n。如果在材料的疲劳实验中,在应力 σ_1、σ_2、$\cdots$、σ_n 作用下的实际循环次数分别是 n_1、n_2、$\cdots$、n_n,根据 Miner 准则,零部件发生破坏的条件是

$$\frac{n_1}{N_1} + \frac{n_2}{N_2} + \cdots + \frac{n_n}{N_n} \geq 1 \tag{2.29}$$

Miner 准则存在一定缺陷,其未考虑各应力循环之间的互相影响以及较大应力引起的残余应力和应变硬化等因素的影响。尽管存在这些缺陷,但由于 Miner 准则简单方便,在工程上仍得到广泛应用。

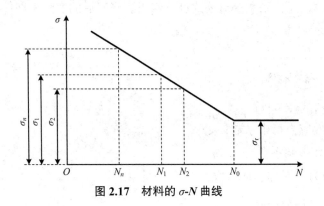

图 2.17　材料的 σ-N 曲线

(6)疲劳分析中随机载荷的处理

内燃机中的有些零部件承受随机载荷。例如,车辆中的发动机悬置系统所承受的应力 – 时间历程为一复杂的随机曲线。零部件的疲劳损伤主要与应力循环的应力幅值 σ_a、平均应力 σ_m 和循环次数有关。可以将随机应力折算为一系列具有一定循环次数的简单应力循环,而这些应力循环具有不同的应力幅值 σ_a、平均应力 σ_m 和循环次数 N。这一处理过程称为疲劳载荷计数。雨流计数法是目前应用最为广泛的疲劳计数方法,关于该方法的具体实现方式,可以参考相关文献。

2.2　内燃机零部件的润滑和摩擦

内燃机中的曲轴、连杆、活塞、配气机构等零部件包括很多滑动轴承、滚动轴承等摩擦副,它们的润滑、摩擦和磨损影响内燃机的性能、油耗和耐久性。其中,滑动轴承是具有代表性的部件,因此将其作为本节的重点论述对象。

在内燃机中,轴承是影响机器能否长期可靠运转的关键部分之一,这里主要指将曲轴支承在机体上的主轴承,及将连杆和曲柄销连接起来的连杆大头轴承。在内燃机运转过程中,上述轴承与轴颈之间,存在承载力作用下的高速相对运动。内燃机中使用最广泛的轴承类型是滑动轴承。与滚动轴承相比,滑动轴承的构造简单、尺寸紧凑、价格低廉。而且,如果设计得好,其摩擦损失甚至低于滚动轴承。在设计滑动轴承时,必须设法保证轴承与轴颈这对具有相对摩擦运动的零部件,即摩擦副,能够长期可靠工作,而不至于很快磨损并被摩擦热烧毁。为此,就应深入研究润滑问题。

除了上面所说的轴承外,在内燃机上还有很多其他摩擦副,如活塞与气缸壁、活塞环与气缸壁、活塞销与销座孔等。在设计这些零部件时,都必须保证润滑和减小磨损。本节除了讨论轴承设计外,也适当介绍与这些摩擦副设计密切相关的润滑和摩擦的理论问题。

2.2.1　摩擦

两个零部件的表面互相靠紧并做相对滑动的接触称为滑动摩擦。零部件间发生滑动摩擦时,在摩擦表面会产生阻碍相对滑动的力,称为摩擦力 F,其表达式为

$$F=fW \tag{2.30}$$

式中　W——使摩擦表面互相压紧的法向力,常称为载荷;

　　　　f——摩擦系数。

随着零部件表面接触情况的不同,可以出现不同类型的滑动摩擦:干摩擦、流体摩擦、边界摩擦。

2.2.1.1　干摩擦

干摩擦指在力的作用下,两个零部件表面的金属层直接靠紧并做相对滑动时的摩擦。干摩擦时的摩擦阻力很大,而且表面会很快磨损。这种现象可以用金属之间的锉切和黏着来解释。

零部件表面无论加工得多么光滑,如果把它放大来看,实际上仍是凹凸不平的。因此,当两个表面压靠在一起时,真正相接触并且承受作用力的是它们之间的突起部分,如图 2.18 所示。这使这些微小突起处的局部受力很大,产生塑性变形,也就是说,硬的一方会嵌入软的一方。两个表面在这种状态下做相对滑动,必然会产生金属之间的相互锉切。

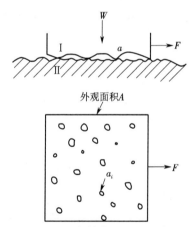

图 2.18　零部件表面的接触情况

金属之间的锉切需要消耗能量并因而发热。对于发生互相锉切的微小局部来讲,这个热量足以使它达到很高的温度,甚至瞬时达到金属的熔点。这样,在两个表面做相对滑动时,在表面上的各个微小局部就不断发生金属的瞬时熔化、凝结,然后再被拉断的过程。这时的摩擦阻力就是把各个微小的凝结在一起的局部再次拉断的力。干摩擦的摩擦系数 f 一般大于 0.1。由于上述原因,干摩擦的摩擦阻力和耐磨性就与两金属之间的硬度、熔点,以及两金属之间是否容易形成合金等因素有很大关系。

在内燃机上,应尽量避免在零部件之间出现干摩擦。也应考虑当零部件在不利条件下工作时(如缺乏润滑油和过热等),出现短暂的干摩擦情况的可能。防止零部件因干摩擦而很快被磨坏的措施之一,就是注意材料的配对,使做相对滑动的两零部件之间有一方的金属

硬度和熔点较低,并且在两种金属之间不易形成合金。反之,如果两种金属容易形成合金,则在干摩擦条件下就很容易形成大块剥离,使摩擦表面上出现刮痕。

2.2.1.2　流体摩擦

如果用润滑油(机油)把两个金属表面互相隔离开,不使它们直接接触,把表面相对滑动的相互锉切变为机油与机油之间的摩擦,那么不但能够避免零部件表面的磨损,而且能够大大降低摩擦阻力。将这种摩擦称为流体摩擦。

为了能够实现流体摩擦,应使夹在两个表面之间的油膜具有一定的厚度。随着零部件尺寸、表面结构和加工精度的不同,一般来讲,油膜的最小厚度不应小于 $6\sim7\ \mu m$,以便使表面上凹凸不平处的最大突起之间不会相碰。此外,油膜还应对表面具有承托作用,以便把两个在力的作用下互相压紧的表面支撑开。这种具有承托作用的油膜称为承载油膜。把机油供入摩擦表面之间并使它形成承载油膜而用以实现流体摩擦的措施称为液力润滑。如何保证在摩擦副中实现液力润滑,是在内燃机设计中需要注意解决的重要问题之一。因此,这部分内容将在后面专门讨论。

2.2.1.3　边界摩擦

当把机油供入摩擦表面后,也可能会出现这样的情况:在摩擦表面之间虽然有机油,但是油膜太薄,不足以把两个金属表面完全分隔开。这种情况下的摩擦与机油在摩擦表面上的附着情况有很大关系。由于在机油中有呈链式分子结构的饱和脂肪酸分子的一端有化学亲和力很强的极性原子团—COOH,它能够与金属表面牢固地结合在一起,并且排列整齐,如图 2.19 所示。这就使金属表面好像贴上了一层薄绒毯一样,防止金属表面之间的直接接触。

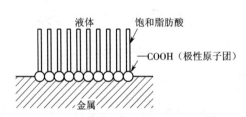

图 2.19　润滑油在金属表面上的附着模型

这一层依靠分子结合力形成的润滑薄层是不能自由流动的,所以它不是流体,但也不是固体,所以称为边界层。有了这一个边界层,就能够避免由于金属直接接触所引起的磨损。边界摩擦的摩擦系数介于干摩擦和流体摩擦之间,随金属和机油种类的不同而变化,一般在 $0.005\sim0.1$ 的范围内。

2.2.1.4　实际的摩擦状态

在上述各类滑动摩擦中,摩擦系数在干摩擦时最大,在流体摩擦时最小。流体摩擦时的磨损最小,而干摩擦会比边界摩擦造成更多的磨损。即使在流体摩擦中,由于在机油中含有铁屑、砂粒等杂质,也会造成一定的磨料磨损。在内燃机运转过程中,一般来讲,上述三种摩擦状态都是存在的。零部件表面间摩擦的性质和磨损的快慢程度,取决于在摩擦过程中哪一种摩擦占主要地位。例如,在图 2.20 所示的摩擦表面上,在区段 A 是边界摩擦,其中的 dA 部分是金属直接接触,其他部分则处于流体摩擦状态。

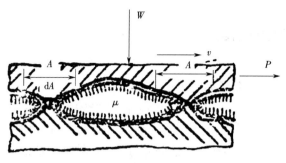

图 2.20　实际摩擦状态的示意图

摩擦系数与油膜厚度之间的关系如图 2.21 所示。图中曲线的 AB 段是流体摩擦状态；在点 B 处油膜已很薄，以至于部分表面开始进入边界摩擦状态；从点 B 开始，随着油膜厚度进一步减小，摩擦系数急剧增大（实线）；在点 C 处，几乎全部表面已进入边界摩擦；当油膜厚度进一步减小并达到点 D 时，开始部分出现干摩擦；在点 E 处，全部表面基本上都处于干摩擦状态。实际上，油膜厚度由点 B 开始逐渐到点 E 的过程中，阶段性并不很明显，所以摩擦系数的增大实际是沿虚线 BE 变化的。

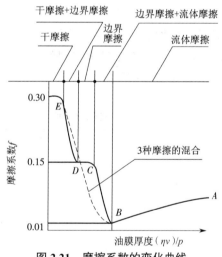

图 2.21　摩擦系数的变化曲线

在流体摩擦状态下，两摩擦表面之间的油膜厚度取决于参数 $(\eta v)/p$。其中，η 是机油黏度；v 是相对速度；p 是单位面积载荷。因此，在图 2.21 中代表油膜厚度的横坐标实际上是用参数 $(\eta v)/p$ 来表示的。

内燃机中的很多摩擦副都在高温下工作。另外，即使不在高温下工作的摩擦副，在工作过程中也会产生摩擦热。热量对润滑有很多负面影响。首先，机油的黏度随温度的升高而减小。当其他条件相同时，油膜厚度会随机油黏度的减小而变薄。其次，机油分子的黏性原子团与金属表面之间的亲和力也随油温的升高而变弱。最后，在高温条件下，机油容易变质老化，从而失去黏性。因此，在内燃机上为了防止零部件磨损，除了应注意正确进行润滑外，还应注意控制零部件表面的温度，以及选用适当牌号的机油。关于机油，将在本书第 7 章"内燃机的润滑系统"中详细介绍。

2.2.2　轴承材料与轴瓦结构

2.2.2.1　轴承材料

内燃机的轴承材料应满足下列要求。

1）抗咬合性好，即在润滑条件不好的情况下，不与轴承发生黏着并刮伤轴颈表面。

2）顺应性好，即在安装不准确或轴颈和轴承孔有变形时，轴承材料能产生一些塑性变形来顺应轴颈，而不至于产生局部的高接触应力。顺应性好的轴承材料也比较容易磨合。

3）嵌藏性好。由于在工作过程中不可避免地会有一些杂质，如细小的砂粒和金属碎屑等，这些杂质会随同机油进入轴承，轴承材料应具有把这些细粒嵌埋在本身金属内的能力，而不至于刮伤轴颈表面。

4）耐疲劳性好，即在交变载荷作用下，不易出现疲劳剥落现象。由于疲劳性好的轴承材料相对来讲顺应性和嵌藏性通常会较差，所以应全面考虑。此外，还应注意材料在高温时的强度。

5）耐腐蚀性好。一般来讲，铅、镉、锌等金属合金的耐腐蚀性较差，而锡、铝、银等金属合金的耐腐蚀性较好。当燃用硫分较高的燃料时，机油中会积存较多的酸性物质，因此选择耐腐蚀性好的轴承材料就显得尤为重要。

除了上述要求之外，材料的耐磨性、热传导率、轴瓦瓦背能很好地贴合在一起的能力等，也是在选择轴承材料时应注意的问题。常用轴承材料的牌号和基本成分见表 2.1。表 2.2 中列出了一些减摩合金的使用参数，供选用时参考。

表 2.1　常用的轴承材料

合金名称	牌号	元素成分质量分数（%）						
		Sn	Pb	Cu	Al	Sb	Mg	杂质
锡基巴氏合金	ChSnSb7.8-3	其余	—	2.5~3.5	—	0.7~8.5	—	≤ 0.5
	ChSnSb11-6	其余	—	5.5~6.5	—	10~12	—	≤ 0.7
铅基巴氏合金	ChPbSb6-6	5.5~6.5	其余	—	—	5.5~6.5	—	—
铜铅合金	QPb30	—	27~33	其余	—	—	—	≤ 1.4
铝锑镁合金	—	—	—	—	其余	3.5~4.5	0.3~0.7	≤ 1.5
高锡铝合金		17.5~22.5	—	0.8~1.2	其余	—	—	≤ 1.5
		27.5~32.5	—	0.8~1.2	其余	—	—	≤ 1.5

表 2.2　轴承材料的使用参数

轴承材料	牌号	状态	布氏硬度 HB		最大许用载荷（MPa）	许用线速度（m/s）	最高工作温度（℃）	轴颈最低硬度 HB
			20 ℃	150 ℃				
锡基巴氏合金	ChSnSb7.8-3	厚 0.3 mm	22~30	6~12	12.0	15	110	160
		厚 0.1 mm			16.0	13	120	200

轴承材料	牌号	状态	布氏硬度 HB		最大许用载荷（MPa）	许用线速度（m/s）	最高工作温度（℃）	轴颈最低硬度 HB
			20 ℃	150 ℃				
铜铅合金	QPb30	无镀层	28~34	23~26	25.0	8~10	170	300
		有镀层			24.0	10~13	150	230
铝锑镁合金	—	—	28~32	22~26	25.0	8~10	150	300
高锡铝合金	—	含锡 20%	22~32	18~22	30.0	13~15	170	230
		含锡 30%	18~28		28.0	15	160	220

　　常用的轴承材料为巴氏合金。巴氏合金又称为白合金,分锡基巴氏合金和铅基巴氏合金两种。锡基巴氏合金的抗咬合性、顺应性、嵌藏性和耐腐蚀性都较好,轴颈的表面硬度可以较低（约 HB160）,但是疲劳强度较差。由于随温度增高,锡基巴氏合金的硬度会迅速下降,其最高许用温度为 160 ℃,但是超过 100 ℃时实际上已经很危险。铅基巴氏合金与锡基巴氏合金十分相似,但疲劳强度更高,尤其突出的是亲油性更好,因此具有更好的抗咬合性,但它比较容易被腐蚀。为了提高抗腐蚀性,可以加入锑和锡（质量分数为 6%~10% 或更高）。

　　巴氏合金的疲劳强度与合金层的厚度有很大关系。图 2.22 所示是当每单位投影面积（直径 × 宽度）上的载荷为 14 MPa 时,厚度与使用寿命之间的关系。可以看出,如果合金层的厚度小于 0.25 mm,则轴承的寿命能够显著延长。巴氏合金广泛应用于工作强度不太高的汽油机中。当用于连杆大头轴承时,合金层厚度一般为 0.05~0.13 mm;当用于主轴承时,合金层厚度一般为 0.1~0.18 mm。

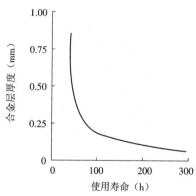

图 2.22　巴氏合金层的厚度与使用寿命之间的关系

　　在高速柴油机中,曾广泛采用铜铅合金和铅青铜作为轴承的减摩材料,其突出优点是承载能力强（许用载荷可高达 30~60 MPa,甚至更高）、疲劳强度高、耐高温能力强（即使在 250 ℃下仍能正常使用）、许用线速度高（高达 10 m/s）。但是,这些轴承的表面性能（顺应性、嵌藏性和抗咬合性等）很差。因此,要求轴颈表面具有较高的硬度。另外,铜铅合金中的铅很容易受到酸的腐蚀。为了改善轴承的表面性能,通常需要在轴承表面镀 0.02~0.03 mm 厚的巴氏合金或其他软合金层。这种由钢背、减摩合金层和薄层软合金所组成的轴瓦,通常称为三层合金轴瓦。

锡铝合金是后来发展起来的一种轴承减摩材料,主要有两种:含锡 6%(质量分数)左右的低锡铝合金、含锡 >20%(质量分数)的高锡铝合金。铝锡合金除了表面性能不及巴氏合金外,其他的性能都很优越。根据现有的实验结果和使用经验来看,其是一种很好的轴承材料。

2.2.2.2　轴瓦的构造

现代内燃机的滑动轴承大多由两块轴瓦所组成,如图 2.23 所示。每块轴瓦包括瓦背和镀敷在瓦背上的减摩材料层两部分。轴瓦又分为厚壁轴瓦和薄壁轴瓦。厚壁轴瓦一般是把减摩合金浇铸在已加工好的瓦片上,然后再将内孔加工到所需尺寸。当把这种轴瓦装在内燃机上时,需要通过手工刮研使轴承内孔与轴颈相配。为了便于调整轴承间隙,在上、下两块轴瓦之间设有垫片。厚壁轴瓦的壁厚一般在 3 mm 以上。

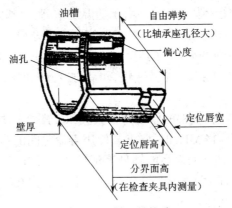

图 2.23　轴瓦的构造

现代高速内燃机一般多采用薄壁轴瓦。薄壁轴瓦是把减摩材料烧结或轧制在经过处理的薄钢带上,再将薄钢带切割冲压成形,最后在专用自动机床上进一步精加工成为成品。所有这些工序可以自动连续进行,因此制造精度高、生产成本低。这种轴瓦的壁厚在 1.5~3 mm,以适配不同的轴径,其瓦背多采用低碳钢,以保证能与减摩材料很好地黏合。

薄壁轴瓦的内孔与轴颈的配合依靠制造精度来保证,不再需要经过手工研制,因而简化了机器的装配与维修。薄壁轴瓦本身的刚度很小,在装配好后,轴瓦就贴靠在轴承座内孔的壁上,因此要求轴承座内孔具有很高的加工精度和优秀的表面结构,并且要求安装时注意清洁,以保证装配好后轴承内孔具有正确的形状和尺寸。另外,还应注意以下五点。

(1)应有适当的过盈量

为了保证轴瓦与轴承座之间能够很好地贴合在一起,轴瓦与轴承座内孔之间应设有安装过盈量。只有当轴瓦与轴承座之间贴合得很好时,才能保证轴承运转中的摩擦热能够很好地经轴承传出。因此,过盈量不能太小,但也不能太大,以免由于瓦背材料屈服造成松弛。为了控制轴瓦的安装过盈量,可以用图 2.24 所示的量具测量轴瓦的周长。测量时,把轴瓦放入量具的半圆座孔中,一头顶住,另一头施加一个给定的均布力 F,单位轴瓦截面面积上的均布力 F 一般为 50~70 N/mm²。在保证轴瓦与半圆座孔正确贴合的情况下,测量轴瓦的余面高 λ。合格轴瓦的余面高 λ 值应在给定的范围内(即 $\lambda_{min} \sim \lambda_{max}$)。

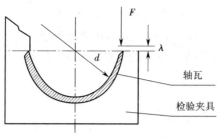

图 2.24　轴瓦过盈量的测量

量具的半圆直径通常等于轴承内孔的上限尺寸。在量具中,在力 F 的作用下,轴瓦的周长会受到一些压缩。设缩短量为 δ,则对每一个轴瓦而言,在装入轴承座之后的最小安装过盈量 h_{min} 应为

$$h_{min} = \lambda_{min} + \delta \qquad (2.31)$$

设轴承座内孔的直径公差为 $\varDelta$,则轴承座内孔的半圆周长的公差为 $\pi\varDelta/2$。因此,轴瓦的最大安装过盈量 h_{max} 为

$$h_{max} = \lambda_{max} + \delta + \frac{\pi\varDelta}{2} \qquad (2.32)$$

由于有过盈,所以当把轴瓦装入轴承座后,轴瓦将受到压缩。如果不考虑轴承座的变形,则轴瓦所承受的平均压缩应力为

$$\sigma_{min} = E\frac{2h_{min}}{\pi D_{max}} \qquad (2.33)$$

$$\sigma_{max} = E\frac{2h_{max}}{\pi D_{min}} \qquad (2.34)$$

式中　D_{max} 和 D_{min}——轴承座内孔直径的最大和最小界限尺寸;

　　　E——弹性模量,对于轴瓦钢背,E=2.1 × 10^5 MPa。

经验表明,为了保证轴瓦和轴承座能良好贴合,轴瓦的最小压缩应力 σ_{min} 应大于或等于 50 MPa。对 05 号或 08 号低碳钢,由于屈服极限 σ_y=200~ 250 MPa,并考虑到由于瓦背与轴承座内孔的表面之间有摩擦,所以轴瓦沿圆周方向各处的压缩应力会不同。因此,轴瓦的平均压缩应力的最大值 σ_{max} 应不大于 200 MPa。

轴承座通常也由上、下两部分所组成。轴承座的下半部分(简称轴承座)和轴承座的上半部分(简称轴承盖)通过螺栓连接成为一体,如图 2.25 所示。为了把轴瓦压紧在座孔中,在拧紧螺栓时会产生预紧力。在拧紧轴承盖螺栓的过程中,把轴瓦压入座孔的最小和最大总预紧力(N)可以按下式计算:

$$P_{W\,min} = \frac{2Ebth_{min}}{0.8\pi D_{max}} \approx \frac{h_{min}}{6\times10^{-6}D_{max}} \times bt \qquad (2.35)$$

$$P_{W\,max} = \frac{2Ebth_{max}}{0.8\pi D_{min}} \approx \frac{h_{max}}{6\times10^{-6}D_{min}} \times bt \qquad (2.36)$$

式中　E——瓦背材料的弹性模量,E=2.1 × 10^5 MPa;

　　　b——轴瓦的宽度(mm);

　　　t——轴瓦的换算厚度(mm);

0.8——考虑瓦背与座孔之间摩擦的一个影响系数。

轴瓦的换算厚度 $t=t_{背}+at_{合金}$，其中 $t_{背}$ 是瓦背的厚度，$t_{合金}$ 是减摩合金层的厚度，a 是折算系数。折算系数 a 取决于两种材料的弹性模量之比，对于巴氏合金，取 $a=0$；对于其他合金，取 $a=0.5$。

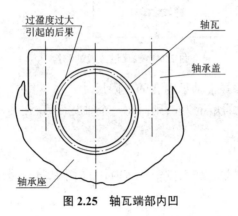

图 2.25　轴瓦端部内凹

例如，我国的 135 系列柴油机连杆大头孔的直径为 $102^{+0.021}_{+0}$ mm，轴瓦的宽度为 50 mm，总壁厚为 3.5 mm，减摩合金为高锡铝合金（$t_{合金}=0.3\sim0.7$ mm），半圆量规的孔径为 102.021 mm，测量时所施加的力 $F=8\,600$ N ± 100 N。此时，轴瓦周长的缩短量 $\delta=0.032\,4$ mm，轴瓦的余面高 $\lambda=0.025\sim0.06$ mm。由于轴承座内孔的直径公差 $\varDelta=0.021$ mm，所以安装过盈量为

$$h_{\min} = \lambda_{\min} + \delta = 0.025 + 0.032\,4 = 0.057\,4 \text{ (mm)}$$

$$h_{\max} = \lambda_{\max} + \delta + \frac{\pi\varDelta}{2} = 0.06 + 0.032\,4 + \frac{0.021\pi}{2} = 0.125\,4 \text{ (mm)}$$

轴瓦的平均压缩应力（沿周长各处的压缩应力的平均值）为

$$\sigma_{\min} = E\frac{2h_{\min}}{\pi D_{\max}} = 2.1\times10^5 \times \frac{2\times0.057\,4}{\pi\times102.021} = 75.2 \text{ (MPa)}$$

$$\sigma_{\max} = E\frac{2h_{\max}}{\pi D_{\min}} = 2.1\times10^5 \times \frac{2\times0.125\,4}{\pi\times102.0} = 164.4 \text{ (MPa)}$$

连杆螺栓的总预紧力为

$$P_{\text{W}\min} = \frac{h_{\min}}{6\times10^{-6}D_{\max}}\times bt = \frac{0.057\,4}{6\times10^{-6}\times102.021}\times50\times\left(3.5-\frac{0.5}{2}\right) = 15\,238 \text{ (N)}$$

$$P_{\text{W}\max} = \frac{h_{\max}}{6\times10^{-6}D_{\min}}\times bt = \frac{0.125\,4}{6\times10^{-6}\times102.0}\times50\times\left(3.5-\frac{0.5}{2}\right) = 33\,297 \text{ (N)}$$

（2）应有初始外弹量

为了使轴瓦在装入轴承座并拧紧螺栓时，轴瓦的端部不是离开座孔壁向内凹（图 2.25），而是向外弹并紧贴在座孔壁上，轴瓦在自由状态下不应呈正圆形，而是应使两个端部之间的距离稍大于轴瓦半径的两倍。轴瓦的这种初始外弹量最小为 0.25 mm，参见图 2.23 中的"自由弹势"。

（3）应有削薄量

虽然采取了上述措施，但是在将轴瓦压入座孔之后，在轴瓦的对口面处还是会有一些向

内凹量,尤其是当过盈量较大时。为了防止内凹量导致的轴颈咬伤,通常在轴瓦的对口面附近做局部削薄处理,如图 2.26 所示。其中,削薄量 A 是 0.02~0.05 mm,尺寸 B 是 5~10 mm。

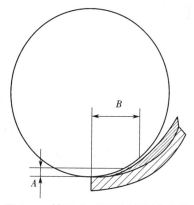

图 2.26　轴瓦对口面附近的局部削薄

(4)谨慎设置油槽

在有些比较宽的轴瓦上,为了便于机油沿着轴向均匀分布,在轴瓦的对口面处开有如图 2.27 所示的槽。其中,尺寸 A 为 0.2~0.5 mm,尺寸 B 为 3~4 mm。槽的两端对于形成承载油膜有不利影响,而且轴瓦中的机油可能会经此槽大量流失。因此,需要谨慎考虑是否在轴瓦上设置此槽。

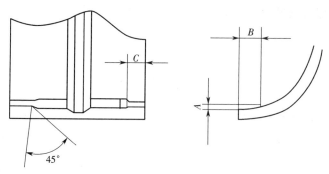

图 2.27　轴瓦上的油槽

(5)必须有可靠的定位

安装轴瓦时,必须定位准确,以防止内燃机运转过程中轴瓦随轴颈一起转动。厚壁轴瓦一般用销钉定位,薄壁轴瓦则常采用定位唇定位,如图 2.28 所示。当采用定位唇定位时,在轴承座和轴承盖中需分别设有相应的定位沟槽。

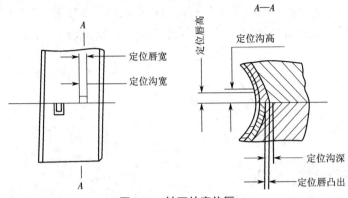

图 2.28　轴瓦的定位唇

2.2.3　液力润滑

本小节讨论液力润滑形成承载油膜的机理、实现液力润滑的措施和对液力润滑产生影响的各种因素。

2.2.3.1　黏度

黏度是表示流体内部摩擦阻力的一个物理量。当黏性流体流动时,如果各流层的流速不同,在相邻流层之间会产生剪切应力。流层之间的流速差别可以用流速梯度表示。如果流层之间的垂直距离为 Δy,流速差别为 $\Delta u=u_1-u_2$,则流速梯度为 $\Delta u/\Delta y$。当 Δy 在分母上趋近于零时,流速梯度可以表达为 $\mathrm{d}u/\mathrm{d}y$。流层之间的剪切应力 τ 与流速梯度 $\mathrm{d}u/\mathrm{d}y$ 成正比,即存在以下关系:

$$\tau = \eta \frac{\mathrm{d}u}{\mathrm{d}y} \tag{2.37}$$

式中,对于给定条件(温度、压力)下的流体,η 是一个常数,称为流体的绝对黏度或动力黏度,单位是 Pa·s,物理含义是流速梯度 $\Delta u/\Delta y=1\ \mathrm{s}^{-1}$ 时对应的剪切应力 $\tau=0.1\ \mathrm{N/m}^2$。

动力黏度 η 与流体密度 ρ 之比称为运动黏度 v,单位为 cm^2/s 或 mm^2/s,定义为

$$v = \eta / \rho \tag{2.38}$$

由于运动黏度 v 可以准确方便地用毛细管式黏度计测出,所以内燃机的机油黏度一般用运动黏度表示。如果取机油的密度 $\rho=0.875\ \mathrm{g/cm}^3$,则 $\eta=0.875v\times 10^{-3}\ \mathrm{Pa·s}$

表 2.3 列出了一些流体在一个大气压和 20 ℃时的黏度。

表 2.3　部分流体的黏度

流体类型	$\eta(\mathrm{Pa·s})$	$v(\mathrm{mm}^2/\mathrm{s})$
空气	$0.018\,1\times 10^{-3}$	15
水	1.002×10^{-3}	1.003 8
中等黏度的机油	245×10^{-3}	280

2.2.3.2　承载油膜的形成

实现流体摩擦的必要条件是不使两个摩擦表面直接接触,这依靠承载油膜的承托作用

来实现。

（1）由油楔产生承载油膜

形成承载油膜的措施之一是使油膜形成油楔。如果在两个互相有些倾斜的表面之间，强迫有黏性的机油从间隙较大的一端流入，从间隙较小的一端流出，则机油在流过两个表面之间的间隙时会产生挤压作用，就像把木楔打入木头的裂缝中并能够把两个表面支撑开一样。油楔的挤压作用是依靠机油的黏性和摩擦表面的运动产生的，如图 2.29 所示。

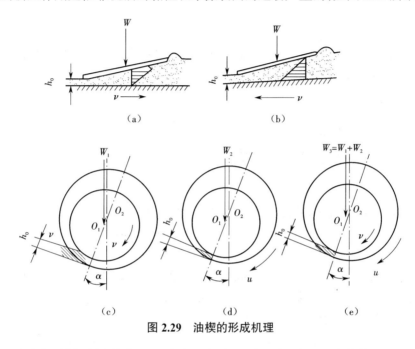

图 2.29　油楔的形成机理

图 2.29（a）表示被承托的表面以速度 v 向右运动而底平面不动的情况。这时，一部分机油黏附在底平面上不动，相对于运动着的楔形间隙来讲，这部分机油形成油楔，从而产生承载作用。

图 2.29（b）表示底平面运动而被承托表面不动的情况。当底平面以速度 v 向左运动时，靠黏附作用带动一部分机油流过表面之间的楔形间隙，形成油楔。当速度 v 或机油黏度 η 足够大时，润滑油膜足以承托住载荷 W，不使两表面互相接触。

图 2.29（c）和（d）表示在轴颈与轴承之间形成承载润滑油膜的情况。它们从机理上分别与图 2.29（a）和（b）相对应。可以看出，为了形成楔形间隙，在正常运转时，轴颈的中心 O_1 必须偏离轴承内孔的中心 O_2，而且油膜最薄处 h_0 的位置不是在载荷作用线的延长线上，而是沿着旋转方向向前偏移一个角度 α。

由此可以看出，为了形成承载油膜，必须具备下列条件。

1）两表面之间必须充满具有黏性的机油。

2）两表面之间必须形成楔形间隙。

3）相对于楔形间隙，机油必须是流动的，并且流动方向必须是从间隙较大的一端流入，从间隙较小的一端流出。

此外，油楔承载能力的大小还与机油黏度、相对流速、油膜厚度有关。机油黏度 η 越大，则承载能力越强;机油流过楔形间隙的相对流速越大,承载能力越强;机油的最小油膜厚度 h_0 越小,承载能力越强。

下面针对相对流速的影响,对图 2.29(c)至(e)所示的情况进行分析。图 2.29(c)所示是轴承固定不动,轴颈在轴承中旋转的情况。由于油膜中贴近轴颈表面的油层流速为 v,贴近轴承表面的油层流速为零,中间油层的流速在 $0~v$,因此油膜中各流层具有近似于三角形的流速分布。设楔形间隙中机油的相对平均流速为 v_r,则其可表示为

$$v_r = \frac{1}{2}v \tag{2.39}$$

图 2.29(d)所示是轴颈固定不动,轴承围绕轴颈旋转的情况。假设轴承表面的圆周线速度是 u,则间隙中机油的相对平均流速 u_r 为

$$u_r = \frac{1}{2}u \tag{2.40}$$

图 2.29(e)所示是轴颈和轴承都朝着同一方向旋转,它们的表面线速度分别是 v 和 u。在此情况下,间隙中机油的相对平均流速 v_r 为

$$v_r = \frac{1}{2}(u+v) \tag{2.41}$$

由于在最后一种情况下,间隙中机油的相对平均流速是前两者之和,所以当其他条件都相同时,图 2.29(e)所示情况的油膜承载能力也等于前两种情况之和,即 $W_3 = W_1 + W_2$。理论分析和实验结果都证明事实确实如此。

润滑油膜的承载能力应与它承托的载荷 W 相等。如果油膜的承载能力超过了它承托的载荷,则油膜就会进一步自动把它所承托的表面抬高,换言之,使油膜变厚(h_0 增大)。随着 h_0 的增大,油膜的承载能力下降,直到油膜的承载能力与载荷相等为止。反之,油膜会自动变薄,承载能力提高,直到其与载荷相等为止。但是,当油膜薄至一定临界值时,摩擦就会从液力润滑转变为带有金属接触的边界润滑。

由于油膜的承载能力与机油黏度 η 和零部件的运动速度 v 成正比,而油膜厚度与单位面积的载荷 p 成反比,所以油膜厚度与 $\eta v/p$ 成正比,如图 2.21 所示。

(2)由挤压作用产生承载油膜

形成承载油膜的另一个措施是依靠零部件表面对油膜的挤压效应。图 2.30 是依靠挤压形成承载油膜的示意图。当滚子沿底平面滚动时,滚子前端的表面以某一速度向底平面靠近,滚子表面上的点 1 沿着轨迹 1~5 不断向底平面靠近。如果在滚子和底平面之间有机油,则机油会受到挤压,迫使机油以很高的速度 u 向四周溢散,与此同时会产生相应的承托作用。表面挤压机油的速度越高,机油被迫溢散的速度就越高,则机油的承载作用也就越强。由此而产生的承载油膜将可以承托住滚子,并使两金属表面不至于直接接触。在内燃机上,许多零部件之间都是依靠这种挤压效应形成承载油膜,从而避免磨损的,如活塞销与销座之间,齿轮与齿轮之间,凸轮与挺柱之间等。

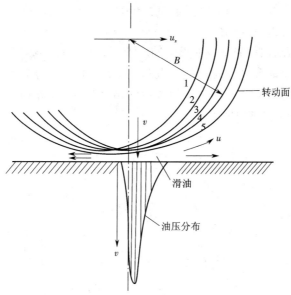

图 2.30　依靠挤压作用产生的承载油膜

2.2.4　轴承的设计

本节从实现液力润滑的角度,讨论轴承设计的有关问题。

2.2.4.1　轴承的基本尺寸参数

轴承的基本尺寸包括内孔直径、轴颈直径、轴承宽度、直径间隙(或相对间隙)、最小油膜厚度。其中,轴承内孔直径 D 和轴颈直径 d 之间的差别很小,在一般计算中,可以取 $D=d$;轴承宽度 b 有时也用相对宽度 b/d 表示;轴承的直径间隙和相对间隙分别表示为

$$S=D-d \tag{2.42}$$

$$\psi = \frac{D-d}{d} \tag{2.43}$$

式中　S——轴承的直径间隙;

　　　ψ——轴承的相对间隙,一般 $0.3 \times 10^{-3} < \psi < 3.0 \times 10^{-3}$。

另外,最小油膜厚度 h_0 也是对轴承的工作情况有很大影响的一个参数。考虑到零部件表面存在粗糙不平以及在工作过程中可能会发生零部件变形,因此 h_0 不能选得过小,以免产生边界摩擦。在额定功率工况下,h_0 应在下列范围内选取:

$$h_0 \geqslant (1.0 \sim 3.0)(R_1 + R_2) \tag{2.44}$$

式中　R_1 和 R_2——轴颈和轴承表面微观不平度的平均高度。

另一方面,h_0 值也不能太大,否则轴承的工作将变得不稳定。研究表明,h_0 的上限值应取

$$h_0 \leqslant \frac{D-d}{7} \quad 或 \quad h_0 \leqslant \frac{\psi d}{7} \tag{2.45}$$

h_0 的下限值常用相对最小油膜厚度 δ 来表示:

$$\delta = \frac{2h_0}{\psi d} = \frac{2h_0}{S} \tag{2.46}$$

在工作可靠的轴承中,相对最小油膜厚度 δ=0.01~0.30。

2.2.4.2　轴承承载油膜的油压分布

图 2.31 所示是滑动轴承的承载油膜中油压沿圆周分布的情况。图中,油膜最薄处 h_0 的位置用角 α 表示。α 是油膜最薄处 h_0 与载荷作用方向之间相对于轴承中心 O_2 的夹角,α 一般为 15°~50°。研究表明,α 角的大小随轴承的相对宽度 b/d 和相对最小油膜厚度 δ 而变化,它们之间的关系如图 2.32 所示。

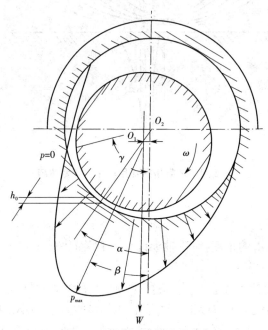

图 2.31　承载油膜的油压分布

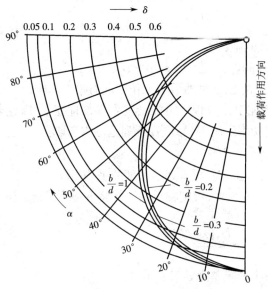

图 2.32　轴承角 $\alpha=f(b/d,\delta)$ 的变化关系

如图 2.31 所示,承载油膜的油压具有最大值 p_{max}。油压最大值 p_{max} 的位置用 β 表示。该角是油压最大处与载荷作用方向之间的夹角。β 一般为 6°~19°,平均约为 13°。

承载油膜的终端位置与载荷作用方向之间的夹角用 γ 表示,其一般为 22°~64°,平均约为 40°。承载油膜的起端位置是在载荷作用方向之前大约 90° 处,即润滑油流旋转方向的逆向向前量约为 90°。

在正常情况下,在轴承的纵向平面上,承载油膜的油压是呈抛物线形状分布的,如图 2.33(a)所示。最高油压出现在中间处。在靠近边缘处,由于机油容易从两端流出,所以油压迅速下降。轴承和轴颈的变形对油压分布有很大影响,如图 2.33(b)至(d)所示。当轴颈发生歪斜或弯曲变形时,则在轴承边缘处可能会发生金属之间的直接接触,引起磨损,而在另一边却又因为油膜太厚而不能有效建立起油压,如图 2.34(a)和(b)所示。

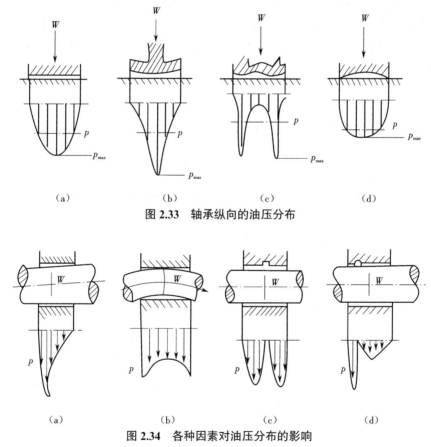

图 2.33　轴承纵向的油压分布

图 2.34　各种因素对油压分布的影响
(a)歪斜　(b)弯曲　(c)布油槽在中间　(d)布油槽在一侧

在中间截面处设有布油槽的轴承与不设布油槽的同类轴承相比,如果最小油膜厚度和机油黏度等其他条件相同,则前者的承载能力要低很多,如图 2.35 所示。这是由于布油槽把原来可以建立起来的最大油压放泄掉了。另外,把布油槽移向一边的做法也是不正确的,如图 2.34(d)所示。这样会使轴颈发生歪斜,结果导致一侧边缘的油膜变薄,另一侧边缘的油膜变厚,造成与图 2.34(a)所示的同样后果。

2.2.4.3　进油口位置和供油压力

　　零部件表面做相对摩擦运动时会产生摩擦热，其会使零部件表面和机油温度升高。机油的黏度具有随着温度升高而降低的特性。现代内燃机的轴承是在高转速和高载荷的工况下工作的。为了保持机油具有必要的黏度，并且利用机油冷却零部件表面，必须采用强制循环润滑，即必须不断地把温度较低的机油用机油泵强迫送入轴承的摩擦表面，并把已经发热的机油从轴承的两端挤出。在高速转动的曲轴上，机油从轴承两端流出时会被抛起，并激溅到其他零部件(如气缸壁和活塞)的表面，然后流回油底壳，经过冷却后再循环使用。

　　从轴承的横截面看，机油必须从油楔的前面引入轴承，如图 2.35 所示。另外，应注意机油入口位置不能在承载油膜区域内。否则，如果把进油口设置在图 2.36 的位置 1 处，不但会由于进油压力低于油膜压力使机油难以流入，而且还会使轴承油膜的油压分布被迫变成如虚线所示的情况，从而减小了油膜的承载能力。因此，把进油口设置在图 2.36 中范围 2 区域内是比较合适的。有时为了便于机油的流动和布油，在图 2.36 中范围 2 内还设有布油槽。由于轴承和轴颈之间的间隙很小，所以布油槽末端的形状对附近油压的分布情况也有影响，如图 2.37 所示。

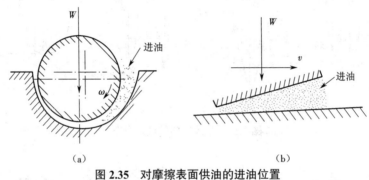

图 2.35　对摩擦表面供油的进油位置
(a)转动副　(b)平动副

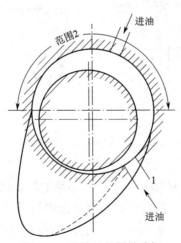

图 2.36　进油口位置的选择

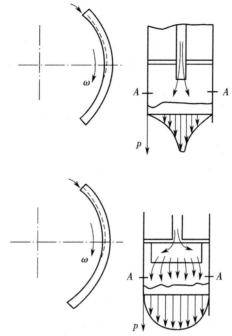

图 2.37　布油槽末端的形状对 A—A 截面处油压分布的影响

在内燃机的轴承上,载荷的作用力方向是时刻变化的,因此承载油膜的位置也是不断变化的。在这种情况下,应使用轴承载荷图和磨耗图确定在轴承上适于设置进油口和布油槽的圆周方向位置。进油口和布油槽应设置在磨耗图上磨耗最小的区域内。

如图 2.29(a)所示,当轴承间隙中的机油被带动着以速度 v_r 流动时,后面必须有足够的机油连续不断地补充进来,只有这样才能保持油膜不间断。否则,如果供油量不足,那么由于轴颈旋转所产生的抽吸作用就会把空气吸进来,空气和机油混合后,会使机油泡沫化。这种情况对承载油膜的形成十分不利。

为了保证供油充足,进入轴承的机油应具有一定的压力,即供油压力 p_0(MPa)不应小于下式计算的值:

$$p_0 = \frac{v_r^2 \rho}{2} \times 10^{-3} \qquad (2.47)$$

式中　ρ——机油密度,可取 ρ=0.875 g/cm³。

需要注意,供油压力 p_0 与承载油膜中的最大油压 p_{max} 是两个不同的概念,后者比前者在数值上要大很多。

2.2.4.4　轴承相对宽度

轴承表面所承受的平均载荷或平均压强 p(MPa)可按下式计算:

$$p = \frac{W}{bd} \qquad (2.48)$$

式中　W——载荷;

　　　d——轴颈直径;

　　　b——轴承宽度。

图 2.38 展示了在同样的载荷 W 作用下,在具有两种不同宽度的轴承中的承载油膜油压分布的差别。在窄轴承中,平均压强 p 较高,因此有较高的最大油压 p_{max}。

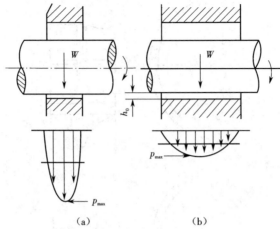

图 2.38　轴承宽度对轴承承载能力的影响

（a）窄轴承　（b）宽轴承

在正常工作条件下,轴承的压强比 p_{max}/p 随轴承相对宽度 b/d 和相对最小油膜厚度 δ 的关系曲线,如图 2.39 所示。可见,压强比 p_{max}/p 越大,在轴承纵向截面的间隙中承载油膜的油压分布曲线就越陡,而且机油在轴承间隙中的纵向流速也会越大,导致机油从轴承两端漏失的量会相对增加,因而在轴承中也越难以形成具有较高 p_{max} 值的承载油膜。

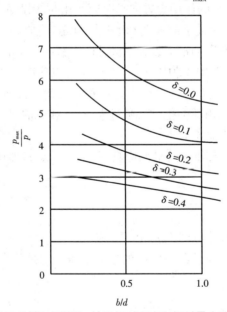

图 2.39　正常工作轴承压强比、轴承相对宽度和相对最小油膜厚度的关系

此外,在选择轴承的减摩材料时,应保证所选的减摩材料在该轴承的工作温度条件下能够承受住 p_{max} 的作用。

在现代高速内燃机上,由于要求尺寸紧凑,所以轴承的宽度受到限制。在一般情况下,轴承相对宽度 b/d 不应超过 0.5,甚至可缩至 0.25。在此情况下,必须考虑在这样窄的轴承中是否能够形成所需的承载油膜,以保证轴承能够可靠工作。在窄轴承中,由于机油容易从两端泄漏,所以必须加大供入的机油量,即增大机油的循环强度,这样也有利于改善轴承的散射条件。另外,在窄轴承中,轴颈和轴承在工作中所产生的弯曲和歪斜(图 2.34)等变形对最小油膜厚度的影响较小,这使轴承能够在比较小的间隙下安全运转。

2.2.4.5　轴承的相对间隙

图 2.40 显示,当轴承采用具有中等硬度的减摩材料和中等黏度的机油时,轴承相对间隙 ψ 和轴颈表面的线速度 v 对轴承的许用平均压强 p 有影响。可以看出,当减小轴承相对间隙 ψ 时,在比较小的线速度 v 时,就能够获得比较高的承载能力(即平均压强)。

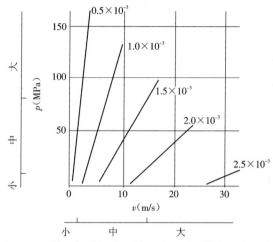

图 2.40　轴承相对间隙和轴颈速度对承载能力的影响

当减小轴承的相对间隙 ψ 时,在间隙中的机油的轴向流动就变得比较困难。换言之,机油较难经过轴承的两端流失。这就使承载油膜中具有最高油压的部分可以变宽,如图 2.41 所示。这是增大轴承承载能力的一个措施。但是,当采用较小的相对间隙时,必须注意轴颈和轴承变形的影响。

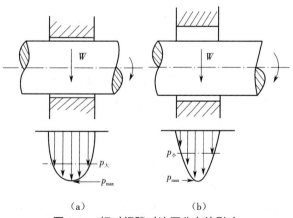

图 2.41　相对间隙对油压分布的影响
(a)小间隙　(b)大间隙

如果采用比较软的减摩材料,如巴氏合金等,或在较硬的减摩材料的表面镀敷软合金层,由于表面易于磨合,便可采用较小的轴承间隙。否则,应采用较大的轴承间隙。表 2.4 中列有相应的参考值。

表 2.4　几种轴承减摩材料的常用相对间隙值

减摩材料	$\psi(\times 10^{-3})$	减摩材料	$\psi(\times 10^{-3})$
巴氏合金	0.4~1.0	锌铁	2.0~3.0
铅青铜	0.5~2.5	塑料	1.5~10.0
铝合金	1.0~2.5	石墨	1.0~3.0

　　由于轴颈和轴承均有制造误差,因此它们之间的间隙值也具有一个公差范围。在选择轴颈和轴承的配合精度时,一般须使轴承间隙的上限值 S_{max} 和下限值 S_{min} 满足下列关系:

$$\begin{cases} S = \psi d \\ S_{max} = 1.3S \\ S_{min} = 0.9S \end{cases} \quad (2.49)$$

式中　S——轴承间隙的名义值或公称值,即多次测量的平均值。

2.2.4.6　轴颈的换算角速度

　　前面围绕图 2.29(c)至(e)三种情况,讨论了轴承间隙中机油的相对平均流速 v_r 与油膜承载能力之间的关系。相对平均流速指机油相对于楔形间隙的平均流速。更确切地说,它是机油相对于最小油膜厚度 h_0 所在位置的平均流速。v_r 越大,轴承的承载能力就越强。下面对其做进一步的讨论。

　　图 2.29(c)所示是轴承固定不动,轴颈旋转的情况。设轴颈以角速度 ω_1 旋转,轴颈直径为 d,由式(2.39)得到机油的相对平均流速为

$$v_r = \frac{1}{2}v = \frac{1}{4}\omega_1 d \quad (2.50)$$

　　图 2.29(e)所示是轴颈与轴承均向同一方向旋转的情况。设轴颈与轴承的角速度分别为 ω_1 和 ω_2,由式(2.41)得到机油的相对平均流速为

$$v_r = \frac{1}{2}(u+v) = \frac{1}{4}(\omega_1 + \omega_2)d \quad (2.51)$$

式中:$v = \frac{1}{2}\omega_2 D \approx \frac{1}{2}\omega_2 d$,其中 D 是轴承的内孔直径;d 是轴颈的自径,其与 D 差异很小。

　　应注意,式(2.50)和式(2.51)都是在轴承所受载荷的作用方向和载荷数值均不变的条件下推导出来的。由图 2.32 可以看出,当载荷数值不变时,相对最小油膜厚度 δ 也不变,则轴承角 α 也不变。当 α 不变时,由图 2.31 可以看出,最小油膜厚度与载荷作用方向之间的相对位置是固定的。由于此时载荷的作用方向固定,所以最小油膜厚度 h_0 的位置也是固定的。

　　但是,对于内燃机主轴承和连杆大头轴承,无论是载荷的作用方向还是载荷的数值,都是时刻变化的,如图 2.42 所示。对于图 2.42(a),如果载荷 W 的数值一定,但作用方向以角速度 ω_p 旋转,则此时最小油膜厚度 h_0 的位置也要随着向同一方向移动,而移动的圆周线速度 u_p 为

$$u_p = \frac{1}{2}\omega_p d \quad (2.52)$$

　　如果此时轴颈和轴承也向着同一方向旋转,而且它们的角速度分别为 ω_1 和 ω_2,则根据式(2.51),轴承间隙中的机油相对于最小油膜厚度 h_0 处的平均流速为

$$v_{re} = v_r - u_p = \frac{1}{4}(\omega_1 + \omega_2)d - \frac{1}{2}\omega_p d = \frac{1}{4}(\omega_1 + \omega_2 - 2\omega_p)d \qquad (2.53)$$

式（2.53）表明，当载荷的作用方向与轴颈和轴承旋转方向一致时，轴承间隙中的机油流速相对于最小油膜厚度 h_0 处的平均流速将减小，结果使轴承的承载能力下降，因此这种情况是不利的。

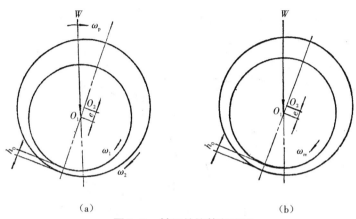

（a）　　　　　　　　　　　　　　　（b）

图 2.42　轴颈的换算角速度

图 2.42（b）是图 2.42（a）的简化，其假设载荷 W 和轴承都不旋转，但轴颈以换算角速度 ω_{re} 旋转，而且

$$\omega_{re} = \omega_1 + \omega_2 - 2\omega_p \qquad (2.54)$$

用式（2.54）中的 ω_{re} 代替式（2.50）中的 ω_1，所得结果与式（2.53）相同。也就是说，对于润滑油膜的承载能力，图 2.42（a）和图 2.42（b）实际上是相同的。图 2.42（b）称为图 2.42（a）的等效图，它能够使我们更容易看清各运动参数对轴承承载能力的影响。可以看出，当其他条件相同时，轴颈的换算角速度 ω_{re} 越大，轴承的承载能力就越大。但是，如果当载荷的数值保持一定，而 $\omega_{re}=0$ 时，轴承将完全失去来自楔形油膜的承载能力。例如，内燃机的主轴承是固定不动的，即 $\omega_2=0$，如果出现上述情况，即如果在某一区间内载荷的数值保持一定，但以角速度 ω_p 旋转，旋转方向与轴颈的旋转方向相同，而且角速度 ω_p 等于或接近轴颈角速度的一半，即 $\omega_p \approx 0.5\omega_1$，则轴承会进入失去承载能力的危险状态。在设计时，应注意审查轴承载荷图，设法避免这种情况发生。

2.2.4.7　轴承的特性数

轴承的承载能力用平均压强 p 表示，其大小与许多参数有关，包括机油黏度 η、相对间隙 ψ、相对宽度 b/d、相对最小油膜厚度 δ、轴颈的换算角速度 ω_{re} 等。如果分别单独研究这些参数的影响，则问题将变得十分复杂，而且不便于计算。研究发现，如果定义轴承的特性数为 S_0，其整合了平均压强 p、机油黏度 η、相对间隙 ψ 和轴颈换算角速度 ω_{re} 这四个参数，表达式为

$$S_0 = \frac{p\psi^2}{\eta\omega_{re}} \times 10^6 \qquad (2.55)$$

则 S_0 与轴承相对宽度 b/d 和相对最小油膜厚度 δ 之间具有如图 2.43 所示的简单曲线关系，利用这个曲线图可以使计算简化。例如，如果给定轴承的相对宽度 b/d，轴承的特性数 S_0 按

式(2.55)算出,则由图2.43能够确定该轴承所必须具有的相对最小油膜厚度δ。再由图2.53可进一步算出该轴承在给定条件下的最小油膜厚度h_0。反之,如果给定轴承的相对宽度b/d和相对最小油膜厚度δ,则由图2.43可求出该轴承的特性数S_0,然后再根据给定的条件(平均压强p、相对间隙ψ、轴颈换算角速度ω_{re}),按式2.55能够算出所必须具有的机油黏度η。

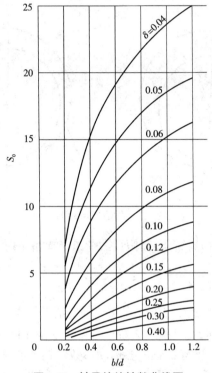

图2.43 轴承的特性数曲线图

2.2.5 轴承的计算

2.2.5.1 轴承计算的基本方法和步骤

设已知轴承直径d(cm)、轴承宽度b(cm)、载荷W和轴颈换算角速度ω_{re},计算步骤如下。

1)按照式(2.48)计算平均压强p。

2)计算轴颈表面的换算圆周线速度v_{re}。

$$v_{re} = \frac{1}{2}\omega_{re}d \qquad (2.56)$$

3)按图2.40及表2.4,根据p和v_{re}选择相对间隙ψ。

4)按式(2.44)和式(2.45)选取最小油膜厚度h_0。

5)按式(2.46)计算相对最小油膜厚度δ。

6)按图2.43,并根据轴承相对宽度b/d和相对最小油膜厚度δ,求取轴承的特性数S_0。

7)按式(2.55)求解所需的机油黏度η。应注意,机油黏度η随温度而改变,因此必须知道轴承的工作温度,以便正确选择机油品种。为此,需要进行下列计算。

8）计算轴承的摩擦功。轴承在工作中由于摩擦所消耗的功 A_r 可以按下式计算：

$$A_r = fWv_{re} = 0.05 fpbd^2\omega_{re} \qquad (2.57)$$

式中　f——流体摩擦状态的摩擦系数，$f=0.0001\sim0.006$。

f 值也可以按下式计算：

$$f = \frac{\pi\psi}{\sqrt{S_0}} \qquad (2.58)$$

9）确定机油的流量。摩擦功最终会全部变为热量。其中，一部分热量通过热传导、辐射和对流耗散掉，另一部分被循环流动的机油带走。在内燃机轴承中，可以认为摩擦功产生的热量主要是由机油带走的，单位时间机油带走的热量可表示为

$$Q = c_v q_v (t - t_0) = A_r \qquad (2.59)$$

式中　c_v——机油的体积比热，一般取 1.677 J/（cm³·K）；

　　　q_v——机油的体积流量（cm³/s）；

　　　t 和 t_0——机油流出和流入轴承时的温度（℃）。

式（2.59）也可改写为

$$q_v = \frac{A_r}{c_v (t - t_0)} \qquad (2.60)$$

一般以 $t - t_0 = 10$ ℃作为典型取值，则所需的机油体积流量为

$$q_v = \frac{fpbd^2\omega_{re}}{33.54} \times 10^6 \qquad (2.61)$$

机油在工作状态下的温度 t（℃），可以根据进油温度 t_0 近似计算：

$$t = t_0 + 10 \qquad (2.62)$$

即便不考虑轴承冷却的需求，为了保持轴承中不缺油并能够建立承载能力，也需要不断地向轴承供油，该供油量称为最小体积流量 $q_{v,min}$（cm³/s），可按下式计算：

$$q_{v,min} = \frac{\xi}{2} bd^2\omega_{re}\psi \times 10^6 \qquad (2.63)$$

式中　ξ——系数，可按图 2.44 根据 b/d 和 δ 选取。

对于每个轴承，其供油量 q_v 不应小于 $q_{v,min}$。

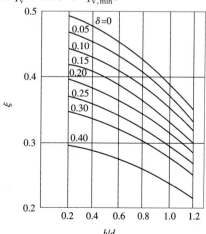

图 2.44　系数 ξ 和相对间隙 δ、轴承相对宽度 b/d 的关系

2.2.5.2 内燃机轴承的计算

通常,曲轴主轴承、连杆大头轴承等内燃机轴承的计算要比上述的基本计算方法复杂得多。这是由于内燃机轴承的载荷 W 和轴颈换算角速度 ω_{re} 都是周期性变化的变量。因此,内燃机轴承的计算一般分两步进行:一是估算,二是详细计算。

在估算时,假设轴颈换算角速度 ω_{re} 等于曲轴的旋转角速度,并取轴承载荷在一个循环中的平均值作为计算载荷。为了求取轴承载荷的平均值,需将轴承载荷图绘在横轴是曲轴转角的图中,如图 2.45 所示。

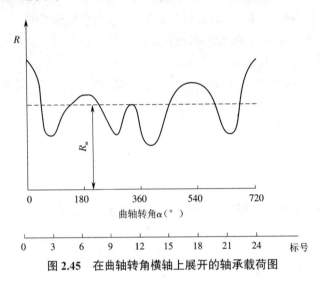

图 2.45 在曲轴转角横轴上展开的轴承载荷图

由图 2.45 求得的载荷平均值 R_m 是每单位活塞面积的数值。因此,轴承的计算载荷 W 为

$$W = R_m A_h \tag{2.64}$$

这样,按照前述的基本计算步骤就能初步算出所需的轴承相对间隙 ψ,并初步确定所用机油的黏度。这两个参数可作为详细计算的基础。

在详细计算时,需根据轴承载荷图逐点计算在一个工作循环中各瞬时载荷 W 和轴颈换算角速度 ω_{re},并求出最小油膜厚度 h_0 的瞬时数值和对应的位置。详细计算的目的是校核轴承在工作过程中是否会由于油膜太薄导致轴颈与轴承之间出现金属直接接触的危险情况。

由图 2.42 可以看出,轴承中最小油膜厚度 h_0 的大小与 O_1 相对 O_2 的偏移量 e 直接相关。由式(2.42),如果轴承直径间隙为 S,则 S 和 e 之间的关系为

$$h_0 = \frac{S}{2} - e \tag{2.65}$$

通过逐点计算,能够绘制出轴心轨迹图,如图 2.46 所示。轴心轨迹图绘制在以轴承中心 O_2 为圆心,以 $S/2$ 为半径的圆内。为了使所绘的图能看得清楚,轴承直径间隙 S 和轴心偏移量 e 都必须用放大的比例尺绘出。在轴心轨迹图上,轨迹线上的任意点至轴承中心 O_2 的径向连线,表示该瞬时轴颈中心 O_1 相对于轴承中心 O_2 的偏移量 e 和偏移的方向。由该点至圆周的径向连线则表示该瞬时轴承中的最小油膜厚度 h_0 及所对应的位置。

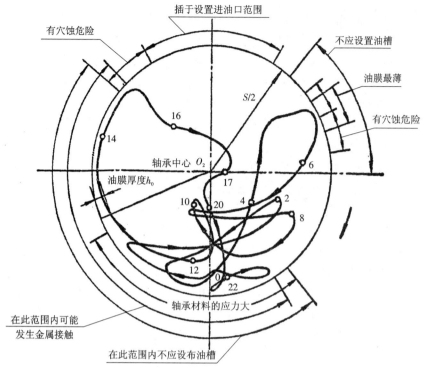

图 2.46 轴心轨迹图

通过绘制轴心轨迹图,能够获得许多有用的资料。例如,可以通过图 2.46 所示的轴心轨迹图检查轴承设计的以下方面。

1）最小油膜厚度 h_0 的最小值是否处于设计允许范围内。

2）在轴承的下方和左方大约 180° 的范围内油膜很薄,在此范围内是否有发生金属直接接触的危险。

3）在标号 6 和 16 附近,由于轴颈表面迅速离开轴承表面,在该处有可能由于出现真空而产生穴蚀,需要评估其风险。

4）在标号 2 和 4 的区间内,轴颈表面先以很高的速度冲向轴承表面,随后又很快离开,使该处的轴承表面先承受很高的油压,随后油压又很快降低,导致该处的减摩材料很容易出现疲劳破坏,需要评估其风险。

5）在标号 20 和 22 的区间内,由于轴颈换算角速度 ω_{re} 接近于零,因此在这一短暂区间内,主要是靠挤压效应所产生的承载油膜起承托作用。

6）可以看出适于和不适于设置进油口和布油槽的区域。

为了绘制轴承的轴心轨迹图,需要同时考虑通过油楔作用和挤压效应所产生的油膜的承载作用,因此计算很烦琐。目前,这种计算大多是依靠电子计算机和专业分析软件来完成的。

2.3　内燃机零部件的磨损

内燃机的许多零部件之间会在力的作用下做相互摩擦运动,如活塞与气缸壁、轴颈与轴承等。这种情况会使零部件表面产生磨损,从而逐渐失去原来的表面结构、尺寸和零部件之间的配合关系,以致不能继续正常工作。严重时,甚至会使零部件之间相互咬死,发生事故。因此,在设计每个零部件时,都需要注意磨损问题,对磨损部位正确供给机油进行润滑,并采取其他措施延长零部件的使用寿命。

磨损是在使用过程中,零部件表面材料随着时间的推移逐渐损失的一种现象。虽然磨损常常是某个零部件的具体问题,但需要在早期的系统设计阶段就从系统层面予以充分考虑。这是因为各个零部件的磨损和寿命与系统整体承受的载荷密切相关,因而直接决定了整个内燃机系统的耐久性和可靠性。例如,发动机中的高气缸压力和高温度负荷不仅直接影响气门座和活塞组的腐蚀和磨损,还会影响发动机轴承等零部件的磨损特性和寿命。如果磨损量过大,导致零部件失去或部分失去原有设计所规定的功能,就会造成失效或隐藏安全隐患。因此,设计者必须在设计阶段充分考虑各零部件的实际工作负荷特点和影响磨损的相关参数,以求满足相应的耐久性和可靠性设计要求。

如 2.1 节所述,许多内燃机零部件不仅承受高强度的机械负荷,往往还暴露于高压、高温的燃烧化学反应环境中。基于如此复杂的工作负荷特点,内燃机零部件的磨损通常是机械磨损和化学腐蚀磨损的叠加。实际上,机械应力造成的损伤和热化学引起的腐蚀或磨损往往会加剧彼此的磨损过程,进而造成更为严重的磨损,降低零部件的可靠性。

本节首先介绍常见的磨损种类,然后论述内燃机零部件的磨损特点和影响因素。

2.3.1　磨损的种类和影响因素

零部件的使用寿命通常分为三个阶段:磨合期、稳定的正常运行期、急剧磨损(磨坏)的故障期。在不同阶段,零部件的表面磨损量具有很大区别。在新零部件摩擦副的磨合期内,材料磨损的变化率较高。在稳定的正常运行期内,零部件表面的磨损速率保持稳定。在急剧磨损的故障期内,磨损率急剧升高,导致零部件快速失效。一般来讲,基于零部件表面的磨损破坏形式,可以将磨损分为黏着磨损、磨粒磨损、腐蚀磨损、疲劳磨损、微动磨损、冲击磨损、冲蚀磨损、热磨损等。对于发动机零部件,主要的磨损形式包括黏着磨损、磨粒磨损、腐蚀磨损和疲劳磨损。本小节重点介绍内燃机中主要的磨损破坏方式的形成过程及其对零部件的主要影响。

2.3.1.1　黏着磨损

黏着磨损是当摩擦副做相对运动时,由于接触应力较大,导致表面触点发生固相焊合,从而造成的表面损伤现象。黏着磨损通常发生在无油的洁净摩擦副表面,尤其是具有良好适应性的摩擦副的作用表面。因为接触应力大,黏着点通常会在剪切应力下由相对较软的摩擦面迁移到较硬的摩擦面。根据磨损量的大小,黏着磨损可以分为轻微磨损和严重磨损。其中,轻微磨损通常没有明显的黏着现象,又称为氧化型磨损;严重磨损则呈现出明显的黏着现象,因为摩擦界面出现清晰的金属与金属之间的接触,故而常称为金属型磨损。

在零部件的使用过程中,黏着磨损的状态也在发生不断的变化。例如,在磨合期,黏着磨损通常主要是金属型磨损;而发生平衡磨损或稳态磨损时,则主要是氧化型磨损。其中,如果零部件承载的负荷发生急剧的大范围变化,在金属型和氧化型磨损之间也会发生相互转化。

影响黏着磨损的主要因素包括摩擦表面的表面结构和摩擦表面的成分与组织,以及相对滑动速度、工作温度、载荷、润滑油黏度等。

2.3.1.2　磨粒磨损

磨粒磨损是由于部件表面与硬质颗粒或硬质凸起发生摩擦所引起的材料损失现象。硬质颗粒或硬质凸起可能来自材料自身,也可以来自尺寸大于润滑油膜最小厚度的外来颗粒。由于颗粒的硬度较高,在发生相对运动后,会使两个表面或其中一个表面的材料发生位移(如塑性变形和断裂),从而造成材料表面损伤。影响磨粒磨损的主要因素是磨粒和摩擦面材料的性质,以及环境因素。

2.3.1.3　腐蚀磨损

腐蚀磨损是当摩擦副做相对运动时,接触表面的材料与周围介质发生化学或电化学反应而导致的材料损失现象。通常,腐蚀磨损与机械磨损相互作用、相互促进,导致发生更快且更严重的磨损。因为腐蚀反应的产物往往与摩擦表面具有较差的结合特性,机械磨损会不断擦除化学或电化学反应时产生的腐蚀产物,并将新的表面暴露于特定的环境中,继续发生腐蚀反应。所以,腐蚀磨损是机械磨损和化学腐蚀造成的叠加损失。

影响腐蚀磨损的因素主要包括摩擦面材料的耐蚀性和工作环境,如温度、压力和湿度等。在内燃机实际工作过程中,由于多种磨损形式并存,腐蚀磨损会与其他磨损形式发生比较复杂的相互作用。当腐蚀磨损在一定程度上限制其他磨损(如黏着磨损)时,可以适当地允许腐蚀磨损发生。例如,缸套表面的突出金属会被硫燃烧所形成的酸性物质腐蚀,发生腐蚀磨损,但其避免了因表面突出而导致的黏着磨损,因此这种轻微的腐蚀磨损是被允许的。

2.3.1.4　表面疲劳磨损

表面疲劳磨损是由于摩擦表面在接触压应力作用下发生疲劳而造成材料损失的现象。在固体表面有缺陷的地方,会最先出现疲劳裂纹,并进而造成表面疲劳磨损。这些缺陷可以是机械加工时造成的(如擦伤)或是材料在冶炼过程中造成的(如气孔和夹杂物),也可能是在金属相之间和晶界之间形成的裂纹。表面疲劳磨损主要受材料种类、表面加工和所受载荷的交变特性等因素影响。

根据表面疲劳磨损的扩展特性,表面疲劳磨损可以进一步分为扩展性疲劳磨损和非扩展性疲劳磨损。

(1)非扩展性表面疲劳磨损

非扩展性表面疲劳磨损的磨损部位不随使用过程而不断扩散和长大,而是维持初始的磨损尺寸,对零部件的整体磨损和有效寿命的影响不大。塑性较好的金属表面通常发生非扩展性表面疲劳磨损,但能够保持零部件的工作寿命。

(2)扩展性表面疲劳磨损

扩展性表面疲劳磨损会从摩擦表面的初始磨损处不断扩散和长大,在较短或稍长的时间内发展成为斑状凹坑,加剧零部件的疲劳磨损,导致快速失效。

2.3.2　内燃机主要零部件的磨损特点和影响因素

2.3.2.1　内燃机零部件的磨损

　　由于内燃机零部件具有复杂多样的工作环境,包括机械负荷、热负荷,以及燃烧化学反应产生的高温、高压环境等。内燃机零部件的磨损通常是上述几种磨损形式的复合叠加。另外,由于不同的摩擦副具有不同的运动特征,它们的磨损形式也各不相同。例如,曲轴轴承的磨损不仅受到润滑油中的颗粒影响,发生严重的磨粒磨损,还可能发生严重的表面疲劳磨损;对于活塞－气缸套摩擦副,磨粒磨损则主要来自进气中的沙尘颗粒和碳烟颗粒,而且黏着磨损和腐蚀磨损的风险也比较高。因此,针对复杂多样的磨损特性,内燃机零部件的抗磨策略必须从系统的整体出发,综合进行优化。

　　在各种内燃机零部件的磨损形式中,影响因素众多,零部件材料的类型、加工工艺、装配工艺,润滑油的性能、添加剂种类、燃料成分等,都会对不同的磨损形式产生很大影响。

　　内燃机零部件的磨损经常导致失效故障,并且在内燃机的各种故障中占有较大的比例。因磨损导致的故障的严重性有时不亚于疲劳断裂的危害。因此,了解内燃机零部件的主要磨损形式、特点、影响因素和改善措施,对保证发动机的可靠性具有极为重要的意义。

2.3.2.2　曲轴的磨损

　　内燃机的曲轴在工作过程中承受高强度的弯曲和扭转负荷,而且这些负荷具有周期性和冲击性。曲轴的磨损主要体现在曲轴的轴颈表面,这是由于在工作过程中曲轴轴颈和轴承之间很难保持完全的液力润滑状态,从而导致发生混合摩擦和磨损。

　　曲轴轴颈磨损的一大特点是不均匀性,主要包括主轴承和连杆轴承轴颈磨损不均匀和轴颈的轴向磨损不均匀。例如,在直列发动机中,由于连杆轴承的负荷较大,主轴颈的磨损会比连杆轴颈的磨损低 40%~50%;而 V 形发动机的主轴承负荷较大,其磨损量会比连杆轴承更严重。周向磨损的不均匀性主要是由于在运转过程中,受力的大小和方向在不断变化,导致磨损量不均匀。综合来看,影响曲轴轴颈磨损及其均匀性的因素主要包括润滑状况、工作负荷状况和安装装配质量等。

2.3.2.3　轴承的磨损

　　轴承对发动机的运动构件起着支撑和导向作用,是重要的基础零部件之一。与曲轴轴颈类似,轴承的工作负荷也具有周期性和冲击性,因而其磨损情况也存在较大的不均匀性。轴承的磨损形式主要为磨粒磨损和黏着磨损。

　　磨粒磨损中的硬质颗粒可能来自零部件材料本身,也可能是外来的硬质颗粒。对于轴承的磨粒磨损,既会发生由于表面上的微凸体之间互相接触而造成的磨损,也会发生外来杂物尤其是润滑油中的硬质颗粒造成的磨损。坚硬的颗粒会造成轴承表面出现沟槽损伤,甚至镶嵌在表面层内,进一步导致轴承损伤乃至失效。

　　黏着磨损是另一种较常见于轴承的磨损形式,主要发生机理是润滑油的油膜遭到破坏而不连续,导致轴承与轴颈之间发生金属与金属之间的直接接触。当局部接触压应力较高时,会发生局部高温,导致微焊现象,使相对较软的表面发生撕裂、凹坑和损伤。如果润滑状况得不到及时改善,局部高温无法消除,严重时能导致轴承和轴颈产生热裂纹损伤,甚至轴承断裂。

2.3.2.4 活塞、活塞环和气缸套的磨损

活塞、活塞环和气缸是内燃机中工作环境和负荷都极为复杂、严酷的零部件组合。它们不仅承受极高的热负荷和机械负荷,而且润滑条件也往往较差。因此,活塞 – 活塞环 – 气缸套的磨损问题非常严峻。其中,主要的磨损部位包括:活塞环的外圆面和上下表面、活塞环槽的上下表面;活塞的裙部;活塞行程范围内的气缸壁面;活塞销座中的活塞销。

表 2.5 中列出了活塞环损坏的统计结果,并给出了内燃机活塞环损坏的方式、损坏率和原因。考虑到腐蚀磨损在所有情况下都存在,但它的影响是渐进的,不会造成突然破坏,所以没有把它作为一项原因进行统计。可见,活塞 – 活塞环 – 气缸套的主要磨损形式是黏着磨损和磨粒磨损。

表 2.5 活塞环损坏分析

原因	损坏率	观察结果
磨粒磨损	29%	磨粒包括大气尘埃和磨损下来的金属粒
黏着磨损	36%	内燃机装配过紧,冷却不足,不正确润滑
安装错误	4%	活塞环装反或安装时变形,活塞环与不匹配的活塞或气缸套相配
磨损沟槽	17%	侧隙过大,活塞材料太软,活塞环有振动现象
其他原因	14%	冷却系统失效,非正常燃烧,点火定时不当,保养不良等

（1）黏着磨损

活塞 – 活塞环 – 气缸套的黏着磨损主要是由于在高速和高负荷工作时,很难建立并维持有效的润滑。在高温燃气环境下,活塞环 – 气缸套的摩擦副接触表面的温度急剧升高,黏着磨损量增大。黏着磨损主要受使用条件和润滑油的影响,其中温度是最重要的影响因素。保持润滑油的黏度和清洁能够有效改善活塞 – 活塞环 – 气缸套的黏着磨损。

（2）磨粒磨损

活塞 – 活塞环 – 气缸套的磨粒磨损与润滑油、空气和燃油携带的磨粒杂质有关,也与内燃机的滤清效果有关（空气过滤和润滑油过滤）。实际上,当杂质颗粒过小或过大时,都对磨粒磨损的影响不大。这是因为过细的颗粒可以很好地分散在润滑油膜中,无法形成较强的擦伤力,而过大的颗粒又无法进入两个摩擦表面之间的间隙。因此,破坏性最大的是直径为 5~20 μm 的颗粒,而其中 5~10 μm 的颗粒对活塞环 – 气缸套的影响最大,10~20 μm 的颗粒对轴承的影响最大。另一个对磨粒磨损有直接影响的因素是杂质颗粒和摩擦表面的相对硬度。因此,可以通过改善发动机的滤清性能和润滑油的清洁性来控制磨粒磨损的程度。

（3）腐蚀磨损

虽然表 2.5 中没有列出活塞 – 活塞环 – 气缸套中腐蚀磨损导致的损坏率,但是活塞和活塞环确实经受着腐蚀磨损。这是由于它们直接暴露在燃烧化学反应的环境中,与具有腐蚀性的燃烧产物直接接触。腐蚀磨损的主要影响因素包括燃烧过程、燃油成分和燃油物性。对柴油机而言,柴油中的硫元素含量直接决定了活塞 – 活塞环 – 气缸套的腐蚀磨损程度。腐蚀磨损率随着燃油中含硫量的增大而加大。由硫引起的腐蚀磨损与水蒸气的凝结和燃烧生成的硫化物有关。因此,这种腐蚀磨损不仅与缸壁和活塞环的温度有关,也与冷却介质的

温度有关。虽然汽油机中硫含量很少,质量分数最高为 0.1%,通常仅有 0.01%~0.02%,但是腐蚀磨损在汽油机中也是存在的,特别是在活塞环和气缸套上。

引起内燃机腐蚀磨损的主要物质包括:

1)由燃烧生成的 CO_2;

2)由 NO 氧化,或由 N_2O_3 和 N_2O_4 分解而产生的 NO_2;

3)硫的衍生物 SO_2 和 SO_3;

4)由净化剂(如乙烯、二氯化物、二溴化物)分解而来的氯化物衍生物,净化剂中伴有的四乙基铅或四甲基铅,添加这些物质的目的是帮助排除燃烧室中铅的沉积物,通过燃烧,它们或多或少会生成各种腐蚀性衍生物。

2.3.2.5　凸轮和挺柱的磨损

凸轮–挺柱摩擦副的特殊性在于它们在很高的接触压力下工作,而且随着高功率内燃机的发展以及配气机构弹簧力的改变,其接触压力和滑动速度都不断增大,磨损问题也日益严重。凸轮–挺柱摩擦副的磨损通常是黏着磨损(划伤)和疲劳磨损(点蚀和剥落),另外还有一种介于黏着磨损和腐蚀磨损之间的边缘情况,称为抛光磨损。

(1)黏着磨损

凸轮–挺柱摩擦副的黏着磨损通常由瞬时高温引起。由于快速的相对滑动,接触表面的金属温度可高达 350 ℃。因此,在磨合期最初的运转阶段就可能会发生黏着磨损,从而导致严重的擦伤失效故障。

(2)疲劳磨损

凸轮与挺柱之间的接触点承受反复作用的周期性载荷,从而在接触表面形成循环应力,导致疲劳裂纹发生,甚至在接触表面出现剥离现象。疲劳破坏往往出现在压应力最大的区域,并从表面向内扩展或形成松散的鳞屑并形成凹坑,即发生点蚀。

(3)抛光磨损

抛光磨损以黏着磨损为源,加上润滑油或其他污染介质的腐蚀作用而形成。它不像划伤那样会突然出现,而是逐渐产生,并出现具有抛光特征的表面。

综上,为了控制凸轮–挺柱摩擦副的磨损,需要从材料选择、表面涂层处理工艺和改善表面结构等方面入手。

第二篇　内燃机的系统设计

第 3 章　内燃机动力学

活塞 – 曲柄机构（也称为曲柄 – 连杆机构）是构成往复运动活塞式内燃机的基础机构。本章讨论以下问题：内燃机活塞 – 曲柄机构的运动规律；活塞 – 曲柄机构中主要零部件所受的力和力矩。

3.1　活塞 – 曲柄机构的运动分析

3.1.1　活塞位移

内燃机运转时，活塞在气缸中做往复直线运动。图 3.1 所示为活塞 – 曲柄机构简图。其中，活塞销（点 A）的运动轨迹的延长线通过曲柄的旋转中心点 O，称为中心式机构，如图 3.1（a）所示；还有一种偏心式机构，如图 3.1（b）所示。现代高速内燃机虽然有许多是偏心式的，但由于偏移量 e 的数值相对于曲柄半径 R 很小，一般可以忽略不计。因此，下面只讨论中心式机构中活塞的运动规律。

图 3.1 中，R 是曲柄的半径（mm）；l 是连杆长度（mm）；λ 是曲柄连杆比，$\lambda=R/l$，现代内燃机的连杆长度 l 一般是曲柄半径 R 的 3~5 倍，即 λ 一般在 1/5 至 1/3 的范围内；ω 是曲轴的旋转速度（rad/s），$\omega=\pi n/30$，其中 n 为曲轴转速（r/min）；α 是曲柄转角（rad），即曲柄与气缸中心线之间的夹角，其与曲轴旋转方向一致时为正值；β 是连杆摆角（rad），如果连杆在气缸中心线右侧，β 为正 [图 3.11（a）]，如果其在气缸中心线左侧，β 为负；x 是活塞的位移（mm），以活塞的上止点位置（点 A_1）为始点，以向曲轴中心点 O 移动的方向为正。

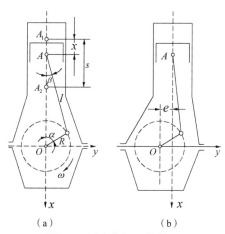

图 3.1　活塞曲柄机构简图

（a）中心式机构　（b）偏心式机构

由图 3.1（a）可知，当曲柄转角为 α 时，活塞位移为

$$x = OA_1 - OA = (R + l) - (R\cos\alpha + l\cos\beta)$$

$$= R(1 - \cos\alpha) + l(1 - \cos\beta) = R\left[(1 - \cos\alpha) + \frac{1}{\lambda}(1 - \cos\beta)\right]$$

上式可以通过 $R\sin\alpha = l\sin\beta$ 或 $\sin\beta = \dfrac{R}{l}\sin\alpha = \lambda\sin\alpha$ 进一步简化。因此，可得 $\cos\beta = \sqrt{1 - \sin^2\beta} = \sqrt{1 - \lambda^2\sin^2\alpha}$。将此关系代入活塞位移可得：

$$x = R\left[(1 - \cos\alpha) + \frac{1}{\lambda}(1 - \sqrt{1 - \lambda^2\sin^2\alpha})\right] \tag{3.1}$$

式（3.1）是计算活塞位移 x 的精确公式。但是，式（3.1）中含有根号项，不便应用。考虑到 $\lambda \leqslant 1/3$，因此可将式中的根号项按照牛顿二项式定理展开，即有

$$\sqrt{1 - \lambda^2\sin^2\alpha} = 1 - \frac{1}{2}\lambda^2\sin^2\alpha - \frac{1}{8}\lambda^2\sin^4\alpha - \frac{1}{16}\lambda^3\sin^6\alpha - \cdots\cdots$$

这个展开式中，包含 λ 的二次方以上各项的数值均很小，可以忽略不计。只保留前两项，在工程应用上已经足够精确，则有

$$\sqrt{1 - \lambda^2\sin^2\alpha} = 1 - \frac{1}{2}\lambda^2\sin^2\alpha = 1 - \frac{\lambda^2}{4}(1 - \cos 2\alpha)$$

将上式代入式（3.1），可得活塞位移 x 的近似公式为

$$x = R\left[(1 - \cos\alpha) + \frac{\lambda}{4}(1 - \cos 2\alpha)\right] \tag{3.2}$$

将式（3.2）与式（3.1）比较，误差小于 0.1%，满足工程计算的要求。根据式（3.2），活塞位移 x 可以看作是由两个位移 x_{I} 和 x_{II} 叠加而成，即 $x = x_{\mathrm{I}} + x_{\mathrm{II}}$。其中，$x_{\mathrm{I}} = R(1 - \cos\alpha)$ 代表简谐运动，$x_{\mathrm{II}} = \dfrac{\lambda R}{4}(1 - \cos 2\alpha)$ 代表因连杆为有限长度所引起的附加位移。因为当连杆为无限长度时，$\lambda = 0$，则 $x_{\mathrm{II}} = 0$。图 3.2 所示是位移 x 随 α 而变的曲线。

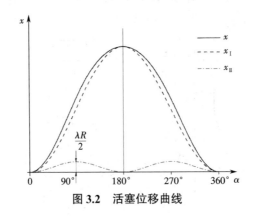

图 3.2 活塞位移曲线

3.1.2 活塞速度

对式（3.2）取时间的导数，可得活塞速度 v 与曲柄转角 α 之间的近似关系式为

$$v = \frac{\mathrm{d}x}{\mathrm{d}t} = \frac{\mathrm{d}x}{\mathrm{d}\alpha} \cdot \frac{\mathrm{d}\alpha}{\mathrm{d}t} = R\omega(\sin\alpha + \frac{\lambda}{2}\sin 2\alpha) \tag{3.3}$$

根据式（3.3），活塞速度可以看作是两个速度叠加而成，即 $v = v_{\mathrm{I}} + v_{\mathrm{II}}$。其中，$v_{\mathrm{I}} = R\omega\sin\alpha$ 为一级简谐运动速度，而 $v_{\mathrm{II}} = \dfrac{R\omega\lambda}{2}\sin 2\alpha$ 为二级简谐运动速度，如图 3.3 所示。

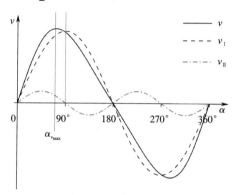

图 3.3　活塞速度曲线

由图 3.3 可以看出，当曲柄转角达到某一数值 $\alpha_{v_{\max}}$ 时，活塞速度达到最大值。转角 $\alpha_{v_{\max}}$ 的数值取决于 λ，但大体上是在上止点前后 75° 曲柄转角左右，此时的连杆与曲柄几乎垂直。例如，当 $\lambda = 1/4$ 时，$\alpha_{v_{\max}} = 77°$；当 $\alpha = 75°58'$ 时，连杆与曲柄相垂直。

根据计算，当 $\lambda = 1/3$ 时，$\dfrac{v_{\max}}{R\omega} = 1.05$；当 $\lambda = 1/5$ 时，$\dfrac{v_{\max}}{R\omega} = 1.02$。这表明活塞最大速度很接近于曲柄销的圆周速度，比后者只增大 2%~5%。

3.1.3　活塞加速度

对式（3.3）取时间的导数，可得活塞加速度 a 与曲柄转角 α 之间的近似关系式为

$$a = \frac{\mathrm{d}v}{\mathrm{d}t} = \frac{\mathrm{d}v}{\mathrm{d}\alpha} \cdot \frac{\mathrm{d}\alpha}{\mathrm{d}t} = R\omega^2(\cos\alpha + \lambda\cos 2\alpha) \tag{3.4}$$

根据式（3.4），可把活塞加速度 a 看作是由两个加速度叠加而成，即 $a = a_{\mathrm{I}} + a_{\mathrm{II}}$。其中，$a_{\mathrm{I}} = R\omega^2\cos\alpha$ 为一级加速度，$a_{\mathrm{II}} = R\omega^2\lambda\cos 2\alpha$ 为二级加速度，如图 3.4 所示。

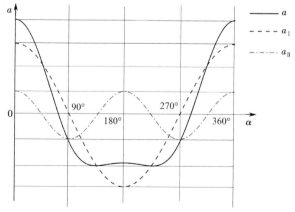

图 3.4　活塞加速度曲线

活塞加速度的最小值取决于 λ 值,分为两种情形。当 $\lambda \leq 1/4$ 时, a 在活塞行至上止点时(即曲柄转角 $\alpha = 0$ 时)达到最大值 $a_{\max}$; a 在活塞行至下止点时(即曲柄转角 $\alpha = \pi$ 时)达到最小值 $a_{\min}$ 。因此,有

$$\begin{cases} a_{\max} = R\omega^2(1+\lambda) \\ a_{\min} = -R\omega^2(1-\lambda) \end{cases} \qquad (3.5a)$$

当 $\lambda > 1/4$ 时,活塞加速度的最小值 $a_{\min}$ 是在 $\alpha = \arccos\left(-\dfrac{1}{4\lambda}\right)$ 时达到,并且有

$$a_{\min} = -R\omega^2\left(\lambda + \frac{1}{8\lambda}\right) \qquad (3.5b)$$

在式(3.5a)中,正号表示加速度的方向指向曲柄中心 O ,负号表示加速度的方向背离曲柄中心 O 。图 3.5 展示了当 $\lambda \leq 1/4$ 和 $\lambda > 1/4$ 时的活塞加速度曲线的形状。

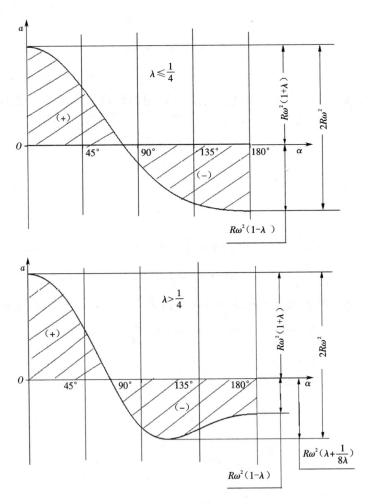

图 3.5　不同 λ 值时的活塞加速度曲线

结合图 3.3 和图 3.5 可以看出,当活塞行至上止点时,速度 $v=0$,加速度 a 为正的最大

值。随着活塞向下移动,它的速度不断增大,但与此同时,加速度不断减小。当曲柄转至 $\alpha=75°$ 左右时,活塞加速度 $a=0$,此时活塞速度 v 达到最大值。此后,活塞加速度 a 变为负值,活塞速度开始逐渐减小,直到达到下止点时,$v=0$。此时,活塞加速度 $a=-R\omega^2(1-\lambda)$。

可以证明,在图 3.5 中,由 a 的曲线、纵坐标轴和横坐标轴所围成的面积,带(+)号的面积与带(-)号的面积相等。

3.2　活塞 - 曲柄连杆机构的受力分析

3.2.1　连杆的质量换算

质量代换的目的是求解零部件的运动质量,以便求解它们在运动中所产生的惯性力。

连杆是做复杂平面运动的部件。为了便于计算,将整个连杆(包括有关附属零部件,如轴瓦和螺栓等)的质量 m_L 用两个换算质量 m_1 和 m_2 来代换,如图 3.6 所示。

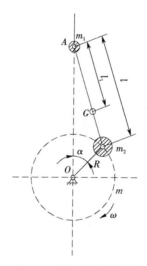

图 3.6　连杆质量的代换

假设 m_1 是集中作用在连杆小头中心处并只做往复直线运动的质量; m_2 是集中作用在连杆大头中心处并只沿圆周做旋转运动的质量。为了保证代换后的质量系统与原来的质量系统在力学上是等效的,这种代换应满足以下三个条件:

1)连杆质量不变,即 $m_L=m_1+m_2$;

2)连杆质心 G 的位置不变,即 $m_1 l_1 = m_2(l-l_1)$;

3)连杆相对于质心 G 的转动惯量 I_G 不变,即 $m_1 l_1^2 + m_2(l-l_1)^2 = I_G$。

其中, l 是连杆长度; l_1 是从连杆质心 G 到连杆小头中心 A 的距离。由前两个条件,可得换算公式为

$$\begin{cases} m_1 = m_L \cdot \dfrac{l-l_1}{l} \\ m_2 = m_L \cdot \dfrac{l_1}{l} \end{cases} \tag{3.6}$$

当已有连杆实物时,可以根据式(3.6)用图3.7所示的称量法直接称出质量 m_1 和 m_2,具体方法如下。称量时,连杆的中心线应保持水平,过支承点的垂线必须分别通过连杆小头和连杆大头的中心。依次把天平放在小头和大头下面,称量所得读数分别是连杆小头和连杆大头的换算质量 m_1 和 m_2。测量的正确性用 $m_L = m_1 + m_2$ 校核。

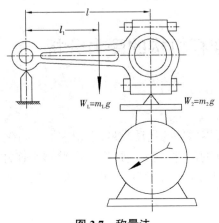

图 3.7 称量法

当只有图纸没有实物时,就需先根据图纸估算出连杆的总质量 m_L 和质心的位置,再用式(3.6)计算 m_1 和 m_2 的值。

在图3.6中,用两个质量 m_1 和 m_2 来代替原来的连杆,在很多情况下不能满足上述第三个条件,但是为了简化计算,该条件一般忽略不计。

3.2.2 往复直线运动质量

活塞连同装在活塞上的零部件(活塞环和活塞销等)沿气缸中心线做往复直线运动。它们的质量可以看作集中在活塞销中心的质量,以 m_h 表示。质量 m_h 与换算到连杆小头中心的连杆质量 m_1 之和,称为往复直线运动质量 m_j,则有

$$m_j = m_h + m_1 \tag{3.7}$$

3.2.3 不平衡回转部分质量

如图3.8所示,曲柄在绕轴线 $O—O$ 旋转时,曲柄销和一部分曲柄臂(图中阴影部分)的质量将产生不平衡离心惯性力,称为曲柄的不平衡质量。为了便于计算,所有这些质量都应按离心力相等的条件,换算到回转半径为 R 的连杆轴颈中心处,并以 m_k 表示。对于图3.8所示曲柄,换算质量 m_k 等于:

$$m_k = m_g + 2m_b \frac{\rho}{R} \tag{3.8}$$

式中　m_g ——连杆轴颈的质量;

　　　m_b 和 ρ ——一个曲柄臂的不平衡部分(阴影部分)的质量和从它的质心到曲柄中心 O 的距离。

质量 m_k 与换算到连杆大头中心的质量 m_2 之和,称为不平衡回转部分质量 m_r,则有

$$m_r = m_k + m_2 \tag{3.9}$$

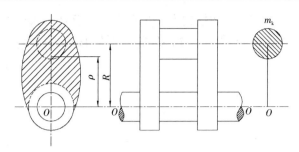

图 3.8　曲柄的不平衡质量及其代换质量

3.3　内燃机的平衡

由上一节可知,活塞－曲柄机构中各个运动零部件的质量可以归结为两个运动质量:①作用在活塞销中心并沿气缸做往复直线运动的质量 m_j;②作用在连杆轴颈中心并沿圆周做回转运动的质量 m_r。

这两个质量会在运动中产生惯性力,而且这些惯性力是能使内燃机在运转中产生振动的自由力。下面首先讨论这些惯性力,然后讨论平衡它们的措施。

3.3.1　往复惯性力

作用在活塞销中心上的质量 m_j 在做不等速往复运动时会产生往复惯性力 P_j。由式(3.4)和 $P_j = -m_j a$,可得

$$P_j = -m_j R\omega^2(\cos\alpha + \lambda\cos 2\alpha) \tag{3.10}$$

式中: P_j 是沿气缸中心线方向作用的往复惯性力,等号右侧的负号表示 P_j 的方向总是与活塞加速度 a 的方向相反。

与式(3.4)比较可以看出, P_j 的曲线与图 3.4 和图 3.5 所示的 a 的曲线在形状上相同,只是纵坐标的比例和所代表的作用方向不同。式(3.10)可改写为

$$P_j = P_{j\text{I}} + P_{j\text{II}}$$

式中:等号右侧第一项称为一级往复惯性力,第二项称为二级往复惯性力,其表达式分别为

$$P_{j\text{I}} = -m_j R\omega^2\cos\alpha = -A_{j\text{I}}\cos\alpha \tag{3.11}$$

$$P_{j\text{II}} = -m_j R\omega^2\lambda\cos 2\alpha = -A_{j\text{II}}\cos 2\alpha \tag{3.12}$$

其中

$$A_{j\text{I}} = m_j R\omega^2 \tag{3.13}$$

$$A_{j\text{II}} = m_j R\omega^2\lambda \tag{3.14}$$

在这里,可将 $A_{j\text{I}}$ 想象为一个沿着曲柄方向作用并与曲柄一起以角速度 ω 旋转的矢量,如图 3.9(a)所示。这样,根据式(3.11),一级往复惯性力 $P_{j\text{I}}$ 就可以想象为 $A_{j\text{I}}$ 在气缸中心线上的投影。由于 $P_{j\text{I}}$ 的变化频率与曲柄的转速相同,因此称为一级往复惯性力,而称 $A_{j\text{I}}$ 为一级往复惯性力的振幅。同样地,根据式(3.12),二级往复惯性力 $P_{j\text{II}}$ 可想象为一个以两倍的曲柄旋转角速度 2ω 旋转的矢量在气缸中心线上的投影,如图 3.9(b)所示。在这里,仅

当曲柄转角 $\alpha=0$ 时，$A_{j\text{II}}$ 的方向与曲柄的方向相重合。由于 $P_{j\text{II}}$ 的变化频率是曲柄转速的两倍，因此称为二级往复惯性力，而称 $A_{j\text{II}}$ 为二级往复惯性力的振幅。

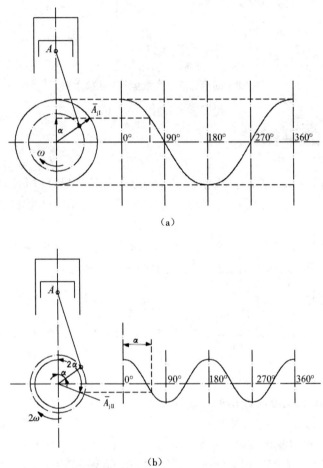

（a）

（b）

图 3.9　一级和二级往复惯性力的矢量表示法

（a）一级往复惯性力　（b）二级往复惯性力

通过比较式（3.13）与式（3.14）可以看出，由于 λ 值一般在 1/5 至 1/3 的范围内，所以二级往复惯性力的幅值一般只是一级往复惯性力的 1/3~1/5。

在图 3.9 上显示了往复惯性力 $P_{j\text{I}}$ 和 $P_{j\text{II}}$ 的大小和方向随曲柄转角 α 的变化关系曲线。对于力的方向，取自活塞销中心 A 指向曲柄中心 O 为正，反之为负。但是，假设矢量 $A_{j\text{I}}$ 是沿曲柄作用的，所以当曲柄转角 α 在上止点前后的 90° 范围内时，$P_{j\text{I}}$ 的值是负的。

3.3.2　往复惯性力的平衡

惯性力 $P_j = P_{j\text{I}} + P_{j\text{II}}$ 是一个大小和方向均反复变化的自由力。经过连杆和曲轴等零部件的传递，此力最终作用在内燃机的机体上。如果内燃机没能很好地固定在机座上，此力就会使内燃机沿气缸中心线（x）的方向产生跳动，这个力是有害的。消除这个自由力的措施是设法把它平衡掉。为了平衡 P_j，必须分别平衡 $P_{j\text{I}}$ 和 $P_{j\text{II}}$。

对于单缸内燃机来讲，为了平衡 P_{jI}，需在 x-y 平面内的气缸中心线的两边对称地安装两个平衡重，如图（3.10）所示。平衡重绕附加轴 O_1 和 O_2 做相对旋转。所以，它们的离心力在水平方向（y 轴方向）上的分力互相抵消，但在气缸中心线方向（x 轴方向）形成合力 $2S_{Ix}$。如果使 $2S_{Ix}$ 与 P_{jI} 时刻保持大小相等且方向相反，以便互相抵消，就能达到平衡的目的。

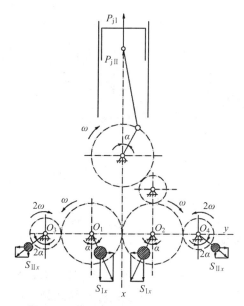

图 3.10 单缸内燃机的附加平衡装置

为了平衡 P_{jII}，如图 3.10 所示，也需采用类似的机构，只是平衡重绕附加轴 O_3 和 O_4 做相对旋转的转速需是曲轴转速的 2 倍，使它们的离心力在水平方向（y 轴方向）上的分力互相抵销，在气缸中心线方向（x 轴方向）上却形成合力 $2S_{IIx}$，并使它们的离心力在 x 轴方向上的合力 $2S_{IIx}$ 与 P_{jII} 时刻保持大小相等、方向相反即可。由于这种平衡装置的构造复杂，使用中容易出现故障，所以只在要求内燃机的振动必须很小的特殊情况下才会采用。

3.3.3 离心惯性力及其平衡

当曲轴旋转时，不平衡回转部分质量 m_r 会产生离心惯性力 P_r，其大小为

$$P_r = m_r R \omega^2 \tag{3.15}$$

其中，P_r 的作用方向是沿曲柄向外，并随曲柄一同旋转。

可以采用在曲柄臂上安装平衡重 m_p 的方法完全平衡掉力 P_r，如图 3.11 所示。为此，需要使平衡重 m_p 的离心力 P_p 与力 P_r 保持大小相等且方向相反。

在单缸内燃机上，经常采用较大的平衡重，使它的离心力 P_p 大于惯性力 P_r，即 $P_p - P_r = \Delta P$。这样做的目的是使 ΔP 在 x 轴方向上的分力 $\Delta P \cos \alpha$ 能平衡掉一部分 P_{jI}。但是，这样会在 y 轴方向出现额外的不平衡自由力 $\Delta P \sin \alpha$。换言之，利用这一方法会把一级往复惯性力 P_{jI} 中的一部分由 x 轴方向转移到 y 轴方向。这样做之后，内燃机比较容易固定，并使人感觉内燃机的振动似乎小一些。

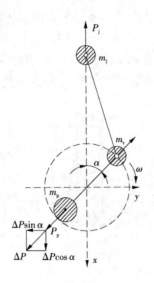

图 3.11　离心惯性力的平衡

3.3.4　多缸内燃机的平衡

多缸内燃机在运转时,沿着每一气缸的中心线都作用有往复惯性力 P_j,在每一曲柄的旋转平面内都作用有离心惯性力 P_r。所谓内燃机的平衡问题,就是研究如何计算它们的合力及合力矩,并研究怎样能把由它们所引起的有害作用减至最小。

3.3.4.1　离心惯性力及力矩的平衡

对于做旋转运动的物体来讲,在运动过程中物体上的各个质点都围绕轴线作圆周运动,并产生离心力。如果物体上各部分的质量分布相对于轴线是对称的,例如一个质量均匀分布的圆棒,由于分布在轴线两边的对应质点的离心力分别互相平衡而抵消掉,所以在旋转时就不会产生剩余的自由离心力。这样的零部件即便是在很高的转速下也可以平稳旋转。但是,实际上,由于材料各处的致密程度可能不完全一致,甚至对于一个加工得很精细的圆棒,它的质量分布也不可能是绝对均匀的。对于图 3.12(b)和(c)所示的具有复杂形状的曲轴来讲,相对于旋转轴线的质量分布本来就不对称,旋转时就要产生剩余的自由离心力。此力的作用方向随零部件一同旋转,并且转速越高,力的数值越大。它不但使零部件产生相应的弯曲变形和弯曲应力,而且使装有这种零部件的机器产生振动。因此,零部件的最高许用转速就受到了限制。

对于做旋转运动的零部件,必须研究自由离心力的平衡问题。对于形状复杂的零部件,为了便于计算,需要把有关的质量进行适当地归并和集中。也就是说,按图 3.8 所述的方法进行质量换算,并按换算质量计算离心惯性力的数值。

首先研究图 3.12(a)所示的旋转零部件 AB。假设它有 n 个换算质量,因而在旋转时具有 n 个集中作用的离心力,可以分别用矢量表示它们各自的大小和方向。零部件具有两种不同的平衡,即静平衡和动平衡,分述如下。

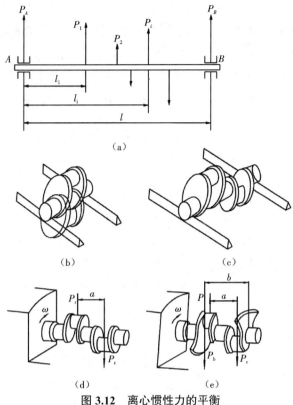

图 **3.12** 离心惯性力的平衡

1）静平衡。如果当物体旋转时，物体上所有换算质量的离心力矢量在垂直于旋转轴的平面上的投影的矢量和等于零，即满足

$$\sum P_{\mathrm{r}} = P_{\mathrm{r}1} + P_{\mathrm{r}2} + \cdots + P_{\mathrm{r}n} = \sum_{i=1}^{n} P_{\mathrm{r}i} = 0 \tag{3.16}$$

式中的 $P_{\mathrm{r}i}$ 是第 i 个换算质量的离心力矢量，则认为该物体是静平衡的。

一个物体如果是静平衡的，则它的质心必然位于旋转轴线上。检验物体是否处于静平衡的方法是把物体的旋转轴放在两条水平刃轨上，如图 3.12（b）和（c）所示。如果在刃轨上物体能够在任意位置上保持静止，则物体就是静平衡的。图 3.12（c）所示的双拐曲轴在理论上是可以达到静平衡的。图 3.12（b）所示的不带平衡重的单拐曲轴则不是静平衡的。

2）动平衡。如果在物体旋转时，物体上所有换算质量的离心力矢量相对于轴线上任一基准点的力矩的矢量和等于零，则物体是动平衡的。对于图 3.12（a）的零部件 AB 来讲，如果取 A 点为基准点，则它实现动平衡的条件是

$$\begin{aligned}\sum M_{\mathrm{r}} &= P_{\mathrm{r}1}l_1 + P_{\mathrm{r}2}l_2 + \cdots + P_{\mathrm{r}i}l_i + \cdots + P_{\mathrm{r}n}l_n \\ &= \sum_{i=1}^{n} P_{\mathrm{r}i}l_i = 0\end{aligned} \tag{3.16a}$$

式中 l_i——第 i 个离心力矢量至基准点的距离。

检验零部件是否处于动平衡，可以在专门的设备（动平衡机）上进行校验，如图 3.12（d）和图 3.12（e）所示。在动平衡机上，零部件被带动旋转。在旋转状态下，测量平衡力矩 $\sum M_{\mathrm{r}}$

是否等于零。如果不等于零,则测量它的矢量大小和作用方位。例如对于图 3.12(d)所示的双拐曲轴来讲,在旋转时有不平衡力偶 $\sum T_\mathrm{r} = P_\mathrm{r}a$,其中 a 为两个曲柄的不平衡离心力矢量 P_r 之间的垂直距离。这个力偶是作用在曲柄平面上的。此力偶通过轴承作用在机体上,使整台内燃机产生相应的振动。为了使图 3.12(d)所示的双拐曲轴能够实现动平衡,需要安装平衡重,并应当使平衡重的离心力矢量的力偶 $P_\mathrm{b}b$ 与力偶 $P_\mathrm{r}a$ 大小相等且方向相反,如图 3.12(e)所示。

一个旋转物体如果是动平衡的,则它必然也是静平衡的。如果它是静平衡的,却不一定是动平衡的。例如图 3.12(c)所示双拐曲轴,理论上可以做到静平衡,但它却不是动平衡的。

对于高速内燃机来讲,在设计上要求曲轴本身和装上连杆之后的状态都需要处于动平衡,并且由于制造原因所造成的偏差不应超过规定界限。

下面以图 3.13(a)所示三拐曲轴为例,进一步讨论曲轴的动平衡问题。这种曲轴用于三缸直列式(四冲程或二冲程)内燃机和 V 形六缸四冲程内燃机上。图 3.13(b)是它的轴向投影图,称为曲柄图。可以看出,曲轴各拐之间是以 120° 夹角沿圆周均匀分布的。

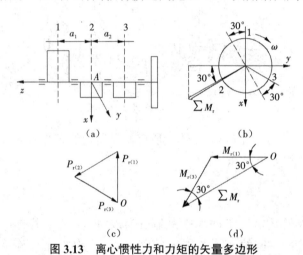

图 3.13　离心惯性力和力矩的矢量多边形
(a)曲轴简图　(b)曲柄图　(c)力的矢量多边形　(d)力矩的矢量多边形

曲轴各拐的离心惯性力 P_r 是沿曲柄向外作用的,可以用绘制矢量多边形的方法求解它们的矢量和 $\sum P_\mathrm{r}$,如图 3.13(c)所示。多边形的各边分别与各曲柄平行,边长为 $P_\mathrm{r} = m_\mathrm{r}R\omega^2$,如式(3.15)。由于多边形是闭合的,所以合力 $\sum P_\mathrm{r} = 0$,也就是说,它是静平衡的。所以,在曲柄图上,如果多缸内燃机曲轴的各拐沿圆周均匀分布,都可以实现这一结果。

同样,可以用绘制矢量多边形的方法求解离心惯性力矩的矢量和 $\sum M_\mathrm{r}$。一般是取曲轴轴线的中间点作为力矩计算的基准点。也就是说,在这里是取第二拐的中间截面 A 作为基准点,所绘多边形如图 3.13(d)所示,多边形的边长分别为 $M_{\mathrm{r}(1)} = M_{\mathrm{r}(3)} = P_\mathrm{r}a$ 和 $M_{\mathrm{r}(2)} = 0$。力矩矢量的方向按右手法则确定:握住右手,使右手四个手指的方向与力矩的作用方向一致,则力矩的矢量方向即为右手拇指的方向。由图 3.13(d)可以看出,多边形不闭合,即 $\sum M_\mathrm{r} \neq 0$,所以该曲轴不是动平衡的。根据式(3.15)和多边形的几何关系,可以算出合力

矩 $\sum M_r$ 的数值为

$$\sum M_r = 2M_{r(1)}\cos 30° = 2\times 0.866 m_r R\omega^2 a = 1.732 m_r R\omega^2 a$$

合力矩矢量 $\sum M_r$ 的作用方向是在矢量 M_{r1} 的逆时针方向 30° 处。它表示该合力矩 $\sum M_r$ 是作用在与第一拐和第三拐成 30° 夹角的平面内,如图 3.13(b)所示。此力矩作用在曲轴上,并与曲轴一起以角速度 ω 旋转。它使得内燃机产生相应的振动,振动频率与内燃机转速相同。

可以用在曲轴上装平衡重的方法把合力矩 $\sum M_r$ 平衡掉。装平衡重的方案有多种。图 3.14(a)所示是在曲轴上只装一对平衡重,这一对平衡重所产生的离心力矩与力矩 $\sum M_r$ 大小相等且方向相反。图 3.14(b)所示是在曲轴的各曲柄臂上都分别装平衡重,分别平衡各个曲柄的离心惯性力 P_r。由于各曲柄的 P_r 都已经分别被平衡掉,因此就有 $\sum M_r = 0$。

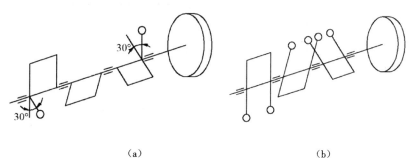

（a）　　　　　　　　　　　　　　　（b）

图 3.14　平衡重的配置方案

应该指出,在确定平衡重的尺寸和重量时,除了要考虑平衡的需要之外,还需考虑其他许多问题,这些问题将在后续有关章节中讲述,并在第八章"曲轴"的 8.3.5 节"曲轴平衡重的设计"中汇总。

图 3.15 是四拐曲轴的简图,用于 4 缸直列四冲程和某些 8 缸 V 形内燃机。图 3.16 是六拐曲轴的简图,用于 6 缸直列四冲程和 V 形 12 缸直列四冲程内燃机。图 3.15 和图 3.16 所示曲柄排列方式能够实现离心惯性力 P_r 的静平衡,即 $\sum P_r = 0$。同时,也能够实现动平衡,即 $\sum M_r = 0$。可以看出,当曲轴的各拐沿圆周均匀分布并在纵向对称分布(即方位相同的拐至中间截面 A 的距离相同)时,都可实现这一结果,这种曲轴从平衡的角度来讲,无须安装平衡重。

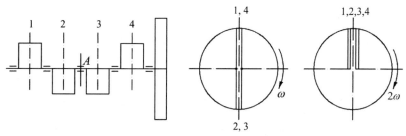

图 3.15　4 缸直列四冲程内燃机的曲轴

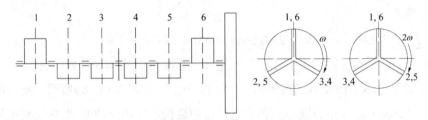

图 3.16　6 缸直列四冲程和 12 缸 V 形内燃机的曲轴

3.3.4.2　直列式内燃机的一级往复惯性力和力矩的平衡

在 3.3.1 节中已经讨论了在单缸内燃机上往复惯性力的平衡问题。下面进一步讨论在多缸直列式内燃机上的平衡问题,仍然对一级往复惯性力 P_{jI} 和二级往复惯性力 P_{jII} 分别进行讨论。

为了便于以后的讨论,在图 3.17 上将一台多缸直列式内燃机注以坐标。其中, x-z 平面通过各缸的气缸中心线; y-z 平面通过曲轴中心线,并与 x-z 平面相垂直; x-y 平面通过曲轴轴线的中间点 [例如通过图 3.13(a)的点 A],并与 z 轴相垂直。为了使问题简化,假设坐标原点 G 与内燃机的质心重合。

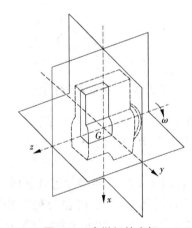

图 3.17　内燃机的坐标

在多缸直列式内燃机上,由往复惯性力所引起的振动形式有两种。一种是使内燃机沿着图 3.17 所示的 x 轴方向产生上下跳动。这种振动的强烈程度与各个气缸的往复惯性力的合力 $\sum P_{jI}$ 和 $\sum P_{jII}$ 成正比。其中,由 $\sum P_{jI}$ 所引起的跳动是在曲轴每转一圈时跳动一次,而由 $\sum P_{jII}$ 所引起的跳动则是在曲轴每转一圈时跳动两次。如果进一步考虑更高阶的惯性力,则跳动的频率以此类推。一般来讲,惯性力的级数越高,幅值越小,它的影响也就越小。另一种是在 x-z 平面内绕 y 轴晃动。它的强烈程度决定于各个气缸的往复惯性力相对于 y 轴的力矩之和 $\sum M_{jI}$ 和 $\sum M_{jII}$ 的大小。因此,为了使内燃机能够运转平稳,应设法使上述合力($\sum P_{jI}$ 和 $\sum P_{jII}$)和合力矩($\sum M_{jI}$ 和 $\sum M_{jII}$)减至最小。

下面讲述计算一级往复惯性力的合力 $\sum P_{jI}$ 的方法。根据式 3.11 和式 3.13 可知,对于一个气缸来讲,它的一级往复惯性力 P_{jI} 在任意瞬时,其值都等于一个沿着曲柄向外作用并随曲柄一同旋转的假想矢量 A_{jl} 在气缸中心线上（更确切地说是在图 3.17 的 x 轴方向上）的投影。因此，为了求解整台内燃机的一级往复惯性力的合力 $\sum P_{\mathrm{jl}}$，只要先求出所有各个气缸的假想矢量 A_{jl} 在 x-y 平面上的投影的矢量和 $\sum A_{\mathrm{jl}}$，然后再求出在各个瞬时的矢量和 $\sum A_{\mathrm{jl}}$ 在 x 轴上的投影即可。此时，有

$$\sum A_{\mathrm{jl}} = A_{\mathrm{jl}(1)} + A_{\mathrm{jl}(2)} + \cdots + A_{\mathrm{jl}(i)} + \cdots + A_{\mathrm{jl}(n)} = \sum_{i=1}^{n} A_{\mathrm{jl}(i)} \qquad (3.17)$$

它是一个随曲轴一同旋转的矢量。式中的 $A_{\mathrm{jl}(i)}$ 为第 i 个气缸的假想矢量 A_{jl}。

计算矢量和 $\sum A_{\mathrm{jl}}$ 的方法与图 3.13（c）相类似，只是以 A_{jl} 代替 P_{r} 而已，如图 3.18（c）所示。该图以三拐曲轴为例，对于其他拐数的曲轴来讲，方法是一样的。

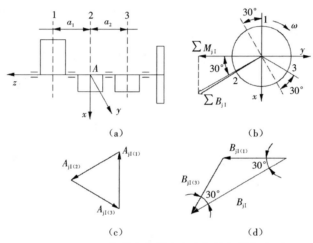

图 3.18　一级往复惯性力和力矩的矢量多边形

已知矢量和 $\sum A_{\mathrm{jl}}$ 后，该内燃机的一级往复惯性力的合力 $\sum P_{\mathrm{jl}}$ 为

$$\sum P_{\mathrm{jl}} = -\left(\sum A_{\mathrm{jl}}\right) \cos \alpha_{A\mathrm{jl}} \qquad (3.18)$$

式中　$\alpha_{A\mathrm{jl}}$——矢量和 $\sum A_{\mathrm{jl}}$ 相对于负 x 轴（气缸中心线）的转角，如图 3.9（a）中的角 α 所示。

下面介绍计算各个气缸的一级往复惯性力相对于 y 轴的力矩和 $\sum M_{\mathrm{jl}}$ 的方法。在这里，

$$\begin{aligned}
\sum M_{\mathrm{jl}} &= P_{\mathrm{jl}(1)} l_{(1)} + P_{\mathrm{jl}(2)} l_{(2)} + \cdots + P_{\mathrm{jl}(i)} l_{(i)} + \cdots + P_{\mathrm{jl}(n)} l_{(n)} \\
&= M_{\mathrm{jl}(1)} + M_{\mathrm{jl}(2)} + \cdots + M_{\mathrm{jl}(i)} + \cdots + M_{\mathrm{jl}(n)} \\
&= \sum_{i=1}^{n} P_{\mathrm{jl}(i)} l_{(i)}
\end{aligned}$$

式中　$l_{(i)}$——从第 i 个气缸的中心线到 y 轴的垂直距离。

计算 $\sum M_{\mathrm{jl}}$ 的方法与前面计算 $\sum P_{\mathrm{jl}}$ 的方法类似，即首先计算出各气缸的假想矢量 A_{jl} 相对于坐标原点 G 的力矩矢量和 $\sum B_{\mathrm{jl}}$，即

$$\sum B_{j1} = A_{j1(1)}l_{(1)} + A_{j1(2)}l_{(2)} + \cdots + A_{j1(i)}l_{(i)} + \cdots + A_{j1(n)}l_{(n)}$$
$$= B_{j1(1)} + B_{j1(2)} + \cdots + B_{j1(i)} + \cdots + B_{j1(n)}$$
$$= \sum_{i=1}^{n} A_{j1(i)}l_{(i)}$$

它是一个随曲轴一同旋转的矢量。合力矩 $\sum M_{j1}$ 在任意时刻的瞬时值等于矢量和 $\sum B_{j1}$ 在 y 轴上的投影,如图 3.18(b)所示。

求解矢量和 $\sum B_{j1}$ 的方法与图 3.13(d)类似,只是用矢量 B_{j1} 代替 M_r 而已,如图 3.18(d)所示,而

$$\sum M_{j1} = \left(\sum B_{j1}\right)\cos \alpha_{Bj1} \tag{3.19}$$

式中 α_{Bj1} ——矢量和 $\sum B_{j1}$ 相对于 y 轴的转角,如在图 3.18(b)所示的瞬时,$\alpha_{Bj1} = -30°$。

对于具有三个拐的三缸直列式内燃机来讲,由图 3.18(b)可以看出,由于矢量和 $\sum A_{j1} = 0$,所以 $\sum P_{j1} = 0$。也就是说,一级往复惯性力是平衡的。对于多缸直列式内燃机,当曲柄图上的曲轴各拐沿圆周均匀分布时,都可得到这一结果。

由图 3.18(d)可以看出,由于矢量多边形不封闭,所以矢量和 $\sum B_{j1} \neq 0$。它的作用方向是在矢量 $B_{j1(1)}$(第一缸的假想矢量 A_{j1} 相对于原点 G 的力矩的矢量)的逆时针方向 30° 角处,它的数值为

$$\sum B_{j1} = 2B_{j1} \times \cos 30° = 2 \times 0.866 \times m_j R\omega^2 a = 1.732 m_j R\omega^2 a$$

由图 3.18(b)可以看出,当曲轴由该瞬时位置转过 30° 角(即 $\frac{\pi}{6}$)时,矢量 $\sum B_{j1}$ 与 y 轴相重合。因此,按式(3.19),随着曲轴旋转,一级往复惯性力相对于 y 轴的合力矩 $\sum M_{j1}$ 的数值按下列规律变化:

$$\sum M_{j1} = \left(\sum B_{j1}\right) \times \cos\left(\alpha_1 - \frac{\pi}{6}\right) = 1.732 m_j R\omega^2 a \cos\left(\alpha_1 - \frac{\pi}{6}\right)$$

式中 α_1 ——按第一拐计算的曲轴转角,在图 3.18(b)所示瞬时位置时,$\alpha_1 = 0$。

在此力矩的作用下,整个内燃机将在 $x\text{-}z$ 平面内绕 y 轴晃动(图 3.17),晃动频率与曲轴转速相同。

如果要平衡这一力矩,需要采用复杂的装置,可在附加轴 O_1 和 O_2 的两端各装一个平衡重,两根附加轴做相对旋转运动,转速等于曲轴转速,如图 3.19 所示。因此,附加轴所产生的离心力矩在水平方向上互相抵消,而在垂直方向上形成合力矩 M_L,其数值为

$$M_L = 2P_L L\cos\varphi$$

式中 P_L ——每个平衡重的离心力;

L ——装在同一附加轴上的每对平衡重的质心之间的垂直距离;

φ ——平衡重所在平面与垂直面的夹角。

使合力矩 M_L 与 $\sum M_{j1}$ 时刻保持大小相等且方向相反,即可达到平衡的目的。

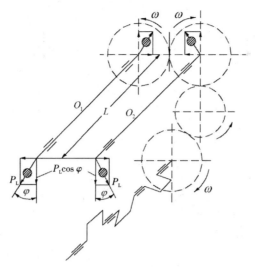

图 3.19　一级往复惯性力矩的平衡装置

在四冲程直列式 4 缸和 6 缸内燃机上是分别采用图 3.15 和图 3.16 所示的四拐和六拐曲轴。可以证明,在这种内燃机上,一级往复惯性力和力矩都是平衡的,即 $\sum P_{j1} = 0$ 和 $\sum M_{j1} = 0$。

3.3.4.3　直列式内燃机的二级往复惯性力和力矩的平衡

计算多缸直列式内燃机的二级往复惯性力的合力 $\sum P_{jII}$ 及合力矩 $\sum M_{jII}$ 的方法与前面所述方法很相似,即先求出各气缸的假想矢量 A_{jII} 在 x-y 平面上的投影的矢量和 $\sum A_{jII}$,以及各气缸的假想矢量 A_{jII} 相对于原点 G 的力矩的矢量和 $\sum B_{jII}$。它们分别为

$$\sum A_{jII} = \sum_{i=1}^{n} A_{jII(i)} \tag{3.20}$$

$$\sum B_{jII} = \sum_{i=1}^{n} A_{jII(i)} l_{(i)} \tag{3.21}$$

根据式(3.12),可得二级往复惯性力的合力为

$$\sum P_{jII} = -\left(\sum A_{jII}\right) \cos \alpha_{AjII} \tag{3.22}$$

根据式(3.19),可得二级往复惯性力的合力矩为

$$\sum M_{jII} = \left(\sum B_{jII}\right) \cos \alpha_{BjII} \tag{3.23}$$

式中　　α_{AjII} 和 α_{BjII} ——矢量和 $\sum A_{jII}$ 相对于负 x 轴的转角,以及矢量和 $\sum B_{jII}$ 相对于 y 轴的转角。

应当注意,假想矢量 A_{jII} 的旋转角速度是 2ω,即它的转速是曲轴转速的两倍,如图 3.9 (b)所示。下面仍以三缸直列式内燃机所用的三拐曲轴为例,具体说明它的计算方法。图 3.20(a)所示是曲轴的曲柄图。该图表示曲轴各曲柄间的相位关系。由于各气缸的一级假想矢量 A_{j1} 是沿着对应的曲柄方向作用的,所以该图也展示出各气缸的一级假想矢量 A_{j1} 的相位关系。因此,该图也称为一级曲柄图。在绘制曲柄图时,通常令第一拐的瞬时转角 $\alpha_1 = 0$。

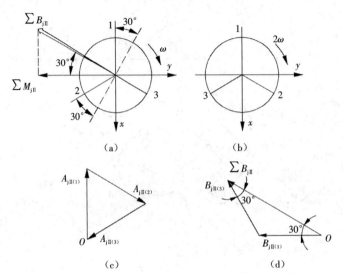

图 3.20　二级往复惯性力和力矩的矢量多边形
（a）一级曲柄图　（b）二级曲柄图　（c）力的矢量多边形　（d）力矩的矢量多边形

为了表示在这一瞬时各气缸的二级假想矢量 $A_{jⅡ}$ 之间的相位关系,在图 3.20（b）中绘出了二级曲柄图。由于在该时刻第一拐的转角 $\alpha_1=0$,所以第一缸对应的假想矢量 $A_{jⅡ(1)}$ 的相位角 α_1'' 也等于零。由于在该时刻第二拐的转角 $\alpha_2=2\times240°=480°$,或取 $480°-360°=120°$,而且第三拐的转角 $\alpha_3=120°$,所以 $A_{jⅡ(3)}$ 的相位角 $\alpha_3''=2\times120°=240°$。有了二级曲柄图,就可以同样地用绘制矢量多边形的方法计算矢量和 $\sum A_{jⅡ}$ [式（3.20）和图 3.20（c）] 和 $\sum B_{jⅡ}$ [式（3.21）和图 3.20（d）]。

可以看出,由于 $\sum A_{jⅡ}=0$,二级往复惯性力是平衡的,即 $\sum P_{jⅡ}=0$。但是,由于 $\sum B_{jⅡ}\neq0$,二级往复惯性力的力矩不平衡。在图 3.20（a）中,给出了当第一拐的转角 $\alpha_1=0$ 这一瞬时的矢量 $\sum B_{jⅡ}$ 的作用相位。因为曲柄以角速度 ω 旋转,而矢量 $\sum B_{jⅡ}$ 以 2ω 旋转,所以如果第一拐由 $\alpha_1=0$ 的位置倒转一个角度 $30°/2=15°$ 即（$\pi/12$）,则矢量 $\sum B_{jⅡ}$ 将与 y 轴重合。因此,根据式（3.23）和图 3.20（d）的几何关系,可以得到在这种内燃机上二级往复惯性力的合力矩 $\sum M_{jⅡ}$ 的变化规律,其数值为

$$\sum M_{jⅡ}=\left(\sum B_{jⅡ}\right)\cos2\left(\alpha_1+\frac{\pi}{12}\right)=\left(\sum B_{jⅡ(1)}\cos\frac{\pi}{6}+\sum B_{jⅡ(2)}\cos\frac{\pi}{6}\right)\cos2\left(\alpha_1+\frac{\pi}{12}\right)$$

$$=\left(\frac{\sqrt{3}}{2}m_jR\omega^2\lambda a+\frac{\sqrt{3}}{2}m_jR\omega^2\lambda a\right)\cos2\left(\alpha_1+\frac{\pi}{12}\right)=1.732m_jR\omega^2\lambda a\cos2\left(\alpha_1+\frac{\pi}{12}\right)$$

式中　α_1——按第一拐计算的曲轴转角。

若要平衡这一力矩,需要复杂的装置。它的工作原理与图 3.19 所示相同,只是附加轴 O_1 和 O_2 的角速度应当等于 2ω。

图 3.15 和图 3.16 分别给出了四冲程直列式 4 缸和 6 缸内燃机的二级曲柄图。可以看出,4 缸机的二级往复惯性力没有达到平衡,它的合力 $\sum P_{jⅡ}=4m_jR\omega^2\lambda\cos2\alpha$。既然这个惯性力是不平衡的,就更谈不上力矩的平衡问题了。至于 6 缸机,则是二级往复惯性力和力矩

都平衡,即有 $\sum P_{jⅡ} = 0$ 和 $\sum M_{jⅡ} = 0$。

3.3.4.4 V 形内燃机的往复惯性力和力矩的平衡

V 形内燃机具有结构紧凑的特点。采用最为广泛的是 V8(8 缸 V 形)和 V12(12 缸 V 形)内燃机。此外,V2、V6 和 V16 型的结构也应用甚广。可以把 V 形内燃机看成是组合在一起的两台直列内燃机。因此,凡是在直列式内燃机中已经平衡了的惯性力和力矩,在对应的 V 形机中也是平衡的。例如,对于 V12 四冲程内燃机来讲,与直列式 6 缸四冲程内燃机一样,其一级和二级往复惯性力和力矩、离心惯性力和力矩都是平衡的。

图 3.15 所示曲轴的四个曲柄都在一个平面上。采用这种曲轴的直列式 4 缸四冲程内燃机的二级往复惯性力不平衡。如果在 8 缸 V 形内燃机上也采用这种曲轴,则情况也会是这样。所以,在要求内燃机振动必须很小的红旗牌轿车中所用的 V8 型汽油机上,不采用这种曲轴。

V8 内燃机可以看作是四个组合在一起的 V2 内燃机。下面我们首先讨论 2 缸 V 形内燃机的平衡问题。图 3.21 所示是 V2 内燃机的简图,气缸间的夹角是 90°,在一个曲柄上安装两个连杆。根据式(3.11),左边和右边气缸的一级往复惯性力分别为

左缸 $P_{jⅠ} = m_j R \omega^2 \cos\alpha$

右缸 $P_{jⅠ}' = m_j R \omega^2 \cos(\alpha - 90°) = -m_j R \omega^2 \cos\alpha$

根据式(3.12),二级往复惯性力分别为

左缸 $P_{jⅡ} = m_j R \omega^2 \lambda \cos 2\alpha$

右缸 $P_{jⅡ}' = m_j R \omega^2 \lambda \cos 2(\alpha - 90°) = -m_j R \omega^2 \lambda \cos 2\alpha$

式中 α——曲柄相对于左边气缸中心线的转角。

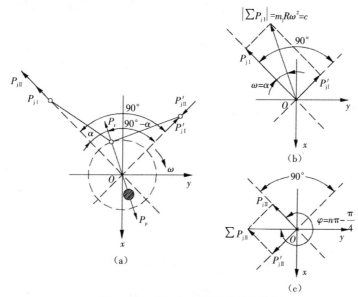

图 3.21 V 形二缸内燃机的结构简图

(a)机构简图   (b)一级往复惯性力的合成   (c)二级往复惯性力的合成

将上述力平移到曲轴中心,并求它们的合力。参看图 3.21(b),一级往复惯性力的合力为

$$\sum P_{jI} = \sqrt{P_{jI}^2 + P_{jI}'^2} = m_j R \omega^2 = c$$

合力的作用相位为

$$\varphi = \arctan \frac{P_{jI}'}{P_{jI}} = \arctan(\tan \alpha) = \alpha$$

上式表示,对于图 3.21 所示的 2 缸 V 形机,一级往复惯性力的合力 $\sum P_{jI}$ 在数值上是一常数 $c = m_j R \omega^2$;在作用相位上永远与曲柄一致,即它是随曲柄一同旋转的。因此,对它可以像对待离心惯性力那样,采用在曲柄臂上安装平衡重的方法予以平衡。

参看图 3.21(c),二级往复惯性力的合力为

$$\sum P_{jII} = \sqrt{P_{jII}^2 + P_{jII}'^2} = \sqrt{2} m_j R \omega^2 \lambda \cos 2\alpha = \sqrt{2} c \lambda \cos 2\alpha$$

合力的作用相位为

$$\varphi = \arctan \frac{P_{jII}'}{P_{jII}} = \arctan(-1) = n\pi - \frac{\pi}{4}$$

式中　　n——任意正整数(1,2,3,…)。

上式表示,在 2 缸 V 形机上,二级往复惯性力的合力 $\sum P_{jII}$ 在数值上是随曲轴转角变化的。该合力的作用相位角则是相对于左边缸的气缸中心线而言,或者是 135°,或者是 315°,或者是 495° 等,即它永远是沿着 y 轴或者是向左作用,或者是向右作用。

可以证明,当曲柄转角是在左边缸的上止点或下止点前后 45° 范围内时,即当曲柄相对于左边气缸中心线的夹角 α 是在 0°~45°、135°~225° 或 315~360° 的范围内时,合力 $\sum P_{jII}$ 的作用方向是沿 y 轴向左的(即沿负 y 轴方向)。当曲柄转角在其他范围内时,合力的作用方向则是沿 y 轴向右的(即沿正 y 轴方向)。

红旗牌轿车 CA-72 型 V8 汽油机的曲轴简图如图 3.22 所示,四个曲柄分别安装在两个互相垂直的平面内。根据前面的分析可以看出,该机的离心惯性力和一级往复惯性力是平衡的,它们的力矩则不平衡,但是可以采用在曲轴上安装平衡重的方法。图中展示了采用一对平衡重来平衡的方法,读者可以作为练习自己证明。

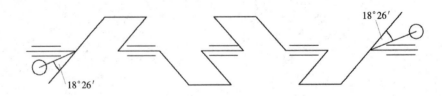

图 3.22　8 缸 V 形机的曲轴简图

下面讨论该机的二级往复惯性力的平衡问题。如果第一个曲柄相对于左列气缸中心线的转角为 α_1(假设在 0~45° 范围内),则作用在各曲柄上的二级往复惯性力的合力分别如下。

第一拐:$\sqrt{2} c \lambda \cos 2\alpha_1$(于负 y 轴方向)。

第二拐：$\sqrt{2}c\lambda\cos 2(\alpha_1+90°)=-\sqrt{2}c\lambda\cos 2\alpha_1$（于正 y 轴方向）。

第三拐：$\sqrt{2}c\lambda\cos 2(\alpha_1+270°)=-\sqrt{2}c\lambda\cos 2\alpha_1$（于正 y 轴方向）。

第四拐：$\sqrt{2}c\lambda\cos 2(\alpha_1+180°)=\sqrt{2}c\lambda\cos 2\alpha_1$（于负 y 轴方向）。

可以看出，它们都很对称地互相平衡。因此，二级往复惯性力和它的力矩都是平衡的。由于该机的平衡情况良好，所以从内燃机动力学的角度来看，它可以很平稳地运转。作为练习，读者可以自己分析一下，如果 V8 型机是采用图 3.15 所示的曲轴，则平衡情况将是怎样的？

3.3.5　内燃机曲柄连杆机构动力学模拟分析

以上讲述的内燃机动力学分析方法是通过图解法或解析法分析曲柄连杆机构的平衡状况，在计算中通常需要一些简化处理，计算量较大，而且计算结果精度较低，难以满足现代设计对精确和高效的要求。因此，目前通常采用多体动力学分析软件（例如 ADAMS）开展内燃机的动力学仿真计算，分析平衡状况，设计平衡机构，评估平衡机构优劣，并能够做到很方便地修改模型和进行重复计算。

3.3.5.1　建立模型

利用三维制图软件（例如 Pro/E）将内燃机的曲轴、飞轮、连杆、活塞、凸轮轴和其他相关零部件组装成完整的装配体，利用接口软件 MECHANISM/Pro 将模型导入 ADAMS/View 中，建立各构件之间的运动约束并进行动力学仿真，计算不同转速下机体所受的离心力和往复惯性力随曲轴转角的变化规律。图 3.23 为 ADAMS/View 中建立的仿真模型界面。

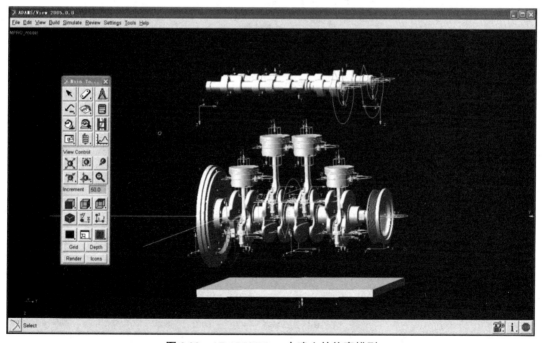

图 3.23　ADAMS/View 中建立的仿真模型

3.3.5.2　离心力和往复惯性力的仿真计算

在图 3.23 所示的仿真模型中,各零部件的密度已知,其他参数如质量、转动惯量等由 Pro/E 自动计算得出,导入 ADAMS/View 后,利用软件自带的约束工具对各零部件建立运动副约束。在活塞与缸体之间建立移动副,使活塞相对于缸体做上下往复运动。针对以同一轴线做相对转动的两个零部件建立转动副,例如连杆小头以活塞销中心为轴相对于活塞销做旋转运动,连杆大头以曲柄销中心为轴相对于曲轴做旋转运动,曲轴与飞轮相对于机体做旋转运动,进、排气凸轮轴相对于机体以曲轴转速的一半做旋转运动等。另外,在相对位置不变的零部件之间建立固定副。

在模型中可以定义曲轴以一定的速度转动,凸轮轴以 1/2 的曲轴转速转动,此时机构中其他各零部件在约束的作用下产生确定的运动轨迹。通过设定不同的曲轴转速,能够模拟各转速下各运动部件施加给机体的离心力与往复惯性力。例如,将 4 缸直列汽油机的转速设为 6 400 r/min,可以计算出活塞销中心的相对位移、往复运动速度和往复运动加速度,分别如图 3.24、图 3.25、图 3.26 所示。作用在活塞销中心上的质量在做不等速往复运动时,将产生上下方向的往复惯性力,而往复惯性力的方向总是与活塞加速度的方向相反。当曲轴旋转时,不平衡回转质量将产生离心力,其作用方向沿曲柄向外,并随曲柄一同旋转。合理设计各曲柄的相对位置和平衡重,能够将离心力平衡。

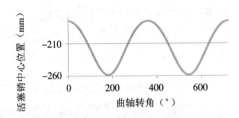

图 3.24　6 400 r/min 转速时第一缸的活塞销中心相对位置

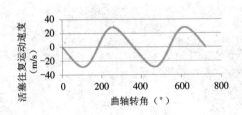

图 3.25　6 400 r/min 转速时第一缸的活塞往复运动速度

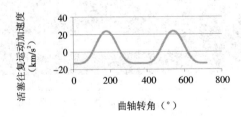

图 3.26　6 400 r/min 转速时第一缸的活塞往复运动加速度

图 3.27 为转速为 6 400 r/min 时离心力与往复惯性力随曲轴转角的变化曲线。

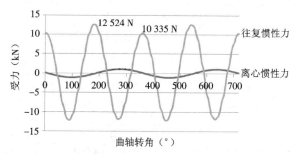

图 3.27　6 400 r/min 转速时离心力与合成往复惯性力

模拟结果表明,曲柄连杆机构在运动过程中会产生一定的离心力,但与往复惯性力相比要小得多,而理论上讲如果没有偏差离心力应当为零。通过分析曲轴的三维模型,发现曲轴的质心不在曲轴的旋转轴上,质心与旋转轴的偏差约为 0.19 mm,造成曲轴在高速旋转时会产生一定的离心力。如果质心没有偏差或偏差较小,离心惯性力会减小甚至消除。其中的往复惯性力主要由二级往复惯性力产生。因为 4 缸直列内燃机机各缸的往复运动的集中质量相等,各缸的中心距和行程也分别相等,所以各缸产生的往复惯性力的大小相等。第 1 缸和第 4 缸产生的一级往复惯性力与第 2 缸和第 3 缸产生的一级往复惯性力相互抵消,一级往复惯性力矩也为零。二级往复惯性力的变化周期是曲柄运转周期的 2 倍,因此 4 缸直列式内燃机的二级往复惯性力在每一时刻都大小相等且方向相同,没有达到平衡。

3.3.6　着火次序

设计曲轴时,除了要注意平衡问题外,还必须注意满足着火次序要求。多缸内燃机的着火次序应满足下列要求。

1)在多缸二冲程内燃机上,曲轴每转一圈,各缸应轮流着火一次。在多缸四冲程内燃机上,曲轴每转两圈,各缸应轮流着火一次。

2)各缸之间的着火间隔角应尽可能相等。

3)相邻气缸之间的着火间隔角应尽可能大一些,最好是 180°（二冲程机）和 360°（四冲程机）曲轴转角左右,以免机件受力或受热过分集中。

对于图 3.13 所示的三拐曲轴,可以看出,当用于四冲程直列式内燃机时,着火次序是 1—3—2,着火间隔是 240° 曲轴转角;当用于二冲程直列式内燃机时,着火次序是 1—2—3,着火间隔是 120°。

图 3.15 和图 3.16 所示的四拐和六拐曲轴只适用于四冲程内燃机。在 4 缸直列式内燃机上,着火次序是 1—3—4—2,着火间隔是 180°。在 6 缸机上,着火次序是 1—5—3—6—2—4,着火间隔是 120°。

对于二冲程直列式 4 缸和 6 缸内燃机,曲轴的曲柄图如图 3.28 所示。

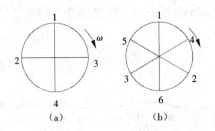

图 3.28　二冲程直列式内燃机曲轴的曲柄图
（a）4缸 1—2—4—3　（b）6缸 1—5—3—6—2—4

V 形内燃机的气缸夹角一般应按着火间隔相等的原则来确定。因此，在 V 形 8 缸内燃机上，气缸夹角一般取 90°，而在 V 形 12 缸机上取 60°。有时为了满足其他方面的要求，例如减小内燃机宽度，或为了使同一系列的缸数不同的 V 形内燃机具有同样的气缸夹角以便于制造等，也有采用其他气缸夹角的情形。当然，如果这样，着火间隔就不均匀了。

3.3.7　关于内燃机平衡的小结

在确定曲轴的曲柄布置时，要考虑内燃机的着火次序问题。根据曲柄图可以初步判断所设计的内燃机的平衡情况。当一级曲柄图的各曲柄沿圆周方向均匀分布时，离心惯性力和一级往复惯性力是平衡的。如果与此同时，曲轴的各曲柄相对于轴线中点是对称分布的，则离心惯性力矩和一级往复惯性力矩是平衡的。按照同样的原则，根据二级曲柄图，可以判断二级往复惯性力及其力矩的平衡情况。

在所讨论的活塞式内燃机上，要达到完全的平衡是不可能的。当活塞做往复运动时，实际上有无限多级的往复惯性力，而上面只讨论了其中影响最大的两个级别，如式（3.10）所示。此外，由于工艺上的原因，在制成的零部件上，由于尺寸偏差和材料致密度的不均匀性，也会造成某些不平衡情况。因此，需要对制成的曲轴和飞轮等进行静平衡和动平衡检验，并对活塞和连杆等进行质量检验，使它们的偏差在允许的范围内。

3.4　活塞 – 曲柄机构受力与轴承载荷分析

本节讨论活塞 – 曲柄机构的主要零部件的受力情况，并分析在内燃机上从气体在气缸中膨胀做功开始到曲轴以旋转形式输出机械功为止的零部件受力情况。

3.4.1　气体压力

作用在活塞上的气体压力随活塞行程而变化。在以 $p\text{-}V$ 为坐标的示功图上，用曲线能表示出它们之间的关系。在示功图上的纵坐标 p_z 代表气缸中的气体压力（表压），而横坐标 V 代表气缸容积。借助式（3.2），可以把 $p\text{-}V$ 坐标系的示功图转绘成气缸中的气体压力 p_z 与曲轴转角 α 的关系曲线 $p_z = f_z(\alpha)$，后者称为展开的示功图。反过来说，如果知道了展开的示功图，也可以转绘成 $p\text{-}V$ 坐标系的示功图。示功图是进行受力分析的重要依据，能够通过实测或工作过程计算获得。

在图 3.29 上的曲线 p_z 就是展开的示功图。由这一曲线可以算出在任意曲轴转角处作用在活塞上的气体压力作用力 P_z：

$$P_z = p_z \times A_h$$

式中　A_h——活塞顶在垂直于气缸中心线的平面上的投影面积，$A_h = \dfrac{\pi}{4}D^2$。

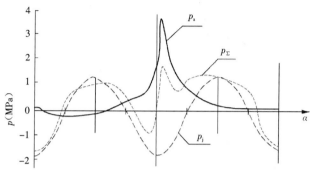

图 3.29　气体压力 p_z、惯性力 p_j 与合力 p_Σ 的变化曲线

应当注意，气体压力的作用力不是自由力。因为它是同时作用在燃烧室的顶部和活塞顶上的，它们大小相等且方向相反，是互相平衡的。因此，对内燃机来讲，它并不引起整机的振动。但是，如果燃烧粗暴，缸内气体压力的变化过于剧烈，或者当燃烧室壁、连杆、曲轴等零部件的刚度不够时，这种周期性变化的气体压力会使这些零部件由于弹性变形而产生高频振动。

3.4.2　力的分析

在图 3.29 上绘出了作用在活塞销上的往复惯性力的曲线 $p_j = f_j(\alpha)$，以及气体压力作用力和往复惯性力的合力的曲线 $p_\Sigma = f_\Sigma(\alpha)$，其中

$$p_\Sigma = p_z + p_j \tag{3.24}$$

应当注意，由于 P_j 是指作用于每单位活塞面积上的惯性力，它等于按式 3.10 求得的值除以活塞面积 A_h，其余各量以此类推。在以后的计算中多是这样处理的。

合力 p_Σ 是沿气缸中心线方向作用的。此力可以分解成以下两个分力：沿连杆轴线作用的力 K 和把活塞压向气缸壁的侧向力 N，如图 3.30 所示。

其中，沿连杆的作用力

$$K = p_\Sigma \frac{1}{\cos\beta} \tag{3.25}$$

而侧向力

$$N = p_\Sigma \tan\beta \tag{3.26}$$

力 K 通过连杆作用在曲轴的曲柄销上。此力也应分解成两个分力，即推动曲轴旋转的切向力

$$T = K\sin(\alpha+\beta) = p_\Sigma \frac{\sin(\alpha+\beta)}{\cos\beta} \tag{3.27}$$

和压缩曲柄臂的径向力

$$Z = K\cos(\alpha + \beta) = p_\Sigma \frac{\cos(\alpha + \beta)}{\cos\beta} \tag{3.28}$$

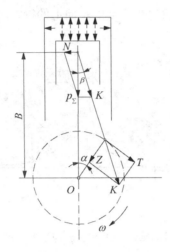

图 3.30　活塞 – 曲柄机构的受力分析简图

图 3.31 显示了作用于曲柄上的切向力 T 和径向力 Z 的变化曲线。上述各式中所定义的力 K、N、T 和 Z 等都是核算成单位活塞面积的量,单位为 MPa。另外,定义力 T 在顺曲轴旋转方向时为正值,力 Z 在指向曲轴时为正值。

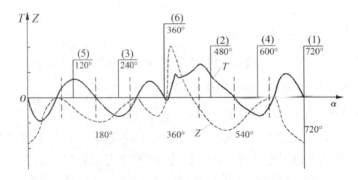

图 3.31　切向力 T 和径向力 Z 的变化曲线

作用在一个曲柄上的扭矩(每单位活塞面积的扭矩,单位为 N·m/m²)为

$$M = TR \tag{3.29}$$

曲线 M 的形状与图 3.31 上所示曲线 T 的形状相同,因为两者之间的区别只是前者为后者的 R 倍,而 R(曲柄半径)是一常数。由此可以看出,作用在曲柄上的扭矩也具有周期变化的性质。

由图 3.31 可以看出,当曲柄在扭矩 $M=TR$ 的作用下沿顺时针方向旋转时,内燃机的机体却在力矩 NB 的作用下,有沿逆时针方向横倒的倾向。力矩 NB 称为倾覆力矩。为了不使内燃机倾倒,必须将内燃机可靠地安装在机架上。可以证明,在任意瞬时,力矩 NB 和扭矩

M 都是大小相等且方向相反的,因此力矩 NB 也具有周期变化的性质。此力矩作用在内燃机的机体和机架上,也是使内燃机产生绕 z 轴摇摆振动的原因(参看图 3.17)。

上面只讨论了单缸内燃机的情况。在多缸内燃机上,应将作用在各个曲柄上的切向力 T 叠加起来,以便求解作用在整根曲轴上的总切向力 T_Σ 和曲轴的总输出扭矩 $M_\Sigma = T_\Sigma R$。

现以 6 缸直列式内燃机为例,说明叠加的方法。曲轴的曲柄图见表 3.1 下面的附图,它的着火次序是 1—5—3—6—2—4。当第一拐的转角 $\alpha_1 = 0$ 时,其他各拐的转角分别是 $\alpha_2 = 480°$, $\alpha_3 = 240°$,$\cdots$,如表 3.1 所示。与表 3.1 所列各 α 值相对的切向力 T 和径向力 Z 可以根据式(3.27)和式(3.28)计算出来,也可以根据图 3.31 查出,并逐项填入表 3.1 中。把表中同一横列中的各 T 值加在一起,即得总切向力 T_Σ。如以第一拐的转角 α_1 代表整根曲轴的转角,则由这个表就可以求出总切向力 T_Σ 随曲轴转角而变化的关系。这个关系也可以用绘制曲线的方式表示出来,如图 3.32(c)所示。实际上,这类计算完全可以借助编制一个简单程序由计算机完成。这一工作作为练习,读者可以来完成。

表 3.1　曲轴各拐切向力的叠加

第 1 缸			第 2 缸			第 3 缸			第 4 缸			第 5 缸			第 6 缸			总切向力
α_1	T_1	Z_1	α_2	T_2	Z_2	α_3	T_3	Z_3	α_4	T_4	Z_4	α_5	T_5	Z_5	α_6	T_6	Z_6	$T_\Sigma \sum\limits_{i=1}^{6} T_i$
0			480			240			600			120			360			
30			510			270			630			150			390			
60			540			300			660			180			420			
$\vdots$			$\vdots$			$\vdots$			$\vdots$			$\vdots$			$\vdots$			
480			240			0			360			600			120			
510			270			30			390			630			150			
540			300			60			420			660			180			
$\vdots$			$\vdots$			$\vdots$			$\vdots$			$\vdots$			$\vdots$			
630			390			150			510			30			270			
660			420			180			540			60			300			
690			450			210			570			90			330			

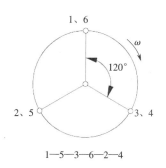

由于 6 缸直列 4 冲程内燃机的着火间隔角是 120° 曲轴转角,所以从曲线图中可以看出,曲轴的总切向力曲线也是以 120° 曲轴转角为周期循环反复变化的。

求出在一个周期 $\Delta\theta = 120°$ 范围内总切向力 T_Σ 的曲线下面所包络的面积 A,并求出该面积在同一范围内的平均高度后,就能够求得该曲轴的平均切向力 $(T_\Sigma)_m$:

$$(T_\Sigma)_m = \frac{A}{\Delta\theta}$$

内燃机的总平均扭矩（N·m/m²）为

$$(M_\Sigma)_m = (T_\Sigma)_m R$$

如果内燃机曲轴的转速是 n（r/min），则该内燃机的输出功率（kW）为

$$P_i = \frac{(M_\Sigma)_m n A_h \pi}{30\,000}$$

由于在求解总平均扭矩 $(M_\Sigma)_m$ 的过程中，并未考虑各种机械损失，所以上式计算出的功率应当是指示功率，而有效功率为

$$P = P_i \eta_m$$

式中 η_m——机械效率。

对于柴油机，$\eta_m = 75\% \sim 90\%$；对于汽油机，$\eta_m = 70\% \sim 87\%$。

3.4.3 飞轮

本小节讨论飞轮的基本作用和飞轮基本尺寸的计算方法。由上一节可知，内燃机在运转时曲轴发出的扭矩 M_Σ 是一个周期变化的量，如图 3.32 所示。它的平均值是 $(M_\Sigma)_m$。内燃机是一种用来驱动其他机械（例如汽车、拖拉机和发电机等）工作的动力机械。为了能够驱动给定的工作机械在所需转速下旋转，内燃机发出的平均扭矩 $(M_\Sigma)_m$ 必须等于该工作机械在该转速下的阻力矩 M_c，即 $(M_\Sigma)_m = M_c$。

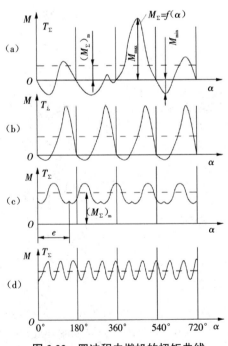

图 3.32 四冲程内燃机的扭矩曲线

（a）单缸机 （b）4缸机 （c）6缸机 （d）V形12缸机

由于曲轴所发出的扭矩 M_Σ 是一个周期变化量,它时而大于又时而小于平均扭矩 $(M_\Sigma)_m$,这就使得工作机械的瞬时转速也周期性地时而高于又时而低于给定的工作转速,即产生转速波动。减小这种转速波动的措施主要有两种:第一个措施是增加内燃机的气缸数,由图 3.32 可以看出,随着气缸数目的增加,曲轴输出扭矩的变化幅度减小;第二个措施是在曲轴上安装飞轮。

下面讨论曲轴输出扭矩的变化与转速波动之间的关系。如果在某一瞬时,曲轴的输出扭矩 M_Σ 大于平均扭矩 $(M_\Sigma)_m$,则多余的扭矩 $M_\Sigma - (M_\Sigma)_m$ 将使机组的转速增加,即

$$M_\Sigma - (M_\Sigma)_m = I_0 \frac{\mathrm{d}\omega}{\mathrm{d}t} \tag{3.30}$$

式中　　I_0——机组的转动惯量,包括飞轮、曲轴、内燃机本身和工作机械的所有其他运动零部件转换到曲轴上的转动惯量,对于内燃机来讲,其中飞轮的转动惯量占很大比重,对于汽车用 6 缸机来讲,占 85%~90%;$\mathrm{d}\omega/\mathrm{d}t$ 是曲轴的角加速度。

研究图 3.33 可以发现,如果曲轴的输出扭矩是按图 3.33(b)所示的曲线变化,则根据式 3.30,可算出图 3.33(a)所示的曲轴旋转角速度的相应变化情况。

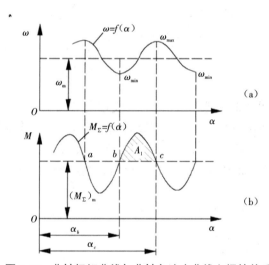

图 3.33　曲轴扭矩曲线与曲轴角速度曲线之间的关系

假如从点 a 开始,$M_\Sigma < (M_\Sigma)_m$,则曲轴减速,直到点 b。在点 b,由于 $M_\Sigma = (M_\Sigma)_m$,所以曲轴角速度没有变化,即 $\frac{\mathrm{d}\omega}{\mathrm{d}t} = 0$。以后由点 b 开始,由于 $M_\Sigma > (M_\Sigma)_m$,则曲轴又增速直到点 c。可以看出,当曲轴转角由 α_b 转至 α_c 时,曲轴角速度将由某一最小值 $\omega_{\min}$ 增加到某一最大值 $\omega_{\max}$。式(3.30)可改写为

$$M_\Sigma - (M_\Sigma)_m = I_0 \frac{\mathrm{d}\omega}{\mathrm{d}t} = I_0 \frac{\mathrm{d}\omega}{\mathrm{d}\alpha} \frac{\mathrm{d}\alpha}{\mathrm{d}t} = I_0 \omega \frac{\mathrm{d}\omega}{\mathrm{d}\alpha}$$

在图 3.33(b)的 bc 区段内对上式积分,可得

$$\int_{\alpha_b}^{\alpha_c} [M_\Sigma - (M_\Sigma)_m] \mathrm{d}\alpha = I_0 \int_{w_{\min}}^{w_{\max}} \omega \mathrm{d}\omega = \frac{I_0}{2} \int_{w_{\min}}^{w_{\max}} \mathrm{d}\omega^2 = \frac{I_0}{2} (\omega_{\max}^2 - \omega_{\min}^2)$$

上式左边的积分等于图 3.33(b)中的阴影面积,该面积表示在区段 bc 内曲轴所发出的

扭矩大于平均扭矩,所做的正剩余功 W 为

$$W = \int_{\alpha_b}^{\alpha_c} [M_\Sigma - (M_\Sigma)_m] d\alpha$$

上式右边代表在正剩余功的作用下,增加了机组所有零部件的动能,因而使曲轴转速由 α_b 时的 ω_{min} 增加到 α_c 时的 ω_{max},即有

$$E_k = \frac{I_0}{2}(\omega_{max}^2 - \omega_{min}^2)$$

同样地,当曲轴转角由 α_a 转至 α_b 时,由于有负剩余功,内燃机曲轴的角速度将下降。也就是说,在内燃机运转时,曲轴的角速度将发生周期性波动。

取曲轴的平均角速度为

$$\omega_m = \frac{\omega_{max} + \omega_{min}}{2} \tag{3.31}$$

定义曲轴旋转角速度的不均匀度为

$$\delta = \frac{\omega_{max} - \omega_{min}}{\omega_m} \tag{3.32}$$

则 E_k 可以改写为

$$E_k = I_0 (\frac{\omega_{max} + \omega_{min}}{2})(\omega_{max} - \omega_{min}) = I_0 \omega_m^2 \delta$$

或

$$\delta = \frac{E_k}{I_0 \omega_m^2} \tag{3.33}$$

由式(3.33)可以看出,如果剩余功 W 越小,或者内燃机零部件的转动惯量越大,则旋转不均匀度 δ 越小。比较图 3.32 和图 3.33 可以看出,内燃机的缸数越多,剩余功就越小。在缸数较少的内燃机上,例如单缸或双缸内燃机,由于剩余功 W 值大,为了能够保持旋转不均匀度在允许范围内,必须加大转动惯量 I_0 的数值,而在曲轴上安装飞轮是加大 I_0 的有效措施。

按照不同的用途,内燃机的旋转不均匀度 δ 应当控制在以下范围内:

1)交流发电机,$\delta = \frac{1}{300} \sim \frac{1}{150}$;

2)直流发电机,$\delta = \frac{1}{200} \sim \frac{1}{100}$;

3)一般工业用,$\delta = \frac{1}{50} \sim \frac{1}{25}$。

飞轮通常是安装在曲轴的功率输出端上。飞轮的尺寸和形状首先是根据内燃机整体构造考虑来确定,然后再按式(3.33)进行校核。在校核时,一般近似认为内燃机所有运动零部件的转动惯量 I_0 等于飞轮的转动惯量 I_k。对于图 3.34 所示形状的飞轮,一般只简单考虑飞轮轮缘部分的转动惯量。

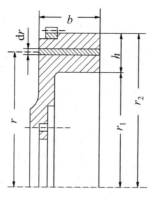

图 3.34　内燃机的飞轮

对于图 3.34 所示的单元体来讲,它的质量为

$$dm = 2\pi r \rho b dr$$

式中　ρ——飞轮材料的密度;

　　　r——单元体的半径;

　　　b——轮缘的宽度。

其转动惯量为 $dI = r^2 dm = 2\pi r^3 \rho b dr$

所以,轮缘部分的转动惯量为

$$I = \int_{r_1}^{r_2} dI = 2\pi\rho b \int_{r_1}^{r_2} r^3 dr = \frac{1}{2}\pi\rho b \left(r_2^4 - r_1^4\right)$$

$$= \frac{1}{2}\pi\rho b \left(r_2^2 + r_1^2\right)\left(r_2 + r_1\right)\left(r_2 - r_1\right)$$

考虑到轮缘高度 $h = r_2 - r_1$,和平均半径 $r_m = \dfrac{r_2 + r_1}{2}$,可得

$$I_k \approx I = 2\pi\rho r_m bh \frac{\left(r_1^2 + r_2^2\right)}{2} = m_k \frac{\left(r_1^2 + r_2^2\right)}{2}$$

式中　m_k——飞轮轮缘的质量。

3.4.4　轴颈与轴承载荷图

在内燃机的运转过程中,在连杆大头轴承和曲轴的连杆轴颈表面之间,以及主轴承和曲轴主轴颈的表面之间,在力的作用下互相压紧并且互相做摩擦运动。因此,应当查明轴承和轴颈表面的受力(载荷)情况,以便能够正确选择材料和组织润滑,防止表面过快磨损。作用在轴承和轴颈表面上的力,无论大小还是方向,都是不断循环反复变化的。因此,它们的载荷情况最好用图形来表示,这种图称为轴颈或轴承的载荷图。

下面介绍绘制载荷图的方法。迄今为止,各教科书中所介绍的方法均有不同。这里介绍的是一种更适用于计算机进行计算的方法,并且也便于接着进行其他更进一步的计算,例如在第二章所提到的轴承的轴心轨迹计算。图 3.35 所示是四冲程内燃机的曲轴连杆轴颈载荷图。图 3.36 所示是对应的连杆大头轴承载荷图,其中 T 为切向力,Z 为径向力。

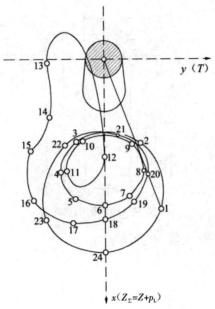

图 3.35　四冲程内燃机的曲轴连杆轴颈载荷图

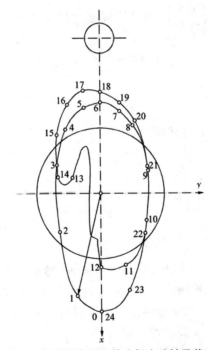

图 3.36　四冲程内燃机的连杆大头轴承载荷图

　　如图所示,为了能够用曲线图表示某零部件摩擦表面所受载荷的分布情况,必须把该零部件的位置摆正并固定不动,且有以下 3 点规定。

　　1)对所有的载荷图来讲,零部件的位置均指当内燃机的基准气缸在膨胀行程上止点时的位置。并且规定,对于直列式内燃机,取第一个气缸为基准气缸;而对于多列式内燃机,取前端居于靠上的首位置(相对于曲轴转向而言)的那个气缸作为基准气缸。

2)所述圆柱形摩擦表面的中心与载荷图的原点相重合。

3)对于外摩擦表面(轴颈)来讲,由曲线上的点至原点的各个直线段代表力的矢量,方向指向原点。各直线与摩擦表面的交点代表该表面上的受力点。由曲线形状可以看出沿摩擦表面圆周所受载荷的分布情况。对于内摩擦表面来讲,受力的方向则是由原点指向曲线上的点。

应当指出,在按传统方法所绘制的载荷图中,主轴颈和主轴承载荷图的表示方法与上述规定一致,而连杆轴颈和连杆大头轴承载荷图的表示方法却按另外的规定,这造成阅读使用很不方便。在本方法中,将各规定统一起来,这也是在阅读这种图时应当注意区别的。

3.4.4.1　连杆轴颈和连杆大头轴承的载荷图

图 3.37 所示是曲柄连杆机构的受力分析简图。

当曲轴转角为任意值 α 时,活塞受到两个垂直分力的作用:p_{Σ} [式(3.24)] 和气缸壁作用在活塞上的侧向力 N[式(3.26)]。前者是沿 x 轴作用的力,后者是沿 y 轴作用的力。而 x-y 坐标是一个固定在机体上不随曲轴旋转的参照系。力 p_{Σ} 和 N 经过活塞销和连杆作用在连杆轴颈上。此外,连杆大头换算质量 m_2 的离心惯性力 p_{Lr} 也要通过连杆大头轴承作用在连杆轴颈上。

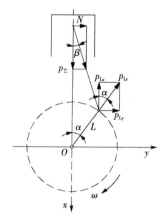

图 3.37　内燃机曲柄连杆机构的受力分析简图

$$p_L = \frac{m_2}{A_h} R\omega^2$$

当曲轴的平均转速一定时,力 p_L 可以认为是一定的。它的作用方向永远是由曲轴中心沿曲柄方向向外作用。因此,可以很方便地将它分解成沿 x 轴和 y 轴的两个分力 p_{Lx} 和 p_{Ly},并将它们分别与 p_{Σ} 和 N 相叠加,即可获得在各个瞬时连杆轴颈所受载荷沿 x-y 坐标轴作用并互相垂直的两个分力 R_x 和 R_y,即

$$p_{Lx} = p_L \cos\alpha$$

$$p_{Ly} = p_L \sin\alpha$$

$$\begin{cases} R_x = p_\Sigma - p_{\text{Lx}} \\ R_y = N + p_{\text{Ly}} \end{cases} \tag{3.34}$$

在计算机中可以很方便地按任意给定的曲轴转角间隔（例如 $2°$ 曲轴转角,在本章所绘示意图中为 $30°$ 曲轴转角）连续计算,从而得到在一个工作循环中,力 R_x 和 R_y 随曲轴转角而变化的一系列数值。算出的数值既可以用来计算获得连杆轴颈载荷图,也可以用来计算其他内容,例如主轴颈载荷图。

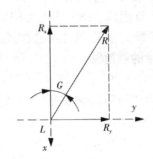

图 3.38   载荷的合力 R 及其方向角 G 的计算简图

由图 3.38 可知,根据各瞬时所算出的 R_x 和 R_y,可以进而算出在该时刻作用在连杆轴颈上的载荷（合力）R 和它的方向角 G:

$$\begin{cases} R = \sqrt{R_x^2 + R_y^2} \\ G = \arcsin(\dfrac{R_y}{R}) \end{cases} \tag{3.35}$$

应当注意,当 R_x 为正值时, G 为钝角。此外,根据 R_y 的正负,可以确定方向角 G 的正负。为了明确起见,规定如下:以负 x 轴作为基准线,在沿顺时针方向由 0 至 π 的范围内, G 取正值,反之取负值。

为了使所绘出的载荷图符合在本小节开头时所规定的第 3 条,必须将载荷矢量移至原点的对面,即由式（3.35）算出的角度 G 应改为 $G_{\text{L}}=G+\pi$。

另外,方向角 G_{L} 是当曲轴转角为 α 时载荷的方向角。在绘制连杆轴颈载荷图时,应将曲轴的位置摆正。为此,需将所求出的载荷 R 绕原点向着与 α 相反的方向转回 α 角,即在连杆轴颈载荷图上,该载荷矢量 R 的方向角是 $\theta_{\text{J}} = G_{\text{L}} - \alpha$。

根据算出的 R 和 θ_{J} 值,即可在连杆轴颈载荷上标注出当曲轴转角等于 α 时作用在连杆轴颈摩擦表面上的载荷 R 矢量的端点。把在一个工作循环中标出的所有点按顺序连结成一条封闭曲线,即可获得该内燃机在给定工况下的连杆轴颈载荷图,如图 3.35 所示。

应当注意,在图 3.35 的 x-y 坐标轴上也注以（T）和（$Z_\Sigma = Z + p_{\text{L}}$）,是因为在这里载荷 R 的 y 方向和 x 方向的分力分别与图 3.31 上的切向力 T 和总径向力 $Z_\Sigma = Z + p_{\text{L}}$ 相对应。

当连杆大头轴承的摩擦表面以力 R 压向连杆轴颈的表面时,后者也以力 R 压向前者。所以,对于连杆大头轴承来讲,方向角也是 $G_{\text{L}} = G + \pi$。

G_{L} 是当连杆具有摆角 β 时载荷 R 的方向角。为了绘制载荷图,应将连杆摆正,即将连杆沿逆时针方向（正方向）退至原位。因此,在载荷图上载荷 R 的方向角是 $\theta_{\text{B}} = G_{\text{L}} + \beta$,所给出的载荷图如图 3.36 所示。

3.4.4.2　主轴颈和主轴承的载荷图

多缸内燃机的曲轴及其支承组成了一个复杂的系统。因此,求算主轴承载荷图也是一个复杂课题。多拐曲轴作为连续梁是一个具有多弹性支点(轴颈与轴承)的三维静不定系统,而且在各支承点内还存在来自加工和安装误差的大小不等的间隙。对于这样的系统,虽然可以计算,但仍然相当费时费力,而且计算结果不一定准确。计算结果准确与否,取决于是否正确估计有关参数,例如曲轴本身、各支承部位和机体的柔度,以及各支承处内部的间隙值等。所以,作为近似计算,通常假设各曲柄之间是沿主轴颈中间截面断开的。把每个曲柄都视为具有两个支点的简支梁。

在此情况下,每个曲柄受到下列诸力的作用:来自活塞的力 p_Σ 和 N(图 3.37),以及整个曲柄连杆机构的离心惯性力 p_r。由式(3.15),可得:

$$p_r = \frac{m_r}{A_h} R\omega^2$$

式中　m_r——包括平衡重在内的整个曲柄连杆的不平衡回转部分的质量。

这些力作用在该曲柄的前后两个支点(主轴承)上,如图 3.39 所示。其中,前支承(带上标$'$)和后支承(带上标$''$)所分担的力分别为

$$\begin{cases} R_x' = [p_\Sigma(\alpha) - p_r\cos\alpha]\dfrac{l''}{l}, & R_y' = [N(\alpha) - p_r\sin\alpha]\dfrac{l''}{l} \\[2mm] R_x'' = [p_\Sigma(\alpha) - p_r\cos\alpha]\dfrac{l'}{l}, & R_y'' = [N(\alpha) - p_r\sin\alpha]\dfrac{l'}{l} \end{cases} \tag{3.36}$$

式中　l、l' 和 l''——如图 3.39 所示根据结构尺寸确定的力臂比;

　　　p_Σ 和 N——由式(3.24)和式(3.26)确定的随各自气缸的曲柄转角 α 而变化的活塞所承受的沿 x-y 坐标轴作用的两个力。

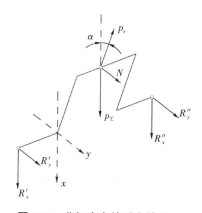

图 3.39　曲柄支点的受力简图

式(3.36)是在最简单的情况下所得到的公式。实际情况可能更为复杂,例如, p_r、p_Σ 和 N 这三个力可能并不是作用在同一平面内,在多列式内燃机上,一个曲柄可能要与多个气缸相连结等。但对于所有上述情况,都不难根据式(3.36)所介绍的思路,导出相应的公式,所以在这里不逐一介绍。

对于内燃机的第 i 号主轴承来讲,它不但要承受来自前面第 i 号曲柄的力(载荷)$R''_{x(i)}$ 和

$R''_{y(i)}$,还要承受来自后面第 $i+1$ 号曲柄的力 $R'_{x(i+1)}$ 和 $R'_{y(i+1)}$。将它们分别叠加起来,可得第 i 号主轴承所承受的总载荷,即由式(3.36)可得:

$$
\begin{cases}
R_{x(i)} = [p_{\Sigma}(\alpha_i) - p_{r(i)}\cos\alpha_i]\dfrac{l'_{(i)}}{l_{(i)}} + [p_{\Sigma}(\alpha_{i+1}) - p_{r(i+1)}\cos\alpha_{(i+1)}]\dfrac{l''_{(i+1)}}{l_{(i+1)}} \\[4mm]
R_{y(i)} = [N(\alpha_i) - p_{r(i)}\sin\alpha_i]\dfrac{l'_{(i)}}{l_{(i)}} + [N(\alpha_{i+1}) - p_{r(i+1)}\sin\alpha_{(i+1)}]\dfrac{l''_{(i+1)}}{l_{(i+1)}}
\end{cases}
\tag{3.37}
$$

式中 $R_{x(i)}$ 和 $R_{y(i)}$ ——作用在第 i 号主轴承上的载荷在 x 方向和 y 方向上的分力。

然后,即可用图3.38所示的同样方法求出载荷的合力 $R_{(i)}$ 及其方向角 $G_{(i)}$。

由于主轴承是固定件,故 $\theta_B = G$。因此,在按一定的步长 $\Delta\alpha$ 计算出一个工作循环中的一系列 R 值和 G 值后,可以直接绘出该主轴承的载荷图。图3.40所示是6缸直列四冲程内燃机第1号主轴承的载荷图。该内燃机的着火次序是1—5—3—6—2—4。

应当注意,对于主轴颈来讲,方向角 G 是曲轴转过 α 角时的载荷作用方向。为了绘制轴颈载荷图,必须把曲轴摆正。摆正后,载荷的方向角 $\theta_J = G - \alpha$。根据由此得到的 R 值和 θ_J 值,即可在该主轴颈载荷图上标注出一个与该 α 值相对应的点。图3.41给出了与图3.40相对应的第1号主轴颈的载荷图。

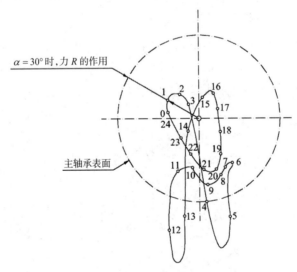

图3.40　6缸直列四冲程内燃机第1号主轴承的载荷图

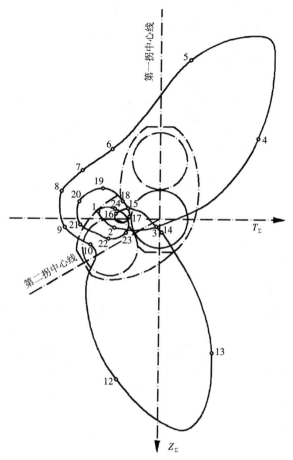

图 3.41　6 缸直列四冲程内燃机第 1 号主轴颈的载荷图

3.4.4.3　轴颈和轴承的磨耗图

当轴承的润滑条件变坏时,会出现摩擦表面直接接触的情况。这时,两表面是在力 R 的作用下互相压紧,并做相对滑动的。由此所造成的磨损可以假定是与力 R 的大小成比例的。可以利用载荷图绘出磨耗图,用来大致估计可能发生的磨损情况。绘制方法是先绘一个圆,代表未被磨损时的摩擦表面,如图 3.42 所示。然后依次将所求得的各个载荷矢量 R,按一定比例缩小成 ΔR 后,沿其方向角 θ_J 或 θ_B 移至摩擦表面上承受该力 R 的点处。假设该载荷是由受力点两边各 60° 范围内的表面来承受,并假设在该范围内载荷是按余弦规律分布的。按此假设,在每个作用力的两边各 60° 的范围内,向圆周内侧画出一些与力 R 成比例的且中心高度为 ΔR 的月牙形磨耗区(反映力 R 的大小和作用范围),用来表示该作用力对应的磨损范围和磨损量。因为轴颈上各点的总磨损量等于各个瞬时磨损量的算术和,所以各个瞬时作用力的月牙形磨损带沿径向叠加起来,就形成了连杆轴颈的磨耗图,如图 3.42 所示。

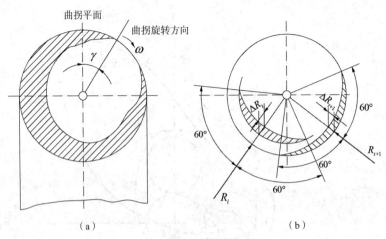

图 3.42　连杆轴颈的磨耗图
（a）磨耗图　（b）绘制方法

　　由磨耗图可以清楚地看出摩擦表面四周所受载荷的不均匀程度。根据轴颈和轴承的磨耗图，还可以大致确定润滑油孔的开孔方位。油孔应当开在轴颈和轴承承受载荷较小的部位。

　　对于多拐曲轴，为了计算方便，可以对主轴承编号。最前面的编为第 0 号轴承，顺序编下去。位于第 0 号和第 1 号主轴承之间的曲柄可取为第 1 号曲柄，依此类推。

第 4 章　内燃机的振动与噪声

内燃机在运转过程中会产生周期性变化的气体力和惯性力。在这些周期性变化的激励作用下,不可避免地会产生振动与噪声。随着内燃机向高转速、大功率、高效率方向发展,振动与噪声问题更加突出,直接关系到内燃机的使用寿命、工作效率、运转安全和环境污染等。因此,学习内燃机振动与噪声的相关理论,从而提出有效的振动与噪声控制策略是非常必要的。本章主要介绍内燃机的曲轴扭转振动、零部件结构振动、整机振动及噪声的有关知识。

4.1　曲轴的扭转振动

4.1.1　扭振现象

在使用内燃机的长期实践中,人们发现有的内燃机在达到某一转速时就会产生剧烈的振动,性能也变坏。如果在该转速下持续运转下去,就可能发生断轴事故。然而,如果进一步提高或降低转速,这种不正常的情况就会逐渐减弱并消失,内燃机重新恢复正常。经过实验和计算发现,这一现象主要是由于曲轴发生了大幅度的扭转振动所引起的。

由第 3 章的内容可知,曲轴是由各连杆作用在各曲拐上的扭矩 M 驱动旋转的。但是,扭矩 M 是周期变化量。因此,曲轴在扭矩 M 的作用下,也要随之产生周期变化的弹性扭转变形。这种变形的绝对值虽然在一般情况下不大,但也不能忽略。当内燃机达到某一转速时,施加在曲轴上的周期变化的扭矩频率与曲轴本身的扭转振动的固有频率相同或接近时,会产生所谓的共振现象。在发生共振时,曲轴扭转变形的幅度大大超过正常值。这种现象称为曲轴扭转振动的共振,简称曲轴扭振共振。它是导致上述一系列内燃机运转不正常问题的根源。产生扭振共振时的转速称为发动机的扭振临界转速。

由于曲轴的扭转振动对内燃机的使用性能和工作可靠性具有不良影响,所以在设计新型内燃机时,必须尽量设法使内燃机在工作转速范围内不产生明显的扭转振动。如果做不到这一点,就必须估计扭振的强度,在必要时采取措施,如设计并安装扭振减振器,以减弱扭振的不良影响。

应指出,扭转振动只不过是振动的一种形式。所谓振动,是指按某一周期循环反复进行的一种运动。如果以 $f(t)=\varphi$ 表示物体位移 φ 的时间函数,用 T 表示运动的周期,则物体的振动应满足下列关系:

$$\varphi(t+T) = \varphi(t) \tag{4.1}$$

也就是说,每经过时间间隔 T 之后,物体的运动会恢复到原来的状态,并如此反复进行下去。

由于活塞式内燃机的工作过程和它的许多基本零件(如活塞和气门)的运动都具有周期循环反复的特征,因此在内燃机运转过程中必然会出现许多振动问题。曲轴的扭转振动是其中一个比较突出的问题。除此之外,如 3.3 节所述,如果内燃机的平衡性不好,还会使整机在运转过程中发生各种形式的振动,给机器本身和周围环境带来有害影响。

4.1.2　无阻尼自由振动

4.1.2.1　单质量系统

先从最简单的情况讨论,即单质量系统的无阻尼自由振动。图 4.1 所示是一个扭摆,它由一根一端固定、只有抗扭转刚度 K 而没有惯性的假想轴和固定在假想轴的另一端的一个只有转动惯量 I 而没有弹性的假想圆盘(也称作质量)所组成。下面针对这个扭摆,讨论有关扭转振动的一些基本理论。

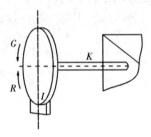

图 4.1　扭摆

如果把圆盘扭转一个角度 ϕ 再松开,扭摆将绕着轴的轴线反复扭转摆动。在摆动过程中,圆盘一会儿转向这边,一会儿转向那边。现在观察当圆盘的角位移等于 φ(rad)时的瞬时情况。在这一瞬时,轴的扭转角是 φ。与此对应,在轴中产生弹性力矩 U(N·m)。如果轴的扭转变形是在材料的弹性极限范围内,则有

$$U = -K\varphi \qquad (4.2)$$

即弹性力矩 U 与扭转角(圆盘的角位移)φ 成正比,但它的作用方向与轴的扭转方向相反,即它的作用方向是反抗轴被扭转的方向,因此式中带有负号。

$$K = \frac{GI_p}{l}$$

式中　K——轴的抗扭转刚度(N·m/rad),$c=1/K$ 定义为轴的柔度;

　　　l——轴长(m);

　　　G——材料的剪切弹性模量(Pa);

　　　I_p——轴的截面极惯性矩(m⁴)。

圆盘在摆动过程中,它的运动速度是不断变化的。如果在某瞬时,它的角加速度为 $\ddot{\varphi}$($\dfrac{\mathrm{d}^2\varphi}{\mathrm{d}t^2}$ 的简写),则与此对应,圆盘具有的惯性力矩 S(N·m)的表达式为

$$S = -I\frac{\mathrm{d}^2\varphi}{\mathrm{d}t^2} = -I\ddot{\varphi} \qquad (4.3)$$

式中　I——圆盘的转动惯量(N·m·s² 或 kg·m²)。

式(4.3)中的负号表示惯性力矩的作用方向与角加速度 $\ddot{\varphi}$ 的方向相反。

如果在圆盘上不再作用有其他的力,则上述两个力矩(U 和 S)应保持大小相等且方向相反。换言之,如果把圆盘从系统中孤立出来看,则作用在这个自由体上的各力矩之和应时刻等于零。因此,可以列出系统的运动方程式为

$$S + U = 0$$

将式（4.2）和式（4.3）代入上式可得：

$$I\ddot{\varphi} + K\varphi = 0 \quad 或 \quad \ddot{\varphi} + \frac{K}{I}\varphi = 0$$

令

$$\omega^2 = \frac{K}{I} \tag{4.4}$$

则可将运动方程写为

$$\ddot{\varphi} + \omega^2\varphi = 0 \tag{4.5}$$

式（4.5）的解 φ（rad）可表示为

$$\varphi = \phi\sin(\omega t + \varepsilon) \tag{4.6}$$

式（4.6）是符合式（4.1）所示关系的一种周期性函数，称为谐函数。用谐函数表达的运动称为简谐运动。所以，扭摆的无阻尼扭转振动是简谐运动，如图 4.2 所示。图 4.2（b）是根据式（4.6）所绘的曲线。其中，φ 是扭摆的角位移（rad）；ϕ 是角位移的最大值，称为振幅，也就是圆盘最初被扭转的角度（rad）；t 是时间（s）；ε 是运动的初相位（rad）；ω 是扭摆的自振圆频率（rad/s）。

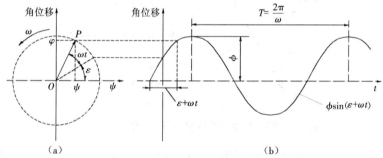

图 4.2　简谐运动及其矢量表示法

自振圆频率是振动系统的一个重要特性参数。由式（4.4）可知，ω 只取决于系统本身的结构参数。对于扭摆这一类做扭转振动的系统来讲，ω 取决于轴的刚度 K 和圆盘的转动惯量 I。

系统每秒内的振动循环次数 f（Hz）称为系统的自振频率。f 与 ω 之间的关系为

$$\omega = 2\pi f \tag{4.7}$$

系统振动的周期 T 为

$$T = \frac{1}{f} = \frac{2\pi}{\omega}$$

系统的振动频率有时也用每分钟的振动次数 N（r/min）表示：

$$N = 60f = \frac{60}{T} = \frac{60\omega}{2\pi} \approx 9.55\omega \tag{4.8}$$

式（4.6）和图 4.2（b）所示的运动也可以用回转矢量来表示，如图 4.2（a）所示。矢量 $\overrightarrow{OP}$ 以回转角速度 ω 沿逆时针方向绕原点 O 旋转，如果在 $t=0$ 时刻，$\overrightarrow{OP}$ 与横坐标（x 轴）的

夹角为 ε，则 ε 就是运动的初相位。在 t 时刻，$\overline{OP}$ 的相位角（与 x 轴的夹角）等于 $\omega t+\varepsilon$。可以看出，$\overline{OP}$ 在纵坐标（y 轴）上的投影等于式（4.6）。而且，利用这个方法可以很方便地绘出图 4.2（b），其形象地表示出系统在振动过程中的运动历程。

在回转矢量表示法中，ω 等于回转矢量沿圆周回转的角速度。这就是将其称作圆频率的原因。另外，在目前的讨论中，式（4.6）中的初相位 ε 并没有重要意义，它决定于从何时起计算时间。

由于扭摆在自由振动时做简谐运动，根据式（4.6）可知，它在振动过程中的角位移 φ、角速度 $\dot{\varphi}$ 和角加速度 $\ddot{\varphi}$ 分别为

$$\begin{cases} \varphi = \phi\sin(\omega t + \varepsilon) \\ \dot{\varphi} = \dfrac{\mathrm{d}\varphi}{\mathrm{d}t} = \omega\phi\cos(\omega t + \varepsilon) = \omega\phi\sin(\omega t + \varepsilon + \dfrac{\pi}{2}) \\ \ddot{\varphi} = \dfrac{\mathrm{d}\varphi^2}{\mathrm{d}t^2} = -\omega^2\phi\sin(\omega t + \varepsilon) = \omega^2\phi\sin(\omega t + \varepsilon + \pi) \end{cases} \quad (4.9)$$

它们都可以用回转矢量来表示，如图 4.3（a）所示。

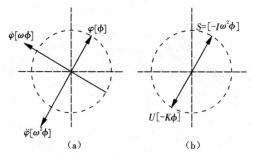

图 4.3 扭摆的运动参数和作用力矩的矢量表示法

因为在回转矢量表示法中，矢量长度等于振幅值。所以，根据式（4.9），在图 4.3（a）中，位移 φ 的矢量长度等于角位移的振幅 ϕ，角速度 $\dot{\varphi}$ 的矢量长度等于角速度的幅值 $\omega\phi$，角加速度 $\ddot{\varphi}$ 的矢量长度等于角加速度的幅值 $\omega^2\phi$。

根据式（4.9）可以看出，上述各运动参数矢量之间的相位关系，即角速度 $\dot{\varphi}$ 相对于角位移 φ 角度超前了 $\pi/2$，角加速度 $\ddot{\varphi}$ 相对于角速度 $\dot{\varphi}$ 又超前了 $\pi/2$，即相对于角位移超前了 π。

根据式（4.2）和式（4.3）可以看出，扭摆在运动过程中作用在圆盘上的弹性力矩 U 和惯性力矩 S 之间的关系也可以用回转矢量表示，如图 4.3（b）所示。把式（4.9）代入式（4.2）后，可以看出弹性力矩 U 的矢量长度等于它的幅值 $K\phi$，方向与 φ 的方向相反，即在相位上相对于 φ 超前了 π。把式（4.9）代入式（4.3）后，可以看出惯性力矩 S 的矢量长度等于它的幅值 $I\omega^2\phi$，方向与 $\ddot{\varphi}$ 的方向相反，即在相位上相对于 $\ddot{\varphi}$ 超前了 π。

如图 4.3（b）所示，在扭摆的无阻尼自由振动过程中，作用在圆盘上的弹性力矩 U 和惯性力矩 S 时刻保持大小相等、方向相反。

前面已经指出，振动系统的简谐运动可以很方便地用回转矢量表示，而回转矢量在数学中又可以很方便地用复数表达和进行运算。为此，取图 4.2（a）中的横坐标（x 轴）为实数轴，记作 ψ，取纵坐标（y 轴）为虚数轴，并记作 $\mathrm{i}\varphi$，则 $\overline{OP}$ 可以表示为

$$\overrightarrow{OP} = \psi + i\varphi \tag{4.10}$$

式中　ψ 和 φ——P 点的坐标值。

如果 $\overrightarrow{OP}$ 相对于 x 轴的相位是 $\omega t + \varepsilon$，而矢量的长度是 ϕ，则有

$$\begin{cases} \varphi = \phi\sin(\omega t + \varepsilon) \\ \psi = \phi\cos(\omega t + \varepsilon) \end{cases}$$

将它们代入式（4.10），可得

$$\overrightarrow{OP} = \phi\cos(\omega t + \varepsilon) + i\phi\sin(\omega t + \varepsilon) \tag{4.11a}$$

由于 $e^{i\alpha} = \cos\alpha + i\sin\alpha$，所以式（4.11a）可以写为

$$\overrightarrow{OP} = \phi e^{i(\omega t + \varepsilon)} = \phi e^{i\varepsilon}e^{i\omega t} \tag{4.11b}$$

式中　ϕ——$\overrightarrow{OP}$ 的长度，称为矢量的模；

　　　$\omega t + \varepsilon$——$\overrightarrow{OP}$ 的相位角，也称为矢量的幅角。

具体有

$$\begin{cases} \phi = \sqrt{\psi^2 + \varphi^2} \\ \tan(\omega t + \varepsilon) = \dfrac{\varphi}{\psi} \end{cases} \tag{4.12}$$

可以看出，式（4.6）实际上就是式（4.11a）中的虚数部分。只要记住只取用式（4.11a）和式（4.11b）中的虚数部分，则式（4.6）可以改写为

$$\varphi = \phi e^{i\varepsilon}e^{i\omega t} \tag{4.13}$$

在解决复杂的振动问题时，采用复数可以使计算简化。这样，式（4.9）所示的各种运动参数也可以用复数表示。根据式（4.13），则有

$$\begin{cases} \varphi = \phi e^{i\varepsilon}e^{i\omega t} \\ \dot{\varphi} = i\omega\phi e^{i\varepsilon}e^{i\omega t} = i\omega\varphi \\ \ddot{\varphi} = -\omega^2\phi e^{i\varepsilon}e^{i\omega t} = -\omega^2\varphi \end{cases} \tag{4.14}$$

也就是说，φ 的时间导数等于把 φ 的长度乘以系统的自振圆频率 ω，并把 φ 的角度向前转 $\pi/2$。

复数中，i 表示在相位上把它向前转 $\pi/2$。很容易证明矢量 $i(a+ib) = -b + ia$ 在相位上比矢量 $a + ib$ 超前 $\pi/2$，把它们的矢量绘出即可看出这种关系。由于 $i^2 = -1$，$\ddot{\varphi}$ 的表达式右边的负号的含义是 $\ddot{\varphi}$ 与 φ 的方向相反，即超前 π。

4.1.2.2　双质量系统

对于单缸内燃机，如果把它的曲轴以及与曲轴相连接的活塞、连杆等运动零件的换算转动惯量集中起来，用一个在曲拐中间截面处的圆盘代替，将这个圆盘与代表飞轮的另一个圆盘之间用一根假想轴联接起来，以表示中间轴段，且这个假想轴与所代替的这一段曲轴具有相同的刚度 K 或柔度（$e = 1/K$）。这样，研究扭转振动系统时，可以把一个单缸内燃机简化成一个弹性轴两端各固定有一个圆盘的双质量系统，如图 4.4 所示。

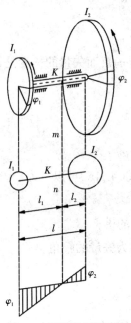

图 4.4　双质量扭振系统

如果把这两个圆盘扭转一个角度再松开,则这两个圆盘将做相对扭转摆动。在摆动过程中,两个圆盘的扭转方向时刻相反却又时刻保持同步,即它们同时达到各自的中间位置,又同时达到各自的极端位置,然后又同时返回。因此,在轴上就必然有一个截面 mn 看起来好像是固定不动的,这个截面叫作结点。可以把这个双质量系统看作是在结点处固定的两个扭摆。如果圆盘的转动惯量分别为 I_1 和 I_2,在结点两边对应轴段的长度和刚度分别为 l_1、l_2 和 K_1、K_2。因为这两个扭摆的自振圆频率是相等的,所以由式(4.4)可得

$$\omega = \sqrt{\frac{K_1}{I_1}} = \sqrt{\frac{K_2}{I_2}}$$

即

$$\frac{K_1}{K_2} = \frac{I_1}{I_2} \tag{4.15}$$

因为整根轴的柔度 e 等于它的各轴段的柔度之和,即有

$$e = e_1 + e_2 \quad \text{或} \quad \frac{1}{K} = \frac{1}{K_1} + \frac{1}{K_2} = \frac{1}{K_1}\left[1 + \frac{K_1}{K_2}\right]$$

由式(4.15),上式可以改写为

$$K_1 = K\left[1 + \frac{I_1}{I_2}\right]$$

则有

$$\omega = \sqrt{K\frac{I_1 + I_2}{I_1 I_2}} \tag{4.16}$$

利用式(4.16),可在已知双质量系统的结构参数 I_1、I_2 和 K 后,算出它的自振圆频率 ω。由于轴的刚度 K 与轴的长度 l 成反比,即

$$\frac{l_1}{l_2}=\frac{K_2}{K_1}=\frac{I_2}{I_1}$$

所以,由结点到两圆盘的距离与圆盘的转动惯量成反比。也就是说,结点的位置靠近转动惯量大的圆盘那一侧。对于内燃机,就是靠近飞轮一边。

4.1.2.3　多质量系统

可将多缸直列式或 V 形内燃机的曲轴和与曲轴相连接的运动零件,一起看成一个多质量系统。该系统中各质量(圆盘)和轴段的编号方法如图 4.5 所示。对于某个质量(第 i 个圆盘),其转动惯量是 I_i;运动中的角振幅是 ϕ_i;角振幅与第一个圆盘的角振幅 ϕ_1 之间的比值 $A_i=\phi_i/\phi_1$,称为相对振幅;从前端数起的第 i 个轴段的刚度是 K_i。

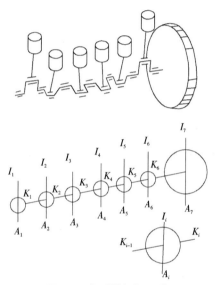

图 4.5　多质量扭振系统

下面讨论在系统结构参数 I_1、I_2、$\cdots$、I_n 和 K_1、K_2、$\cdots$、K_{n-1} 等已知的条件下,如何计算系统的自振圆频率 ω,并且研究当系统做自由振动时,它的振动形状是怎样的。

当系统发生扭转振动时,第 i 个质量和相邻的第 $i\text{-}1$ 个质量在同一时刻的角位移 φ_i 和 φ_{i-1} 是不相等的。因此,轴段 K_{i-1} 将发生扭转,并产生相应的弹性力矩 U_{i-1}。参照式(4.2),此弹性力矩表示为

$$U_{i-1}=-K_{i-1}(\varphi_{i-1}-\varphi_i) \qquad (4.17a)$$

根据式(4.9),可知该力矩的幅值(为了加以区别,幅值用力矩符号上加横线表示,如 $\overline{U}$)为

$$\overline{U}_{i-1}=-K_{i-1}(\phi_{i-1}-\phi_i) \qquad (4.17b)$$

以式(4.17b)为基础,并从系统中把第 i 个质量孤立出来进行研究。该质量受下列力矩的作用(只考虑幅值或矢量的长度)。

1)由于质量 i 相对于它前面的质量 $i\text{-}1$ 有扭转作用,因此它前面的轴段 $i\text{-}1$ 对它施加一个弹性力矩:

$$\overline{U}_{前} = -K_{i-1}(\phi_i - \phi_{i-1}) = K_{i-1}(\phi_{i-1} - \phi_i)$$

由式（4.17b），可得：

$$\overline{U}_{前} = -\overline{U}_{i-1} \tag{4.17c}$$

2）由于质量 i 相对于它后面的质量 $i+1$ 也有扭转作用，因此它后面的轴段 $i+1$ 对它也施加一个弹性力矩：

$$\overline{U}_{后} = -K(\phi_i - \phi_{i+1}) = \overline{U}_i \tag{4.17d}$$

3）质量 i 本身具有惯性力矩 $\overline{S}_i$。根据式（4.3）和式（4.4），该惯性力矩为

$$\overline{S}_i = I_i \omega^2 \phi_i \tag{4.17e}$$

因为作用在质量 i 上的上述全部力矩之和应该等于零，即

$$\overline{S}_i + \overline{U}_{前} + \overline{U}_{后} = 0$$

将式（4.17c）、式（4.17d）和式（4.17e）代入上式，可得：

$$\overline{U}_i = \overline{U}_{i-1} - I_i \omega^2 \phi_i \tag{4.17f}$$

另一方面，由式（4.17b）可得：

$$\phi_i = \phi_{i-1} + \frac{\overline{U}_{i-1}}{K_{i-1}} \tag{4.17g}$$

为了便于计算，假设质量 1 的振幅 $\phi_1 = 1$，则任意质量 i 的振幅将等于相对振幅 A_i，即有

$$A_i = \frac{\phi_i}{\phi_1} = \phi_i \tag{4.18}$$

这样，可以把式（4.17f）和式（4.17g）分别改写为

$$\overline{U}_i = \overline{U}_{i-1} - I_i \omega^2 A_i \tag{4.19}$$

$$A_i = A_{i-1} + \frac{\overline{U}_{i-1}}{K_{i-1}} \tag{4.20}$$

这两个公式对系统中的任何一个质量和轴段都是适用的。下面按照从前向后的顺序把它们依次列出。

对于质量 1，由式（4.18）可得

$$A_1 = 1 \tag{4.21a}$$

对于轴段 1，由式（4.19）可得

$$\overline{U}_1 = -I_1 \omega^2 \tag{4.21b}$$

对于质量 2，由式（4.20）可得

$$A_2 = A_1 + \frac{\overline{U}_1}{K_1} \tag{4.21c}$$

对于轴段 2，由式（4.19）可得

$$\overline{U}_2 = \overline{U}_1 - I_2 \omega^2 A_2 \tag{4.21d}$$

……

对于质量 i，由式（4.20）可得

$$A_i = A_{i-1} + \frac{\overline{U}_{i-1}}{K_{i-1}} \tag{4.21e}$$

对于轴段 i，由式（4.19）可得

$$\overline{U}_i = \overline{U}_{i-1} - I_i \omega^2 A_i \tag{4.21f}$$

……

对于质量 n，由式（4.20）可得

$$A_n = A_{n-1} + \frac{\overline{U}_{n-1}}{K_{n-1}} \tag{4.21g}$$

因为没有轴段 n，所以

$$\overline{U}_n = \overline{U}_{n-1} - I_n \omega^2 A_n = 0 \tag{4.21h}$$

上述各式中，各质量的转动惯量（I_1、I_2、$\cdots$、I_n）以及各轴段的刚度（K_1、K_2、$\cdots$、K_{n-1}）都是已知的，求解的是系统自振圆频率 ω 和各质量的相对振幅 A_1、A_2、$\cdots$、A_n。研究式（4.21）发现，可以用递推试算法进行计算。先假设一个适当的 ω 值并代入式（4.21b）开始顺次递推计算，求出 $\overline{U}_1$；再将 $A_1 = 1$ 及所求出的 $\overline{U}_1$ 代入式（4.21c）求出 A_2；然后再将 ω 和 $\overline{U}_1$ 代入式（4.21d）求出 $\overline{U}_2$。由此反复计算下去，一直到用式（4.21h）计算出 $\overline{U}_n$，该过程中各质量的相对振幅 A_1、A_2、$\cdots$、A_n 也被计算出来。如果所算出的 $\overline{U}_n = 0$，则原来假设的 ω 值就是最后的解；如果 $\overline{U}_n \neq 0$，则需假设另一个 ω 值，重新计算。

依据下列两点，有助于迅速找出适当的 ω 值。

1）所选的 ω 值越逼近式（4.21）的解，所算出的 $\overline{U}_n$ 值就越逼近于零。

2）如果用 ω' 和 ω'' 试算出的 $\overline{U}_n$ 值具有不同的正负号，则在 ω' 和 ω'' 之间可能有奇数个解，且至少有一个。

一般来讲，具有 n 个质量的系统具有数值各不相同的 $n-1$ 个自振圆频率 ω。但对于内燃机，一般只是其中数值最小的两个 ω 值（即 ω_1 和 ω_2）具有实际工程应用的意义。

当获得系统的自振圆频率 ω 和与之相对应的相对振幅 A_1、A_2、$\cdots$、A_n 后，就可以绘出系统的振型图。振型图显示在系统中各质量的角位移达到幅值的瞬间，整个系统受扭转的形状。振型图的绘制方法如下：以轴的中心线为横坐标，通过各质量的中心绘制垂线，垂线的长度等于各质量的相对振幅 A_i，正值向上，负值向下，然后依次用直线把各垂线的端点连接起来。

图 4.6 所示是六缸直列式内燃机曲轴的典型振型图。其中，与频率较低的 ω_1 对应的振型只有一个结点，称为第一主振型；而与频率较高的 ω_2 对应的振型有两个结点，称为第二主振型。在系统振动时，它的振型实际上是多种振型的复杂复合，但经常是其中的某一主振型（主要是第一主振型，其次是第二主振型）占主导地位。

由振型图可以看出，在结点处曲轴扭转最严重。在该处由扭转所产生的扭转应力也最大。对于第一主振型来讲，结点一般都是处于靠近飞轮的地方，因为飞轮的转动惯量较大。在多质量系统自振时，与双质量系统自振时的情况相同，各质量的运动也是同步的。

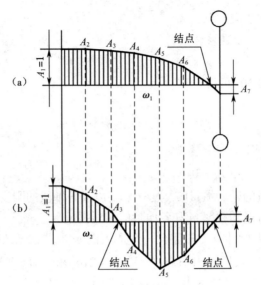

图 4.6　六拐曲轴的振型图

（a）第一主振型　（b）第二主振型

通过试算法对多缸内燃机的曲轴系统进行无阻尼自由振动计算的过程比较复杂。其实对于曲轴轴系来讲，根据达朗贝尔原理，可以建立曲轴自由扭振的微分方程组：

$$\begin{cases} I_1\ddot{\varphi}_1 + K_1(\varphi_1 - \varphi_2) = 0 \\ I_2\ddot{\varphi}_2 - K_1(\varphi_1 - \varphi_2) + K_2(\varphi_2 - \varphi_3) = 0 \\ I_3\ddot{\varphi}_3 - K_2(\varphi_2 - \varphi_3) + K_3(\varphi_3 - \varphi_4) = 0 \\ \cdots\cdots \\ I_i\ddot{\varphi}_i - K_{i-1}(\varphi_{i-1} - \varphi_i) + K_i(\varphi_i - \varphi_{i+1}) = 0 \\ \cdots\cdots \\ I_n\ddot{\varphi}_n - K_{n-1}(\varphi_{n-1} - \varphi_n) = 0 \end{cases} \qquad (4.22)$$

式中　$\varphi_i(i=1,2,\cdots,n)$——各质量的扭转角位移。

可以将式（4-22）写成矩阵的形式：

$$[I]\{\ddot{\varphi}\} + [K]\{\varphi\} = 0 \qquad (4.23)$$

式中　$[I]$——系统转动惯量矩阵；

　　　$[K]$——系统刚度矩阵；

　　　$\{\varphi\}$——角位移向量；

　　　$\{\ddot{\varphi}\}$——角加速度向量。

其表达式分别为

$$\{\varphi\} = \begin{bmatrix} \varphi_1 & \varphi_2 & \cdots \varphi_n \end{bmatrix}^{\mathrm{T}}$$

$$\{\ddot{\varphi}\} = \begin{bmatrix} \ddot{\varphi}_1 & \ddot{\varphi}_2 & \cdots \ddot{\varphi}_n \end{bmatrix}^{\mathrm{T}}$$

$$[I] = \begin{bmatrix} I_1 & & & 0 \\ & I_2 & & \\ & & \ddots & \\ 0 & & & I_n \end{bmatrix}$$

$$[K] = \begin{bmatrix} K_1 & -K_1 & & & & & \\ -K_1 & K_1 + K_2 & -K_2 & & & & \\ & -K_2 & K_2 + K_3 & -K_3 & & & \\ & & \cdots & \cdots & \cdots & & \\ & & & -K_{n-2} & K_{n-2} + K_{n-1} & -K_{n-1} \\ & & & & -K_{n-1} & K_{n-1} \end{bmatrix}$$

当曲轴轴系做自由扭振时,系统中的各质量单元均做简谐运动。因此,式(4.23)的特解为

$$\{\phi\} = \{A\}\sin\omega t \qquad (4.24)$$

联立式(4.23)与式(4.24),可得:

$$[K]\{A\} - \omega^2[I]\{A\} = 0 \qquad (4.25)$$

式中　ω——曲轴轴系的固有频率;

　　　$\{A\}$——相对振幅。

利用 MATLAB 软件求解矩阵方程,即可得到固有频率和振型。

4.1.3　有阻尼的自由扭转振动

4.1.3.1　阻尼

4.1.2 小节的分析忽略了阻尼的影响。可以看出,这样的振动一旦起振,就将按图 4.2(b)所示的形式无休止地振动下去。实际上,物体的自由振动总会逐渐减弱,直至消失。这是由于在物体的振动过程中,总会存在阻尼。产生阻尼的因素多种多样,如振动物体与外界的摩擦,空气或其他流体的阻力,反复变形材料内部的分子摩擦(内摩擦)等。这些阻尼因素通过不同形式把振动物体的能量转变为热能并耗散掉,使振动逐渐衰减,直到消失。

对于扭转振动来讲,阻尼的影响可以借助作用在各质量上的阻尼力矩 R 来近似地表示。如果阻尼是由摩擦引起的,阻尼力矩 R 可取为

$$R = -\mu r N$$

式中　μ——摩擦系数;

　　　N——摩擦表面的法向作用力;

　　　r——摩擦力的作用半径。

上式中负号的含义是阻尼力矩的作用方向永远与质量的运动方向相反。

如果阻尼是由流体摩擦引起的,如在两个摩擦表面之间有一薄层机油,并且表面之间的相对滑动速度不大时,则阻尼力矩 R(N·m)近似地与质量的角速度 $\dot{\phi}$ 成正比,即

$$R = -C\dot{\phi} \qquad (4.26)$$

式中　C——黏性阻尼系数(N·m·s/rad)一般为常数。

在流体摩擦中,如果相对运动速度较大,则阻尼力矩近似地与角速度的平方($\dot{\phi}^2$)成正比,即 $R = -C\dot{\phi}^2$。

如果阻尼力矩能用式(4.26)表示,对问题的分析可以大为简化。因此,常把各种形式的阻尼进行换算,用当量黏性阻尼代替原来的阻尼。换算的原则是换算前后的阻尼在每一循

环中消耗的能量相等。

对汽车、拖拉机用内燃机进行的实验和统计结果表明,可用下式估算这类内燃机的一个曲拐的当量黏性阻尼系数:

$$C = C'A_{\mathrm{h}}R_1^2$$

式中　　A_{h}——活塞面积(m^2);

　　　　R_1——曲柄半径(m);

　　　　C'——比阻尼系数 [N·s/(m^2·rad)],可根据内燃机类型选取。

·汽车用汽油机: C' =0.02~0.03[N·s/(m^2·rad)]。

·汽车用柴油机: C' =0.03~0.04[N·s/(m^2·rad)]。

·拖拉机用柴油机: C' =0.04~0.05[N·s/(m^2·rad)]。

在其他相关参考书和技术手册中,还列有许多类似的用于估算黏性阻尼系数(或阻尼功)的经验公式,都是在实验基础上经过分析整理总结出来的。

4.1.3.2　扭摆的有阻尼自由扭转振动

根据 4.1.2 小节所述的原理,可列出扭摆的有阻尼自由扭转振动的运动方程:

$$S+R+U=0$$

再根据式(4.2)、式(4.3)和式(4.26),可得:

$$I\ddot{\varphi} + C\dot{\varphi} + K\varphi = 0$$

用 I 通除上式中各项可以得到:

$$\ddot{\varphi} + \frac{C}{I}\dot{\varphi} + \frac{K}{I}\varphi = 0$$

取 $\omega^2 = \dfrac{K}{I}$,且有

$$2n = \frac{C}{I} \tag{4.27}$$

则可以得到:

$$\ddot{\varphi} + 2n\dot{\varphi} + \omega^2\varphi = 0 \tag{4.28}$$

通过分析式(4.28)发现,其所表达的运动状态与参数 n 有关,即与黏性阻尼系数 C 的数值大小有关。如果 $n < \omega$,则运动是周期性的;如果 $n > \omega$,则运动不是周期性的。也就是说,当黏性阻尼超过一定限度时,若圆盘离开它的平衡位置后,只能缓慢返回它的平衡位置,但不会产生振动。 $n = \omega$ 时的阻尼值称为临界阻尼系数 C_{c} ,可表示为

$$C_{\mathrm{c}} = 2I\omega = 2\sqrt{IK} \tag{4.29}$$

对于内燃机扭转振动来讲,有实际意义的是研究 $n < \omega$ 的情况。此时,式(4.28)的解为

$$\varphi = \phi\mathrm{e}^{-nt} \sin[(\sqrt{\omega^2 - n^2})t + \varepsilon] \tag{4.30}$$

式(4.30)包括两个元素, $\phi\mathrm{e}^{-nt}$ 可以表示为两条指数曲线, $\sin[(\sqrt{\omega^2 - n^2})t + \varepsilon]$ 则表示为一条正弦曲线,它们合成为一条受阻尼影响的且幅值逐渐减小的正弦曲线,如图 4.7 所示。黏性阻尼系数 C 越大,指数曲线越陡,振动消减得越快。

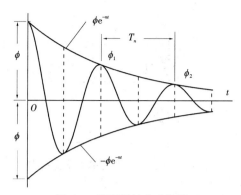

图 4.7　有阻尼的自由振动

比较式（4.30）和式（4.6）可以看出，在有阻尼情况下，扭摆的自振圆频率已不是 ω，而是 $\sqrt{\omega^2 - n^2}$。也就是说，与无阻尼的情况相比，在有阻尼的情况下自振圆频率减小了，而自振周期增大了。但实际上，由于 $(n/\omega)^2$ 的值很小，这两种自振圆频率之间的差别可以忽略不计。有阻尼时，自振周期的表达式为

$$T_n = \frac{2\pi}{\sqrt{\omega^2 - n^2}} = \frac{2\pi}{\omega} \cdot \frac{1}{\sqrt{1 - \dfrac{n^2}{\omega^2}}} \tag{4.31}$$

分析式（4.30）中振幅 ϕe^{-nt} 的变化，可知任意两个相邻振幅 ϕ_1 和 ϕ_2 之比为

$$\frac{\phi_1}{\phi_2} = \frac{e^{-nt_1}}{e^{-nt_2}} = e^{n(t_2 - t_1)} = e^{nT_n}$$

即

$$n = \frac{1}{T_n} \ln\left(\frac{\phi_1}{\phi_2}\right) \tag{4.32}$$

通过实验测取振动中的两个相邻振幅 ϕ_1 和 ϕ_2 的值并利用式（4.32），就可以测定黏性阻尼系数 C。

由于当阻尼很小时，$n^2 \ll \omega^2$，则由式（4.31）可得：

$$T_n = \frac{2\pi}{\omega} \cdot \frac{1}{\sqrt{1 - \dfrac{n^2}{\omega^2}}} \approx \frac{2\pi}{\omega}$$

把上式代入式（4.32），可得：

$$n \approx \frac{\omega}{2\pi} \ln\left(\frac{\phi_1}{\phi_2}\right)$$

再根据式（4.27），即可求出黏性阻尼系数 C。

4.1.4　有黏性阻尼的强制振动

4.1.4.1　强制扭振的运动方程式

本小节进一步讨论扭摆的强制扭转振动，即扭摆的圆盘上作用有以简谐规律变化的外加力矩（或干扰力矩）时的扭振情况，如图 4.8 所示。

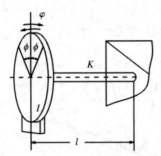

图 4.8　作用外加力矩的单质量系统

设干扰力矩等于 G，其表达式为

$$G = M \sin \omega_g t \qquad (4.33)$$

式中　M——幅值（N·m）；

　　　ω_g——圆频率（rad/s）。

式（4.33）表示干扰力矩是按简谐规律变化的。

如果把圆盘从扭摆中孤立出来研究，则在任意瞬时，作用在它上面的所有力矩的和应该等于零，则有

$$S + R + U + G = 0 \qquad (4.34a)$$

根据式（4.2）、式（4.3）、式（4.26）和式（4.33），式（4.34a）可以写为

$$I\ddot{\varphi} + C\dot{\varphi} + K\varphi = M \sin \omega_g t \quad \text{或} \quad \ddot{\varphi} + \frac{C}{I}\dot{\varphi} + \frac{K}{I}\varphi = \frac{M}{I}\sin \omega_g t \qquad (4.34b)$$

取 $\omega^2 = K/I, 2n = C/I, h = M/I$，则式（4.34b）可表示为

$$\ddot{\varphi} + 2n\dot{\varphi} + \omega^2 \varphi = h \sin \omega_g t \qquad (4.34c)$$

式（4.34c）的全解为

$$\varphi = \phi e^{-nt} \sin[(\sqrt{\omega^2 - n^2})t + \varepsilon] + \phi \sin(\omega_g t - \xi) \qquad (4.35)$$

式中　ξ——相位角；

　　　ϕ——振幅，可表示为

$$\phi = \frac{h}{\sqrt{(\omega^2 - \omega_g^2)^2 + 4n^2 \omega_g^2}} \qquad (4.36)$$

式（4.35）等号右侧的第一项就是式（4.30），代表扭摆的有阻尼自由振动。该振动是逐渐衰减的，一段时间后即消失，如图 4.9（a）所示；式（4.35）等号右侧的第二项是式 4.34（b）的特解，代表在外加力矩 G 的作用下，圆盘角位移 φ 随时间的变化，且会一直持续下去，如图 4.9（b）所示。

图 4.9（c）是图 4.9（a）和（b）中两种曲线的复合，反映有阻尼强制振动过程中圆盘的振动历程。

式（4.36）和图 4.9（c）表示，在干扰力矩 G 的作用下，扭摆在开始进行强制扭振的同时，也激起自由扭振。但是，由于有阻尼，所以在经过一段过渡阶段后，自由扭振消失，系统只在干扰力矩的作用下进行强制扭振，即振动进入稳定阶段。下面我们将只讨论后者。

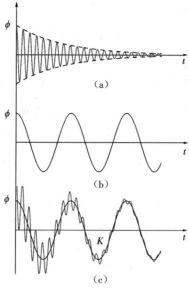

图 **4.9**　有阻尼的强制振动

4.1.4.2　强制振动的共振

式（4.36）是在强制扭振的稳定阶段中圆盘振幅 ϕ 的表达式。用 ω^2 分别除该式的分子和分母，可以得到：

$$\phi = \frac{h}{\sqrt{\left(\omega^2 - \omega_g^2\right)^2 + 4n^2\omega_g^2}} = \frac{h/\omega^2}{\sqrt{\left[1 - \left(\dfrac{\omega_g}{\omega}\right)^2\right]^2 + \left(\dfrac{2n}{\omega}\right)\left(\dfrac{\omega_g}{\omega}\right)^2}}$$

$$\text{（4.37）}$$

$$= \frac{\phi_0}{\sqrt{\left[1 - \left(\dfrac{\omega_g}{\omega}\right)^2\right]^2 + 4\delta^2\left(\dfrac{\omega_g}{\omega}\right)^2}}$$

式中　δ——阻尼系数 C 与临界阻尼系数 C_c 之比 [见式（4.27）式（4.29）]，$\delta = \dfrac{n}{\omega} = \dfrac{C}{C_c}$，

$$\phi_0 = \frac{h}{\omega^2} \tag{4.38}$$

根据式（4.4）和 $h=M/I$，式（4.38）可改写为

$$\phi_0 = \frac{M}{K} \tag{4.39}$$

式中　ϕ_0——静变形，表示在干扰力矩的幅值 M 的静作用下，扭摆可能产生的静态角位移。

由式（4.37），可得强制扭振的实际振幅与静变形之比，称为振幅放大系数，即

$$\frac{\phi}{\phi_0} = \frac{1}{\sqrt{\left[1 - \left(\dfrac{\omega_g}{\omega}\right)^2\right]^2 + 4\delta^2\left(\dfrac{\omega_g}{\omega}\right)^2}} \tag{4.40}$$

振幅放大系数 ϕ/ϕ_0 随圆频率比 $(\omega_g/\omega)^2$ 和阻尼比 δ 而变化的关系曲线如图 4.10 所示，其中有三种特征情况，即 $\omega_g=0$，$\omega_g=\omega$ 和 $\omega_g\gg\omega$。当 $\omega_g=0$ 或 ω_g 接近于零时，干扰力矩的变化频率等于零或极低，此时扭摆的振幅 ϕ 等于或接近于在干扰力矩的幅值 M 作用下的静变形 ϕ_0，所以此时 ϕ/ϕ_0 的值等于或接近于 1。当干扰力矩的变化频率很高，即 $\omega_g\gg\omega$ 时，因扭摆振动的速度远远跟不上干扰力矩的变化，因而振幅很小，则 ϕ/ϕ_0 的值接近于零。当 $\omega_g=\omega$ 时，即干扰力矩的变化频率 ω_g 与物体的自振频率 ω 相一致，由于干扰力矩能够在正确的时刻和正确的方向上推动质量运动，所以它产生的振幅就变得很大，这种现象称为共振。共振发生时的振幅由阻尼的大小决定。如果阻尼等于零，则理论上振幅可以无限大。对于内燃机曲轴的扭转振动，当发生共振时，曲轴受到强烈的反复扭转作用，使各曲拐之间不能再保持原来的相位关系，活塞等零件也不能保持原来的运动规律和平衡条件，因而会造成发动机的振动、噪声和剧烈磨损，性能变坏，同时曲轴本身也有可能会由于疲劳而断裂。为了避免发生这种情况，必须研究内燃机的曲轴在什么情况下会产生共振，以及在发生共振时扭转振动的强烈程度和避免发生强烈扭振的措施。这正是本章所要讨论的核心问题。

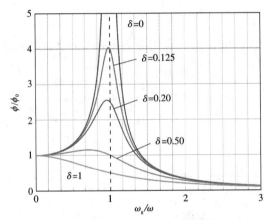

图 4.10　扭摆的振幅放大系数曲线

4.1.4.3　强制振动运动方程的矢量图

由式（4.35）等号右侧第二项，可以得到在强制振动的稳定阶段，圆盘的角位移 φ、角速度 $\dot{\varphi}$ 和角加速度 $\ddot{\varphi}$ 的表达式：

$$\begin{cases} \varphi=\phi\sin(\omega_g t-\xi) \\ \dot{\varphi}=\dfrac{\mathrm{d}\varphi}{\mathrm{d}t}=\omega_g\phi\cos(\omega_g t-\xi)=\omega_g\phi\sin\left(\omega_g t-\xi+\dfrac{\pi}{2}\right) \\ \ddot{\varphi}=\dfrac{\mathrm{d}^2\varphi}{\mathrm{d}t^2}=-\omega_g^2\phi\sin(\omega_g t-\xi)=\omega_g^2\phi\sin(\omega_g t-\xi+\pi) \end{cases} \tag{4.41}$$

与图 4.3（a）类似，这 3 个参数也可以用回转矢量表示，如图 4.11（a）所示。与图 4.3（b）相似，式（4.34a）中包括的各个力矩（如干扰力矩 $G=M\sin\omega_g t$）也可以用回转矢量表示，如图 4.11（b）所示。在式（4.41）中，相位角"$-\xi$"具有重要的物理意义，它表示当系统在干扰力矩 G 的作用下进行强制振动时，系统的振幅 ϕ 在相位上滞后原干扰力矩一个角度 ξ，如图

4.11(a)所示。

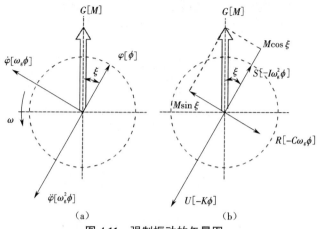

（a）　　　　　　　　　　　　　（b）

图 4.11　强制振动的矢量图

由式(4.2)可知,弹性力矩 $U = -K\varphi$,所以 U 的作用方向与 φ 相反,长度等于 $K\phi$ 。由式(4.3)可知,惯性力矩 $S = -I\ddot{\varphi}$,所以 S 的作用方向与 $\ddot{\varphi}$ 相反,长度等于 $I\omega_g^2\phi$ 。由式(4.26)可知,阻尼力矩 $R = -C\dot{\varphi}$,所以 R 的作用方向与 $\dot{\varphi}$ 相反,长度等于 $C\omega_g\phi$ 。

式(4.34a)中的四个矢量的和应该等于零。也就是说,在任意瞬时,上述四个力矩之间应保持平衡。因此,这四个力矩在任意垂直坐标上的投影之和应该等于零。取其中一个坐标与 φ 重合,另一个坐标与 $\ddot{\varphi}$ 重合,则得到以下方程组:

$$\begin{cases} I\omega_g^2\phi - K\phi + M\cos\xi = 0 \\ C\omega_g\phi - M\sin\xi = 0 \end{cases}$$

从式(4.42)求解 ϕ 和 ξ ,得到:

$$\begin{cases} \phi = \dfrac{M}{\sqrt{\left(K - I\omega_g^2\right)^2 + \left(C\omega_g\right)^2}} = \dfrac{h}{\sqrt{\left(\omega^2 - \omega_g^2\right)^2 + 4n^2\omega_g^2}} \\[6mm] \quad = \dfrac{\phi_0}{\sqrt{\left[1 - \left(\dfrac{\omega_g}{\omega}\right)^2\right]^2 + 4\delta^2\left(\dfrac{\omega_g}{\omega}\right)^2}} \\[8mm] \tan\xi = \dfrac{C\omega_g}{K - I\omega_g^2} = \dfrac{2\delta\left(\dfrac{\omega_g}{\omega}\right)}{1 - \left(\dfrac{\omega_g}{\omega}\right)^2} \end{cases} \tag{4.43}$$

式中, h 、 n 和 δ 的定义参见式(4.34c)和式(4.37)。

可以看出,式(4.43)与式(4.37)和式(4.38)是相似的。由式(4.43)可以求解出式(4.35)中的相位角 ξ 的值,即干扰力矩 G 超前于角位移 φ 的角度。

在图 4.12 中用曲线表示相位角 ξ 与频率比 ω_g/ω 和阻尼比 δ 的关系。下面讨论与图

4.10 上的三种特征情况相对应的 ξ 值 [同时参见矢量图 4.11（ b ）]。

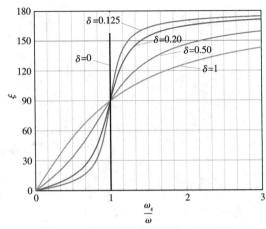

图 4.12　强制振动中相位角 ξ 的变化

当干扰力矩 G 的变化频率很低时（$\omega_g=0$），扭摆强制振动的频率很低，由此而产生的阻尼力矩 R 和惯性力矩 S 都很小，可以忽略不计。此时，干扰力矩 G 只用来平衡弹性力矩 U，所以 $\xi=0$。

当频率 ω_g 增加时，阻尼矢量 R 增大。矢量 G 必须有一个向左的水平分量去平衡它 [图 4.11（ b ）]。因此，干扰力矩就必须超前于角位移 φ。当 ω_g 的值很高时，惯性力矩 S 显著超出弹性力矩 U。此时，干扰力矩必须用来平衡 S 多出的部分。由于阻尼相对已显得很小，所以相位角 ξ 接近于 $180°$。

当 $\omega_g=\omega$，即共振时，S 与 U 相等 [图 4.3（ b ）]。此时，干扰力矩 G 只用来平衡阻尼力矩 R，即

$$M = C\omega\phi \tag{4.44}$$

所以，此时必须有 $\xi=90°$。

由上述讨论可以得到以下结论：①当干扰力矩 G 的变化频率 ω_g 较低时，外力主要克服弹性力矩；②当频率较高时，干扰力矩主要克服惯性力矩；③在共振时，干扰力矩只用来克服阻尼力矩。另外，利用式（4.44）可以计算共振时扭摆角位移的振幅：

$$\phi = \frac{M}{C\omega} \tag{4.45}$$

4.1.4.4　扭摆中干扰力矩的做功

扭摆在干扰力矩 G 的作用下做扭转振动时，在每一振动循环中干扰力矩所做的功 W_G 等于：

$$W_G = \int_0^{2\pi} G\mathrm{d}\varphi$$

式中，$G = M\sin\omega_g t$。

参看式（4.41），因为

$$\varphi = \phi\sin(\omega_g t - \xi) = \phi[\sin(\omega_g t)\cos\xi - \cos(\omega_g t)\sin\xi]$$

所以，$\mathrm{d}\varphi = \phi[\cos(\omega_g t)\cdot\cos\xi + \sin(\omega_g t)\cdot\sin\xi]\mathrm{d}(\omega_g t)$。代入上式并整理得到：

$$W_G = M\phi \left[\cos\xi \cdot \int_0^{2\pi} \sin(\omega_g t)\cos(\omega_g t)\mathrm{d}(\omega_g t) + \sin\xi \cdot \int_0^{2\pi} \sin^2(\omega_g t)\mathrm{d}(\omega_g t) \right]$$

由于有

$$\int_0^{2\pi} \sin(\omega_g t)\cos(\omega_g t)\mathrm{d}(\omega_g t) = 0$$

$$\int_0^{2\pi} \sin^2(\omega_g t)\mathrm{d}(\omega_g t) = \pi$$

所以

$$W_G = \pi M\phi\sin\xi \qquad\qquad (4.46)$$

共振时, $\xi = \pi/2$, 所以

$$W_G = \pi M\phi \qquad\qquad (4.47)$$

由式(4.44)可知, 在共振时干扰力矩 G 所做的功完全消耗在阻尼上, 并通过后者变成热量耗散掉。下面进一步证明这一推断的正确性。

在一个扭振循环中, 阻尼力矩 R 所消耗的功 W_R 为

$$W_R = \int_0^{2\pi} R\mathrm{d}\varphi$$

由式(4.26)和式(4.41)可知, 因为在共振时 $\xi = \pi/2$, 所以有

$$R = -C\dot\varphi = -C\omega_g\phi\sin(\omega_g t)$$

而 $\mathrm{d}\varphi = \phi\sin(\omega_g t)\mathrm{d}(\omega_g t)$, 所以有

$$W_R = -C\omega_g\phi^2\int_0^{2\pi} \sin^2(\omega_g t)\mathrm{d}(\omega_g t) = -\pi C\omega_g\phi^2 \qquad\qquad (4.48)$$

式中的负号表示功是被消耗的。

设 $W_G + W_R = 0$, 则由式(4.47)和式(4.48)可得 $\pi M\phi = \pi C\omega_g\phi^2$, 即 $\phi = \dfrac{M}{C\omega_g} = \dfrac{M}{C\omega}$。因此, 所得结果与式(4.45)相同。

这里希望读者注意掌握以下两个概念。

1)由式(4.46)可以看出, 当 ξ 角等于零时, $W_G=0$。也就是说, 如果干扰力矩与位移同相, 则干扰力矩不做功。当 ξ 角等于 $\pi/2$ 时, W_G 值最大。也就是说, 只有当干扰力矩与速度同相时, 才能最有效地做功。这样, 从图 4.11 来看, 干扰力矩矢量 G 与位移矢量 φ 同相的分量对于推动系统进行振动来讲是不起作用的(即不做功)。起作用的因素是与速度矢量 $\dot\varphi$ 同相的分量(即做功)。

2)如果干扰力矩的变化频率与物体振动的运动频率不一致, 则干扰力矩也不做功。这一点用前面求功的公式能够推导出来。

4.1.5　曲轴的扭转振动

前面讨论了有关扭转振动的一些基本理论。本小节将进一步分析内燃机曲轴的扭转振动问题。

4.1.5.1　干扰力矩的简谐分析

在内燃机上使曲轴产生强制扭振的干扰力矩是作用在曲轴各连杆轴颈上的切向力 T 所

产生的扭矩 M，如图 3.13 所示。M 的表达式为

$$M = TR$$

式中 R——曲柄半径；

        T——切向力。

扭矩 M 是由作用在活塞上的气体压力所产生的扭矩 M_g 和由往复惯性力所产生的扭矩 M_j 复合而成的。

图 4.13 给出了四冲程内燃机的一个气缸在一个工作循环中扭矩 M_g、M_j 和 $M = M_g + M_j$ 随曲轴转角 α 变化的曲线。在四冲程发动机上，扭矩 M_g 是曲轴每转两圈完成一个循环。而在二冲程发动机上，曲轴每转一圈就完成一个循环。

不论是在四冲程或二冲程内燃机上，扭矩 M_j 都是曲轴每转一圈就完成一个循环。当曲轴转速改变时，M_g 和 M_j 也随之有所变化，但各自的变化规律不同。为了便于计算，将它们分开研究。上述各扭矩虽然都是周期性变化的变量，但它们不是按照简谐运动规律变化的。为了便于按照前述理论进行计算，必须用数学方法先把它们分解成为一系列简谐分量之和。在第 3 章中，对活塞位移、速度和加速度的周期函数都曾经进行过这种分解。

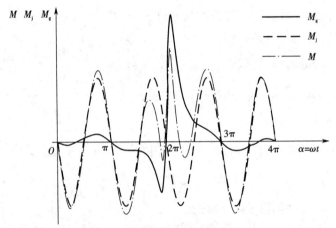

图 4.13   作用在曲拐上的力矩变化曲线

对于 M_g，可以按下式进行分解：

$$M_g = M_0 + \sum_{K=1}^{+\infty} M_{gK} \sin(K\Omega t + \varphi_K) \tag{4.49}$$

式中 M_0——由气缸内的气体压力产生的平均扭矩（N·m）；

        Ω——反映工作过程周期变化的圆频率（1/s），$\Omega = 2\pi/T$；

        T——完成一个工作循环的周期（s）；

        K——M_g 的各简谐分量的阶数，表示简谐分量的圆频率是工作循环圆频率 Ω 的 K 倍；

        φ_K——第 K 阶简谐分量的初相位（rad）；

        M_{gK}——扭矩 M_g 的第 K 阶简谐分量（第 K 阶谐量）的幅值（N·m）。

式（4.49）是以工作过程的变化圆频率 Ω 为基础的。为了便于计算，应改变为以曲轴旋转角速度或曲轴旋转圆频率 ω 为基础。

在二冲程发动机中,由于曲轴每转 1 圈就完成 1 个工作循环,所以

$$\Omega = \omega \tag{4.50a}$$

在四冲程发动机中,由于曲轴每转 2 圈才完成 1 个工作循环,所以

$$\Omega = \omega/2 \tag{4.50b}$$

将以上关系代入式(4.49),得到:

$$M_g = M_0 + \sum_{\nu=1/2}^{\infty} M_{g\nu} \sin(\nu\omega t + \varphi_\nu) \tag{4.51}$$

式中　ν——曲轴的 M_g 的各谐量的阶数,表示该谐量的变化圆频率是曲轴角速度 ω 的 ν 倍,对于二冲程发动机,$\nu = 1, 2, 3, 4, \cdots$;对于四冲程发动机,$\nu = k/2 = 0.5, 1, 1.5, \cdots$;

　　$M_{g\nu}$——扭矩 M_g 的第 ν 阶谐量的幅值(N·m)。

　　φ_ν——第 ν 阶谐量的初相位,它通常总是相对于活塞上止点位置而言,在二冲程内燃机中是相对于膨胀冲程的始点而言,在四冲程发动机中则是相对于进气冲程的始点而言。

图 4.14 展示四冲程发动机的一个例子。

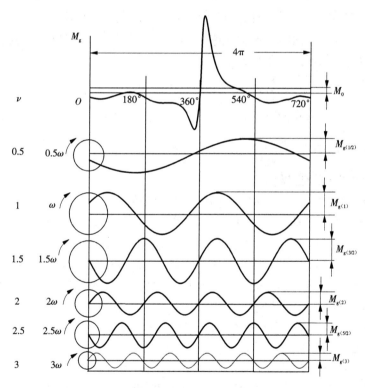

图 4.14　四冲程内燃机的 M_g 及其各简谐分量

将 M_g 分解成各谐量的过程称为简谐分析。对以后的计算来讲,重要的是通过分析找出各阶谐量的幅值 $M_{g\nu}$ 以及 $\nu = 1, 2, 3, 4, \cdots$ 时的初相位 φ_ν。分析方法有很多种,这里不再讨论。此外,还可以利用相似内燃机的现有数据进行分析。所谓相似内燃机,是指基本结构参数相似的内燃机,如 S/D、$\lambda = R/l$,以及平均指示压力 p_i、最高爆发压力与平均指示压力之比 p/p_i 等工作过程参数。

由式（4.51）可以看出，谐量有无限多个。但是因为阶数 ν 越高，幅值 $M_{g\nu}$ 越小，所以实际上最高只需计算到第 12 阶，个别情况可以计算到 18 阶。

由往复惯性力产生的扭矩 M_j 可以按照下式分解：

$$M_j = m_j R^2 \omega^2 \left(\frac{\lambda}{4} \sin \omega t - \frac{1}{2} \sin 2\omega t - \frac{3\lambda}{4} \sin 3\omega t - \frac{\lambda^2}{4} \sin 4\omega t - \cdots \right) \qquad (4.52)$$

因此，M_j 可以近似取等于 ν =1，2，3，4 的 4 个谐量之和。从式（4.52）中各项前面的负号可知，它的第一阶谐量的初相位角 $\varphi_1 = 0$，而第 2、3、4 阶谐量的初相位角 $\varphi_2 = \varphi_3 = \varphi_4 = \pi$。

干扰力矩的各阶谐量 M_ν 等于 M_g 和 M_j 的同阶谐量 $M_{g\nu}$ 和 $M_{j\nu}$ 的矢量和，即 $M_\nu = M_{g\nu} + M_{j\nu}$。

4.1.5.2 内燃机的临界转速

内燃机曲轴是在作用于各曲拐上的扭矩 $M = M_g + M_j$ 的驱动下旋转的，旋转角速度等于 ω。由式（4.51）和式（4.52）可以看出，在各曲拐上除了作用有一个真正用来驱动曲轴旋转的平均力矩 M_0 之外，还作用着无限多个简谐力矩，它们的幅值等于 M_ν，它们的圆频率等于 $\nu\omega$，它们的初相位为 φ_ν，它们对曲轴的旋转实际上只起到干扰作用。如果其中任意一个简谐力矩的圆频率 $\nu\omega$ 与曲轴的自振圆频率 ω_1 或 ω_2 在数值上相等，则曲轴就会与该简谐力矩发生共振。发生共振时的曲轴角速度为

$$\omega_c = \frac{\omega_1}{\nu} \quad 或 \quad \omega_c = \frac{\omega_2}{\nu}$$

根据式（4.8），发生共振时的曲轴转速 n_c（r/min）为

$$n_c \approx 9.55 \omega_c = 9.55 \frac{\omega}{\nu} \qquad (4.53)$$

式中 n_c——该内燃机的临界转速。

当发生共振时，曲轴除了在 M_0 的作用下正常旋转，还按第一或第二主振型反复扭转。可以用作图法确定临界转速，如图 4.15 所示。绘制直角坐标系 n-ω，$\omega = \nu n / 9.55$。通过原点 O，按式 $\omega = \nu n / 9.55$ 绘制射线，表示干扰力矩的各阶谐量的变化频率 ω 与曲轴转速 n 之间的关系。然后绘制纵坐标等于曲轴自振频率的水平线（$\omega_1 = 362$ Hz，$\omega_2 = 835$ Hz）。假设发动机工作在 1 500~6 000 r/min 的转速范围内，则在该范围内的各射线与水平线的交点都是共振点，对应的曲轴转速都是临界转速。

由发动机的临界转速图 4.15 可知，在 4.5 阶、6 阶、7.5 阶、9 阶、10.5 阶和 12 阶的谐量射线与水平线 $\omega_1 = 362$ Hz 的相交点的转速下，曲轴将按照第一主振型发生共振；在 9 阶、10.5 阶、12 阶、18 阶、24 阶的谐量射线与水平线 $\omega_2 = 835$ Hz 的相交点的转速下，曲轴则按照第二主振型发生共振。当曲轴发生 4.5 谐次、6 谐次和 7.5 谐次一阶共振时，4.5 谐次的临界转速为 4 800 r/min，6 谐次的临界转速为 3 500 r/min，7.5 谐次的临界转速为 3 000 r/min。曲轴的 9 谐次和 10.5 谐次会发生 2 次共振时，9 谐次的一阶临界转速为 2 500 r/min 和 5 500 r/min。此外，在这个例子中，发动机工作在 1 500~6 000 r/min 的转速范围内，在 3 阶及以下和 33 阶以上的激励力矩的谐量不会引起曲轴产生一阶共振和二阶共振。因此，它们对曲轴扭振的影响可以不予考虑。

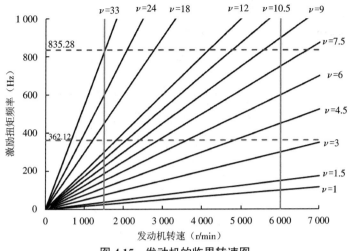

图 4.15 发动机的临界转速图

4.1.5.3 干扰力矩各阶谐量的矢量图

由图 4.15 来看,内燃机在工作转速范围内可能产生扭转振动的共振转速有很多个。但是,在不同的共振转速下的扭振强度却各不相同。有的扭振强度很轻微,不影响正常运转;有的扭振强度则很强烈,其对应的共振转速不能被忽视。导致这样大的差别的原因有以下两点:

1)简谐力矩的幅值 M_v 各不相同;

2)作用在各曲拐上的该阶简谐力矩的作用相位对共振强度有很大影响。

关于第 2 点,在前面已针对扭摆导出了式(4.46),并进行了详细讨论。下面再针对多缸内燃机曲轴这种多质量系统,继续讨论这个问题。通常假设曲轴在发生共振时的振型等于自由振动时的振型,因为两者很接近。已知在自由振动时,各质量的运动是同步的。但是,作用在各质量上的干扰力矩是否也同步呢?这是一个需要研究的问题。

由于多缸内燃机的各个气缸是按一定次序着火的,在相邻着火的气缸之间具有时间间隔(以曲轴转角计)。这就使作用在各质量上的干扰力矩之间具有一定的相位关系。假设发动机共有 i 个气缸,它们以一定的角速度逆时针旋转,在某一瞬时,第一曲柄距离上止点的相位角是 ωt,如图 4.16 所示。

如果着火顺序已知,那么以第一缸为基准,有以下关系: $\varepsilon_{2,1}$ 是第二缸与第一缸之间的着火间隔角; $\varepsilon_{3,1}$ 是第三缸与第一缸之间的着火间隔角;…; $\varepsilon_{i,1}$ 是第 i 缸与第一缸之间的着火间隔角。 ωt 是第一缸曲柄距离上止点的相位; $\omega t + \varepsilon_{2,1}$ 是第二缸曲柄距离上止点的相位;…; $\omega t + \varepsilon_{i,1}$ 是第 i 缸曲柄距离上止点的相位。 $v\omega t + \varphi_v$ 是第一缸 v 次干扰力矩 $(M_v)_1$ 距离上止点的相位; $v(\omega t + \varepsilon_{2,1}) + \varphi_v$ 是第二缸 v 次干扰力矩 $(M_v)_2$ 距离上止点的相位;…; $v(\omega t + \varepsilon_{i,1}) + \varphi_v$ 是第 i 缸 v 次干扰力矩 $(M_v)_i$ 距离上止点的相位。各气缸的 v 次干扰力矩与第一缸的同谐次干扰力矩的相位如下。

第二缸与第一缸: $v(\omega t + \varepsilon_{2,1}) + \varphi_v - (v\omega t + \varphi_v) = v\varepsilon_{2,1}$。

第三缸与第一缸: $v(\omega t + \varepsilon_{3,1}) + \varphi_v - (v\omega t + \varphi_v) = v\varepsilon_{3,1}$。

...

第 i 缸与第一缸：$\nu(\omega t + \varepsilon_{i,1}) + \varphi_\nu - (\nu\omega t + \varphi_\nu) = \nu\varepsilon_{i,1}$。

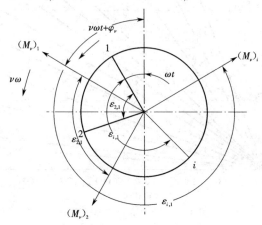

图 4.16　各气缸干扰力矩的相位关系

任一气缸的 ν 次干扰力矩与第一缸的同谐次干扰力矩之间的相位等于简谐次数 ν 乘以该气缸与第一缸的着火间隔角 $\varepsilon_{i,1}$。因此，已知着火顺序后，就可以画出该发动机的各气缸的 ν 次干扰力矩的相位图。

下面以一个着火次序为 1—5—3—6—2—4 的六缸四冲程内燃机为例，讨论作用在各曲拐（质量）上的干扰力矩的各阶谐量之间的相位关系。该曲轴的曲柄图如图 4.17（a）所示。曲轴按逆时针方向旋转，各缸的着火间隔是 $120°$ 曲轴转角。根据着火次序，$\varepsilon_{5,1}=120°$，$\varepsilon_{3,1}=240°$，$\varepsilon_{6,1}=360°$，$\varepsilon_{2,1}=480°$，$\varepsilon_{4,1}=600°$。设第一缸的活塞在处于吸气冲程的上止点时的曲柄转角为 $0°$，则各阶干扰力矩谐分量的相位角见表 4.1。

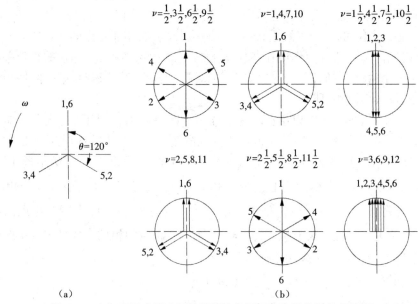

（a）　　　　　　　　　　　（b）

图 4.17　六缸直列式四冲程内燃机的曲柄图和各阶谐量的相位图

（a）曲柄图　（b）相位图

对于干扰力矩的第 ν 阶谐量来讲,它的圆周频率即它的矢量回转角速度 $\nu\omega$ 是曲轴旋转角速度的 ν 倍。设作用在第一曲拐上的该阶谐量的瞬时相位角为 $0°$,则在同一时刻作用在其他曲拐上的同阶谐量的相位角等于 $\nu\varepsilon_{i,1}$。表 4.1 列出了作用在各曲拐上从 $\nu=1/2$ 到 $\nu=3$ 的各阶谐量的瞬时相位角。在图 4.17(b)中,清楚地表示了各阶谐量之间的相位关系。由图 4.17,可以得出下列两条值得注意的规律。

1)对于 $\nu=0.5$ 的矢量图,其形状与 $\nu=0.5+3m$(m 为任意正整数)时的矢量图相同。在这里,3 是曲柄图上的能见曲柄数。这个规律对于其他几个矢量图也同样适用。所以,如果曲柄上的能见曲柄数为 q,则只需给出 $\nu=q$ 和 q 以下各阶谐量的矢量图即可。

2)如果曲柄图上的能见曲柄数为 q,则对于凡是 ν 等于 q 的整倍数的各阶谐量,它们在各曲拐上不但作用时间同步,而且作用方向也保持相同。如果这些干扰力矩的频率与轴系的某一自振频率趋于一致,则共振情况将十分剧烈。因此,这阶谐量叫作主谐量。对于图 4.17 所示的例子,$q=3$,所以 $\nu=3,6,9,\cdots$ 的各阶干扰力矩的谐量都是主谐量。在这些主谐量中,随着阶数增加,干扰力矩谐量的振幅值 M_ν 会减小。所以,需要充分重视的只是其中阶数较低者,如 $\nu=3$ 和 6,因为只有它们才能引起危险的扭振。

表 4.1　六缸直列式四冲程内燃机的各阶干扰力矩谐量的相位角

气缸编号(着火间隔角)		1(0°)	5(120°)	3(240°)	6(360°)	2(480°)	4(600°)
ν 阶干扰力矩谐量的相位角(°)	$\nu=0.5$	0	0.5×120	1×120	1.5×120	2×120	2.5×120
	$\nu=1$	0	1×120	2×120	3×120	4×120	5×120
	$\nu=1.5$	0	1.5×120	3×120	4.5×120	6×120	7.5×120
	$\nu=2$	0	2×120	4×120	6×120	8×120	10×120
	$\nu=2.5$	0	2.5×120	5×120	7.5×120	10×120	12.5×120
	$\nu=3$	0	3×120	6×120	9×120	12×120	15×120

图 4.18 所示是一台六缸直列式二冲程内燃机的各阶干扰力矩谐量的矢量图。它的着火次序是 1—5—3—6—2—4。可以看出,上述两条规律对于二冲程内燃机同样适用。

4.1.5.4　多质量系统中简谐力矩的做功

下面讨论当曲轴这个多质量系统在 ν 阶简谐力矩的作用下发生共振时,该阶简谐力矩所做的功。之所以讨论这个问题,是因为它与振动的强烈程度密切相关。所做的功越大,振动越强烈。因此,需要设法把功求解出来,作为进一步估计振动强烈程度的依据。

假设在共振时各个质量(曲拐)的相对角位移矢量 A 和简谐力矩矢量 M_ν 之间的相位关系如图 4.19 所示。这里 ξ 是干扰力矩矢量比位移矢量的超前角,而各变量下面的角标 1,2,$\cdots$,i 是气缸编号。可以看出,A_1 和 A_2 的矢量方向相同,因为共振时各个质量的运动是同步的;而 $M_{\nu1}$ 和 $M_{\nu2}$ 等的矢量方向则各不相同,它们之间的相位关系应符合图 4.17(b)所示的相位关系。

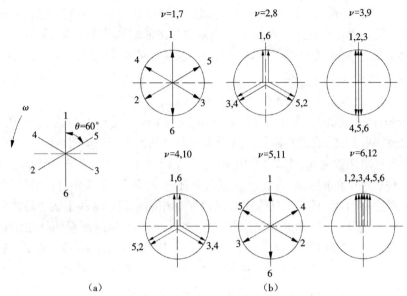

图 4.18 六缸直列式二冲程内燃机的曲柄图和各阶谐量的相位图

（a）曲柄图 （b）相位图

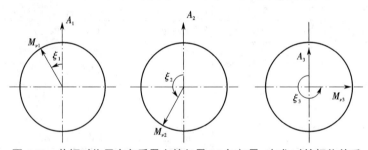

图 4.19 共振时作用在各质量上的矢量 M_ν 与矢量 $A($ 或 $\phi)$ 的相位关系

作为例子,下面讨论图 4.17 所示的六缸直列式四冲程内燃机的曲轴在第一主振型 [图 4.6（a）] 与第 1/2 阶简谐干扰力矩发生共振时的情况。根据式（4.46）,整个系统（包括六个曲拐）的干扰力矩谐量在一个振动循环中所做的功为

$$W_G = \sum_{i=1}^{6} \pi M_{\nu i}\phi_i \sin\xi_i \tag{4.54a}$$

可以认为各个气缸的工作过程是完全一样的,则有

$$M_{\nu 1} = M_{\nu 2} = \cdots = M_{\nu 6} = M_\nu$$

取相对振幅

$$A_1 = \frac{\phi_1}{\phi_1} \ , \ A_2 = \frac{\phi_2}{\phi_1} \ , \ \cdots, \ A_6 = \frac{\phi_6}{\phi_1}$$

则式（4.54a）可以改写为

$$W_G = \pi M_\nu \phi_1 \sum_{i=1}^{6} A_i \sin\xi_i \tag{4.54b}$$

根据振型图 [图 4.6（a）],各质量的相对振幅值 A_1、A_2、$\cdots$、A_6 是已知的,问题是怎样求解

$\sum\limits_{i=1}^{6} A_i \sin \xi_i$。如果把图 4.19 中的 A 与 M_ν 的位置互换，然后再把它们绘在一起，则得到图

4.20 所示的矢量图。在这个图中，$\sum\limits_{i=1}^{6} A_i \sin \xi_i$ 等于各相对振幅矢量 A_1、A_2、$\cdots$、A_6 在垂直于

M_ν 的方向上的投影之和。它也等于矢量和 $\sum\limits_{i=1}^{6} A_i$ 在该方向上的投影。如果 ξ_Σ 代表矢量 M_ν

超前于矢量和 $\sum\limits_{i=1}^{6} A_i$ 的角度，则式（4.54b）可以改写为

$$W_G = \pi M_\nu \phi_1 \left(\sum_{i=1}^{6} A_i \right) \sin \xi_\Sigma$$

根据式（4.46），已知在共振时 ξ_Σ 应该等于 $\pi/2$，即 $\sin \xi_\Sigma = 1$，则共振时第 ν 阶干扰力矩谐量在每一振动循环中所做的功为

$$W_{G,GZ} = \pi M_\nu \phi_1 \sum_{i=1}^{6} A_i$$

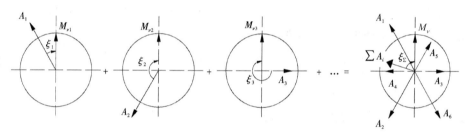

图 4.20　相对振幅矢量和 $\sum A_i$ 的图解

对于具有 n 个曲拐的更普遍的情况，则上式成为

$$W_{G,GZ} = \pi M_\nu \phi_1 \sum_{i=1}^{n} A_i \tag{4.55}$$

式中　$\sum\limits_{i=1}^{n} A_i$——相对振幅矢量和，它本身没有特殊的物理意义，只是为了便于计算而用图

4.20 所示的方法推导出来的一个变量。

总结上述计算 $W_{G,GZ}$ 的方法，可归纳出以下三条。

1）绘出该内燃机的第 ν 阶干扰力矩谐量 M_ν 的矢量图。

2）根据已经求出的振型图，按一定比例尺把与各气缸对应的相对振幅（A_1、A_2、$\cdots$、A_n）绘入 M_ν 的矢量图，以代替属于同一气缸编号的矢量 $M_{\nu i}$。绘入时应注意 A 值的正负号。正号的 A 与对应的 M_ν 的方向相同；负号的则方向相反。由此可以得到相对振幅矢量图。

3）根据相对振幅矢量图，求解相对振幅矢量和 $\sum\limits_{i=1}^{n} A_i$，并代入式（4.55）。

图 4.21 是用图解法求解分别与 $\nu = 0.5$，$\nu = 1$ 和 $\nu = 1.5$ 相对应的矢量 $\sum\limits_{i=1}^{n} A_i$ 的例子。

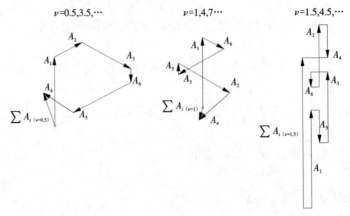

图 4.21　用图解法求矢量和 $\sum A_i$

4.1.5.5　多质量系统共振时的振幅

与扭摆一样,在多质量系统发生共振时,造成共振的那阶干扰力矩谐量所做的功,将完全消耗为阻尼功,并通过后者变成热量散失掉。假设阻尼力矩 R 集中作用在各质量上,且黏性阻尼系数等于 C [参看式(4.26)],则用与式(4.48)类似的推导方法,可以得到计算多质量系统共振时的阻尼功 W_R 的公式,即

$$W_R = -\pi C \omega \phi_1^2 \sum_{i=1}^{n} A_i^2 \tag{4.56}$$

式中,负号表示功是被吸收的。

因为 $W_{G,\mathrm{GZ}} + W_R = 0$,所以由式(4.55)和式(4.56)可得:

$$\pi M_v \phi_1 \sum_{i=1}^{n} A_i = \pi C \omega \phi_1^2 \sum_{i=1}^{n} A_i^2$$

或

$$\phi_1 = \frac{M_v \sum\limits_{i=1}^{n} A_i}{C \omega \sum\limits_{i=1}^{n} A_i^2} \tag{4.57}$$

利用式(4.57),可以计算第一个质量的扭转角位移的幅值 ϕ_1。对其他质量来讲,因相对振幅 $A_i = \dfrac{\phi_i}{\phi_1}$ 为已知,所以它们的振幅为

$$\phi_i = \phi_1 A_i \tag{4.58}$$

这样,就可以计算出在共振时曲轴的各个曲拐的振幅以及各个轴段反复扭转的程度,检验曲轴是否会发生疲劳破坏。ϕ_1 值的计算精确度在很大程度上取决于阻尼系数 C 的估值是否正确。因此,应经常用实验数据去检验计算结果的准确性,并积累经验,使计算准确度日臻完善。

4.1.5.6　曲轴扭转振动的多体动力学模拟计算

以上介绍的有关曲轴扭转振动的计算,不但过程复杂,而且计算受到一定局限,只能计算共振状态下的各个振动质量的振幅。因此,目前内燃机设计中主要采用多体动力学模型对曲轴进行扭转振动分析。

　　下面以 AVL 公司的 EXCITE Designer 多体动力学分析软件为例,阐述内燃机多体动力学模型的建立和扭转振动分析过程。首先,建立曲柄连杆机构模型,并用连接副连接,如图 4.22 所示。然后,输入各部件参数,结合 Shaftmodeler 工具对曲轴进行参数化建模。其中,曲轴的几何参数由 Pro/E 软件读取,选取密度和弹性模量等反映材料性质的物理量。输入轴系各零件的相应参数后, EXCITE Designer 软件将自动计算多体动力学分析所需的质量信息和刚度信息等参数。在内燃机的实际运行中,阻尼是非常复杂的,与转速有关并呈非线性变化。在工程上,通常有两种方法处理阻尼。一种是假设单位气缸的阻尼不变,其中单位气缸阻尼主要指活塞(环)与气缸壁之间以及连杆大头的摩擦所产生的阻尼。另一种是假设阻尼按照线性变化。曲轴的扭转振动主要是低阶主谐次振动。线性弹簧阻尼模型相对简单,精度可以满足要求。曲轴是由轴承与轴颈之间的油膜支撑的。EXCITE Designer 软件的分析是基于刚性液动接触模型的,采用如图 4.23 所示的支撑方式来模拟主轴承的液压油膜对曲轴的约束支撑作用。

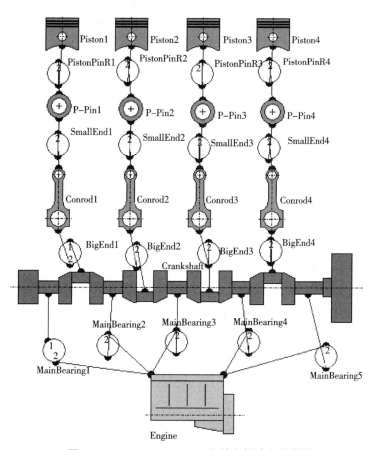

图 4.22　EXCITE Designer 中的多体动力学模型

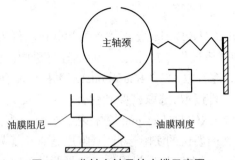

图 4.23　曲轴主轴承的支撑示意图

在进行多体动力学建模时,需要对扭振当量系统进行简化,以得到集中质量 - 弹簧 - 阻尼系统轴系的当量简化模型。在简化过程中的基本原则如下。

1)转动惯量参数由 EXCITE Designer 软件内部计算或外部输入。活塞、连杆、曲拐等运动部件的转动惯量集中在气缸中心线位置。飞轮具有较大的转动惯量,将其转动惯量集中在其中心线位置。连接轴的转动惯量一般平均分配在与之相邻的两个集中质量上。

2)扭转刚度参数由 EXCITE Designer 软件内部计算或外部输入。扭转刚度定义为相邻两个集中质量之间的扭转刚度。将弹性连接轴处理为具有同等刚度的连接段。

3)阻尼参数由外部输入。阻尼与质量运动有关,其中包括分配在集中质量处作为质量阻尼的发动机气缸阻尼和两个相邻转动惯量之间的阻尼,如轴段阻尼和减振器阻尼。

4)驱动力矩参数由 EXCITE Designer 软件内部计算或外部输入。发动机及其驱动部件产生的驱动力矩是周期性变化的,各缸的干扰力矩之间的相位差取决于着火顺序。

通过自由振动计算,可以得到轴系的各阶固有频率和振型。通过强迫振动计算,可以得到曲轴的扭振振幅和各轴段的应力。作用在发动机曲轴上的激励扭矩主要是气缸内的气体压力和曲柄连杆机构的惯性力所产生的切向力矩。惯性力由多体动力学模型计算得到。将发动机的气缸压力作为载荷,导入曲轴分析模型中进行扭振计算。表 4.2 是计算得到的某四缸汽油机的轴系扭振固有频率。图 4.24 是该汽油机在全负荷工况下主要扭振谐次的扭振幅值随转速的变化规律。这里没有考虑 2 谐次扭振,因为 2 谐次振动为滚振。滚振是指轴系各质量做相位相同的等幅振动,即轴系相当于一个刚体做往复摆动。它相当于零结点的振动形态。滚振发生时,曲轴不受扭转,因此没有扭振应力。滚振时的振幅值虽然可能很大,但这并不代表该谐次会发生强烈的扭转共振,不会对曲轴的安全工作造成影响。因此,在进行曲轴轴系扭转振动分析时,需剔除滚振谐次成分的影响。

表 4.2　轴系自由振动扭转频率(含减振器)

阶次	自振频率	
	ω(Hz)	N(r/min)
第 1 阶频率	245.6	14 736
第 2 阶频率	525.4	31 524

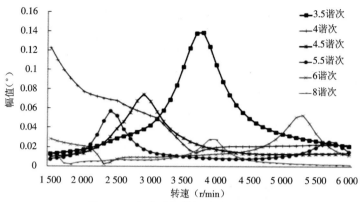

图 4.24 自由端扭转幅值的仿真结果

从图 4.24 可以看出,由于有扭转减振器的存在,当主谐次的第 4、6、8 谐次发生共振时,幅值较低,不超过 0.06°。而第 3.5 和 4.5 谐次发生一阶共振,且幅值较高。其中,第 3.5 谐次在 3 800 r/min 时发生共振的幅值达到了 0.14°;第 5.5 谐次在工作转速范围内出现两个峰值,说明发生了一阶和二阶共振。

图 4.25 为该发动机的临界转速图。其中,过原点的 24 条射线代表各谐次(ν =0.5~12)的简谐力矩,各射线与其谐次垂线的交点是共振点,对应的曲轴转速是临界转速。

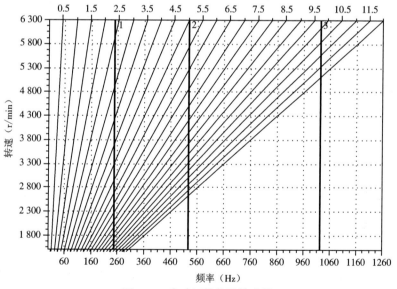

图 4.25 发动机的临界转速图

表 4.3 是利用 EXCITE Power 软件中的 Autoshaft 功能计算得到的三缸汽油机曲轴的自由振动频率。图 4.26 所示为该汽油机在全负荷工况下各谐次扭振幅值随转速变化的规律。

表 4.3　轴系自由振动扭转频率（不含减振器）

阶次	自振频率	
	ω（Hz）	N（r/min）
第 1 阶频率	362.12	21 727.2
第 2 阶频率	835.28	50 116.8

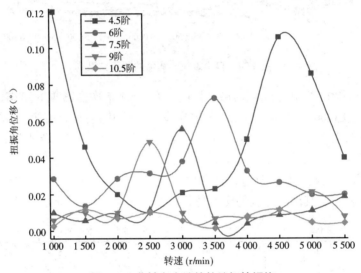

图 4.26　曲轴自由端的轮端扭转幅值

由图 4.26 可知，三缸汽油机的主要扭振谐次为第 4.5、6 阶、7.5 阶、9 阶，其对应的最大扭振幅值较大，但均不超过 0.12°。其中，第 4.5 阶谐量在 4 800 r/min 左右幅值达到 0.106°的最大值，第 6 阶谐量在 3 500 r/min 左右幅值达到 0.073°的最大值，第 7.5 阶谐量在 3 000 r/min 左右幅值达到 0.055°的最大值，第 9 阶谐量在 2 500 r/min 左右幅值达到 0.048°的最大值。这主要是由于这些谐次的激励扭矩的工作频率与曲轴的自振圆频率接近，因此发生扭转共振，使幅值出现峰值。在最大幅值出现时所对应的转速为临界转速。

4.1.6　扭转振动的测量

扭转振动测量的内容包括临界转速、共振谐次、固有频率、振型、振幅、扭振应力。扭振测量仪分为机械式和电测式。电测式又根据测试扭振引起变化所用的原理，分为电感式、电容式和电阻式。扭振测量还可以采用应变测量，即在被测的轴段上贴电阻应变片，并通过应变仪测得轴段的扭振应力。

通常的扭振测量系统大体包括以下 3 个部分。

1）传感装置。它能准确感受扭振，并将扭振信号用某种形态的参数准确传递出去。

2）记录装置。它将传递出来的扭振信号记录下来。

3）辅助信号装置。它提供时间、频率和转速等标准信号，以便读出所测得信号的频率、谐次和临界转速等数值。

4.1.6.1　扭转振动测量的基本原理

(1)盖格尔扭振仪

盖格尔扭振仪属于机械式测振仪,其优点是性能稳定、可靠、测量准确,尤其适用于测量低、中速内燃机的扭振。对于高速内燃机,可用高速盖格尔扭振仪或电子测振仪。

图 4.27 是盖格尔扭振仪的原理示意图。图中,质量很轻(铝制)且固结在中心轴上的皮带轮 1,其通过中心轴和柔度很大的卷弹簧 3 与惯性轮 2 相连接。测量时,用伸缩性很小的棉麻织布带作为传动带,将所要测量的轴段与皮带轮 1 相连。当轴系回转时,就把轴的回转和扭振都如实地传给皮带轮 1。由于皮带轮 1 的转动惯量很小,因而不仅能随轴转动,还能随之一起扭振。而惯性轮 2 则因其惯性很大,且又用卷弹簧 3 与皮带轮 1 相连,所以皮带轮 1 的扭振基本不能传递给惯性轮 2,惯性轮 2 只随轴系等速回转。于是,皮带轮 1 和惯性轮 2 之间就有相对运动产生。这种相对运动就是轴上被测点的扭振。通过装于皮带轮 1 和惯性轮 2 之间的一对直角形杠杆将扭振转化为往复运动,并推动顶杆 4 将所测的信号传出。顶杆 4 的端部连有记录笔。随着顶杆 4 不断地往复运动,记录笔在移动的记录纸上记录下通过杠杆系统放大的振动波形。

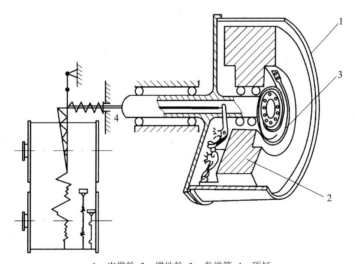

1—皮带轮;2—惯性轮;3—卷弹簧;4—顶杆

图 4.27　盖格尔扭振仪的原理图

为了能得到系统的扭振频率,扭振仪还带有两个信号记录装置。在测振时,这两个装置同时在纸带上分别画出正时信号和时间信号曲线,如图 4.28 所示。图 4.28(a)为所测得的扭振波形;图 4.28(b)是时间信号曲线,是一个有阻尼的自由振动波形,具有固定的振动频率。盖格尔扭振仪的时间信号为每分钟振动 3 000 次。若附加一个标准重块后,可改成每分钟振动 1 500 次。时间信号是每当皮带轮转过 10 圈就接通一次,激起自由振动。图 4.28(c)是正时信号曲线。每一个信号的长度 L 表示发动机曲轴转 1 圈(二冲程内燃机)或转 2 圈(四冲程内燃机)时记录纸带走过的长度。

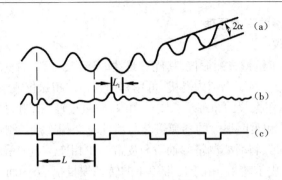

图 4.28　测量信号曲线

（a）扭振波形　（b）时间信号波形　（c）正时信号曲线

测量出纸带上 T 和 L_1 的长度，就可以按下式求出此时发动机的转速 n(r/min)：

$$n = \frac{ZL_1}{L} N_B \qquad (4.59)$$

式中　N_B——时间振子的振动频率，即 3 000 次 / 分钟或 1 500 次 / 分钟；

Z——在长度 L 内曲轴转过的转数，对于四冲程内燃机，$Z=2$，对于二冲程内燃机，$Z=1$。

将扭振波形与正时信号相比，数出曲轴每转 1 周的扭振波数，即谐次 v 值。由此可求得轴系的振动频率 N(次 / 分钟)：

$$N = v\,n$$

为了保证所算出转速值的准确性，在测量前，应对扭振仪的时间振子进行校准。还可用其他仪器（如转速仪）直接测量发动机的转速并记录在纸带上，以便与时间信号算出的转速相校核。

从纸带上量出测得波形的总高度为 $2a$，则可以通过下式算出振幅值 A(rad)：

$$A = \pm \frac{2a}{mD} \qquad (4.60)$$

式中　m——测量时记录笔所用的放大比例尺的取值，m 值一般取 3、6 和 12，通过调节杠杆系统可以得到不同的放大倍数 m；

D——所测轴段的直径。

根据计算结果，对于盖格尔扭振仪，用皮带传动能比较准确地测量的扭振频率范围为 $150 < N < 2\,000$，单位为次 / 分钟，测量误差 <20%。当频率更高时，虽能测得扭振频率，但振幅误差将超过 20%，丧失准确性。所以，用盖格尔扭振仪测量的扭振频率最大值 N_{max} 要求小于 10 000 次 / 分钟。

（ 2 ）电感式扭振仪

电感式扭振仪的原理如图 4.29 所示，其作用原理与机械式扭振仪基本相同。转轴 1 随被测轴系转动，通过摩擦块 2 和软弹簧 3 使惯性块 4 和磁钢 5 按平均角速度转动。当轴系扭振时，固定在转动轴上的电磁线圈 6 与磁钢 5 之间产生相对运动，磁场的磁力线不断被切割，产生相应的电感变化，通过集流环 7 将其变化规律由导线输出，再经过积分放大器在示波器上显示和记录，或直接由谐波分析仪分析。

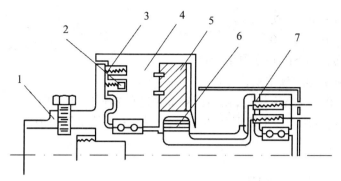

1—转轴；2—摩擦块；3—软弹簧；4—惯性块；5—磁钢；6—电磁线圈；7—集流环

图 4.29 电感式扭振仪的原理图

(3)非接触式扭振仪

非接触式扭振仪的原理框图如图 4.30 所示。测量时,在被测内燃机的自由端安装一个齿距均匀的齿轮,齿数一般为 60、120 或 240。用刚性良好的支架将磁电式传感器固定在被测内燃机的机体上,将传感器与齿轮间的间隙调整为 1 mm 左右。非接触式扭振仪基于磁电脉冲原理测量。工作时,齿轮随轴转动,磁电式传感器感应脉冲信号,通过放大、整形推动单稳电路工作。当轴匀速转动,即无扭振时,脉冲重复频率不变;当轴存在扭振时,发出的单稳脉冲信号的重复频率相应变化,经过低通滤波转换成相应的电压变化波形,再通过电容 C 隔去直流成分,积分后就得到对应于扭振角位移变化的电压波形。

若齿轮的齿数为 Z,当轴系的平均转速为 n 时,磁电式传感器输出的脉冲波重复频率为

$$f_1 = \frac{Zn}{60}$$

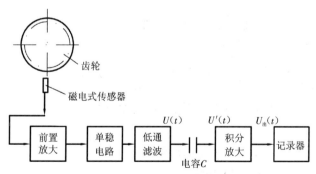

图 4.30 非接触式扭振仪的原理框图

设扭振角位移 $\varphi = A\sin(\omega t - \psi)$,则有

$$\dot{\varphi} = A\omega\cos(\omega t - \psi)$$

于是,由扭振引起的转速变化为

$$\Delta n = \frac{\dot{\varphi}}{2\pi} = \frac{A\omega}{2\pi}\cos(\omega t - \psi)$$

因此,当转轴发生扭振时,磁电式传感器上产生的脉冲重复频率为

$$f = \frac{Z(n+\Delta n)}{60} = \frac{Zn}{60} + \frac{Z\Delta n}{60} = f_1 + f_2$$

式中　f_1——平均转速下的频率恒定分量；

　　　f_2——扭振引起的频率变化分量。

脉冲波推动单稳电路工作后，输出恒幅和恒宽的矩形脉冲，如图 4.31 所示。脉冲重复频率仍为 f，再通过低通滤波把矩形脉冲波取平均值，其平均电压值为

$$U(t) = \frac{t_0}{T}E_0 \tag{4.61}$$

式中　t_0——矩形脉冲的持续时间；

　　　T——矩形脉冲周期，$T=1/f$；

　　　E_0——矩形脉冲峰值。

于是，式（4.61）可以写为

$$U(t) = ft_0E_0 = (f_1 + f_2)t_0E_0 = \frac{Znt_0E_0}{60} + \frac{Z\Delta nt_0E_0}{60}$$

$$= \frac{Znt_0E_0}{60} + \frac{Zt_0E_0}{60}\left[\frac{A\omega}{2\pi}\cos(\omega t - \psi)\right] \tag{4.62}$$

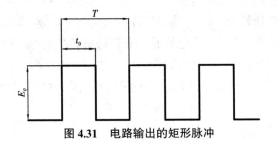

图 4.31　电路输出的矩形脉冲

从式（4.62）中可以看出，电压值同样存在两个分量，一个是平均转速下的直流分量，另一个是由于转轴扭振引起的交变分量。经过电容 C 滤去直流分量后，得到的电信号为

$$U'(t) = \frac{Zt_0E_0}{60}\left[\frac{A\omega}{2\pi}\cos(\omega t - \psi)\right] = U_0'\left[\frac{A\omega}{2\pi}\cos(\omega t - \psi)\right] \tag{4.63}$$

通过积分放大，把信号 $U'(t)$ 积分并放大后，其输出电压为

$$U_{\text{out}} = U_0\sin(\omega t - \psi) \tag{4.64}$$

可以看出，输出电压正好反映了扭振情况。实际上的扭振波形通常是由若干简谐波叠加的复谐波。同样，输出电压也是复谐波。

应指出，设计时必须使 $t_0 < T$。否则，单稳电路不能正常工作，无法正确反映出扭振波形的成分。

非接触式扭振仪的标定可在动态扭振校验台上进行。校验台通过接在轴端法兰上的齿轮向仪器输出一个已知的正弦扭转角度，在仪器输出端测量出相应的电压值，由此得出扭转角与输出电压之间的关系曲线。

图 4.32 为采用非接触法测量的某四缸汽油机在全负荷工况下曲轴前端的扭振曲线。

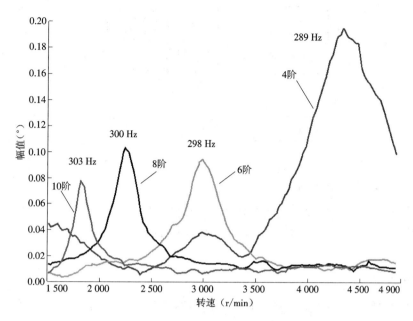

图 4.32　实验测得的曲轴前端的扭振曲线

4.1.6.2　测量过程和测点选择

扭振测量的目的是测得各临界转速值和振幅值,算出固有频率。在实测前,如果已经进行了扭振计算,可在算出的临界转速附近,采用比较密的转速步长,逐步改变发动机转速,每稳定一个转速,就测量一次,将记录的各转速下的波形加以分析比较。振幅最大的那个转速就是轴系的一个临界转速。如果事先没有进行扭振计算,可先粗测一遍,使发动机逐步升速,记录扭振波形的变化,找出其中振幅比较大的转速;然后在这些转速附近,再用上述方法细测,以确定临界转速。

轴系扭振时,各处的振幅不同,且结点处的振幅为零。因此,测点选择是否恰当,直接影响测量效果。要使测量结果准确清晰,应选择轴系中振幅最大的位置作为测点,即以自由振动计算中振型的相对振幅最大的位置作为测点。同时,还要考虑内燃机轴系结构的特点,即在这些振幅较大的轴段上是否具有安置测振仪的位置。例如,发动机的封闭部分就不宜作为测点。总之,在布置测点时,要根据被测轴系的自由振动振型、结构特点并参考同类装置测量的经验来确定。

对于图 4.33 所示的内燃机发电装置或装在实验台上连接测功器的装置来讲,一般取发动机的自由端和发电机或测功器的末端作为测点。以这两个位置作为测点,结构上一般是可行的,从单、双结振型图看,这两个位置的振幅也比较大。

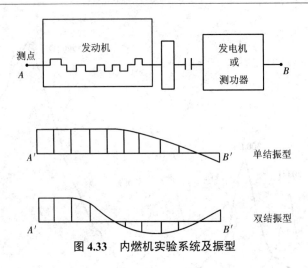

图 4.33　内燃机实验系统及振型

4.1.7　减振措施

在新型内燃机的设计过程中,应注意合理选择设计方案和设计参数,不使内燃机在工作转速范围内发生强烈共振。这种选择包括:选择适当的着火次序(多缸四冲程内燃机有多种着火次序方案);通过减小 $\sum A_i$ 值,减小干扰力矩输入轴系的能量,调整多质量扭振系统中的各质量的转动惯量和各轴段的刚度或通过改变系统的自振频率避开共振;采用内摩擦较大的材料(如球墨铸铁)制造曲轴等。在考虑了上述各点后,如果还不能解决振动问题,最常用的方法就是安装减振器。

4.1.7.1　减振器的分类

图 4.34 所示是目前采用最为广泛的几种减振器。它们都是安装在振幅最大的曲轴自由端上。图 4.34(a)所示为共振式减振器,只适于在转速固定不变的内燃机上使用。图 4.34(b)所示是有阻尼弹性减振器,主要用在汽车发动机上。有阻尼弹性减振器的原理:曲轴前端固定有用钢板冲成的钢盘;钢盘上借橡胶层装有惯量盘;当有扭转振动时,惯量盘与钢盘之间具有相对运动,并反复揉搓橡胶层。因为橡胶是既有弹性又有较大内摩擦的材料,在橡胶反复剪切变形的过程中会吸收阻尼功,把振动能量消耗掉。

图 4.34(c)所示是液阻式减振器。液阻式减振器的原理如下:在曲轴的自由端固定一个中空圆壳,在壳内装有一个环形惯量盘(环状飞轮),环形惯量盘的内孔与座上的减摩衬套处具有滑动配合,环形惯量盘可以绕轴线自由转动;环形惯量盘与外壳壁之间留有间隙,在此间隙中充满具有一定黏度的硅油,所以这种减振器又称为硅油减振器,采用硅油的原因是它的黏度随温度的变化较小;当曲轴扭振时,外壳随曲轴自由端一起振动;由于圆盘具有惯性,不能随着一起振动,因此在环形惯量盘与外壳之间就有了相对运动,并通过油液的阻尼作用而做阻尼功,把曲轴的振动能量通过阻尼变成热量耗散掉,这就能减小振动的振幅。图 4.34(d)所示是复合式减振器,它是有阻尼弹性减振器和液阻式减振器两种减振器的复合。

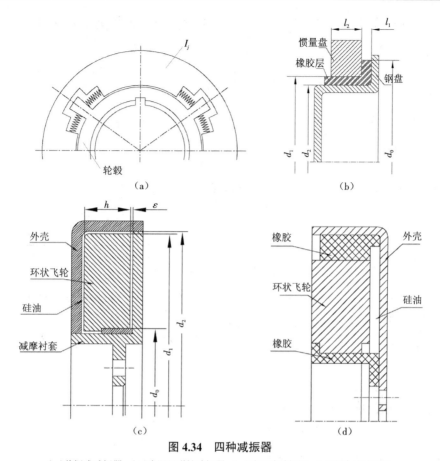

图 4.34　四种减振器

（a）共振式减振器　（b）有阻尼弹性减振器　（c）液阻式减振器　（d）复合式减振器

4.1.7.2　有阻尼弹性减振器的工作原理

图 4.35 为有阻尼弹性减振器的原理图。其中,把发动机系统简化为一个单扭摆,假设该扭摆的转动惯量是 I_g,柔度是 e_g,其上作用着干扰力矩 $Me^{i\omega t}$。如果在这个扭摆上再增加一个质量,设它的转动惯量为 I_d,联结轴的柔度为 e_d,阻尼为 C_d。那么,这个新的双扭摆系统可以近似代表实际的减振器 - 曲轴系统。显然,I_d、e_d、C_d 分别代表减振器的惯量、柔度和阻尼。该系统的运动微分方程式为

$$\begin{cases} I_d\ddot{\varphi}_d + \dfrac{1}{e_d}\left(\varphi_d - \varphi_g\right) + C_d\left(\dot{\varphi}_d - \dot{\varphi}_g\right) = 0 \\ I_g\ddot{\varphi}_g + \dfrac{1}{e_g}\varphi_g + \dfrac{1}{e_d}\left(\varphi_g - \varphi_d\right) + C_d\left(\dot{\varphi}_g - \dot{\varphi}_d\right) = Me^{i\omega t} \end{cases} \qquad (4.65)$$

图 4.35　有阻尼弹性减振器的原理图

设式（4.65）的解为 $\varphi_\mathrm{d} = \theta_\mathrm{d}\mathrm{e}^{\mathrm{i}\omega t}$，$\varphi_\mathrm{g} = \theta_\mathrm{g}\mathrm{e}^{\mathrm{i}\omega t}$。将 φ_d、$\dot{\varphi}_\mathrm{d}$、$\ddot{\varphi}_\mathrm{d}$ 和 φ_g、$\dot{\varphi}_\mathrm{g}$、$\ddot{\varphi}_\mathrm{g}$ 代入式（4.65）后得到：

$$\left(\frac{1}{e_\mathrm{d}} - I_\mathrm{d}\omega^2 + \mathrm{i}C_\mathrm{d}\omega\right)\theta_\mathrm{d} - \left(\frac{1}{e_\mathrm{d}} + \mathrm{i}C_\mathrm{d}\omega\right)\theta_\mathrm{g} = 0$$

和

$$-\left(\frac{1}{e_\mathrm{d}} + \mathrm{i}C_\mathrm{d}\omega\right)\theta_\mathrm{d} - \left(\frac{1}{e_\mathrm{d}} + \frac{1}{e_\mathrm{g}} - I_\mathrm{g}\omega^2 + \mathrm{i}C_\mathrm{d}\omega\right)\theta_\mathrm{g} = M$$

进一步求解可以得到扭振的振幅放大系数为

$$\frac{A_\mathrm{g}}{A_\mathrm{g0}} = \frac{A_\mathrm{g}}{Me_\mathrm{g}}$$

$$= \sqrt{\frac{\left[\left(\frac{\omega_\mathrm{d}}{p}\right)^2 - \left(\frac{\omega}{p}\right)^2\right]^2 + 4\left(\frac{\omega}{p}\right)^2\gamma^2}{\left\{\left[\left(\frac{\omega_\mathrm{d}}{p}\right)^2 - \left(\frac{\omega}{p}\right)^2\right]\left[1 - \left(\frac{\omega}{p}\right)^2\right] - \mu\left(\frac{\omega}{p}\right)^2\left(\frac{\omega_\mathrm{d}}{p}\right)^2\right\}^2 + 4\left(\frac{\omega}{p}\right)^2\gamma^2\left[1 - \left(\frac{\omega}{p}\right)^2 - \mu\left(\frac{\omega}{p}\right)^2\right]^2}}$$

（4.66）

式中　A_g——发动机质量的振幅；

A_g0——扭摆的静振幅（rad）；

ω——干扰力矩的圆频率（rad/s）；

$p = \sqrt{\dfrac{1}{I_\mathrm{g}e_\mathrm{g}}}$ ——曲轴系统的圆频率（rad/s）；

ω/p——强迫振动的频率比；

$\omega_\mathrm{d} = \sqrt{\dfrac{1}{I_\mathrm{d}e_\mathrm{d}}}$ ——减振器的圆频率（rad/s）；

$\lambda = \omega_\mathrm{d}/p$——定调比；

$\mu = I_\mathrm{d}/I_\mathrm{g}$——惯量比或质量比；

$\gamma = \dfrac{C_\mathrm{d}}{2I_\mathrm{d}p}$——阻尼系数比。

由式（4.66）可以看出，在装设发动机曲轴减振器后，其振幅放大系数随频率比 ω/p 的变化规律与定调比、惯量比和阻尼系数比有关。为了使减振器具有良好的减振效果，必须恰当选择这 3 个参数。图 4.36 是根据式（4.66）所绘制的减振器 - 发动机系统的振幅放大系数曲线。该曲线反映假定定调比和惯量比为一定值时，曲轴扭振放大系数的变化情况。

通过分析图 4.36，可以得出以下 4 点结论。

1）阻尼系数比 γ 对发动机曲轴的扭振振幅有很大影响。

当 $\gamma=0$ 时，减振器变为无阻尼弹性减振器。此时，系统有两个自振频率 p_1 和 p_2。由于不考虑发动机本身的阻尼，因此在共振时（$\omega=p_1$ 或 $\omega=p_2$），振幅趋于 ∞。

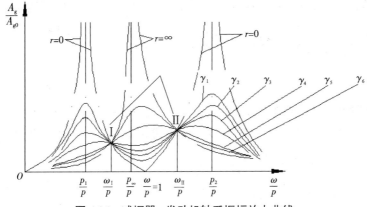

图 4.36　减振器 - 发动机轴系振幅放大曲线

当 $\gamma= \infty$ 时,相当于减振器的惯性体和曲轴形成整体,系统变成一个单扭摆,其自振频率为

$$p_{\infty}=\sqrt{\frac{1}{(I_d+I_g)e_g}}$$

显然, $p_1 < p_{\infty} < p < p_2$。同样,如果不考虑发动机本身的阻尼,在共振时($\omega=p_{\infty}$),振幅也趋于 ∞。

当 γ 在 0 和 ∞ 之间取各种不同值时,振幅曲线具有不同的形态。当 γ 由小变大时,曲线由双峰变为单峰,直到和 $\gamma= \infty$ 时的曲线相重合。

2)任何阻尼的振幅曲线均通过 I 和 II 两点,其坐标分别为 $\{\omega_I/p, [A_g]_I/A_{g0}\}$ 和 $\{\omega_{II}/p, [A_g]_{II}/A_{g0}\}$。I 和 II 的位置与阻尼无关,但与定调比和惯量比有关。因此,调整减振器的参数 I_d 和 e_d,改变定调比和惯量比,可以获得满足设计要求的 A_g 值。

3)当改变系统的阻尼,使振幅曲线从双峰形态过渡到单峰形态时,必有一个转折点,即有一个以 I 和 II 为最高点的振幅曲线。该曲线所对应的 γ_p 为减振器的最佳阻尼比,它使轴系在整个工作转速范围内的最大振幅不超过 $[A_g]_I$ 和 $[A_g]_{II}$。从能量的观点可以解释为什么具有最佳阻尼比的减振器能够获得最好的减振效果。众所周知,轴系在共振时的振幅是被阻尼限制的。阻尼使输入轴系的振动能量变为热能而耗散掉。因此,阻尼消耗的能量越多,共振时的振幅就越小。在有阻尼弹性减振器中,阻尼消耗的能量等于惯性体相对于壳体转动的角位移与阻尼力矩的乘积。当 $\gamma=0$ 时,阻尼力矩为零,不会消耗振动能量,因此共振振幅变为 ∞。当 $\gamma= \infty$ 时,惯性体与壳体间无相对角位移,阻尼力矩所做的功为零,也不会消耗振动能量,共振振幅亦为 ∞。只有当阻尼系数比 γ 在 0 和 ∞ 之间取一最佳值时,可以使阻尼和相对角位移的乘积为最大值,而阻尼消耗的能量达到最大,因而共振振幅最小。

4)随着 γ 值的不同,最大振幅值的位置是不同的。当 γ 很小时,最大振幅值位于 p_1/p 和 p_2/p 附近。当 γ 很大时,最大振幅位于 p_{∞}/p 附近。而当 γ 为最佳值时,最大振幅出现在 ω_I/p 和 ω_{II}/p 处。

以上 4 点结论,对于如何设计减振器是很重要的,它指出了设计的方向。设计一个减振器,总是希望 I 和 II 点所对应的 $[A_g]_I$ 和 $[A_g]_{II}$ 比较小,在允许的范围内。那么,$[A_g]_I$ 和 $[A_g]_{II}$ 与哪些参数有关系呢?同时,要求振幅取的最高点不超过 I 和 II 两点,那么最佳阻尼系数比

γ_p 又与哪些参数有关且如何计算呢? 下面推导这些公式。I 点和 II 点的横坐标求解方程式为

$$\begin{cases} \omega_{\mathrm{I}} + \omega_{\mathrm{II}} = \dfrac{2}{2+\mu}\left[\omega_{\mathrm{d}}^2(1+\mu)+p^2\right] \\ \omega_{\mathrm{I}}\omega_{\mathrm{II}} = \dfrac{2}{2+\mu}\omega_{\mathrm{d}}^2 p^2 \end{cases} \qquad (4.67)$$

如果给定惯量比 μ 和定调比 ω_{d}/p,由式(4.67)就可以求出 I 和 II 的横坐标,即最佳阻尼条件下系统的共振频率。并且,可按下式求出 I 和 II 的纵坐标,即 $[A_{\mathrm{g}}]_{\mathrm{I}}$ 和 $[A_{\mathrm{g}}]_{\mathrm{II}}$ 值分别为

$$\begin{cases} \left[A_{\mathrm{g}}\right]_{\mathrm{I}} = \dfrac{M}{\dfrac{1}{e_{\mathrm{g}}}-(I_{\mathrm{d}}+I_{\mathrm{g}})\omega_{\mathrm{I}}^2} \\ \left[A_{\mathrm{g}}\right]_{\mathrm{II}} = \dfrac{M}{\dfrac{1}{e_{\mathrm{g}}}-(I_{\mathrm{d}}+I_{\mathrm{g}})\omega_{\mathrm{II}}^2} \end{cases} \qquad (4.68)$$

由式(4.68)亦可知,如果减振器的参数 I_{d} 和 e_{d} 确定后,就可以求出系统的最大振幅 $[A_{\mathrm{g}}]_{\mathrm{I}}$ 和 $[A_{\mathrm{g}}]_{\mathrm{II}}$。

关于最佳阻尼系数比 γ_p 的求解,本来只需将式(4.66)对 ω/p 进行偏微分并令其等于零,再代入 ω_{I} 和 ω_{II},即可求出 γ 的最佳值。但是,这样做比较困难。一般采取近似计算法,即将式(4.66)中的 A_{g} 用 $[A_{\mathrm{g}}]_{\mathrm{I}}$ 或 $[A_{\mathrm{g}}]_{\mathrm{II}}$ 代替,而 ω 用靠近 ω_{I} 或 ω_{II} 的值代替,即将 $\omega^2 = 0.99\ \omega_{\mathrm{I}}^2$ 或 $\omega^2 = 1.01\ \omega_{\mathrm{I}}^2$(或 $\omega^2 = 0.99\ \omega_{\mathrm{II}}^2$,$\omega^2 = 1.01\ \omega_{\mathrm{II}}^2$)代入,即可求出最佳阻尼系数比 γ_p 的近似值。

综上所述,如果减振器惯性体的惯量 I_{d} 和减振器柔度 e_{d} 确定后,那么定调比 ω_{d}/p 也就确定了。这时,ω_{I}、ω_{II}、$[A_{\mathrm{g}}]_{\mathrm{I}}$、$[A_{\mathrm{g}}]_{\mathrm{II}}$ 均为惯量比 μ 的函数(见图4.37)。同时可以证明:

当 $\dfrac{\omega_{\mathrm{d}}}{p} = \dfrac{1}{1+\mu}$ 时,$[A_{\mathrm{g}}]_{\mathrm{I}} = [A_{\mathrm{g}}]_{\mathrm{II}}$;

当 $\dfrac{\omega_{\mathrm{d}}}{p} > \dfrac{1}{1+\mu}$ 时,$[A_{\mathrm{g}}]_{\mathrm{I}} > [A_{\mathrm{g}}]_{\mathrm{II}}$;

当 $\dfrac{\omega_{\mathrm{d}}}{p} < \dfrac{1}{1+\mu}$ 时,$[A_{\mathrm{g}}]_{\mathrm{I}} < [A_{\mathrm{g}}]_{\mathrm{II}}$。

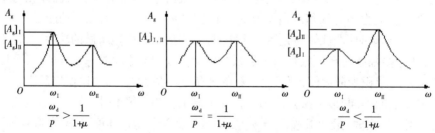

图4.37　不同定调比时的振幅曲线

由于总是希望在发动机工作转速范围内轴系的振幅变化比较小,即振幅曲线比较平坦,不出现过大的峰值,因而定调比 $\dfrac{\omega_{\mathrm{d}}}{p} = \dfrac{1}{1+\mu}$ 的这种情况是比较理想的,称它为最佳定调比。

按照最佳定调比设计减振器,叫作按照最佳设计条件来设计。下面导出最佳设计条件下的减振器特性参数。将 $\dfrac{\omega_{d}}{p}=\dfrac{1}{1+\mu}$ 代入式(4.67),可得:

$$\begin{cases} \left(\dfrac{\omega_{\mathrm{I}}}{p}\right)^{2}=\dfrac{1}{1+\mu}\left(1-\sqrt{\dfrac{\mu}{2+\mu}}\right) \\[3mm] \left(\dfrac{\omega_{\mathrm{II}}}{p}\right)^{2}=\dfrac{1}{1+\mu}\left(1+\sqrt{\dfrac{\mu}{1+\mu}}\right) \end{cases} \tag{4.69}$$

再将式(4.69)代入式(4.68),可得:

$$\left[\frac{A_{\mathrm{g}}}{A_{\mathrm{g0}}}\right]_{\mathrm{I,II}}=\sqrt{\frac{2+\mu}{\mu}} \tag{4.70}$$

把 $\dfrac{\omega_{d}}{p}=\dfrac{1}{1+\mu}$ 代入式(4.66),并对 ω/p 求导数,再令导数为零,同时将式(4.69)代入,可求出最佳阻尼系数比 γ_{p}:

$$\begin{cases} [\gamma_{\mathrm{p}}^{2}]_{\mathrm{I}}=\dfrac{\mu}{8(1+\mu)^{3}}\left(3-\sqrt{\dfrac{\mu}{2+\mu}}\right) \\[3mm] [\gamma_{\mathrm{p}}^{2}]_{\mathrm{II}}=\dfrac{\mu}{8(1+\mu)^{3}}\left(3+\sqrt{\dfrac{\mu}{2+\mu}}\right) \end{cases}$$

取其平均值:

$$\gamma_{\mathrm{p}}^{2}=\frac{3\mu}{8(1+\mu)^{3}} \tag{4.71}$$

根据式(4.69)、式(4.70)和式(4.71),可以绘出在最佳设计条件下有阻尼弹性减振器的特性曲线,如图 4.38 所示。

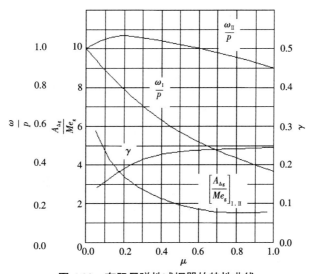

图 4.38　有阻尼弹性减振器的特性曲线

4.1.7.3　阻尼减振器的工作原理

阻尼减振器是有阻尼弹性减振器当 $e_d = \infty$ 时的一个特例,如图 4.39 所示。目前广泛应用的硅油减振器就是阻尼减振器。

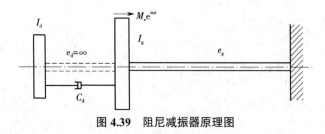

图 4.39　阻尼减振器原理图

由于 $e_d = \infty$,因而阻尼减振器的自振频率 $\omega_d = 0$,定调比 $\dfrac{\omega_d}{p} = 0$。换言之,这种减振器不存在定调比问题。将 $e_d = \infty$ 代入式(4.66),可以得到阻尼减振器的发动机的曲轴振幅放大系数计算公式如下:

$$\frac{A_g}{Me_g} = \sqrt{\frac{\left(\dfrac{\omega}{p}\right)^2 + (2\gamma)^2}{\left[1 - \left(\dfrac{\omega}{p}\right)^2\right]^2 \left(\dfrac{\omega}{p}\right)^2 + (2\gamma)^2 \left[1 - (1+\mu)\left(\dfrac{\omega}{p}\right)^2\right]^2}} \qquad (4.72)$$

为了说明阻尼减振器的减振特性,将式(4.72)用图 4.40 所示曲线表示,并讨论两种特殊情况。

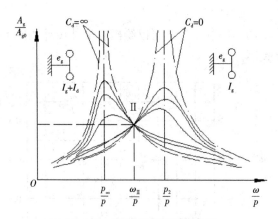

图 4.40　阻尼减振器振幅曲线

1)当 $C_d = 0$ 时,相当于减振器中的液体介质(如硅油)全部漏掉,这时发动机和减振器惯性体之间无任何机械联系,减振器不起作用,系统变成图 4.40 右上角的单扭摆。其自振频率为

$$p_2^2 = \frac{1}{I_g e_g}$$

根据式（4.72），可以导出发动机曲轴扭振的振幅放大系数计算公式为

$$\frac{A_g}{Me_g} = \frac{1}{1-\left(\dfrac{\omega}{p_2}\right)^2} \quad \text{或} \quad A_g = \frac{M}{\dfrac{1}{e_g}-I_g\omega^2}$$

显然，当 $\omega = p_2$ 时，$A_g = \infty$（见图 4.40）。

2）当 $C_d = \infty$ 时，即减振器本身的阻尼很大，惯性体与壳体（即发动机）刚性地结合在一起，它们之间没有相对运动，系统变成了图 4.40 左上角的单扭摆。该扭摆的转动惯量是 $I_d + I_g$，其自振频率为：

$$p_\infty^2 = \frac{1}{\left(I_d + I_g\right)e_g}$$

同样根据式（4.72），可以导出发动机曲轴扭振的振幅放大系数计算公式为

$$\frac{A_g}{Me_g} = \frac{1}{1-(1+\mu)\left(\dfrac{\omega}{p_\infty}\right)^2} \quad \text{或} \quad A_g = \frac{M}{\dfrac{1}{e_g}-(I_d+I_g)\omega^2}$$

显然，当 $\omega = p_\infty$ 时，并当阻尼为无穷大时，由于上式中的 $\mu = I_d/I_g$，I_d 与 I_g 合为一体，使 $\mu = 0$。所以，上式的分母变为 0，使 $A_g = \infty$（见图 4.40）。

由图 4.40 可以看出，在以上 2 种极端情况下，发动机振幅曲线相交于 Ⅱ 点，位于 p_∞ 的右方。实际上，其他任何阻尼值所对应的振幅曲线也都通过 Ⅱ 点，所以 Ⅱ 点的位置与阻尼无关。最佳阻尼系数 γ_p 对应的振幅曲线以 Ⅱ 点为最高点，使发动机的扭振振幅永远控制在 Ⅱ 点的纵坐标以下，达到预期的减振目的。下面推导阻尼减振器的特性参数，即 Ⅱ 点的坐标值和最佳阻尼值。将 $\omega_d = 0$ 代入式（4.67）可得：

$$\omega_{\text{Ⅱ}}^2 = \frac{2}{2+\mu}p^2 \quad \text{或} \quad \left(\frac{\omega_{\text{Ⅱ}}}{p}\right)^2 = \frac{2}{2+\mu} \tag{4.73}$$

将式（4.73）代入式（4.72），并令 $\gamma = 0$，可得：

$$\left[\frac{A_g}{Me_g}\right]_{\text{Ⅱ}} = 1 + \frac{2}{\mu} \tag{4.74}$$

利用同样的方法，将式（4.72）对 ω/p 求偏导数，并令其为零，再将式（4.73）代入，可求出阻尼减振器的最佳阻尼系数比 γ_p 如下：

$$[\gamma_p^2]_{\text{Ⅱ}} = \frac{1}{2(1+\mu)(2+\mu)} \tag{4.75}$$

根据式（4.73）、式（4.74）和式（4.75），可绘出阻尼减振器的特性曲线，如图 4.41 所示。

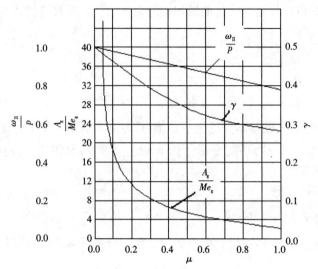

图 4.41　阻尼减振器的特性曲线

4.1.7.4　减振器的设计计算

内燃机轴系一般都是多质量系统。在其上装设一个减振器（即增加一个质量），能够使其扭振特性发生变化，达到预期要求。但是，选取减振器的主要参数（I_d、e_d、C_d）的数值却是很难的。因此，在减振器的工作原理分析中，首先将内燃机轴系简化为一个单扭摆，然后在单扭摆上加设一个减振器，使其变成较为简单的双扭摆系统，并研究该系统的扭振特性，定出减振器的主要参数。很明显，这样确定的减振器参数带有很大的近似性。因此，在减振器设计计算完成后，必须把初步确定的减振器装设到发动机系统上，并进行多质量系统的扭振计算，检验是否满足设计要求。如果满足要求，设计到此结束。如果不满足要求，则应调整有关参数，重新计算，直到满足要求为止。当然，一个减振器是否具有良好的减振性能，主要还要依靠实验，在实验中不断调整其参数，达到满意的效果。

把内燃机轴系简化为单扭摆系统（或称发动机的当量系统），其条件是简化前后的系统的自振频率相等，而且动能和位能相等。根据以上条件，可以求出发动机系统的当量转动惯量 I_g、当量柔度 e_g 和当量干扰力矩 M_g。

（1）发动机当量系统的确定

1）当量转动惯量 I_g。对于有 n 个气缸的内燃机系统，各质量的转动惯量设为 I_1、I_2、$\cdots$、I_i、$\cdots$、I_n；各轴段的柔度设为 e_{12}、e_{23}、$\cdots$、$e_{i-1,i}$、$\cdots$、$e_{n-1,n}$、$e_{n,n+1}$。如果该系统的自振频率为 p，其振型如图 4.42 所示。假定 I_g 代表该发动机的当量转动惯量，那么根据简化前后的频率相等和动能相等的原则，可列出下列关系：

$$\frac{1}{2}\left(p\alpha_g\right)^2 I_g = \sum_{i=1}^{n}\frac{1}{2}\left(p\alpha_i\right)^2 I_i$$

$$I_g = \sum_{i=1}^{n} I_i\alpha_i^2 \big/ \alpha_g^2$$

式中　　α_g——当量惯量 I_g 的相对振幅；

　　　　I_i——发动机任一气缸的惯量；

α_i——发动机任一气缸的相对振幅；

n——发动机的气缸数。

由于 α_g 对系统的自振频率无影响，故令 $\alpha_g =1$，则当量转动惯量的计算公式为

$$I_g = \sum_{i=1}^{n} I_i \alpha_i^2 \qquad (4.76)$$

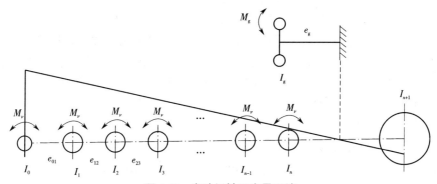

图 4.42　发动机轴系当量系统

2）当量柔度 e_g。根据原系统的自由振动计算结果，发动机的自振频率 p 是已知的，则当量柔度为

$$e_g = \frac{1}{p^2 I_g} \qquad (4.77)$$

3）当量干扰力矩 M_g。把作用于多缸发动机上的某一谐次的干扰力矩，利用能量相等的原则，转化到单扭摆上，称为当量干扰力矩。多缸发动机干扰力矩所做的功是

$$W_G = \pi(M_v)_1 A_1 \sin \xi_1 + \pi(M_v)_2 A_2 \sin \xi_2 + \cdots + \pi(M_v)_n A_n \sin \xi_n$$

$$= \pi M_v \sum_{i=1}^{n} A_i \sin \xi_i$$

假设 A_g 为当量转动惯量的振幅，M_g 为作用在当量转动惯量上的当量干扰力矩，根据能量相等的原则，得到：

$$\pi M_g A_g \sin \xi_g = \pi M_v \sum_{i=1}^{n} A_i \sin \xi_i$$

则有

$$M_g = \frac{M_v \sum_{i=1}^{n} A_i \sin \xi_i}{A_g \sin \xi_g} = \frac{M_v \sum_{i=1}^{n} \frac{A_i}{A_g} \sin \xi_i}{\sin \xi_g} = M_v \sum_{i=1}^{n} \vec{\alpha}_i \qquad (4.78)$$

式中　　M_v——ν 次干扰力矩振幅；

$\sum_{i=1}^{n} \vec{\alpha}_i$——$\nu$ 次干扰力矩相对振幅矢量和。

将发动机系统转化为当量系统后（即求出 I_g、e_g 和 M_g 后），就可以进行减振器的设计计算。减振器计算的主要任务是确定减振器的主要参数：惯性体惯量 I_d，减振器柔度 e_d，减振器阻尼系数比 γ_p。在上述参数中，最重要的是惯性体惯量 I_d 或惯量比 μ，因为在一定的定调

比下,其他所有各参数均为惯量比 μ 的函数。通过减振器的工作原理分析可知, μ 值的大小(即 I_d 的大小),对 $[A_g]_I$ 和 $[A_g]_{II}$ 具有相当大的影响。 μ 值越大, p_∞ 和 p 拉得越开,因而 $[A_g]_{II}$ 就越小。由此可知,惯性体惯量 I_d 越大,减振效果就越好。但是,从图 4.38 又可以看出,当 $\mu > 0.5$ 时, $A_g/(Me_g)$ 的变化比较平坦,说明继续增大 I_d 时,减振效果变化不大。另外, I_d 的增大,意味着减振器尺寸的增大,对于发动机的总体布置将带来不利影响。综上所述,惯性体惯量 I_d 的大小,取决于对减振效果的要求和对减振器尺寸的限制。

在设计减振器时,首先要确定所选用的减振器的类型。对于车辆发动机,由于转速经常变化,故多选用有阻尼弹性减振器或阻尼减振器(如硅油减振器)。比较式(4.70)和式(4.74)可知,在相同的 μ 值下,即在减振器尺寸相同的情况下,有阻尼弹性减振器的减振效果比硅油减振器要好。反之,在相同的减振效果下,前者的尺寸和质量比后者的要小很多。但是,阻尼减振器(如硅油减振器)由于具有结构简单、使用维修方便等优点,在不少发动机上仍然得到广泛的应用。

(2)有阻尼弹性减振器的设计

有阻尼弹性减振器的结构形式很多,如硅油橡胶减振器、硅油弹簧减振器等。下面简述它们共同的设计方法。

1)确定减振器的定调比 ω_d/p。定调比的选取范围一般是

$$\frac{1}{1+\mu} \leqslant \frac{\omega_d}{p} \leqslant 1$$

上式表明,定调比需要在共振定调比与最佳定调比之间选取。如果发动机的主临界转速处于工作转速范围的中间部分,则宜取最佳定调比。由于 $[A_g]_I = [A_g]_{II}$,因此在工作转速范围内可以获得比较均匀的扭振振幅,见图 4.43(a)。如果主简谐临界转速靠近最低工作转速,则可取定调比为 1,使较大的扭振振幅 $[A_g]_I$ 可以移出工作转速范围,而在转速范围内留下较小的扭振振幅 $[A_g]_{II}$,见图 4.43(b)。反之,如果主简谐临界转速靠近发动机的最高转速,可取定调比小于最佳定调比,使较大的扭振振幅 $[A_g]_{II}$ 移出工作转速范围,留下较小的扭振振幅 $[A_g]_I$,见图 4.43(c)。

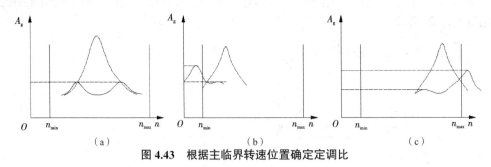

图 4.43　根据主临界转速位置确定定调比

2)如果按最佳条件设计减振器,可由允许的振幅放大系数 $[A_g]/(Me_g)$,根据图 4.38 或式(4.70)求出惯量比 μ,并将其代入下式求出最佳定调比 λ:

$$\lambda = \frac{\omega_d}{p} = \frac{1}{1+\mu} \tag{4.79}$$

由图 4.38 或式(4.69)、式(4.71)求出共振频率 ω_I、 ω_{II} 和最佳阻尼系数比 γ_p。由 $I_d = \mu I_g$

求出惯性体惯量 I_d。由 $e_d = \dfrac{1}{\omega_d^2 I_d} = \dfrac{1}{\lambda^2 p^2 I_d}$ 求出减振器总的动态柔度 e_d。由 $C_d = 2I_d p\gamma_p$ 求出减振器总的阻尼系数 C_d。根据所求出的 I_d 和对减振器尺寸的限制,定出惯性体的结构尺寸。

3)根据减振器的具体结构形式,确定其弹性元件的有关参数和硅油黏度。对于硅油橡胶减振器,根据求得的减振器总的动态柔度 e_d,算出橡胶的动态和静态剪切弹性模数。根据总的阻尼系数 C_d 与橡胶内阻尼的差值确定所需硅油的黏度。对于硅油弹簧减振器,根据 e_d 和弹簧组的具体结构形状确定弹簧的有关参数。根据 C_d 确定所需硅油的黏度。金属弹簧中的阻尼可以忽略不计。

4)将所设计的减振器加在发动机轴系上,进行多质量系统的扭振计算,检查其扭振特性的变化情况。如果满足设计要求,设计到此结束。如果不满足设计要求,应调整有关参数,重新进行设计。

4.2 内燃机结构振动

内燃机整机系统结构紧凑,具有较高的结构刚度,可以近似地视为一个线性系统。系统的振动响应大小主要由激励力和零部件结构(传递函数)所决定。内燃机工作过程中存在各种形式的激励力,这些激励力作用在内燃机零部件上,产生零部件的结构振动,并以振动能量的形式传递到内燃机表面,从而产生辐射噪声。因此,对内燃机振动与噪声的控制,可以从两个方面入手:① 降低内燃机的各个激励力,如降低活塞侧激励、主轴承激励、进排气门落座力、正时系统激励等;② 提高内燃机零部件的结构刚度或改变传递路径的传递特性,如提高对内燃机表面噪声辐射起主导作用的薄壁件(缸盖罩、油底壳、正时罩等)的刚度,通过增加加强筋、加固螺栓连接以及在薄壁件与内燃机本体之间采用隔振材料等措施改变传递特性,或隔断能量传递路径。

在内燃机开发过程中,减小激励力往往受到内燃机其他性能要求的限制。通常将内燃机零部件的结构优化作为主要的设计方向。因此,在内燃机开发过程中进行零部件结构振动分析是十分重要的。

结构振动指具有弹性的内燃机结构部件(如活塞、连杆、曲轴、机体、缸盖等)在燃烧气体力和惯性力作用下激起的多种形式的弹性振动。结构振动是传递内燃机燃烧噪声和活塞敲击噪声的根源。另外,还有一些薄壁件(油底壳、正时罩、气门室罩等)和进排气管道等各类管道零部件,在工作中必然会受到结构振动的激励。当激励频率与这些部件的固有频率一致时,会产生局部共振。局部振动的主要危害是增大内燃机的辐射噪声。在结构振动分析中,主要是通过有限元方法分析零部件的固有频率和振动形态,分析激励力产生的振动。表 4.4 显示了内燃机结构振动分析中的主要零部件及其分析内容。

表 4.4　内燃机结构振动分析

方法		发动机附件支架	缸盖	机体	薄壁壳件	整机振动分析
名称	目的					
模态分析	确定固有频率与振型,判断刚度特性	√	√	√	√	√
标准激励振动分析	进行标准激励下的强迫响应分析,考核零部件的表面振动速度等,特别是对薄壁件具有重要意义	—	√	√	√	—
振动分析	将机体、缸盖、油底壳等零部件放入动力总成中,考虑各种激励,进行振动分析,属于最为完整的振动分析	—	—	—	—	√

　　零部件结构振动分析关注的结果是模态频率、表面振动速度和声功率的贡献量。在进行内燃机结构振动分析时,一般采用有限元与动力学耦合的方法。计算步骤包括:① 建立内燃机整机或零部件的模型;② 进行模态分析,初步判断动力系统的各零部件的刚度特性,确定零部件优化方向;③ 分析在内燃机各种激励力作用下的整机振动响应,并且通过振动分析结果,确定内燃机零部件的结构弱点,开展优化设计。由于整机的有限元模型比较庞大,在计算中一般先采用缩减模型进行动力学分析,然后再进行有限元分析,得到内燃机表面的振动数据。下面以 3 个案例说明有关内燃机结构振动分析的过程。

4.2.1　油底壳的有限元分析

　　在内燃机结构中,油底壳是一个比较大的薄壁件,通常具有较低的固有频率,是噪声辐射的主要零件之一。采用有限元法对油底壳进行模态分析,了解油底壳的自由振动固有频率和振型,分析发动机油底壳的振动形态,寻找油底壳的薄弱部位,提出改进措施。

　　本案例分析的是一款汽油机的油底壳,材料为 A380 铝合金,密度为 2 700 kg/m³,弹性模量为 71 GPa,泊松比为 0.33。将这些参数输入有限元模型的材料属性中,进行模态分析,得到油底壳的前十阶固有频率和前四阶振型,分别如表 4.5 和图 4.44 所示。

表 4.5　油底壳的前十阶固有频率

阶数	频率（Hz）	阶数	频率（Hz）
1	201	6	944
2	449	7	1 162
3	603	8	1 256
4	664	9	1 329
5	771	10	1 455

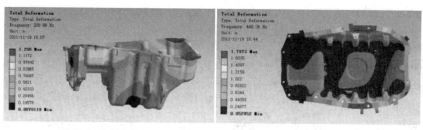

一阶振型（扭转变形）　　　　　　　　　　二阶振型（上部反向拉伸）

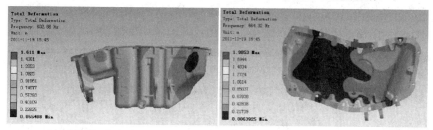

三阶振型（弯曲变形）　　　　　　　　　　四阶振型（弯+扭变形）

图 4.44　油底壳的前四阶振型图

4.2.2　机体的有限元分析

机体模态分析的目的是了解机体的固有频率和振型,以确定固有频率是否处于工程允许范围内。通过对机体进行三维建模、材料属性设置、网格划分、有限元计算,得到某排量为1.8 L 的 4 缸直列式汽油机的机体固有频率和振型,分别如表 4.6 和图 4.45 所示。机体的第一阶振型为扭转变形。第二阶振型为弯曲变形,主轴承座和气缸体有局部模态。机体的局部模态主要集中在裙部,使裙部不断做开合振动,而且两个外侧板做反向振动,有时离开,有时靠近,属于复杂的板式振动模态。

表 4.6　机体的前十阶固有频率

阶数	频率(Hz)	阶数	频率(Hz)
1	467	6	1 681
2	971	7	1 729
3	1 370	8	1 783
4	1 406	9	1 990
5	1 648	10	2 069

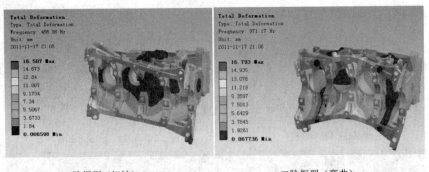

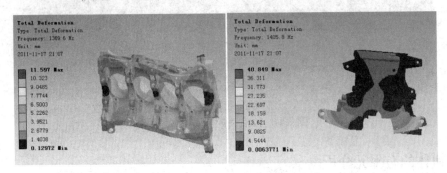

图 4.45　机体的前四阶振型图

4.2.3　机体 – 缸盖 – 油底壳组合体的振动响应计算

将多体动力学模型与有限元模型进行联合,并进行模拟计算,可以分析发动机各部件的动力学响应。多体动力学分析主要包括建模和求解两部分。建模包括物理建模和数学建模;求解是运用求解器分析运动学规律和动力学规律等。

EXCITE Power Units 是用于发动机动力学与结构振动分析的多体动力学软件,能够用来进行曲轴动力学分析、整机噪声 - 振动 - 舒适性(Noise-Vibration-Harshness,NVH)分析、滑动轴承分析、三维活塞动态特性分析、传动和驱动链分析等。利用 EXCITE Power Units 进行内燃机多体动力学模拟计算的主要步骤如下。

1)根据所要分析的内容,确定多体动力学计算方案。

2)绘制关键零部件的三维计算机辅助设计(Computer Aided Design,CAD)模型,建立有限元网格模型,检查有限元网格质量,调整畸形网格。

3)对得到的有限元子结构进行缩减计算,保留主要连接节点、激励施加节点、实验测点,保留节点的自由度,得到子结构的刚度矩阵和质量分布信息。

4)在 EXCITE Power Units 软件中导入缩减后的各主要子结构部件的缩减模型,定义主要体单元,定义各部件之间的连接关系,设置发动机基本尺寸参数和性能参数,包括气缸数、气缸直径、主轴颈位置、点火顺序,设置发动机转速、激励载荷和边界条件等。

5)设置模拟控制参数(迭代步长、最大循环数等)和结果输出控制参数(输出结果类型、指定输出结果中的节点或单元集等)。

4.2.3.1　建立有限元模型

本例中的发动机整机的有限元网格划分是在 Hypermesh 软件中完成的。首先,单独划分油底壳、缸体、缸套、缸盖、缸盖罩、前端罩等零部件的有限元网格。各主要零部件的三维网格类型均采用 10 节点四面体网格。网格质量主要取决于控制网格最小角和网格纵横比。然后,使用刚性单元 + 梁单元 + 刚性单元(RBE2+CBAR+RBE2)建模方案处理各部件之间的连接关系,模拟各部件间的螺栓连接。图 4.46 为用螺栓连接两个零件的模拟示意图。其中,使用梁单元(CBAR)模拟螺杆,截面直径取螺栓的公称直径;在材料属性中选择螺栓材料;用两个刚性单元(RBE2)分别连接两个结构孔周围的各节点,再利用 1 个 CBAR 连接前两个 RBE2。

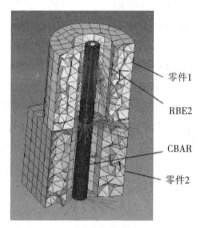

图 4.46　有限元模拟螺栓连接的示意图

对机体、缸盖、平衡轴等进行结构缩减。在缩减过程中保留连接主节点、载荷激励节点和计算结果关注点。连接主节点包括主轴承座节点、缸套节点、缸盖节点、悬置节点和凸轮轴节点。在缩减过程中,模型的几何信息、刚度矩阵、惯量矩阵和阻尼矩阵等会被保留下来。图 4.47 所示为整机三维有限元网格模型,主要包括缸盖罩、缸盖、缸体、缸套、油底壳、前端罩和前端悬置等。

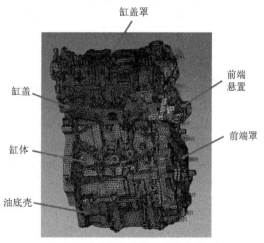

图 4.47　整机三维有限元模型

4.2.3.2　多体动力学模型

关于体单元的定义,在动力学分析模型中涉及的体单元包括曲轴、连杆、平衡轴、机体和底盘等。曲轴单元的定义是通过 EXCITE 软件内置的 Shaft Modeler 和 Autoshaft 程序来完成的。程序基于质量分布和复杂部分的静态分析,将曲轴建立为 NOD6 类型。将曲轴的 CAD 文件(.stl 格式)导入 Autoshaft 程序,对曲轴结构进行结构识别、质量分割和刚度计算,然后生成每一部分的质量、惯量和单元刚度矩阵。程序进行信息合并后,获得曲轴的质量和刚度矩阵。连杆体单元使用 Conrod Modeler 进行定义,直接输入连杆的几何尺寸、质量信息和材料属性。一个连杆需要保留 3 个节点,分别是连杆大头节点、连杆小头节点和连杆中间节点。连杆大头节点用于连接曲轴的曲柄销,小头节点用于连接活塞。平衡轴采用动态缩减模型,该缩减模型保留了平衡轴的几何形状、质量分布和刚度矩阵等信息。

关于连接副单元的定义,连接副单元的主要作用是模拟各零部件之间的连接关系。不考虑活塞组的运动,在活塞与连杆之间使用导向连接副(piston liner connection)连接。在连杆与曲轴之间使用径向的点对点耦合轴承(radial bearing C-C)连接。为了模拟曲轴不发生轴向窜动的情况,在第二主轴颈处采用轴向止推轴承(thrust bearing)。在机体与曲轴之间使用径向的点对面耦合轴承(radial bearing C-S)连接。在曲轴与平衡轴之间采用旋转连接副(rotational spring/damper)连接,将传动比设置为 1。在平衡轴与机体之间使用径向的点对面耦合轴承(radial bearing C-S)连接,并使用两个轴向止推轴承(thrust bearing)防止平衡轴发生轴向窜动。在机体与底盘之间使用悬置(engine mount)模拟悬架支撑。图 4.48 所示为使用 EXCITE Power Units 软件建立的三缸发动机多体动力学模型。

4.2.3.3　零部件振动响应计算

建立了模拟模型之后,输入载荷激励力,设置仿真控制参数。输入载荷主要包括内燃机的气缸压力、活塞侧推力、正时阀系驱动冲击力等。由于气门系统的冲击力相对较小,在计算中可以忽略。最后,设置仿真控制参数和计算结果输出参数,包括迭代步长、计算循环数、计算精度、输出结果的节点或集合等。

本例中的仿真测点分别选在缸盖罩表面、缸体表面和油底壳表面,每处选取 3 个。然后,分别在全负荷 1 000 r/min 和全负荷 2 000 r/min 工况下,进行缸盖罩、缸体、油底壳的表面振动计算,计算结果分别如图 4.49、图 4.50、图 4.51 所示。

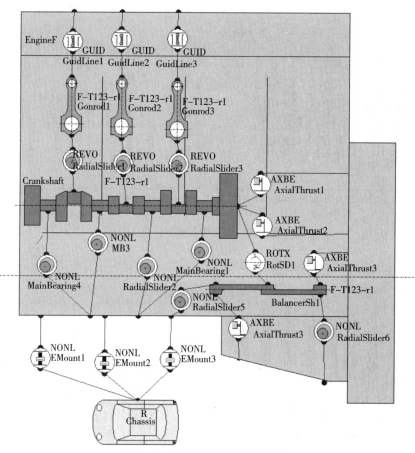

图 4.48　三缸发动机的模拟模型

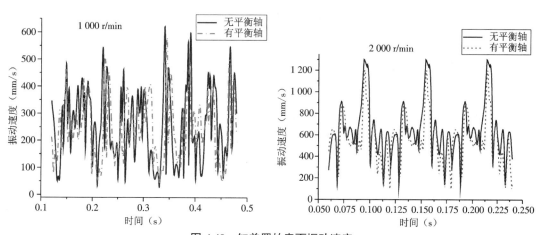

图 4.49　缸盖罩的表面振动速度

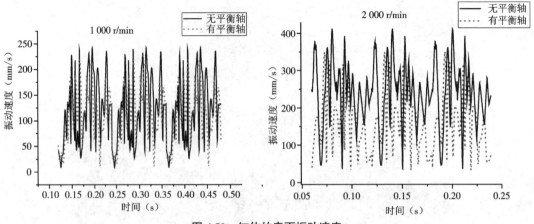

图 4.50　缸体的表面振动速度

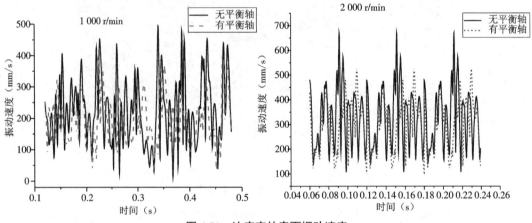

图 4.51　油底壳的表面振动速度

4.3　内燃机的噪声

内燃机由曲柄连杆机构、配气机构、机体和进排气系统、冷却风扇等零部件组成。燃料在气缸中完成燃烧后,将释放的热能转换为机械能。燃烧引起的缸内气体压力的变化以及推动曲柄连杆机构和配气机构运动的过程,会引起发动机的振动和噪声。内燃机的噪声是由多种声源发出的噪声组合而成。根据内燃机的工作原理和振动传递路径,可以将内燃机的噪声分为机械噪声、燃烧噪声和空气动力噪声,如图 4.52 所示。

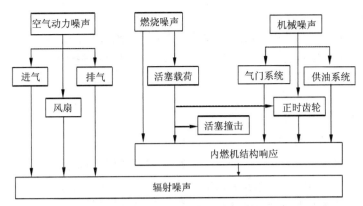

图 4.52　内燃机的噪声分类

4.3.1　机械噪声

内燃机的机械噪声是由零部件在运动过程中受到的往复惯性力和气体压力的周期性激励引起的,主要包括曲柄连杆机构噪声、配气机构噪声、齿轮啮合噪声和附件产生的噪声。

（1）曲柄连杆机构噪声

由于活塞与缸套之间存在间隙,因此活塞在往复运动过程中,作用在活塞上的气体压力、往复惯性力和活塞侧向力的周期性变化,会激励缸套和缸体,引起结构振动,从而形成活塞敲击噪声。其噪声的大小与气缸的最大爆发压力和活塞与缸套的间隙有关。

（2）配气机构噪声

配气机构噪声是由于凸轮在顶开气门和气门关闭落座时气门与阀座之间发生撞击而产生噪声。其噪声强度与气门结构、气门间隙、气门落座速度、气门材料、凸轮型线和润滑状况有关。

（3）齿轮啮合噪声

齿轮啮合噪声是齿与齿在啮合过程中相互撞击和摩擦而产生的噪声。其噪声强度与齿轮结构、材料、加工精度等因素有关。齿轮的周节是齿轮在分度圆上的圆周齿距。齿轮在啮合过程中产生的低频噪声,主要是由齿轮的周节累计误差所引起的,使齿轮每旋转一圈就产生一次冲击,其频率为

$$f_p = \frac{n}{60}$$

式中　　n——齿轮转速（r/min）。

齿轮啮合的高频噪声是由齿轮基节偏差造成的,它是齿轮噪声的主要成分。基节偏差会使齿轮在啮合与分离时产生撞击,即啮合撞击。无论主动轮的基节是大于还是小于从动轮的基节,都将使齿轮每转过一个齿就产生一次撞击,即每转撞击的次数与齿轮的齿数相等,其频率为

$$f_m = \frac{nz}{60}$$

式中　　z——齿轮齿数。

（4）附件噪声

布置在内燃机上的压缩机、发电机、水泵，以及属于连接附件的支架、辅件皮带、正时皮带等装置都会在发动机的运转过程中向外辐射噪声。对于这些连接附件产生的噪声，其频率和幅值与附件的设计和运行特征有关。

4.3.2　燃烧噪声

4.3.2.1　燃烧噪声产生的机理

燃烧噪声是燃烧所形成的压力冲击和振荡通过气缸盖、活塞、曲柄连杆机构和气缸体等部件向外辐射出来的噪声。燃烧的速度和方式对燃烧噪声有一定的影响。当发动机表面结构确定时，声辐射效率也是确定值。所以，燃烧噪声可以用固体振动加速度（发动机表面振动加速度）来表征。又因为发动机结构一旦确定，发动机的传递函数就是定值，因此还可以用气缸压力来表征燃烧噪声。影响内燃机燃烧噪声的主要因素包括燃烧过程参数、运转参数、结构参数、大气压力、大气温度、燃油品质、增压方式、压缩比等。

燃烧噪声产生的根源是气缸内气体压力的变化，其主要表现在以下两个方面。第一，由于缸内压力急剧变化而引起的动力载荷会造成结构振动和噪声，其强度取决于压力升高率和最高压力增长率持续的时间，这类动力载荷所激励的噪声频率主要与燃烧噪声在传递路径上的零件的自振频率有关。第二，气缸内的气体冲击波会引起高频振动和噪声，其主要频率为气缸内气体的自振频率。

对于柴油机的燃烧噪声，通常可以从滞燃期、急燃期、缓燃期和后燃期这4个阶段分析，如图4.53所示。滞燃期是燃料燃烧的物理和化学准备阶段，是从燃料喷射开始时刻到早期进入燃烧室的燃料发生雾化和燃烧并出现明显的气缸压力高于纯压缩压力的时刻。在滞燃期，缸内气体的压力变化和波动较小，因此对噪声的影响有限。但是，滞燃期对整个燃烧过程有很大影响。影响燃烧噪声的压力升高率主要取决于滞燃期内所形成的可燃混合气的量。因此，滞燃期对发动机的燃烧噪声具有重大的间接影响。影响滞燃期的因素包括燃料类型（十六烷值的高低）、滞燃期内的喷油量、喷油速率、预喷射模式等。

急燃期也称作压力快速升高期或燃烧不可控期。它是从燃料燃烧开始的时刻到燃烧室内喷入的大量燃料发生雾化而形成混合气并出现多个火核而迅速燃烧的时刻。在这期间，压力升高的情况一直持续到燃烧室内的大部分燃料燃烧完毕。燃烧噪声主要是在急燃期内产生的。急燃期阶段的缸内燃烧过程类似于等容燃烧过程，燃烧速度快，缸内压力急剧升高，发动机的相应零部件承受较大强度的动力载荷，其性质相当于一种敲击。由于发动机相当于一个结构非常复杂的振动体，各零部件的固有频率不同，而且结构表面多数处于高频范围，因而会辐射出高频燃烧噪声。影响急燃期的主要因素包括喷油提前角、压缩比、压缩压力、温度、涡流和紊流强度、着火延迟期、供油规律等。

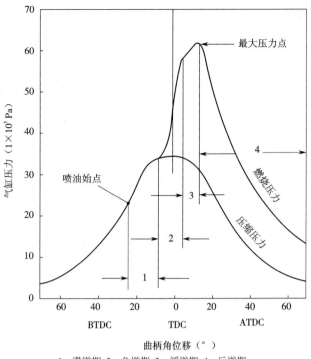

1—滞燃期；2—急燃期；3—缓燃期；4—后燃期；
BTDC—上止点前；TDC—上止点；ATDC—上止点后

图 4.53　柴油机燃烧的四个阶段

缓燃期是从急燃期终止时刻到最大压力点时刻。在这期间,在急燃期燃烧阶段被燃烧产物阻断而没来得及燃烧的部分燃料发生燃烧,这部分燃烧需要相对较长的时间。因此,尽管气缸内的压力有所增大,但是增长速率较小,对燃烧噪声的产生虽有一定程度的影响,但并不显著。然而,此阶段对柴油机的动力性和经济性有很大影响。在满足噪声需求的前提下,对其他性能进行优化时,通常需要关注缓燃期的情况。缓燃期的长短主要受每循环喷油量影响。在空载或低负荷时,由于气缸内存有大量的剩余空气,因此几乎不存在缓燃期。而在全负荷时,由于喷油量较大,会生成大量的燃烧产物,使空气量相对较少,从而减缓燃烧速度,导致缓燃期的持续时间变长。

后燃期是从最大压力时刻到燃料燃烧基本结束的时刻。在后燃期内,喷油已经停止,绝大多数燃料已经燃尽,没来得及燃烧的燃料继续缓慢燃烧。此时,活塞下行,缸内压力快速下降,因此对燃烧噪声的影响不大。

总体而言,燃烧过程所激发的噪声主要集中在急燃期,其次在缓燃期。因此,对于燃烧噪声的研究应主要集中在这两个阶段。

此外,内燃机的燃烧噪声与气缸压力频谱密切相关,如图 4.54 所示。每一循环的缸内瞬时压力变化都会影响发动机的燃烧噪声。气缸压力频谱是不同频率、不同幅值的一系列谐波的叠加结果,主要分为低频、中频和高频 3 个频段。在低频区域,气缸压力级达到最大值,压力幅值主要由气缸内的最大压力和缸压曲线的形状所决定。气缸压力的最大值越大,低频峰值就越高。中频区域是气缸压力级以对数规律发生递减的阶段,其形状受气缸压力的升高率控制。升高率越大,递减就越缓慢,线形则越平坦。反之,如果递减越快,线形就越陡峭。高频区域主要是由于急燃期阶段的缸内压力急剧上升,从而引起气缸内的气体发生高频振荡而产生。

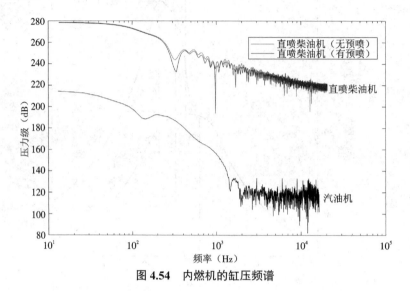

图 4.54　内燃机的缸压频谱

由气缸压力曲线频谱可知,气缸压力实质上是不同频率和不同幅值的一系列谐波叠加的结果。根据线性系统的性质可知,气缸压力的总作用等于一系列谐波的单独作用之和。因此,燃烧气体对气缸内各零部件振动的激励,可以认为是这一系列谐波的单独激励的总和。

在燃烧噪声由缸内气体激励成为辐射噪声的过程中,通常认为有 3 条路径可以把噪声从缸内传递到内燃机的外表面而形成振动和辐射噪声。第一条路径是通过活塞、连杆、曲轴和主轴承传递到机体表面。第二条路径是通过气缸盖传递到发动机的外表面。第三条路径是通过气缸套的侧壁传递到机体的外表面。实验表明,由燃烧产生的大部分振动能量是通过活塞和主轴承传递到内燃机表面并引起表面振动来辐射噪声的,如图 4.55 所示。

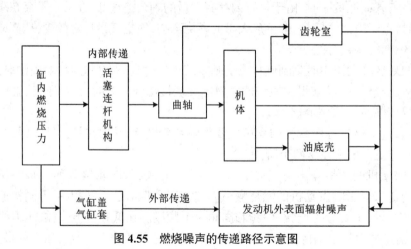

图 4.55　燃烧噪声的传递路径示意图

4.3.2.2　影响内燃机燃烧噪声的主要因素

（1）喷油参数对燃烧噪声的影响

柴油机的喷油提前角、喷油压力、喷孔直径等供油系统参数对燃烧过程都有影响。柴油机的喷油提前角增大，会导致滞燃期加长，由此使在滞燃期内形成的可燃混合气量增加，燃油和空气混合得更均匀，从而使急燃期内的放热速率加快，缸内最高压力和缸压升高率均增大，从而导致燃烧噪声增大（图 4.56）。图 4.56 是通过实验和计算得到的喷油参数对燃烧噪声的影响规律。如图 4.56 所示，在其他条件相同的情况下，随着主喷定时（喷油提前角）的增大，燃烧噪声增大；随着喷油压力（轨压）提高，喷油速率增加，滞燃期内喷入的燃油量增大，燃烧噪声增大。

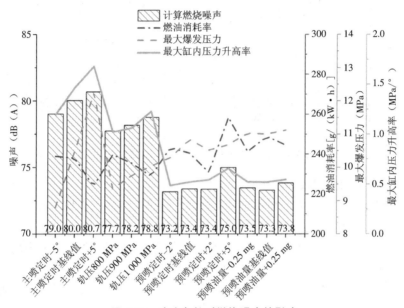

图 4.56　喷油参数对燃烧噪声的影响

（2）预喷射对燃烧噪声的影响

预喷射是发生在主喷射前的少量燃油喷射，它是通过改变喷油规律来改善柴油机性能的一种方式。在预喷射的喷油量适中的情况下，与无预喷射相比较，有预喷射的燃烧噪声较小。这是因为预喷射的喷油量很小，这就使最初开始燃烧的燃料量较少。虽然在燃烧初期的缸内气体温度和压力有所升高，但是都比较缓慢，而且预喷射会使主喷燃油造成的滞燃期缩短，使急燃期内的燃烧速率降低，压力升高率相对平缓（图 4.57），从而降低燃烧噪声。如图 4.56 所示，采用预喷射后，燃烧噪声有较大幅度的降低。

此外，预喷射的时刻和它与主喷射时刻之间的时间间隔也是影响燃烧噪声的因素。因为这两者之间的间隔会影响预喷射燃烧和主喷射燃烧之间的关系。如果间隔适中，预喷射燃油燃烧的火焰恰好引燃主喷射的燃油，则可以有效控制主喷射燃油在急燃期内的燃烧速率，从而降低燃烧噪声。在理论上存在着一个使燃烧噪声最小的预喷射与主喷射之间的间隔角。当这两者之间的间隔过大时，缸内的气体温度不足以起到减小主喷射滞燃期的作用，便会导致主喷射燃烧推迟，滞燃期增大，从而引起较高的缸压升高率，造成燃烧噪声增大。

而当这两者之间的间隔过小时,由于两者相距较近,使放热过于集中,从而引起缸内发生高频振荡,导致燃烧噪声增大。

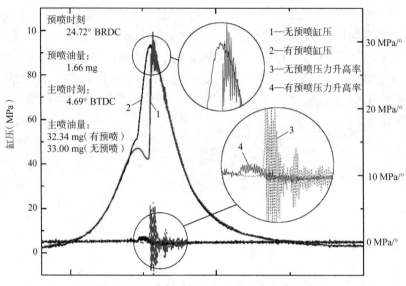

预喷时刻
24.72° BRDC

预喷油量:
1.66 mg

主喷时刻:
4.69° BTDC

主喷油量:
32.34 mg(有预喷)
33.00 mg(无预喷)

1—无预喷缸压
2—有预喷缸压
3—无预喷压力升高率
4—有预喷压力升高率

图 4.57　预喷射对缸压和压力升高率的影响

(3)燃烧室结构对燃烧噪声的影响

燃烧室的结构与燃烧噪声也有密切关系。直喷式燃烧室的燃烧噪声通常比分隔式燃烧室的燃烧噪声更大,因为具有分隔式燃烧室的柴油机的燃烧是先发生在副燃烧室中,然后已燃气体与未燃气体再混合进入主燃烧室产生第二次燃烧。这样,会使压力升高率和最高压力降低,因此燃烧噪声有所降低。在带有直喷式燃烧室的柴油机中,开式燃烧室的燃烧噪声比半开式和球形燃烧室的燃烧噪声更大。开式燃烧室(如浅盆形)由于不需要组织空气涡流,而是主要依靠油束的空间雾化来形成燃油与空气的混合气,因此在滞燃期内会形成较多的可燃混合气,这样会使急燃期内的缸内压力急剧上升,而且最大爆发压力较高,导致较大的燃烧噪声。半开式燃烧室(如 ω 形)在组织涡流和挤流时控制喷雾质量,促进混合气的形成和燃烧,燃烧的大部分是空间雾化的混合气,少部分是喷在壁面上蒸发的混合气。由于半开式燃烧室不完全具有空间雾化混合,因此在滞然期内形成的可燃混合气略少于开式燃烧室,故而燃烧噪声也较开式燃烧室略低。

(4)压缩温度和压力对燃烧噪声的影响

随着压缩温度和压力的增加,由于燃料着火的物理和化学准备阶段缩短,着火延迟期会减小。压缩终了的温度主要取决于发动机的压缩比。另外,还与冷却水温度、活塞温度、气缸盖温度、进气温度等有关。

提高压缩比可以提高压缩终了的缸内气体温度与压力,缩短滞燃期,降低压力升高率,因而能够降低燃烧噪声。但是,压缩比增高会使气缸压力增大,导致活塞敲击噪声增大,因此不会使发动机的总噪声有很大程度的降低。

增压能够使进气温度升高,因此能够降低以空间雾化燃烧为主的柴油机的燃烧噪声。进气温度越高,供油越迟,则缸内燃气的温度越高,滞燃期就越短。对于空间雾化直喷柴油机来讲,这会降低燃烧噪声。但是,对于油膜蒸发直喷式柴油机而言,这些情况对燃烧噪声并无影响。

4.3.3　空气动力噪声

内燃机的空气动力噪声主要是由周期性的气体流动或非稳定的气体扰动而产生的噪声,主要包括进气噪声、排气噪声和风扇噪声。空气动力噪声是内燃机的最大噪声源。因此,在进行内燃机表面辐射噪声测试时,一般将风扇拆除,同时将进、排气噪声引出室外。

4.3.3.1　进气噪声

进气噪声主要指进气口处的噪声,是由进气管内的压力波动而产生的基频噪声和其他谐次噪声所组成,其大小主要与内燃机转速有关。对于同一台发动机,当转速增加一倍时,进气口的噪声增加大约 10 dB(A)。

进气噪声包括脉动噪声和流体噪声,主要受进气门的周期性开闭、进气管内的气柱共鸣、节气门开闭等因素影响,具体分为周期性压力脉动噪声、涡流噪声、进气管道的气柱共振噪声、气缸的亥姆霍兹共振噪声等。增压发动机的进气噪声还包含压气机的气动噪声。结构辐射噪声则与进气系统的壳体结构及其参数密切相关,主要表现为进气系统管壁各壳体振动的辐射噪声。

周期性压力脉动噪声主要由进气门周期性开启和关闭造成的进气管道内的压力起伏变化所引起。当进气门开启时,在进气管中会产生一个压力脉冲。随着活塞的移动,这个压力波很快受到阻尼作用。当进气门关闭时,同样会产生一个压力脉冲,也是受到阻尼作用而迅速消失。在一个工作循环中,共有这样两个压力脉冲。在发动机的运转过程中,这两个压力脉冲交替出现,就形成了周期性噪声。它的主要频率 f 受发动机转速影响,其值为

$$f_k = \frac{Zn}{60i} k \tag{4.80}$$

式中　Z——气缸数;

　　　n——转速;

　　　i——冲程数;

　　　k——谐波次数。

从式(4.80)可以看出,周期性压力脉动噪声的频率与发动机转速成线性关系。因此,该噪声表现出明显的阶次特性。这也是周期性压力脉动噪声区别于涡流噪声、气柱共振噪声、亥姆霍兹共振噪声的主要依据。

在气流流动过程中,当流经障碍物时,由于气体存在黏性,具有一定速度的气流会与障碍物背后相对静止的气体发生相互作用,从而在障碍物的下游区域形成带有涡旋的气流。这些涡旋不断形成,又不断脱落。由于每个涡旋中心的压力低于周围空气的压力,因此每当一个涡旋脱落时,在气流中就会出现一次压力波动。这个压力波动通过四周的介质向外传播,并作用于障碍物,使障碍物受到压力脉冲。这种由于涡旋脱落引起气流中的压力脉动所造成的噪声,称为涡流噪声。

当空气由发动机进气系统进入到气缸内部时,由于进气管、节气门、进气道、气门等流通截面面积的变化,以及进气道内壁是粗糙的,气流运动会受到阻碍,从而形成涡流噪声。当气流绕流的障碍物结构不规则时,涡流的形成、排列和脱落都表现出不规则的特点。因此,

涡流噪声大多呈现出宽频带的频率特性。在稳定流动下,也会表现出一定的周期性。因此,也具有较为突出的峰值频率。可以通过下式估算峰值频率:

$$f = \frac{Sv}{d} \tag{4.81}$$

式中　S——斯托罗哈常数,对于非增压内燃机,S 一般取 0.14~0.34;

　　　v——进气门处的气流速度;

　　　d——气门直径。

关于气缸的亥姆霍兹共振噪声,可以把发动机气缸简化成为一个一端封闭的亥姆霍兹谐振腔,并认为它是一个由体积元件和等截面管段组成的系统,如图 4.58 所示。

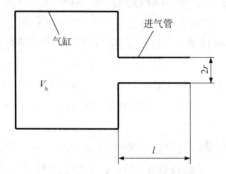

图 4.58　气缸的亥姆霍兹物理模型

由端点条件,结合等截面管段和体积的传递矩阵,可以按照下式计算得到第一阶固有频率:

$$f = \frac{c}{2\pi}\sqrt{\frac{\pi r^2}{V_h\left(l+\dfrac{r}{2}\right)}} \tag{4.82}$$

式中　c——空气中的声速;

　　　r——进气管半径;

　　　l——进气管长度;

　　　V_h——气缸容积。

当气缸的脉动压力激励等于气缸的各阶亥姆霍兹共振频率时,气缸内部将发生亥姆霍兹共振,产生共振噪声。气缸的亥姆霍兹共振频率与转速无关,只与进气管长度、直径、气缸容积等参数有关。亥姆霍兹共振噪声在单缸机上表现得最为突出。

关于进气管道的气柱共振噪声,当进气门关闭时,可以把进气管简化成为一个一端敞开且另一端封闭的等截面管道,构成一个气柱共振系统。对于发动机进气系统而言,由于进气管道内的气体介质质量分布连续,并具有可压缩性,因此容易发生气柱振动。这种气柱振动与声波在管道内的传播密切相关。当声源的激励频率与气柱的某一阶固有频率接近时,进气管道形成的气柱就会发生该频率下的共振,并向外辐射噪声。进气管气柱振动固有频率的计算公式为

$$f = \frac{(2k-1)c}{4l} \tag{4.83}$$

式中　k——谐波次数；

　　　c——空气中的声速；

　　　l——进气管长度。

气柱共振噪声主要与进气管道的长度有关。管道越长,共振频率则越低,且阻尼越大。

上述几种噪声是相互作用和联系的,在实际测试过程中很难进行区分,只有通过模拟计算才能分别进行分析。

4.3.3.2　排气噪声

排气噪声是气缸中的高温高压废气迅速经排气口高速排出时引起的脉冲振动而产生的噪声。其大小与内燃机的排量、转速、功率、排气口面积有关。发动机的排气噪声主要包括空气动力噪声、冲击噪声、振动辐射噪声和气流摩擦噪声。

关于空气动力噪声,在发动机工作过程中,由于突然或周期性地从排气门排出废气,会在排气管中产生压力波动,压力波在排气管中传播,就会产生空气动力噪声。这类噪声的大小与排气管道的尺寸和结构有关;噪声的频率与发动机转速密切相关,主要为低频噪声。其基频计算公式与进气噪声的计算公式相同。

关于冲击噪声,在排气管道中,不稳定的气流会对管道产生冲击,从而形成冲击噪声。例如,当排气歧管弯曲段的弧度太小时,从发动机气缸流出的气流就会对排气歧管产生强烈的冲击,从而发出砰砰的冲击声。在管道截面突然变化的地方,也会产生冲击噪声。

关于气流摩擦噪声,当排气管中的气体流动速度非常高时,流体与管道之间产生摩擦,一方面形成紊流,扰动管壁振动而对外辐射噪声;另一方面当气流流到尾管时,对外发出噪声,这就是气流摩擦噪声。

关于振动辐射噪声,在进、排气系统中有很多薄壁板,如消音器外壳、催化器外壳、管道外壳等,当排气系统薄壁件被机械振动激励或受到内部流体压力波动激励而引起振动时,被激励的排气系统的振动会对外发出辐射噪声。振动辐射噪声的大小取决于排气系统的结构尺寸、形状和刚度。辐射噪声的频率与排气系统薄壁件的振动频率相对应。

4.3.3.3　风扇噪声

风扇噪声,特别是风冷发动机的风扇噪声,是不可忽视的噪声源。随着内燃机的不断强化,风扇噪声问题也逐渐突出起来。

风扇噪声主要包括风扇旋转噪声和涡流噪声。风扇的旋转噪声是由于风扇在旋转过程中,叶轮叶片的前后缘有压力差;而当叶片旋转时,周围空间气流的周期性压力变化会产生噪声。旋转噪声的频率成分是离散的,它由以叶片频率为基频的若干谐波组成,因此具有一定的声调。旋转噪声的频率可由按下式计算:

$$f_1 = \frac{nm}{60} k$$

式中　k——简谐次数；

　　　n——风扇转速(r/min)；

　　　m——风扇工作轮的叶片数。

风扇转动时使周围气体产生涡流。此涡流由于黏滞力的作用又分裂成一系列分裂的小涡流。涡流和涡流分裂使空气发生扰动,形成压缩和稀疏过程,从而产生涡流噪声。它一般是宽频带的噪声,主要峰值频率为

$$f_2 = \frac{k_1 v}{d}$$

式中　v——风扇圆周速度；

　　　d——叶片在气流入射方向上的厚度；

　　　k_1——常数，$k_1 = 0.15\sim0.22$。

　　注意，f_2 与 v 成正比，而旋转叶片上各点的圆周速度随着与圆心距离的不同而连续变化，故呈现明显的连续谱。

第5章　内燃机的空气系统

在日益严格的排放法规、燃料经济性和动力性要求下,现代内燃机向着带有排气再循环(Exhaust Gas Recirculation, EGR)系统的涡轮增压内燃机方向发展。优化设计这类内燃机的供气能力,减少泵气损失,满足气体载荷的温度和压力等耐久性约束条件,是内燃机空气系统设计的核心任务。本章的重点是从系统设计的角度阐述空气系统中各子系统之间的相互作用,以及在供气和控制泵气损失方面的整体优化设计。空气系统集成优化设计的理论基础是用于描述缸内热力学工作过程、内燃机歧管充填动力学和空气系统气体流动网路性能的方程组。它们揭示了子系统的相互作用、性能与耐久性约束条件之间的关系。首先,分析由排放配方(即空燃比、排气再循环率、进气歧管气体温度等)所决定的空气系统设计要求,阐述系统设计中的定解问题与性能标定中的优化问题之间的区别;然后,展示性能和耐久性约束条件的特征,阐述空气系统集成设计理论;最后,分析各子系统的设计特点,包括配气机构、EGR 系统、涡轮增压器、进气管和排气管。

5.1　空气系统的设计目标

内燃机的空气系统主要包括气缸盖内的进气道和排气道、气缸盖外的进气管和排气管、排气再循环系统、中冷器、涡轮增压器、配气机构,以及各种调节空气流量和压力的阀门,包括进气或排气的节流阀如图 5.1 所示。中冷器涉及空气的冷却和压力损失,在影响压力方面具有与进气节气门类似的效果。由于过去传统的内燃机相关书籍对空气系统的整体设计的论述不足,中冷器一般被归于冷却系统。事实上,中冷器和 EGR 冷却器既是空气系统的一部分,也是冷却系统的一部分。另外,在空气系统的上述各子系统或部件中,只有配气机构对气流的调节是具有曲轴转角精度的,而且决定性地影响充量因数。这一特征决定了可变气门驱动(Variable Valve Actuation, VVA)系统在空气系统中占有重要的地位。

内燃机的空气系统设计是为了满足燃烧所需的充气要求。如果将缸内混合气的形成方式分为均质和非均质,将着火方式分为压燃和点燃,则可以组合形成 4 种燃烧模式,如传统汽油机采用均质混合气点燃,传统柴油机采用非均质混合气压燃,部分缸内直喷汽油机采用非均质点燃(尤其在中小负荷工况),而均质压燃就是广泛熟知的先进低温燃烧模式——均质充量压燃(Homogeneous Charge Compression Ignition, HCCI)。

从燃料喷射的历史演化角度,汽油机分为化油器式、进气道喷射和缸内直接喷射式 3 类。汽油机采用火花塞点火和预混均质燃烧方式时,碳烟生成量极少。为了使用于控制氮氧化物、未燃碳氢化合物和一氧化碳污染物排放的三效催化器以最高转化效率运行,汽油机通常采用化学当量理论空燃比,即空气与汽油的质量比约为 14.7。这要求汽油机采用进气节气门或更为先进的 VVA 装置调节空气进气量。为了增强动力性,汽油机在全负荷工况通常使用空燃比略小于理论空燃比的加浓燃烧模式。除了上述当量燃烧模式,现代直喷汽油机也发展出一种稀燃模式,即类似柴油机,空燃比远大于理论空燃比,而且甚至包括类似柴油机的会产生一些碳烟的分层扩散燃烧方式。由于这种稀燃汽油机需要采用氮氧化物后处理装置,因此目前尚未得到大规模应用。

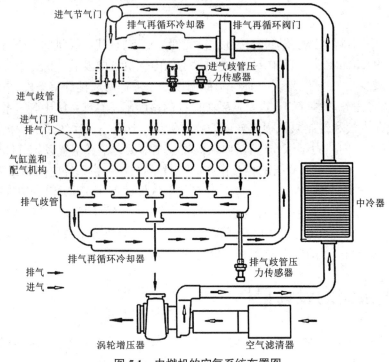

图 5.1　内燃机的空气系统布置图

　　由于汽油的抗爆震能力较差,汽油机的压缩比远低于柴油机,因此也限制了涡轮增压技术在汽油机上的深度运用。在汽油机上加装涡轮增压器,通常需要降低原先的内燃机压缩比,以控制爆震。所谓爆震,是缸内火焰前锋面在抵达末端混合气高温区之前,末端混合气发生自燃和具有强烈破坏性冲击波的现象。爆震一般通过推迟点火和增加 EGR 率等方式予以控制。在进气道和缸内气流组织上,汽油机关注滚流的形成,即从侧视活塞的角度看,气流在活塞上方旋转着上下滚动(参见 5.5.2 小节)。随着燃烧和 EGR 等技术的进步,汽油机在向着缸内直喷、分层充气稀薄燃烧、涡轮增压、减小排量、停缸、消除进气节气门及其节流损失、使用可变气门装置和 EGR 系统等可以提高热效率的技术方向发展。

　　由于柴油机使用压燃点火和扩散燃烧方式,柴油机通常使用缸内直喷和较高的压缩比。这使柴油机具有比汽油机更高的热效率。柴油机的喷油油束一边与空气混合,一边燃烧,这种分层扩散燃烧方式导致碳烟的生成,因此需要采用比化学当量理论空燃比大得多的空燃比来抑制碳烟。现代柴油机一般采用柴油氧化催化器来后处理未燃碳氢化合物和一氧化碳污染物排放,采用选择性催化还原装置控制氮氧化物排放,并使用柴油颗粒过滤器(Diesel Particulate Filter,DPF)吸收碳烟。

　　由于无须调节到理论空燃比运行,柴油机一般不需要使用进气节气门,因此没有汽油机所遇到的进气节流泵气损失。但是,由于 EGR 装置被广泛用于现代柴油机来控制氮氧化物排放,有些柴油机也加装了进气节气门,目的是在 EGR 环路中产生足够大的压差以帮助驱动 EGR 气流。由于一直没有消除进气节气门及其进气节流损失的紧迫感, VVA 装置在柴油机上的量产化应用远远落后于汽油机。由于柴油的抗爆震能力很强,高压缩比涡轮增压这种废气余热回收技术一直在柴油机上得到广泛运用,极大地提高了柴油机的热效率。在进气道和缸内气流组织上,柴油机关注涡流的形成,即从俯视活塞的角度看,气流在活塞上方水平旋转(参见 5.5.2 小节)。随着低温燃烧和 EGR 等技术的进步,柴油机在向着空气系统优化管理、超高涡轮增压、减小排量、停缸、使用可变气门装置、降低排气后处理成本等技术方向发展。

空气系统的主要设计目的是在满足燃烧配方的前提下,给内燃机提供温度和流量均合适的新鲜空气和 EGR 气流,达到最低燃料消耗率,并在所有驾驶和环境条件下所涉及的内燃机转速和负荷的工作区域内不违反任何气体载荷耐久性设计约束条件,产生满足上述条件的稳态设计指标。空气系统还需要提供后处理系统所需的排气温度和进气氧浓度。设计指标是在给定工况时的硬件选型、标定参数和性能参数。内燃机的燃烧配方是在选定的转速和负荷工况下(对于重载内燃机通常选择额定功率和最大扭矩工况),达到燃烧效率和污染物排放要求的空燃比、EGR 率、进气歧管气体温度,以及燃烧特征,即燃烧放热率、喷油定时和喷油压力。由于目前的模拟分析计算技术尚无法准确预测污染物排放和燃烧效率,燃烧配方一般需要根据内燃机燃烧实验的结果确定。燃料消耗率是燃料的质量流量与内燃机曲轴有效功率之比。在给定的燃料流量或燃料燃烧放热量情况下,内燃机的曲轴有效输出功率越高,燃料消耗率就越低。对于四冲程内燃机而言,有效功率等于压缩冲程和膨胀冲程的指示功率减去排气冲程和吸气冲程的泵气损失功率,再减去摩擦功率和内燃机附件消耗的功率。指示功率与燃烧配方有关。泵气损失与内燃机的空气流量、EGR 流量和空气网路的气体压力有关,其数值取决于空气系统的设计水平。

需要指出的是,污染物排放和热效率是两个互相独立的评价指标。对于柴油机来讲,最主要的两种污染物是氮氧化物和颗粒物。氮氧化物的生成主要受缸内气体温度和氧气浓度影响。温度越高,或者氧浓度越高,氮氧化物的生成量就越多。颗粒物的主要成分是碳烟,它也受上述两个因素的影响。温度越高,或者氧浓度越高,碳烟就越少。EGR 气体中含有大量二氧化碳,能够降低缸内氧浓度,从而抑制氮氧化物排放,但是会增加碳烟排放。空气量越大,或换言之,在给定燃油喷射量时的空燃比越大,氮氧化物生成量就越多,碳烟则越少。因此,在空气系统设计中,为了控制好污染物排放,需要控制好空燃比和 EGR 率。所需的气体温度,通过冷却系统设计来实现。这些流量和温度参数都会影响泵气损失和燃料消耗率。

如图 5.2 所示,泵气损失功是图中缸内压力曲线围成的灰色阴影部分的面积。该面积被排气歧管循环平均压力线和进气歧管循环平均压力线分为 3 部分:① 内燃机压差区,即排气歧管循环平均压力线与进气歧管循环平均压力线之间的区域;② 缸内压力曲线与排气歧管循环平均压力线围成的区域;③ 缸内压力曲线与进气歧管循环平均压力线围成的区域。当内燃机压差为正值时,泵气功为损失功,会造成内燃机的有效功减小;当内燃机压差为负值时,泵气功为增益功,会造成内燃机的有效功增大。任何能够减小这 3 部分区域的纵向高度的设计措施都能够减小泵气损失,并且有时会有利于增加气流流量。例如,增大进气道或排气道的流量因数,减少流动阻力,能够减少第②和第③区域对应的压力差。涡轮对内燃机压差和流量的影响比较复杂。使用流通面积较大的涡轮,涡轮的压比较小,能够减小内燃机压差,使配气定时造成的倒灌气流量及其缸内残余气体分数减小,有利于提高内燃机的充量因数和气体流量。但是,流通面积较大的涡轮会造成增压压力较低,压气机的空气流量下降,从而使内燃机空气流量下降。

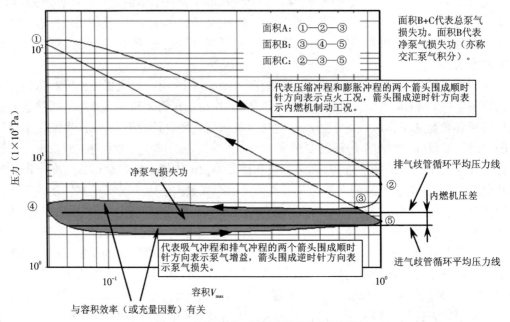

图 5.2　泵气损失、内燃机压差和充量因数

　　另一方面,从图 5.2 的横轴可以看出,泵气损失功受配气机构的配气定时影响,尤其是进气门关闭定时会影响泵气损失功对应的面积。采用极为提前的进气门关闭定时,在减小泵气损失功的同时,也会减少内燃机吸入空气的时间,造成空燃比大幅下降。从以上论述可以看出,空气系统设计的核心问题是空燃比、EGR 率和泵气损失的综合优化。这些内容涉及各子系统对气流流量和泵气损失的不同影响机理,将在后续各节详述。

5.2　空气系统的定解问题和优化问题

　　空气系统的参数包括性能参数、硬件参数和软件标定参数。性能参数是内燃机的循环平均参数(如功率、空燃比、EGR 率、燃料消耗率、增压压力、排气温度、散热量等)和曲轴转角精度瞬时参数(如缸内气压、排气歧管脉动压力等)。涉及气体压力和温度的很多性能参数,涉及零部件的热负荷或机械载荷,对零部件的耐久性有直接影响。硬件参数指固定硬件的尺寸、热流特征和阻力特征,如固定截面涡轮的流通面积和中冷器的效能。软件标定参数指可调节硬件的挡位设置值,如可变截面涡轮的若干个叶片开度、EGR 阀门的开度。

　　将已知性能参数的目标值及其可靠性要求,求解硬件或标定参数值的问题称为设计问题或硬件选型问题。对于此类问题,一般需要选取最恶劣的工况,以确保所选择的空气系统和冷却系统的硬件能够满足最严苛的使用要求。例如,高原时的最大扭矩工况对于空燃比和 EGR 驱动压差的要求最为严格,应以此选择涡轮面积。另外,高原时的全负荷中等转速工况往往是汽车散热器进口冷却液温度最容易过热超标的工况,应以此选择冷却系统硬件。

相反,将已知硬件或标定参数值,求解性能参数值的问题称为校核问题或性能预测问题。如果在硬件设计时没有选择最恶劣的工况,如根据平原时的额定功率工况来选择涡轮,可能会造成在其他转速 – 负荷工况或其他大气压力、温度环境条件下,内燃机的性能达不到要求,表现为要么设计功能不足,要么设计裕量过度。这两种缺陷都必须在设计中予以克服,以达到准确的"定目标设计"的要求。校核问题往往需要依靠反复试算,在硬件选择上是一种效率较低的工作方法,应当尽量避免。校核问题的真正用处在于预测部分负荷工况的性能,并在转速 – 负荷区域上实施虚拟标定。

对于根据性能要求进行硬件选型的设计问题,按照复杂程度从易到难分为定解问题和优化问题。定解问题是构造 n 个代数方程,求解 n 个未知数。例如,已知空燃比和 EGR 率的目标值,求解由 2 个方程构成的联立方程组,获得涡轮面积的设计值和 EGR 阀门开度的标定值。这种方程组中所含的方程是基于空气系统的每个子系统的热流或阻力特征而建立的,如流经阀门的气流的孔口流量方程和内燃机的充量因数方程。对于带 EGR 装置的涡轮增压内燃机来讲,完整地构造整个空气网路(图 5.3)的稳态性能方程组需列 18 个方程,求解任意 18 个未知数(见 5.4.3 小节)。这些未知数可以是在网路各节点上或部件中的气体压力、温度和流量等性能参数,也可以是硬件设计参数或软件标定参数。这些方程能够被提炼为反映内燃机气体流量和压力的 4 个核心方程,对于硬件设计、选型、标定问题或性能校核问题,能够求解任意 4 个未知数(如涡轮面积、EGR 阀门开度、进气歧管增压压力、排气歧管压力)。这种将设计或校核等几类参数混合构造在一个方程组中并灵活选择未知数进行求解的设计方法,具有将硬件选型问题和性能校核问题统一在一个数学平台内处理的便利性先进优势,而且能够深刻揭示系统设计中的子系统相互作用,发现新颖的内燃机技术。这种将空气系统进行方程化数学处理的方法(简称"数学法"),可从代数方程中观察各子系统设计参数和性能参数之间的相互关系,是内燃机空气系统设计的重要方法。另一个重要方法是构造参变量扫值曲线图,并在图上分析系统设计点,以寻找最佳的设计点方案,这种方法叫作图解法如图 5.4 所示。这两种方法有助于理解内燃机空气系统中的复杂关系和确定设计点。设计点的具体计算需要依靠内燃机热力学循环性能模拟软件,下面详述。

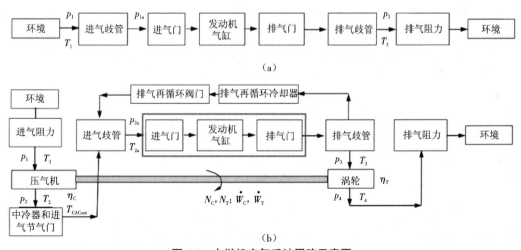

图 5.3　内燃机空气系统网路示意图
(a)自然吸气式内燃机　(b)带高压环路排气再循环系统的涡轮增压内燃机

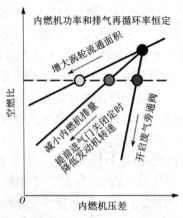

图 5.4　内燃机系统设计中的图解法示意

　　将上述方程组定解的问题作为一种常用的设计方法,能够快速直观地产生一个设计点的设计方案。所谓设计点,一般是在给定的环境压力、温度条件和转速 – 负荷工况下的一组硬件选型设计参数和软件标定设置取值,以及它们所对应的内燃机性能参数。完整的设计点全部参数的取值,称为系统设计指标。对于设计点,在过去的教科书中,是基于一些经验式的假设,并采用简单的方程计算而得。例如,根据功率目标、空燃比目标和燃料消耗率的合理估值,求解空气流量和增压压力。经验式假设的缺点在于设计结果过于粗糙,无法达到现代先进内燃机的设计精度要求。更为有效的方法是采用基于内燃机热力学缸内过程和进排气管气流波动的性能模拟计算软件,准确求解设计点。例如,根据功率目标和空燃比目标,求解空气流量、增压压力和燃料消耗率,大量减少经验式的假设和估值,提高设计准确度。这种模拟计算软件的内核是由一系列相对于曲轴转角变化的常微分方程组和偏微分方程组构成的。这些瞬态方程组能够预测具有曲轴转角精度的空气气流参数变化,以及内燃机热力学循环平均参数(如排气压力和燃料消耗率)。但是,这些瞬态方程组由于数学表述过于复杂,不具备直接观察各子系统相关性的优势。然而,它们能够被简化为空气系统瞬态核心方程组,并用来预测瞬态性能,评估空气系统电子控制逻辑,设计空气系统控制器。求解这些瞬态方程组所得出的稳态工况定解,在本质上对应的就是前面讲到的空气系统稳态代数方程组。这些方程组将在 5.4.3 小节中详述。

　　与方程组定解问题所对应的是优化问题。优化问题是空气系统设计所追求的终极目标。但是,由于优化问题过于复杂,计算量大,不便于构造大量的参数图进行设计点走势分析,因此在日常设计工作中还未能大规模运用。所谓优化问题,从数学上讲就是未知数的个数多于等式约束方程的个数。内燃机性能参数之间的依变关系非常复杂,通常可以用一些经验公式或曲面拟合公式来表述。例如,空燃比可以表述为具有涡轮面积和 EGR 阀门开度这两个自变量的第一个方程, EGR 率也可以表述为具有这两个自变量的第二个方程,燃料消耗率可以表述为第三个方程。优化问题的例子是已知空燃比和 EGR 率的目标值,即将第一和第二个方程作为等式约束条件,求解涡轮面积和 EGR 阀门开度,使燃料消耗率达到最小值。求解该优化问题需要引入至少第三个自变量(如进气门关闭定时)作为未知数,以使未知数的个数多于等式约束方程的个数。如果没有这个"最小化"或"最大化"的优化目标,问题就变成了由前两个方程求解两个未知数的简单定解问题,假设所有其他参数均已知。

显然,定解问题所给出的燃料消耗率是一个基于涡轮面积的解值和 EGR 阀门开度的解值的定解,不存在优化的意义。造成这种局限性的原因是假设其他影响燃料消耗率的参数的取值均已知确定,如进气门关闭定时。

在实际情况中,其他参数(如配气定时或与之对应的内燃机充量因数,或者进气节气门开度)也能影响燃料消耗率,即在 3~4 个或更多的未知数中只有一组参数能够使燃料消耗率最小。这些参数的取值只有通过优化才能确定,而不能事先假设已知。由于引入了更多的未知数,未知数的数量超过了等式约束方程的数量,这个问题就不再是一个定解问题,而变成了一个优化问题。显然,优化问题能够比定解问题给出更好的设计方案。但是由于优化问题过于复杂,而空气系统设计的主要目的是硬件选型,而非追求油耗最小化,而且由于目前污染物排放模型和燃烧油耗模型尚未成熟,空气系统的设计点指标的产生目前还需要依靠简单的定解问题来解决,而这也仍不失为一种有效的产生系统设计指标的办法。需要指出的是,在内燃机性能和排放标定的工作中,其主要目的则是通过实验测试手段寻找满足排放标准的最低油耗,因此不能再使用定解方法,而必须使用优化方法。这时,对于每个给定的转速 – 负荷工况,待优化未知数的数量超过了等式约束条件的数量。一个典型的例子是在柴油机标定优化中,目标是寻找最佳的燃油喷射压力、喷油定时、空燃比和 EGR 率,以获得最低燃料消耗率,并满足氮氧化物和碳烟的排放标准(即等式约束条件),而且不超过耐久性约束条件(如最大气缸压力和排气歧管气体温度)。

5.3　内燃机性能特征和耐久性约束条件

内燃机的性能和气体载荷耐久性约束条件经常以在转速 - 负荷区域上的运行特征来表示,如排放、油耗、噪声、机械负荷、热负荷等。内燃机性能脉谱图是某个特定的性能参数在转速 – 负荷区域上的等值线图。耐久性约束条件包括气缸压力、排气歧管气体压力和温度、内燃机压差、压气机出口空气温度、涡轮增压器转速、冷却液散热量等参数的最大限值。设计约束条件也包括某些最小限值,如令人满意的进气歧管气体温度和压气机喘振裕度。

图 5.5 展示了汽油机的空燃比性能图。图 5.6 给出了一台重载柴油机在平原和正常环境温度下的 GT-POWER[①]模拟数据。

内燃机压差为排气歧管压力减去进气歧管压力,属于泵气损失的一部分,极大影响燃油消耗率。涡轮流通面积越小,空气流量流量越大,内燃机压差就越大。内燃机压差也是驱动 EGR 的驱动力。

燃油消耗率主要受喷油定时、内燃机压差、机械摩擦和热损失影响。当扭矩固定时,燃油消耗率随转速增加的原因是机械摩擦和内燃机压差增加。当转速固定时,燃油消耗率随负荷降低而增加的原因是机械摩擦功率相对于有效功率的比例越来越高,即内燃机的机械效率越来越低。燃油消耗率等值线的形状也受喷油定时等排放标定策略影响。

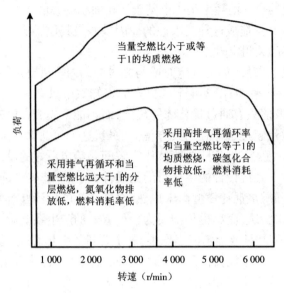

图 5.5　汽油机空燃比性能图

内燃机的空燃比为新鲜空气质量流量与燃料质量流量之比。空燃比等值线的数值和形状主要受喷油量、涡轮流通面积和排气再循环率影响。在高负荷时,如果空燃比过高,泵气损失会较高,增压压力、最大气缸压力和压气机出口空气温度都会比较高。如果空燃比过低,碳烟排放会较多,排气温度也会较高。

排气再循环率为排气再循环气体质量流量与排气再循环气体和新鲜空气的总质量流量之比。排气再循环率等值线的形状主要取决于排放要求。排气再循环率影响空燃比、进气歧管增压压力、排气歧管气体温度、冷却液散热量等。

压气机出口空气温度主要受压气机的压比、流量和效率影响,是一个耐久性设计约束条件。涡轮进口排气温度(或排气歧管气体温度)是另一个重要的耐久性设计约束条件,主要取决于气缸充量与燃料的质量流量之比和喷油定时。充量是指新鲜空气加排气再循环气体。

压气机出口空气温度主要受压气机的压比、流量和效率影响,是一个耐久性设计约束条件。涡轮进口排气温度(或排气歧管气体温度)是另一个重要的耐久性设计约束条件,主要取决于气缸充量与燃料的质量流量之比和喷油定时。充量是指新鲜空气加排气再循环气体。

涡轮进口排气温度(或排气歧管气体温度)主要取决于气缸充量与燃料的质量流量之比(称为充量燃料比)、放热率和进气歧管气体温度。充量流量是新鲜空气和 EGR 气体的质量流量之和。涡轮出口排气温度受涡轮进气温度和涡轮效率影响。这个温度对后处理装置的性能和效率以及 DPF 的再生很重要,尤其在低转速或低负荷工况下。

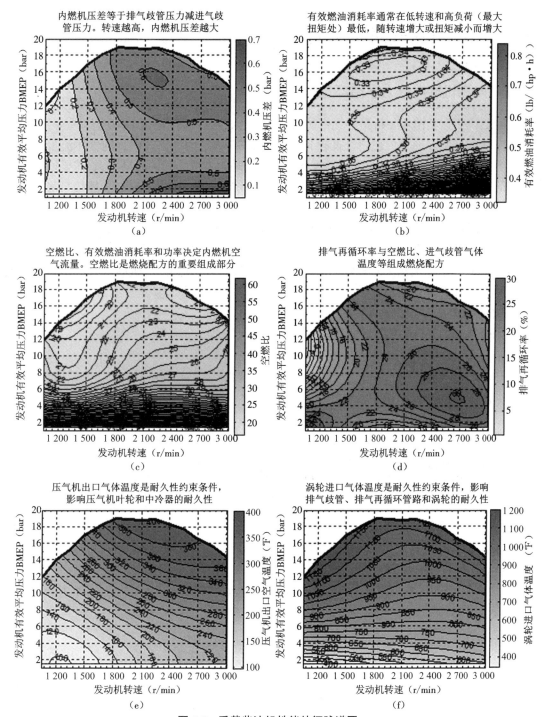

图 5.6　重载柴油机性能特征脉谱图

5.4　内燃机空气系统集成设计

5.4.1　内燃机缸内热力学循环过程

内燃机热力学循环分析是空气系统理论的核心,也是静态(稳态)和动态(瞬态)内燃机系统设计的基础。通过内燃机性能模拟计算,能够获得缸内和空气网路的气体流量、压力、温度等数据,以及空燃比和增压压力等参数。为了理解参数之间的因果关系,需要构造简单直观的代数方程组解释计算结果,如解释硬件设计参数和软件标定参数改变时,泵气损失发生变化的原因。

在介绍计算空气网路的性能的方程组之前,先回顾内燃机原理中的缸内过程。缸内气体的温度(T)、压力(p)和质量(m)由求解能量守恒和质量守恒的常微分方程和理想气体方程得到。求解过程是基于曲轴转角沿时间进行数值积分,直到内燃机内所有气体状态参数均在一个工作循环上实现收敛。缸内热力学模型在内燃机原理课程中有详细介绍,因此本书仅做简要铺垫,不予赘述。

内燃机缸内气体的能量守恒方程可以表述为:

$$\frac{\mathrm{d}U}{\mathrm{d}\varphi} = \frac{\mathrm{d}W}{\mathrm{d}\varphi} + \sum_i \frac{\mathrm{d}Q_i}{\mathrm{d}\varphi} + \sum_j h_j \cdot \frac{\mathrm{d}m_j}{\mathrm{d}\varphi} \qquad (5.1)$$

式中　φ——曲轴转角(°);

　　　U——缸内气体的内能;

　　　W——作用于活塞的机械功;

　　　Q_i——通过系统边界交换的热量和燃料燃烧的热量;

　　　h_j——比焓;

　　　$h_j m_j$——由进气带入和排气流出气缸所携带的能量。

如果以零焓值基准对应于 0 K 或 298.15 K 或其他任意基准温度为定义,可以计算气体的焓值。热量或质量流量的正值表示流入气缸,负值表示流出气缸。当求解缸内气体温度 T 时,式(5.1)可以转化为

$$\frac{\mathrm{d}T}{\mathrm{d}\varphi} = \frac{1}{m \cdot c_v} \times \left(\frac{\mathrm{d}Q_{\mathrm{fuel}}}{\mathrm{d}\varphi} + \frac{\mathrm{d}Q_{\mathrm{wall}}}{\mathrm{d}\varphi} - p\frac{\mathrm{d}V}{\mathrm{d}\varphi} + h_{\mathrm{in}}\frac{\mathrm{d}m_{\mathrm{in}}}{\mathrm{d}\varphi} + \right.$$
$$\left. h_{\mathrm{ex}}\frac{\mathrm{d}m_{\mathrm{ex}}}{\mathrm{d}\varphi} - u\frac{\mathrm{d}m}{\mathrm{d}\varphi} - m\frac{\partial u}{\partial \varsigma} \cdot \frac{\mathrm{d}\varsigma}{\mathrm{d}\varphi} \right) \qquad (5.2)$$

式中　c_v——气体的定容摩尔热容。

缸内气体的质量守恒方程可以表述为:

$$\frac{\mathrm{d}m}{\mathrm{d}\varphi} = \frac{\mathrm{d}m_{\mathrm{in}}}{\mathrm{d}\varphi} + \frac{\mathrm{d}m_{\mathrm{ex}}}{\mathrm{d}\varphi} + \frac{\mathrm{d}m_{\mathrm{fuelB}}}{\mathrm{d}\varphi} \qquad (5.3)$$

式中　m_{fuelB}——喷入气缸的燃料质量。

如果每个内燃机循环的总燃料喷射质量为 m_{fuelC},并将已燃的燃料分数定义为 $X_{\mathrm{fuel}} = m_{\mathrm{fuelB}} / m_{\mathrm{fuelC}}$,则可以得到下式:

$$\frac{\mathrm{d}m_{\mathrm{fuelB}}}{\mathrm{d}\varphi}=m_{\mathrm{fuelC}}\frac{\mathrm{d}X_{\mathrm{fuel}}}{\mathrm{d}\varphi} \tag{5.4}$$

这样,质量守恒方程(5.3)可以转换成以下形式:

$$\frac{\mathrm{d}m}{\mathrm{d}\varphi}=\frac{\mathrm{d}m_{\mathrm{in}}}{\mathrm{d}\varphi}+\frac{\mathrm{d}m_{\mathrm{ex}}}{\mathrm{d}\varphi}+m_{\mathrm{fuelC}}\frac{\mathrm{d}X_{\mathrm{fuel}}}{\mathrm{d}\varphi} \tag{5.5}$$

另外,式(5.2)中的已燃燃料的放热率为

$$\frac{\mathrm{d}Q_{\mathrm{fuel}}}{\mathrm{d}\varphi}=\frac{\mathrm{d}m_{\mathrm{fuelB}}}{\mathrm{d}\varphi}q_{\mathrm{LHV}}\eta_{\mathrm{com}}=m_{\mathrm{fuelC}}\frac{\mathrm{d}X_{\mathrm{fuel}}}{\mathrm{d}\varphi}q_{\mathrm{LHV}}\eta_{\mathrm{com}} \tag{5.6}$$

式中　q_{LHV}——燃料的低热值;

　　　η_{com}——燃烧效率($\eta_{\mathrm{com}}=100\%$ 表示完全燃烧)。

将理想气体方程(气体状态方程)用于缸内气体,可以得到下式:

$$pV=mR_{\mathrm{gas}}T \tag{5.7}$$

式中　R_{gas}——气体常量。

在由式(5.2)、式(5.5)和式(5.7)组成的方程组系统中有 3 个未知数,即缸内气体的压力 p、温度 T 和质量 m,它们可以用数值积分求得。在一个内燃机循环内的不同阶段,即压缩阶段、燃烧阶段、膨胀阶段、排气阶段、进气阶段、气门重叠阶段所处的不同曲轴转角区段,针对进气门和排气门的开闭状态,对式(5.2)和式(5.5)可以做出进一步的简化。另外,在求解过程中,还需要用到一些子模型,如瞬时气缸容积模型、气缸壁传热模型、气门孔口流量模型、缸内气体的热力学物性模型、放热率模型等。

5.4.2　内燃机歧管充填动力学和系统性能瞬态设计

按照时变观点,缸内过程的模拟计算可分为前面所述的曲轴转角精度模型计算和平均值(mean-value)模型计算。按照气体参数的空间分布观点,这两种模型都是零维模型,即气体参数在缸内处处相等。当忽略缸内过程,而基于曲轴转角的细节时,整个气缸被视为在一个工作循环平均意义上的"平均值"物体,其特征参数包括内燃机的充量因数(代表内燃机的"呼吸"或质量守恒特征)、排气歧管气体温度(代表内燃机的能量守恒特征)、内燃机有效功率(从 p-V 图和机械摩擦导出)等。从分析缸内过程的角度来讲,平均值模型属于低精度模型。基于实时瞬态平均值模型的方法是目前用于汽油机和柴油机电子控制的主要模拟方法。为了减少计算时间,平均值模型采用诸如充量因数图和排气歧管气体温度图之类的内燃机脉谱图作为输入数据。这些脉谱图被构造为其他依变参数(如内燃机转速、负荷、增压压力)的函数。这种模型不具备曲轴转角精度,它将内燃机的热力学和流动状态参数用其各自在整个内燃机循环内的单一时间平均值表示。

气缸外部的内燃机歧管的气波动力学模拟计算按照时变观点都是具有曲轴转角精度的,但是按照气体参数的空间分布观点分为两种,即沿着歧管流动方向的一维气波动力学,以及忽略空间分布的零维气波动力学。内燃机歧管充填动力学预测进、排气歧管内的气体压力、温度和流量依时间或曲轴转角变化的动态瞬时值。该方法广泛用于瞬态性能预测和内燃机控制策略评价模拟。如果忽略歧管内气体温度的变化,将进气歧管和排气歧管内的气体质量守恒方程和理想气体方程($PV=mRT$)对时间求导,并结合涡轮增压器和内燃机曲

轴的加速度动力学方程,可以得到下列空气系统瞬态核心方程组。它是一个在四维状态空间内的非线性动力学方程组:

$$
\begin{cases}
\dot{p}_{2a} = \dfrac{RT_{2a}}{V_{IM}}(\dot{m}_C + \dot{m}_{EGR} - \dot{m}_E) \\[3mm]
\dot{p}_3 = \dfrac{RT_3}{V_{EM}}(\dot{m}_E + \dot{m}_F - \dot{m}_T) \\[3mm]
\dot{N}_{TC} = \dfrac{\dfrac{\dot{W}_T}{N_{TC}}\eta_{TC,mech} - \dfrac{\dot{W}_C}{N_{TC}}}{J_{TC}} \qquad 或 \quad \ddot{W}_C = \dfrac{1}{\tau}(\dot{W}_T\eta_{TC,mech} - \dot{W}_C) \\[3mm]
\dot{N}_E = \dfrac{J_E - J_L}{I_E + I_L}
\end{cases}
\tag{5.8}
$$

式中　$\dot{p}_{2a}$——进气歧管压力变化率;

　　　T_{2a}——进气歧管气体温度;

　　　R——与温度有关的气体常数;

　　　V_{IM}——进气歧管容积;

　　　$\dot{m}_C$——压气机的质量流量,由压气机流量特性确定;

　　　$\dot{m}_{EGR}$——EGR 质量流量;

　　　$\dot{m}_E$——从进气歧管流进内燃机气缸的质量流量,由充量因数方程确定;

　　　$\dot{p}_3$——排气歧管压力变化率;

　　　T_3——排气歧管气体温度;

　　　$\dot{m}_F$——燃料质量流量;

　　　$\dot{m}_T$——涡轮质量流量,由涡轮流量特性确定;

　　　V_{EM}——排气歧管容积;

　　　$\dot{N}_{TC}$——涡轮增压器转子加速度;

　　　$\dot{W}_T$——涡轮功率;

　　　N_{TC}——涡轮增压器转速;

　　　$\eta_{TC,mech}$——涡轮增压器机械效率;

　　　$\dot{W}_C$——压气机功率;

　　　J_{TC}——涡轮增压器转动惯量;

　　　τ——涡轮增压器时间滞后常数;

　　　$\dot{N}_E$——内燃机曲轴转速;

　　　J_E——内燃机曲轴有效扭矩;

　　　J_L——载荷扭矩;

　　　I_E——内燃机转动惯量;

　　　I_L——载荷转动惯量。

上述瞬态方程组称为空气系统瞬态核心方程组,能够用于求解当被控参数(如喷油量或空气系统标定参数)或负荷变化时所造成的内燃机瞬态响应,评估影响因素(如歧管容积、转动惯量、时滞参数),设计控制器。需要注意的是,在求解瞬态核心方程组时需要用到的辅助方程是空气系统稳态核心方程组,将在 5.4.3 小节中进行详细介绍。

另外,需要注意,在内燃机处于瞬态时,不能使用涡轮增压器功率的稳态平衡方程 $\dot{W}_T = \dot{W}_C$。自然吸气柴油机的瞬态加速或减速过程可以由一系列连续的稳态运行工况来近似。然而,在涡轮增压柴油机中,涡轮在瞬态过程中的功率不等于压气机功率,而且增压器转速受增压器惯性和功率不平衡影响。涡轮增压柴油机不能像自然吸气柴油机那么快地对转速或负荷的突然变化做出反应,这是因为压气机流量的变化滞后于喷油量的变化。瞬态滞后性的原因:① 歧管具有一定的容积,它需要时间(通常是几个内燃机循环)来逐步建立排气歧管和进气歧管内的气体压力;② 在快速加速过程中,当 EGR 阀关闭后,需要一些时间将进气歧管内的 EGR 气体清除出去;③ 涡轮增压器转子具有一定的转动惯量,需要一些时间以涡轮与压气机之间的功率差依靠涡轮将压气机逐步加速到较高转速,体现为涡轮增压器的滞后性。

减小进气歧管和排气歧管的体积能够减少瞬态滞后性。例如,带小体积歧管的脉冲涡轮增压比定压增压具有更好的瞬态响应。与低转速、低负荷工况匹配的小涡轮能够在瞬态过程中更快地产生较大的涡轮功率,并减少涡轮增压器的滞后性。另一种减少滞后性的方法是减小涡轮增压器的转动惯量,如:① 减小涡轮尺寸;② 使用 2 个较小的涡轮增压器取代一个较大的涡轮增压器;③ 在两级增压中的高压级采用具有低转动惯量的小涡轮增压器;④ 使用陶瓷材质的涡轮转子。

在排烟控制方面,在瞬态过程中存在一个空燃比排烟极限,其根据空气量的多少来限制最大燃油喷射量。在快速加速的瞬态过程中,供油量和内燃机功率会根据所获得的进气增压压力受到一定限制。在瞬态期间,空燃比、EGR 率,以及与热惯性有关的缸内金属壁温都与稳态时的状况不同。这些因素所导致的在燃烧条件、燃烧效率和泵气损失方面的恶化,造成了稳态与瞬态工况下的排放和燃料经济性方面的差异。

其他能够减少瞬态滞后性并改善排烟极限和瞬态响应的方法有 6 种:① 将 EGR 阀置于接近进气歧管处,以减少 EGR 气体的清除时间;② 减少气缸和排气歧管的传热损失;③ 采用较小的气门重叠角;④ 改善瞬态燃烧效率;⑤ 推迟喷油定时,以增加涡轮进口排气温度;⑥ 使用辅助增压设备,如在快速加速过程中喷注额外的空气或者采用机械增压或电动增压。

气门重叠角对瞬态加速性能有很大影响。在加速的起始阶段,出于各种原因(如 EGR 阀关闭),排气歧管压力比进气歧管压力高很多。如果气门重叠角较大,较高的内燃机压差会导致大量残余废气从排气歧管倒流进入气缸和进气歧管。缸内增加的残余废气分数会降低空燃比,从而阻碍燃油喷射量和车辆加速。相反,出于同类原因,较小的气门重叠角会有助于瞬态加速。

涡轮增压器选型中的另一个重要考虑因素是控制瞬态工况中压气机的喘振。根据压气机性能图(见 5.7.2 小节的图 5.23),在转速快速增加的瞬态工况下,内燃机运行点轨迹位于稳态运行点的右侧;在负荷快速增加或转速快速降低的瞬态工况下,内燃机运动点轨迹位于稳态运行点的左侧,但这可能会导致压气机发生喘振。在快速瞬态过程中,当压气机流量迅速对内燃机转速变化做出响应时,流量下降会比滞后的增压压力下降快得多,这样就会发生喘振。增压压力受涡轮增压器的转速和惯性影响。在涡轮增压器匹配中，需要模拟快速减速瞬态工况，以验证压气机是否发生喘振。

除涡轮增压器外，与瞬态加速性能有关的其他内燃机硬件设计评估内容通常包括内燃机惯性、中冷器体积和冷却介质温度、歧管体积和管道、EGR 环路的体积、EGR 气体的清除时间、后处理部件的位置等。

5.4.3 内燃机空气网路方程和系统性能稳态设计

为了理解内燃机空气系统的设计理论和影响泵气损失的因素，下面开列气流网路（图 5.3）的稳态性能方程组。从缸内工作过程求出瞬时气缸压力 p 后，发动机有效功（轴功）用下式计算：

$$W_{\mathrm{E}} = \sum_{j=1}^{n_{\mathrm{E}}} \int p_j \mathrm{d}V_j + W_{\mathrm{f,E}} \tag{5.9}$$

式中 $W_{\mathrm{f,E}}$——机械摩擦功，定义为负值；

n_{E}——气缸数量。

式（5.9）将联系缸内工作过程与气流网路的性能联系起来。

在 p–V 图中，由进气冲程和排气冲程的曲线围成的面积是泵气损失（图 5.2）。缸内气压压差为

$$\Delta p_{\mathrm{cyl}} = p_{\mathrm{exhaust}} - p_{\mathrm{intake}}$$

式中 p_{intake}——进气压力，$p_{\mathrm{intake}} = p_{\mathrm{IntakeManifold}} - \Delta p_{\mathrm{in}}$；

p_{exhaust}——排气压力，$p_{\mathrm{exhaust}} = p_{\mathrm{ExhaustManifold}} + \Delta p_{\mathrm{ex}}$。

Δp_{in} 为包括进气歧管、进气道和进气门的全部流动阻力引起的压降，Δp_{ex} 为涵盖排气门、排气道和排气歧管的全部流动阻力引起的压降。泵气损失指示参数 Δp_{cyl} 可以进一步推导为

$$\Delta p_{\mathrm{cyl}} = \left(p_{\mathrm{ExhaustManifold}} - p_{\mathrm{IntakeManifold}} \right) + \left(\Delta p_{\mathrm{in}} + \Delta p_{\mathrm{ex}} \right)$$
$$= 内燃机压差 + \left(\Delta p_{\mathrm{in}} + \Delta p_{\mathrm{ex}} \right)$$

式中，内燃机压差为排气歧管压力减进气歧管压力。

泵气损失由内燃机压差和流动阻力两部分组成，它们均与充量因数（亦称容积效率）和进排气曲轴转角区段长度有关。内燃机压差受涡轮增压器面积、排气再循环环路阻力和充量因数影响。充量因数主要与配气机构、气缸盖、进气管、排气管的设计有关，也通过缸内残余废气分数与内燃机压差有关。内燃机压差越大，残余废气越多。

自然吸气非排气再循环内燃机 [图 5.3（a）] 的稳态性能方程组比较简单。在给定的转速、喷油量和有效功率下，用内燃机能量平衡方程求解排气歧管气体温度 T_3，用进气流动阻力特征曲线（压降相对于空气体积流量的二次曲线）求解进气歧管压力 p_{1a}，用排气流动阻力特征曲线求解排气歧管压力 p_3。基于内燃机的充量因数定义 [见后文中的式（5.11）]，假设充量因数已知，可以求解空气质量流量 $\dot{m}_{\mathrm{air}}$。

涡轮增压排气再循环内燃机的稳态性能方程组 [图 5.3（b）] 更加复杂。在给定的转速、喷油量和有效功率下，如果假设涡轮增压器的特征已知（如给定压气机性能图），那么要求解的未知量共有 18 个：$\dot{m}_{\mathrm{air}}$，$\dot{m}_{\mathrm{EGR}}$，T_3，p_4，$T_{1,\mathrm{ROA}}$，p_1，p_2，T_2，p_3，T_4，N_{C}，N_{T}，η_{C}，η_{T}，p_{2a}，T_{2a}

（高压环路排气再循环）或 T_1（低压环路排气再循环），T_{CACout} 和 $T_{EGRcoolerGasOut}$。高压环路是指从涡轮进口抽取排气再循环气体,汇入压气机出口下游的进气歧管。低压环路是指从涡轮出口抽取排气再循环气体,汇入压气机进口。内燃机压差为 $p_3 - p_{2a}$。因此,需要构造由 18 个方程 [式（5.10）至式（5.30）] 组成的方程组。每个方程基于每个部件的热工、流动或效率特征来构造。描述缸内工作过程的方程是具有曲轴转角精度的常微分方程 [式（5.2）、式（5.5）和式（5.7）]。与此不同,稳态空气网路方程都是代数方程。

排气歧管气体温度可以用下式计算:

$$\dot{Q}_{\text{fuel}} = \dot{W}_E + \Delta\dot{H}_{\text{in-ex}} + \dot{Q}_{\text{base-coolant}} + \dot{Q}_{\text{miscellaneous}} \tag{5.10}$$

式中　　$\Delta\dot{H}_{\text{in-ex}}$——从进气歧管到排气歧管的气体焓值变化率升幅;

$\dot{Q}_{\text{base-coolant}}$—— 内燃机本体冷却介质散热量（详见第 6 章 “冷却系统”）;

$\dot{Q}_{\text{miscellaneous}}$——零散热损失,视为已知输入量（详见第 6 章 “冷却系统”）;

有效功率 $\dot{W}_E$ —— 有效功率,假设其为已知量或由式（5.9）计算。

四冲程内燃机在整体 “呼吸” 性能方面可视为一个集总元件,用关于进气歧管气体混合物（即新鲜空气加排气再循环气体）的非滞留充量因数（亦称容积效率）定义:

$$\eta_{\text{vol}} = \frac{2\dot{m}_{\text{mixture}}}{\rho_{2a} N_E V_E} = \frac{2(\dot{m}_{\text{air}} + \dot{m}_{\text{EGR}}) T_{2a} R_{\text{gas}}}{p_{2a} N_E V_E} \tag{5.11}$$

式中　　η_{vol}——将参考气体的密度定义在进气歧管的充量因数;

N_E—— 内燃机曲轴转速（每秒转数）;

V_E—— 内燃机排量;

T_{2a}—— 进气歧管气体温度;

p_{2a}—— 进气歧管压力,p_2 与 p_{2a} 之间相差进气节气门压降和中冷器压降,即 $p_{2a} = p_2 - \Delta p_{\text{IntakeThrottle}} - \Delta p_{\text{CAC}}$;

$\dot{m}_{\text{air}}$—— 内燃机的新鲜空气质量流量;

$\dot{m}_{\text{EGR}}$—— 外部排气再循环气体的质量流量。

“非滞留” 是指在式（5.11）的分子中使用流经内燃机进气道的总气体流量,而非滞留在气缸内的部分。充量因数与气门尺寸、配气定时、气门升程型线、气道流量因数、歧管设计、进气歧管气体温度、内燃机压差及其相伴随的缸内残余废气分数有关。

充量因数是非常重要的内燃机系统性能参数,代表了内燃机气缸三大特征中的呼吸特征（其余两个特征是传热和摩擦）。关于充量因数的更多讨论,详见 5.5.3 小节。

从环境大气到压气机进口的进气流动阻力特征由下式表示:

$$\dot{m}_{\text{air}} = f_1(C_{\text{d,int}}, p_{\text{ambient}} - p_1, T_{\text{ambient}}) \tag{5.12}$$

式中　　f_1—— 已知函数（如二阶多项式）;

$C_{\text{d,int}}$——进气系统在压气机进口之前那部分的集总流动阻力因数,包括空气滤清器和调节阀门的阻力。

调节阀门的例子是用于低压环路排气再循环系统中的进气节气门。式（5.12）可以用来求解 p_1。

需要注意的是,构造稳态方程组的意图并不是为了细究函数 f_1 的具体而精确的形式。

其目的只是说明如何在数学上构造空气系统设计的定解问题,使得未知数数目与方程数目相匹配,识别未知数来源于哪里,观察参数之间的相互作用,识别可调的设计参数。

压气机进口处的新鲜空气温度可以由下式求解:

$$T_{1,\text{ROA}} = T_{\text{ambient}} + \Delta T_{\text{ROA}} \tag{5.13}$$

式中 ΔT_{ROA}——充量空气温度从环境到压气机进口处的环境温升(Rise Over Ambient, ROA)。ΔT_{ROA} 受进气管道保温效果和内燃机舱热管理影响。在高压环路排气再循环系统中,$T_1 = T_{1,\text{ROA}}$,式中 T_1 为压气机入口空气温度。在低压环路排气再循环系统中,由于新鲜空气与排气再循环气体的混合效应,$T_1 > T_{1,\text{ROA}}$。

涡轮出口处的气体压力 p_4 可以用涡轮出口处的排气流动阻力特征求解:

$$\dot{m}_{\text{exh}} = \dot{m}_C + \dot{m}_{\text{fuel}} + \dot{m}_{\text{LubeOilCons}} = f_2(C_{d,\text{exh}}, p_4 - p_{\text{ambient}}, T_4) \tag{5.14}$$

式中 $\dot{m}_{\text{exh}}$——排气质量流量;

$\dot{m}_C$——压气机质量流量(在高压环路排气再循环系统中,$\dot{m}_C = \dot{m}_{\text{air}}$);

$\dot{m}_{\text{fuel}}$——燃油流量;

$C_{d,\text{exh}}$——集总的排气阻力流量因数。

EGR 环路的流动阻力由下式表述:

$$\dot{m}_{\text{EGR}} = f_3(C_{d,\text{EGR}}, p_{\text{EGRinl}} - p_{\text{EGRout}}, T_{\text{EGRcoolerGasOut}}) \tag{5.15}$$

式中 p_{EGRinl}——排气再循环环路入口处的气体压力;

p_{EGRout}——排气再循环环路出口处的气体压力。

在高压环路排气再循环系统中,$p_{\text{EGRinl}} = p_{\text{ExhaustManifold}}$,$p_{\text{EGRout}} = p_{2a}$。内燃机压差是排气再循环的驱动力。$p_{\text{ExhaustManifold}}$ 等于涡轮进口压力 p_3 加上任何从排气歧管或排气再循环抽取处到涡轮进口处的压力降。在低压环路排气再循环系统中,p_{EGRinl} 是一个介于 p_4 与 p_{ambient} 之间的压力,取决于排气再循环气流的抽取位置,$p_{\text{EGRout}} = p_1$。p_{EGRinl} 是 $C_{d,\text{exh}}$ 和 p_4 的函数,或者是 $C_{d,\text{int}}$ 和 p_1 的函数。

$C_{d,\text{EGR}}$ 是排气再循环环路的集总流量阻力因数,包括排气再循环冷却器及其接管的流动阻力(即固定的流动阻力),以及排气再循环阀门开度造成的流动阻力(即可调节的流动阻力)。下面的讨论主要以高压环路排气再循环系统作为示例。

压气机出口的空气温度 T_2 用压气机等熵效率的定义计算:

$$\eta_C = \frac{(p_2/p_1)^{\frac{\kappa_c-1}{\kappa_c}} - 1}{(T_2/T_1) - 1} \tag{5.16}$$

压气机等熵效率 η_C 通常由基于温度和压力的"滞止到滞止"的参数定义。式(5.16)适用于单级压气机或无中间冷却的两级压气机。

涡轮出口的气体温度 T_4 用涡轮等熵效率的定义计算:

$$\eta_T = \frac{1 - (T_4/T_3)}{1 - (p_4/p_3)^{\frac{\kappa_t-1}{\kappa_t}}} \tag{5.17}$$

涡轮效率 η_T 一般基于"滞止到静止"的参数定义。

根据压气机功率（一般基于"滞止到滞止"的参数意义）的表达式为

$$\dot{W}_C = \frac{\dot{m}_C c_{p,C} T_1}{\eta_C}\left[\left(\frac{p_2}{p_1}\right)^{\frac{\kappa_c - 1}{\kappa_c}} - 1\right]$$

涡轮功率（通常基于"滞止到静止"的参数意义）的表达式为

$$\dot{W}_T = \eta_T \dot{m}_T c_{p,T} T_3\left[1 - \left(\frac{p_4}{p_3}\right)^{\frac{\kappa_t - 1}{\kappa_t}}\right]$$

涡轮增压器的稳态功率平衡表达式为

$$\dot{W}_C = \dot{W}_T \eta_{TC,mech}$$

将涡轮增压器的稳态功率平衡方程展开后可得：

$$1 - \left(\frac{p_2}{p_1}\right)^{\frac{\kappa_c - 1}{\kappa_c}} + \eta_C \eta_T \eta_{TC,mech}\left(\frac{\dot{m}_T}{\dot{m}_C}\right)\left(\frac{c_{p,T}}{c_{p,C}}\right)\left(\frac{T_3}{T_1}\right)\left[1 - \left(\frac{p_4}{p_3}\right)^{\frac{\kappa_t - 1}{\kappa_t}}\right] = 0 \quad (5.18)$$

式中　$\eta_{TC,mech}$——涡轮增压器的机械效率（如果未包括在涡轮效率中）。从气动实验台上测得的涡轮效率通常是 η_T 与 $\eta_{TC,mech}$ 的乘积。另外，涡轮增压器总效率定义为 $\eta_{TC} = \eta_C \eta_T \eta_{TC,mech}$。

假设活塞的窜气量忽略不计，涡轮流量与压气机流量之间的关系为 $\dot{m}_T = \dot{m}_C + \dot{m}_{fuel} - \dot{m}_{WG}$，其中 $\dot{m}_{WG}$ 是涡轮废气旁通阀的气体质量流量。

涡轮增压器的压气机转速必须等于涡轮转速，即满足

$$N_C = N_T \quad (5.19)$$

压气机效率图可以拟合为压气机修正流量和压比的一个函数（如六阶多项式），如：

$$\eta_C = f_4(\dot{m}_{C,corr}, p_2 / p_1) \quad (5.20)$$

对于一个给定的涡轮有效流通面积，涡轮的效率图可以拟合为涡轮修正流量和压比的一个函数（如六阶多项式），如：

$$\eta_T = f_5(\dot{m}_{T,corr}, p_3 / p_4) \quad (5.21)$$

同理，压气机转速图也可以拟合为压气机修正流量和压比的一个函数：

$$N_C = f_6(\dot{m}_{C,corr}, p_2 / p_1) \quad (5.22)$$

对于一个给定的涡轮有效流通面积，涡轮转速图也可以拟合为涡轮修正流量和压比的一个函数：

$$N_T = f_7(\dot{m}_{T,corr}, p_3 / p_4) \quad (5.23)$$

对于高压环路排气再循环系统，EGR 气体与新鲜空气在进气歧管内的混合状态可以用能量平衡方程描述：

$$\dot{m}_{\text{air}} \int_0^{T_{\text{CACout}}} c_{p,\text{air}} dT + \dot{m}_{\text{EGR}} \int_0^{T_{\text{EGRcoolerGasOut}}} c_{p,\text{EGR}} dT$$

$$= \left(\dot{m}_{\text{air}} + \dot{m}_{\text{EGR}} \right) \int_0^{T_{2a}} c_{p,\text{mix}} dT \tag{5.24a}$$

对于低压环路排气再循环系统，EGR 气体与新鲜空气在压气机进口处的混合状态可以用能量平衡方程来描述：

$$\dot{m}_{\text{air}} \int_0^{T_{1,\text{ROA}}} c_{p,\text{air}} dT + \dot{m}_{\text{EGR}} \int_0^{T_{\text{EGRcoolerGasOut}}} c_{p,\text{EGR}} dT$$

$$= \left(\dot{m}_{\text{air}} + \dot{m}_{\text{EGR}} \right) \int_0^{T_1} c_{p,\text{mix}} dT \tag{5.24b}$$

中冷器的效能由下式定义（详见第 6 章"冷却系统"）：

$$\varepsilon_{\text{CAC}} = \frac{T_2 - T_{\text{CACout}}}{T_2 - T_{\text{CACcooling}}} \tag{5.25}$$

排气再循环冷却器的效能由下式定义：

$$\varepsilon_{\text{EGRcooler}} = \frac{T_3 - T_{\text{EGRcoolerGasOut}}}{T_3 - T_{\text{EGRcoolantInlet}}} \tag{5.26}$$

中冷器和位于其下游的进气节气门（如果有）的集总流动阻力特性可以采用一个集总流量因数 $C_{\text{d,CAC-IT}}$ 按下式表述：

$$\dot{m}_{\text{air}} = f_8(C_{\text{d,CAC-IT}}, p_2 - p_{2a}, T_{\text{CACout}}) \tag{5.27}$$

用上述 18 个方程联立解出涡轮质量流量 $\dot{m}_T$ 后，涡轮有效截面积 A_T 可由式（5.28）或式（5.31）按照可压缩气流的流动方程计算。以轴流式涡轮为例：

$$\dot{m}_T = A_T \cdot \frac{p_3}{\sqrt{R_{\text{ex}} T_3}} \cdot \sqrt{\frac{2\kappa_t}{\kappa_t - 1}} \cdot \sqrt{\left(\frac{p_4}{p_3} \right)^{\frac{2}{\kappa_t}} - \left(\frac{p_4}{p_3} \right)^{\frac{\kappa_t + 1}{\kappa_t}}} \tag{5.28}$$

应注意，式（5.28）仅对亚声速流动条件有效，即

$$\frac{p_4}{p_3} > \left(\frac{2}{\kappa_t + 1} \right)^{\frac{\kappa_t}{\kappa_t - 1}} \tag{5.29}$$

在超声速流动条件下的表达式为

$$\frac{p_4}{p_3} \leqslant \left(\frac{2}{\kappa_t + 1} \right)^{\frac{\kappa_t}{\kappa_t - 1}} \tag{5.30}$$

此时涡轮的流量方程可由下式描述：

$$\dot{m}_T = A_T \cdot \frac{p_3}{\sqrt{R_{\text{ex}} T_3}} \left(\frac{2}{\kappa_t + 1} \right)^{\frac{1}{\kappa_t - 1}} \cdot \sqrt{\frac{2\kappa_t}{\kappa_t + 1}} \tag{5.31}$$

大多数汽车用内燃机采用径流式涡轮，其流量方程比轴流式涡轮的复杂得多，需要在式（5.28）中与 p_4/p_3 有关的项中添加焓值修正因子。

涡轮有效面积 A_T 由以下两部分相乘组成：① 涡轮的物理面积，它是与喷嘴喉口面积和出气端喉口面积有关的一个常数；② 涡轮流量因数，它是与涡轮压比和转速有关的一个函

数变量,具体可以参考涡轮增压书籍。

在由式(5.10)至式(5.27)所组成的 18 个方程中,气体的压力、温度和流量参数既可以是工作循环的平均稳态值,也可以是基于曲轴转角变化的瞬态值。瞬态常微分方程与稳态代数方程在本质上是一致的。例如,以瞬态常微分形式存在的式(5.2)在本质上与稳态或循环平均形式的式(5.10)相同,即都是基于能量守恒求解 T_3;式(5.5)在本质上与式(5.11)相同,都是基于质量守恒求解 $\dot{m}_{air}$。由于缸内压力相对于缸内瞬时容积的循环积分值是功式(5.9),它是连接缸内气压与功率的纽带。在式(5.10)至式(5.27)的构造中,有效功率假设为已知。如果功率为未知数,那就必须使用缸内工作过程的式(5.7)求解缸压,然后用式(5.9)求解功率。

由于上述方程组中包括了式(5.22)和式(5.23)描述的涡轮增压器硬件的指定特性,式(5.10)至式(5.27)所组成的数学构造只能用来预测给定硬件的内燃机性能。式(5.10)至式(5.27)是一个非线性系统,求解此系统时,需要任选 18 个未知数中的一个的初始值开始计算,用迭代的解法求解,直到收敛。其中,将以下 4 个方程称为四冲程涡轮增压 EGR 内燃机空气系统的稳态核心方程组:

$$
\left\{
\begin{aligned}
&\eta_{vol} = \frac{2(\dot{m}_{air} + \dot{m}_{EGR})T_{2a}R_{gas}}{(p_2 - \Delta p_{IntakeThrottle} - \Delta p_{CAC})N_E V_E} \\
&p_{EGRin} - p_{EGRout} = f(C_{d,EGR}, \dot{m}_{EGR}, T_{EGRcoolerOut}) \approx C_0 + C_1 \dot{m}_{EGR}^2 \\
&1 - \left(\frac{p_2}{p_1}\right)^{\frac{\kappa_c - 1}{\kappa_c}} + \eta_C \eta_T \eta_{TC,mech} \left(\frac{\dot{m}_T}{\dot{m}_C}\right)\left(\frac{c_{p,T}}{c_{p,C}}\right)\left(\frac{T_3}{T_1}\right)\left[1 - \left(\frac{p_4}{p_3}\right)^{\frac{\kappa_t - 1}{\kappa_t}}\right] = 0 \\
&\dot{m}_T = A_T \cdot \frac{p_3}{\sqrt{R_{ex}T_3}} \cdot \sqrt{\frac{2\kappa_t}{\kappa_t - 1}} \cdot \sqrt{\left(\frac{p_4}{p_3}\right)^{\frac{2}{\kappa_t}} - \left(\frac{p_4}{p_3}\right)^{\frac{\kappa_t + 1}{\kappa_t}}}
\end{aligned}
\right.
\tag{5.32}
$$

式中,第 1 个方程是进气歧管混合气充量因数定义方程;第 2 个方程是 EGR 环路气阻方程;第 3 个方程是涡轮增压器功率平衡方程;第 4 个方程是涡轮流量方程。

注意到,泵气损失功基本上正比于内燃机压差与排量的乘积。在充量因数定义方程中,如果把右侧的 $N_E V_E$ 项移到左边与 η_{vol} 相乘,这就体现了降低"呼吸"(即依靠改变配气定时,减小 η_{vol})、减小排量 V_E、降低转速 N_E 是 3 项在机理上可以类比或者相通的有效技术。它们在给定的 EGR 率和空燃比目标下,均能够达到减小内燃机压差或泵气损失的目的,因为这 3 个参数在数学上可以互换并且均在空气系统核心方程组中只出现过一次,所以它们对内燃机压差的影响在数学上是相似的。然而,这 3 项有效技术因其各自不同的机理,在泵气损失、空燃比能力和油耗方面具有不同的影响。这个例子体现了核心方程组在深刻揭示内燃机创新技术方面的用途和理论优势。

5.4.4　内燃机空气系统指标设计和各种环境下的关键工况点

上一小节讨论了如何预测内燃机硬件的性能。空气系统指标设计的目的是寻找所需硬件参数(如涡轮流通面积),以匹配给定的空燃比和 EGR 率的功能目标。如果假设压气机效率和涡轮效率为已知量,可以得到由 16 个方程组成的方程组 [式(5.10)至式(5.19),式

（5.22）至式（5.27）]。16 个未知数可以是 $\dot{m}_{air}$、$\dot{m}_{EGR}$、T_3、p_4、$T_{1,ROA}$、p_1、p_2、T_2、p_3、T_4、N_C、N_T、p_{2a}、T_{2a}、T_{CACout}、$T_{EGRcoolerGasOut}$。　　在这个方程组里，仍然可以保证涡轮转速等于压气机转速，因为式（5.19）、式（5.22）和式（5.23）被包括在内。然而，涡轮增压器的转速通常并不属于内燃机系统指标的计算范畴，而涡轮流通面积则是一个必需的指标设计参数。因此，删除代表已知硬件特性的涡轮增压器转速和效率性能图的式 5.19~5.23，并加入式 5.28，便可构造出用于内燃机系统指标设计的具有 14 个方程的方程组（式 5.10~5.18 和式 5.24~5.28）。14 个未知数可以选为：$\dot{m}_{air}$ 或 A_T，$\dot{m}_{EGR}$，T_3，p_4，$T_{1,ROA}$，p_1，p_2，T_2，p_3，T_4，p_{2a}，T_{2a}，T_{CACout}，$T_{EGRcoolerGasOut}$。当 $\dot{m}_{air}$ 已知而 A_T 未知时，内燃机制造商需要找到所需的涡轮流通面积以匹配给定的空气流量目标，然后交给涡轮增压器供应商选型。

当内燃机制造商从涡轮增压器供应商处获得选出的涡轮增压器后，内燃机制造商需要根据涡轮增压器性能图用内燃机性能模拟计算软件校核已知硬件的性能，从本质上讲是使用式（5.10）至式（5.27）这 18 个方程。

在内燃机系统指标的设计中，存在一个标称目标和两类耐久性极限值：①在标准实验室条件下的标称目标（又称"标准环境标定值"）；②在排放认证和真实世界驾驶条件下所出现的各种极端的环境温度和海拔高度条件下，根据内燃机电控逻辑，标定值发生自然偏移和标定改变时所不应超过的标定极限；③为了照顾产品个体具有统计分布的变化特点而设定的硬件耐久性设计极限。

根据耐久性设计极限和合理预留的统计分布安全裕度（如 3 倍标准偏差），可以导出标定极限。然后，根据排放要求和电控逻辑，可以导出标称目标。因此，在标准环境条件下的标称目标（如进气歧管压力或排气歧管气体温度）通常会低于标定极限，而这一差别实际上能够依靠内燃机性能模拟计算准确确定。在系统指标中，全负荷工况的标称目标通常远低于耐久性设计极限，其原因主要是统计分布安全裕度通常不准确。"

需要注意的是，从耐久性设计极限和标定极限推导标称目标的设计方法是代表"耐久性驱动"和"极端排放驱动"的设计逻辑，并不能保证内燃机在标准环境条件下满足排放要求。然而，"标准排放驱动"的设计逻辑从标称目标入手，虽然能够满足标准环境条件下满足排放要求，但是可能会违反极端环境下的排放要求和耐久性约束条件，以及耐久性设计极限。这两种设计方法在顺序上相反，在结果上也必然是互相矛盾的，不可能同时刚好满足所有的排放和耐久性这两方面的要求，肯定会有权衡，即一方面需要做出让步，造成潜力上的"浪费"，如无法用满排气歧管气体温度的耐久性潜力。而且，当耐久性和排放这两个强制性要求均无法满足时，通常需要降低和牺牲功率要求。

另外，不同的设计极限会出现在不同的环境条件或内燃机转速和负荷，这些要求说明了内燃机系统设计的复杂性，举例如下。

1）EGR 冷却器和中冷器的尺寸选型须在海平面海拔高度和热环境下进行，以实现进气歧管气体温度的设计目标，满足热环境时的排放要求。

2）内燃机冷却液散热量和相关的 EGR 策略须确保在高海拔和热环境条件下内燃机出口冷却液温度不超过耐久性极限。

3）最高气缸压力必须低于活塞、气缸盖和轴承的耐久性极限。

4）排气歧管气体温度应控制在气缸盖、涡轮、EGR 管路的耐久性限值以下。

5）压气机出口空气温度须低于压气机和中冷器的材料极限。

图 5.7 显示在不同的环境条件下在全负荷扭矩曲线上的重载柴油机性能特征[①]。在高海拔和热环境下的排气歧管气体温度和压气机出口空气温度比在平原和正常环境温度时更高。有效燃油消耗率在极端环境条件下较高的主要原因是空燃比下降导致在压缩冲程和膨胀冲程内的指示功率下降，次要原因是泵气损失增加。如果想增大高海拔时的空燃比，减少碳烟排放，则需减小 EGR 率或涡轮废气旁通阀开度，这将增大内燃机压差和泵气损失。

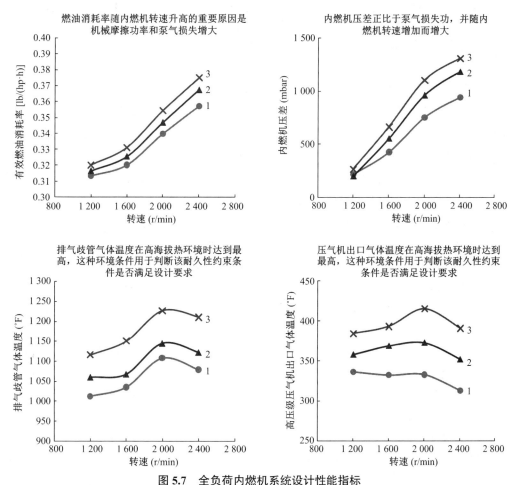

图 5.7　全负荷内燃机系统设计性能指标

1—零海拔高度，30 ℃环境温度，无环境温升；2—零海拔高度，45 ℃环境温度，10 ℃环境温升；
3—2 000 m 海拔高度，45 ℃环境温度，10 ℃环境温升。

重型内燃机硬件选型的关键设计工况包括额定功率、最大扭矩、车辆匹配分析所确定的典型部分负荷驾驶工况等。轻型内燃机在实际驾驶条件下很少用到额定功率和最大扭矩工况，而且在全负荷工况下，通常只需使用很少的 EGR 量即可满足排放认证要求。因此，轻型内燃机通常采用具有较高 EGR 需求的高转速高负荷工况和低转速高负荷工况进行设计。

额定功率用来选择压气机和涡轮的最大流量范围、冷却器效能、最大散热量、进排气阻力，而不是用来定义 EGR 环路的最小流动阻力。这是因为高 EGR 内燃机在额定功率下的内燃机压差通常比较高，因此 EGR 阀在额定功率下必须人为地部分关闭，以避免 EGR 量过大。出现较高内燃机压差的原因是固定截面涡轮的流通面积是按照最大扭矩所需的 EGR 率和空燃比选择的,而如此之小的涡轮流通面积在内燃机转速较高、排气流量较高条件下,就会产生较高的内燃机压差。解决这个问题的办法是采用可变截面涡轮,在额定功率下采用较大的涡轮流通面积。

在最大扭矩工况下,内燃机的空气流量较低,增压压力相对较高,容易出现压气机喘振,尤其在高海拔高度。在输出最大扭矩时,由于内燃机转速较低,在选择涡轮流通面积以满足空燃比要求时,可能会造成内燃机压差不足,无法有效驱动 EGR。EGR 环路的最低流动阻力(即当阀门全开时)和所需的最小涡轮面积往往取决于在高海拔的最大扭矩工况的 EGR 驱动要求和空燃比要求。

5.4.5　内燃机压差的特征

内燃机压差是泵气损失的重要组成部分。在式(5.32)表示的内燃机空气网路的 4 个核心方程能够反映内燃机压差的参数依变关系。当空燃比和 EGR 率是已知的设计目标时,如果涡轮流通面积 A_T 发生变化,排气歧管压力 p_3 将按照式(5.28)变化。因此,在 p_1、p_2、$\eta_C \eta_T \eta_{TC,mech}$ $(\dot{m}_T / \dot{m}_C)(T_3 / T_1)$ 或 p_4 中必须至少有一个参数发生变化,才能使式(5.18)维持平衡。所以,能够用来减少内燃机压差的参数,全都显示在式(5.11)、式(5.18)和式(5.28)中。这些参数是 η_{vol}、p_1、p_2、$\eta_C \eta_T \eta_{TC,mech}$ $(\dot{m}_T / \dot{m}_C)(T_3 / T_1)$、$p_4$,以及 A_T。

从求解未知数的角度来理解,4 个核心方程能够求解 4 个未知量。当空燃比和 EGR 率已知时,4 个未知量通常是涡轮流通面积、EGR 阀门开度、增压压力、排气歧管压力。因此,可以求得内燃机压差。当空燃比或 EGR 率的设计目标改变时,或者当核心方程中某个参数的已知值发生变化时(如涡轮增压器效率发生变化),又能求得一组新的解及相应的内燃机压差。

关于涡轮废气旁通对内燃机压差的影响,可以这样解释。废气旁通时,涡轮流量的损失必须由增加涡轮压比来补偿,以保证维持足够的涡轮功率达到空燃比目标值。增大的涡轮压比导致排气歧管压力和内燃机压差同时上升。由于可变截面涡轮没有废气旁通损失,它的泵气损失比较小。

通过求解 4 个核心方程,可以分析影响内燃机压差的因素,如图 5.8 所示。该图是基于一些简化假设得到的(假设 EGR 率为 30%),能够说明趋势。可以看出,较小的涡轮流通面积会产生较高的内燃机压差,以便在低转速时能够驱动 EGR。在低转速时,如果涡轮增压器的效率过高,涡轮流通面积就必须选得很大,否则会造成空燃比高于目标值。而较大的涡轮流通面积会产生非常低甚至为负值的内燃机压差,这将导致无法驱动 EGR。需要注意的是,当 EGR 环路采用止回阀时,即使内燃机循环的平均压差变成负值,沿曲轴转角变化的瞬时脉动压差仍然能够将 EGR 气流压入气缸中。

理论分析表明,以下措施能够减小内燃机压差:增大涡轮流通面积、增大 EGR 阀门开度、提高涡轮增压器效率、减少涡轮废气旁通、提高排气歧管气体温度、减少排气阻力压降、减少中冷器压降。

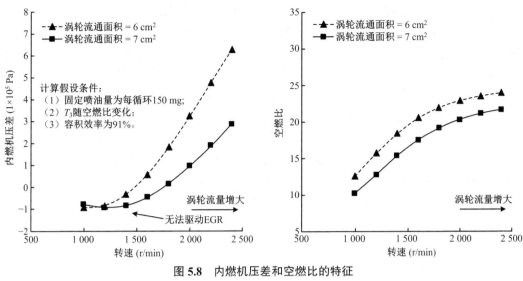

图 5.8　内燃机压差和空燃比的特征
（a）内燃机压差　（b）空燃比

5.4.6　空气系统集成设计原理

除了之前反复提到的涡轮流通面积和 EGR 阀门开度这两个最常见的设计参数外,涡轮增压器效率、节气门状态、充量因数是影响空气系统集成设计质量的关键因素,它们直接影响空燃比、EGR 率、内燃机压差。

为了达到空燃比和 EGR 率这两个设计目标,通常需要调节涡轮流通面积和 EGR 阀门开度这两个参数。如果涡轮增压器效率不够高,就必须使用小流通面积的涡轮以提升排气歧管压力,产生足够高的涡轮压比。这会造成很大的内燃机压差,迫使 EGR 阀门被迫部分关闭。另一方面,如果涡轮增压器效率过高,就必须使用大流通面积的涡轮以减小排气歧管压力,降低涡轮压比,防止过度增压。这时,内燃机压差可能会变得过低,无法驱动 EGR。因此,不适当的内燃机压差的根源就是由于涡轮增压器效率无法在每个内燃机转速和负荷工况下灵活匹配内燃机的需求。

减小排气背压阀或进气节气门的开度会导致空燃比大幅度下降和 EGR 率的小幅度上升。进气节气门在汽油机中通常用于调节空气流量,以便匹配燃油流量。进气节气门在柴油机中则通常用于在低转速工况驱动 EGR。例如,在最大扭矩处,EGR 阀门全开,涡轮废气旁通阀全关,涡轮流通面积和涡轮增压器效率已知。如果排气阻力因数 Cd,exh 也已知且固定,那么唯一能够调节空燃比或 EGR 率的手段就是控制进气节气门。图 5.9 解释了进气节气门的功能。

总结涡轮增压 EGR 内燃机的泵气损失控制原理,可以看到,泵气损失受到进气歧管充量因数和内燃机压差的影响,在 p-V 图上体现为横纵两个方向。使用空气系统核心方程组能求解任意设计问题或校核问题,如使用 4 个方程求解 4 个任选的未知数,进而计算泵气损失。这种定解问题比优化简单,是未能使用优化手段时的简化处理方式。核心方程组能从理论上深刻揭示哪种内燃机技术更好,如 VVA 相比于节气门、涡轮废气旁通、可变截面涡轮。与内燃机多因子标定优化类似,对设计问题的最佳但也最复杂的处理方式是使用多因子优化,因为改变核心方程组内以下 7 个参数中的任意两个都能实现 2 个给定目标值的优化,如计算在最大扭矩的空燃比和 EGR 率(或额定功率的空燃比和 EGR 率)条件下所需的内燃机压差。然而,这些参数对内燃机压差、泵气损失、油耗和空气系统能力范围的影响有所不同。上述所说的 7 个参数包括:① 配气定时,本质上体现为固定凸轮或 VVA 配气机构的充量因数;② 进气节气门开度,体现为从中冷器出口到进气歧管的气体压力降;③ 排气阻力或背压阀(排气节气门或排气制动器阀门)开度,体现为涡轮出口压力;④ EGR 环路的流动阻力,即 EGR 阀门、管路和 EGR 冷却器的总阻力;⑤ 涡轮面积,或可变截面涡轮的叶片或面积开度;⑥ 涡轮废气旁通阀开度;⑦ 涡轮或压气机的效率。图 5.10 仅涉及空气流量和压力,未涉及温度。涡轮效率改变导致温度发生变化,影响空气系统的等效性。严格来讲,空气系统能力图也应包括温度。图 5.10 展示了在空气系统能力图上体现出的空气系统技术比较。

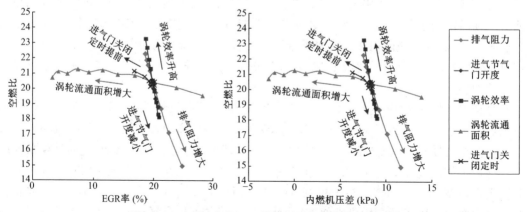

图 5.9　柴油机进气节气门功能示意图

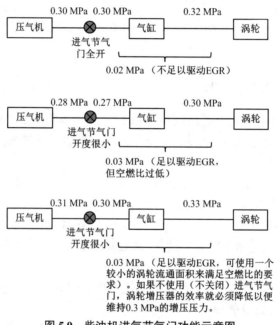

图 5.10　在最大扭矩工况的内燃机空气系统能力图

5.4.7　内燃机性能模拟计算和模型调整

内燃机性能模拟计算是空气系统设计和校核的手段。模型中使用 8 个关键部件表征性能特征：进气阻力装置、排气阻力装置、中冷器、间冷器（介于低压级压气机和高压级压气机之间的增压空气冷却器）、EGR 冷却器、压气机、涡轮、气缸（以机械摩擦、内燃机本体散热量、充量因数为特征）。与实验数据相比，在给定的内燃机转速和负荷下调整模型时，需要确保性能目标准确、耐久性约束条件准确。性能目标包括功率、燃油消耗率、空燃比、EGR率、进气歧管气体温度等。耐久性约束条件包括最高气缸压力、排气歧管气体温度、压气机出口空气温度、排气歧管压力、内燃机压差、冷却液散热量、涡轮增压器转速等。

稳态内燃机性能校核计算中的模型调整步骤简单概括如下。

1）在模型中针对 8 个关键部件设置输入硬件数据。

2）校准内燃机气缸的 3 大特征（机械摩擦、内燃机本体散热量、充量因数）。

3）使用内燃机气缸压力的测试数据计算放热率。

4）校准进气阻力、排气阻力、冷却器压降、冷却器效能、涡轮增压器效率。

5）调整空气系统设计参数，如涡轮流通面积和 EGR 阀门开度等。

5.5　内燃机配气机构性能

作为一个具有空气系统和机械系统双重特性的独特系统，配气机构控制着内燃机的气流、充量因数、内燃机压差、泵气损失，并面临着机械设计方面的众多约束条件，包括摩擦、润滑、振动和噪声。本节介绍传统配气机构和 VVA 系统的性能。关于配气机构的部件设计、动力学和耐久性课题，将在第 12 章中论述。

5.5.1　气门升程型线和配气定时

传统的凸轮驱动配气机构中的进气门和排气门升程型线如图 5.11 所示。进气道压力、排气道压力和气缸压力如图 5.12 所示。发动机气门流量特性如图 5.13 所示。气门升程和配气定时决定了进排气的流通面积和工作区段长度，影响充量因数和泵气损失。从气门升程型线上可知，有几个关键设计参数控制气门升程曲线的形状和开启闭合定时：排气门开启（Exhaust Valve Opening，EVO），进气门开启（Intake Valve Opening，IVO），排气门关闭（Exhaust Valve Closing，EVC），进气门关闭（Intake Valve Closing，IVC）。气门重叠角是指在进气上止点附近从进气门开启到排气门关闭的曲轴转角持续期。在此期间，进气门和排气门均处于开启状态。

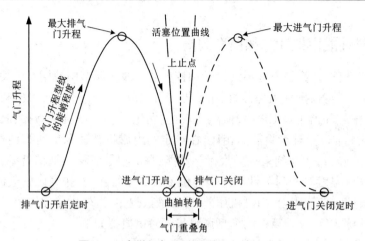

图 5.11　内燃机气门升程型线上的控制点

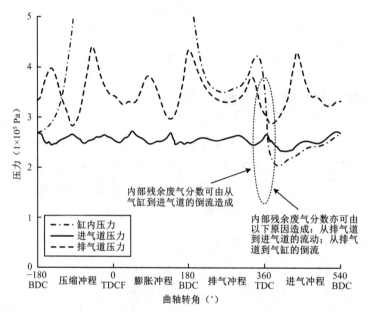

图 5.12　六缸直列式柴油机压力脉动示意图

现代内燃机多采用四气门结构,即两个进气门和两个排气门。与两气门设计相比,四气门具有以下优点:① 充量因数较高;② 能够将喷油器垂直置于气缸盖中心而非偏置,利于燃烧;③配气机构的运动质量较小,配气机构的动力学性能较好。

排气门开启的最佳定时通常取决于油耗与空燃比之间的权衡,即在膨胀冲程内的可用功与在排气冲程内的泵气损失之间的权衡。改变排气门开启定时会改变内燃机的有效膨胀比,也会影响涡轮排气能量和空燃比。

排气门关闭的最佳定时处于以下 3 个参数之间的平衡:泵气损失、残余废气量、排气门凹陷度或活塞上的排气门坑深度。如果排气门关闭定时过于提前,会导致泵气损失过高、残余废气过多;如果排气门关闭定时过于推迟,会要求有很大的气门凹陷量,以避免排气门与活塞碰触,同时也会引起废气从排气道倒流进气缸。气门凹坑过大会导致燃烧不良。

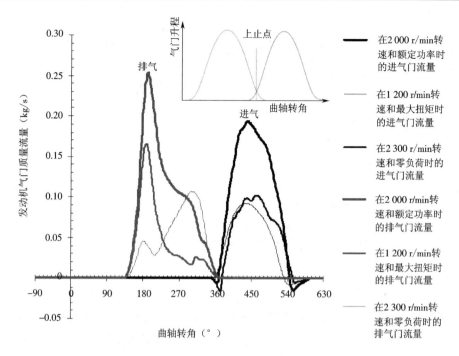

图 5.13　在点火运行工况时内燃机气门流量的示意图

进气门开启的最佳定时处于以下 3 个参数之间的平衡:泵气损失、残余废气量、进气门凹陷度或活塞上的进气门坑深度。这些因素与排气门关闭定时的效果类似。另外,进气门开启定时通过在气门重叠上止点附近的缸内再压缩压力的激励作用,影响进气配气机构动力学的振动。

进气门关闭定时是配气定时中最为重要的一个。进气门关闭定时影响内燃机的有效压缩比、充量因数、内燃机压差、泵气损失。改变进气门关闭定时是减小空气流量的最有效方式,因为它不会像使用进气节气门那样产生节流损失。许多可变气门驱动机构都是基于进气门关闭定时的调节,如汽油机中无节流空气流量调节实现负荷控制,以及柴油机中为降低油耗和氮氧化物排放而采用的米勒循环。

总之,固定凸轮配气定时的主要设计原则是维持在充量因数与燃油消耗率之间的最佳权衡,以及在高低转速之间的最佳权衡。

5.5.2　气道流量因数

在流量因数的评估中,通常是将气门和气道结合在一起表述,因此既可以称为气门流量因数,也可以称为气道流量因数,如图 5.14 所示。当歧管与气缸盖连在一起测试时,由于歧管引入了更多的流动阻力,流量因数有所下降。有效气门流通面积采用下式计算:

$$A_{\text{VAL,eff}} = C_{\text{f}} A_{\text{ref}} = C_{\text{f}} \frac{\pi d_{\text{VAL,ref}}^2}{4} \tag{5.33}$$

式中,A_{ref} 可以是任何参考面积,但一般采用气门头部直径作为参考直径。

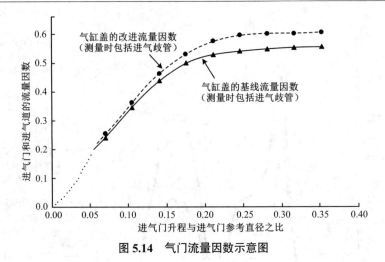

图 5.14　气门流量因数示意图

在采用高气门升程时,流量因数曲线趋于平坦,意味着气道逐渐成为气缸盖气流流通能力的瓶颈。这时,如果继续增加最大气门升程,只能给充量因数提供微小增益。然而,在凸轮设计和配气机构动力学方面会遇到很大困难,因此得不偿失。图 5.15 展示了汽油机滚流与气道流量因数之间的反比关系,以及柴油机涡流与气道流量因数之间的反比关系。

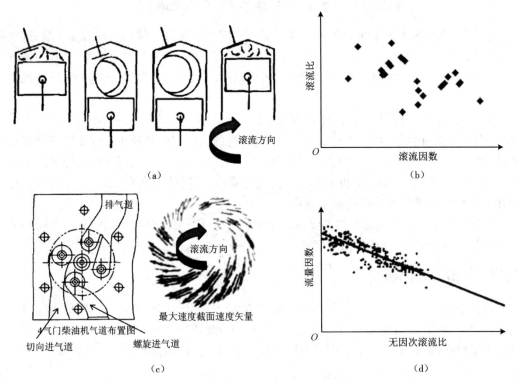

图 5.15　汽油机滚流和柴油机滚流与气道流量因数的关系

（a）滚流的形成和发展　（b）滚流比与流量系数的关系　（c）滚流方向　（d）Ricardo 流量因数与滚流比的关系

5.5.3　充量因数

充量因数是描述内燃机气缸特征的三大参数之一,代表内燃机的"呼吸"特征,具有非常重要的意义。其余两大参数分别是内燃机本体散热百分比和摩擦。内燃机气门的运行状况影响冲程数(如二冲程或四冲程)、有效内燃机排量(如通过关闭气门实现停缸)、有效压缩比(通过改变进气门关闭定时)、有效膨胀比(通过改变排气门开启定时)、充量因数(通过改变气门工作段持续角或气门有效开启面积),并最终影响缸内热力学循环过程。置于内燃机气流网路中的空气或排气控制阀和涡轮增压器,通过它们在气缸外部的角色和作用,在内燃机循环这一更为粗糙的精度等级上也影响内燃机气流。但是,它们对空气气流、EGR气流和泵气损失的影响不同于VVA系统。气缸的呼吸特征是由配气机构实现的,是用充量因数来表征的。配气机构本质上就是具有流动阻力的孔口。理解配气机构对内燃机的空气供给能力和油耗影响的最佳渠道是空气系统设计理论中所提出的4个核心方程[式(5.32)]在充量因数、泵气损失、EGR驱动能力这三方面的作用。

四冲程内燃机进气歧管空气与EGR气体混合物的非滞留充量因数η_{vol}曾在式(5.11)中表述过,即:

$$\eta_{vol} = \frac{2(\dot{m}_{air} + \dot{m}_{EGR})T_{2a}R_{gas}}{p_{2a}N_E V_E}$$

将这个方程经过重新排列和展开后,可以表达成以下形式:

$$2(\dot{m}_{air} + \dot{m}_{EGR})R_{gas} = \frac{\eta_{vol}V_E N_E (p_2 - \Delta p_{IT} - \Delta p_{CAC})}{T_{2a}} \tag{5.34}$$

式中　$\dot{m}_{air}$——内燃机总的新鲜空气质量流量;

　　　N_E——内燃机转速;

　　　V_E——内燃机有效排量(与是否停缸有关);

　　　T_{2a}——进气歧管气体温度;

　　　p_{2a}——进气歧管压力;

　　　p_2——压气机出口压力;

　　　Δp_{IT}——进气节气门节流造成的阻力压降;

　　　Δp_{CAC}——中冷器的增压空气压降。

式(5.34)表明,在给定的转速-负荷工况下,为了满足给定的空气流量和EGR流量的设计要求,在式(5.34)右侧涉及的以下6个参数之间需要合理匹配:① 配气机构和气道设计(η_{vol});② 内燃机排量(停缸或减小排量);③ 内燃机转速(降低转速);④ 涡轮增压(p_2);⑤ 进气节气门(Δp_{IT});⑥ 新鲜空气或EGR气流的充量冷却(T_{2a})。

求解空气系统核心方程组[式(5.32)]能够获得一组解,包括内燃机压差。如果进气节气门开度(Δp_{IT})或配气定时(η_{vol})的已知假设值发生了变化,就会得到一组新的解,对应的内燃机压差也会发生变化。因此,可变气门驱动是否能够取代进气节气门或废气旁通,取决于这样求解所得到的答案。

充量因数是实际进入气缸的混合气(新鲜空气加EGR气体)质量m_{mix}与在进气状态下

充满气缸活塞排量的进气量 m_s 的比值。气缸中的气体总质量 m_a 可以表述为 m_{mix} 与残余废气质量 m_r 之和：

$$m_a = m_{mix} + m_r = (1 + \varphi_r)m_{mix} \tag{5.35}$$

式中　φ_r——残余废气分数，$\varphi_r = \dfrac{m_r}{\eta_r V_s \rho_s}$。

因此，充量因数可以表达为

$$\eta_{vol} = \frac{m_{mix}}{m_s} = \frac{1}{1 + \varphi_r} \cdot \frac{m_a}{m_s} \tag{5.36}$$

从理想气体状态方程 $pV=mRT$，可以导出参考气体密度：

$$\rho_s = \frac{p_s}{RT_s} \tag{5.37}$$

考虑到内燃机压缩比的定义，其可以表达为

$$\Omega = \frac{V_a}{V_a - V_s} \tag{5.38}$$

将式（5.37）和式（5.38）代入式（5.36），经推导可以得到：

$$\eta_{vol} = \frac{1}{1 + \varphi_r} \cdot \frac{p_a V_a}{R T_a} \cdot \frac{R T_s}{p_s V_s} = \frac{1}{1 + \varphi_r} \cdot \frac{\Omega}{\Omega - 1} \cdot \frac{T_s}{T_a} \cdot \frac{p_a}{p_s} \tag{5.39}$$

从式（5.39）可以看出，影响充量因数的因素包括充气参考密度 ρ_s、参考压力 p_s、参考温度 T_s。参考温度越高，则充量因数越大。当气门倒流引起残余废气增加时，φ_r 增大，充量因数会减小。对于给定的配气机构和气缸盖设计来讲，充量因数强烈地受内燃机压差影响，因为缸内残余废气分数极大地受从排气道到进气道之间的压差影响，而这些影响取决于气门重叠角大小。当内燃机压缩比增加时，充量因数理论上讲会减小。但是实测结果表明，压缩比对充量因数没有显著影响。当气缸内存在燃油吸热时，正如把汽油机从气道喷射时燃油从气道壁面吸热改为直喷时燃油从气缸内吸热，气体充量的温度 T_a 会降低，内燃机的充量因数能显著提高，这是直喷式汽油机的一个主要优点。当进气道流动阻力降低、流量因数增大时，实际进入气缸的充量压力 p_a 增大，造成充量因数增大。

参考温度 T_s 对充量因数的影响是一个重要现象，体现在以下两个方面。一方面，由于进气歧管气体温度通常被选择作为计算充量因数的参考温度，该值强烈影响充量因数，而且是在相同的进气歧管质量流量时，温度越高，充量因数越大。这表面上看起来会让人非常迷惑和存在误导，因为人们往往会以为充量因数越大越好。事实上，较热的充量可以用较小的 EGR 冷却器或较小的中冷器来产生，而这种较高气温所给出的较高的充量因数并不能反映充气能力的真实设计效果，因为实际的进气质量反而是降低的。因此，当比较不同内燃机的充量因数并试图据此评估气缸盖、配气机构和歧管的设计效果时，必须在类似或可比的进气歧管气体温度和内燃机压差下进行，以避免产生误导性的结论。

关于较小的冷却器给出温度较高但流量较低的缸内充量的计算示例，如图 5.16 所示。从理论上分析，内燃机气门流量方程式（5.40）和式（5.41）表明，气体流量与温度有关。据此能够解释温度对充量因数的影响。空气质量流量与上游滞止压力 p_0、滞止温度 T_0、孔口处的静压 p_T、孔口流通面积 A_R 等参数有关，亚音速气流时的关系如下：

$$\dot{m} = \frac{C_D A_R p_0}{\sqrt{R T_0}} \left(\frac{p_T}{p_0}\right)^{\frac{1}{\gamma}} \sqrt{\frac{2\gamma}{\gamma-1}\left[1-\left(\frac{p_T}{p_0}\right)^{\frac{\gamma-1}{\gamma}}\right]} \qquad (5.40)$$

当气流发生超音速阻塞时,即当 $p_T/p_0 \leqslant [2/(\gamma+1)]^{\gamma/(\gamma-1)}$ 时,气门流量方程变为

$$\dot{m} = \frac{C_D A_R p_0}{\sqrt{R T_0}} \gamma^{0.5} \left(\frac{2}{\gamma+1}\right)^{\frac{\gamma+1}{2\gamma-2}} \qquad (5.41)$$

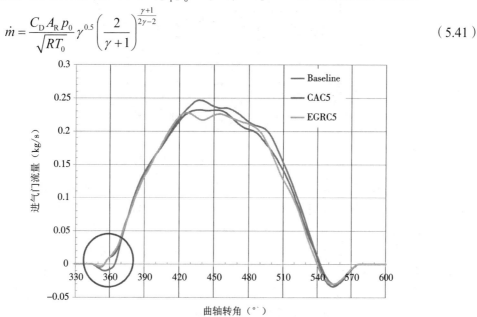

图 5.16　充气温度对内燃机进气流量的影响(额定功率工况)

参考温度对充量因数具有重要影响的另一个方面体现在这种温度的影响是非常有规律
的,因此能够根据已知的充量因数温度修正关系式(图 5.17)、在实验室标准环境条件下标
定好的充量因数脉谱图(图 5.18)和在内燃机上实测的进气歧管气体温度,计算预测在使用
服务中的内燃机的充量因数。然后,根据式(5.34),以及式中所有已知参数,能够计算求解
唯一的未知数即 EGR 率,用于内燃机电控和故障检测等目的。内燃机实际运行中的 EGR
率是一个很难在车上测量的参数,但是对于内燃机电控极为有用。

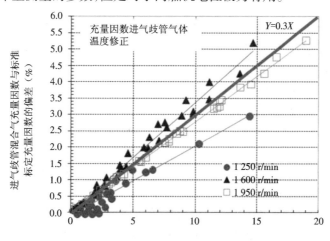

图 5.17　充量因数温度修正关系式

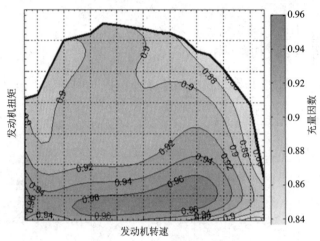

图5.18　充量因数标定示意图

充量因数还受进气管压力波充气效应和排气管压力波排气效应这两种动态因素影响。例如,由于进气歧管压力波有反射和脉动,在进气门开启时段,当压力波高于缸内压力时,更多的气体就会被波峰压入气缸,增大充量因数。反之,在排气门开启时段,当排气压力波低于缸内压力时,更多的排气和残余废气就会被波谷吸出气缸,导致充量因数增大。关于这种动态充气和排气效应,在5.8节"进气管设计"和5.9节"排气管设计"中将有详细论述。

泵气损失与气流在气门处的压降和气门的开启持续时间有关。较大的气门流通面积会造成较小的流动阻力和压降。较小的气门的流通面积会造成较大的流动损失和较低的充量因数。如果气门工作段的持续时间过短或过长而产生倒流,气门流量会过低,也会导致较低的充量因数,但这时的泵气损失也较低。因此,充量因数通过气门流动阻力和气门工作段时间对泵气损失具有不同的影响。狭小的气门流通面积通过跨越气门的较大压降导致充量因数减小和泵气损失增加,即在图5.2中沿垂直方向扩大泵气损失所占据的面积。但是,持续时间很短的气门工作段导致充量因数和泵气损失同时减小,即在图5.2中沿水平方向缩小泵气损失对应的面积。一个极端的例子是在停缸工况时,不工作气缸的充量因数为零,而且泵气损失也为零。

当EGR率为零时,充量因数的倒数大体上能够反映压气机性能图上运行点与坐标原点连线的斜率。关于气缸的呼吸性能对涡轮增压的影响,可以通过内燃机运行点在压气机性能图上的位置变化来理解。改变充量因数(如改变进气门关闭定时或气门重叠角)会影响运行点的位置,因而影响压气机的效率。

另外,配气定时和充量因数与涡轮增压器匹配之间的相互关系,在通过内燃机压差影响气门重叠时的扫气方面体现得极为明显。扫气是一种空气冷却效果,具体地讲,是在气门重叠期内将进气从进气歧管引流到排气歧管,以减小排气气体温度以及作用于气缸盖、排气歧管和涡轮上的热负荷。正如在空气系统的理论分析中所显示的那样,充量因数是影响内燃机压差和EGR驱动能力的关键参数之一。对于非EGR内燃机来讲,一个负值的内燃机压差可以依靠在涡轮增压器匹配中选择较大的涡轮面积来实现,以获取正值的泵气功增益并有利于换气。前提是这个涡轮能够提供足够高的空燃比。在这种情况下,就需要相应地设计一个较大的气门重叠角来方便换气。然而,对于EGR内燃机来讲,内燃机压差基本上需是正值,以便驱动 EGR 气流。这时,从进气歧管到排气歧管的换气是不可能的。相反,不良倒流会在气门重叠期发生。因此,就需要将气门重叠角设计得非常小,以确保较高的充量因数。

5.5.4　配气定时对内燃机性能的影响以及可变气门驱动

优化的配气定时是高低转速之间的权衡。分析最佳配气定时的一个典型方法如图 5.19 所示,将高转速时的充量因数和低转速时的充量因数分别绘制在图的纵横轴上,清楚地表明高低转速之间配气定时的折中特性。这种高低转速之间的矛盾在固定凸轮上无法兼顾,尤其当转速范围很大时,彻底的解决方法是采用 VVA 装置在不同的工况灵活调节配气定时。

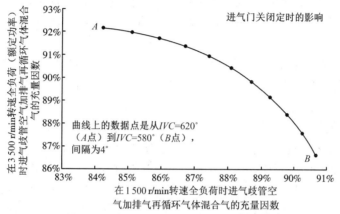

图 5.19　轻载柴油机的配气定时在高速与低速之间的权衡

如同人们多年来对可变压缩比的渴望一样——希望内燃机在整个工作范围内,且在各种不同的运行条件下都具备最佳性能而无须进行折中。这种理想状态一直是内燃机设计人员的梦想。事实上,在内燃机领域,对 VVA 技术的最早研究可以追溯到 1902 年,那时路易·雷诺基于一台火花点燃式内燃机构思出一个简单的 VVA 装置。然而,在最近的 40 年里,内燃机行业在 VVA 技术研究方面才真正经历了迅速的发展,这一点可以由这方面的文献和专利数量的急剧增加以及在火花点燃式内燃机上已实现 VVA 产业化得到见证。这一快速增长的原因主要是电控系统的出现并得以运用到 VVA 系统上,另外也有来自改善燃料经济性的市场压力。

VVA 技术从 20 世纪 80 年代以来在车用汽油机上逐渐大量应用,而在柴油机上应用较少。这种现象的主要原因是传统的汽油机在部分负荷依靠进气节流调节空气量,因此使用 VVA 系统取代进气节气门能够消除节流造成的泵气损失,提高内燃机的燃料经济性。柴油机采用稀燃策略,不需要使用进气节流调节空气量实现理论当量空燃比,并且具有比较窄的转速范围。因此,在柴油机上使用 VVA 系统的收益曾经被认为远不如汽油机。但是,随着柴油机技术的快速发展,对 VVA 系统的需求在被重新审视,包括驱动 EGR、减少泵气损失、均质充量压燃着火燃烧、气缸停缸、内燃机制动器等。

在全负荷工况下,汽油机通常是在节气门全开的状况下运行,即不需要节气门。在部分负荷,无论是气道燃油喷射还是直喷式汽油机都需要对进气进行节流,以满足排气后处理三效催化器对空燃比的要求。另外,汽油机的额定转速很高,造成转速范围很大。如果使用固定凸轮,难以兼顾高低转速对高充量因数的要求。因此,使用 VVA 系统不仅能够代替节气门来减少泵气损失而降低油耗,而且能够在较宽的内燃机转速范围内优化配气定时,提高充量因数,改善低转速扭矩。

汽油机 VVA 技术的性能优势包括以下几个方面:改进扭矩曲线;减少部分负荷时的节流损失和燃油消耗;改进怠速稳定性和怠速油耗;通过对缸内充量的质量和组分(残余废气)的控制来减少排放;通过对充量在缸内的运动的控制来减少排放。

在非 EGR 的增压柴油机中,在较高的转速或负荷下,大气门重叠角能够在负内燃机压差下增强扫气,使得扫气能够有效冷却排气门、燃烧室和涡轮。而在较低的转速或负荷下,增压压力往往小于排气歧管压力,因此小气门重叠角能够防止或减少排气倒流回气缸。在柴油机中使用 VVA 技术控制气门重叠角能够在不同的负荷或转速将气门重叠角与内燃机压差恰当地匹配。

在现代 EGR 柴油机中,由于需要产生正值的内燃机压差(即排气歧管压力大于进气歧管压力)驱动 EGR,因此需要设计得在任何转速和负荷均具有小气门重叠角,防止排气倒流回气缸。

应指出,通常不希望使用负值的气门重叠角(即排气门关闭定时比进气门开启定时更早),因为这会造成气门流通面积减小、泵气损失增大和缸内再压缩压力升高等问题。然而,在均质充量压燃着火燃烧的控制中,可以考虑使用负气门重叠角以提供热态内部 EGR。

针对汽油机或柴油机的进气门关闭定时使用 VVA 技术,不仅能够在无节流损失的情况下调节进气量(主要针对汽油机),或者在无涡轮废气旁通损失的情况下调节进气量(主要针对柴油机),而且能够实现米勒循环的缸内冷却效果,有利于降低氮氧化物排放。需要注意的是,由于柴油机主要用于重型用途,即使很小的燃料节约百分比对于庞大的车队来讲都很有价值。因此,柴油机 VVA 技术在降低燃料消耗方面的小幅收益不应被简单地忽略。

柴油机 VVA 技术的益处可以总结为以下几个方面:增加低转速扭矩;通过米勒循环或消除涡轮废气旁通减少泵气损失和燃料消耗;降低排放;控制空气运动及调节涡流和滚流;消除某些空气控制阀以降低成本;帮助启用先进燃烧技术(如均质充量压燃着火);改善冷起动;加快暖机;减少涡轮增压器滞后效应及改善瞬态响应;改进后处理性能;增强内燃机制动;实现集成式的空气压缩机;在二冲程与四冲程的点火和内燃机制动工况运行之间进行切换。

5.6　EGR 系统

5.6.1　EGR 系统形式

EGR 系统可以分为外部和内部两类。内部 EGR 没有冷却系统,而是使用滞留在气缸中的残余废气或从排气道倒流回气缸的排气进行冷却。外部 EGR 带有冷却系统,会造成冷却液散热量增加,但在节能减排的效果上比内部 EGR 好得多。外部 EGR 分为高压环路(High Pressure Loop,HPL)、低压环路(Low Pressure Loop,LPL)、双环路三类,如图 5.20 所示。

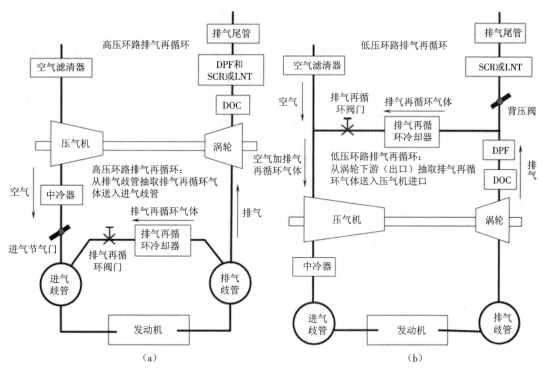

图 5.20　涡轮增压内燃机的 EGR 系统 [1]

（a）高压环路　（b）低压环路

提供足够的冷却和减少内燃机泵气损失是 EGR 系统设计的重要目标。EGR 系统的传热和流动阻力特征分别以排冷器效能和 EGR 环路流动阻力因数 $C_{d, EGR}$ 为代表,后者体现在空气系统核心方程组 [式(5.32)] 中,包含 EGR 阀门开度,是空气系统的主要设计参数之一。为了获得较低的泵气损失和油耗, EGR 环路的低流动阻力和避免或减少人为节流(即关小 EGR 阀门)至关重要。

5.6.2　高压环路 EGR 系统的优点和设计原则

内燃机压差本质上是由涡轮流通面积决定的。涡轮流通面积越小,内燃机压差越大。涡轮流通面积是由内燃机所需的空气量决定的。涡轮流通面积越小,能够提供给内燃机的空气量就越大。现代内燃机的一个突出特点是功率密度较高,尤其是在低转速最大扭矩处,这导致所需空气量很大。现代内燃机的另一个突出特点是对高海拔功率和碳烟排放控制有更高要求,这也导致所需空气量很大。由于这些原因,涡轮流通面积通常必须选得比较小。那么,伴随而来的内燃机压差便成为一种自然形成的可供利用的资源,如果用于驱动 EGR,就能顺便利用,而不会产生额外燃料消耗负担。这正是高压环路 EGR 的优点。这种为了满足其他合理要求而产生的驱动压差,而且是刚好能被 EGR 顺便利用的压差,称为自然驱动压差。

因此, EGR 内燃机通常使用高压环路 EGR,利用涡轮针对功率密度和高原性能等需求自然建立起来的内燃机压差,驱动从排气歧管到进气歧管的 EGR 气流。现代柴油机需要从

① 引自:辛千凡. 柴油发动机系统设计 [M]. 上海:上海科学技术文献出版社,2015.

最大扭矩到额定功率驱动高 EGR 率并维持足够的空燃比,以减少氮氧化物和碳烟排放,从而满足严格的排放要求。

在采用固定截面涡轮的柴油机中,设 EGR 阀门全开,将涡轮流通面积选得足够小,以便在高原和平原的低转速最大扭矩工况驱动所需的 EGR 率。如果这时空燃比偏低,则需将涡轮流通面积选得更小,以便达到空燃比要求,而伴随而来的更高的内燃机压差则要求部分关闭 EGR 阀门来适应,以便维持 EGR 率的要求。如果这时空燃比偏高,则需关小进气节气门或在涡轮增压匹配中减小压气机或涡轮的效率,以便达到空燃比目标。

在额定功率或高转速工况下,通常需要对固定截面涡轮进行废气旁通,以避免过度增压所造成的最高气缸压力和排气歧管压力超标。涡轮流通面积越小或转速跨距越大,在高转速时的废气旁通就越多。与无废气旁通的可变截面涡轮相比,为了维持相同的增压压力或空燃比,废气旁通必须使用更高的涡轮压比补偿在涡轮流量方面的损失。因此,废气旁通会造成较高的内燃机压差和油耗损失。

由此可见,内燃机压差是 EGR 的驱动力,当它不足时,可以在 EGR 系统中采取以下设计措施:① 减小 EGR 阀门和排冷器的气侧流动阻力,如将串联式排冷器改为并联式;② 采用单向止回阀从脉动的排气压力波中捕集 EGR,并防止 EGR 的倒流损失;③ 使用文丘里喉管装置在 EGR 与新鲜空气的混合位置局部降低静压,帮助将 EGR 气流吸入进气歧管;④ 使用 EGR 泵,消耗机械功或电功泵送 EGR 气流。

5.6.3 低压环路 EGR 系统的缺点和设计原则

在低压环路 EGR 系统中(图 5.20),EGR 气流通常是从 DPF 的下游抽取,以便获得清洁的排气。EGR 气流由从抽取处到压气机进口的压差所驱动。评价这种系统在泵气损失和油耗方面的优缺点,仍然需要审视它是否能够根据某种其他性能需求而自然形成 EGR 驱动压差。

首先,由于抽取处位于涡轮下游,涡轮流通面积自然形成的内燃机压差优势在低压环路 EGR 系统中便无从利用。其次,分析进气系统和排气后处理系统是否能够产生自然驱动压差。在压气机进口上游的进气系统中一般只在空气滤清器处具有显著的压降,而这个部件通常不会由于其他合理原因(如超级清洁空气进气或超级进气消声)来为 EGR 产生自然形成的驱动压差。至于在压气机进口近叶轮处依靠吸力自然产生很高的局部真空度是否可供实际利用,尚有待研究。

现代低排放柴油机通常在涡轮出口依次使用柴油氧化催化器、柴油颗粒过滤器(DPF)、选择性催化还原(SCR)等后处理装置。如果排气从 SCR 下游抽取,那么排气管和消声装置(如果仍然独立存在)也不会由于其他合理原因(如超级排气消声)来为 EGR 产生自然形成的驱动压差。那么唯一有可能产生自然驱动压差的装置就是 SCR,如果排气从 SCR 的上游抽取。虽然为了减小 SCR 体积,SCR 的阻力降可以被设计得比较大,但是过大的总排气阻力会影响泵气损失和内燃机油耗。因此,单靠 SCR 所能合理制造的自然驱动压差也是比较有限的,而且具体还需要看这份自然压差是否足以驱动所需的 EGR 率。至于在排气尾管内的 EGR 抽取处依靠扩压器自然产生较高局部压力是否可供实际利用,也有待研究。

任何超出自然驱动压差之外的人为制造的驱动压差（如关小安装在压气机进口处的进气节气门，或者关小安装在 DPF 下游的排气节气门），都会造成泵气损失和油耗大幅度增加，需要避免。空气系统核心方程组 [式（ 5.32 ）] 的理论分析表明，在低压环路 EGR 中依靠增加排气阻力（ 与 p_4 有关 ）或进气阻力（ 与 p_1 有关 ）驱动 EGR，会导致内燃机压差大幅度增加。

在低压环路 EGR 系统中，为了防止压气机和中冷器被碳烟污染，排气通常从柴油颗粒过滤器的下游抽取。为了防止压气机出口混合气体温度超过耐久性约束限值，需要对 EGR 气体进行冷却。低压环路 EGR 系统比高压环路具有更大的涡轮流量。因此，低压环路需要尺寸更大的后处理装置，以保持足够低的排气阻力。由于压气机流量很大（ 新鲜空气加EGR ），低压环路需要较大的压气机尺寸，并且会产生较高的压气机出口温度和较大的中冷器散热量。另外，由于低压环路系统需要较长的 EGR 管路，EGR 气体的清除时间较长。加之涡轮增压器的体积和惯性较大，与高压环路相比，低压环路系统的瞬态响应较差。

从泵气损失的角度来看，只有当具备以下条件时，低压环路 EGR 系统才会有前途：

1 ）具备足够大的自然压差驱动 EGR 气流，不产生额外的专为驱动 EGR 而制造的泵气损失。

2 ）能够通过压气机流量较大的特征，将内燃机的运行点在涡轮增压器性能图上从低效率区域转移到高效率区域（ 图 5.21 ）。

3 ）在能够于最大扭矩和高海拔时提供足够高的空燃比的前提下，能将涡轮流通面积选得非常大，以便减小内燃机压差。

4 ）如果使用 EGR 泵，其耗功能被较低的内燃机压差所带来的油耗收益抵消掉。

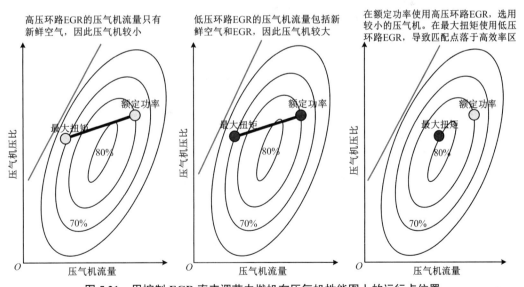

图 5.21　用控制 EGR 率来调节内燃机在压气机性能图上的运行点位置

（ a ）高压环路 EGR　（ b ）低压环路 EGR　（ c ）双环路 EGR

5.6.4　高压和低压环路 EGR 系统之间的比较

研究发现，通过对自然驱动压差利用程度的公平比较，在高转速和高负荷工况以及高

EGR 率时,由于泵气损失相对较低,高压环路 EGR 通常优于低压环路。在低转速或低负荷工况或者低 EGR 率时,如果压气机匹配良好并在较高效率下运行,低压环路可能会呈现一定优势。

双环路系统将高压和低压的优势结合起来,能够给出最低的泵气损失,但代价是设计的复杂性和成本都会增加。双环路的优势体现在一下两方面。第一,如果必须使用小涡轮流通面积来补偿较低的涡轮增压器效率以达到空燃比目标,那么由此形成的自然内燃机压差即可用在高压环路中,以 EGR 阀门全开方式顺便驱动一部分 EGR 气流,而余下不足的 EGR 气流则由低压环路补充。第二,在不同的内燃机转速或负荷下,在低压环路与高压环路之间实现灵活切换,依靠调节压气机流量将内燃机运行点维持在压气机性能图上的高效率区域。当涡轮增压器效率提高后,就无需使用小涡轮流通面积,便能实现空燃比目标,并维持较低的内燃机压差和泵气损失。

图 5.22 给出重载柴油机在额定功率时高压与低压环路之间的模拟比较。图中不使用排气节气门(背压阀)的数据段对应的是自然驱动压差。当低压环路开始关小排气节气门、以人为增加驱动压差的方式驱动 EGR 气流时,内燃机油耗大幅度增加。这表明,当超出自然驱动压差的适用范围时,低压环路的燃料经济性远不如高压环路。

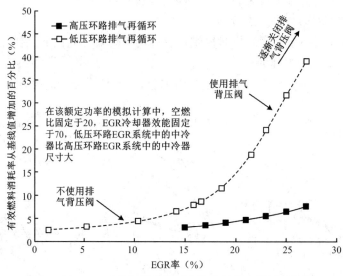

图 5.22　EGR 系统与涡轮增压之间在性能上的相互作用

5.7　涡轮增压

5.7.1　涡轮增压器形式

与自然吸气相比,带中冷的涡轮增压能够提高进气密度、内燃机功率和燃料经济性,同时降低燃烧噪声和排放。一般来讲,排气涡轮增压在热效率方面优于机械增压或电动增压。车用涡轮增压器的设计已经从早期的固定截面涡轮演变到今天的电控废气旁通涡轮和可变截面涡轮,以便为了在车用内燃机所具有的较宽转速范围内满足不同的空气量需求。由于在内燃机压缩比、允许的最大增压压力、内燃机转速和空气流量范围、排气歧管温度、是否采用节气门等方面的不同,汽油机和柴油机在涡轮增压上存在很多不同之处。

涡轮增压分为脉冲增压和定压增压。内燃机的排气能量用效率由脉冲能量和涡轮效率这两者相结合的性能所表征。在脉冲涡轮增压中,为了减小压力波的干扰,通常将具有一定点火间隔(最理想为大约 240° 曲轴转角)的气缸与容积较小的排气歧管组合在一起,保持较强的排气压力脉冲。脉冲转换器也可以用来消除脉冲干扰。

脉冲增压的涡轮进口设计及排气歧管设计包括分隔式和非分隔式两种。带分隔式进口的涡轮将几组不同的脉冲完全分开,但在高转速下的泵气损失可能会比带非分隔式进口的涡轮更大。可变截面涡轮有时较难使用分隔式进口,因为安装在涡轮内的控制装置会与分隔带冲突。将排气歧管和涡轮进口从分隔式改为非分隔式,会影响 EGR 驱动能力和泵气损失。例如,对于六缸直列柴油机,将排气歧管内具有 3 个较大的排气压力脉冲的分隔式排气歧管与具有 6 个较小的压力脉冲的非分隔式排气歧管相比较,会发现分隔式的空燃比较高。带止回阀的脉冲涡轮增压比定压涡轮增压能驱动更多的 EGR 气流,并具有更低的泵气损失。在瞬态加速期间,由于排气歧管容积较小,并且涡轮进口能量脉冲能够更快地加速涡轮,脉冲增压由于响应较快而比定压增压更为优越。

在定压涡轮增压中,所有气缸的排气流量流入容积较大的排气歧管,消除压力波动。这种涡轮具有单一进口,虽然没有脉冲能量的优势,但是涡轮效率较高。实验表明,当压气机的压比较低时(如部分负荷条件下),脉冲增压比定压增压的排气能量利用效率更高。但当压气机压比非常高时,如瞬时涡轮压比高于 3 时,情况正好相反,脉冲增压的排气能量利用效率较低。

涡轮增压系统的排气能量利用效率可由 $\eta_{ts} = \eta_{cyl}\eta_{TC}$ 表征, η_{cyl} 是从气缸到涡轮进口的能量传递效率; η_{TC} 是涡轮增压器效率,等于 $\eta_T\eta_C\eta_{TC,mech}$。在相同的内燃机转速下, η_{cyl} 通常随着内燃机负荷的降低而减小。在相同的内燃机功率下, η_{cyl} 随着内燃机转速的降低而减小。实际上,在内燃机设计中,压力损失通常比 η_{cyl} 更方便使用。以下设计措施可以提高 η_{cyl}。

1)排气门开启较快,排气门直径较大,排气门流通面积较大。

2)在排气冲程中,减少跨越排气门的超音速流动节流损失和排气歧管内的流动阻力。使用较短的排气歧管,避免急转弯或横截面突变。

3)使用适当的排气歧管分组和涡轮进口型式,减少压力波干扰。

涡轮增压还可以分为单级增压和多级增压。单级增压能够提供大约 3.5~4.5 的压气机压比,具体取决于叶轮材料和设计。压气机转速被叶轮所允许的最大离心力限制。最高压气机转速限制最大压比。由于压气机叶轮和机壳的材料强度限制,铝合金叶轮的压气机出口温度通常限制在最大 204~210 ℃。由于钛制叶轮能够承受更高的温度,因而能用简单的单级增压提供较高的压比。但是,钛材料和钛轮的制造过程成本很高。另外,钛制叶轮的另一个缺点是质量和惯性较大。

需要注意的是,即使压气机叶轮或机壳能够承受高温,中冷器往往却不能。因此,压气机出口空气温度不仅对于压气机本身是一个耐久性约束条件,从中冷器的材料和接管的角度讲也是一个限制条件。

尽管在成本、质量、接管和尺寸空间等方面不利,两级涡轮增压仍然在以下几个重要方面优于单级增压,并大量出现在柴油机中:① 压气机压比很高;② 每一级的压气机压比相对较低,使得涡轮增压器整体效率较高;③ 能够采用级间冷却,降低高压级压气机出口空气温度,提高涡轮增压器的整体效率;④ 在内燃机与涡轮增压器的匹配上非常适合转速跨距大、额定功率高、最大扭矩高的情形;⑤ 喘振裕度较大,大幅改善高海拔增压能力;⑥ 由于高压级涡轮增压器的尺寸较小,转子的转动惯量较小,所以内燃机的瞬态响应较好;⑦ 压气机叶轮的低循环疲劳寿命有所改进,由于每一级涡轮增压器的转速较低,转速过高所导致的耐久性问题比较少。

涡轮增压还可以分为废气旁通固定截面涡轮和可变截面涡轮两类。可变截面涡轮的效率可能比固定截面涡轮的稍低,这是由于前者具有较大的间隙和流动干扰。多数可变截面涡轮的最高效率位于 60%~70% 的中等面积开度。在叶片全开或全关时,可变截面涡轮的效率会迅速下降。可变截面涡轮的设计难点包括减少气体泄漏、提高涡轮效率和增强可靠性。虽然可变截面涡轮由于结构复杂、部件较多,在可靠性和成本方面尚有不足,但是它具有很多重要的性能优势,包括:①没有废气旁通阀的节流损失和排气能量损失;②能够在宽阔的内燃机转速 – 负荷区域上灵活匹配涡轮流通面积,消除高低转速之间的矛盾,实现较低的内燃机压差和泵气损失;③车辆加速较快,瞬态响应较好。

5.7.2 压气机的匹配

内燃机的最大空气流量要求确定了压气机机壳的尺寸,而诸如导流轮直径、轮盘和轮罩型线以及扩压器宽度等设计参数确定了压气机的细调形式。这些设计细节能够给出不同的喘振和阻塞流量特征以及效率变化。压气机性能图上的效率曲线和转速特征曲线可以依靠使用其他一些微调参数进一步调整,包括叶轮分流叶片出口角、扩压器进口角和扩压器尺寸或形状等。

在车辆内燃机常用的离心式压气机的性能图上,左上侧有一条喘振曲线,右侧有一条阻塞曲线。这两条极限曲线代表稳定与不稳定运行之间的界限。喘振是由压气机叶片上的边界层内的流体流动逆转所引发的一种不稳定振荡。当喘振发生时,压气机发出剧烈振动声,对结构非常有害。当空气流速在压气机叶轮或扩压器进口处达到声速时,压气机会发生阻塞。在压气机性能图上,阻塞曲线的精确位置比喘振曲线更难确定。有一种工程上的近似简便说法认为,假设压气机效率等值线减小到 55% 左右时,就发生阻塞。但是这种说法并不准确或全面。

国际汽车工程师学会标准 SAE J1826(1995)给出了一个增压器测试步骤 —— 涡轮增压器气体实验台测试程序。从原理上讲,在气流台架实验中,通过调节两个阀门,可以得到压气机性能图。具体做法是,将一个阀门安装在驱动涡轮的进口,将另一个阀门安装在压气机出口。在每个固定的涡轮进口阀门开度下,逐步关小压气机出口的阀门,可以获得一系列压气机的“压比相对于流量”的数据点,流量从高到低,直到喘振发生。在这条数据线上,压气机转速变化不大。在不同的涡轮进口阀门开度下重复这一过程,最终可以获得很多条数据线,覆盖整个压气机流量范围,包括很多个转速,正如任何离心式压气机性能图所示(图 5.23)。

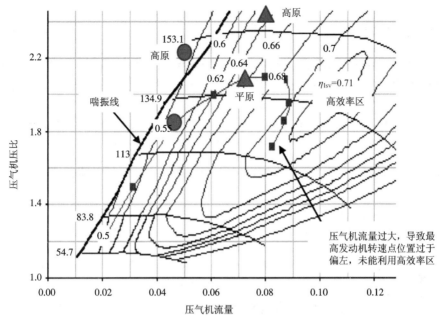

图 5.23　压气机性能图和内燃机运行点示意图

　　内燃机与压气机之间的匹配包括分析在压气机性能图上的不同内燃机转速、负荷和环境条件下的运行点。内燃机的特征线包括全负荷曲线、定内燃机转速曲线、定负荷曲线等。在压气机性能图上的定内燃机转速曲线的斜率,由于是压力与空气质量流量之间的比值,因此实际上与内燃机充量因数的倒数有关,特别是当 EGR 率为零或很低时。因此,任何影响充量因数的因素都会对内燃机转速特征线的形状产生影响。这些因素包括配气机构设计(配气定时、升程型线、气门尺寸等)、气门和气道的流量因数、内燃机压差、进气歧管气体温度等。涡轮增压器在高原等极限环境条件下的性能可以用空气系统的核心方程组 [式(5.32)] 解释。当空气密度和空气质量流量减小时,由于空燃比降低,涡轮进口排气温度增加。当环境压力下降时,涡轮压比增加。因此,增压器转速和压气机压比增加,使得内燃机进气密度下降能够得到部分补偿。

　　图 5.23 显示了一个涡轮增压器压气机的性能图和汽油机涡轮增压匹配算例。图中内燃机的工况点为全负荷各转速,包括 2 500、3 000、3 500、4 000、4 500、5 000、5 500、6 000、6 300、6 600 r/min。当内燃机在高原工况运行时,相同转速和负荷的工况点会向右上方移动,即内燃机工作点的压气机压比随着海拔高度的升高而增大。因此,在低速全负荷工况下,内燃机的运行点有可能进入压气机喘振区。压气机匹配的原则是使整条全负荷曲线或常用的高负荷曲线尽可能穿越压气机的高效率区,并在低转速时留有足够的喘振裕度和高原裕度。图 5.23 中的压气机流量过大,造成高速工况未能充分利用压气机的最高效率区域。影响压气机功率的 3 个主要因素是空气流量、压气机效率和压比。对于一个所需的增压压力而言,当效率很低时,压气机功率会变得很高。这就需要涡轮产生很大的膨胀比来提供很高的功率,故而会增加排气歧管压力和泵气损失。

5.7.3　涡轮的匹配

涡轮性能图可以从气流台架实验中依靠调节涡轮进口压力和压气机功率(载荷)产生,在不同转速下测试,直到获得每条转速线为止。涡轮流量性能图显示,涡轮的修正流量是压比的强函数和涡轮转速的弱函数。涡轮效率是叶片速比 v_T/C_{T0} 的强函数和压比的弱函数。高效率通常处于大压比和高流量。记 v_T 为径流式涡轮转子叶尖速度,其表达式为

$$v_T = d_T N_T \tag{5.42}$$

并记 C_{T0} 为气体从涡轮进口等熵膨胀到出口压力的理论速度,其表达式为

$$C_{T0} = \sqrt{2c_p T_{03} \left[1 - \left(\frac{p_4}{p_{03}} \right)^{\frac{\kappa_t - 1}{\kappa_t}} \right]} \tag{5.43}$$

通常,较大的涡轮增压器具有较高的效率,这是由于其间隙与轮径之比较小,而且泄漏较少。测得的涡轮性能图效率是绝热效率乘以机械效率。涡轮增压器效率在低流量时显著地受到从涡轮到压气机通过增压器机壳的传热影响。这个传热效果会降低测得的涡轮进口温度,并增加压气机出口温度,从而导致压气机效率失真地降低,而涡轮效率失真地升高。不同的涡轮增压器生产厂家测试的涡轮效率通常没有太多的可比性,因为在测试方法和气流台架上存在差异。例如,不同的涡轮进口温度会导致不同的传热效果。

涡轮的有效流通面积可以理解为由 A_1、A_2、A_3 三部分面积串联而成(图 5.24)。涡轮的流量范围由"A/R"比值确定。该比值是指涡轮机壳进口通道的最小面积与从轴心到进口面积重心的径向距离之间的比值。较小的 A/R 比值或涡轮流通面积会给出冲击涡轮叶片的较高切向流速,因此可获得较高的涡轮转速、压比和压气机增压压力。这就是过去谈到的小涡轮流通面积能够增加空气流量的原因。然而,较小的 A/R 比值也会增加排气歧管压力、内燃机压差和泵气损失。

在选定了压气机的机壳尺寸和涡轮的转子轮尺寸后,便可按照内燃机的空气流量要求选择具有不同蜗壳横截面积或不同喷嘴定子环(各种叶片角度)的涡轮机壳。在可变截面涡轮中,A/R 比值是可以调节的,或者喷嘴叶片是可以调节的,无论连续还是离散。

图 5.25 展示涡轮与内燃机匹配的原理。严格来讲,在同一当量面积下涡轮流通特性并非一条曲线,而是对应于每一转速就有一条,而且转速高的流通特性线比转速低的流通特性线靠下,这是由于燃气离心力产生的动压头引起的。为简化起见,常将各转速下的流通特性的最大点的包络线作为涡轮流通特性,如图 5.25 所示。

在涡轮的稳态匹配方面,对于固定截面涡轮,如果为了照顾最大扭矩工况将涡轮流通面积选得很小,在额定功率就需要采用废气旁通,以防止过度增压和最高气缸压力超过结构极限值。最高缸内压缩压力可用下式估算:

$$p_{compression} \approx p_{boost} \Omega^{1.36} \tag{5.44}$$

式中　　Ω——内燃机的几何压缩比。

如果废气旁通引起的泵气损失过高,便需要考虑采用更为复杂昂贵的可变截面涡轮。涡轮效率或压气机效率在调整空燃比和 EGR 率方面具有与进气节气门或排气节气门相似

的功能,即降低涡轮增压器效率能够大幅削减空燃比,小幅增加 EGR 率。

在涡轮的瞬态匹配方面,为了实现快速瞬态响应,涡轮尺寸(或 A/R 比值)和转动惯量应尽可能小,以减小涡轮增压器的滞后性,如采用轻质陶瓷涡轮工作轮。

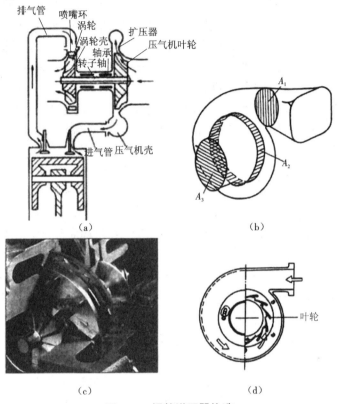

图 5.24　涡轮增压器构造

(a)涡轮增压器示意图　(b)涡轮的有效流通面积　(c)可变截面涡轮实物图　(d)可变截面涡轮结构

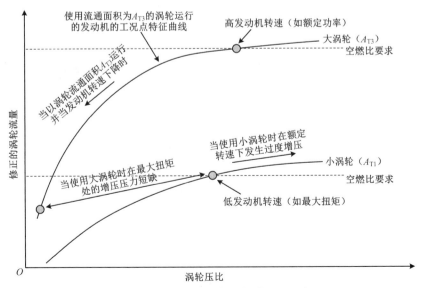

图 5.25　内燃机与涡轮之间的匹配理论

5.8　进气管设计

5.4.2 小节介绍了内燃机歧管充填动力学和系统性能瞬态设计。歧管充填动力学假设忽略气流在沿歧管长度方向的一维波动,将气压波动的瞬态过程简化为零维模型,求解气压沿曲轴转角的波动。这种简化的处理方法对于评估歧管容积和涡轮增压器滞后等瞬态性能和内燃机电控策略是比较有效的,但在精细设计充量因数的动态效应时,不能忽略一维波动,而必须采用一维气波动力学模型准确计算。

内燃机进气总管和进气歧管(支管)通过动态效应对充量因数有重要影响,主要通过谐振腔、管长和管径起作用,如图 5.26 所示。汽油机由于低压缩比的限制,无法依靠高压比的涡轮增压技术获得大量空气,因此与柴油机相比,更需要采用进气管气波谐振充气技术提高充量因数。不同的进气管长度或不同的内燃机转速给出的不同的进气管压力波动相位导致在进气门关闭时刻附近具有不同的进气门流量。在进气管设计中,能够通过三种效应改变充量因数:惯性效应、脉动效应、干涉效应。以自然吸气内燃机为例,在吸气冲程中,由于活塞的吸气作用,在进气管的气门端会产生一个负压,于是就构成负压力波在管内传播。此负压力波在开口端被反射而形成正压力波,在 t_{in} 时间后返回。如果进气管比较长,而返回时间 t_{in} 比进气时间 t_{EI} 还长,则对进气过程无直接影响,如图 5.27(a)所示。在管子短而 $t_{in} < t_{EI}$ 的情况下,负压力波与正压力波互相重合,由于波的合成而使吸气冲程的后半段形成正压。如果能够选择 t_{in} 值,使正压恰好在进气门关闭之前达到最大值,就能够增大充量因数。当进气门关闭后,管内仍然残留有压力振动,此振动将逐渐衰减。当 $t_{in} < t_{EI}$ 时,压力波对产生它的那个循环的进气过程直接施加影响,这种影响称为惯性效应。当负压力波与第二个循环的进气过程相重合,管内的残余压力波对下一个循环的进气过程产生影响,这种现象称为脉动效应。在具有共同的进气歧管的多缸内燃机中,由于进气压力波的关系,当某气缸开始吸气时,会产生一个负压力波,此压力波会传到其他气缸即将关闭的进气门处,同样会产生入口压力下降的效果,这种影响称为进气干涉效应。类似地,在排气管中也存在惯性、脉动和干涉这 3 种效应。

进气正负压力波的相位重合程度与压力波的频率 $f_{in} = 1/(2t_{in})$ 和每秒吸气次数 n_{in} 有关。对于四冲程内燃机,$n_{in} = N_E/120$,内燃机转速 N_E 的单位是 r/min。f_{in} 与 n_{in} 之间的比值称为进气谐振次数 m_{in}:

$$m_{in} = \frac{f_{in}}{n_{in}} = \frac{120f_{in}}{N_E} \tag{5.45}$$

m_{in} 是一个无量纲参数。从图 5.27(b)看出,最佳谐振条件是 $t_{in} = 0.5t_{EI}$,即在进气冲程期间气波仅振动一次。这可以通过改变进气管长度和内燃机转速来匹配实现。如果进气门的曲轴转角开启时段为 θ_{in},由于 $\theta_{in} = 6N_E t_{EI}$,所以能够推导出最佳进气谐振比:

$$m_{in,opt} = \frac{720}{\theta_{in}} \tag{5.46}$$

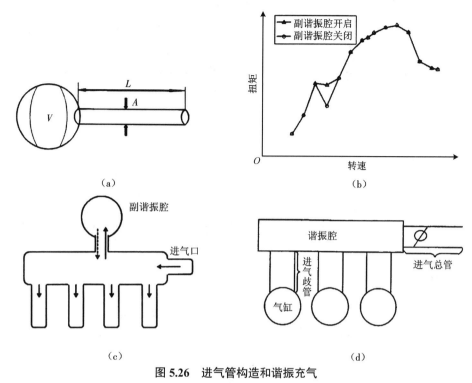

图 5.26　进气管构造和谐振充气

（a）亥姆霍兹谐振腔　（b）副谐振腔开闭比较　（c）带副谐振腔的歧管　（d）进气系统

当配气机构的进气门开闭定时设计给出 $\theta_{in}=180°$ 时,可以求得 $m_{in,opt}=4$。可见,最佳进气谐振比及其对充量因数的动态影响与进气管长度、内燃机转速和进气门开启持续角有关。

当惯性效应发生时,进气门关闭后,进气管内残留的气波压力振动将逐渐衰减并发挥脉动效应。当正压力波与下一个循环的进气过程发生谐振时,就能使进气末期的进气管压力升高,进一步提高充量因数,如图 5.27（c）所示。然而,如果这时负压力波发生谐振,进气末期时的进气管压力就会下降,造成充量因数减小。图 5.28 展示了残留压力波的频率与进气门每秒吸气次数之间的比值 m_r 与第二个循环的吸气冲程谐振的关系。当 m_r 等于 1.5 或 2.5 时,谐振发生在正压力波,能增大充量因数。当 m_r 等于 1 或 2 时,谐振发生在负压力波,会减小充量因数。

进气管内的一维气波动力学计算是非常复杂的,需要用到专门的内燃机模拟软件（如 GT-POWER）。近似计算反射波抵达进气门时间的方法是将气缸内的气体视为一个弹簧,附上一个与进气管内的气柱相当的质量,形成一个简化的振动系统,并使用从声学理论导出的振动数进行理论分析。进气系统的固有振动频率通常可用下式表示:

$$f_{in}=\frac{a_{in}}{2L_{in,eqv}}\tag{5.47}$$

式中　a_{in}——与进气管内气体温度有关的当地声速;

　　　$L_{in,eqv}$——进气管等效长度。

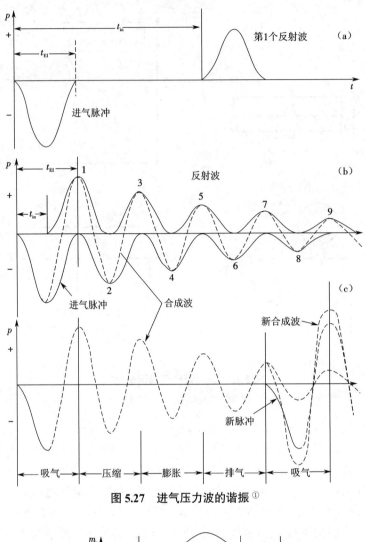

图 5.27 进气压力波的谐振 [1]

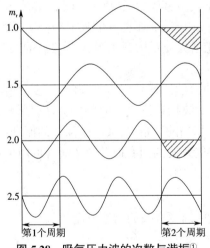

图 5.28 吸气压力波的次数与谐振 [1]

---

① 长尾不二夫:《内燃机原理与柴油机设计》,冯中、万欣译,机械工业出版社,1984。

进气管等效长度可以由实际长度和管子上所带谐振腔的个数和容积计算得到,情况较为复杂,读者可参阅相关专著或教材,此处不再详述。进气谐振次数可按下式计算:

$$m_{in}=\frac{f_{in}}{n_{in}}=\frac{60a_{in}}{N_E L_{in,eqv}} \tag{5.48}$$

为了达到最佳的谐振情况,可以选择最佳进气谐振比 $m_{in,opt}$ 的某一个特定值,使用式(5.48)求解所需的内燃机转速和进气管等效长度。例如,在利用脉动效应的情况下,进气门是关闭的,进气管等效长度 $L_{in,eqv}$ 等于 2 倍的实际长度 L_{in},则进气谐振比可表述为

$$m_{in}=\frac{30a_{in}}{N_E L_{in}} \tag{5.49}$$

事实上,最佳进气谐振比是由惯性、脉动和干涉这 3 种效应通过压力波频率综合确定的,而非上述简化理论分析那么简单。使用一维气波动力学能够计算压力波频率和进气谐振比。图 5.29 给出了在不同的进气管长度时的算例,对象为某空冷套筒阀式汽油机。当管长发生设计变化时,压力波频率会发生变化,充量因数也相应变化。较高的充量因数给出较高的平均有效压力(相当于扭矩)。当 m_{in}=5.6、4.0、2.7、1.5、0.8 时,平均有效压力具有尖峰值。当 m_{in}=5.0、3.4、1.9、1.0 时,平均有效压力具有低谷值。惯性效应和脉动效应之间的相对重要性,即哪个居于主导地位,是一个比较复杂的问题。而且,很难找到一个最佳管长或最佳进气谐振比使之在所有内燃机转速均能给出最高的充量因数。为了解决这一困难,有些内燃机采用可变长度进气歧管。

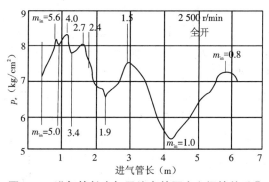

图 5.29　进气管长度与平均有效压力之间的关系[①]

另外,需要注意的是,当进气管装有化油器和空气滤清器等设备时,压力波衰减得较快,这会使进气动态效应大为削弱。而且,进气管曲率越大,动态效应就越弱。进气管的管长远比管径具有更为强烈的动态效应。当进气管变长时,最佳动态效应向低转速区域移动,如图 5.30 所示。另外,当内燃机转速升高时,压力波的振幅会增大,但相位会被推迟。为了消除多缸进气的干涉现象,可以把某些进气时间不重叠的气缸分为一组,并连接于一根进气管,使用独立的进气系统,或者用长支管与大容量的进气总管相连接。

①　长尾不二夫:《内燃机原理与柴油机设计》,冯中、万欣译,机械工业出版社,1984。

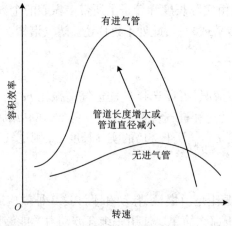

图 5.30　进气管长度和管径对充量因数的影响

5.9　排气管设计

与进气管类似,通过惯性效应、脉动效应和干涉效应,排气管设计也对充量因数具有显著影响。相比于进气管,排气管有 3 个独特的设计问题:与涡轮增压器的匹配;对 EGR 气流的驱动;水冷耐久性保护(针对排气管表面温度有严格要求的内燃机)。因此,排气管设计比进气管更为复杂。

以自然吸气内燃机为例,当排气门排气时,在排气管的进口处会产生很大的正压力波。该波在排气管的端部变成负压力波并被反射回来,产生正负压力波合成的波动。排气压力波的振幅通常比进气压力波大很多。如果在排气冲程后半期使此压力波出现负压,残余废气就能更容易地被吸出。当进排气重叠角比较大时,如非 EGR 内燃机,如果使此负压力波与进排气重叠角相位一致,就能帮助扫气。对于 EGR 内燃机,虽然进排气重叠角需要设计得比较小,以防止排气倒灌,但是负压力波造成的较低的排气歧管压力仍然能够在降低泵气损失方面获得显著收益。为了实现负压力波,在排气脉冲后须有 1~2 次的负压力波相跟随,如图 5.31 所示。这个条件与进气管的情况一样,就是要实现最佳谐振条件 $t_{ex}=0.5t_{EE}$,即在排气冲程期间气波仅振动一次。这可以通过改变排气管长度和内燃机转速来匹配实现。如果排气门的曲轴转角开启时段为 θ_{ex},由于 $\theta_{ex}=6N_e t_{EE}$,所以能够推导出最佳排气谐振比:

$$m_{ex,opt}=\frac{720}{\theta_{ex}} \tag{5.50}$$

类似于进气管的简化振动分析,使用从声学理论导出的振动数进行理论分析,排气系统的固有振动频率通常可用下式表示:

$$f_{ex}=\frac{a_{ex}}{2L_{ex,eqv}} \tag{5.51}$$

式中　a_{ex}——与排气管内气体温度有关的当地声速;

　　　$L_{ex,eqv}$——排气管等效长度。

排气谐振次数可以按下式计算:

$$m_{ex} = \frac{f_{ex}}{n_{ex}} = \frac{60a_{ex}}{N_E L_{ex,eqv}} \tag{5.52}$$

类似于进气管分析,在利用脉动效应的情况下,排气门是关闭的,排气管等效长度 $L_{ex,eqv}$ 等于 2 倍的实际长度 L_{ex},则排气谐振比可表述为

$$m_{ex} = \frac{30a_{ex}}{N_E L_{ex}} \tag{5.53}$$

令 $m_{ex} = m_{ex,opt}$,从式(5.50)和式(5.53),能够推导得到:

$$\frac{N_E L_{ex}}{a_{ex}} = \frac{\theta_{ex}}{24} \tag{5.54}$$

由式(5.54)能够计算产生理想脉动效应所需的排气管实际长度 L_{ex} 或内燃机转速 N_E。需要注意的是,排气管内炽热气体的当地声速 a_{ex} 是随负荷不同而变化的。在不同的转速下,实现理想动态排气效应所需的排气管长度是不同的。

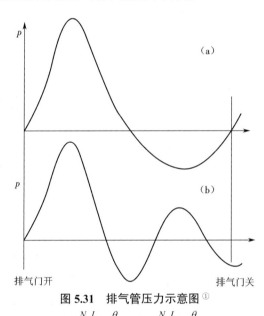

图 5.31　排气管压力示意图[①]

(a) $\dfrac{N_E L_{ex}}{a_{ex}} = \dfrac{\theta_{ex}}{12}$　(b) $\dfrac{N_E L_{ex}}{a_{ex}} = \dfrac{\theta_{ex}}{24}$

当多个气缸共同连接于一根排气管时,在某气缸的排气门即将关闭之前,如果其他气缸正好开始排气,此时排气压力波就会传到即将关闭的气缸的排气门处,导致该气缸的残余废气量升高,充量因数减小。这种现象称为排气干涉。为了消除排气干涉,可把某些排气时间不重叠的气缸分为一组,使用独立的排气系统,或者用长的支管与大容量的排气总管相连接。如果使用压力波振动周期为 720°/n_C 曲轴转角(n_C 是气缸数)的排气管,就能够与各气缸的排气周期一致,从而在排气管内建立起无干涉的压力波。特别是当 n_C=3 时,压力波周期成为 240°,这与排气凸轮的工作时段大体相同,因此能够有效利用脉动效果,如图 5.32 所示。相比于管径和管长,排气歧管的分枝连接方式对于控制各缸的残余废气分数和进气均匀性更为重要。排气管按连接方式分为等压排气管、脉冲排气管、MPC 排气管等三种。

① 长尾不二夫:《内燃机原理与柴油机设计》,冯中、万欣译,机械工业出版社,1984。

MPC 代表模块式脉冲转换器(modular pulse converter),使用引射喷管抑制排气干涉,形成较低的排气歧管压力,适用于气缸数能被 4 整除的增压内燃机。这三种排气管均影响各缸残余废气分数和进气不均匀度,通常以脉冲排气管的进气不均匀度为最小(最佳),而等压排气管和 MPC 排气管表现类似,如图 5.32 所示。另外一个例子是目前大部分四缸内燃机的排气歧管都采用将 4 根短排气歧管连接在一起,称为"4 合 1"方式。更为先进的设计是采用"4-2-1"方式,即首先将 4 根比较长的排气歧管交汇成 2 条排气歧管,然后再汇集成 1 条排气总管。这样做的好处是能够大幅度减少缸内残余废气,降低压缩上止点的缸内温度,从而能够采用更高的内燃机压缩比来提高热效率。

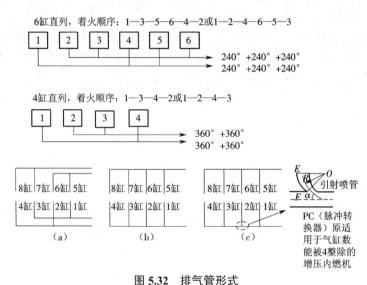

图 5.32　排气管形式
(a)脉冲排气管　(b)等压排气管　(c)组合脉冲转换排气管

总结以上内容,排气歧管的设计原则包括以下 4 个方面。

1)需要充分利用排气动态效应对充量因数和内燃机压差的积极影响。

2)利用压力脉冲促进 EGR 驱动能力。这个能力受是否使用止回阀影响。以高压环路 EGR 系统为例,如果排气歧管压力脉冲在曲轴转角域上被进气歧管压力的波动曲线横穿或相交,使用止回阀能够捕获更多的 EGR 流量,因为在那些排气歧管压力小于进气歧管压力的曲轴转角位置上发生的倒流都可以被止回阀消除。当所需的 EGR 率较大时,就需要采用较大的内燃机压差,这时的排气歧管压力脉冲远大于进气压力,导致它们在曲轴转角域上不相交。在这种情况下,止回阀不能帮助捕获更多的 EGR 流量。

3)排气压力脉冲的瞬时最大峰值是一个重要的耐久性设计约束条件。脉冲波动幅值影响所允许采用的排气歧管循环平均压力设计极限。非分隔式排气歧管具有幅值较小的、振荡不太猛烈的压力脉冲。因此,与分隔式排气歧管相比,非分隔式排气歧管能够以更高的排气歧管循环平均压力达到相同的脉冲峰值设计极限,从而能够产生较大的涡轮压比和较高的空燃比。

4)需要考虑排气压力脉冲对瞬态涡轮修正流量和涡轮效率的影响。

第 6 章　内燃机的冷却系统

6.1　水冷系统主要部件结构及其参数的确定

内燃机冷却系统的作用是防止零件过热,以保证在各种工况下内燃机的活塞组、气缸盖、气缸及配气机构等受热零部件的温度维持在正常范围内,并使各摩擦副(如连杆轴瓦与曲柄销、主轴瓦与主轴颈、气缸内壁与活塞组等)能够保持正常的润滑。

经冷却系统散走的热量占燃料总热量的 1/4~1/3。根据所用冷却介质的类型,内燃机的冷却系统分为水冷式和空冷式两种。图 6.1 是内燃机的冷却系统示意图。这种结构的冷却系统是比较典型且常用的,所包含的主要零部件有水泵、节温器、散热器、风扇等。有的内燃机还带有机油冷却器。水泵的作用是使冷却水在冷却系统中进行循环,因此这种冷却系统又称为强制循环式水冷系统。在小型农用柴油机上,经常采用蒸发式水冷系统。这种冷却系统没有水泵,内燃机需要散走的热量依靠冷却水沸腾产生的水蒸气带走。关于强制循环式水冷系统的主要零部件、结构及其参数的确定,在本章各小节中分述。

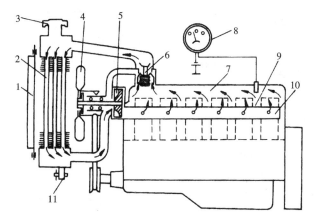

1—百叶窗;2—散热器;3—散热器盖;4—风扇;5—水泵;6—节温器;7—气缸盖水套;
8—水温表;9—机体水套;10—分水管;11—放水阀
图 6.1　内燃机的冷却系统

6.1.1　水泵

6.1.1.1　水泵的结构

内燃机采用的水泵通常是单级低压离心式水泵。图 6.2 所示是一种常见的水泵。水泵壳和水泵轮叶一般用铸铁制造。为了减小质量,有些泵壳采用铝合金铸造。轮叶可以由工程塑料热压制成。有的水泵带有放水阀,用于放出水泵内的积水,以防冬季时水泵内的积水冻结而将水泵冻裂。如果水泵的出水口不在水泵的最上端,还必须设有一个排气孔,将聚集在水泵壳最上端的水蒸气和空气排走。否则,水泵的出水量会受到影响,严重时会造成水泵无法出水。

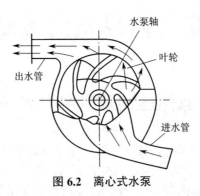

图 6.2　离心式水泵

离心式水泵是较为常见的内燃机冷却水泵类型。这种泵具有以下优点:结构紧凑、工作简单、输水量大、水泵不工作时冷却水仍能自由通过、对水中杂质不敏感。离心式水泵的缺点是水泵在泵水时不能自吸。有些船用内燃机要求水泵具有一定的吸水高度,这时只能采用容积式水泵,如活塞泵。船用内燃机常用海水作为冷却介质。海水对水泵有严重的腐蚀作用。为了解决海水对泵的腐蚀问题,国内外一些企业目前采用一种带有耐腐蚀橡胶轮叶的自吸式海水泵。它的轮叶的材料是防腐蚀的氯丁橡胶。这种泵利用轮叶的变形来改变容积,轮叶可以在 3 000 r/min 的转速下工作。其优点是泵的排量大、结构简单、使用寿命较长。

6.1.1.2　水泵主要参数的确定

(1)水泵的输水量

根据散热器所需要的循环水量以及水泵轮叶与水泵壳之间的间隙处的泄漏量,能够确定水泵的循环输水量 q_{vw}(m³/s)为

$$q_{vw} = \frac{\Phi_w}{3\,600(t_2 - t_1)c_w \rho_w} \tag{6.1}$$

式中　c_w——水的比热,[kJ/(kg·K)];

ρ_w——水的密度,(kg/m³);

t_1——冷却水进入内燃机时的温度,为了防止气缸腐蚀,一般不低于 75 ℃;

t_2——内燃机的出水温度,一般取 85~95 ℃;

Φ_w——冷却系统的散热量(kJ/s)。

关于散热量的比较准确的计算方法见 6.5 节。当较难精确确定散热量时,可按下式估算:

$$\Phi_w = \frac{A g_e P_e H_u}{3\,600} \tag{6.2}$$

式中　A——散热量比例系数,柴油机的 A=0.18~0.25,汽油机的 A=0.23~0.30;

g_e——燃油消耗率 [g/(kW·h)];

P_e——内燃机有效功率(kW);

H_u——燃料的低热值(kJ/kg)。

考虑到水泵轮叶与外壳之间的间隙处的泄漏量,水泵的实际输水量为

$$q_{vp} = (1.2 \sim 1.5) q_{vw}$$

而 $\eta_0 = \dfrac{q_{vw}}{q_{vp}}$ 称为水泵的容积效率。

（2）水泵的泵水压力（扬程）

水泵压力用于克服管道及弯头的液力损失和节温器的局部阻力损失。节温器阻力占整个冷却系统阻力的 30% 左右，且随各机型的水路布置和节温器类型而变化。车用内燃机的散热器一般布置在内燃机的前方。因此，水泵的泵水压力 P_p 值选 0.04~0.1 MPa 即可。对于普通中、小功率柴油机，为安全起见，P_p 可选 0.10~0.15 MPa。大型内燃机的冷却装置布置在远离内燃机处，故 P_p 值选 0.2~0.3 MPa。

（3）水泵的结构参数

图 6.3 所示为一种单圆弧后弯曲水泵轮叶，图中 r_1 为进水口半径；r_2 为轮叶外缘半径；r_0 为轮毂半径；δ 为轮叶厚度；b_1 和 b_2 分别为叶根和叶顶的宽度；u_1 和 u_2 分别为轮叶内径和外径处的圆周速度；w_1 和 w_2 为水流沿轮叶流动的相对速度，w_1 是在进水口半径处的流速，w_2 是在轮叶外缘处的流速；β_1 是 w_1 与内径圆周处的切线之间的夹角；β_2 是 w_2 与外径圆周处的切线之间的夹角；c_1 和 c_2 分别为冷却水在水泵进口处和出口处的绝对速度；c_r 是冷却水出口处的径向速度；α_1 为 c_1 与内径圆周处切线间的夹角；α_2 为 c_2 与外径圆周处切线间的夹角。其中，冷却水在水泵进口处的绝对速度 c_1 不可过大，否则会使水泵进口处的水压低于该处的饱和蒸汽压力，造成水蒸气的形成。当冷却水中含有大量气体时，溶于水中的气体就要逸出。当这些气泡到达水泵内的高压处时，气泡会聚集和爆裂，形成局部高压，加上电化学作用，就会产生水泵的穴蚀现象。c_1 值可按下式确定：

$$c_1 = \varepsilon \sqrt{2gP_p} \tag{6.3}$$

式中：ε 值一般选 0.1~0.3。c_1 的统计值在 1~2.5 m/s 范围内。

当 c_1 值选定后，可由式（6.4）确定进水口的半径 r_1（m）：

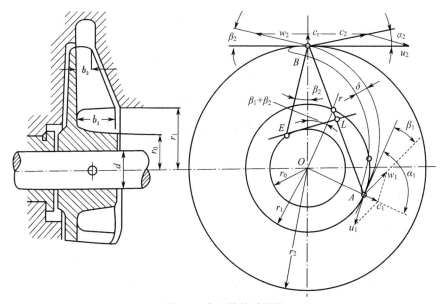

图 6.3　水泵的轮叶结构

$$\pi\left(r_1^2 - r_0^2\right) = \frac{q_{vp}}{c_1} \tag{6.4}$$

式中,轮毂半径 r_0 由轴的直径和轮毂的强度决定。

根据叶片的工作机理,为了使所有水泵能彼此进行比较,可以采用无因次的压力系数和流量系数进行评价。假设某台水泵的特性已知,新设计的水泵的转速与已知水泵的转速之比称为无因次转速特性 σ。σ 值与转速的关系为

$$\sigma = \frac{\sqrt{\pi}}{30}\sqrt{q_{vp}}\left(2gp_{pt}\right)^{-3/4} n \tag{6.5}$$

式中 p_{pt}——泵的理论压头,$p_{pt} = p_p/\eta_h$,其中 η_h 是叶片的液力效率,一般在 60%~70% 范围内;

n——水泵转速,可以预先选定。

从图 6.4 中,根据 σ 值可以查出压力系数 ψ。当 β_2 角较大时,选 ψ 的上限值;当 β_2 角较小时,选 Ψ 的下限值。

定义无因次的压力系数为

$$\psi = \frac{2gp_{pt}}{u_2^2} \tag{6.6}$$

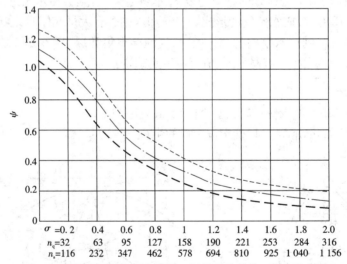

图 6.4　叶片泵无因次压力系数 ψ 随转速特性值 σ 的变化规律

则有

$$u_2 = \sqrt{\frac{2gp_{pt}}{\psi}} \tag{6.7}$$

轮叶外径可用下式计算:

$$D_2 = \frac{60u_2}{\pi n} \tag{6.8}$$

轮叶进口处的叶根宽度 b_1(m)和叶顶宽度 b_2(m)分别表示为

$$b_1 = \frac{qv_p}{(2\pi r_1 - z\delta / \sin \beta_1)c_1} \qquad (6.9)$$

$$b_2 = \frac{qv_p}{(2\pi r_2 - z\delta / \sin \beta_2)c_2} \qquad (6.10)$$

式中　δ——轮叶厚度,一般为$(3\sim5)\times10^{-3}$ m;

　　　z——轮叶数,一般取 4~8,轮叶数过少会影响水泵效率,过多则会减小水泵的流通面积,摩擦阻力也会增加;

　　　β_1 角在 40° ~50° 的范围内;

　　　β_2 角在 24° ~55° 的范围内;

　　　α_2 角在 8° ~12° 的范围内。

当 β_2 角增加时,出口流速会增加,水泵压力会提高。当 β_2=90° 时,叶片是直的,这种结构制造简单,但水泵效率较低。此外,c_r 是出口径向速度,c_r=(1.1~1.2)c_1。

(4)水泵的穴蚀储备压力

水泵进水口处的水压需要比饱和蒸汽压高出一定的数值,把这个高出的压力值称为穴蚀储备值,记为 Δp_c。Δp_c 一般为 0.014~0.040 MPa,而且可以按下式计算:

$$\Delta p_c = \sigma p_p \times 10^{-3} \qquad (6.11)$$

根据 q_{vp}、p_{pt} 和水泵转速 n,按式(6.5)可以算出 σ 值。从式(6.11)可知,储备压力随转速 n 和水泵实际输水量 q_{vp} 的增加而增加。为了解决穴蚀储备问题,在布置冷却系统时,应将水泵布置在冷却系统的最下方,并使水泵进口处保持一定压力,避免当内燃机加速或在高速下工作时水泵进口处出现真空。有的内燃机还采用把蒸汽冷凝器的水通向水泵的方法,使水泵进口处产生一定压力。

6.1.2　散热器的结构与计算

冷却系统散热器的作用是使流经散热器的循环热水的热量被风扇强制吸入的冷风散走。散热器有多种结构形式。图 6.5 所示是典型散热器的芯子。管片式散热器是车用内燃机中用得比较多的一种,其芯子结构如图 6.5(a)所示。在散热器中,水从散热管内通过,散热管外面套有很薄的散热片,冷空气从散热片中间流过。散热管一般用黄铜制成,管壁厚0.15~0.2 mm。散热片一般也用黄铜制成,厚度为 0.08~0.20 mm。另一种常见的散热器是管带式散热器,其芯子结构如图 6.5(b)所示。这种结构的特点是散热效果好、空气阻力大、刚度不如管片式散热黑。散热器芯子的上、下端分别与上、下贮水箱相通。一般车用贮水箱由0.8 mm 厚的钢板冲压而成。

散热器的散热能力用单位时间能散走的热量表示。它与散热器的散热总面积、散热器厚度、风扇风量和通过散热器的空气流速等因素有关。在冷却系统的设计要求中,希望散热器体积小、散热能力强,同时要求风扇消耗的功率小。因此,要找出风扇功率消耗量和散热器尺寸之间的最佳匹配。

用式(6.1)可算出冷却水带走的热量 Φ_w(kW)为

$$\Phi_w = 3\,600q_{vw}(t_2 - t_1)c_w\rho_w \qquad (6.12)$$

经由空气带走的热量 Φ_a(kW)为

$$\Phi_a = A_s \lambda v_a \sigma c_p \rho_a (T_2 - T_1) \tag{6.13}$$

式中 A_s——散热器的迎风面积（m^2）；

λ——空气流过的总面积与迎风面积之比，因此 $A_s\lambda$ 是空气流过散热器的总面积；

σ——散热器的空气通过率；

v_a——散热器前的空气流速（m/s）；

c_p——空气的定压比热容，其值为 1.047 kJ/（kg·K）；

ρ_a——空气密度，当环境温度在 20~50 ℃时，其值为 1.125~1.05 kg/m^3；

T_1 和 T_2——空气在散热器进口和出口处的温度，温差 T_2-T_1 值一般为 20~30 ℃。

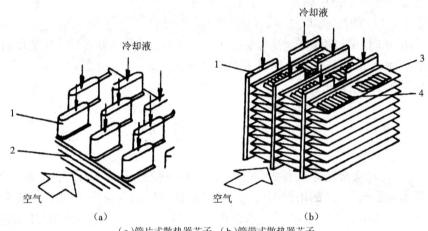

（a）管片式散热器芯子 （b）管带式散热器芯子
1—散热管；2—散热片；3—散热带；4—鳍片

图6.5   散热器芯子结构

若将 $c_p\rho_a \approx 1$ 代入式（6.13），可得：

$$\Phi_a = A_s \lambda v_a \sigma \Delta T \tag{6.14}$$

散热器放热量 Φ_c（kW）可按下式计算：

$$\Phi_c = A_b K (t_m - T_m) \times 10^{-3} \tag{6.15}$$

式中 A_b——散热器的散热总面积（m^2）；

K——散热器的传热系数 [W/（m^2·K）]；

t_m——散热器出口和入口处冷却水的平均温度；

T_m——散热器进口和出口处空气的平均温度，$T_m = (T_1 + T_2)/2$。

式（6.12）、式（6.14）和式（6.15）中左侧的 Φ 值均应相等。联立以上三式，可以得到散热器的有关设计参数。λ是空气流通面积与迎风面积之比，如果散热器是水管式，即水从管内流动，λ=0.43；如果散热器是空气管式，即空气从管内流动，而水从散热片间流过，λ=0.68。A_s 为散热器的迎风面积，它可根据散热器尺寸来选定。例如，汽车拖拉机用的散热器迎风面积为 0.2~0.6 m^2。汽车散热器选用偏小的 A_s 值，拖拉机散热器选用偏大的 A_s 值。传热系数 K 是评价散热器性能优劣的重要参数。准确确定 K 值比较困难，影响 K 值的因素也较多。另外，确定散热器的设计参数时，应与风扇参数统一考虑。如果计算出的参数未能达到风扇与散热器之间的最佳匹配，应重新计算参数值。

6.1.3　风扇

6.1.3.1　设计要求和结构性能参数

　　水冷内燃机和多数的风冷内燃机通常选用轴流式风扇。风扇供给内燃机冷却所需风量。该风量需能克服风阻,并以一定速度吹过内燃机或散热器。在汽车用内燃机和中小型固定式内燃机上,风扇安装在内燃机前面,散热器放置在风扇的前面。在风扇四周设有风扇罩。风扇罩用来封闭散热器与风扇之间的空间,一般用薄钢板焊接而成。风扇和散热器之间有一定距离,一般不小于 80~100 mm,以保证流过整个散热器的气流流动均匀,发挥整个散热器的冷却效果。

　　风扇与风扇罩之间的径向间隙大小对风扇的功率消耗有显著影响。在汽车内燃机上,如果把散热器和内燃机分别用弹性支承安装在车架上,由于风扇和散热器之间会产生相对运动,风扇与风扇罩之间须留有 5~20 mm 的径向间隙。如果想提高风扇效率,减少由于空气在风扇叶端处形成的回流所造成的功率损失,需要尽量减小风扇与风扇罩之间的径向间隙。为了防止风扇罩与风扇相碰,可以把散热器和内燃机固定在一起。

　　用于内燃机的轴流式风扇叶片分为冲压叶片和铸造叶片两种。水冷内燃机的风扇安装在散热器后面,由于空间限制不能设置前、后导流装置,因此铸造机翼型风扇的高效率优点得不到充分发挥,所以钢板冲压叶片在水冷内燃机上得到广泛应用。另外,对于由工程塑料制成的风扇,由于叶片造型准确、效率高、风量大、噪声小、消耗功率小,已在内燃机上广泛采用。

　　风扇的重要结构参数包括风扇的轮毂直径 D_1、风扇外径 D_2、叶片安装角 θ。风扇的性能参数包括风压 p_a、风量 q_{va}、风扇转速 n、消耗功率 p_f 和风扇总效率 η 等。上述各参数之间均有内在联系,确定这些参数的目的是使风扇工作在高效率区。图 6.6 给出了风扇特性曲线和内燃机阻力特性曲线。其中,风扇喘振线的左侧是风扇产生剧烈波动而无法正常工作的区域,虚线表示风扇的等效率曲线,虚线中间是高效率区;实线是风扇在不同转速时风量与风压之间的关系曲线。内燃机阻力特性曲线是一条近似抛物线的曲线。风扇特性曲线和内燃机阻力特性曲线的相交点就是风扇的工作点。

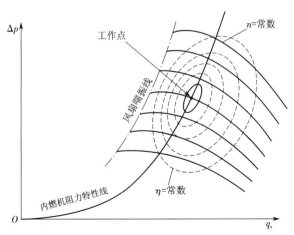

图 6.6　风扇特性曲线和内燃机阻力特性曲线

6.1.3.2　风扇参数的确定方法

（1）风量的确定

水冷内燃机散热器所需风量由式（6.13）确定。风冷内燃机所需空气的容积流量 q_{va}（m³/s）由下式确定：

$$q_{va} = \frac{\varPhi_a}{(t_{a2} - t_{a1})\rho_a c_p} \tag{6.16}$$

式中　$\varPhi_a$——冷却空气应带走的热量（kW），汽油机的 $\varPhi_a$ 一般取（0.74~1.0）$\dot{W}_E$，柴油机的 $\varPhi_a$ 取（0.45~0.70）$\dot{W}_E$，其中 $\dot{W}_E$ 为内燃机有效功率（kW）；

$(t_{a2} - t_{a1}) = \Delta t_a$——空气流经内燃机后的温升，小功率内燃机的 Δt_a=20~40 ℃，大功率风冷内燃机的 Δt_a=55~70 ℃；

ρ_a——空气密度；

c_p——空气的定压比热容。

根据统计，风冷内燃机所需风量在下列范围内：汽油机为 22~33 m³/（kW·h）；非直喷式柴油机为 37~40 m³/（kW·h）；直喷式柴油机为 29~33 m³/（kW·h）。其中，分母上的"kW"代表内燃机的有效功率。

（2）风压的确定

风扇所需提供的压力为

$$\Delta p = \Delta p_R + \Delta p_1 \tag{6.17}$$

式中　Δp_R——散热器的阻力；

Δp_1——除散热器外的所有其他流动阻力。

由于风冷内燃机的安装方法和结构形式各有不同，以及导风罩形状的差异，想要预先精确给出内燃机的压力损失是比较困难的。其值要通过专门的风洞实验来测得。风压的经验统计值表明，汽油机的 Δp 大约是 1.5 kPa，柴油机的 Δp 是 1.5~2.5 kPa。对于风量较小的或气缸中心距较大的风冷内燃机，可以取下限值，反之取上限值。

（3）按总体布置和散热器尺寸确定风扇外径

风扇轮叶吹过的环面积等于散热器芯部正面面积 A_n 的 45%~60%，而风扇轮叶的内径与外径之比 D_1/D_2=0.28~0.36，因此可得：

$$\frac{\pi}{4}D_2^2\left(1 - \frac{D_1^2}{D_2^2}\right) = (0.45 \sim 0.6)A_n \tag{6.18}$$

由式（6.18）可以确定风扇外径 D_2。也可以通过风压 Δp 和风扇流量 q_{va} 值确定风扇外径 D_2，但计算过程较复杂。在确定风扇转速时，还需要考虑风扇效率、噪声和叶片强度等要求。

（4）计算风扇外径处的圆周速度

风扇外径处的圆周速度 u_2（m/s）可以通过下式求解：

$$u_2 = \frac{\pi n D_2}{60} \tag{6.19}$$

u_2 一般不超过 60 m/s。如果 u_2 过高，噪声会太大；如果 u_2 超过 70 m/s，需要验算风扇叶片的强度。在水冷系统中，通常要求风扇外径扫过的面积是散热器迎风面积的 50% 左右。

因此,对于水冷系统中用的风扇,可以先确定 D_2,再确定 n,然后计算 u_2。

(5)确定轮毂直径比

由于空间限制,在内燃机风扇出口处不能安装轮毂扩压器。因此,轮毂直径比 γ 值的大小决定了风扇出口处压力损失的大小,$\gamma=D_1/D_2$。设风扇出口压力损失为 Δp_{ex},则有

$$\frac{\Delta p_{ex}}{\Delta p} = \tau \gamma^4 \tag{6.20}$$

式中　τ——节流系数,表示气流通过风扇时的节流状态,其值为

$$\tau = \frac{\varphi^2}{\psi} \tag{6.21}$$

式中　ψ——压力系数;

　　　φ——风量系数,可按下式求解:

$$\varphi = \frac{c'_m}{u_2} \tag{6.22}$$

式中　c'_m——风扇的有效轴向速度。

对于一般的轴流风扇,τ 的适用界限值为 $\tau=0.2$。如果 τ 值过小,风扇工作点会接近喘振线。风扇出口压降与总压降之间的比值 $\Delta p_{ex}/\Delta p$ 一般不应超过 5%。按照式(6.20)计算可得最大轮毂比 γ_{max},γ_{max} 不超过 0.7。当 $\tau=0.35\sim0.55$ 时,风扇的效率最高,因此最有利的轮毂比为 $\gamma=0.55\sim0.62$。内燃机用的轴流式风扇的 γ 值不小于 0.5。

(6)确定压力系数

风扇外径处的压力系数 ψ_2 不应超过 0.6,这样可使叶片载荷减小,也使风扇工作点距离喘振线有一定的安全距离。根据最佳轮毂比,可按下式算出 D_1 处的压力系数:

$$\psi_2 = \frac{\Delta p}{\dfrac{\rho}{2} u_2^2} \tag{6.23}$$

$$\frac{D_1}{D_2} = \sqrt{\frac{\psi_2}{\psi_1}} \tag{6.24}$$

(7)风扇的功率消耗

$$p_f = \frac{\Delta p q_{va}}{\eta} = \frac{\Delta p q_{va}}{\eta_h \eta_v \eta_m} \tag{6.25}$$

式中　η——风扇总效率,一般可达 80%~85%;

　　　η_h、η_v、η_m——风扇的液力效率、容积效率、机械效率。

为了提高液力效率,应尽量减小风扇的液力损失。因此,应将风扇入口处设计成流线型,而且气流通道的表面应光滑,安装角应合理。如果要提高容积效率,就要减小风扇工作轮与风扇罩之间的间隙,防止已经通过风扇轮的空气倒流从而降低风扇的有效排量。倒流对压头和总风量的影响较大。另外,需要尽量提高风扇支座的刚度,减少轴承摩擦损失,减少皮带打滑,以便提高风扇传动的机械效率。

(8)确定叶片宽度

风扇的叶片宽度 b 可以根据下式计算:

$$C_a b = \frac{120 \Delta p}{\rho \eta_h z n \omega_m} \tag{6.26}$$

式中　b——叶片宽度；

　　　ρ——空气密度；η_h 是液力效率，该值不超过 80%；

　　　z——叶片数，该值对应一定毂比 γ，有一个最佳范围，叶片过少会使风压降低，叶片过多不仅对增加风压无明显效果，并且会增大风扇噪声，一般情况下，z=5~17，上限值为对应 γ 值较大的情况；

　　　n——风扇转速；

　　　ω_m——叶片断面相对于空气的流速；

　　　C_a——叶片升力系数，可以通过叶片空气动力特性曲线确定。

（9）计算风扇轮叶安装角

安装角的定义为 $\theta = \alpha + \theta_m$。叶片从根部至顶部的叶宽及 θ 角均由大到小而变化，目的是保证从根部到顶部产生同样大小的压力，防止由于径向有压差而产生空气倒流，降低风扇效率。

根据以上计算步骤得到风扇的结构参数 D_1、D_2、b、θ 和所选择的叶片翼型后，就可以设计风扇了。样品试制出来后，通过实验绘制出它的特性曲线，检查风扇阻力特性曲线是否位于风扇特性的合理区域内，以判断风扇设计是否正确。检查在给定转速情况下空气流量 q_{va} 与压阻 Δp 值能否达到设计要求。同时，检查内燃机的温度场是否符合要求。此外，风扇的阻力线要离开喘振线一定的距离，留有足够的储备。在批量生产中，工艺上的原因往往会引起风扇阻力特性的变化。由于内燃机散热片表面（水冷散热器表面）受到污染，或者内燃机温度升高，都会使风扇阻力特性向高压方向移动。如果内燃机油或液力驱动油也需要强制冷却，则阻力特性线会向低压大流量方向移动。液力驱动油用于叉车等工程机械的液压动力和汽车转向助力等装置。

6.1.4　内燃机水冷系统的流量计算

本小节介绍使用流体回路法求解多缸内燃机中各气缸冷却水的流量分布。图 6.7 是一个六缸柴油机的冷却系统示意图。由图 6.7（a）可以看出，冷却水从水套下部的集水管进入气缸周围各水套，在各气缸之间设有隔水横壁，在壁上对着气缸套的中部位置开有横向过水孔。水套中的冷却水经上部水孔流入气缸盖，然后所有冷却水经气缸盖上的集水管流到散热器。图 6.7（b）是冷却水的回路简图。如果把每个气缸周围的水套看作一个流水通道，则 6 个气缸形成 5 个流体回路。由于有横向过水孔，所以回路的数目会增加一倍，如果再考虑散热器，则总共形成 11 个回路。在这里，节温器所对应的回路尚未计入。对这一流体回路系统进行计算，即可求出冷却水的总流量及其流过各气缸的水流量的分布情况。

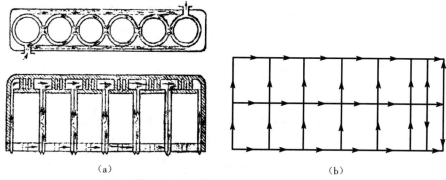

图 6.7 六缸柴油机冷却系统示意图

（a）结构示意图 （b）冷却回路简图

为了说明计算方法的原理,在图 6.8 中给出一个只有两个回路的水流网路的例子。计算的目的是求解网路中流过支路 1~7 的流量 G_{v1}~G_{v7},并确定它们的流动方向。设水流的沿程损失为

$$h_g = \lambda \frac{L}{d} \frac{v^2}{2g} \tag{6.27}$$

水流的局部损失为

$$h_j = \xi \frac{v^2}{2g} \tag{6.28}$$

式中　γ——沿程损失系数;

　　　ξ——局部损失系数;

　　　L 和 d——冷却水管路的长度和直径;

　　　v——冷却水的流速。

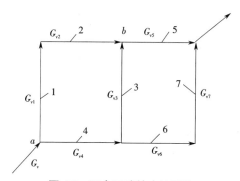

图 6.8 两个回路的水流网路

对于冷却水管路中的每一个回路,都应满足以下 2 个条件。

1)网路上每一个汇集点处的流量之和应该等于零,即 $\sum G_{vi} = 0$。例如,对于图 6.8 上的汇集点 a,当满足上述条件时,应具有如下关系式:$G_v = G_{v1} + G_{v4}$;对于点 b,则有 $G_{v2} + G_{v3} = G_{v5}$。

2)对于每一个回路,液体流过回路中各支路的压力降 h_{wi} 的代数和应为零,即并联环路的压降相等:

$$h_{wi} = \sum \lambda_i \frac{L_i}{d_i} \frac{v_i^2}{2g} + \sum \xi_i \frac{v_i^2}{2g} = S_i G_{vi}^2 = 0 \tag{6.29}$$

式中　S_i——阻力系数。

对于图 6.8 中第一个回路,当满足条件 2 时,有如下关系:

$$S_1 G_{v1}^2 + S_2 G_{v2}^2 - S_3 G_{v3}^2 - S_4 G_{v4}^2 = 0 \tag{6.30}$$

先假设回路中的水流方向为顺时针,如果求解方程后得出的流量值是正值,则表示水流方向与假设的方向一致。如果为负值,则方向相反。借助计算机软件,可算出各冷却水通道的阻力损失与冷却水流量之间的关系 $h_g = \varphi(G_v)$,以及各冷却水道的合理流量。

6.1.5　冷却系统分析计算案例

随着计算机模拟分析技术的发展,一维流体网路计算和计算流体动力学(Computational Fluid Dynamics,CFD)已经成为解决内燃机冷却系统中流动问题的主要分析手段。在冷却系统的设计计算中,在满足冷却要求和冷却介质流动速度的条件下,需要尽量降低冷却水套入口到出口之间的压力损失。通过这些计算,可以获取冷却水网路的流量和压力分布情况,以及冷却水腔内流动和传热的详细信息。与传统的实验方法相比,计算机模拟不仅能够得到较为准确的计算结果,而且能够大幅缩短开发周期,并降低成本。

6.1.5.1　案例机型和基本分析流程

该计算案例是基于一台四缸气道喷射式汽油机,对其冷却系统采用一维模拟分析计算。该内燃机采用集成排气歧管技术和双回路冷却系统等一系列技术措施,满足国六 B 排放标准和第四阶段油耗法规。该汽油机的主要技术参数见表 6.1。

表 6.1　某四缸气道喷射式汽油机的主要技术参数

参数(单位)	数值
排量(L)	1.499
缸径(mm)× 行程(mm)	75 × 84.8
压缩比	9.5
额定功率(kW),转速(r/min)	100,5 500
最大扭矩(N·m),转速(r/min)	220~230,1 500~4 000
低端扭矩(N·m),转速(r/min)	145,1 200
最小有效燃油消耗率 [g/(kW·h)]	245

内燃机冷却系统的一维模拟分析计算的基本流程如下。

1)根据表 6.1 中的参数,应用式(6.1)、式(6.2)和式(6.3)计算得到该水泵在额定功率工况下所需的输水量 q_{vp} 大约为 180 L/min,按此需求选配水泵。

2)根据冷却系统设计布置图,采用一维分析软件(Flowmaster)建立冷却系统模型。采用实验或 CFD 方法获取各部件的水阻特性等性能参数并输入到模型中。计算各处的流量、压力、温度等参数,分析这些参数是否满足系统性能要求。

3)采用 CFD 方法与一维分析模型相迭代,相互更新边界条件,反复计算优化冷却水套,直至冷却水套满足冷却要求,从而确定一维冷却系统的全部设计参数。

6.1.5.2　一维冷却系统模型的搭建

上一小节案例中的内燃机冷却系统采用机体和缸盖分开冷却的形式。图 6.9 是该冷却系统流程图。该冷却系统由水泵、机体、气缸盖水套、机体节温器、机油冷却器、双离合变速器(Dual Clutch Transmission,DCT)的机油冷却器(油冷器)、DCT 油冷器节温器(DCT 节温器)、增压器冷却水腔(用于涡轮增压器轴承部分的冷却)、暖风散热器、散热器、主节温器和其他附属装置构成。冷却液从水泵出来后进入布水道,分别流向机体、气缸盖、机油冷却器和 DCT 油冷器,最后在内燃机后端汇合。冷却水汇合后分为两路,其中一路并排流入增压器冷却水腔和暖风散热器后,再流到水泵入口;另一路流向散热器,经过节温器后,流到水泵入口。暖风散热器是用于车内取暖的换热器。

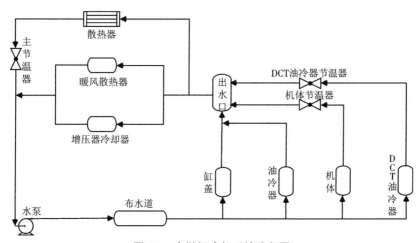

图 6.9　内燃机冷却系统流程图

随后,根据循环水路的流程图,结合搭载车型的实际冷却系统的管路布置,搭建冷却系统的一维计算模型,如图 6.10 所示。在冷却系统模型中,内燃机主体分为机体和气缸盖两部分,直接使用软件库内的模型,同时支持换热和压力计算。油冷器、DCT 油冷器和增压器冷却水腔使用换热部件代替,可以模拟换热和流阻的计算。暖风散热器和散热器使用散热器部件进行模拟计算。节温器、DCT 油冷器支路采用软件库中的自带模型。对于影响比较大的机体节温器和缸盖节温器,结合实际节温器情况,使用单向球阀模拟主孔,后期可以加温度控制器来控制其随温度变化的开度。放气小孔使用直径相同的直管和 2 个 T 形管来代替。各部件的几何参数与实际布置的参数一一对应。各部件的性能参数依据各部件的实验结果或者模拟结果作为输入条件录入。

根据所配车型中的实际冷却管路的直径和弯度等数据,在软件库中选择合适的弯管、阀门、三通、流阻等部件,搭建冷却水管路,确保模型与实际情况相符。

6.1.5.3　边界条件和部件参数获取

计算流体是冷却液,它是乙二醇和水的混合物(体积百分比为 50%∶50%)。环境大气压力为 1.013 MPa,环境温度为 25 ℃。模拟类型为稳态传热计算。下面按照水泵、节温器、散热器、机油冷却器、增压器冷却水腔、内燃机冷却水套分别详述。

（1）水泵

在模型中输入水泵额定工作点的数据和流量–扬程曲线,如图 6.11 所示。使用 Flowmaster 软件根据流量–扬程曲线计算不同工况下的性能。表 6.2 为依据式（6.1）所选水泵的额定工作点的数据。

表 6.2　水泵额定工作点的性能

参数（单位）	额定流量（L/min）	额定扬程（m）	额定转速（r/min）	额定功率（kW）
数值	173.5	20.19	7 600	1.52

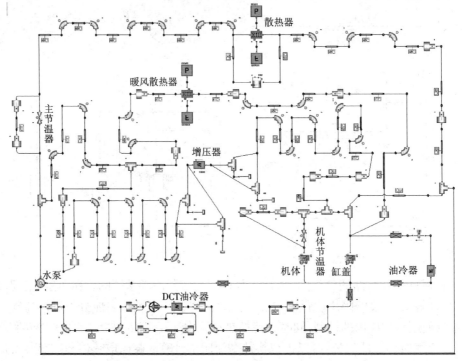

图 6.10　内燃机冷却系统的一维计算模型（Flowmaster 软件）

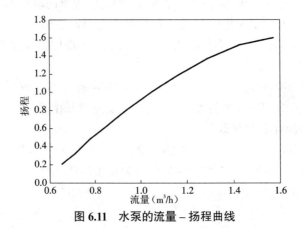

图 6.11　水泵的流量–扬程曲线

（2）节温器

图 6.12 所示为模型中自带的节温器模型的结构。冷却液流出后经 2 条途径返回冷却水泵。一个控制器读取冷却液出口温度,并控制大循环的开度(x);另一个控制器控制小循环的开度(y)。大循环和小循环的总开度等于 1,即 $x+y=1$,此消彼长,实现对冷却液的温度控制。与 Flowmaster 软件中自带的节温器控制逻辑相比,案例中内燃机的 3 个节温器结构更加简单,只起到"温度开关"的作用。例如,当冷却液温度高于或等于 85 ℃时,水路接通;当冷却液温度低于 85 ℃时,水路关闭,只控制单一水路的闭合。而软件中自带的节温器的控制逻辑是当冷却液温度高于或等于 85 ℃时,大循环水路接通,小循环水路关闭;当冷却液温度低于 85 ℃时,大循环水路关闭,小循环水路接通。软件中的节温器控制逻辑是要么接通大循环水路,要么接通小循环水路。但是,实际内燃机中的水路不是这样控制的。如果采用软件中自带的节温器来模拟实际内燃机的节温器,就需要将节温器的小循环口连接一个水堵元件,这样软件中的节温器逻辑就和实际内燃机中的节温器控制逻辑一致了。

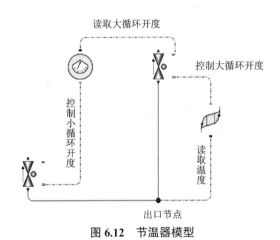

图 6.12　节温器模型

该计算案例涉及 3 个节温器:DCT 节温器、机体节温器、主节温器。DCT 节温器控制流经 DCT 油冷器的水路;机体节温器控制流经机体的冷却水流量;主节温器控制散热器的冷却水流量。这 3 个节温器的几何特性都一样,即公称直径为 30 mm,时间常数为 3 s,温度偏移为 5 K,其温升曲线如图 6.13 所示。DCT 节温器在 81 ℃初开,在 91 ℃全开。机体节温器在 87 ℃初开,在 102 ℃全开。主节温器在 82 ℃初开,在 95 ℃全开。

（3）散热器和暖风散热器

散热器和暖风散热器的工作原理类似。散热器用于内燃机冷却液的降温。暖风散热器用于取暖,如冬季开车时,驾驶室内需要热风。对于这两种散热器,都是热的冷却液在芯体内流动,冷的空气吹过芯体,使冷却液向空气散热而降温,空气吸收冷却液散发的热量而升温。

在 Flowmaster 软件内,换热器模块分为几何换热器模块和性能换热器模块。这两种模块的建模方式不同。对于几何换热器模块,模型中需要输入散热器的几何参数,如散热器的长度、宽度、高度和片数等,然后通过计算能够得到散热器的性能参数。对于性能换热器模块,则是输入换热器的性能参数值来定义。本案例中的散热器和暖风散热器均使用性能换热器模型,并结合该部件的台架实验数据进行模拟调整。

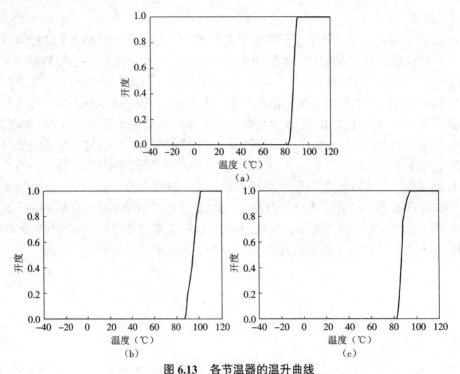

图 6.13　各节温器的温升曲线

（a）DCT 油冷器节温器　（b）机体节温器　（c）主节温器

散热器的冷却液入口截面面积为 0.000 8 m²，迎风面积为 0.45 m²。冷却空气侧的压强为 100 kPa。冷却空气的进口温度为 25 ℃，流量为 100 000 L/min。散热器的水侧阻力特性曲线如图 6.14 所示，冷却空气侧的风阻特性曲线如图 6.15 所示。散热器的换热能力性能曲面如图 6.16 所示。

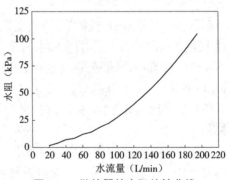

图 6.14　散热器的水阻特性曲线

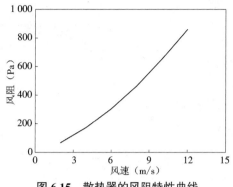

图 6.15　散热器的风阻特性曲线

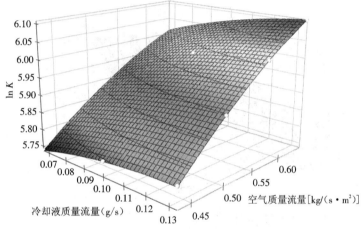

图 6.16　散热器的换热能力性能曲面

　　暖风散热器的冷却液入口截面面积为 0.000 8 m²，迎风面积为 0.25 m²。冷却空气侧的压强为 100 kPa。冷却空气的进口温度为 25 ℃，流量为 6 000 L/min。暖风散热器的水侧阻力特性曲线如图 6.17 所示，冷却空气侧的风阻特性曲线如图 6.18 所示。暖风散热器的换热能力性能曲面如图 6.19 所示。

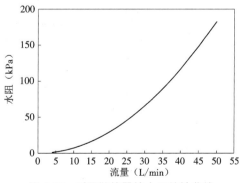

图 6.17　暖风散热器的水阻特性曲线

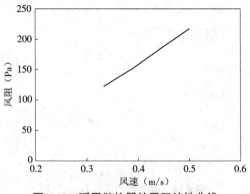

图 6.18　暖风散热器的风阻特性曲线

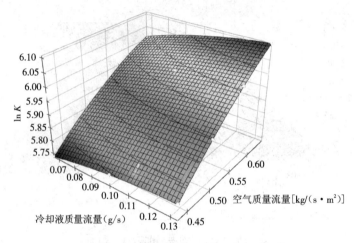

图 6.19　暖风散热器的换热能力性能曲面

(4)油冷器、DCT 油冷器和增压器冷却水腔

表 6.3 列出了各部件的入口截面面积和换热功率。各部件的水阻性能曲线如图 6.20 所示。

表 6.3　冷却部件的设计参数

参数	油冷器	DCT 油冷器	增压器冷却水腔
入口截面面积(m²)	0.000 154	0.001	0.000 227
换热功率(kW)	11.9	6.5	3

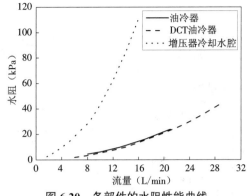

图 6.20　各部件的水阻性能曲线

（5）内燃机水套

由于该内燃机采用双回路冷却系统，所以对冷却水套使用 2 个水套单元来模拟计算。汽油机的冷却系统一般会带走燃料燃烧总热量的 22%~31%，分配给机体和气缸盖的换热功率则分别为 10 kW 和 20 kW。水套阻力特性由初始水套方案的 CFD 计算结果确定。图 6.21 展示了水套总压分布图。

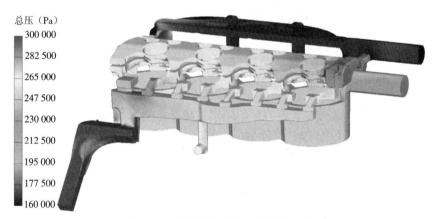

图 6.21　双回路冷却水套总压分布图

6.1.5.4　一维模拟计算结果

图 6.22 所示为冷却系统流量分布的模拟结果。水泵总流量为 175.3 L/min，其中机体和气缸盖的冷却水流量分别为 46.0 L/min 和 86.6 L/min，二者合计占水泵总流量的 75.6%，机体和气缸盖的分流比例为 1∶1.88。流经机油冷却器的冷却水流量为 20.2 L/min，在水泵总流量中占比为 11.5%，可以满足机油冷却器的冷却要求。DCT 油冷器分流流量为 22.7 L/min，占比为 13%。增压器冷却水腔分流流量为 5.4 L/min，占比为 3.1%。流向暖风散热器的冷却液流量为 29.4 L/min，占比为 16.7%，由于大于 20 L/min，完全可以满足暖风散热器的冷却需求。流经散热器的流量为 133.3 L/min，占比 76%，保证散热器能够充分控制水温。

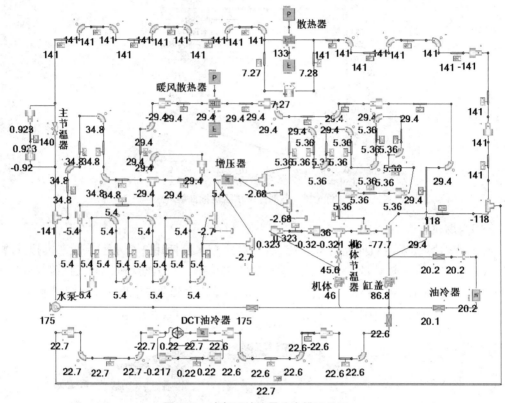

图 6.22　冷却系统流量分布模拟结果

图 6.23 表示冷却系统压力分布的模拟结果。水泵入口处的冷却液压力为 80 kPa,水泵出口处的冷却液压力为 249 kPa。冷却液经过水泵加压后,压力增加 169 kPa。内燃机水套的冷却液入口压力为 249 kPa,机体出水口的冷却液压力为 179 kPa,机体压降为 70 kPa。缸盖出水口的冷却液压力为 173 kPa,缸盖压降为 76 kPa。油冷器、DCT 油冷器、DCT 节温器、增压器冷却水腔、暖风散热器、散热器、机体节温器、主节温器的压降分别为 23 kPa、24 kPa、9 kPa、15 kPa、62 kPa、48 kPa、2 kPa、20 kPa。

图 6.24 表示冷却系统温度分布的模拟结果。水泵入口、水泵出口、机体水套入口、气缸盖水套入口、机油冷却器入口和 DCT 油冷器入口处的冷却液温度都为 96.1 ℃。冷却液流经机体水套后,温度上升至 99 ℃,升高 2.9 ℃;冷却液流经气缸盖水套后,温度为 98.8 ℃,升高 2.7 ℃。这些温度升高的幅值都在合理范围内。而且,冷却液在机体和气缸盖内部的水温也低于冷却液的沸点温度 110 ℃,因此不会发生明显的沸腾现象而产生气蚀。冷却液流经机油冷却器、DCT 油冷器和增压器冷却水腔后温度分别上升 9.6 ℃、4.7 ℃和 9 ℃,均在合理范围内,而且部件内部的冷却液温度也低于冷却液沸点。冷却液流经散热器后,温度降低 4.4 ℃,达到 95 ℃,能够满足冷却系统的设计要求。

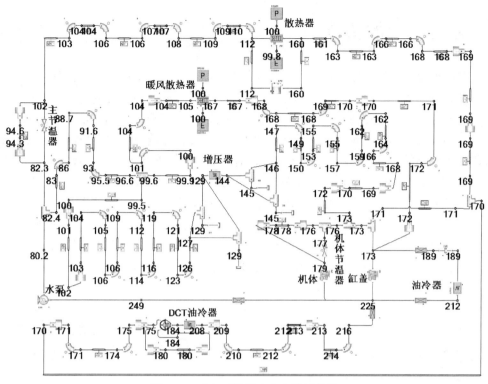

图 6.23　冷却系统压力分布模拟结果

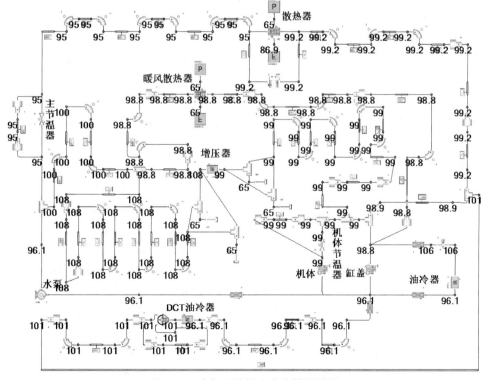

图 6.24　冷却系统温度分布模拟结果

6.2　水冷系统的调节

内燃机正常运转的前提是它必须在有利的温度状况下工作。散热器的散热能力与内燃机所要求的散热量之间,并不是总能保持平衡。因此,也就不能总是使内燃机的温度稳定在合理的范围内。例如,当内燃机的转速不变而负荷改变时,风扇产生的风量是一定的。如果风扇产生的风量能适应高负荷时所要求的散热量,那么在低负荷时内燃机就会过冷。如果在低负荷时散热器能力是足够的,那么在高负荷时就会由于冷却不足而导致内燃机过热。

另外,内燃机起动后,水温和缸壁温度会很低,可能会使缸套出现剧烈磨损。这就需要使内燃机各部位的温度在冷车起动后能够迅速升高到正常状态。为了使散热器适应内燃机转速和负荷的变化,并能满足起动后迅速暖机的要求,应在冷却系统中设置温度调节装置。调节的方法包括改变流经散热器的冷却空气流量或冷却液流量。通过改变空气流量调节温度的常见装置包括百叶窗和变速风扇等。通过改变冷却液流量调节温度的装置是节温器。

6.2.1　百叶窗

百叶窗安装在散热器前面,可以利用百叶窗的开与关来改变通过散热器的空气流量。通过这种调节方法,虽然能够改变通过散热器的风量,但是风扇的功率消耗却并未减少。

6.2.2　改变风扇转速

内燃机在工作过程中,由于环境条件和运行工况发生变化,内燃机的热状况也会变化。必须根据环境和运行条件的变化随时调节内燃机的冷却强度。例如,在炎热的夏季,内燃机在低速高负荷工作时,冷却液的温度可能会很高,这时风扇应该高速旋转以增加冷却风量,增强散热器的散热能力;在寒冷的冬季,冷却液的温度较低,或者当汽车在高速行驶中有强劲的迎面风吹过散热器时,就不需要使用风扇,否则风扇不仅消耗内燃机功率,而且还产生噪声。实验证明,在水冷系统的运行过程中,只有 25% 的时间需要使用风扇,而风扇在冬季时的工作时间更短。因此,根据内燃机的热状况随时调节冷却强度是十分必要的。在风扇带轮与冷却风扇之间安装硅油式或电磁式风扇离合器,能够实现冷却风量调节。离合器能够根据内燃机温度的变化调节风扇转速。

另外,为了实现对风扇转速的精确控制并降低耗功,可以采用电动风扇。电动风扇由电机、风扇、继电器和温控开关等部件组成。它由风扇电动机驱动,风扇转速与内燃机转速无关。其转速一般分为两挡,由温控热敏电阻开关控制。例如,当冷却液流出散热器的温度为 92~97 ℃时,热敏开关接通风扇电动机的第一挡,风扇转速为 2 300 r/min;当冷却液温度上升到 99~105 ℃时,热敏开关接通风扇电动机的第二挡,这时风扇转速变为 2 800 r/min;如果冷却液温度降低到 92~98 ℃,风扇电动机恢复到第一挡转速;当冷却液温度降低到 84~91 ℃时,热敏开关切断电源,风扇停转。在有些电控系统中,电动风扇由电控单元控制,即冷却液温度传感器向电控单元传输与冷却液温度有关的信号。当冷却液温度达到规定值时,风扇继电器触点接合,电源向风扇电动机供电,风扇开始工作。电动风扇的优点是结构简单、布置方便、耗功低,燃油经济性能够得到改善。

6.2.3　节温器

节温器的作用是随水温的变化对通过散热器的冷却水流量进行调节。最常用的节温器是液体式双阀节温器,如图 6.25 所示。节温器一般安装在气缸盖上面的出水管内。节温器的主阀和副阀通过阀杆与波纹器相连。波纹器中装有 1/3 体积的乙醇和 2/3 体积的蒸馏水形成的混合挥发液。挥发液的蒸气压力随冷却液温度而变化。

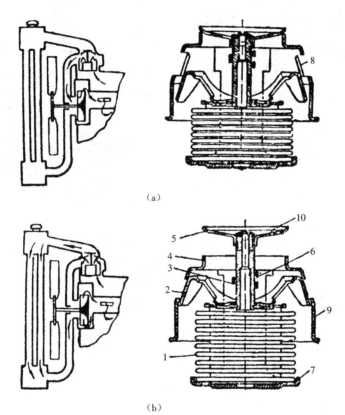

（a）

（b）

1—波纹筒;2—旁通阀;3—推杆;4—阀座;5—主阀;6—导向支架;7—支架;8—旁通阀;9—外壳;10—通气孔

图 6.25　液体式双阀节温器

（a）低温状态　（b）高温状态

当冷却液温度较低时,主阀完全关闭,冷却液不能流入散热器,而全部经水泵再泵入内燃机机体。这时的冷却液循环路线是从机体出来经副阀至水泵,再从水泵泵入机体,这个循环称为小循环。这时冷却液温度会很快升高,使内燃机很快变热,能够在暖机阶段减少缸套磨损。当冷却液温度升高到 70 ℃以上时,挥发液的蒸气压力变大,波纹盒膨胀,推动阀杆将主阀打开。这时,副阀关闭,冷却液全部流入散热器。主阀全部打开时的冷却液温度为（82±3）℃。这时的循环称为大循环。

液体式节温器的缺点是对冷却系统的工作压力较敏感,工作可靠性差。它目前有逐渐被蜡式节温器代替的趋势。蜡式节温器分为单阀型和双阀型。单阀蜡式节温器的结构如图 6.26 所示。其中,推杆 1 的一端紧固在带状上支架 2 上,而另一端则插入感温器 5 内的胶管

6 中；感温器支承在带状下支架 3 和节温器阀 8 之间；感温器外壳与胶管中间充满精制石蜡。

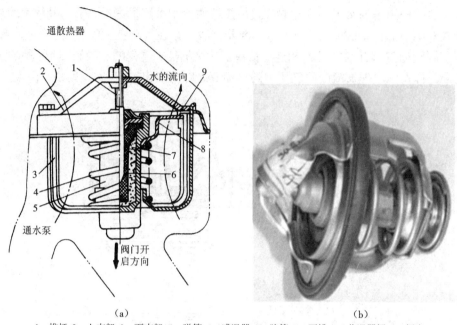

1—推杆；2—上支架；3—下支架；4—弹簧；5—感温器；6—胶管；7—石蜡；8—节温器阀；9—阀座

图 6.26　单阀蜡式节温器

（a）原理图　（b）外形图

　　有的内燃机采用两套独立的冷却系统。其中一套主冷却系统依靠内燃机曲轴提供的机械功实现冷却液循环，另一套副冷却系统通过电动水泵驱动，主要用于冷却涡轮增压器和增压空气。这种双冷却系统需要采用双节温器，如图 6.27 所示。主冷却循环管路分为 2 个循环管路，其中一个流过气缸体，另一个流过气缸盖。通过双节温器，能够实现对冷却液的分流，即 1/3 流经内燃机缸体，用于冷却气缸，而 2/3 流经气缸盖，用于冷却燃烧室。节温器 1 控制气缸体的冷却液流量，节温器 2 控制气缸盖的冷却液流量。使用双节温器分离 2 个循环回路，主要具有以下 2 个优点：一是能够快速加热气缸体，降低曲轴连杆机构的摩擦；二是能够使气缸盖获得良好的冷却，降低燃烧室温度，增加充量因数，降低发生爆震的可能性。

　　使用电子节温器的内燃机电控冷却系统在一些内燃机上已经开始应用，如奥迪的 APF 型 1.6 L 四缸直列内燃机。该系统中的冷却液温度调节、冷却液流量循环和节温器控制、冷却风扇转速均由内燃机负荷决定，并由内燃机电控单元来控制。与传统冷却系统相比，电控冷却系统能使内燃机在部分负荷时具有更好的燃油经济性以及更低的排放水平。当内燃机冷车起动和暖机期间，其与传统的冷却系统一样，为了使内燃机能够尽快达到正常工作温度，通过节温器控制，冷却系统采用小循环。当内燃机全负荷运转时，要求较高的冷却能力，这时控制单元根据传感器信号对温度调节单元加载电压，溶解石蜡体，使节温器的大循环阀门打开，实现大循环；同时关闭小循环通道，切断小循环。

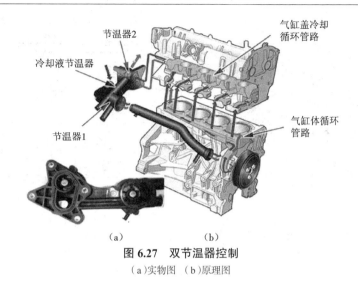

图 6.27　双节温器控制

（a）实物图　（b）原理图

6.3　高温水冷系统

当冷却液温度提高到 100 ℃以上时,由于气缸壁面与冷却液的温差减小,热损失减小,内燃机热效率提高,柴油机的燃烧品质得到改善。由于冷却液温度提高,散热器与冷却空气之间的温差增加,从而增强了散热器的散热能力。提高冷却液温度的方法是提高水的沸点,有以下两种方法。第一种方法是提高水冷系统的压力,使其高于环境大气压,则水的沸点能够提高到大于 100 ℃。冷却系统加压后,还能够抑制冷却液的蒸气泡从水中逸出,从而减少穴蚀。这种方法的缺点是对冷却系统的零部件防漏能力和强度刚度等要求比较高,而且给冷却系统加压会增加水泵耗功。第二种方法是向冷却液中加入添加剂。例如,乙二醇的沸点是 179 ℃,如果在水中掺入的乙二醇的比例增大,冷却液的沸点就能提高。这种方法的缺点是乙二醇的价格较高,而且具有腐蚀性,因此第二种方法比较难普及。

6.4　空气冷却系统

6.4.1　空气冷却系统设计要求

空气冷却就是使用空气作为冷却介质来冷却气缸盖和气缸套等受热零部件,并将散走的热量由空气带走。图 6.28 所示是内燃机空气冷却系统示意图。风扇将空气吹向气缸盖和缸体上需要冷却的各个部位。导风罩将空气有组织地导向各散热面。

空气冷却系统的设计要求概括为以下 5 点。

1）散热效果要好,不仅要使内燃机零部件的温度处于允许的范围内,而且要使零部件的温度场分布均匀。

2）冷却空气的消耗量应尽量小,以减小风扇功率的消耗。

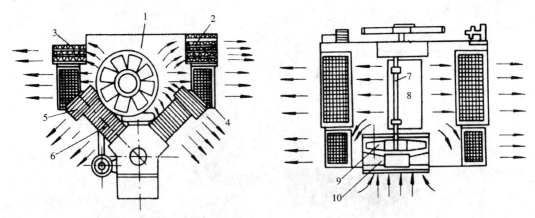

1—风压室;2—液力变矩器机油散热器;3—空 - 空中冷器;4—机油散热器;5—气缸盖;
6—气缸套;7—弹性连轴器;8—喷油泵;9—轴流风扇;10—风扇静轮叶

图 6.28　风冷柴油机的冷却系统

3)冷却空气的通道要有足够的尺寸。如果冷却通道流通截面尺寸减小,流通阻力会增大。如果过小,散热效果会恶化。

4)选择导热性能高的金属作为散热片的材料。

5)要有温度调节装置,保证在冬季或当内燃机处于部分负荷运转时,气缸外壁散热片根部的温度不小于 120 ℃。一般情况下,当采用铸铁材料时,气缸体上部的散热片根部的平均温度为 130~170 ℃;当采用铝合金时,该温度为 130~150 ℃。铸铁气缸盖上散热片根部的平均温度为 170~220 ℃,最大值可达约 250 ℃;铝合金气缸盖上散热片根部的平均温度为160~200 ℃,最大值可达约 230 ℃。

6.4.2　散热片的结构与设计要求

散热片的设计要求:① 冷却空气流过时的空气阻力要小;② 散热效率要高;③ 节省金属材料;④ 具有一定的机械强度,便于制造。

散热片的结构如图 6.29 所示。散热片的基本参数包括:叶片间的平均宽度 L、叶片间距 S、叶片平均厚度 δ、叶片高度 h、叶根外圆直径 D_0。D 是气缸直径。这些设计参数的统计值见表 6.4。

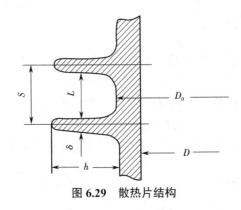

图 6.29　散热片结构

表 6.4　散热片设计参数的统计数据

叶片参数 （mm）	铸铁材料		铝合金材料	
	气缸体	气缸盖	气缸体	气缸盖
h	14~30	15~50	15~35	15~75
S	6~12	6~12	3.5~8	3.5~8
L	4~8	4~8	2~6	2~6
δ	2~4	2~4	1.5~2.5	1.5~2.5

　　散热面积的大小与散热片的高度和数目成正比。例如,气缸上部由于温度高,散热片高度就应大一些,而气缸下部的叶片高度可以相应小一点。但是,如果散热片的高度过高,散热效果不一定好。从散热角度看,散热片的最大高度取决于金属的导热性能。如果用导热性好的材料制作散热片,沿散热片高度的温差变化就比较小,叶片与冷却空气之间的温差就比较大。在这种情况下,增加叶片高度能够增强散热效果。反之,即便是散热片高度增加了,但因为散热片增加的那部分高度与冷却空气之间几乎没有温差,所以就起不到冷却效果。如果铝合金叶片高度超过 60~70 mm,散热效果基本没有改善。从机械强度观点看,也不希望叶片太高。在一定长度上布置的叶片数目决定了间距 S 的大小。间距小会增加冷却空气阻力。当间距太小时,相邻叶片的气体层流层会靠近,湍流层减薄,叶片的传热效果会恶化。用砂型铸造工艺加工的散热片,其最小叶片间距取决于砂型强度。对于机械加工的散热片,叶片间距可达 3.5 mm。

6.4.3　风冷内燃机散热片的计算步骤

　　风冷内燃机散热片的计算步骤概括如下。

　　第一步,确定叶片之间的通道空气流速 ω_a。

　　第二步,分别算出流经气缸盖和气缸体的气流的雷诺数。

$$Re = \frac{\omega_a d_e}{v_a} \tag{6.31}$$

式中　Re——雷诺数;

　　　v_a——通道进口处的空气运动黏度,气道温度为 40 ℃时,$v_a = 1.7 \times 10^{-8}$ m²/s;

　　　d_e——叶片通道的当量直径,其值由下式确定:

$$d_e = \frac{2hL}{h+L} \tag{6.32}$$

式中　h——叶片高度;

　　　L——叶片间的平均宽度。

　　第三步,确定气缸壁的传热系数 K。取 K 值与散热片表面的传热系数值相同,可根据下式算出:

$$K = \frac{Nu\lambda_a}{d_e} \tag{6.33}$$

式中　Nu——努塞尔数;

　　　λ_a——空气的热传导系数,当空气温度 $t_a = 40$ ℃时,$\lambda_a = 2.756 \times 10^{-2}$ W/(m·K)。

K 值一般在 0.14~0.23 kW/(m²·K)的范围内,铸铁材料的散热片选下限,铝合金材料的散热片选上限。

第四步,确定当量传热系数 K_p。带有散热片的气缸盖和气缸体所散走的热量之和,可以由一个当量传热系数与缸壁和空气的温度差以及缸壁表面积的乘积来表示。这个当量传热系数可由下式计算:

$$K_p = \frac{K}{S}\left[\frac{2}{m}(1+\frac{h'}{D_0})Shmh' + L \right] \tag{6.34}$$

式中 h——叶片高度;

h'——当量高度,$h' = h + \dfrac{\delta}{2}$;

S——叶片间距;

L——叶片间平均宽度。

另外,

$$m = \sqrt{\frac{2K}{\lambda_p \delta}} \tag{6.35}$$

式中 λ_p——散热片材料的导热系数,铸铁的 λ_p 值为 0.05~0.06 kW/(m·K),钢的 λ_p 值为 0.04~0.045 kW/(m·K),铝合金的 λ_p 值为 0.150~0.243 kW/(m·K)。

第五步,计算散热量 Φ:

$$\Phi = \Phi_c + \Phi_h \tag{6.36}$$

式中 Φ_c 和 Φ_h——气缸体和气缸盖散走的热量(W),其计算式分别为

$$\Phi_c = A_c i K_{pc}\left(t_c - t_a\right) \tag{6.37}$$

$$\Phi_h = A_h i K_{ph}\left(t_h - t_a\right) \tag{6.38}$$

式中 K_{pc} 和 K_{ph}——气缸体和气缸盖的当量传热系数;

i——气缸数;

t_c 和 t_h——气缸体和气缸盖上的散热片根部的平均温度;

t_a——冷却空气进口和出口的平均温度,一般取 50~55 ℃;

A_c 和 A_h——气缸体和气缸盖的筋化散热面积,A_c 可按下式计算:

$$A_c = \pi D_0 h_c \tag{6.39}$$

式中 D_0——叶片根部的外圆直径;

h_c——缸体的筋化高度。

叶片布置的高度应保证活塞在上止点时第一道气环能够得到冷却。其高度通常是行程的 1.2~1.4 倍。气缸盖的散热面积按其具体结构确定。当计算的散热量 Φ 值与内燃机应散走的热量不符时,应改变叶片结构尺寸,再重新计算,直到相符为止。

6.4.4　导流罩

冷却空气由进口经过散热片到出口都是有组织地进行流动。冷却空气由导流罩引导送到各个需要冷却的气缸。导流罩用 0.6~1.0 mm 厚的钢板冲压成型,为了减少振动和噪声,

应可靠固定,在接缝处良好密封,防止漏气。导流罩的作用可以概括如下。

1)组织气流定向运动。在满足同样的冷却任务的情况下,使用导流罩能够比自然流动节省一半的空气流量,从而减少风扇耗功。

2)能够使气缸表面各部分的温差减小,从而减小各表面的受热不均匀性。

6.5　冷却系统的分析式设计方法

前面几节论述了冷却系统的经验式设计方法。经验方法的第一个缺点是关键参数的准确度不够高,达不到产生内燃机系统设计指标的要求,如冷却液散热量。经验方法的第二个缺点是在计算公式的组织上不够完整、严密和清晰,使得给定性能目标的硬件设计问题和给定硬件选型的性能校核问题无法在一个统一的方程组框架内予以诠释。为了在内燃机设计的冷却系统分析计算中克服这两个缺点,本节阐述散热量的精确分析方法和冷却系统核心方程组。

对内燃机散热量规律的总结是系统设计中关于散热量指标确定方法的基础。基于热力学第一定律的内燃机能量平衡,在合理假设零散热损失的情况下,可以比较准确地预测内燃机在各个工况和环境压力及温度下的本体散热量(气缸的散热量)。冷却系统设计的关键任务有 3 个:① 内燃机散热量的准确计算;② 满足耐久性和冷却器尺寸约束条件的完整的冷却网路选型计算,包括选择水泵和风扇;③ 在不同的转速 – 负荷工况、热环境和高原环境下的冷却性能校核计算,包括冷却液和冷却空气的温度预测。需要注意的是,散热量是依靠内燃机空气系统气侧性能模拟软件,在假设冷却液温度已知的条件下计算出来的,而散热量作为冷却系统水侧性能模拟软件的已知输入参数,反过来会影响冷却液温度。因此,在气侧与水侧之间存在散热量与冷却液温度之间的耦合迭代求解问题。空气系统和冷却系统的联合求解就是为了解决这个耦合迭代问题。

6.5.1　散热量和内燃机能量平衡分析

由于散热量影响内燃机的冷却液出口温度和冷却系统尺寸等参数,其是冷却系统设计中的一个至关重要的参数。

内燃机冷却液散热量的增大主要由于采用低进气歧管气体温度、高 EGR 率、高额定功率。前两个原因是为了满足排放法规的要求,第三个原因是为了满足动力性提升的需求,即提高内燃机的功率密度。

内燃机的较高热负荷由较高的缸内气体温度和排气歧管气体温度所表征。管理热负荷和降低排气歧管气体温度是内燃机设计中的重大挑战。EGR 内燃机使用冷却 EGR 控制氮氧化物排放。EGR 率的增大导致散热量增大,相当于一部分热负荷被 EGR 从气侧(排气)转移到了水侧(EGR 冷却器的冷却液)。内燃机的气侧参数是指气体工作介质的温度和流量;水侧参数是指冷却液的温度和流量。

冷却系统的重要任务之一是在给定的空间尺寸下满足冷却液散热量的要求,控制散热器进口的冷却液温度。因此,了解散热量的组成并准确计算散热量,包括在各种极端环境条件下的散热量和最难预测的气缸散热量,是实现精密设计的先决条件。

冷却液散热量通常通过根据冷却液流量和温度进行计算。这种测量方法具有较大的误差,会造成散热量数据波动过大且不准确,无法满足精密设计的要求。因此,研究者试图使用计算方法来预测内燃机气缸的冷却液散热量。

计算流体动力学(CFD)可以模拟气缸传热,但是该技术尚不成熟,因为缸内湍流条件极为复杂,也难于测量验证。因此,需要采用一种实用的计算方法,以准确预测冷却液散热量。这里的关键在于准确预测气缸散热量,因为对换热器散热量进行计算并不困难,能够利用气侧温度和流量简单对其进行准确地计算。

计算气缸散热量的实用方法基于内燃机的能量平衡,并假设内燃机的零散热损失是已知的(后面将详述其规律)。那么在基于热力学第一定律的能量平衡方程中,唯一的未知量就是气缸散热量。然后,计算损失于内燃机气缸冷却液散热量的燃料能量占燃料总能量的百分比,并将该百分比作为散热量标定分析的特征参数。在描述内燃机循环工作过程的零维模拟模型中使用缸内气侧传热系数的 Woschni 准则或其他类似的准则,调整和校准缸内传热的子模型(如调整缸内气侧 Woschni 传热系数的乘数因子),使模拟计算得出的气缸散热量百分比等于上述标定百分比,以匹配内燃机的实验数据。实践表明,通过这样的计算步骤,可以假设所获得的模拟模型能够比较准确地反映气缸散热量特征,并可以用于预测其他工况时的气缸散热量。

在内燃机的能量平衡分析中,有两种基于热力学第一定律的方法,其在划分热力学系统的边界位置上有所不同。

第一种方法是将气流的系统边界设置在压气机进口和涡轮出口。以高压环路 EGR 内燃机为例,水冷涡轮增压内燃机的能量平衡方程为

$$\dot{m}_{comp}h_{CompIn} + \dot{m}_{fuel}h_{FuelIn} + \dot{m}_{fuel}q_{LHV}$$

$$= \dot{W}_E + \dot{W}_{Eacc} + \dot{m}_{exh}h_{TurbOut} + \dot{Q}_{base\text{-}coolant} + \dot{Q}_{EGRcooler} + \qquad (6.40)$$

$$\dot{Q}_{CAC} + \dot{Q}_{ISC} + \dot{Q}_{FuelCooler} + \dot{Q}_{miscellaneous,1}$$

式中　$\dot{m}_{comp}$ ——压气机的空气或气体质量流量;

　　　h_{CompIn} —— 压气机进口空气或气体的比焓;

　　　$\dot{m}_{fuel}$ —— 燃油质量流量;

　　　h_{FuelIn} —— 处于油箱温度的燃料的比焓,注意 $\dot{m}_{fuel}h_{FuelIn}$ 与空气气流的焓值相比通常很小;

　　　q_{LHV} —— 燃料的低热值,柴油燃料的汽化焓值与其低热值相比通常较小;

　　　$\dot{W}_E$ —— 内燃机点火时的有效输出功率(曲轴轴功)

　　　$\dot{W}_{Eacc}$ —— 某几项特定的内燃机或车辆的辅助附件耗功,包括发电机、空气压缩机和冷却风扇;

　　　$\dot{m}_{exh}$ —— 排气质量流量;

　　　$h_{TurbOut}$ —— 涡轮出口排气的比焓;

　　　$\dot{Q}_{base\text{-}coolant}$ 定义为内燃机本体冷却液散热量;

　　　$\dot{Q}_{EGRcooler}$ ——EGR 冷却器(简称"排冷器")的散热量;

　　　$\dot{Q}_{CAC}$ —— 中冷器的散热量;

　　　$\dot{Q}_{ISC}$ —— 两级压缩机的级间冷却器(简称"间冷器")散热量(如果存在);

$\dot{Q}_{\text{FuelCooler}}$——燃油冷却器的散热量（如果存在）；

$\dot{Q}_{\text{miscellaneous,1}}$——第一种方法的零散热损失，包括从排气歧管、EGR 环路的连接管（排冷器本身除外）、内燃机机体和涡轮增压器的表面所产生的对流和辐射传热，以及未燃或不完全燃烧的燃料热能，最后一项有时高达柴油机燃料总能量的 1%~2%。

第二种方法是将气流的系统边界设置于进气歧管和涡轮进口。以高压环路 EGR 内燃机为例，水冷涡轮增压内燃机的能量平衡方程由下式给出：

$$\dot{m}_{\text{air}}h_{\text{IMT,air}} + \dot{m}_{\text{EGR}}h_{\text{IMT,EGR}} + \dot{m}_{\text{fuel}}h_{\text{FuelIn}} + \dot{m}_{\text{fuel}}q_{\text{LHV}}$$
$$= \dot{W}_{\text{E}} + \dot{W}_{\text{Eacc}} + \dot{W}_{\text{EGRpump}} + \dot{W}_{\text{supercharger}} + \dot{m}_{\text{exh}}h_{\text{TurbIn}} + \qquad (6.41)$$
$$\dot{Q}_{\text{base-coolant}} + \dot{Q}_{\text{FuelCooler}} + \dot{Q}_{\text{miscellaneous,2}}$$

式中　$h_{\text{IMT,air}}$——流入进气歧管的新鲜空气的比焓；

$h_{\text{IMT,EGR}}$——流入进气歧管的 EGR 气体的比焓；

h_{TurbIn}——涡轮进口处排气的比焓；

$\dot{W}_{\text{EGRpump}}$——EGR 泵的耗功（如果存在）；

$\dot{W}_{\text{supercharger}}$——机械增压器的耗功（如果存在）；

$\dot{Q}_{\text{miscellaneous,2}}$——第二种方法的零散热损失，其在数值上低于 $\dot{Q}_{\text{miscellaneous,1}}$。

由于稳态时压气机功率必须等于涡轮功率，式（6.40）和式（6.41）两式相减后，等号两侧的所有项将相互抵消而变成零。因此，两式是等价的。

在两式中，气流的焓值可以通过下式计算：

$$h = \int_0^T c_p \cdot \mathrm{d}T \qquad (6.42)$$

为了获得足够的精度，比热 c_p 必须作为气体温度和组分的函数处理。冷却器散热量可通过下式计算：

$$\dot{Q}_{\text{cooler}} = \dot{m}_{\text{gas}}c_p\left(T_{\text{CoolerInletGas}} - T_{\text{CoolerOutletGas}}\right) \qquad (6.43)$$

内燃机本体冷却液散热量可以定义为以下三部分的和。

1）气缸散热量，包括活塞、气门、气缸套、气缸盖括、排气道的散热量。

2）机油冷却器散热量，包括对活塞的直接喷注机油冷却和机械刮滑摩擦产生的散热量。

3）水泵和机油泵的耗功，最终以散热量形式耗散掉。

车辆的散热器冷却液散热量等于内燃机本体、EGR 冷却器和其他使用冷却液的冷却器的散热量总和。内燃机本体不包括中冷器和排冷器，但包括机油冷却器。不同的内燃机可以在损失于内燃机本体散热量的燃料总能量百分数这一特征上比较。

在式（6.40）和式（6.41）中，$\dot{Q}_{\text{base-coolant}}$ 是唯一的未知量。如果气体温度和流量没有实验误差或计算误差，采用第一种和第二种方法计算出的内燃机本体冷却液散热量将相等。

图 6.30 显示了用 GT-POWER 软件模拟计算得到的缸内传热系数曲线，表征从缸内气体到气缸金属内壁的传热。从缸内气体到冷却液的传热过程包括三段热阻，分别是从缸内气体到气缸金属内壁的对流换热热阻、从气缸金属内壁到外壁的传导换热热阻、从气缸金属

外壁到冷却液的对流换热热阻。其中,缸内传热系数在热阻上占有主导地位,它对应的热阻比冷却液侧传热系数对应的热阻大得多。因此,冷却液散热量主要由燃烧室内热边界层里从缸内气体到气缸内壁的较大的气侧热阻决定,而非由从缸套外壁到冷却液的较小的水侧热阻决定。

　　当喷油定时或点火定时提前时,缸内压力、温度和传热系数的曲线会发生变化或平移,而且内燃机本体冷却液散热量占燃料总能量的百分比会增加,但燃料消耗率可能会减少。当空燃比或 EGR 率增加时,缸内传热系数通常会减小。

　　图 6.31 显示采用柴油机全负荷气侧测试数据计算出的能量平衡示例。根据式(6.40),假设零散热损失已知(算法将在 6.5.2 节中详述),式中所有温度和流量等参数已知,唯一要求取的未知量是内燃机本体冷却液散热量。

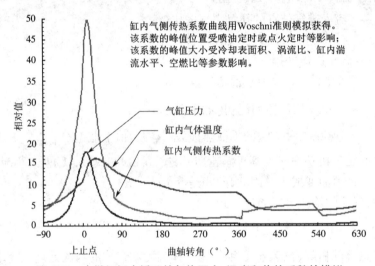

图 6.30　内燃机缸内循环的气体压力、温度和传热系数的模拟

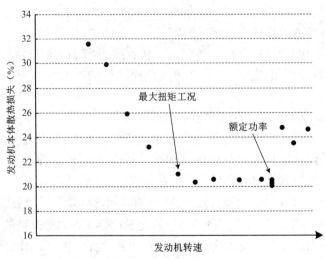

图 6.31　全负荷外特性曲线上的能量平衡计算(方法一)

6.5.2 内燃机零散能量损失

上节提到,在能量平衡方程 [式(6.40)和式(6.41)中],为了计算内燃机本体冷却液散热量,零散热损失被视为一个已知项。在散热量的精确计算中,零散热损失则不可忽略。

无论是水冷内燃机还是风冷内燃机,零散热损失的预测方法相同,区别体现在标定方法。所谓标定,是指根据内燃机试验数据经由热平衡方程求得零散热损失。对于水冷内燃机,水侧的温度和流量的测试精度能够严格控制,得到准确的测试数据,因此能够根据内燃机热平衡方程求解零散热损失(假设其他参数均已知)。对于风冷内燃机,冷却空气的温度和流量难以准确测定,因此无法根据内燃机热平衡求解零散热损失。所以,风冷内燃机的零散热损失通常只能借鉴类似的水冷机型的零散热损失进行预测。

当求出零散热损失占燃料总能量的百分比之后,在内燃机性能模拟计算模型中需要调整校准零散热损失所涉及管道的传热条件,以便匹配该百分比。而且,需要将该百分比作为已知量用于式(6.40)或式(6.41)中,以便根据内燃机热平衡方程和已知气侧参数求解内燃机本体散热量。之所以需要这样求解,是因为气侧参数是在内燃机研发过程中经常需要测试的性能参数,而且很准确,属于简单的常规实验。相比而言,内燃机水侧参数则较少测试,而且测试精度通常很差,无法用来直接计算内燃机本体散热量。前文所述"水侧的温度和流量的测试精度能够严格控制"是一种特殊且不常见的昂贵实验,能够用来直接计算内燃机本体散热量,进而根据热平衡方程计算零散热损失。

理解零散热损失的变化规律对于散热量计算至关重要。零散热损失的分析非常复杂,与内燃机转速(即传热时间尺度)和排气歧管气体温度(反映内燃机负荷)有关。研究表明,零散热损失占燃料总能量的百分比是某个特征气体温度(如排气歧管气体温度)、冷却介质温度、内燃机转速和负荷的函数。图 6.32 显示,当负荷或转速减小时,零散热损失百分比将增加。如果假设不完全燃烧所造成的损失忽略不计,而且假设在测试间或内燃机机舱内环绕内燃机周围所发生的传热是自然对流,那么采用第一种方法估算的零散热损失百分比在全负荷工况从最大扭矩到额定功率的区段大约为3%。第一种与第二种方法之间计算出的百分比差异大约为 1.8%,第一种方法得出的零散热损失百分比更高(图 6.33)。

将零散热损失占燃料总能量的百分比记为

$$G = \frac{\dot{Q}_{\text{miscellaneous}}}{\dot{Q}_{\text{fuel}}} \tag{6.44}$$

式中 $\dot{Q}_{\text{fuel}}$——燃料能量变化率。

采用第一种能量平衡方法的零散热损失可以用下式表达:

$$\dot{Q}_{\text{miscellaneous},1} = C_1 + C_2 T_{\text{ch}} + C_3 T_{\text{ch}}^4 \tag{6.45}$$

式中 C_1、C_2 和 C_3——待定系数;

T_{ch}——某个选择的特征气体温度(如排气歧管气体温度);

$C_2 T_{\text{ch}}$——从内燃机表面到冷却介质的对流换热;

$C_3 T_{\text{ch}}^4$——辐射传热。

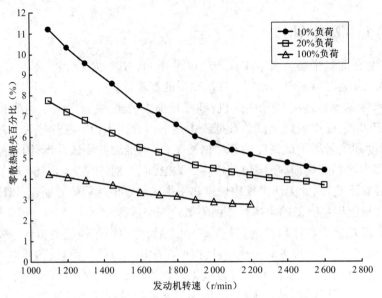

图 6.32　与内燃机转速和负荷有关的零散热损失

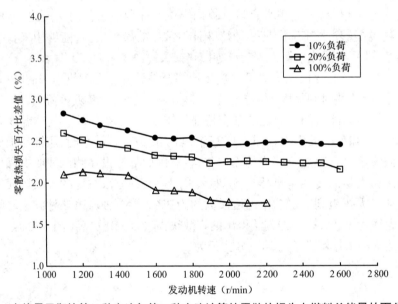

图 6.33　由能量平衡的第一种方法与第二种方法计算的零散热损失占燃料总能量的百分比之差

将式（6.45）代入式（6.44），得到：

$$G_1 = \frac{C_1 + C_2 T_{ch} + C_3 T_{ch}^4}{C_4 + C_5 N_E + C_6 J_E + C_7 N_E J_E} \qquad (6.46)$$

式（6.46）的分母根据内燃机测试数据的特征，将燃料能量变化率模拟为内燃机转速 N_E 和有效扭矩 J_E 的函数。G 的下标 1 表示第一种能量平衡方法。

特征温度（例如排气歧管气体温度）主要受内燃机转速、负荷、喷油定时、EGR 率、空燃比影响。研究表明，虽然柴油机的排气歧管气体温度体现为转速和负荷的函数，但基本与内燃机扭矩成线性正比关系,而与内燃机转速的相关性不明显。因此,当扭矩 J_E 保持恒定时,式(6.46)的分子可以简化为一个常数,即有

$$G_{1,J} = \frac{C_8}{C_9 + C_{10}N_E} \tag{6.47}$$

式中　C_8、C_9 和 C_{10}——待定常数。

式(6.47)可以用来解释图 6.32 中所示零散热损失百分比与内燃机转速之间的关系,即转速越低,零散热损失百分比越大。

如果内燃机转速 N_E 保持恒定,零散热损失百分比可简化为

$$G_{1,N} = \frac{C_1 + C_2 T_{ch} + C_3 T_{ch}^4}{C_{11} + C_{12}J_E} \approx \frac{C_1 + C_2 T_{ch}}{C_{11} + C_{12}J_E} \tag{6.48}$$

式中　C_{11} 和 C_{12}——待定常数。

零散热损失百分比的变化趋势取决于在分子中的排气温度和在分母中的扭矩哪个变化更快。柴油机测试数据显示,有效扭矩通常比排气温度增加得更快。例如,当内燃机有效扭矩增加 5 倍时,排气温度仅增加 1 倍。因此,图 6.32 显示,当有效扭矩增加时,零散热损失百分比下降。

如果设计数据比较完整,零散热损失可以通过传热方程详细计算,例如使用内燃机性能模拟计算软件。然而,在很多情况下,内燃机机体的辐射换热发射率、机体面积、排气管尺寸、对流换热系数、平均机体温度等数据均未知,然而又需要估算具有不同排量的内燃机的零散热损失百分比。这时,就需要进行简化分析,具体如下。

对于两台相似的内燃机,其相似性是指在型式构造(例如直列式或 V 形)、EGR 连接管路、传热损失特征温度等方面类似。由于 $V_E^{2/3}$ 通常正比于与零散热损失有关的特征传热面积,其中 V_E 是内燃机排量;可以假设两台相似的内燃机之间的零散热损失($\dot{Q}_{\text{miscellaneous}}$)的百分比正比于 $(V_{E1}/V_{E2})^{2/3}$,其中 V_{E1} 和 V_{E2} 是这两台内燃机的排量。因此,零散热损失百分比可以近似为

$$G_1 \propto \frac{K_{h1}T_{ch1}V_{E1}^{2/3}}{\left(\dfrac{J_{E1}N_{E1}}{\eta_{th1}}\right)} \propto \frac{K_{h1}T_{ch1}V_{E1}^{2/3}\eta_{th1}}{\varpi_{\text{BMEP1}}V_{E1}N_{E1}} = \frac{K_{h1}T_{ch1}\eta_{th1}}{\varpi_{\text{BMEP1}}V_{E1}^{1/3}N_{E1}} \tag{6.49}$$

式中　$K_{h1}T_{ch1}V_{E1}^{2/3}$——对零散热损失的近似估计;

　　　$\dfrac{J_{E1}N_{E1}}{\eta_{th1}}$——燃料能量变化率;

　　　η_{th}——内燃机热效率;

下标 1 表示第一台内燃机。

第二台内燃机的零散热损失百分比可以近似为

$$G_2 \propto \frac{K_{h2}T_{ch2}\eta_{th2}}{\varpi_{\text{BMEP2}}V_{E2}^{1/3}N_{E2}} \tag{6.50}$$

因此,这两台内燃机之间的零散热损失百分比的比值为

$$\frac{G_1}{G_2} = \frac{K_{h1}}{K_{h2}} \cdot \frac{T_{ch1}}{T_{ch2}} \cdot \frac{\eta_{th1}}{\eta_{th2}} \cdot \frac{\varpi_{\text{BMEP2}}}{\varpi_{\text{BMEP1}}} \cdot \frac{N_{E2}}{N_{E1}} \cdot \left(\frac{V_{E2}}{V_{E1}}\right)^{1/3} \tag{6.51}$$

当两台内燃机相似时,式(6.51)右侧前几项均变成1,即可获得以下近似公式,作为简化比例法则使用:

$$\frac{G_1}{G_2} = \left(\frac{V_{E2}}{V_{E1}}\right)^{1/3} \tag{6.52}$$

6.5.3　内燃机本体冷却液散热量的特征

冷却液散热量可以表述为3种形式:① 损失于冷却液散热量的燃料总能量的百分比(图6.34);② 单位有效功率散热量(kW);③ 传热速率(kW)。当比较不同的内燃机时,百分比通常是最佳的选择,其能够较为本质地反映内燃机的传热设计特征。

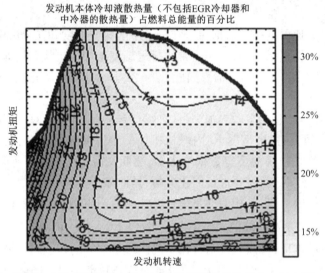

图 6.34　重载柴油机在转速－负荷区域上的能量分布示意图

内燃机本体散热量百分比受气缸和排气道的传热面积、缸内瞬时传热系数、内燃机摩擦功率等因素影响,具体包括:① 气缸套、活塞和排气道设计,尤其是暴露于冷却介质的金属表面积;② 气缸直径和冲程;③ 燃烧室的体积与表面积之比;④ 内燃机压缩比;⑤ 涡流比和缸内湍流水平;⑥ 排气门气流速度(如在内燃机压缩释放制动时在上止点附近的强烈排气);⑦ 缸内的新鲜空气加 EGR 气体的充量质量与燃料质量之比(简称"充量质量比");⑧ 燃料喷射定时;⑨ 进气歧管气体温度;⑩ 内燃机转速;⑪ 内燃机负荷;⑫ 活塞平均速度;⑬ 水泵功率;⑭ 油泵功率。

内燃机本体散热量百分比随着内燃机负荷的减小而增大(图6.34)。喷油定时或点火定时推迟能够降低该百分比,但是将导致有效燃料消耗率升高,导致本体散热量呈现复杂的变化。减小缸内涡流或滚流水平会造成较低的气侧传热系数(图6.30),导致本体散热量和油耗降低。研究发现,充量质量比升高能导致本体散热量百分比降低。排气道或缸套长度对本体散热量有重要影响。冷却水侧对流换热系数、冷却液温度和气缸盖金属材料种类对本体散热量的影响较小。

重载柴油机的机油冷却器通常使用内燃机冷却液作为冷却介质。这种内燃机的冷却液散热量包括机油冷却器的散热量,具体由 2 部分组成:内燃机刮滑摩擦功率、活塞的机油喷注冷却散热量。刮滑摩擦功率等于测得的内燃机拖动功率减去计算的泵气损失和辅助附件功率。辅助附件包括机油泵、水泵、燃料泵、发电机等,但冷却风扇、动力转向泵和其他车辆附属装置的功率通常不包括在内燃机拖动功率的测试中。

油耗线法(Willan 曲线法)是估算拖动功率的另一个方法。在有效平均压力相对于燃料流量的曲线图上,将曲线外插到燃料流量等于零的点,即可确定拖动工况时的有效平均压力。

获得内燃机摩擦功率的第二类方法是模拟计算。内燃机摩擦模型按照复杂程度,从简单到复杂可以分为三级。第一级摩擦模型包括总体集总式摩擦模型和总体分布式摩擦模型,均不带曲轴转角精度。集总式模型是将内燃机的摩擦有效压力(即摩擦功与内燃机排量的比值)表达为最高气缸压力和活塞平均速度的简单函数。分布式模型是将内燃机的摩擦有效压力表达为各摩擦部件和辅助附件的贡献量之和,如活塞组、轴承、配气机构、水泵等,模型中包含一些反映摩擦机理的相对简单的物理模型和各部件的一些最重要的设计参数。第二级摩擦模型是将内燃机摩擦功率表达为各部件贡献的总和,而且各部件的摩擦功率是用摩擦力乘以转速计算而得,而摩擦力是按曲轴转角变化的。第三级摩擦模型也是把摩擦功率分解到每个部件,不仅包括曲轴转角精度,而且包括摩擦部件表面的二维油膜厚度分布和摩擦力的计算,是最为复杂的一种摩擦模型。

活塞冷却散热量是机油散热量的重要组成部分。润滑系统的循环供油量主要是按照机油从内燃机带走的热量来估算。随着平均有效压力的提高,活塞单位面积功率增加,活塞的热负荷和温度也上升。为了使温度降低到金属疲劳强度能够耐受的水平和常规润滑油能够可靠工作的水平,活塞需要冷却,保证活塞顶部具有足够的强度,而且活塞的第一环槽的温度不超过某个限值(如 230 ℃)。活塞冷却的喷油方式包括 3 种:侧置垂直固定喷嘴、主轴承座倾斜固定喷嘴、连杆小头喷油。

侧置垂直固定喷嘴方式的油流稳定可靠,可以满足拱形内顶和封闭油道两种冷却方式的喷油需求。传统的活塞油冷技术是自由喷射顶底冷却,活塞顶部中央冷却效果较好,但第一道环槽温降较小,活塞头部内外表面之间的温差应力大,只有当喷油量大时才比较有效。新兴的活塞油冷技术是使用带冷却油腔(又称冷却油道或内冷油道)的活塞。半充满油腔的机油伴随着活塞的高速往复运动,在冷却油腔内产生强烈振荡,形成高效湍流传热,对具有高热负荷的活塞环区和顶部进行冷却,能够大幅度降低第一环槽的温度(如降低至 150 ℃)。油道位置的布置、进油孔和出油孔的大小、进油流量、进油压力和冷却油的充填比对活塞冷却效果都影响很大。充填比指内冷油腔内的机油体积占内冷油腔总体积的百分比。最佳充填比是 30%~50%。如果充填比过高,冷却油流的湍流程度会下降。例如,当充填比大于 60% 时,传热系数急剧下降。

如果活塞冷却过度,传热损失会增大,内燃机燃油消耗率会增加,而且可能会导致活塞头部温差过大,热应力过高。而且,当活塞顶部温度低于 205 ℃、环区温度低于 104 ℃时,含硫燃料会沉淀,容易使活塞受到腐蚀损坏。过度冷却活塞会导致冷却油量过大,增加机油泵的耗功。

低散热量设计要求降低内燃机本体冷却液散热量百分比,以便达到低油耗。这通常依靠减小金属传热面积或降低涡流比或滚流比来实现。

尽管陶瓷的导热性能比金属弱很多,低 1~2 个数量级,使用陶瓷作为气缸壁或缸内部件的材料以达到隔热效果的"绝热"内燃机,即所谓的低散热量(Low Heat Rejection,LHR)内燃机并不能将散热量减少 1~2 个数量级。这是因为气侧热阻在整体热阻中起主要作用,而非金属壁面的导热热阻或水侧热阻。依靠减小气缸散热量提高热效率是低散热量内燃机的主要目的。据报道,低散热量内燃机能够减小燃料消耗达 4%~10%。然而,伴随而来的不利方面是气缸壁变得很热,这将导致 3 个严重后果。第一,吸入的新鲜空气被加热,造成充量因数下降。第二,缸内温度升高,导致氮氧化物排放增加,无法满足排放标准。第三,过热的气缸壁导致润滑油结焦或失效,造成严重磨损。低散热量内燃机在点火和燃烧方面也相当复杂。研究表明,与采用传统冷却方式的内燃机相比,低散热量内燃机的滞燃期和预混燃烧均有所减少,而扩散燃烧的持续期有所增加。业界关于此类内燃机的研究结论存在很大的不一致而没有定论。人们还未能从传热、燃烧、排放、摩擦学等方面完全了解和掌握绝热内燃机技术。

6.5.4 冷却系统分析式设计原则

冷却系统的设计目的是维持内燃机部件的金属温度和温度梯度处于合适的水平。如果内燃机冷却不足,会造成润滑油性能退化、缸内部件过热膨胀和刮伤磨损、金属材料强度降低、部件的热应变增大、进气加热导致充量因数下降等问题。如果内燃机冷却过度,会造成燃烧恶化、燃料消耗增加、散热量过大、活塞环和气缸套的磨损增加、内燃机的摩擦和噪声增加等问题。如果气缸套温度过低,甚至低于燃烧气体的冷凝温度,可能会发生气缸套腐蚀。

冷却器如果设计得过小,达不到冷却目标。冷却器如果设计得过大,也会产生问题。例如,如果中冷器出口空气温度低于露点温度,水会在中冷器中凝结,这可能需要使用某个设备将冷凝水分离。另外,在部分负荷,如果排冷器出口气体温度过低,排冷器中会出现碳氢化合物结垢和腐蚀问题,以及酸性蒸气的冷凝水问题。

冷却系统的性能设计约束条件通常是实现满足排放要求的进气歧管气体温度。耐久性设计约束条件是满足内燃机冷却液出口温度要求。最高的冷却液温度对应的内燃机转速、负荷、环境温度和海拔高度条件与最大的冷却液散热量对应的这些条件并不相同。冷却液的温度计算受到使用空调的影响和在散热器及中冷器周围的热空气再循环效应的影响。重载内燃机的最大散热量通常发生在以下条件:夏季,平原或高海拔地区,在车的内燃机机舱内的状态(即压气机进口空气温度高于环境温度),额定功率。冷却系统的优化目标是在满足车辆前端封装性约束条件下尽可能降低散热量,因为较小的散热量对应较小的换热器尺寸。在冷却器选型方面,需要确保在效能和压力降上预留足够的安全裕度,以应对排冷器结垢等时变恶化问题。

为了达成这些目标,需要针对各种不同的冷却介质和冷却器的配置方案选型比较,并且评估在各种环境和转速-负荷工况下的气体温度和冷却液温度。因此,冷却系统设计是非常复杂的。例如,为了达到所需的进气歧管气体温度控制排放,在中冷器尺寸(实为效能)与 EGR 冷却器尺寸之间存在一个满足封装性、耐久性和成本限制的最佳权衡。

关于车辆前端冷却模块的布置方式,从前向后一般是冷凝器、中冷器和散热器。对于它们而言,其迎风面积是不同的,而且相互之间具有重叠(如二重叠和三重叠)和非重叠的部分。对于每一部分,冷却空气的风阻和流量都不同。需要根据前端冷却模块各零部件的风阻曲线,分别计算各部分的单位面积风速。

关于风扇选型,风扇的风量与转速的一次方和叶片直径的三次方成正比。风扇的消耗功率与转速的三次方成正比。为获得较大风量和较小耗功,应选择较大直径的叶片,同时尽可能减小风扇转速,以获得最高效率。风扇噪声是叶尖线速度的函数。为了控制风扇噪声,应控制风扇转速和叶片直径,使叶尖线速度在适当范围内,如轻型车辆的发动机风扇的叶尖线速度一般要求控制在 71~91 m/s。

关于水泵选型,车用水泵一般分为机械式水泵和电动水泵。普通乘用车和载货车一般选用机械离心式叶片泵。在同一转速下,水泵的流量和阻力成反比。水泵在各转速下的流量必须能满足散热器、EGR 冷却器和机油冷却器的流量需求,同时要求水泵扬程能够与各冷却器和内燃机内的冷却液流动阻力相匹配。

在选取循环冷却水量和冷却风量时,需要计算冷却网路内各节点的冷却液压力、流量和温度的分布,合理设计冷却网路、流道布置和流阻,优化匹配散热器 – 水泵 – 风扇,协调冷却液循环量需求与水泵供水能力之间的矛盾,减小水泵和风扇的耗功。这些是内燃机主机厂在冷却系统设计和优化方面的重要工作内容。

关于性能校核中的工况,应选择内燃机工作最恶劣的情况。乘用车一般采用电动风扇,而且多数使用高转速高功率的发动机,故而一般以额定功率为主要校核工况,以爬坡工况为次要校核工况。商用车一般采用机械风扇,而且多数使用低转速高扭矩发动机,爬坡时内燃机接近最大扭矩工况,转速较低,风扇转速也低,进风量小,造成热负荷大且散热条件差,因此须以最大扭矩爬坡工况作为主要校核工况,以额定功率为次要校核工况。

内燃机性能模拟结果表明,由于内燃机散热量与散热器和水泵在运行特性之间的匹配性质,虽然冷却液散热量在额定功率时达到最大值,散热器进口的冷却液温度(即内燃机出口冷却液温度)通常在最大扭矩或介于最大扭矩与额定功率之间的某个中间转速的全负荷时达到最高值(即最坏情形)。另外,冷却液温度在较热环境温度下和较高的海拔地区会升高。图 6.35 显示重载柴油机在全负荷曲线上的模拟算例。

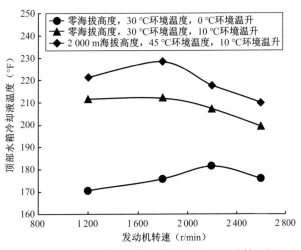

图 6.35　冷却系统的硬件设计和性能校核计算示例

6.5.5　冷却系统设计计算核心方程组

回顾第 5 章论述的内燃机系统设计中的空气系统核心方程组,它的作用是将硬件选型设计问题和性能校核问题统一使用一组数学公式予以诠释,使用 4 个方程,求解 4 个未知数。在冷却系统的传热分析方面,也可以并需要构建这样的核心方程组,以便清晰方便地统一构造硬件设计问题和性能校核问题。

冷却系统匹配计算的目的是在标准环境压力和温度条件下,以及在极热环境和高原条件下,能向各预定部位供给压力、温度、流量都适宜的冷却液,并尽量减小水泵和风扇的耗功。冷却系统分析式传热匹配计算的定解问题的解决方法可以概括为以下 5 条。

1)找到稳态核心方程,联立方程组,清点已知参数和待解未知数的个数。

2)在同一方程组框架内,通过互换已知参数和未知数,系统地采用统一的技术逻辑解决两类冷却系统未知数求解问题,即设计问题和校核问题(或两者在硬件设计和性能预测方面的混合构造),避免对每个公式零敲碎打式地选用或使用无确切根据的经验式假设,需要把约束条件直接落实在耐久性和封装性上。

3)设立核心方程组,便于对系统参数变化规律和影响进行参变量扫值分析和试验设计作图探索。在传热性能方面的代数方程组构造较为复杂。在流阻方面的代数方程组构造较为简单。

4)设计、选型或标定问题是给定性能设计目标,待解的未知数多为硬件设计参数、选型参数或电控系统标定参数。

5)性能校核问题是给定硬件选型设计或电控标定参数,待解的未知数多为性能参数(例如温度)。

冷却系统传热的 4 个核心方程的构造方法是对于每个冷却器的设计或校核问题,求解任意 4 个未知数。对于 4 种常用的冷却器(中冷器、散热器、EGR 冷却器、机油冷却器,图 6.36),则可以构建 16 个联立方程。需要注意两个概念:一是传热能力等于整体传热系数 K_h 乘以传热面积 A_h;二是冷却器的"效能 – 传热单元数"方程(即 e–NTU 方程)不是一个独立方程,因为它可以从 4 个核心方程导出,即

$$\varepsilon_{\mathrm{cooler}} = f(NTU) = f[K_h A_h, (\dot{m}c_p)_{\min}, (\dot{m}c_p)_{\max}] \tag{6.53}$$

对于任何一个冷却器或换热器,4 个传热核心方程可以表述如下:

$$\varepsilon_{\mathrm{cooler}} = \frac{\dot{m}_{\mathrm{hot}} c_{\mathrm{p,hot}} \left(T_{\mathrm{hot,in}} - T_{\mathrm{hot,out}} \right)}{\left(\dot{m}c_p \right)_{\min} \left(T_{\mathrm{hot,in}} - T_{\mathrm{cold,in}} \right)} = \frac{\dot{m}_{\mathrm{cold}} c_{\mathrm{p,cold}} \left(T_{\mathrm{cold,out}} - T_{\mathrm{cold,in}} \right)}{\left(\dot{m}c_p \right)_{\min} \left(T_{\mathrm{hot,in}} - T_{\mathrm{cold,in}} \right)} \tag{6.54}$$

$$\dot{Q}_{\mathrm{cooler}} = K_h A_h \Delta T_{\mathrm{mean}} \tag{6.55}$$

$$\dot{Q}_{\mathrm{cooler}} = \dot{m}_{\mathrm{hot}} c_{\mathrm{p,hot}} \left(T_{\mathrm{hot,in}} - T_{\mathrm{hot,out}} \right) \tag{6.56}$$

$$\dot{Q}_{\mathrm{cooler}} = \dot{m}_{\mathrm{cold}} c_{\mathrm{p,cold}} \left(T_{\mathrm{cold,out}} - T_{\mathrm{cold,in}} \right) \tag{6.57}$$

式中　$\dot{Q}$——散热量(散热速率);

　　　$\dot{m}$——流量;

　　　T——温度;

ΔT_{mean}——换热器的对数平均温差；

c_p——定压比热；

K_h——整体传热系数；

A_h——传热面积；

$K_h A_h$——传热能力；

下标 hot——热侧介质（被冷介质）；

下标 cold——冷侧介质（冷却介质）；

下标 in——进口；

下标 out——出口。

式（6.54）至式（6.57）中：式（6.54）是效能定义方程，由于内燃机冷却领域通常使用效能这个参数来连接主机厂测试数据和换热器供应商设计，因此引入该方程；式（6.55）是传热能力方程，又称传热方程式；式（6.56）是热侧的热平衡方程；式（6.57）是冷侧的热平衡方程。

冷却水路径

- - - - →　冷却空气路径

系统主要包含4个冷却器。每个冷却器包括硬件设计参数和性能参数。
- 硬件设计参数：效能、冷却能力（传热系数乘以面积）。
- 性能参数：被冷介质流量、冷却介质流量、被冷介质进出口温度、冷却介质进出口温度。

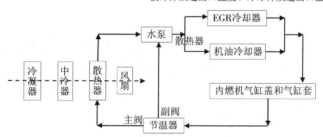

图 6.36　冷却系统传热网路示意图

关于效能定义方程 [式（6.54）]，其物理意义定义如下：

$$\varepsilon_{cooler} = \frac{实际传热速率}{最大可能的传热速率} \tag{6.58}$$

注意，$(\dot{m}c_p)_{min}(\Delta T)_{max} = (\dot{m}c_p)_{max}(\Delta T)_{min}$。在式（6.58）中，效能 ε 通常是未知数。效能通常被内燃机或冷却器测试数据表达为小热容率侧的质量流量的函数如图 6.37 所示。最小热容率的选取影响效能的定义。内燃机上各种冷却器的热容率评价见表 6.5。效能与冷却器传热能力 $K_h A_h$ 有关，与冷却介质温度无关，而冷却器出口被冷介质温度与冷却介质温度有关。效能还可以被表达为传热单元数（Number of Transfer Units，NTU）的函数 [式（6.53）]。对于顺流式冷却方式 [图 6.38（a）]，式（6.53）可以展开表达为

$$\varepsilon_{cooler} = \frac{1 - \exp\left[-f_{NTU}\left(1 + \frac{(\dot{m}c_p)_{min}}{(\dot{m}c_p)_{max}}\right)\right]}{1 + \frac{(\dot{m}c_p)_{min}}{(\dot{m}c_p)_{max}}} = \frac{1 - e^{-f_{NTU}(1+\tau_c)}}{1 + \tau_c} \tag{6.59}$$

对于逆流式冷却方式（图 6.38），式（6.53）可以展开表达为：

$$\varepsilon_{\text{cooler}} = \frac{1 - e^{-f_{\text{NTU}}(1-\tau_c)}}{1 - \tau_c e^{-f_{\text{NTU}}(1-\tau_c)}} \tag{6.60}$$

式中，传热单元数定义为

$$f_{\text{NTU}} = \frac{K_h A_h}{(\dot{m}c_p)_{\min}} \tag{6.61}$$

另外，t_c 的定义为

$$\tau_c = \frac{(\dot{m}c_p)_{\min}}{(\dot{m}c_p)_{\max}} \tag{6.62}$$

对于 EGR 冷却器，t_c 值通常非常小，大约为 0.02。

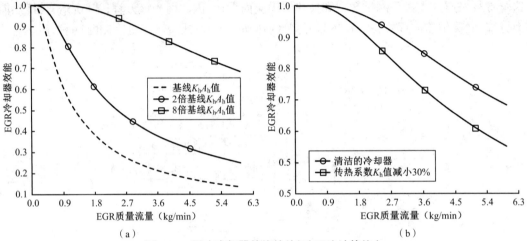

（a）　　　　　　　　　　　　　　　（b）

图 6.37　影响冷却器效能的特征（理论计算值）

（a）EGR 冷却器传热能力　（b）EGR 冷却器结垢

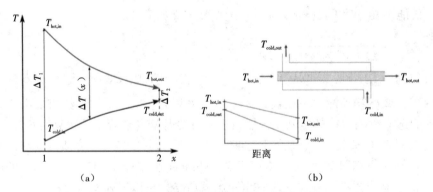

（a）　　　　　　　　　　　　　　　（b）

图 6.38　换热器的顺流式和逆流式冷却方式

（a）顺流式　（b）逆流式

表 6.5　各种冷却器的最小热容率和最大热容率

冷却器名称	热侧介质（被冷）	冷侧介质	热侧介质温差设计目标值	冷侧介质温差设计目标值	最小热容率 $(\dot{m}c_p)_{min}$	最大热容率 $(\dot{m}c_p)_{max}$	热侧介质比热 [kJ/(kg·℃)]	冷侧介质比热 [kJ/(kg·℃)]
EGR 冷却器	EGR 气流	冷却水	390~470 ℃	远小于热侧	发生在热侧	发生在冷侧	1.51	4.2
中冷器	增压空气	车外空气	100~160 ℃	远小于热侧	发生在热侧	发生在冷侧	1.009	1.005
机油冷却器	机油	冷却水	8~15 ℃	不确定	不确定	不确定	1.88	4.2
散热器	冷却水	车外空气	6~12 ℃	10~30 ℃	多发生在冷侧	多发生在热侧	4.2	1.005

关于冷却器的传热能力方程 [式（ 6.55 ）]，传热能力 K_hA_h 通常是未知数。式中，不论顺流或逆流，换热器对数平均温差的定义均为

$$\Delta T_{mean} = \frac{\left(T_{hot,in} - T_{cold,in}\right) - \left(T_{hot,out} - T_{cold,out}\right)}{\ln\left(\dfrac{T_{hot,in} - T_{cold,in}}{T_{hot,out} - T_{cold,out}}\right)} = \frac{\Delta T_{max} - T_{min}}{\ln\dfrac{\Delta T_{max}}{\Delta T_{min}}} \qquad (6.63)$$

算术平均温差指（ $\Delta T_{max} + \Delta T_{min}$ ）/2，它相当于粗糙地假定冷、热流体的温度都是按直线变化时的平均温差，其值总是大于相同进、出口温度下的对数平均温差。只有当 $\Delta T_{max}/\Delta T_{min}$ 的比值趋近于 1 时，两者的差别才不断缩小。例如，当 $\Delta T_{max}/\Delta T_{min} <2$ 时，两者的差别小于 4%；而当 $\Delta T_{max}/\Delta T_{min} <1.7$ 时，两者的差别小于 2.3%。对于介于逆流与顺流之间的复杂布置，平均温差的计算可以使用一个修正系数乘以逆流对数平均温差。修正系数可以通过查取与流体温差有关的换热器图表获得。

关于车辆散热器的热侧热平衡方程 [式（ 6.56 ）]，内燃机冷却液的 $\dot{m}_{hot}$ 可以是未知数，求解后用于冷却水泵选型。关于车辆散热器的冷侧热平衡方程 [式（ 6.57 ）]，$\dot{m}_{cold}$ 可以是未知数，求解后用于冷却空气的风扇选型。需要注意的是，上述冷却系统的传热核心方程组是稳态的。瞬态工况与稳态工况不同，瞬态工况的内燃机散热量不一定等于冷却器散热量，这时冷却液或冷却介质的温度会随时间发生变化。

下面以车辆散热器为例，展示使用冷却系统核心方程组的分析式传热匹配计算的步骤。首先，使用内燃机性能模拟软件准确计算内燃机散热量。然后，确定冷却系统部件的布置方案，用网路图展示被冷介质和冷却介质的流向。在散热器 – 水泵 – 风扇的匹配上，需要使用具有 4 个未知数的 4 个方程联立求解具体如下。

1）已知散热量，并设定散热器进口和出口冷却液温度的初步设计目标为已知值。需要求解的 2 个未知数是所需的冷却液流量（ X_1 ）和散热器效能（ X_2 ）。需要求解的 2 个方程是水侧热平衡方程和散热器的效能定义方程。冷却液温度的初步设计目标可能在后续校核计算中被修改，以满足所有选型条件（ 主要是高温耐久性和尺寸封装性方面的约束条件 ）。

2）已知散热器进口和出口的冷却空气温度的初步设计目标为已知值。需要求解的 2 个未知数是所需的冷却空气流量（ X_3 ）和散热器传热能力 K_RA_R（ 传热系数乘以传热面积，

X_4）。需要求解的 2 个方程是气侧热平衡方程和传热能力方程。

3）根据冷却液流量和阻力，初步选择水泵。根据传热能力 $K_R A_R$ 初步选择散热器尺寸。根据冷却空气流量和阻力，初步选择风扇。如果水泵或风扇的流量（与转速或耗功有关）或散热器尺寸不合理，修改已知参数（如冷却液进口和出口温度目标、冷却空气进口和出口温度目标、散热量），重新计算和选型。

4）当散热器 - 水泵 - 风扇的匹配设计计算在选定的设计工况（如额定功率或最大扭矩，标准环境压力和温度）完成后，需要校核所选定的硬件在其他工况和环境压力、温度下的性能。如果不合格，需要修改硬件或流量，重新匹配。

5）当使用节温器进行校核计算时，假设节温器的开度已知，给散热器分配的冷却液流量（原未知数 X_1）即变成已知，而且散热器的效能（原未知数 X_2）、冷却空气流量（原未知数 X_3）和传热能力（$K_R A_R$，原未知数 X_4）变成已知（即硬件是给定的）。而且，原来在设计问题中的 4 个已知参数这时变成了在校核问题中待求解的 4 个未知数：散热器的散热量、散热器进口的冷却液温度、散热器出口的冷却液温度、散热器出口的冷却空气温度。

关于中冷器、EGR 冷却器和机油冷却器的计算，与上述散热器的计算方法类似。除了上述 4 个冷却器之外，气缸盖处和气缸套内也存在强烈传热。气缸盖和气缸套的分析方法是使用网路模型或模拟软件计算各处的冷却水流量、压力和温度分布，属于性能校核，受到进、出口水流量的边界条件影响。

以上匹配步骤说明冷却系统网路传热计算的复杂性和使用模拟分析软件的必要性。模拟软件能够使计算变得便捷。虽然模拟软件通常是采用求解常微分方程组的时变收敛方法，但实际上稳态工况计算的基本原理就是构造 16 个核心方程联立求解 16 个未知数，并迭代调整已知条件，直到满足冷却网路中各节点的冷却性能要求和硬件选型约束条件。

由于内燃机散热量受冷却介质温度影响，当冷却液温度和冷却空气温度都计算完毕后，需要把它们作为已知条件代入内燃机空气系统气侧性能模拟计算软件中迭代求解散热量，直到散热量和冷却介质温度全部收敛为止。

第 7 章　内燃机的润滑系统

7.1　润滑油

7.1.1　润滑油的性能

对于内燃机,尤其是强化的内燃机,做相对摩擦运动的各个部件,如气缸与活塞/活塞环、轴颈与轴承之间的工作表面都是在相当高的负荷和滑动速度下工作的。为了保证内燃机能够长期、可靠运转,必须通过润滑系统向这些摩擦表面输送足够的润滑油(又称机油)。现代内燃机结构紧凑、性能指标高、工作条件严苛,因此必须妥善设计润滑系统,使内燃机工作可靠并便于维护和检修。

内燃机的润滑油具有润滑、冷却、密封、清洗、防锈和抗腐蚀等功能,具体如下。

1)减小零件工作表面的摩擦和磨损。润滑油必须能在运动部件的表面形成一定厚度的油膜,避免过度磨损。

2)流动的润滑油对摩擦表面具有洗去机械杂质的洗涤作用和带走摩擦热的冷却作用。润滑油还常被用作冷却剂来冷却活塞。

3)防止化学腐蚀。油膜附着在金属表面,能够保护零件不受氧化物质或酸性物质等的化学腐蚀。

4)增强密封,减少漏气。由于润滑油充满活塞组和气缸之间的间隙,因此有助于提高活塞的密封性,减少漏气。这个作用对于已经磨损的内燃机尤其显著,所以在已有较大磨损的内燃机上,有时在起动时加入少量润滑油,有助于提高气缸内的压缩压力,能够比较容易实现起动。

5)在某些内燃机中,润滑油还被用作液力装置(如配气机构中使用的液压间隙调节器)和实现动力系统自动控制的液体工质。

为了保证内燃机得到正常的润滑,并延长润滑油的使用寿命,必须合理选用润滑油。内燃机的润滑油多以石油为原料,通过严密的精炼过程而制成。评价润滑油品质优劣的性能指标主要包括以下几种,这些指标在我国石油产品标准中都有相应规定。

(1)黏度

黏度是润滑油的主要特性参数之一,是润滑油按照黏度等级分类的依据。如果黏度过小,油膜不易形成,可能会发生半干摩擦,增大磨损;而且会造成气缸密封不严,润滑油消耗量增大。如果黏度过大,内燃机的摩擦耗功将增大,燃油消耗率增加,而且会造成冷起动困难。内燃机应选用黏度合适的润滑油,在保证润滑的前提下,黏度应尽量小。润滑油的黏度随温度而改变。当温度升高时,润滑油黏度下降,改变的程度则随润滑油品种的不同而各异。黏度随温度变化越小,黏温性越好。润滑油要有良好的黏温性。黏温性通常用运动黏度比表示,如某些润滑油在 50 ℃时与在 100 ℃时的运动黏度比 v_{50}/v_{100}。如果运动黏度比较小,则表示黏度随温度变化的程度小。内燃机在起动时温度比较低,而在正常工作状态下温度不断变化。因此,宜使用运动黏度比小的润滑油,在温度低时,其黏度不致太大,内燃机易于起动;在温度高时,其也具有足够大的黏度,能够保证润滑。所以,在国产润滑油的产品规格中,不仅规定了同类润滑油在 100 ℃时的运动黏度,而且还限制了运动黏度比的最大值。

（2）热氧化安定性

热氧化安定性表示润滑油在高温时抵抗氧化的能力。润滑油在使用过程中不断被氧化变质,生成酸性氧化物和沥青等。氧化变质的润滑油的色泽暗黑、发稠、酸性大,并在油中析出沉淀。润滑油的氧化变质会引起滤清器堵塞、活塞环黏结以及活塞环和活塞过热。因此,润滑油必须具有良好的抗氧化安定性,当润滑油与高温部件接触和气缸废气窜入油底壳时,能够避免润滑油氧化。热氧化安定性好的润滑油的使用期限长、损耗小。

（3）腐蚀性

腐蚀性是润滑油对金属表面产生腐蚀作用强弱的指标,通常用酸值评定。酸值指中和 1 g 润滑油中的酸性物质所需要的氢氧化钾（KOH）的 mg 数。

（4）闪点和燃点

当加热润滑油时,润滑油挥发,并与空气相混合,形成可燃混合气。当火陷接近它时,能够发生闪火（蓝色火陷）的润滑油温度称为润滑油的闪点。闪点低的润滑油易于挥发,增加消耗,且易着火,因此是不适宜的。燃点指当润滑油闪火后,再将它继续加热,使其温度升高,油气与明火接触,闪火后不再熄灭,而持续燃烧时间不少于 5 s 的最低温度。闪点和燃点温度是润滑油在贮存、运输和使用中的安全指标,闪点和燃点温度的高低表示润滑油的着火难易程度和氧化倾向性大小。普通车用发动机润滑油的开口闪点不低于大约 200 ℃,燃点比闪点一般高 20~30 ℃。

（5）凝点

凝点指润滑油因凝固而丧失流动性时的温度。凝点高的润滑油,低温时流动性差,在低温条件下使用时,容易堵塞油路、中断供油。凝点随润滑油牌号而不同,一般在 -50 ℃ ~ -5 ℃。使用时为了保险,希望润滑油凝点比使用条件下的周围平均最低温度低大约 5 ℃。润滑油应具有较低的凝点。如果凝点高,冬季气温低时,润滑油流动困难,甚至会凝固,造成内燃机暖机时间过长,或者甚至无法起动。为了降低凝点,可向润滑油中加入少量的降凝剂。

（6）灰分和水分

润滑油中的灰分和其他有害杂质应尽量少。因为这些杂质多了会堵塞润滑油路和增加磨损,所以它们的含量要低于允许的规定值。润滑油中不允许含有水分和水溶性的酸和碱,因为它们对零件有腐蚀作用。同时,润滑油中如含有水分,当润滑油在曲轴箱中被曲轴搅拌时,会形成润滑油泡沫,影响润滑系统的可靠工作,降低润滑油的使用期限。

7.1.2　润滑油添加剂

润滑油由基础油和添加剂组成。添加剂包括黏度改进剂、金属清净分散剂（清净剂）、无灰清净分散剂（分散剂）、抗氧抗腐剂、防锈剂、抗磨剂、抗泡剂等。为了减少磨损,不仅要求润滑油具有足够的黏度,而且要求它能够在运动部件表面形成一层吸附膜或反应膜。润滑油还需要具有良好的清净分散性,即润滑油防止形成积碳、漆膜和油泥的能力。另外,润滑油需要具有良好的油性挤压性、抗腐蚀性和抗泡性。

　　随着内燃机向高速和增压的强化方向发展,机械负荷和热负荷越来越高。因此,对润滑油的质量也提出了越来越高的要求。提高润滑油的品质,一方面是提升润滑油本身的质量,如提高加工深度,选择合适的油源及馏分范围,采用合成油等;另一方面是在润滑油中加入适量的添加剂。从目前来看,添加剂是大幅度提高润滑油品质的主要手段。添加剂是一种表面活性物质,通常认为它有 3 种作用:① 分散和吸附作用,即使沉积物不易因互相吸附而凝聚或吸附在金属表面,起到清净分散的作用;② 抑制氧化和变质,使之不生成沉积物;③ 中和作用,即利用添加剂的碱性来中和润滑油在使用过程中生成的酸性物质。按照添加剂的用途,可以分为以下 5 种。

　　1)清净分散剂。这种添加剂像水中的肥皂一样,在油中形成分子团(分子聚合形成的聚合物)。这些分子团能将所生成的油泥和胶质等包围起来,并使它们分散浮游在油中,从而防止污物附着,保持内燃机内部的清净。同时,这些分子团也能中和酸性物质,提高抗腐蚀性。清净分散剂在润滑油中含量为 2%~4%(质量分数),在国外某些油品中的用量可高达 18%~20%(质量分数)。常用的清净分散剂包括石油磺酸盐、烷基酚盐、水杨酸盐、丁二酰亚胺。

　　2)抗磨剂。这类添加剂由于具有强极性作用,在金属表面能够形成物理吸附膜,有效减少物理磨损和腐蚀磨损。抗磨剂在润滑油中含量为 0.2%~0.5%(质量分数)。常用的抗磨剂是一些含硫、磷、氯、铅、钼的化合物。在一般情况下,氯类和硫类能够提高润滑油的耐负荷能力,防止金属表面在高负荷条件下发生烧结、卡咬和刮伤;而磷类和有机金属盐类具有较高的抗磨损能力,能够防止或减少金属表面在中等负荷条件下的磨损。常用的抗磨剂包括二烷基(芳基)、二硫代磷锌、硫酸化脂肪醇锌盐等。

　　3)抗氧化抗腐蚀剂。这类添加剂能使氧化物分解,使过氧化物的自由基链钝化,起到抗氧化、抗腐蚀作用。在柴油机的润滑油中,加入量一般为 0.5%~1.0%(质量分数)。常用的抗氧化抗腐蚀剂包括胺型、酚型、胺酚型、硼酸酯型、二烷基二硫代磷酸盐(锌盐)、二烷基二硫代氨基甲酸盐(锌或镉)和有机硒化物。

　　4)抗泡剂。内燃机中的润滑油在工作过程中受到激烈的搅动,造成空气和润滑油相混合,形成泡沫。泡沫化的润滑油对内燃机的正常工作危害很大,不但会影响润滑和冷却效果,而且会因油路中含有气泡而造成供油中断,导致发生破坏性故障。目前,普遍的抗泡剂是聚二甲基硅氧烷,也称二甲基硅油。它的表面能低,表面张力也较低,在水和一般润滑油中的溶解度低,而且活性高,能够达到消泡的目的。只要在润滑油中加入极少量的聚二甲基硅氧烷,就能起到显著作用,但加多了反而会增加凝聚倾向而失去作用。

　　5)降凝剂。为了降低润滑油的凝固点,可以在炼制时加深脱蜡深度,但如果加入少量降凝剂,则更为简便和经济。降凝剂不改变石蜡的析出温度,仅改变所析出石蜡的结构,即在同样温度下,石蜡还会析出,但不再是网状结构而使润滑油失去流动性,而是以粒状结构析出,使润滑油依旧保有流动性。常用的降凝剂包括烷基化萘、聚甲基丙烯酸酯等,其分子结构由长链烷基基团(亲油)和极性基团(憎油)两部分组成,长链烷基结构可以在侧链上,也可以在主链上,或者两者兼有。在润滑油中添加少量降凝剂便能够显著降低润滑油的表观黏度和冰点,从而达到提高低温流动性的作用。降凝剂一般加入量最大约为 0.6%(质量分数）。

这些添加剂的加入比例应根据内燃机的种类和使用条件的恶劣程度来选用。盲目选用高级润滑油非但没有效果,而且添加剂可能会对金属、水分和燃料有预料不到的害处。

内燃机的各个润滑部位由于工作原理和所处的工作环境各不相同,对于润滑油的要求也有所不同。例如,气缸上部处于高温环境下,容易被氧化;轴承部分则以形成油膜为首要条件,而凸轮和齿轮处的油膜又非常薄。因此,最好是在不同的润滑部位采用不同种类的润滑油。但是,实际上只能用一种润滑油来润滑内燃机的各个部分。这给选择润滑油品种带来了挑战,一般是以适用于气缸的润滑作为首要目标。

7.1.3　润滑油的质量等级和黏度等级

国际标准化组织(International Organization for Standardization，ISO)、美国汽车工程师学会(Society of Automotive Engineers，SAE)、美国石油学会(American Petroleum Institute，API)、美国材料实验协会(American Society for Testing and Materials，ASTM)对内燃机润滑油按照质量等级和黏度等级进行了分类。因此,完整的润滑油牌号包括质量等级和黏度等级两部分。

API 对内燃机润滑油的质量等级分类是以汽油机和柴油机来划分的。其中,汽油机润滑油是 S 字头系列,包括 SA、SB、SC、SD、SE、SF、SG、SH、SJ、SL、SM、SN,其中 SA 到 SH 系列的润滑油已经淘汰。每个质量等级的润滑油有各项评分标准。排序越靠后的润滑油,质量等级越高,适用的机型越新或强化程度越高,主要是抗氧化性、清净分散性和抗腐蚀性越好。柴油机润滑油是 C 字头系列,包括 CA、CB、CC、CD、CE、CF、CF-2、CF-4、CG-4、CH-4、CI-4、CJ-4,其中 CA 到 CE 系列的润滑油已经淘汰。CJ-4 级润滑油主要用于满足 2007 年排放法规的柴油内燃机。为了防止选择性催化还原(Selective Catalytic Reduction，SCR)催化剂中毒和减少对 DPF 的堵塞,CJ-4 级润滑油对灰分、硫和磷的含量限制具有严格规定,如硫含量小于 0.4%,磷含量小于 0.12%,灰分小于 1%(均为质量分数)。

欧洲汽车制造商协会(European Automobile Manufacturers Association，ACEA)把内燃机润滑油的规格分为 3 类,即 A/B 系列、C 系列、E 系列。国际润滑剂标准化及认证委员会(International Lubricants Standardization and Approval Committee, ILSAC)制定的汽油内燃机润滑油规格为 GF-1 至 GF-5。GF 规格是 API 规格加节能要求。

国际上广泛采用 API 质量等级分类法和美国 SAE 黏度分类法,而且它们已被 ISO 承认。我国的润滑油分类法参照采用 ISO 的分类方法。《内燃机油分类》(GB/T 28772—2012)规定,润滑油按照性能和使用场合分为:① 汽油润滑油,包括 SE、SF、SG、SH、SJ、SL、SM 和 SN 共 8 个质量级别;② 柴油润滑油,包括 CC、CD、CF、CF-2、CF-4、CG-4、CH-4、CI-4、CJ-4 共 9 个质量级别。

在黏度等级方面,SAE 制定了内燃机润滑油的黏度分类标准 SAE J300—1995。润滑油的牌号依据润滑油黏度的大小来确定,通常用运动黏度表示。运动黏度是根据一定量的润滑油在一定压力下,通过黏度计上一定直径与长度的毛细管所需的时间来确定的。所需时间越长,润滑油的运动黏度就越大,润滑油黏度等级牌号就越大,越适于在更高的环境温度下使用(表 7.1)。润滑油黏度等级牌号越小,黏度越小。SAE 把润滑油分为冬季用润滑油和非冬季用润滑油。冬季用润滑油包括 6 种牌号：0 W、5 W、10 W、15 W、20 W、25 W。非冬季用润滑油包括 4 种牌号：20、30、40、50。冬天应选用黏度低的润滑油，夏天应选用黏度高的润滑油。W 表示冬季用油，30 和 40 号是夏季用油。只符合某一个黏度等级的润滑油称为单级油。使用单级油时，应在冬夏换季时换用相应的润滑油。符合 2 个黏度等级的润滑油称为多级油，即冬夏通用油，如 SAE 10 W/30 表示既可以作为 10 W 号油用于冬季，也可以作为 30 号油用于夏季。

表 7.1　内燃机润滑油黏度等级选用表

黏度等级	适用环境气温（℃）	黏度等级	适用环境气温（℃）
5W	−30~−10	15W-40	−20~40
5W-20	−30~25	20W-0	−15~25
5W-30	−25~30	20	−10~30
10W	−25~−5	30	−5~30
10W-30	−25~30	40	10~50

7.1.4　润滑油的选用

汽油机润滑油的质量等级是随汽油机技术的更新换代而发展起来的。汽油机润滑油的选用主要是根据内燃机的结构、运转情况、气候条件和路况等来选择不同质量等级和不同黏度级别的汽油机润滑油（表 7.2、表 7.3）。润滑油选用的主要依据是内燃机压缩比、曲轴箱是否装有正压通风装置、是否有排气再循环（EGR）系统和排气催化转化后处理系统。需要根据内燃机工作的环境温度来选用汽油机润滑油的黏度级别，参见 SAE 黏度分类（表 7.1）。

表 7.2　小型汽油机的发展历程

项　目	20 世纪 30 年代	20 世纪 60 年代	20 世纪 90 年代前后
压缩比	5 : 1	7.5 : 1	10(>10) : 1
最高转速（r/min）	3 000	5 000	6 000~8 000
空气与燃油混合比	浓混合比（<15）	稀混合比（>15）	理论混合比（≈15）
吸气方式	倒置气门	两气门 / 缸	多气门 / 缸
点火方式	机械式	机械式	电子式
排放控制	无	无	三元催化排放净化
燃油	含铅汽油	含铅汽油	无铅汽油
功率（kW/L）	20	30	>40

表 7.3　汽油机润滑油的发展历程

项　目	20 世纪 30 年代	20 世纪 60 年代	20 世纪 90 年代前后
机油温度（℃）			
曲轴箱	80	120	160
活塞顶环	150	240	>275
功率负荷（kW/L）	6	12	>206
油箱容积（L）	6	5	4
油耗（L/100 km）	0.5	0.1	0.01
换油周期（km）	1 000	10 000	20 000
质量等级	SA、SB	SC、SD、SE	SF、SG、SH、SJ

　　柴油机的热状况是影响润滑油质量变化的主要因素。柴油机的负荷越高，工作温度就越高，工作强度则越大。柴油机的单位容积负荷和热状况可以用一个强化系数 K 和活塞第一环槽温度来表示。强化系数 K 与选用柴油机润滑油之间存在一定的关联（表 7.4）。强化系数 K 的计算方法如下：

$$K = 10 p_c C_m Z$$

式中　p_c——平均有效压力（MPa）；

　　　C_m——活塞平均速度（m/s）；

　　　Z——冲程系数，四冲程 $Z = 0.5$，二冲程 $Z = 1.0$。

表 7.4　强化系数与选用柴油机润滑油的关系

强化系数 K	选用柴油机润滑油的质量等级
<50	CC
50~80	CD
>80	CE、CF-4

　　CI-4 级柴油机润滑油的内燃机耐久性台架实验表明，油品具有良好的高温抗氧化性能、抗磨损性能、清净分散性能和碱值保持性能，可满足国 IV 柴油机的用油要求。CJ-4 级柴油机润滑油的 50000 km 行车实验表明，油品具有更好的燃油经济性。与 CI-4 15W-40 柴油机润滑油相比，使用 CJ-4 15W-40 柴油机润滑油能够节省大约 3% 的燃油消耗。现代柴油机润滑油的规格主要针对环保要求、车况和路况要求而制定，每隔 5 年左右将推出新的质量规格。目前最新的 API 柴油润滑油的规格是 CJ-4 级。柴油机润滑油的黏度级别选择要根据柴油机使用的环境温度来决定。在严寒地区，为了保证冬季顺利起动，一般应选用多级油。

　　二冲程汽油机（例如部分摩托车内燃机）的润滑油一般根据升功率选择质量等级。二冲程汽油机润滑油通常包括两个黏度级别，即 SAE 20 和 SAE 30，一般情况下选用 SAE 30。如果是在寒区使用或是轻负荷二冲程汽油机，可以选用 SAE 20。各种内燃机润滑油的成分不同，因此不能相互错用。二冲程或四冲程摩托车内燃机都不能使用汽车的汽油机润滑油，因为润滑要求和润滑油成分都不同。四冲程摩托车内燃机润滑油不能用于二冲程摩托车内燃机,因为四冲程摩托车内燃机润滑油含灰分高,如果用于二冲程摩托车内燃机,将导致燃烧不完全而产生沉积物,并出现黏环和预燃等故障。四冲程摩托车内燃机润滑油不能完全与燃油混合均匀,不能满足二冲程内燃机要求润滑油与燃油必须容易混合的要求。另外,四冲程摩托车润滑油所含的抗磨剂将导致二冲程摩托车内燃机火花塞污染。二冲程摩托车润滑油主要用于活塞和轴承的润滑,要求有特殊的添加剂。

用于大型船舶主机的低速二冲程柴油机的润滑油,分为用于一次润滑(随燃料烧掉)的气缸油和用于循环润滑的系统油。这两种润滑油均有自己的独特要求。用于船舶、机车和电站的中速四冲程柴油机的润滑油要求与车用柴油机类似,但使用重质燃料的中速柴油机润滑油有自己的特殊要求,如需要提供与燃料相匹配的碱值。用于油田发电机组和气压站动力的固定式大功率燃气内燃机所使用的润滑油与液体燃料内燃机所使用的润滑油相比,具有不同的要求,如天然气内燃机只能完全依靠润滑油燃烧后产生的少量灰分润滑阀门和阀座。燃气内燃机润滑油的分类按照灰分不同分为无灰、低灰、中灰、高灰。大功率内燃机尚未像车用柴油机那样在润滑油上形成统一的质量标准。

内燃机的技术进步对润滑油不断提出新的要求。节能环保要求对润滑油提出新的挑战。生物柴油的应用对润滑油也具有一定的影响。润滑油中的硫、磷和硫酸盐灰分等成分会使汽车汽油机的三效催化转化器和柴油机的 DPF"中毒",进而影响这些后处理装置的性能和排放。为了满足后处理装置的耐久性要求,低磷、低硫、低挥发性、长换油期的润滑油已经成为发展的方向。

7.1.5 润滑油的换油期

润滑油的使用寿命即为换油期。合理的换油期对节约润滑油、降低运行成本和延长内燃机使用寿命具有重要意义。但是,润滑油变质的原因很复杂,所以关于换油期和换油标准,国内外尚未形成一个通用标准,只是依靠在长期实践中积累的大量经验,从不同角度提出一些可行的换油期或换油标准。由于润滑油的实际使用情况差别很大,硬性规定换油期限是不合理的。换油标准应由润滑油的各主要参数的变化程度来决定。

我国车用内燃机的换油期一般在 5 000~10 000 km,相当于内燃机运行 100~200 小时。拖拉机和推土机的工作条件恶劣,灰尘大,负荷重,因此润滑油容易变质,换油期要短些。内燃机车用柴油机的热负荷较高,工作条件苛刻,但是体积大,润滑油容量大,所以换油期可以较长。一般用户按照内燃机或汽车生产厂家推荐的换油里程换油即可。表 7.5 和表 7.6 列出了换油里程所依据的油品质量变化内容。

表 7.5 汽油机润滑油换油标准(GB/T 8028—2010)

项 目	指 标
100 ℃运动黏度变化率(%)	超过 ±25
水分(%)	大于 0.2
闪点(开口)(℃)	低于 165(单级),150(多级)
酸值(mgKOH/g)	大于 2.0

项　目	指　标
铁含量（mg/kg）	250（SC），200（SD），150（SE）
正戊烷不溶物（%）	大于 1.5（SC、SD），2.0（SE）

表 7.6　柴油机润滑油换油标准（GB/T 7607—2010）

项　目	指　标
100 ℃运动黏度变化率（%）	超过 ±25
水分（%）	大于 0.2
闪点（开口）（℃）	低于 180（单级），160（多级）
酸值（mgKOH/g）	大于 2.0
铁含量（mg/kg）	200（CC），150（CD）
正戊烷不溶物（%）	大于 3
碱值（mgKOH/g）	低于新油的 59%

7.2　内燃机的润滑系统

7.2.1　湿式和干式曲轴箱润滑系统

在内燃机中输送润滑油到工作表面的方法有以下三种：飞溅润滑、压力润滑、复合式润滑。现代内燃机大多采用复合式润滑系统。对于内燃机中相对滑动速度较高和负荷较大的摩擦表面，如曲轴主轴承、连杆大头轴承、凸轮轴轴承、摇臂轴轴承，一般采用润滑油泵强制供油，保证得到可靠润滑和充分冷却。对于负荷较小、速度较低、润滑条件比较有利的零件表面，如活塞和气缸、凸轮和挺柱、活塞销和连杆衬套等部位，则采用飞溅油雾进行润滑，以简化润滑系统结构。某些内燃机附件，如水泵和发电机轴承，不需要使用润滑油润滑，而是定期加注润滑脂。近年来，在内燃机上还采用含有耐磨润滑材料（如尼龙、二硫化钼等）的轴承代替需加注润滑脂的轴承。

润滑系统的主要零部件包括：

1）润滑油泵（压油泵和吸油泵）；

2）润滑油冷却器（分为风冷式和水冷式两种）；

3）润滑油滤清器（粗滤器和细滤器）；

4）调压阀、旁通阀、油箱、输油管和测量仪表等。

这些零部件和内燃机机体与气缸盖按照一定顺序连接在一起，组成润滑油的循环系统。

按照润滑油储放地点的不同，可以分为湿式曲轴箱润滑系统和干式曲轴箱润滑系统。湿式曲轴箱润滑系统（图 7.1）是用油底壳兼作贮油箱，润滑油泵直接从油底壳吸油，并把它输入润滑系统，然后润滑油再流回油底壳。这种系统用得最为普遍。

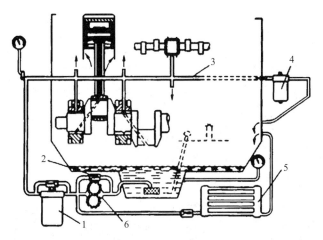

1—粗滤清器;2—限压阀;3—主油道;4—细滤器;5—冷却器;6—润滑油泵

图 7.1　湿式曲轴箱润滑系统

　　干式曲轴箱润滑系统(图 7.2)的特点是带有专门的润滑油箱和两台润滑油泵。吸油泵把存放于油底壳的润滑油送到油箱,而压油泵则从油箱中吸油并把它输入润滑系统。它适用于内燃机在运行中颠簸和纵横倾斜度变化较大的情况,如军用越野汽车和船舶。这时,如果仍采用一般的湿式曲轴箱,由于润滑油的流动,润滑油泵的吸油口有可能露出油面,不能保证润滑系统可靠工作。另外,采用这种干式曲轴箱润滑系能够使内燃机的高度有所降低。

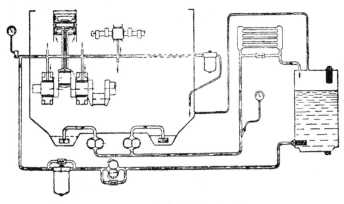

图 7.2　干式曲轴箱润滑系统

　　下面列举 2 个润滑系统的实例。图 7.3 为 135 系列柴油机的润滑系统结构图。润滑油经集滤器 2 和吸油管被润滑油泵 5 吸出后分成两股,一股流到离心式细滤器 6,经过滤后回到油底壳;另一股经刮片式粗滤器 9 流到润滑油冷却器 10。双缸内燃机采用刮片式滤清器,4 缸、6 缸和 12 缸内燃机采用线绕式滤清器。润滑油被冷却后,送入传动机构盖板中,又分成两路,一路经过曲轴内油道分别送至各曲柄销,另一路经过凸轮轴及其轴颈分别进入气缸盖内和润滑配气机构,一小部分润滑油经盖板上的一个喷嘴喷到各传动齿轮上。由连杆大头轴承流出的润滑油,借离心力的作用,飞溅至气缸壁上润滑活塞和气缸套。由活塞油环刮下的润滑油溅入连杆小头上的两个油孔内,分别润滑活塞销和连杆小头衬套。曲轴箱内的油雾和飞溅的润滑油用来润滑曲轴主轴承。由挺杆套筒上的两个油孔流出的润滑油和飞溅的润滑油用来润滑凸轮工作面。

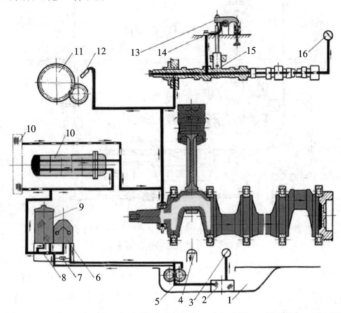

1—油底壳；2—集滤器；3—油温表；4—加油口；5—润滑油泵；6—离心式细滤器；7—调压阀；8—旁通阀；9—刮片式粗滤器；
10—润滑油冷却器；11—齿轮系；12—装于盖板上的喷嘴；13—摇臂；14—缸盖；15—顶杆套筒；16—油压表

图 7.3　135 系列柴油机润滑系统结构图

图 7.4 为 WD615 型柴油机的润滑系统结构图。润滑油泵通过集滤器将润滑油从油底壳中吸入，压向润滑油滤清器和润滑油冷却器，再进入主油道。其中绝大部分润滑油进入主轴承，并由此通过曲轴上的油孔到达连杆轴承。气缸套和活塞销依靠飞溅的润滑油实现润滑。摇臂轴、增压器、高压油泵、空气压缩机和中间齿轮通过油管和油槽实现压力润滑，活塞底部通过喷嘴实现喷油冷却。

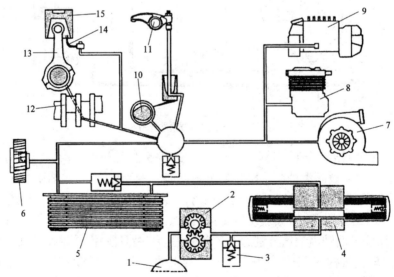

1—集滤器；2—润滑油泵；3—限压阀；4—润滑油滤清器；5—冷却器；6—正时齿轮；7—增压器；8—空气压缩机；9—喷油泵；
10—凸轮轴；11—摇臂轴；12—曲轴；13—连杆；14—喷嘴；15—活塞

图 7.4　WD615 型柴油机润滑系统结构图

7.2.2　润滑油散热量和润滑油流量的确定

内燃机中润滑油循环体积流量可以根据 2 种方法来确定：① 根据内燃机润滑油散热量确定；② 采用统计经验数据，比较同类内燃机在相同工作条件下的润滑油流量，选择某个适当的流量作为设计流量。这里介绍第一种方法。

润滑油散热量 Φ_j 由下式确定：

$$\Phi_j = a_0 \Phi_t \tag{7.1}$$

式中　Φ_j——润滑油带走的热量（kJ/h）；

Φ_t——内燃机燃料燃烧每小时生成的热量；

a_0——润滑油散热量占燃料发热量的比例，对于现代汽车与拖拉机用的内燃机，可取 $a_0 = 0.015\sim0.025$，对于油冷活塞柴油机，可取 $a_0 = 0.06$。

由于

$$\Phi_t = \frac{3\,600\dot{W}_E}{\eta_e} \tag{7.2}$$

所以有：

$$\Phi_j = a_0 \frac{3\,600\dot{W}_E}{\eta_e} \tag{7.3}$$

式中　$\dot{W}_E$——内燃机的有效功率（kW）；

η_e——内燃机的有效热效率，对于汽油机，可取 $\eta_e=0.25$，对于柴油机，可取 $\eta_e=0.35$。

把 a_0 和 η_e 的值代入式（7.3），可以得到：

对于汽油机，

$$\Phi_j = \frac{0.015\sim0.025}{0.25}\times 3\,600\dot{W}_E = (216\sim360)\dot{W}_E \tag{7.4a}$$

对于柴油机，

$$\Phi_j = \frac{0.015\sim0.025}{0.35}\times 3\,600\dot{W}_E = (154\sim257)\dot{W}_E \tag{7.4b}$$

对于油冷活塞柴油机，润滑油散热量显著增大：

$$\Phi_j = \frac{0.06}{0.35}\times 3\,600\dot{W}_E \approx 620\dot{W}_E \tag{7.4c}$$

当确定了润滑油散热量后，可以用下式求解所需的润滑油循环体积流量 q_v（L/h）：

$$q_v = \frac{\Phi_j}{\gamma c_j \Delta t} \tag{7.5}$$

式中　γ——润滑油的相对密度，一般取 $\gamma = 0.85$ kg/L，也可根据润滑油平均温度查表求到；

c_j——润滑油的比热，一般可取 $c_j = 1.7\sim2.1$ kJ/（kg·K），也可以根据润滑油平均温度查表求得；

Δt——润滑油在完成一次循环过程中的温升，一般可取 $\Delta t = 10\sim15$ ℃。

将上述典型取值（$\gamma = 0.85$ kg/L，$c_j = 1.9$ kJ/（kg·K），$\Delta t = 12.5$ ℃）和 Φ_j 值代入式（7.5），

可以得到润滑油体积流量的估算公式：

对于汽油机，

$$q_v = (11\sim18)\dot{W}_E \tag{7.6a}$$

对于柴油机，

$$q_v = (8\sim13)\dot{W}_E \tag{7.6b}$$

对于油冷活塞柴油机，

$$q_v = 30\dot{W}_E \tag{7.6c}$$

在设计时，应通过内燃机统计数据或实验数据找出比较接近实际情况的系数，以便提高计算的准确度。

7.2.3　润滑油泵实际流量的确定

润滑油泵的实际流量要基于内燃机所需的润滑油循环流量来确定，但是要比润滑油循环流量大一些，其原因有以下 3 个。

1）由于润滑油泵本身和内燃机的各摩擦副零件在工作中都有磨损，它们的配合间隙和润滑油的泄漏量都会逐渐增加。为了保证在这种情况下，润滑系统还能保持足够的油压，润滑油泵的流量需要具有足够大的富裕量。

2）润滑油泵本身通常装有调节润滑油压力的调压阀，以保证润滑油压力时刻处于允许的范围内（一般为 0.6~0.9 MPa）。因此，从润滑油泵排出的润滑油只有一部分被输入到主油道，其余部分会经过调压阀排放掉。

3）考虑到所设计的内燃机在今后可能要被强化改进升级，那时会需要更大的润滑油流量。

基于以上原因，润滑油泵的实际流量可以按照下式计算：

$$q_{ve} = Kq_v \tag{7.7}$$

式中　K——储备系数，一般选取 $K = 1.5\sim2.0$，有时为了采用系列化尺寸的油泵，K 值可以高达 3.5。

对于干式曲轴箱润滑系统，有压油泵和吸油泵两种配置。由于吸油泵需要把含有大量泡沫的润滑油混合物从油底壳吸出，因此吸油泵的实际流量要比压油泵大一些。在使用 1 个吸油泵时，通常取 $q_{吸} = (1.5\sim2)q_{压} = (1.5\sim2)q_{ve}$；在使用 2 个吸油泵时，通常取 2 个泵的总吸油量 $q_{吸} = (2\sim2.5)q_{压} = (2\sim2.5)q_{ve}$。

7.2.4　润滑油的工作压力和温度

现代内燃机主油路中的润滑油压力（表压力）一般是在下述范围内：汽油机和高速柴油机为 0.2~0.5 MPa；强化内燃机为 0.6~0.9 MPa；低速柴油机为 0.08~0.18 MPa。在最低转速下，润滑油压力不应低于 0.05~0.1 MPa。

润滑油的工作温度视润滑油品质而有所不同，通常在 75~90 ℃，个别的可以达到 110 ℃。这里所指的润滑油的工作温度是油箱中的润滑油温度。如果润滑油温度过高，黏度下降过多，将不能保证轴承间隙内能够形成可靠的承载润滑油膜。如果润滑油温度超过 95~100 ℃，应安装润滑油冷却器。近年来，国外大力研究润滑油高温添加剂，用以提高润滑油的工作温度,目前润滑油的工作温度已可达 150 ℃。

7.2.5　油底壳润滑油容量

为了降低内燃机的质量和减少更换润滑油时的损耗,润滑系统中的润滑油量应尽可能少,但必须足够充满整个系统和湿润气缸壁与零部件,还要留有补偿内燃机换油期间润滑油消耗的裕量。润滑油消耗是由于润滑油窜入燃烧室烧损、蒸发和通过不密封处泄漏而造成的。在一般情况下,窜油是造成润滑油损耗的主要原因。因此,改进油环设计、减小气缸变形,合理选取活塞与气缸之间的间隙,是降低润滑油消耗量的有效途径。此外,下述问题会影响润滑油消耗量,如主轴承和连杆轴承间隙大小、油底壳的形状和油面高度、润滑油黏度和工作温度、润滑系统连接管路的密封性等。因此,在进行有关部分的设计时应给予考虑。润滑油消耗率是内燃机的一项重要经济性指标。目前,内燃机在最大功率工况时的润滑油消耗率为燃油消耗率的 1%~3%,设计制造良好的内燃机可达到 0.5%,具体数值随内燃机的类型不同而差别颇大。

对于湿式曲轴箱润滑系统,油底壳的贮油量(V_L)一般在下列范围内:

1)对于汽车用汽油机,$V_L = (0.08 \sim 0.16)\dot{W}_E$;

2)对于汽车用柴油机,$V_L = (0.14 \sim 0.21)\dot{W}_E$;

3)对于拖拉机用柴油机,$V_L = (0.27 \sim 0.60)\dot{W}_E$。

干式曲轴箱润滑系统的润滑油贮油容积可以达到 1.4 L/kW,并且存油量的设计值不得少于整个油箱容积的 70%~75%。

在湿式曲轴箱润滑系统中,油底壳兼作油箱。在油底壳的尺寸和形状设计中还应考虑润滑油容量和散热条件。对于运输式内燃机,油底壳应保证在贮油量达到下限值时,并且在最大纵横倾斜度下工作时,油泵的吸油口不露出油面。为此,一些内燃机采用 2 个吸油器以利于吸油。为了防止润滑油泡沫化,常在油底壳里加置隔板。为了清除润滑油中的金属磨屑,常在放油塞上固定一块永久磁铁,以吸附金属磨屑,并定期清除被吸附的金属磨屑。

7.2.6　曲轴箱通风

在内燃机工作时,燃烧室内的高压可燃混合气和已燃气体或多或少会通过活塞组与气缸之间的间隙漏入曲轴箱内,造成窜气。窜气的成分包括未燃的燃油气、水蒸气和废气等,它们会稀释润滑油,降低润滑油的使用性能,加速润滑油的氧化和变质。另外,水气凝结在润滑油中,会形成油泥,阻塞油路。废气中的酸性气体混入润滑系统后,会导致内燃机零件的腐蚀并加速磨损。窜气还会使曲轴箱的压力过高而破坏曲轴箱的密封,使润滑油渗漏流失。

为了防止曲轴箱压力过高,延长润滑油使用期限,减少零件磨损和腐蚀,防止内燃机漏油,必须实行曲轴箱通风。此外,为了满足日益严格的排放要求和提高燃料经济性,在汽车内燃机设计过程中也必须进行曲轴箱通风系统设计。曲轴箱通风包括自然通风和强制通风。现代汽车内燃机常采用强制式曲轴箱通风(Positive Crankcase Ventilation,PCV)系统,如图 7.5 所示。

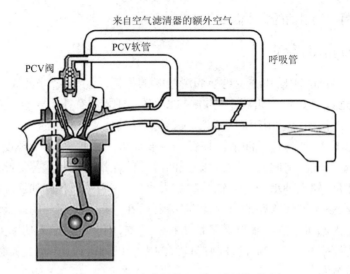

图 7.5　强制式曲轴箱通风系统的构成图

在自然通风系统中,在曲轴箱上设置通风管,管上装有空气滤网。当曲轴箱内压力增大时,漏入曲轴箱中的气体经由通风管排出。

在强制通风系统中,将曲轴箱内的混合气通过连接管导向进气管的适当位置,返回气缸重新燃烧。这样既可以减少排气污染,又能够提高内燃机的燃料经济性。目前,车用汽油机和柴油机大多采用强制性通风。

强制式曲轴箱通风系统包括通风腔、油气分离系统、曲轴箱压力控制系统、回油腔、呼吸管 5 部分。其中,通风腔和回油腔一般布置在内燃机本体内,贯穿缸盖、机体和曲轴箱。在整个系统中,油气分离系统和曲轴箱压力控制系统尤为重要。

内燃机的工作过程包含吸气、压缩、膨胀、排气 4 个冲程。在压缩和膨胀冲程中,气缸内的混合气压力很高,被压缩的气体会经由活塞和气缸套的间隙、活塞环开口、活塞环和气缸套的间隙等部位窜入下曲轴箱,并与润滑油形成油雾。这部分混合气需经气缸盖、缸体和曲轴箱中的通道导入油气分离系统,这个通道就是通风腔。

在强制式曲轴箱通风系统中,经通风腔导入的窜气含有大量润滑油油滴,油滴颗粒直径在 0.1~15 μm。这部分润滑油如果不加以处理而直接进入燃烧系统,会导致燃烧和排放恶化。为了提高燃料经济性并改善排放,必须将窜气中的润滑油油滴进行分离。关于油气分离系统,按照油气分离方法的原理,可以分为惯性碰撞式分离器、物理沉降式分离器和电磁式分离器。其中,惯性碰撞式分离器又可分为迷宫及孔板式、旋风式、离心式。各种分离方法均有优缺点。目前,较为新颖的油气分离系统设计采用多级油气分离结构,从而得到一个高效的分离系统(图 7.6)。

在强制式曲轴箱通风系统中,窜气被吸入内燃机进气系统,在低转速,低负荷区域,曲轴箱内会产生较大的负压,这种情况会导致大量润滑油随窜气一起被吸入进气系统并参与燃烧。这将导致烧润滑油,并严重影响内燃机性能和可靠性。曲轴箱压力控制系统能够尽量减少曲轴箱内的压力波动,使其处于合理范围内。图 7.7 展示了一种常用的 PCV 调节阀,它由膜片、弹簧、弹簧座和阀盖组成。PCV 阀的膜片的上下压力不同,存在压差,因此可产生作用力,驱动弹簧运动,改变阀的通道截面面积,达到调节曲轴箱压力的目的。

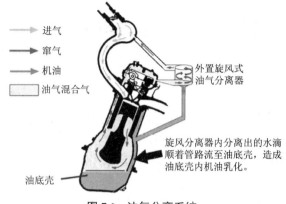

图 7.6　油气分离系统

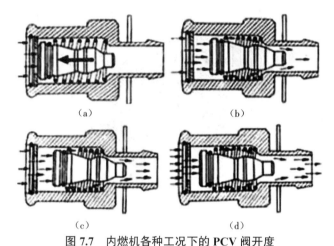

图 7.7　内燃机各种工况下的 PCV 阀开度
（a）不工作时　（b）怠速负荷工况　（c）中负荷工况　（d）大负荷工况

　　经油气分离系统分离出来的润滑油要进一步回流到油底壳进行循环利用。润滑油回流的通道就是回油腔。在润滑油回流过程中，如果与窜气相遇，则会形成大量油雾，影响油气分离系统的分离效率。为了避免润滑油与窜气相遇，在内燃机设计初期就应考虑强制式曲轴箱通风系统的通风腔和回油腔的设计，使它们尽量分离。

　　国家排放法规规定，曲轴箱窜气不可排入大气，以免造成大气污染。因此，作为强制式曲轴箱通风系统中的必要一环，必须将用油气分离系统分离后的气体导入内燃机进气系统，并参与燃烧，这个通道就是呼吸管。按照功能划分，呼吸管分为部分负荷呼吸管和全负荷呼吸管。部分负荷呼吸管连接在节气门之后，全负荷呼吸管连接在空气滤清器之后。对于增压内燃机，当增压器工作时，进气歧管内的压力高于大气压，为了防止气体倒流入曲轴箱，在部分负荷呼吸管上通常串联有一个单向阀。

7.3 润滑系主要元件的设计和选用

7.3.1 润滑油泵

在内燃机中,通常采用外啮合齿轮式润滑油泵(简称"齿轮泵")和内啮合转子式润滑油泵(简称"转子泵")。齿轮泵结构简单,工作可靠,维护方便。相比较而言,转子泵结构更紧凑,且供油均匀。这两种油泵在内燃机中均被广泛采用。

7.3.1.1 齿轮泵

齿轮泵的基本结构如图7.8所示。它是由两个互相啮合的齿轮所组成。一个是主动齿轮,通过传动齿轮由曲轴驱动;而另一个是从动齿轮。齿轮在密封泵壳中旋转,由于其径向和轴向的间隙都很小,所以被齿轮带入的润滑油从进油腔被压送至出油腔。

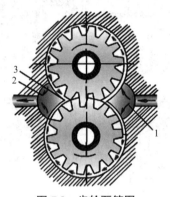

图7.8 齿轮泵简图

齿轮泵的计算主要是根据泵的实际流量 q_{ve} 确定齿轮的基本尺寸(模数 m、齿数 z、齿宽 b)和转速 n_p,并按以下顺序进行计算。

(1)确定齿轮泵的实际流量

设润滑油泵的转速为 n_p(r/min),并假定齿轮的齿间容积与齿的体积相等,则齿轮泵的理论排油量为 $\frac{\pi}{4}(d_f^2 - d_k^2)bn_p$,而实际排油量为

$$q_{ve} = \frac{\pi}{4}(d_f^2 - d_k^2)bn_p\eta_p \tag{7.8}$$

式中 d_f, d_k——齿顶圆和齿根圆的直径(mm);

η_p——润滑油泵的容积效率,一般取 $\eta_p = 70\% \sim 80\%$,或根据实验值选定。

未经修正的齿轮的齿顶高等于模数 m。因此, $d_f = d + 2m$(d 是齿轮节圆直径)。如果假设齿根高也等于模数 m(实际上是 $1.2m$),则有 $d_k = d - 2m$。这时, $d_f^2 - d_k^2 = 8dm$。考虑到 $d = mz$,所以得到实际排油量 q_{ve}(L/h):

$$q_{ve} = 2\pi m^2 zb\eta_p n_p \frac{60}{10^6} \tag{7.9}$$

（2）选定齿轮轮缘速度

齿轮轮缘速度 u_f 的允许值是 6~8 m/s。如果 u_f 值过大，则在离心力作用下，进油腔的齿轮齿间容积中的润滑油充填情况会恶化，致使油泵的容积效率降低。为了改善润滑油充填情况，油泵进油腔所占据的圆周尺寸应不小于每个齿轮圆周长度的 1/8。

（3）确定齿轮外圆直径

根据轮缘速度，确定齿轮外圆直径 D_f（mm）：

$$D_f = \frac{60\,000}{\pi n_p} u_f \tag{7.10}$$

（4）选定模数和齿数

因为 $D_f = m(z+2)$，已知 D_f 后，按此式选取模数 m 和齿数 z。

因为 $q_{ve} \propto m^2 z$ [见式（7.9）]，所以选用较大的 m 值是有利的。同时，按照 $D_f = m(z+2)$，当选用较大的 m 值时，z 就要减小，这样可使润滑油泵结构紧凑。确定 m 值时，可以借助经验公式：

$$m = (0.031 \sim 0.057)\sqrt{q_{ve}} \tag{7.11}$$

可以根据式（7.11）和国际标准选取 m 值，一般 $m = 2.5 \sim 5$。通常取齿数 $z = 6 \sim 14$。为了减少齿数，在油泵设计中尽量采用修正齿轮。但是，如果 z 值过小，会造成油泵输油时有较大的油压脉动。

（5）计算齿宽 b（mm）

$$b = \frac{q_{ve}}{2\pi m^2 z \eta_p n_p 60 \times 10^{-6}} \tag{7.12}$$

一般来讲，$b = (6 \sim 10)m = 20 \sim 50$ mm。b 值越大，要求齿轮的加工精度就越高。

（6）计算泵的转速

对于汽油机，泵的转速通常为 $n_p = 0.5 n_e$（n_e 是内燃机转速）。对于柴油机，泵的转速通常为 $n_p = 2\,000 \sim 3\,000$ r/min，很少超过 3 000 r/min。

按照上述计算步骤估算出有关参数值（m、z、b 等）后，不一定能完全满足设计要求。这时，可以改选参数值重新计算，直至各参数合适为止。关于齿轮设计的细节，可以参阅相关书籍。

驱动齿轮泵所需的功率可按下式计算：

$$\dot{W}_p = \frac{q_{ve}(p_{out} - p_{in})}{\eta} \tag{7.13}$$

式中　p_{out} 和 p_{in}——润滑油在油泵出口和进口的表压力（MPa），一般取 $p_{in} = 0$；

　　　q_{ve}——油泵的实际排油量（L/h）；

　　　η——油泵总效率，它考虑了克服摩擦和液力阻力的功率损失，通常 $\eta = 80\% \sim 90\%$。

关于油泵的进油管和出油管的直径选取，需要保证管中的润滑油流速在以下范围内：

1）进油管为 0.3~0.6 m/s；

2）出油管为 0.8~1.5 m/s。

在强化内燃机中，润滑油流速可取更大的值：

1）进油管为 1~3 m/s；

2）出油管为 3~4 m/s。

主油道中的润滑油流计算速度可在 1.5~2.5 m/s 的范围内选取。

齿轮泵的端面间隙和径向间隙对润滑油泵的供油量有较大影响。当间隙较大时,润滑油会从出油腔流回进油腔,其中端面间隙的影响更大。阻挡润滑油从端面间隙渗漏的,只限于一条窄缝的阻力。所以,端面间隙需要比径向间隙更小。当然,间隙过小也是不合适的。

关于齿轮外径和壳体的径向间隙,需要根据齿轮的外径尺寸,按照动配合的公差来选取,但其间隙需大于轴承中的径向间隙,大致可取 $\Delta = 0.15\sim0.30$ mm。齿轮的端面间隙可取 $\Delta = 0.05\sim0.20$ mm。两齿轮的齿间侧隙可取 $\Delta = 0.12\sim0.36$ mm。

当齿轮副处于啮合时,一个齿轮的齿正好遮盖住另一个齿轮的齿间,在齿轮副之间的密闭齿间的润滑油受到剧烈压挤,这种高压油能使油泵轴弯曲,造成轴承磨损和轮齿变形,并在传动系统中产生负荷。为了避免产生过高的压力,在油泵壳体的端面上通常铣有卸压槽,这个槽使齿轮齿间的高压区域与出油腔连通,如图 7.9 所示。

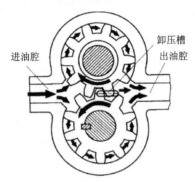

图 7.9　油泵外壳上的卸压槽

润滑油泵在内燃机中的位置和驱动方式,决定于内燃机的总体布置。另外,由于齿轮泵的吸油能力较小,所以泵的安装高度应尽量接近油面。在高速柴油机中,为了降低吸油高度,油泵放在油底壳内。一般将油泵装在机体底面的横梁上,或者吊挂在主轴承盖下方(图7.10),并由曲轴前端的齿轮或链条驱动。在汽油机中,润滑油泵一般安装在内燃机前端,由皮带轮或链轮驱动(图 7.11),或安装在油底壳里由曲轴驱动。在固定式内燃机或船用内燃机中,通常把润滑油泵布置在内燃机外面,由内燃机直接驱动。有时为了能在内燃机起动前预先供给润滑油,也可以用另外的动力装置来驱动。

7.3.1.2　转子泵

转子泵由内转子、外转子、油泵壳体等组成。转子泵外转子的齿廓是一段等半径正弧,内转子的齿廓为其共轭曲线,即短幅外摆线的等距线。按照我国的转子泵系列型谱(表7.7),可取内转子齿数 $z_1 = n$,外转子齿数 $z_2 = n+1$(图 7.12)。内、外转子都是用铁基粉末冶金或 HT28-48 铸铁制成。图 7.13 为转子泵的工作原理图。转子泵工作时,内转子带动外转子向同一方向转动,它们可以看作是一对只相差一个齿的内啮合齿轮传动,转速比为 5:4。无论转子转到任何角度,内、外转子各齿之间总有触点,分隔成 5 个空腔。由于转子脱开啮合,进油道一侧的空腔容积逐渐增大,产生真空度,润滑油吸入空腔内。随着转子继续旋转,润滑油被带到出油道一侧,这时转子进入啮合状态,油腔容积逐渐减小,润滑油压力升高并从齿间挤出,受挤压的润滑油从出油道送出。

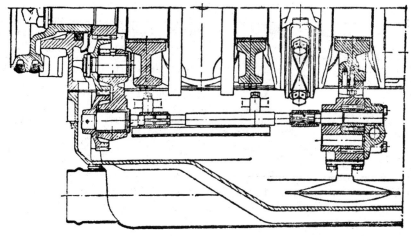

图 7.10　润滑油泵的布置

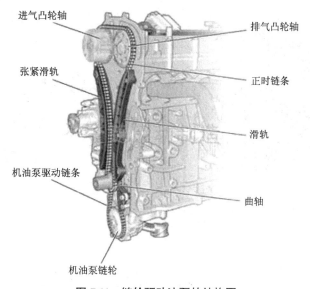

进气凸轮轴

张紧滑轨

机油泵驱动链条

机油泵链轮

排气凸轮轴

正时链条

滑轨

曲轴

图 7.11　链轮驱动油泵的结构图

表 7.7　转子泵系列型谱推荐的适用机型

型号	内转子一齿扫过面积 A（cm^2）	转子厚度 b（mm）	对应转速的实际输油量（L/min）/（r/min）	推荐适用机型（数字为缸径,mm）
JZX0515	0.5	15	4.0/1 500；8.0/3 000	单缸:65、75、85、90、95（2.2~8.8 kW）
JZX1018	1.0	18	6.0/1 000；18.0/3 000	单缸:105 2~4 缸:85、90、95（13.2~36.8 kW）
JZX1025		25	8.2/1 000；24.5/3 000	
JZX1425	1.4	25	11.5/1 000；34.5/3 000	3、4 缸:100、105、110、115、120（22~58.8 kW）
JZX1435		35	16.0/1 000；48.5/3 000	

续表

型号	内转子一齿扫过面积 $A(cm^2)$	转子厚度 b（mm）	对应转速的实际输油量（L/min)/(r/min)	推荐适用机型（数字为缸径,mm）
JZX2525	2.5	25	21.0/1 000;62.5/3 000	4、6缸:135
JZX2535		35	29.0/1 000;87.0/3 000	6、8缸:100、105、110、115、120（51.5~132 kW）
JZX4030	4.0	30	41.5/1 000;124.0/3 000	8缸 V 形:135
JZX4040		40	55.0/1 000;165.0/3 000	6、8缸:140、160 4缸:160（235 kW）

注:① 型号中,JZX 为机(油泵)、转(子)、系(列)3 个字的汉语拼音的字头,4 位数字中的前 2 位表示转子每齿扫过面积的名义值(cm²),后 2 位表示转子的厚度(mm);

② 实际输油量按 η_p= 80% 计算;

③ 按流量大小分成五档九级,流量特性见图 7.14。

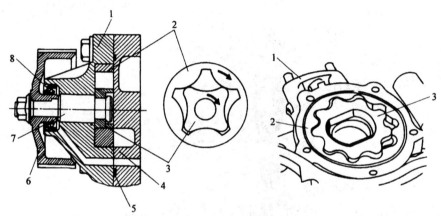

1—泵体;2—外转子;3—内转子;4—泵盖;5—密封圈;6—托架;7—主轴;8—轴承

图 7.12　转子泵结构图

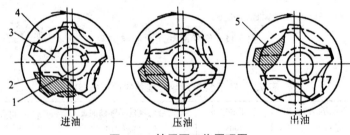

进油　　　　压油　　　　出油

图 7.13　转子泵工作原理图

转子泵的供油量可按下式计算:

$$q_{ve} = Az_1 b n_p \eta_v \qquad (7.14)$$

式中　A——内、外转子截面之间形成的最大面积;

z_1——内转子的齿数,取 $z_1 = 4$;

b——内转子的厚度;

η_v——转子泵供油效率,$\eta_v = 80\% \sim 85\%$;

n_p——转子泵转速。

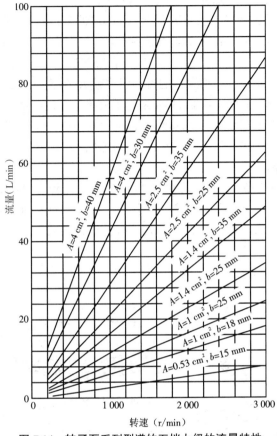

图 7.14　转子泵系列型谱的五档九级的流量特性

　　与齿轮泵一样,转子泵的转速 n_p 取决于泵的布置方式,通常 n_p = 1 000~3 000 r/min。实验结果表明,如果 n_p < 1 000 r/min,供油脉动严重,压力不稳定。

　　我国规定了适用于 22~220 kW 功率内燃机的转子泵系列型谱。因此,可以根据需要选用系列产品中合适的转子组件,然后视泵的传动和安装方式设计壳体。

7.3.2　润滑油滤清器

　　在内燃机的工作过程中,润滑油不断被机器本身的磨损产物和来自外界的杂质所污染。同时,在高温条件下,润滑油被氧化,产生可溶性酸性物质和不可溶性胶状沉淀物。这些杂质存在于润滑油中,加速润滑油变质,缩短润滑油的使用寿命。而且,杂质会增加内燃机运动零件之间的磨损,破坏机器的正常工作。内燃机的损伤往往是由于润滑系统中的润滑油所含杂质引起的。因此,当润滑油中的机械杂质质量分数超过 0.3% 时,一般就需要更换润滑油。为了清除润滑油中的各种杂质,尤其是清除大颗粒硬质杂质,防止发生磨料磨损,延长润滑油寿命,在润滑系统中需要设置润滑油滤清器。对润滑油滤清器的一般要求:具有足够的滤清能力;润滑油在滤清器内的流动阻力尽量小;使用寿命长;成本低;制造和保养方便。

　　在现代内燃机中,润滑油滤清器一般分为 3 级:润滑油集滤器、润滑油粗滤器、润滑油细滤器。润滑油集滤器装在润滑油泵前和油底壳中,一般采用金属滤网式。润滑油粗滤器装在润滑油泵后面,与主油道串联,主要包括金属刮片式、锯末滤芯式、微孔滤纸式等,现在主要采用微孔滤纸式。粗滤器只能阻止直径为 0.05~0.10 mm 的杂质颗粒。润滑油流经粗滤器时遇到的流动阻力不太大。润滑油细滤器装在润滑油泵后,与主油道并联,主要包括微孔滤纸式和离心式两种。离心式滤清器没有滤芯,有效解决了润滑油通过性与滤清效率之间的矛盾。由于润滑油流经润滑油细滤器的流动阻力较大,润滑油细滤器大多与主油路并联。它的作用不是直接保护零部件工作表面,而是为了改善油箱内的润滑油总体状态,延长润滑油更换期。并联通过的润滑油量只占润滑油总流量的 10%~20%。粗滤器和细滤器大多有标准化部件,设计内燃机时一般只需按照具体要求选用。

7.3.2.1 润滑油集滤器

润滑油集滤器(图 7.15)一般安装在润滑油泵前,采用浮子结构,能浮在油面上吸取润滑油进入油泵。它的滤网由金属丝制成,滤网直径通常在 100~200 mm,网孔密度为 35~110 孔 /cm²。集滤器能够过滤掉直径为 0.10~0.15 mm 的机械杂质。

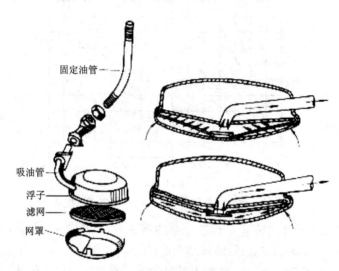

固定油管

吸油管
浮子
滤网
网罩

图 7.15 集滤器结构图
(a)滤网畅通 (b)滤网堵塞

7.3.2.2 刮片式润滑油粗滤器

刮片式润滑油粗滤器又称片缝式滤清器(图 7.16)。刮片式润滑油粗滤器的滤芯由一叠滤清片和中间片组成。中间片的厚度决定了缝隙宽度。润滑油通过这些缝隙,即被滤清。滤清片套在可以用手柄旋转的方杆上。在固定方杆上装有清理用的刮片,它的厚度与中间片相等,并插入在滤清片之间的缝隙中。这样,当转动滤芯时,可以清除留在缝隙中的污垢。在某些汽车、拖拉机的内燃机中,滤清器手柄用联动机构与起动机的踏板相连,在内燃机每次起动时都得到清理。滤清器备有安全阀,如果由于淤塞或润滑油温度过低导致滤清器阻力高出允许值,安全阀打开,润滑油能够不经滤清而旁通掉。可以把安全阀的弹簧调整到压力差为 0.08~0.12 MPa,让安全阀打开。这种滤清器的过滤间隙为 0.06~0.10 mm。刮片式粗滤器通过定期清洗可以永久使用,流动阻力较小,工作可靠,但是滤芯装配麻烦,与其他类型的滤清器相比,更笨重一些。

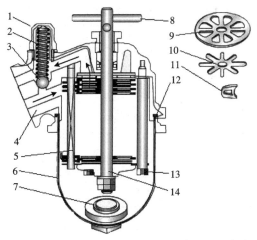

1—安全阀盖;2—弹簧;3—安全阀;4—壳体;5—固定方杆;6—外壳;7—放油螺塞;8—手柄;9—滤清片;
10—中间片;11—刮片;12—密封胶圈;13—支撑杆;14—旋转方杆

图 7.16　刮片式润滑油粗滤器

7.3.2.3　微孔滤纸式润滑油滤清器

目前,国内外广泛采用的内燃机滤清器是微孔滤纸式滤清器,与过去常用的油棉纱式或纸板式滤清器粗比,其滤清效率更高,流动阻力更小,可以串联在主油路中作为粗滤器使用,也可以在增加滤孔密度后并联在油路中作为细滤器使用。此外,它还具有质量轻、材料来源广、成本低、生产和使用方便等优点。微孔滤纸式滤清器的结构如图 7.17 所示。国产微孔滤纸式滤清器滤芯的系列型谱列于表 7.8。滤芯尺寸是根据内燃机的功率和主油道中的润滑油流量,按照每分钟流过 1 L 润滑油所需要的有效过滤面积来确定的。

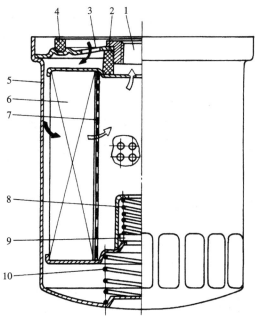

1—清油出口;2—内封圈;3—连接板;4—外封圈;5—外壳;6—滤芯;7—中心管;8—旁通阀;9—滤芯端盖;10—定位弹簧

图 7.17　微孔滤纸式滤清器

表 7.8　微孔滤纸式滤清器滤芯的系列型谱

型号	外径 D（mm）	高 H（mm）	折宽 B（mm）	折数（n）	有效过滤面积 A（cm^2）	适用功率（kW）	流量 q_v（L/min）	适用机型
J0506	55	60	12	42	544	2.2~7.5	3	175、185、190、1 105
J0708	70	85	15	54	1 280	7.5~20	8	190、195、1 105、285、290、295、2105
J0810	85	100	20	61	2 294	20~40	15	390、485、490、495、4100、4105、4115、3120
J0812	85	125	20	61	2 904	40~50	18	4100、4105、3120、4135、6105、4120、495
J1012	100	125	24	70	4 000	50~75	25	4135、6105、4120、4146
J1018	100	180	24	70	5 846	70~110	35	6135、4146、4160、6160

注：①型号中，J 表示润滑油滤芯，其后数字的前两位表示滤芯外径（mm），后两位表示滤芯高度（mm），小数点后的数字忽略不计；
②滤清器总成的中心管和滤芯端盖，其配合尺寸有统一规定，此处省略；
③机型编号中，第 1 个数字表示缸数，后面数字表示缸径（mm）。

7.3.2.4　离心式润滑油滤清器

离心式滤清器利用离心力的作用过滤润滑油，其解决了滤清和流通能力之间的矛盾。目前，很多柴油机采用离心式滤清器作为细滤器。图 7.18 是 FL100 型离心式滤清器的结构图。其中，底座 4 上装有进油限压阀 1 和转子轴 9，转子轴用转子轴止推片 2 锁止；转子体 15 套在转子轴上，上下镶嵌 2 个衬套，以限定转子体的径向位置；转子体可以绕转子轴自由转动，其下端装有 2 个径向水平对称安装的喷嘴 3；转子体外装有导流罩 8；紧固螺母 12 将转子罩 7 与转子体紧固在一起，形成一个空腔；外罩 6 通过冕形螺母 14 紧固在底座上。离心式滤清器的工作原理：发动机工作时，从机油泵来的润滑油进入滤清器进油口 D，若油压低于 0.15 MPa，进油限压阀 1 关闭，润滑油全部进入主油道，保证发动机可靠润滑；若油压超过 0.15 MPa，进油限压阀开启，润滑油沿着转子轴 9 的中心油道，经转子轴油孔 B、转子体进油孔 C 和导流罩油孔 A 流入转子罩 7 的内腔，再经导流罩 8 的引导从两个喷嘴 3 以完全相反的方向喷出，使转子在喷射反作用力的推动下高速旋转；当油压达到的 0.3 MPa 时，转速可达 5 000~6 000 r/min。这时，转子中的润滑油在离心力作用下，把混在润滑油中的杂质甩出并沉积在转子内壁上，而经过滤清的洁净润滑油从喷油嘴喷出后，通过壳体座的出油道流回油底壳，或者经过油泵被压送到主油道内。关于离心式滤清器的结构尺寸计算和设计，可以参阅有关资料。

离心式滤清器是一种高速旋转部件。为了保证它能够正常工作，在结构设计上需要注意以下几点。

1）转子用铝合金或塑料制造，转动惯量小。为了减小旋转阻力，采用浮式转子结构，即在上轴承的上端面与锁紧螺帽之间留有间隙，而且转子轴的上轴承直径小于下轴承直径。转子工作时，在润滑油压力作用下，向上浮起 0.3~0.6 mm，以减小旋转阻力，也可以采用滚动止推轴承。转子需经过平衡，允许的动不平衡度不应大于 5 g·cm。

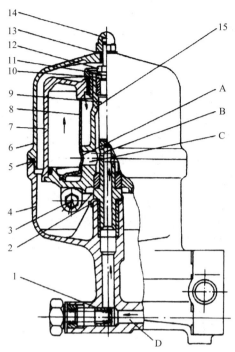

1—进油限压阀;2—转子轴止推片;3—喷嘴;4—底座;5—密封圈;6—外罩;7—转子罩;8—导流罩;9—转子轴;
10—止推垫片;11—垫圈;12—紧固螺母;13—垫圈;14—冕型螺母;15—转子体;A—导流罩油孔;B—转子轴油孔;
C—转子体进油孔;D—滤清器进油孔

图 7.18　FL100 型离心式滤清器

2)为了使从喷油嘴喷出的是经过滤清的润滑油,吸油柱应尽量靠近转子轴附近的杂质含量最少处。与此同时,为了使喷油嘴所喷出的油束能够产生必须的旋转力矩,吸油柱是倾斜布置的,其上端靠近转子轴,下端由喷油嘴所需位置决定。

3)两喷油嘴之间的距离通常由实验确定,喷油嘴形状须合理,喷油嘴需要经过精细加工。

4)转子的密封须可靠,要经得起多次装拆。

与过滤式滤清器相比,离心式滤清器具有以下优点。

1)滤清效率高,通过能力大。由于其利用离心作用原理,所以对润滑油中的杂质清除具有选择性,即它首先清除比较大而重的机械杂质,而这些杂质对内燃机零件会产生严重磨损。因此,用离心式滤清器代替普通细滤器,可以把内燃机主要零件的磨损降低 50% 以上。而且,离心式滤清器转子的杂质容量大,滤清效果不会由于杂质积厚而下降,润滑油的通过能力与转子内的沉淀物数量无关。

2)可清除润滑油中的水分。相比之下,滤纸式细滤器会由于吸收水分而迅速损坏。

3)不会过滤掉润滑油中的添加剂。

4)通过定期保养,能够长久使用。

离心式滤清器也有 3 点不足。

1)结构复杂,成本高,同时由于油泵的供油压力和流量增大,往往需要增加一个油泵,这使得润滑系统管道布置的难度和复杂性增大。

2)在内燃机起动或在低温条件工作时,由于润滑油的黏度大,离心式滤清器的工作状况不好。

3）会使润滑油泡沫化严重,对润滑油中胶质的过滤能力较差。

7.3.3 润滑油冷却器

润滑油从内燃机带走的热量必须散到大气中。单靠油底壳和内燃机零件的自然散热作用,往往不能保证润滑油的温度下降到规定的工作温度。这时,应采用润滑油冷却器来降低润滑油的温度。润滑油冷却器的冷却介质分为冷却液和空气两种。用冷却液来冷却润滑油的换热器称为润滑油冷却器。用空气来冷却润滑油的换热器习惯上称为润滑油散热器。

7.3.3.1 风冷式润滑油冷却器

风冷式润滑油冷却器的芯子由许多冷却管和冷却板组成。在汽车行驶时,利用汽车迎面风冷却芯子。风冷式润滑油冷却器要求周围通风条件良好。在普通轿车上,很难保证有足够的通风空间,因此很少采用。在赛车上大多采用这种冷却器,因为赛车的速度快,冷却风量大。

7.3.3.2 水冷式润滑油冷却器

将润滑油冷却器置于冷却水路中,利用冷却液的温度来控制润滑油的温度。当润滑油温度较高时,依靠冷却液予以降温。当内燃机起动时,则从冷却液中吸收热量,使润滑油温度迅速升高。

润滑油冷却器由铝合金铸成的壳体、前盖、后盖和铜芯管组成。为了加强冷却效果,管外套装散热片。冷却液在管外流动,润滑油在管内流动,两者之间进行热量交换。有些润滑油冷却器采用油在管外流动、冷却液在管内流动的结构。

在设计润滑油冷却器时,需要注意,随着温度变化,由于热膨胀,管子和外壳的尺寸也会发生变化。因此,必须在结构上允许它们能够自由膨胀。

目前,板翅式润滑油冷却器在内燃机上获得日益广泛的应用。这种冷却器由于采用翅片结构,大大扩展了传热面积,其结构紧凑,尺寸相当小。因而,可以直接贴装在内燃机侧盖上,不需要占用其他空间。这对紧凑性要求很高的车辆发动机尤为合适。

水冷式润滑油冷却器的优点:由于冷却液的传热系数较高,所以润滑油冷却器的尺寸可以设计得较小;在内燃机起动期间,能够使润滑油温度上升较快,很快达到额定运转工况;能够使润滑油的工作温度比较稳定,使其不随外界气温而变化;安装位置比较灵活。

水冷式润滑油冷却器也有某些显著缺点:对密封性的要求比较高,如果润滑油与水之间的密封被破坏,稍有泄漏,就会影响润滑系统正常工作;在冷却液温度较高的冷却系统中,不能把润滑油冷却到较低温度。

相对于上述缺点,风冷式润滑油冷却器的结构简单,不存在冷却液泄漏问题,能够获得较低的润滑油温度。但是,风冷式润滑油冷却器受外界气温变化影响较大,而且冷却器的外形尺寸大,在起动过程中润滑油的温度达到正常工作温度的时间比水冷式要长,因而造成润滑油的流动阻力较大,会降低润滑系统在起动期间的工作满意度。因此,究竟是采用风冷还是水冷,应根据内燃机设计要求和使用条件具体而定。

综上所述,对润滑油冷却器或润滑油散热器的设计要求如下:① 外形尺寸小,具有足够的散热面积和良好的冷却效果;② 质量不宜过大,尤其对于运输式内燃机而言;③ 工作可靠,特别需要保证水、油密封性;④ 尽量减小贵重有色金属(如黄铜)的用量,寻找合适的代用品;⑤由于润滑油黏度大,导热性差,冷却润滑油要比冷却水更困难,因此在结构设计时,对于润滑油、冷却液和冷却空气的流动方案要给予充分考虑。

润滑油冷却器的计算与冷却系统中散热器的计算在原则上相同,可以参阅第 6 章"内燃机的冷却系统"的相关内容。润滑油冷却器的主要结构参数是散热面积,它一般根据在最困难的条件下(大气温度 45 ℃)保证润滑油的工作温度为 75~85 ℃所需要散走的热量而确定。散热面积 A_c(m²)可以根据同类型内燃机的统计数据选择或由下式估算,最后由实验确定:

$$A_c = \frac{\phi_j'}{K_m \Delta t} \tag{7.15}$$

式中　　ϕ_j'——润滑油冷却器应散走的热量(kJ/h),如果不考虑油底壳因自然冷却而散走的热量等因素,可以近似认为与内燃机润滑系统中润滑油带走的热量 ϕ_j 相等;

　　　　Δt——润滑油冷却器中润滑油与冷却介质的平均温度差,水冷式润滑油冷却器的 Δt = 10~15 ℃,风冷式润滑油冷却器的 Δt = 30~50 ℃;

　　　　K_m——从润滑油到冷却液或冷却空气的传热系数 [W/(m²·K)],最好通过实验室测量获得,在没有实验数据的情况下,可以按表 7.9 选取。

表 7.9　润滑油冷却器的传热系数

润滑油冷却器类型	流动速度 (m/s)	传热系数 K_m [W/(m²·K)]
带光滑油管的润滑油冷却器	0.2~0.8	233~350
润滑油管设有螺旋形扰流器的润滑油冷却器	0.2~3.0	528~1 223
润滑油散热器	1.0~6.0	23.6~72.3

第三篇　内燃机的零部件设计

第 8 章　曲轴

8.1　曲轴的工作条件和设计要求

　　曲轴是由一个或多个曲拐组成的。每一个曲拐则是由曲柄臂、主轴颈和连杆轴颈(常称"曲柄销")3 部分组成,如图 8.1 所示。曲轴中用以驱动其他机械旋转的一端称为功率输出端(简称"后端")。通常在曲轴的功率输出端上装有飞轮。对于多缸内燃机的曲轴,作用在各曲拐上的扭矩由曲轴汇总,经功率输出端向外输出,驱动其他机械旋转做功。曲轴的另一端称为自由端(简称"前端")。在多数内燃机上,配气机构、机油泵、冷却水泵和冷却风扇等辅助机构是由曲轴自由端经齿轮传动、链轮传动或带传动进行驱动的。在现代汽车、拖拉机和工程机械上配备有多种气动或液压辅助装置,服务于这些设备的空气压缩机和液压油泵有时也是由内燃机曲轴的自由端驱动的。

图 8.1　皮带轮、曲轴和飞轮

　　曲轴在工作中要承受连杆作用在曲柄销上的力。如图 8.2 所示,该力可分解为推动曲轴旋转的切向力 T 和压缩曲柄销的径向力 Z。切向力 T 使曲轴输出扭矩,并产生扭转应力。径向力 Z 产生的弯矩使曲轴弯曲。因此,曲轴是在同时承受扭转应力和弯曲应力的复杂应力状态下工作的,而且还承受曲轴旋转运动产生的离心惯性力的作用。

　　曲轴承受的切向力 T、径向力 Z 和离心惯性力都是随时间周期变化的变量。因此,曲轴各处的应力也具有周期变化的性质,这使曲轴承受疲劳负载的作用。

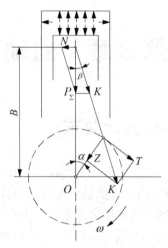

图8.2　作用在曲柄销上的力和分力(曲轴切向力和径向力)

　　对曲轴断裂事故的分析表明,大多数曲轴断裂事故是由疲劳破坏造成的。疲劳破坏多从有应力集中的地方开始,如轴颈上的油孔边缘、曲柄臂和轴颈的交接处。在轴颈上的油孔边缘处的疲劳破坏,主要是由交变扭转应力作用产生的,疲劳裂纹一般与轴颈母线呈大约45° 交角,如图 8.3(a)所示。在曲柄臂和轴颈的交接处的疲劳破坏,主要是由交变弯曲应力所引起的,大多发生在曲柄臂和轴颈之间的内肘(或称内接合圆角)处,该处的弯曲疲劳破坏是曲轴最常见的破坏形式,如图 8.3(b)所示。因此,设计曲轴时必须注意解决的主要问题之一就是尽量提高曲轴的扭转疲劳强度和弯曲疲劳强度,尤其是后者。

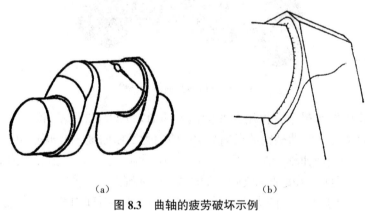

(a)　　　　　　　　　　　　　　　(b)

图8.3　曲轴的疲劳破坏示例

(a)交变扭矩引起的裂纹　(b)交变弯矩引起的裂纹

　　曲轴是内燃机的“脊梁”,在设计时必须使曲轴具有足够的抗弯刚度。曲轴是通过主轴颈和主轴承支承在机体上的。如果曲轴的弯曲刚度不足,弯曲变形会过大,这不但会使轴颈和轴承之间出现局部接触压力分布不均匀,产生轴承偏磨,而且对机体的受力情况也有不利影响。另外,曲轴变形会使曲柄连杆结构工作异常(如造成连杆歪斜),以及活塞与气缸之间出现偏磨等。

　　当在工作转速范围内出现扭转振动的共振时,曲轴会承受较大的附加扭转应力。图 8.3(a)所示的疲劳破坏,在多数情况下是在叠加了附加扭转应力后出现的。在曲轴设计中,希望尽可能提高曲轴的扭振固有频率。曲轴的扭振固有频率与曲轴的抗扭转刚度和转动惯量有关。当其他条件相同时,扭转刚度越低,曲轴的扭振固有频率就越低。曲轴的设计应当确保曲轴具有足够的抗扭转刚度。曲轴的扭振固有频率还与各曲拐对于主轴颈中心线的总转动惯量有关。转动惯量越大,自振频率就越低。在设计曲轴时必须注意尽量减小曲拐本身相对于主轴颈中心线的转动惯量,从而提高曲轴的扭振固有频率。

曲轴的主轴颈和连杆轴颈以很高的比压在各自的轴承中高速转动。因此,需要组织良好的轴承润滑来降低摩擦损失和减小轴颈磨损。设计曲轴时,必须注意保证轴颈与轴承工作可靠并且耐用,这是关系到整台内燃机是否可靠和耐用的一个重要因素。

综上所述,曲轴的工作条件和设计要求可以总结如下。

1)曲轴在交变的力和力矩作用下,产生弯曲和扭转变形,承受弯曲疲劳载荷和扭转疲劳载荷。

2)曲轴的轴颈在轴承中高速转动,存在较大的摩擦与磨损。

3)在设计曲轴时必须满足以下要求:① 曲轴需要具有足够的弯曲疲劳强度和扭转疲劳强度,尤其是弯曲疲劳强度;② 曲轴需要具有足够的弯曲刚度,避免对连杆和活塞等零部件产生不利影响,且需要具有足够的扭转刚度和合理的转动惯量,以提高曲轴的自振频率;③必须合理设计曲轴的轴颈尺寸,并对其表面进行耐磨处理,在保证轴承承压面积的前提下,降低摩擦和磨损。

8.2　曲轴的强度计算

强度计算是在设计时预先估计零部件能否可靠工作的一种分析手段。在开展强度计算之前,首先需要通过草图设计来确定各部分的基本结构和大致尺寸,然后反复进行强度校核计算和实验,经过必要的修改迭代,直到达到满意的结果,给设计定型。

曲轴的强度计算包括静强度计算和疲劳强度计算。静强度计算的目的是求出曲轴各危险部位的最大工作应力。疲劳强度计算的目的是求出曲轴在承受反复交变工作应力下的最小强度储备,通常以安全系数的形式表示。

不论是静强度计算还是疲劳强度计算,都必须首先对曲拐进行受力分析,求得曲拐各截面上的弯矩和扭矩。目前采用的方法主要有两种:分段法、连续梁法。分段法适用于对单拐曲轴和多拐曲轴做简略估算;连续梁法适用于各种多拐曲轴的计算。下面以分段法为例,介绍曲轴强度计算的方法和步骤。

8.2.1　曲轴的受力分析

图 8.4 为装有两个并列连杆的曲拐受力简图。假设对于第 i 个曲拐,令支承作用于该曲拐两端轴颈的中点。前边靠近自由端的主轴颈用下角标 $i-1$ 表示,后边靠近输出端的主轴颈用下角标 i 表示。

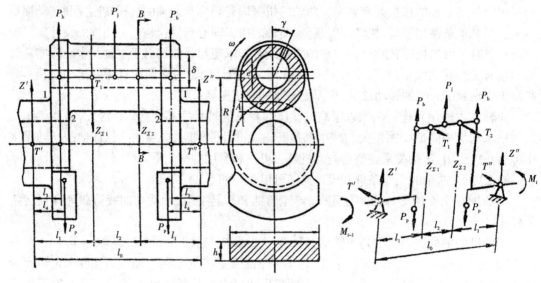

图 8.4   曲轴受力图

图中,在连杆轴颈上作用有切向力 T 和径向力 Z, P_j 是连杆轴颈部分的离心力, P_b 是曲柄臂部分的离心力, P_p 是平衡重的离心力, M_{i-1} 是作用于第 $i-1$ 个主轴颈上的扭矩。M_i 是作用于第 i 个主轴颈上的扭矩。上述各力和力矩的符号以图 8.4 中所示方向为正。在简支梁的两端支点处作用有切向支反力 T' 和 T'',以及径向支反力 Z' 和 Z''。可以根据简支梁合力为零以及合力矩为零的平衡条件,确定这 4 个支反力。

主轴颈所受的扭矩 M_{i-1} 和 M_i 具有以下关系:

$$M_i = M_{i-1} + T_1 R + T_2 R \tag{8.1}$$

从曲轴自由端的曲拐算起,可以计算得到各主轴颈中心处的扭矩 M_{i-1} 和 M_i。

从图 8.4 能够求得曲拐各截面所承受的弯矩和扭矩。前后两个曲柄臂的中心截面处在曲拐平面内的弯矩分别为

$$M_b' = Z' l_3 \tag{8.2}$$

$$M_b'' = Z'' l_3 \tag{8.3}$$

在连杆轴颈 $B—B$ 截面上承受的弯矩和扭矩可以按下式计算。

1)由支反力 T' 等产生的横向弯曲力矩为

$$M_T = T'(l_1 + l_2) - T_1 l_2 = T'' l_1 \tag{8.4}$$

2)由支反力 Z' 等产生的纵向弯曲力矩为

$$M_Z = Z'(l_1 + l_2) + P_b(l_1 + l_2 - l_3) - P_p(l_1 + l_2 - l_4) - Z_{\Sigma 1} l_2 + P_j(l_2 / 2) \tag{8.5}$$

3)扭转力矩为

$$M_\tau = M_{i-1} + T_1 R = M_i - T_2 R \tag{8.6}$$

4)上述 M_Z 和 M_T 在油孔所在截面上的弯曲合力矩为

$$M_0 = M_Z \cos\gamma + M_T \sin\gamma \tag{8.7}$$

式中 γ——图 8.4 中的油孔中心线与轴颈中心连线之间的夹角。

8.2.2　静力计算

静力计算主要用于低速内燃机的曲轴设计。其中,对内燃机曲轴面对的所有最危险的工况和位置都进行计算,即 Z 为最大值时, T 为最大值时, $R = \sqrt{Z^2 + T^2}$ 为最大值时;所承受的累积扭矩 $\sum M$ 为最大的那个曲拐,在 $\sum M$ 达到最大值时曲轴转角处的名义应力等。然后,将计算的应力与经过验证的许用应力值进行比较。

8.2.3　疲劳计算

曲轴是承受反复交变应力的零件,因此需要对曲轴进行疲劳强度校核。零件的疲劳强度取决于所受应力循环变化的幅度和变化的不对称性,即应力幅和平均应力。另外,也取决于零件的形状和尺寸、零件的表面状态、材料的结构、机械加工和热处理的方法等。疲劳强度计算的结果由安全系数表示。

在曲轴的疲劳强度计算中,主要是计算最危险部位的安全系数,如轴颈过渡圆角和油孔边缘处等。而且是按照最危险的工况进行计算,即找出内燃机运转过程中可能出现的最大弯曲应力幅 $\sigma_a = \dfrac{\sigma_{\max} - \sigma_{\min}}{2}$ 和扭振应力幅 $\tau_a = \dfrac{\tau_{\max} - \tau_{\min}}{2}$ 。此时,平均应力分别为 $\sigma_m = \dfrac{\sigma_{\max} + \sigma_{\min}}{2}$, $\tau_m = \dfrac{\tau_{\max} + \tau_{\min}}{2}$ 。

弯曲安全系数 n_σ 和扭转安全系数 n_τ 分别为:

$$n_\sigma = \frac{\sigma_{-1}}{\dfrac{K'_\sigma}{\varepsilon_\sigma \beta} \sigma_a + \psi_\sigma \sigma_m} \tag{8.8}$$

$$n_\tau = \frac{\tau_{-1}}{\dfrac{K'_\tau}{\varepsilon_\tau \beta} \tau_a + \psi_\tau \tau_m} \tag{8.9}$$

在式(8.8)和式(8.9)中,变量的下标 σ 和 τ 分别表示"弯曲疲劳强度"和"扭转疲劳强度"两种情况; σ_{-1} 和 τ_{-1} 分别是在对称应力循环下的材料弯曲疲劳极限和扭转疲劳极限,对于结构钢,一般可取 $\sigma_{-1} = 0.45\sigma_B$ (σ_B 为材料的抗拉强度极限)和 $\tau_{-1} = (0.55{\sim}0.60) \sigma_{-1}$,具体可参阅表 8.1 中的数据; K'_σ 和 K'_τ 分别是弯曲和扭转的有效应力集中系数,它们的取值计算方法将在后面详细讨论; ε_σ 和 ε_τ 分别是弯曲和扭转的尺寸影响系数,结构钢的数值可按照表 8.2 选取,球墨铸铁轴颈的尺寸影响系数可取相同尺寸的碳钢轴颈的尺寸影响系数的90%; β 是强化系数(又称工艺系数),可根据实验或表 8.3 选取,在资料不足时可取表 8.3 中的偏低值; ψ_σ 和 ψ_τ 分别是材料的弯曲和扭转的应力循环不对称敏感系数,其表达式分别为

$$\psi_\sigma = \frac{2\sigma_{-1} - \sigma_0}{\sigma_0}$$

$$\psi_\tau = \frac{2\tau_{-1} - \tau_0}{\tau_0}$$

式中　σ_0——材料在脉冲应力循环下的弯曲疲劳极限；

　　　τ_0——材料在脉冲应力循环下的扭转疲劳极限。

对于钢，σ_0 和 τ_0 的值分别为

$$\sigma_0 = (1.4\sim1.6)\sigma_{-1} \tag{8.10}$$

$$\tau_0 = (1.6\sim2.0)\tau_{-1} \tag{8.11}$$

在求出 n_σ 和 n_τ 后，可以求得综合安全系数如下：

$$n = \frac{n_\sigma \cdot n_\tau}{\sqrt{n_\sigma^2 + n_\tau^2}} \tag{8.12}$$

有时，为了能够近似估计扭转振动对扭转应力安全系数的影响，引入动载系数 λ_d：

$$n_\tau' = n_\tau / \lambda_d \tag{8.13}$$

动载系数 λ_d 可按下式计算：

$$\lambda_d = 1.07 + 0.07(m-3) \tag{8.14}$$

式中　m——曲轴的拐数。

表 8.1　曲轴常用材料的力学性能参数

材料	抗拉强度 σ_B（MPa）	屈服强度 σ_s（MPa）	延伸率 δ（%）	冲击韧性 a_k（J/cm²）	布氏硬度 HB	弯曲疲劳极限 σ_{-1}（MPa）	扭转疲劳极限 τ_{-1}（MPa）	比率 $\frac{\sigma_{-1}}{\sigma_B}$	比率 $\frac{\tau_{-1}}{\sigma_B}$	比率 $\frac{\tau_{-1}}{\sigma_{-1}}$
未经热处理（珠光体-铁素体基体）	680~700	—	3~10	30~60	269~285	230	—	0.34	—	—
退火后（铁素体基体）	480~520	300~330	14~20	60~150	170~187	150~200	—	0.38	—	—
正火后（球光基体）	700~800	500~640	2~4	15~25	241~300	220~265	175~195	0.35	0.25	0.74~0.8
等温淬火后（托氏体-铁素体基体）	780~810	—	5~7	28~35	241~255	335	246	0.42	0.31	0.73
45 号钢	620~740	365~450	20~26	46~52	187~207	300~335	160~187	0.45	0.28	0.67

表 8.2　结构钢的尺寸影响系数

轴颈直径（mm）	碳钢		合金钢	
	ε_σ	ε_τ	ε_σ	ε_τ
40~50	0.84	0.78	0.73	0.78
50~60	0.81	0.76	0.70	0.76
60~70	0.78	0.74	0.68	0.74
70~80	0.75	0.74	0.68	0.73
80~100	0.73	0.72	0.64	0.72
100~120	0.70	0.70	0.62	0.70
110~150	0.68	0.68	0.62	0.68
150~500	0.60	0.60	0.54	0.60

表 8.3　强化系数

表面强化方式	结构钢	球墨铸铁
模锻曲轴	1.1	—
滚压圆角	1.2~1.7	1.5~1.9
气体软氮化	—	1.4~1.5
氮化	1.3	1.3
圆角淬火	1.3~2.0	—
喷丸	1.3~1.4	—

曲轴的安全系数是一个经验值。它取决于计算方法的准确性,也与材料均匀性、零件制造工艺水平、零件工作特点等因素有关。在制造工艺稳定的条件下,对于钢制曲轴,可取 $[n]$ $\geqslant 1.5$,汽车内燃机曲轴的安全系数可取得略低,即 $[n] \geqslant 1.3$;对于高强度球墨铸铁曲轴,由于材料质量不均匀,而且疲劳强度的分散度较大,应取 $[n] \geqslant 1.8$。

当获得曲拐的疲劳实验数据后,n_σ 和 n_τ 可以直接用下式求解:

$$n_{\sigma,\tau} = \frac{[M]_{-1}}{M_a + \psi M_m} \tag{8.15}$$

式中　$[M]_{-1}$——在纯弯曲或扭转载荷下的曲拐疲劳极限;

ψ——纯弯曲或扭转时对应的材料对应力循环不对称的敏感系数。

纯弯曲或纯扭转载荷的振幅 M_a 和平均值 M_m 的表达式如下:

$$M_a = \frac{1}{2}(M_{max} - M_{min}) \tag{8.16}$$

$$M_m = \frac{1}{2}(M_{max} + M_{min}) \tag{8.17}$$

式中　M_{max}——曲柄臂最大工作弯矩或扭矩;

M_{min}——曲柄臂最小工作弯矩或扭矩。

曲轴在径向力 Z 的作用下会产生弯曲,其力矩称为弯矩,曲轴在各曲拐切向力 T 的作用下会产生扭转,其力矩称为扭矩。

8.2.4　疲劳强度计算中有效应力集中系数的确定

在疲劳强度计算中如何确定有效应力集中系数 K'_σ 和 K'_τ 是决定计算结果是否可靠的重要问题。下面介绍一种常用的方法。圆角处的有效应力集中系数可由下式确定:

$$K'_\sigma = 1 + q_\sigma(K_\sigma - 1) \tag{8.18}$$

$$K'_\tau = 1 + q_\tau(K_\tau - 1) \tag{8.19}$$

式中　q_σ, q_τ——应力集中敏感性系数;

K_σ 和 K_τ——弯曲形状系数和扭转形状系数。

对于结构钢,可以用图 8.5 和式(8.20)确定 q_σ 和 q_τ:

$$\begin{cases} q_\sigma = \dfrac{(q)_{\sigma_b} + (q)_{\sigma_s/\sigma_b}}{2} \\ q_\tau = (q)_{\sigma_s/\sigma_b} \end{cases} \tag{8.20}$$

球墨铸铁的应力集中敏感性系数由表 8.4 确定。

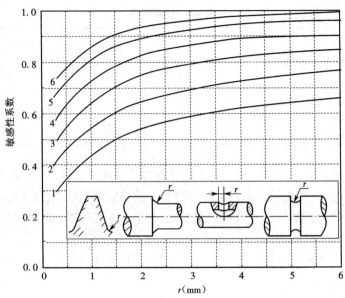

1—σ_b=400 MPa,σ_s/σ_b=0.5;2—σ_b=600 MPa,σ_s/σ_b=0.6;3—σ_b=800 MPa,σ_s/σ_b=0.7;4—σ_b=1 000 MPa,σ_s/σ_b=0.8;
5—σ_b=1 200 MPa,σ_s/σ_b=0.9;6—σ_b=1 300 MPa,σ_s/σ_b=0.95

图 8.5　结构钢的应力集中敏感性系数 q_σ 和 q_τ 的曲线

表 8.4　球墨铸铁的应力集中敏感性系数 q_σ 和 q_τ

球墨铸铁类型	q_σ	q_τ
正火珠光体球墨铸铁 QT60-2	0.3~0.7	0.22
等温淬火托氏体 - 铁素体球墨铸铁	0.29	0.04

　　曲轴轴颈的圆角处是曲轴应力集中严重的部位。这种局部应力增高的现象,通常用形状系数(也称为理论应力集中系数)来表示。曲轴的形状系数,通常采用实验应力分析方法求得,并用经验公式表示。例如,列金使用铝合金制成的曲轴单拐模型进行了一系列实验,找出了曲轴的形状和结构参数对形状系数的影响。由于影响因素很多,这些影响分别由有关的系数及相应的曲线图表示出来。按照列金的定义,过渡圆角处法向应力的弯曲形状系数 K_σ 为

$$K_\sigma = \frac{\text{圆角处的实际法向应力}}{\text{曲柄臂上相应点处的名义法向应力 } \sigma_B}\tag{8.21}$$

　　当在曲拐所在平面内发生弯曲时,图 8.4 中的点 1 和点 2 处是危险部位。这两处的名义法向应力 σ_B 分别为

$$\sigma_B = \frac{M_{BZ}}{W_B} + \frac{S}{F_B}\tag{8.22}$$

$$\sigma_B = \frac{M_{BZ}}{W_B} - \frac{S}{F_B}\tag{8.23}$$

　　对于图 8.4 中左边的曲柄臂,有以下关系:

$$\begin{cases} M_{BZ} = Z'l_3 \\ S = Z' \end{cases} \tag{8.24}$$

$$\begin{cases} W_B = \dfrac{bh^2}{\sigma} \\ F_B = bh \end{cases} \tag{8.25}$$

在此情况下,弯曲形状系数 K_σ 等于

$$K_\sigma = (K_\sigma)_{\Delta=0} (\beta_\sigma)_b \cdot (\beta_\sigma)_\delta \cdot (\beta_\sigma)_l (\alpha_\sigma)_e \cdot (\beta_\sigma)_\Delta \tag{8.26}$$

式中　$(K_\sigma)_{\Delta=0}$ ——$b/d = 1.6$(d 是轴颈直径,b 是曲柄臂宽度)、轴颈为实心($\delta = 0$,δ 是减重孔直径)、轴颈无重叠($\Delta = 0$)的曲柄臂的形状系数,其值由图 8.6(a)求取,图中的 r 是过渡圆角半径;

$(\beta_\sigma)_b$ 和 $(\beta_\sigma)_\delta$ ——考虑曲柄臂宽度 b 和减重孔直径 δ 影响的系数,其值分别由图 8.6(b)和(c)求取;

$(\beta_\sigma)_l$ ——考虑由减重孔边缘至圆角的距离 l 的影响系数,一般可近似取为 1;

$(\alpha_\sigma)_e$ ——考虑轴颈减重孔偏心距 e 的影响系数,其值由图 8.6(d)求取;

$(\beta_\sigma)_\Delta$ ——考虑轴颈重叠度的影响系数。

$(\beta_\sigma)_\Delta$ 按下式计算:

$$(\beta_\sigma)_\Delta = 1 - (\xi_\sigma)_b [1 - (\beta'_\sigma)_\Delta]$$

式中　$(\beta'_\sigma)_\Delta$ ——当 $b/d = 1.6$ 时的 $(\beta_\sigma)_\Delta$ 值,由图 8.6(e)求取;

$(\xi_\sigma)_b$ ——考虑 b/d 影响的校正系数,由图 8.6(f)求取。

当弯曲发生在垂直于曲拐的平面内时,形状系数按下式计算:

$$K_\sigma = [(K_\sigma)_0 - 1]\varepsilon + 1 \tag{8.27}$$

式中　$(K_\sigma)_0$ ——按图 8.7(a)求取的数值,图中曲线 1 的 $\sigma_B = 500$ MPa,曲线 2 的 $\sigma_B = 200$ MPa;

ε ——校正系数,按图 8.7(b)求取。

按照列金的定义,曲轴过渡圆角处剪切应力的形状系数为

$$K_\tau = \frac{\text{过渡圆角处的实际剪切应力}}{\text{轴颈上相应点处的名义剪切应力}\tau} \tag{8.28}$$

因此,对于图 8.4 中的点 1 和点 2,分别按照主轴颈和连杆轴颈的相对应点处的名义剪切应力来计算 K_τ。过渡圆角处的剪切应力形状系数 K_τ 按下式计算:

$$K_\tau = (K_\tau)_0 (\beta_\tau)_b \cdot (\beta_\tau)_h \cdot (\alpha_\tau)_e \cdot (\beta_\tau)_\Delta \cdot \alpha' \tag{8.29}$$

式中　$(K_\tau)_0$ ——在具有相同的 r/d 和 δ/d 的情况下,在对应 $D/d = 20$ 的阶梯轴的过渡圆角处的形状系数,可以按照图 8.8(a)求取,参数 D、d、r、δ 的物理意义见该图;

$(\beta_\tau)_b$、$(\beta_\tau)_h$、$(\beta_\tau)_\Delta$、$(\alpha_\tau)_e$ ——由图 8.8(b)、(c)、(d)、(e)求取的影响系数;

α' ——轴颈的桶形减重孔的影响系数。

无桶形减重孔时,$\alpha' = 1$;有桶形减重孔时,记减重孔缩口处的直径为 δ_1,α' 按照下式计算:

$$\alpha' = \frac{1 - (\delta / d)^4}{1 - (\delta_1 / d)^4} \tag{8.30}$$

式中　d——轴颈直径；

　　　δ——减重孔直径。

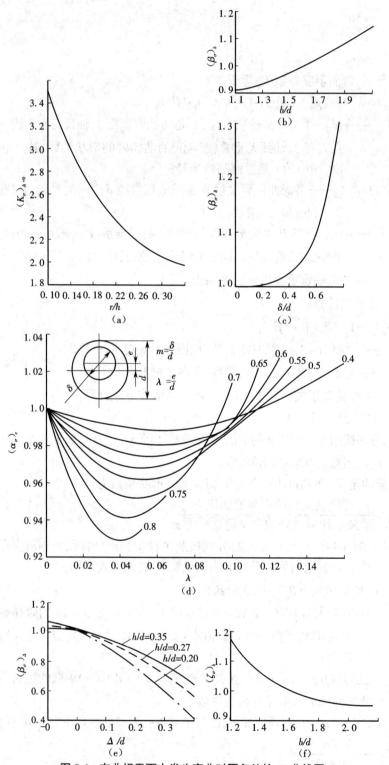

图 8.6　在曲拐平面内发生弯曲时圆角处的 K_σ 曲线图

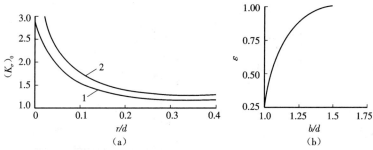

图 8.7　发生横向弯曲时计算圆角处的 K_σ 曲线图

对于油孔边缘的应力集中系数 K'_σ 和 K'_τ，如果定义 a 为油孔直径，当 a/d = 0.05~0.15 时，大致可按表 8.5 选取。

表 8.5　油孔边缘的应力集中系数

σ_B（MPa）	K'_σ	K'_τ
600	2.00	1.80
700	2.05	1.80
800	2.10	1.85
900	2.15	1.90
1 000	2.10	1.90
1 200	2.30	2.00

8.2.5　曲轴的 CAE 计算

由于内燃机主要零部件的结构复杂，传统的力学计算方法只能大致反映它们的受力状况，远远不能满足现代设计中对计算精度的要求。有限元法是随着计算机技术迅速发展起来的一种数值计算方法，在内燃机结构设计中具有广泛应用，极大地改进了内燃机的设计技术和结构强度预测能力。

前面讲到了车用内燃机曲轴的最主要失效形式是在曲柄销和曲柄臂接合处的内圆角处产生疲劳裂纹。这种情况主要是由于径向力引起的交变弯曲应力造成的。图 8.9 展示了采用有限元法计算的某柴油机的单个曲拐在径向力作用下在轴颈圆角处的静态应力。根据曲拐的应力分布，能够合理解释在交变弯曲应力下的失效形式。

除了可以采用有限元法分析曲轴的静态应力，还可以对曲轴进行其他方面的模拟计算，如采用有限元法和多体动力学相结合的方法，分析曲轴的动态行为。常用的方法是首先用有限元法建立如图 8.10 所示的曲轴系和主轴承座的有限元模型；然后对该模型进行缩减，降低自由度数；最后利用弹簧－阻尼单元将各主轴颈和主轴承座连接在一起，进行柔性多体动力学分析。经过缩减后的模型能够大大降低曲轴系多体动力学计算的求解规模。

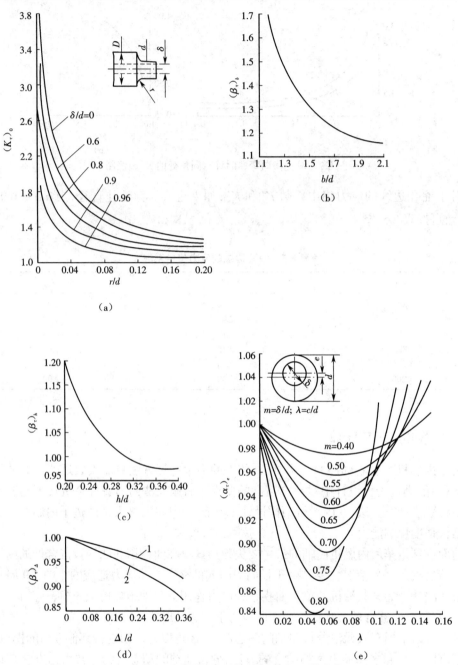

图 8.8　曲拐过渡圆角处计算剪切应力 K_τ 的曲线图

通过多体动力学计算,可以获得曲轴系的扭振(图 8.11)、各主轴承(mb1~mb7)的受力(图 8.12)和轴心轨迹(图 8.13)等结果。如果在主轴颈和主轴承座之间引入弹性流体动力润滑模型取代弹簧 – 阻尼单元,还能够获得润滑油膜压力分布数据(图 8.14)。如果需要分析曲柄销轴承,可以把连杆大头包括到模型中。

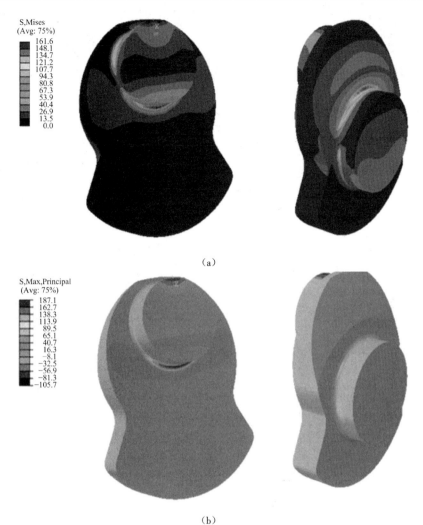

（a）

（b）

图 8.9　单个曲拐轴颈圆角处的应力

（a）冯·米塞斯应力　（b）最大主应力

（a）　　　　　　　　　　　　　　　　（b）

图 8.10　曲轴系和主轴承座的有限元模型

（a）曲轴系　（b）主轴承座

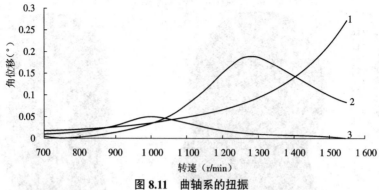

图 8.11　曲轴系的扭振

1—4.5 阶谐量；2—6.0 阶谐量；3—7.5 阶谐量

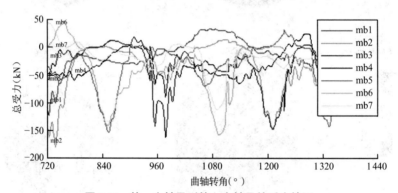

图 8.12　第一主轴承到第七主轴承的受力情况

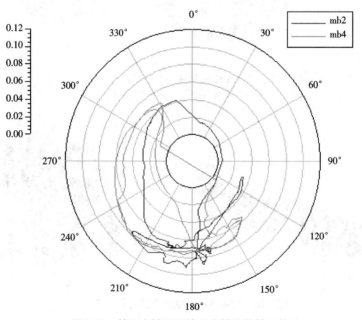

图 8.13　第二主轴承和第四主轴承的轴心轨迹

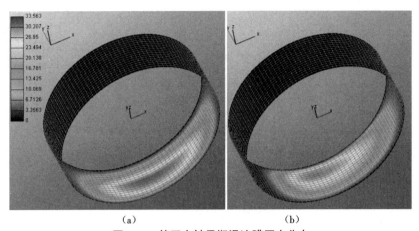

图 8.14 第四主轴承润滑油膜压力分布

（a）第四缸最大爆发压力时刻 （b）第五缸最大爆发压力时刻

多体动力学计算能够获得曲轴在各时刻的受力情况。通过使用有限元分析软件进行应力恢复，可以获得每一时刻的曲轴应力情况，即利用这种模型能够进行曲轴动态应力计算。图 8.15 展示了第五曲柄销轴颈圆角处的第 7656 号节点在一个内燃机循环过程中的应力，包括冯·米塞斯应力、最大主应力和最小主应力。图 8.16 展示了第五缸在最大爆发压力时刻整个曲轴的冯·米塞斯应力。图 8.17 展示了第五曲柄销处的局部应力。

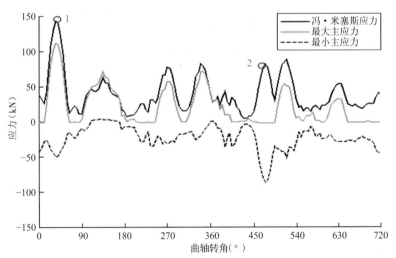

图 8.15 内燃机循环中第 7656 号节点的应力

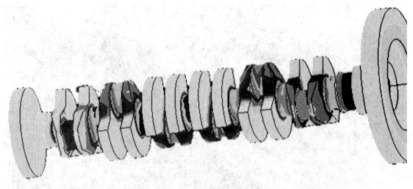

图 8.16 整个曲轴的冯·米塞斯应力

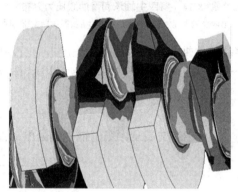

图 8.17 第五曲柄销处的局部应力

8.3 曲轴的结构设计

8.3.1 曲轴的典型结构

曲轴按照形式可以分为整体式曲轴(图8.18)和组合式曲轴(图8.19)。整体式曲轴结构简单,工作可靠,质量轻,具有较高的强度和刚度,在中小型内燃机上应用广泛。一般来讲,只要加工设备允许,通常应当尽量采用整体式曲轴。整体式曲轴多采用滑动轴承。单缸机为了简化润滑系统,多采用滚动轴承。

（a）

（b）

图 8.18 整体式曲轴

（a）4 缸柴油机曲轴 （b）6 缸柴油机曲轴

图 8.19 单缸摩托车的组合式曲轴

组合式曲轴主要用于大型柴油机和小型内燃机。大型柴油机的曲轴长度很长,受制造设备加工能力的限制,整体加工困难,甚至无法加工,因此采用组合式曲轴。对于小型单缸内燃机的曲轴,如单缸摩托车内燃机的曲轴,为了简化润滑系统设计,主轴承采用滚动轴承,连杆轴承采用滚针轴承,连杆大头不剖开,曲柄销部分可拆卸,因此采用组合式曲轴（图 8.19）。

8.3.2 曲轴的基本尺寸

下面以某柴油机曲轴为例,讨论曲轴的基本尺寸,如图 8.20 所示。

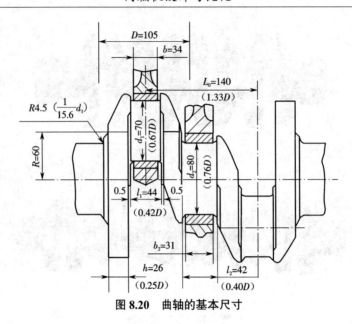

图 8.20 曲轴的基本尺寸

该柴油机的气缸直径 $D = 105$ mm,曲轴的连杆轴颈直径 $d_1 = 70$ mm,主轴颈直径 $d_2 = 80$ mm。因此, $d_1/D = 0.67$, $d_2/D = 0.76$。确定轴颈直径时,需要保证曲轴具有足够的扭转刚度和弯曲刚度。在选取连杆轴颈直径 d_1 时,还应考虑以下问题。

首先,连杆是安装在连杆轴颈上的,连杆轴颈的直径越大,连杆大头的尺寸也就越大。从拆装便利性来看,应当使连杆大头能够通过气缸。如果取连杆轴颈直径 $d_1 = (0.60\sim0.65)$ D,则连杆大头可以采用直切口式。当连杆轴颈直径 $d_1 = (0.65\sim0.70)D$ 时,为了使连杆大头仍能通过气缸,就必须采用斜切口式的连杆大头。相对来讲,直切口的连杆大头较轻,刚度较大,并且容易制造。这是限制采用过粗的连杆轴颈的一个原因。

另一方面,从为了提高曲轴的自振频率来看,采用过粗的连杆轴颈也没有好处。因为它虽然提高了曲轴的刚度,但同时也增大了曲拐相对于主轴颈中心的转动惯量。

粗的轴颈与相对较薄的曲柄臂相交接,在过渡处的应力集中现象会比较严重。有时为了减小质量和缓解应力集中现象,会把轴颈制成空心的。

主轴颈的直径可以取较大值,这样不但能够有效提高曲轴的扭转刚度和弯曲刚度,而且不会显著增大转动惯量,因此可以有效提高曲轴的自振频率。通常主轴颈的直径可以增大到$(0.75\sim0.80)D$。增大主轴颈和连杆轴颈的直径,会使轴颈外周旋转线速度增加,加大轴承的摩擦损失,对于高速车用汽油机不利。因此,在满足强度和刚度要求的前提下,应当选用较小的轴颈直径。

该柴油机的活塞行程 $S = 120$ mm,曲轴的曲柄半径 $R = 60$ mm。由于所用的轴颈直径较大,所以轴颈之间的重叠度 $\Delta = 15$ mm,这有利于提高曲柄臂的刚度。

下面讨论曲轴轴向尺寸的选择。该柴油机的缸心距 $L_0 = 140$ mm, $L_0/D = 1.33$。每一曲拐的各部分的轴向尺寸需要在 $L_0 = 140$ mm 这一范围内妥善安排,包括 1 个连杆轴颈的长度 l_1,1 个主轴颈的长度 l_2,以及 2 个曲柄臂的厚度 h,即 $L_0 = l_1 + l_2 + 2h$。

在确定轴颈长度时,需要着重考虑的一个方面是使轴颈和轴承之间具有足够的承压面积,它等于轴颈直径 d_1 或 d_2 与轴瓦宽度 b 的乘积。轴承的减摩材料和轴颈的表面硬度是根据轴承表面的单位面积载荷来选择的。轴承的宽度与轴承直径之比 b/d 的取值也应适当。

该柴油机曲轴的连杆轴颈长 $l_1 = 44$ mm。扣除两边与曲柄臂交接处的过渡圆角后,连杆大头轴瓦的宽度 $b_1 = 34$ mm。主轴颈长度 $l_2 = 42$ mm,扣除圆角部分所占长度,并留出适当窜动量后(使曲轴与机体之间可以沿轴向自由地发生热膨胀),主轴瓦的宽度 $b_2 = 31$ mm。这样,轴颈长度与气缸直径之比分别为 $l_1/D = 0.42$ 和 $l_2/D = 0.40$。

可以看出,如果轴颈的长度已限定,则两边的过渡圆角越大,轴瓦宽度就越小。但是,为了提高曲轴的疲劳强度,过渡圆角半径不能太小。在要求轴向尺寸紧凑而且工作强度较大的内燃机上,如何既能保证曲轴具有足够的疲劳强度,又能保证曲轴轴承具有足够的承压面积,是一对需要妥善解决的矛盾。

从缸心距 L_0 中扣除轴颈的长度后,剩下的尺寸可以安排 2 个曲柄臂的厚度。在轴颈与曲柄臂之间,通常设有一个高为 0.5~1 mm 的台阶,以便在精磨轴颈和圆角时,砂轮不与曲柄臂相碰。取每个曲柄臂的厚度 $h = 26$ mm,它与缸径 D 之比为 $h/D = 0.25$。在汽油机中,曲柄臂的厚度 h 通常是(0.20~0.22)D,大约等于 0.2D。在柴油机中,曲柄臂的厚度 h 通常是(0.24~0.27)D,大约等于 0.25D。由于曲柄臂的厚度 h 受到限制,所以在设计工作强度大且尺寸紧凑的内燃机时,如何保证曲柄臂具有足够的刚度,是一个需要妥善解决的问题。

为了使曲柄臂具有足够的强度和刚度,一种有效措施是适当加宽曲柄臂宽度 b。图 8.21(a)所示的椭圆形曲柄臂应用很广,因为其材料分布合理,强度大,质量轻,相对于轴颈中心线的转动惯量和不平衡离心惯性力均较小。

当使用模锻法或铸造法制造曲轴毛坯时,可以直接锻造或铸造出椭圆形的曲柄臂。由于曲轴的材料通常是碳钢、低合金钢或铸铁,因此曲柄臂表面通常不再进行机加工。由于高合金钢对应力集中很敏感,对于用高合金钢制成的曲轴,必须对曲柄臂表面进行机加工,在加工的最后阶段,还要对曲柄臂做抛光处理。在内燃机的轴向尺寸要求十分紧凑的情况下,曲柄臂有时甚至制造成圆形的,如图 8.21(d)所示。这种曲柄臂的优点是便于机加工。

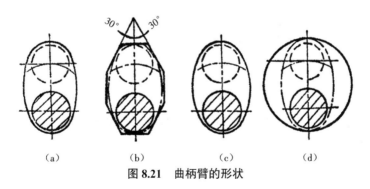

图 8.21　曲柄臂的形状

为了能够最大限度地减轻曲柄臂质量,并减小曲柄臂相对于主轴颈中心线的转动惯量和不平衡离心惯性力,在不影响强度的前提下,应当尽量去掉轴颈两端对应处曲柄臂上的多余材料,如图 8.20 所示。

8.3.3　提高曲轴疲劳强度的结构措施

连杆轴颈的受力来自连杆,可分解为推动曲轴旋转的切向力和压缩曲柄销的径向力。

径向力产生的弯曲载荷对曲轴疲劳具有决定意义。图 8.22 为某乘用车汽油机曲轴的受力情况。在膨胀冲程上止点,缸内气压力远大于活塞组的往复惯性力。此时,连杆受力主要受缸内气压力控制,径向力作用在连杆轴颈上侧,并使连杆轴颈内圆角处产生拉应力,在曲轴主轴颈圆角处产生压应力。随着曲轴旋转,径向力从最大值变化到最小值,并从作用在连杆轴颈上侧过渡到作用在连杆轴颈下侧。此时,在连杆轴颈圆角处产生压应力,在主轴颈圆角处产生拉应力。图 8.23 展示了作用在主轴颈和连杆轴颈的载荷方向。

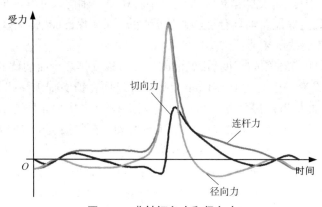

图 8.22　曲轴切向力和径向力

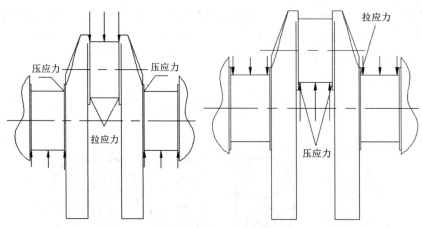

图 8.23　主轴颈和连杆轴颈承受的载荷

从图 8.22 可以看出,曲轴径向力从最大值变化到最小值,从绝对数值上看,其最大值远大于最小值。因此,在连杆轴颈圆角处,主要以拉应力为主,而在主轴颈圆角处,则以压应力为主。内燃机每经历一个工作循环,径向力就经历一次从最大值到最小值的变化,而连杆轴颈的圆角应力也经历一次从拉应力到压应力的变化。正是这种径向力载荷的变化使曲轴产生高周弯曲疲劳,使轴颈与曲柄臂相交处成为最容易产生疲劳破坏的地方之一。由于连杆轴颈的圆角应力以拉应力为主,采用圆角滚压或喷丸等方式在轴颈圆角处形成残余压应力,能够显著改善曲轴的疲劳特性。为了提高曲轴轴颈圆角处的疲劳强度,可以采用下述三种办法。

1)改善应力分布情况,减小曲拐圆角内肘处的应力,如采用空心轴颈和提高轴颈的重叠度等措施。

2）减小应力集中程度，如采用较大的过渡圆角。

3）改进表面质量，如减小表面表面粗糙度、消除表面的微观裂纹、使表面具有残余压应力层等。使用滚压、喷丸或其他方法对表面进行冷作硬化，就能够使表面出现残余压缩应力层。残余压缩应力可以抵消交变应力中的一部分拉应力，从而提高零件的疲劳强度。

下面分别叙述以上 3 种措施。采用空心轴颈能相对增加轴颈的柔性和曲柄臂的刚性，可以改善轴颈圆角处的应力分布。如果主轴颈是实心的，连杆轴颈的最大弯曲应力会出现在曲拐中间平面上。当主轴颈采用空心结构时，最大应力减小，两侧应力增加，使应力分布更为均匀。图 8.24 所示为某曲轴的主轴颈减重孔直径的变化对主轴颈弯曲应力 σ_{1max} 和连杆轴颈弯曲应力 σ_{2max} 的影响。可以看出，随着主轴颈空心度增加，连杆轴颈的最大弯曲应力下降。但是，当空心度大于 0.55 后，最大弯曲应力反而有所上升，说明空心度过大对改善应力集中现象并无好处。

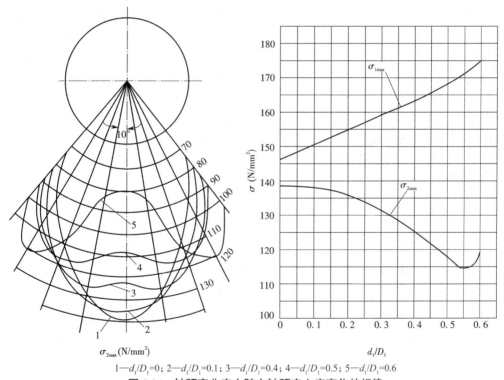

1—d_1/D_1=0；2—d_1/D_1=0.1；3—d_1/D_1=0.4；4—d_1/D_1=0.5；5—d_1/D_1=0.6

图 8.24　轴颈弯曲应力随主轴颈空心度变化的规律

需要指出的是，在增大主轴颈空心度使连杆轴颈圆角弯曲应力减小的同时，主轴颈圆角的最大弯曲应力会增大。连杆轴颈采用空心结构后，效果相反，即连杆轴颈的最大弯曲应力会增加，而主轴颈的最大弯曲应力会下降。

空心轴颈能够减轻曲轴质量。而且，当采用空心连杆轴颈时，可以减小曲拐的不平衡离心惯性力和曲拐相对于主轴颈中心线的转动惯量，而后者有利于提高曲轴系的扭振频率。因此，有些内燃机的曲轴在设计上使连杆轴颈的空心镗孔不与轴颈同心，而是向外偏一些，目的是为了减小曲轴的转动惯量。

　　如上所述,轴颈空心直径不应过大,否则会减弱曲柄臂的刚度。空心直径较大时,常采用如图 8.25 所示的枣核形内腔来保证曲柄臂具有足够的刚度。虽然这种枣核形空心很难进行机加工,但用铸造方法很容易得到。

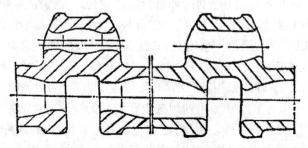

图 8.25　加强曲柄臂刚度的措施

　　提高曲颈的重叠度,也有利于提高曲拐的疲劳强度。重叠度过小对曲柄臂的应力情况很不利,因为此时两个应力集中都很严重的轴颈圆角内肘处刚好靠得很近。在设计中应当尽量避免这种情况。

　　为了减缓连杆轴颈过渡处的应力集中情况,一般采用图 8.26(a)所示的过渡圆角,增大过渡圆角半径,减小轴颈圆角应力。一般来讲,过渡圆角半径应不小于 $d/20$,当半径大于 $d/12.5$ 时,影响变得不显著。但是,增大轴颈的过渡圆角半径,就要减小轴承宽度。为了解决这一矛盾,可以采用如图 8.26(b)所示的下凹过渡圆角。如果图 8.26(a)中 α 处的应力比 β 处的小,可以采用图 8.26(c)所示的变半径过渡圆角,使圆角半径 $R_\beta > R_\alpha$。图 8.26(d)所示的连杆轴颈油孔的边缘也是容易产生应力集中的地方。为了缓解应力集中,油道壁应当光滑,出口边缘处应做出圆角并且抛光。

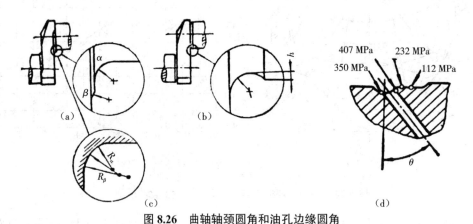

图 8.26　曲轴轴颈圆角和油孔边缘圆角

8.3.4　润滑油道的安排

　　内燃机的曲轴采用强制供油的方法润滑各摩擦表面。一般是使用机油泵首先把机油送入主轴承,然后让机油沿着曲轴中的油道进入连杆大头轴承。由于上轴瓦的载荷较小,在该处设置进油孔对润滑油膜承载能力影响较小,因此主轴承上的机油进口一般设在上轴瓦。由于轴颈与轴承之间的间隙很小,为了保证机油能够连续畅通地送入连杆大头轴承,需要在主轴承的中部沿着圆周设置布油槽,以便机油能够从设在主轴承上的进油孔流到主轴颈上通向连杆轴颈的油道进口。但是,在轴承上设置油槽等于把原来的轴承分成为两个更窄的轴承,这对建立有效的润滑油膜承载能力是不利的。为了解决这一问题,可以在主轴颈上钻两个相隔 180° 的油孔或三个相隔 120° 的油孔,与此对应,在轴瓦上设置 1/2 周或 1/3 周的油槽,如图 8.27 所示。

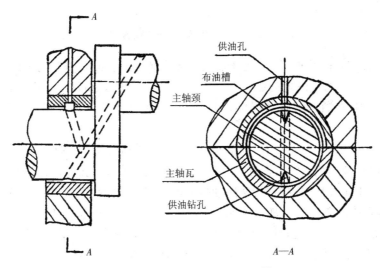

图 8.27　曲轴主轴瓦上的布油槽

图 8.28 和图 8.29 展示了曲轴中油道的各种布置方案。在曲轴中钻制直的斜油道,虽然加工简单,但有很多缺点。由于这种油道的出口是椭圆形的,因此在油孔圆角的锐角侧,应力集中严重,会影响曲轴强度。而且,如果安排不当,油道很容易在靠近轴颈与曲柄臂之间的拐角内肘处通过,导致该处的应力集中情况更加严重。当机油沿着斜油道流向连杆轴颈时,在离心力的作用下,机油中的杂质将被甩出而与机油分层,使从油道中流出后分向轴颈两边的机油中所含杂质量差别较大,造成一边较多而另一边较少,因而轴颈磨损不同,即造成偏磨,使轴颈的使用寿命缩短。

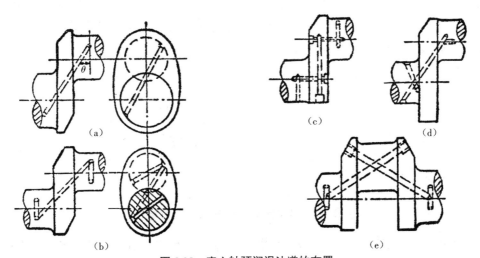

图 8.28　实心轴颈润滑油道的布置

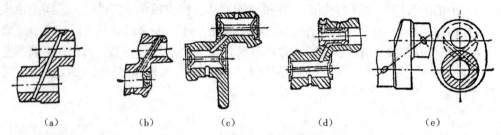

（a）　　　（b）　　　（c）　　　（d）　　　（e）

图 8.29　空心轴颈润滑油道的布置

观察连杆轴颈处的磨损可知,连杆轴颈上载荷最小的表面在由曲拐平面向曲拐旋转方向导前角 γ 的地方。对于高速内燃机, γ 角一般在 20°~40°。机油出口设在这里比较好,能使出油通畅,对轴承润滑承载油膜的影响也较小,而且能够使油道出口避开轴颈应力最大处。

在图 8.29（a）和（b）所示结构中,润滑油道用钢管制成。图 8.29（c）所示方案可以避免油道倾斜,并能够减小油道钻孔对曲轴强度的影响。但是,该方案把轴颈减重孔作为润滑油道的一部分;由于减重孔的容积大,在柴油机起动时,润滑油充满空腔需要一定时间,所以供油迟缓,使起动时磨损有所增加。图 8.29（d）将衬管嵌在曲轴减重孔中,形成环形润滑油道,油道容积很小,可保证起动时迅速供油。连杆轴颈减重孔对润滑油有离心净化作用,润滑油中的杂质在离心力作用下被甩向孔壁沉积起来。在连杆轴颈油孔内压入铜管,并使其内端凸出于减重孔内表面,可以阻止杂质流出。连杆轴颈油孔应当开在没有杂质沉积的部位。另外,在铸造的空心曲轴上,常采用图 8.29（e）所示结构,它在铸造的减重孔内设置一个"塔子",供润滑油道通过。

8.3.5　曲轴平衡重的设计

对于具有多个曲拐的曲轴,平衡重的设计是一个比较复杂的问题,因为需要顾及多方面要求。首先,平衡重能够抵消曲轴的离心力矩。对于图 8.30 所示的三拐曲轴来讲,由于它的各曲拐沿曲轴轴线的纵向分布是不对称的,所以当曲轴旋转时,各曲拐的不平衡回转质量产生的离心惯性力会形成不平衡的离心力矩。该力矩随曲轴一同回转,并使内燃机产生相应的摇晃振动。可以用在曲轴上安装平衡重的方法,把这个有害的不平衡离心力矩抵消掉。图 8.30 显示了两种平衡重的配置方法。

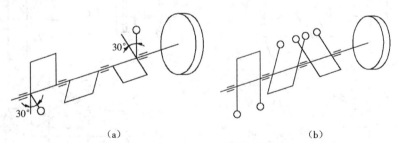

（a）　　　　　　　　　　　　　　（b）

图 8.30　3 缸内燃机的平衡重配置方法

对于四拐和六拐曲轴,它们的各曲拐沿圆周均匀分布,并且在纵向也是对称分布的,各个曲拐的离心惯性力互相抵消。从整根曲轴来看,在旋转时不存在自由离心惯性力和力矩。所以,从保证内燃机平稳运转来讲,无须在曲轴上安装平衡重。但是,实际上还是有相当多的这种曲轴安装了平衡重。下面用图 8.31 说明这样做的原因。

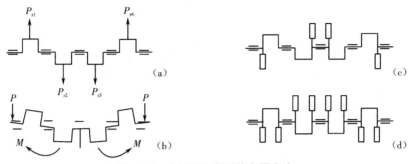

图 8.31　内燃机平衡重的布置方式

对于图 8.31(a)所示的四拐曲轴,作用在第 1、2 拐和第 3、4 拐上的离心惯性力互成力偶,这两个力偶大小相等且方向相反,所以从整体上讲是平衡的。但是,曲轴在这两个对称力偶的作用下,可能会发生如图 8.31(b)所示的弯曲变形。由于曲轴是安装在机体的主轴承上的,所以当曲轴发生弯曲变形时,上述力偶会部分地作用在机体上,使机体承受附加弯曲力偶的作用。而且,在这种情况下,主轴承的工作条件也会变坏。所以,即使是这种曲轴,为了改善曲轴本身和机体的受力情况,尤其为了改善主轴承的工作条件,有时也必须安装平衡重。安装平衡重后的效果,主要根据主轴承的工作情况来判断。图 8.31(c)和(d)展示了两种不同的平衡重配置方案。有了平衡重后,轴颈载荷和磨损分布得更为均匀,而不是集中磨损一处,能够防止由于偏磨而很快失圆损坏。

上面分析了在曲轴上配置平衡重的必要性。但是,安装平衡重也有不利的一面,因为它不仅会增加曲轴的质量和制造复杂性,而且有可能影响整台内燃机的外廓尺寸。更重要的是,安装平衡重会增加曲拐相对于主轴颈中心线的转动惯量,从而降低曲轴系扭振的自振圆频率。从这点考虑,图 8.31(c)所示的方案相对较好。

综上所述,曲轴平衡重的设计原则可以总结如下。

1)需要最大限度地满足内燃机的平衡要求,以减轻内燃机运转中的振动强度。

2)需要尽可能改善主轴承的工作条件,保证轴承能够长期可靠工作。

3)需要避免在内燃机工作转速范围内出现强烈的扭转振动。

4)在满足上述要求的前提下,注意使曲轴的质量尽量小,使曲轴容易制造,并使内燃机总外廓尺寸做到最紧凑。

5)活塞处于下止点时,曲轴平衡重正好回转到缸套附近。应保证活塞在下止点时,曲轴平衡重的外廓半径不与活塞底部发生干涉。

8.3.6　曲轴的两端

内燃机的各辅助装置,如机油泵、冷却水泵、冷却风扇、发电机和空气压缩机等,一般均由装在曲轴自由端的齿轮或皮带驱动。图 8.32 是曲轴前端结构示意图。

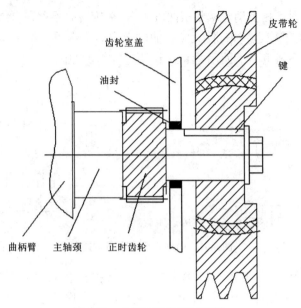

齿轮室盖

油封

皮带轮

键

曲柄臂　　主轴颈　　正时齿轮

图 8.32　曲轴前端结构示意图

内燃机的配气机构一般由曲轴的自由端驱动。这是因为曲轴自由端的轴颈较细,可以采用节圆直径小的齿轮,使齿轮的圆周线速度较低,对齿轮的加工精度要求也可以比较低,而且整个机构能够设计得比较紧凑,装拆调整也比较方便。但是,对于多缸内燃机的长曲轴来讲,在通过共振转速时,曲轴自由端的扭振振幅较大,这种振动会影响内燃机的配气定时。与此同时,传动机构本身也将受到剧烈磨损。为了避免这一缺点,有些内燃机正时机构的驱动齿轮是安装在最后一道主轴颈与飞轮之间。这个位置靠近扭振节点,扭振时的振幅较小。为了减小曲轴的扭转振动,一般可以在曲轴自由端安装曲轴扭转振动减振器。

另外,在曲轴从曲轴箱伸出去的地方必须考虑安装油封做密封圈的问题。需要防止曲轴箱中的机油由这里泄漏。而且,需要防止内燃机外的尘土等杂质进入内燃机。

曲轴的后端,即功率输出端,装有飞轮并输出扭矩。飞轮一般是由法兰、螺栓和定位销安装在曲轴上的,如图 8.33 所示。飞轮螺栓的拧紧力矩应符合要求,以便能够依靠飞轮与法兰之间的摩擦力矩传输出曲轴的最大扭矩。还应保证当内燃机的转速通过扭振共振转速时,螺栓的预紧力足够大,使飞轮与曲轴之间的连接仍然可靠。当扭振发生时,主轴颈的附加剪切应力一般允许达到 40 MPa,如果再高,就必须安装减振器。定位销的作用是保证在拆装后重新安装飞轮与曲轴时,它们之间的原有相位不致弄错。高速内燃机的曲轴通常是在与飞轮安装在一起的情况下进行动平衡调整的。因此,在重新安装时,必须保持原来的位置关系。

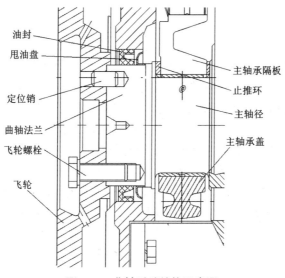

油封
甩油盘
定位销
曲轴法兰
飞轮螺栓
飞轮

主轴承隔板
止推环
主轴径
主轴承盖

图 8.33　曲轴后端结构示意图

为了提高曲轴的扭转刚度,从最后一道主轴承到飞轮法兰这一轴段应该设计得尽量短粗。有时为了便于在这里安装传动齿轮和套装油封,甚至将这一轴段的直径设计得和法兰直径相同。

图 8.34 所示是油压径向过盈法兰。这种法兰的特点是尺寸紧凑、装卸方便,用于在大中型柴油机的曲轴上安装飞轮。当采用这种法兰时,曲轴的功率输出端可以制成锥度为 $1:50$ 的圆锥面,而在法兰的相应锥孔中制有一条或两条周向油槽,以及八条与周向油槽相通的均布轴向油槽,油槽深度约为 0.1 mm。在安装时,先把法兰套在轴上,再用注油工具把油注入油槽中,把法兰孔胀大,随即把法兰向内紧推,然后把油放掉,法兰就能够依靠过盈安装在轴上了。

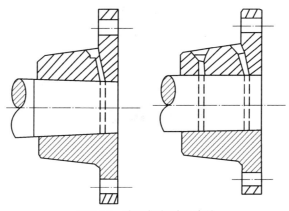

图 8.34　油压径向过盈法兰

曲轴的功率输出端的密封是由甩油环和油封组成,有时会采用螺纹迷宫槽结构。迷宫槽结构是在轴上制出螺纹,螺纹的螺旋方向与轴的旋转方向相反。当机油从曲轴箱进入轴与孔之间的间隙时,依靠机油黏性和螺纹,旋转轴会把机油像螺母一样推回曲轴箱,不使其漏出机外。

8.3.7　曲轴的止推

为了防止曲轴发生轴向窜动,在曲轴和机体之间需要设置止推轴承。止推轴承能够承受曲轴受到的轴向推力。这种轴向推力大多来自曲轴所驱动的其他机械。为了使曲轴能够相对于机体自由地沿轴向进行热膨胀,一般只在一处设置止推轴承。止推轴承可以设置在曲轴的前端、后端或中间主轴承的两边。把止推轴承设置在后端可以避免曲轴各曲拐承受轴向推力。当配气机构由设置在曲轴前端的链轮驱动时,止推轴承最好设置在前端;否则当曲轴热膨胀产生轴向位移时,会使链条歪斜,造成链条很快磨损。

止推轴承是由带翻边的主轴瓦和相应主轴颈两边的止推台肩组成的。由于翻边轴瓦的制造比较困难,所以内燃机的止推轴承大多采用有减摩合金的半圆止推钢环,钢环嵌在主轴承座两边的半圆凹座中,如图 8.35 所示。在止推钢环的摩擦表面设有布油凹槽。止推轴承的轴向间隙通常在 0.05~0.20 mm。为了保证间隙适当,需要对相关零部件的尺寸链进行计算。

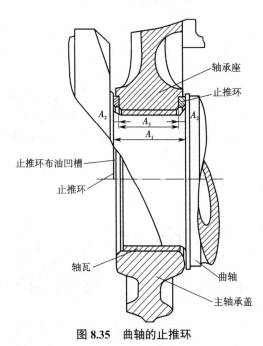

图 8.35　曲轴的止推环

8.4　曲轴的毛坯和材料

选择曲轴材料的主要标准是使曲轴具有足够的疲劳强度,使轴颈表面具有必要的硬度,并使曲轴容易加工、成本低廉。曲轴的毛坯分为铸造和锻造两种。可用来铸造曲轴的材料包括:可锻铸铁,合金铸铁,球墨铸铁,碳素钢,合金钢。铸造曲轴的优点是容易制成结构复杂、应力分布更为合理的外形,而这些外形是很难依靠锻造加工的。铸造曲轴的毛坯质量和成品质量都相对较轻,切削废料也比较少。

铸铁中由于含有石墨夹杂物,所以耐磨性好且容易进行切削加工,对各种表面缺陷(如擦伤和刻痕等)不太敏感。而对于钢制曲轴,上述表面缺陷却容易成为断裂的发源位置。铸铁材料中的分子内摩擦所消耗的功比钢材料大。当曲轴发生扭转振动时,这种内摩擦的阻尼作用具有消耗振动能量和减弱振幅的作用。因此,铸铁曲轴具有较强的减振作用。铸铁的缺点是弹性模量比钢小,钢的弹性模量是 2.1×10^5 MPa,而球墨铸铁的弹性模量是 1.7×10^5 MPa。所以,当其他条件相同时,铸铁曲轴的刚度较小。

绝大多数钢制曲轴是锻造的。钢制曲轴大多数是用 40~45 号碳钢或 30Mn、45Mn 等低合金钢制造的。这些钢材料的热处理比较简单、韧性好、价格便宜。采用这些材料锻造制成的曲轴,曲柄臂部分一般无须再进行机加工。应当注意的是,只有在特殊情况下才采用合金钢制造曲轴。例如,在轻型强化内燃机中,为了使内燃机质量轻,而且能够在很高的工作强度下可靠工作,要求曲轴材料具有更高的机械强度和疲劳强度,或者要求轴颈表面具有很高的硬度来满足耐磨要求,这时可以采用合金钢。采用合金钢可以提高曲轴的疲劳强度,但是从提高刚度的观点来看,采用合金钢是无益的。这是因为当零件的几何尺寸相同、形状一样时,曲轴刚度取决于材料的弹性模量,而各种钢的弹性模量数值基本相同。另外,由于合金钢的优良性能只有经过热处理才能发挥出来,所以只有尺寸较小的曲轴才适合采用合金钢。合金钢工件的尺寸越大,热处理时就越容易出现“白点”。所谓白点,就是在工件中形成的细小裂纹,在镍铬合金钢中容易产生。最后,虽然合金钢具有较高的疲劳强度,但是它对表面缺陷较为敏感,所以合金钢曲轴的所有表面都必须进行光整加工。

为了提高钢曲轴和铸铁曲轴的轴颈表面硬度,通常采用表面硬化处理。其中,常用的一种方法是表面高频淬火,即采用高频电流加热轴颈表面,然后喷水冷却,再进行回火以消除内应力。这一工序是在最后精磨轴颈之前进行的。表面高频淬火是一种简单有效的表面硬化处理方法,其中应注意选择处理工艺并正确选择回火温度,否则在零件表面特别是在过渡圆角处容易形成细小裂纹,从而大大降低曲轴的疲劳强度。这种处理方法的缺点是处理后的曲轴的变形较大。

另一种表面硬化处理的方法是氮化。氮化可以使轴颈表面具有很高的硬度,一般可达 HV 600~800,因此处理后的轴颈耐磨性能很好。而且,氮化后会在表面形成一层具有残余压应力的表面层,从而能够提高零件的疲劳强度。曲轴经氮化后,可以进行轴颈抛光,但不应再进行磨削加工,否则会在轴颈表面尤其是在过渡圆角处出现微小裂纹。因此,在氮化前应预先精磨,且必须进行回火,充分消除工件的内应力。由于氮化是在较低温度下进行的,所以氮化造成的曲轴变形很小。

8.5　曲轴的弯曲疲劳实验

由于曲轴所受载荷的方向和大小明确,因此可以方便地采用实验装置对连杆轴颈内圆角处进行弯曲疲劳实验。常用的设备是机械谐振式弯曲疲劳实验机。弯曲疲劳实验机的振动系统由左、右摆体和单个曲拐试件组成,如图 8.36 所示。机械式激振器的偏心块旋转产生离心力,激振疲劳实验机。可以通过改变偏心块的转速和偏心距离对激振力进行调节。利用疲劳实验,可以得到曲拐的 $\sigma\text{-}N$ 曲线,用于与内燃机工作时的实际应力相比较,评估曲拐的疲劳寿命。为了简单方便起见,在评估曲轴寿命时通常都是取单个曲拐进行实验。

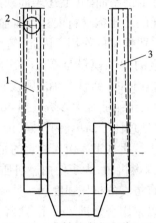

图 8.36　曲轴的弯曲疲劳实验
1—左摆体;2—激振器;3—右摆体。

第 9 章　活塞组

9.1　活塞

　　活塞、活塞环和活塞销一起组成活塞组。活塞组与气缸和气缸盖相配合,形成一个容积变化的密闭空间,并在这个空间内完成内燃机的工作过程。同时,活塞组也是承受燃气作用力并把它传递给连杆的重要组件。在使用气口换气的二冲程内燃机中,活塞还用作开闭气口的滑阀。因此,活塞组必须具有密封气缸以防漏气,和限制机油从曲轴箱进入燃烧室的能力。在工作过程中,活塞组会在侧向力的作用下沿气缸壁做往复滑动,而且会因为与高温气体接触而受热。为了使活塞组可靠工作,必须解决润滑和散热问题。在高速内燃机中,还必须设法减小活塞组的质量,以减小往复惯性力。由于活塞组对内燃机的强化指标、可靠性和耐久性均有重大影响,对活塞组的设计必须给予充分重视。

9.1.1　活塞的工作情况和设计要求

　　活塞由头部和裙部等部位组成,其结构如图 9.1 所示。活塞头部包括活塞顶和防漏部两部分。活塞顶直接承受高温高压气体的作用,并与气缸盖的底面一起形成燃烧室。起密封作用的活塞环主要安放在活塞头部的侧壁上,形成活塞的防漏部,在这里设有安放活塞环用的环槽。两个环槽之间的间隔称为环岸或环肩,这一部位也称为活塞的环带部。活塞裙部指活塞头部以下的圆柱形部分。在活塞裙部设有活塞销座,活塞销装在销座孔内,通过活塞销把活塞与连杆接在一起。

图 9.1　活塞的结构

　　活塞是在很严苛的条件下工作的。首先,它承受很大的机械载荷。活塞顶上作用着不断变化的气体压力。对于汽油机,气体压力的最大值一般在 7~10 MPa。对于柴油机,气体压力的最大值一般在 12~18 MPa,甚至高达 20 MPa 以上。柴油机燃烧过程的特点是在燃烧的速燃期,气缸压力的增长率很高,使工作过程变得粗暴。同时,在高速内燃机中,工作循环的变化频率很高,这样使作用在活塞上的载荷具有很大的冲击性。图 9.2 为柴油机最高爆压和单位活塞顶面积功率的发展历程。最高爆压的提高意味着内燃机机械负荷的增加。单位活塞顶面积功率则常作为内燃机热负荷的判据。

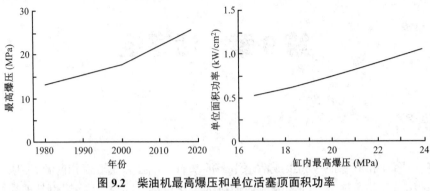

图 9.2　柴油机最高爆压和单位活塞顶面积功率
（a）最高爆压　（b）单位活塞顶面积功率

在气缸内高速运动时,活塞会产生很大的往复运动惯性力。对汽油机来讲,活塞所受往复惯性力可达活塞重量的上千倍;对于柴油机,也可达几百倍。为了减小活塞组的往复运动惯性力,需要尽量减小活塞质量,选用密度小且强度高的材料。工程上多用活塞质量与缸径三次方的比值(k 值)比较不同缸径的活塞的质量,如图 9.3 所示。

$$k = \frac{m_\text{p}}{D_\text{p}^3} \tag{9.1}$$

式中　 m_p ——活塞质量(g);

　　　 D_p ——活塞直径(cm)。

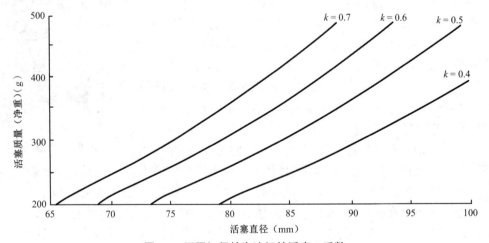

图 9.3　不同缸径的汽油机的活塞 k 系数

当活塞沿气缸壁做往复运动时,由于活塞裙部受到不断变化方向的侧向力的作用,造成活塞在气缸中产生横向晃动。图 9.4 展示了在压缩冲程和膨胀冲程中活塞侧向力的作用方向。其中, K 为连杆作用力, N 为侧向力, P_j 为活塞往复惯性力, P_z 为气缸内气体作用力。当侧向力向右作用时,活塞裙部的右侧贴靠在气缸壁上并承受侧向力的作用。侧向力的作用方向取决于在该时刻连杆的倾斜方向是向左还是向右,以及作用在活塞上的气体压力和往复惯性力的合力的方向是向上还是向下。由于活塞和气缸之间具有一定间隙,在从压缩冲程终末过渡到膨胀冲程开始的短暂期间,活塞由右向左的横向晃动相当剧烈,造成活塞对气缸的撞击,引起活塞裙部变形,导致气缸套振动,甚至引起缸套穴蚀。活塞敲击也是内燃机产生噪声的根源之一。

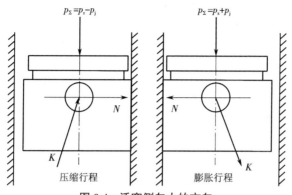

图 9.4　活塞侧向力的方向

　　活塞在工作中承受很高的热负荷。活塞顶和燃烧室中的气体最高温度可达 1 800~2 600 ℃,每一工作循环内的平均气体温度为 500~800 ℃。活塞顶与炽热高温燃气直接接触,受到强烈的热作用。热量通过对流和辐射等方式从气体传到活塞顶。柴油机活塞和汽油机活塞的受热状况有所不同。虽然汽油机中的燃气最高温度比柴油机中的更高,但柴油机活塞的受热情况比汽油机更加严重。这是由柴油机燃烧的特点决定的,其使活塞顶受热强度分布不均匀,活塞顶上直接受到喷油油束燃烧火焰作用的区域受热严重,此外还因为在燃烧期间缸内气流的作用,也使燃气传递给活塞的热量有所增加。为了防止活塞顶受热部分的金属温度过高,必须控制燃气向活塞顶的传热量,并使活塞的热量能够很好地散走。

　　对于不采取特殊冷却措施的活塞,传入活塞顶的热量大部分是经过活塞环通过气缸壁散出的,这部分热量占 70% 左右。其中,第一道活塞环传出的热量占此部分热量的 50% 左右。其余部分的热量经由活塞销座和活塞裙部传出。还有一部分热量通过活塞顶的背面传递给曲轴箱内的空气和飞溅的机油。

　　活塞各处的温度各不相同。活塞温度的分布情况称为活塞的温度场,它与内燃机工作过程的强度、冷却方式、活塞构造和所用材料等因素有关。目前,比较成熟的活塞温度场测试方法主要包括三种:热电偶测温法、易熔合金测温法、硬度塞测温法。其中,硬度塞测温法相对简单,测量精度可达 ±5 ℃,可以同时测量多点的温度,应用方便。除了测量法外,还可以采用有限元法对活塞温度场进行模拟计算。图 9.5(a)是用硬度塞测温法测量活塞顶温度的测点布置示意图。图 9.5(b)是用有限元法模拟计算的某乘用车汽油机的活塞温度场。

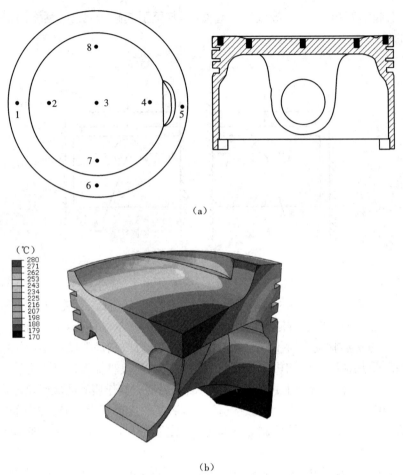

（a）

（b）

图 9.5　活塞温度场的实验与计算

（a）温度场实验测点　（b）有限元法计算的温度场

活塞的温度在顶面中央或边缘位置最高。在中等尺寸的铸铁活塞上，温度可达 400~450 ℃。在尺寸较大的铝合金活塞上，温度可达 300~350 ℃。由于传入活塞顶的大部分热量由活塞环传递给气缸壁，因此从活塞顶到活塞裙部具有较大的温度梯度。

如果活塞的热负荷过高，其所受的热应力和产生的热变形会过大。而且，活塞材料在高温下的强度会迅速下降，导致抗弹性变形和抗塑性变形的能力迅速降低，另外还会产生高温蠕变。图 9.6 展示了活塞材料在不同温度下的抗拉强度。可以观察到，当铝合金活塞的温度超过 200 ℃后，强度便急剧下降。通常，如果活塞金属温度超过 380~400 ℃，其可靠性就不能保证了。活塞热负荷不能过高的另外一个原因是过高的活塞金属温度会破坏活塞环的润滑条件。当第一环区的金属温度超过 200 ℃时，机油会发生氧化形成胶质物质（结焦），导致环区积碳，甚至第一环被黏结。因此，第一环槽的金属温度应控制在不高于 225 ℃。

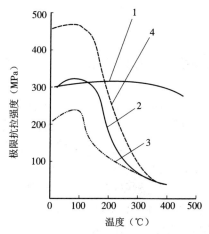

1—珠光体铸铁；2—共晶铝硅合金；3—过共晶铝硅合金；4—锻铝

图 9.6　几种活塞材料的抗拉强度

　　活塞在沿气缸做高速滑动运动时，还受到较大的磨损。内燃机的活塞平均速度一般是 12~15 m/s，甚至高达 20 m/s。活塞组在气缸内高速滑动时，活塞裙部承受侧向力的作用，在润滑不良的情况下，会造成活塞、活塞环和气缸之间发生剧烈的摩擦和磨损。这样，除了活塞顶从燃气吸收热量外，活塞裙部还会由于摩擦产生热量。在高速内燃机中，活塞组的摩擦损失占内燃机总摩擦损失的 45%~65% 或更高。

　　图 9.7 显示了活塞在工作过程中可能出现的故障情况，包括活塞顶裂纹和烧损、裙部拉伤、环槽过度磨损、环槽根部断裂、销座出现裂纹等。随着内燃机强化程度的提升，产生这些故障的可能性会增大。这些故障的产生原因与活塞承受的机械负荷、热负荷和磨损密切相关。活塞设计的任务就是根据活塞的性能、耐久性、封装性和成本要求，适应内燃机强化程度提升的需求，从活塞各部分结构尺寸的选定、活塞的材料和表面处理工艺入手，完成模拟分析计算、设计和实验工作，解决活塞在性能、机械负荷、热负荷、磨损等因素之间的矛盾，达到可靠性和寿命的要求。

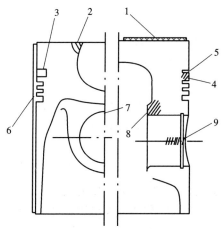

1—由于材料熔化(伴有氧化和腐蚀)损坏；2—在热应力作用下产生疲劳裂纹；3—活塞环槽侧壁产生磨损；
4—活塞环岸发生脆性断裂；5—活塞环在环槽内结焦卡住；6—活塞和气缸壁之间拉伤或黏着；7—活塞销卡住；
8—在机械应力作用下产生疲劳裂纹；9—活塞裙部或活塞环岸卡住而产生脆性断裂

图 9.7　柴油机活塞某些部位的损坏情况

综上所述,活塞的设计要求如下。

1)具有足够的力学强度和适当的刚度,在最恶劣的工作条件下,能够保证活塞具有正确的几何形状。

2)具有良好的散热能力。在尽量减小活塞顶外表面热量的同时,需要采取各种措施,保证传入活塞顶的热量能够及时散出。需要控制活塞各部分的温度梯度,减小活塞各部分由于受热不均匀所引起的热应力。为了保持活塞裙部与气缸壁之间的合理间隙,对传到活塞裙部的热量要加以控制。对于铝合金活塞来讲,活塞顶部的最高金属温度一般应控制在350 ℃以下。为了避免温度超过该值,需要按需采用强度更高的材料或加强活塞冷却。为了防止机油焦化,活塞环区域的金属温度不应超过 180~220 ℃。

3)在保证活塞具有足够的力学强度和散热能力的同时,活塞的结构应紧凑小巧,活塞质量应尽量小,以适应内燃机向高转速发展的需要。

4)活塞的摩擦损失要尽量小,耐磨损的能力应尽量提高。

5)为了保证内燃机活塞噪声低,需要合理控制活塞裙部与气缸壁的配合间隙,间隙不应过大。

9.1.2 活塞的材料、毛坯和热处理

9.1.2.1 活塞的材料要求

根据内燃机的强化需求,活塞材料需要满足以下要求。

1)具有良好的力学性能,尤其是具有较高的高温强度。

2)具有较小的线膨胀系数,以便使活塞与气缸在各种工况下都能够有合适的配合间隙,减小内燃机的活塞噪声。

3)吸热性要弱,导热性要好,具有较高的导热系数。

4)材料密度要小,以便减小活塞的质量和往复惯性力。

5)具有良好的减摩性能和耐磨损、抗腐蚀性能,以便减小摩擦损失,延长使用寿命。

6)材料容易加工,成本低廉。

要找出一种能够完全满足上述要求的活塞材料是很难的,在实际设计中,只能根据内燃机的用途有所侧重。有时需要采用两种材料的组合结构,才能满足内燃机的强化要求。

9.1.2.2 活塞材料

图 9.8 展示了活塞材料分类。目前,用得最为广泛的活塞材料是铝硅合金,这是因为它有许多优点,特别适合内燃机的需要。其他用途广泛的活塞材料包括薄壁铸铁和钢等。

铝合金与铸铁、钢相比,具有以下几个显著优点。

1)铝合金材料的密度小。铝合金的密度大约只有铸铁密度的1/3,从而,铝合金活塞的质量就小很多。尤其是对于高速内燃机来讲,降低往复惯性力是活塞组设计中要特别注意的一个问题。但是,由于铝合金的力学强度和弹性模量比铸铁低,所以在设计铝合金活塞时,为了使活塞的各部分具有必要的强度和刚度,就需要适当增加壁厚,当然这样做也有利于活塞散热。壁厚越大,相当于热量从活塞顶向下传入活塞环槽和裙部等散热部位的通路截面面积就越大,散热能力越好。综合来看,铝合金活塞的质量比铸铁活塞的质量能够减少 30%~50%。

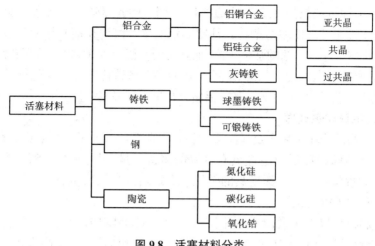

图 9.8　活塞材料分类

2）铝合金材料具有较高的导热性。铝合金的导热系数是 126~168 W/(m·K)，为铸铁的 2~3 倍。铝合金活塞的这一特性可满足汽油机在较高的压缩比工况下不会引起爆震的要求。这是因为铝合金的导热性好，热量能够及时传出，从而有效降低活塞顶面温度。在柴油机中，由于铝合金的导热性好，使活塞各部分的温度趋向均匀，减少活塞顶的热应力，提高活塞的可靠性。关于从高温燃气到活塞顶的传热系数，铝合金活塞的传热系数比铸铁大约小 30%，这使得活塞温度能够进一步降低。

3）铝合金活塞与铸铁气缸的匹配性能较好，可以降低活塞与气缸之间的摩擦损失。另外，铝合金的浇铸性和切削性也比铸铁好，而且可以采用模锻工艺。需要注意的是，高硅铝合金的切削加工性相对较差。

然而，铝合金材料也存在一些严重缺点，详述如下。

1）铝合金材料的高温强度低。例如，当金属温度从 15 ℃增加到 350 ℃时，铝合金的极限强度降低 65%~75%，而铸铁材料的极限强度则下降不多。所以，在高强化内燃机中，如果活塞顶温度超过 350~400 ℃，就必须在局部采用钢或铸铁材料代替铝合金。

2）铝合金材料的线膨胀系数大，为(18~25)×10⁻⁶/ K，这要求在活塞与气缸壁之间留出较大的配合间隙，这对于降低活塞敲击噪声、减小燃气泄漏、降低活塞热负荷都是不利的。

3）铝合金材料的耐磨性较差。

对于铝合金的部分缺点，可以采用改进成分配方和优化结构等措施，在一定程度上予以克服。目前，汽油机和中高速柴油机的活塞通常都采用铝合金制造。活塞上常用的铝合金材料主要包括共晶铝硅合金和过共晶铝硅合金。铝合金中的硅元素能够使材料的线膨胀系数和密度下降，能提高材料的耐磨性、耐腐蚀性、硬度、刚度和疲劳强度，并能改善材料的铸造流动性。但是，硅元素的增加也会使铝合金的导热性和塑性下降，并使切削性和锻造性恶化。在共晶铝硅合金中含有质量分数为 10%~14% 的硅。而且，除了硅元素外，还含有少量的 Cu、Ni、Mg 等元素，共晶铝硅合金是应用最为广泛的一种活塞材料。活塞材料的性能随各种合金元素的含量变化很大，需要合理控制各种合金元素的含量。过共晶铝硅合金中的含硅量比共晶铝硅合金高，因此耐磨性较好，膨胀系数小，但缺点是延伸率较小，主要应用于热负荷较大的柴油机。

目前,重载柴油机的爆发压力已达 20 MPa 以上,接近铝硅合金活塞所能承受的极限。这类高强化柴油机还可以使用薄壁铸铁活塞和钢活塞。铸铁和钢的热膨胀系数小,能够采用更小的配缸间隙。这些活塞的强度更高,而且更耐高温。但是,铸铁活塞和钢活塞的质量较大,会增加活塞往复惯性力。另外,铸铁和钢的导热系数比铝硅合金的低,因此这些活塞的工作温度明显升高,但铸铁和钢具有比铝硅合金更好的高温强度。

9.1.2.3　活塞的毛坯和热处理

铝硅合金活塞的毛坯多采用金属型重力铸造。典型的金属模具一般由 3 块或 5 块模块组成。金属模具能够保证活塞毛坯具有良好的铸造质量、尺寸精度、表面结构(表面粗糙度)等,多用于大批量生产。金属模具的常见铸造缺陷包括气孔和缩孔,因此在安排浇铸系统和浇铸过程时须予以注意。

高强化内燃机可以采用锻造活塞,因为锻造工艺能够使材料具有严密的金属组织和晶粒细化特性,导致材料具有更高的力学强度。锻造成本比铸造成本要高很多,活塞的形状也不能太复杂。

活塞还可以采用液态模锻来制造。这种方法是向铸型中浇入金属液,在液态或半液态的情况下施加压力,一直保持到铸件凝固。液态模锻是一种介于铸造与锻造之间的成型方法,采用吨位较小的锻造设备即可实现。液态模锻工艺能够减少铸造缺陷,改善力学性能,扩大合金成分的使用范围,适用于厚壁活塞类零件。

活塞的毛坯需要采用淬火、回火和时效等热处理工艺。热处理的目的是消除铸件的内应力,增加热稳定性,保证活塞在高温时能够保持体积稳定,并使金属组织细密,增加活塞的强度和硬度。

某铝硅合金活塞的热处理规范示例如下:在炉中加热到(525 ± 5)℃,保温 6 h 后取出;在 40~60 ℃的水中淬火;然后在炉中加热到(205 ± 10)℃,保温 8 h 后回火。热处理后的硬度为 HB 90~140,抗拉强度大于 200 MPa。

9.1.3　活塞的结构设计

9.1.3.1　活塞头部

活塞头部的设计应着重解决以下问题:使头部具有足够的刚度和强度;及时把传入活塞顶的热量散出;与活塞环配合,实现密封。活塞顶的形状应满足燃烧室形状的设计要求。如图 9.9 所示,活塞顶的基本形状有三种:平顶,凸顶,带凹穴顶。平顶活塞在汽油机中应用最广。这种活塞顶与高温燃气直接接触时的表面积最小,活塞顶吸热少,力学强度高,制造简单。汽油机的活塞顶有时出于改善燃烧的目的,设有燃烧室凹坑,这种活塞的吸热面积相对增加,而且顶岸的高度较大,顶岸与缸套之间的间隙容积较大,不利于控制未燃碳氢化合物的排放。活塞顶部大多设计有针对进气门和排气门的避撞凹坑。

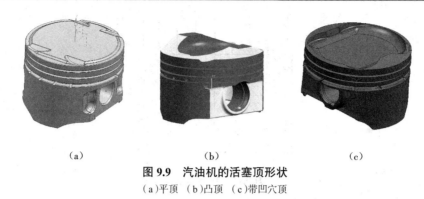

图 9.9　汽油机的活塞顶形状

（a）平顶　（b）凸顶　（c）带凹穴顶

柴油机的活塞顶形状如图 9.10 所示。柴油机的活塞顶大多具有深浅不等的燃烧室凹坑。由于柴油机的压缩比较高，为了避免活塞与气门在上止点附近相撞，通常在活塞顶上设有避撞凹坑。柴油机活塞顶面的形状比较复杂，而且工作条件恶劣，在设计时应注意防止由于各处受热不均匀产生过大的热应力，而导致活塞顶部出现裂纹和烧坏的情况。

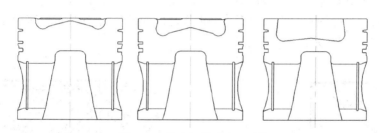

图 9.10　柴油机的活塞顶形状

活塞顶的厚度通常是按照需要满足良好的传热条件来确定，同时也要满足刚度和强度的要求。活塞头部的散热问题应在活塞设计中予以着重解决。传入活塞顶的热量绝大部分通过活塞环和活塞裙部传到气缸，然后再由冷却水带走。对于非冷却活塞来讲，如果假设传入活塞顶面的热量全部通过活塞环散走，则在如图 9.11 所示的环绕活塞中心、半径为 r 的范围内，传入活塞顶的热量将全部通过活塞顶部半径为 r 的相应的环带截面。则在单位时间内，相应环带截面中的热流强度 q_t 可表示为

$$q_t \cdot 2\pi r \cdot \delta_r = q_r \cdot \pi r^2 \tag{9.2}$$

$$\delta_r = \frac{q_r}{2q_t} r \tag{9.3}$$

式中　q_r——活塞顶的受热强度；

　　　δ_r——在半径 r 处的活塞顶厚度；

　　　r——环带半径。

式（9.3）表明，如果不考虑通过活塞顶面、背面散走的少量热量，为了使活塞各处的热流强度相等，且不至于在某一局部产生较大的温度差，活塞顶部的厚度应当随着活塞顶半径的增大而增加。许多柴油机的非冷却式活塞的顶部厚度都近似符合这一要求。这种导热良好的活塞，通常称为热流型活塞。

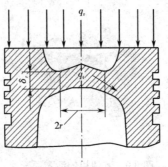

图 9.11　热流型活塞

由于活塞头部需要安装活塞环,因此侧壁必须加厚。为了改善散热状况,在柴油机活塞顶与侧壁之间多采用较大的过渡圆角,如图 9.12 所示。为了控制第一环槽附近的金属温度,可以增大第一环到活塞顶的高度,并加大防漏部的壁厚。对于汽油机,为了控制未燃碳氢化合物排放,应降低火力岸高度,但这样会提高第一环槽的温度。为了保证第一道环具有良好的散热条件,在确定环槽位置时,应当考虑气缸水套腔的对应位置。一般来讲,当活塞处于上止点时,水套腔的高度不得低于第一道气环所处的高度,这样能够确保第一道气环得到充分冷却,如图 9.13 所示。

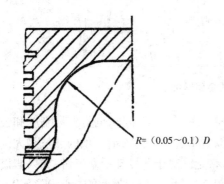

图 9.12　柴油机活塞顶的过渡圆角

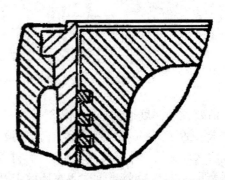

图 9.13　第一道气环和气缸水套腔的位置

在负荷很高的柴油机中,上述散热措施往往还不能使活塞顶和第一环槽的金属温度降低到允许的范围内,这时就需要采用活塞冷却措施。常用的冷却方式包括喷射冷却和冷却油腔冷却。应当根据活塞需要带走的热量和所要求的温度降低值,确定合理的活塞冷却方式及机油流量。

向活塞顶的背面喷射机油来冷却活塞的方法最为简单。图 9.14 展示了几种喷射冷却方式。有的连杆上设置了油道,用于向活塞顶背面喷射机油冷却,如图 9.14(a)所示;有的缸套下部安装有固定喷嘴,用于向活塞内腔喷射机油冷却,如图 9.14(b)所示;有的连杆在大头孔处设置喷油孔,用于从连杆大头轴承引流机油对活塞内腔进行喷射冷却,如图 9.14(c)所示。喷射冷却方式对冷却活塞顶比较有效,而对活塞环带的冷却效果较差。一般情况下,喷射冷却可使活塞顶中央的温度降低 30~40 ℃,第一道环附近的温度降低 10~30 ℃。

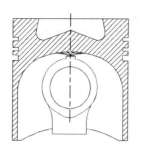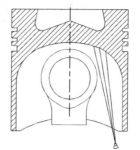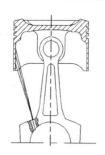

图 9.14　活塞喷射冷却方式

（a）从连杆小头喷油　（b）在机体上安装固定喷油嘴　（c）从连杆大头喷油

对于强化程度更高的内燃机,当采用喷射冷却不能满足散热要求时,则必须采取更为有效的冷却措施。典型的做法是在活塞头部设置各种形状的冷却油腔,在缸套下部设置喷油嘴,从一侧油腔入口喷入机油,机油从另一侧出口流出。图 9.15 展示了柴油机最常见的冷却油腔的基本形状。值得注意的是,冷却油腔中并不是充满机油,充油度仅为 50% 左右,这样可以利用活塞的往复运动使机油在冷却油腔内产生强烈振荡,形成湍流,提高冷却机油与油腔壁面之间的传热系数,达到良好的冷却效果。通常把这种冷却方式称为

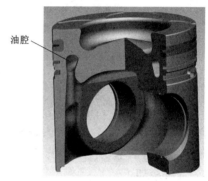

图 9.15　柴油机活塞的冷却油腔

振荡冷却。其冷却效果除了与冷却油腔的形状和尺寸有关外,还受内燃机转速影响。因此,对于高速柴油机,振荡冷却的效果较为显著,活塞顶燃烧室凹坑边缘的温降可达 80 ℃,而第一环槽的温降可达 60 ℃。另外,冷却效果还与冷却油腔的位置有关。有时为了控制第一环槽的温度,需要让冷却油腔的位置靠近第一环槽,甚至把冷却油腔直接加工在第一环槽背面。在制造方面,在活塞中形成冷却油腔的方法很多,有水溶性盐芯法、压配法、电子束焊法、铸入法等,可以根据实际情况选用。

由于冷却机油带走了活塞相当大的一部分热量,因此与非冷却活塞相比,油冷活塞通过活塞环的散热量明显下降。表 9.1 列出了不同形式的活塞各部位散热量的统计值。表 9.2 是马勒(Mahle)公司关于内燃机的一些参数对活塞第一环槽温度影响的经验数据。

表 9.1　不同形式活塞不同部位的散热量百分比

散出热量	不冷却铝活塞	自由喷射冷却铝活塞	内冷油道活塞	组合活塞
活塞环 Q_1	62%	41%	15%~20%	2%
活塞本体 Q_2	14%	6%	—	—
冷却油 Q_3	—	45%	65%~70%	86%~92%
表面空气 Q_4	24%	8%	—	—
注:传入活塞顶的热量 Q 占燃料总发热量的 2%~4%,散出热量 $Q=Q_1+Q_2+Q_3+Q_4$				

表 9.2 内燃机参数与活塞温度之间的关系 [①]

参数	内燃机运转条件变化量	活塞顶环槽温度变化量
转速（固定负荷）	100 r/min	2~4 ℃
平均有效压力（固定转速）	100 kPa（非冷却活塞）	10 ℃
	100 kPa（冷却油腔活塞）	5~10 ℃
喷油或点火时刻	1°曲轴转角	1~2 ℃
冷却液温度	10 ℃	8~10 ℃
润滑油温度	10 ℃	1~3 ℃
机油冷却活塞的布置形式	连杆大头喷油	8~15 ℃
	垂直布置喷油嘴	10~30 ℃
	冷却油腔	30~60 ℃（燃烧室凹坑边缘可达 80 ℃）
	油腔机油温度变化 10 ℃	4~8 ℃
内燃机压缩比	1	4~12 ℃

  关于活塞是否需要冷却，主要取决于活塞的热负荷。活塞热负荷的大小常用活塞顶单位面积功率来衡量。关于内燃机强化到何种程度活塞才需要冷却，这个问题尚无统一标准。一般认为，活塞单位面积的功率大于 0.24 kW/cm²，或平均有效压力高于 1.05 MPa 时，活塞就需要冷却了。

  在热负荷更高的强化柴油机上，考虑到铝合金的线膨胀系数较大，以及在高温下力学性能下降较多，可以采用如图 9.16 所示的由耐热钢或球墨铸铁活塞顶和锻铝活塞裙组成的活塞结构，称为铰接活塞。铰接的这两部分之间通过螺钉连接或过盈配合等方法装配成一体。对于由不同材料制成的铰接活塞，由于材料的线膨胀系数不同，在连接部位容易发生问题。例如，当采用过盈配合时，如果过盈量太大，活塞受热后可能会出现挤压裂纹；反之，如果过盈量太小，则有可能出现连接松动。这些问题应当通过实验研究加以解决。

图 9.16 钢顶铝裙铰接活塞 [②]

---

  ① 数据来源：TOMANIK E，ZABEU C，DE ALMEIDA G. Abnormal wear on piston top groove[C]//SAE Technical paper，2003-01-1102，2003.

  ② 图片来源：德国 KS Kolbenschmidt GmbH 公司。

当柴油机的缸内最大压力达到 21 MPa 或更高时,更倾向于采用如图 9.17 所示的钢活塞或铸铁活塞。它能够比钢顶铝裙的铰接活塞承受更高的缸内压力。而且,由于活塞裙部的热膨胀系数较低,可以采用更为合理的配缸间隙。

图 9.17　钢活塞

在图 9.18 中,从活塞销中心线到活塞顶的高度尺寸称为活塞的压缩高度。活塞压缩高度越大,内燃机高度就越大。因此,在设计时应当力求缩小活塞压缩高度。活塞压缩高度取决于安装在活塞防漏部的活塞环数目、环的高度和环岸厚度,以及第一环槽离活塞顶面的距离等。第一环槽距顶面的距离就是火力岸高度。为了缩小活塞压缩高度,火力岸高度宜减小。对于汽油机,火力岸与缸套之间的间隙是未燃碳氢化合物(HC)生成的主要空间之一,减小火力岸高度有利于降低 HC 排放。但是,火力岸高度不能太小,否则由于距离燃烧室太近,会使第一道环的温度增高,影响第一道环的正常工作。在增压内燃机上,有时为了降低第一道环的热负荷,会将火力岸高度略为增大些。

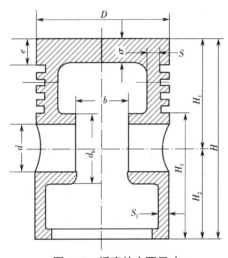

图 9.18　活塞的主要尺寸

活塞头部受热后会产生较大的热膨胀。因此,在活塞直径方向上,在火力岸与气缸之间需要留出适当的间隙。通常希望间隙量小一些,这样可以阻止燃气窜入各道活塞环,对第一道环和后面几道环能够起到保护作用。但是,如果间隙量过小,活塞膨胀后可能会使活塞卡死在气缸中,造成拉缸事故。根据活塞温度分布情况的不同,各环岸与气缸之间的间隙也应有所不同,上面的间隙要比下面的间隙适当大一些。

在负荷较高的高速柴油机上,有时会在活塞头部的侧面加工出如图 9.19 所示的细小环形槽。它的目的是在这个部位造成一定的退让性,万一由于活塞过热或积碳使活塞卡住时,这些细小的环形槽能够使活塞头部的直径略微变化,暂时改善活塞头部的工作条件。

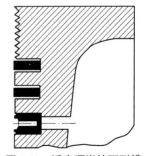

图 9.19　活塞顶岸的环形槽

内燃机在稳态工况工作时,由气体力和活塞往复惯性力载荷在活塞中产生的机械应力是高频交变应力,表现为高周机械应力循环。但是,由于活塞的温度是稳定的,一般将稳态工况下活塞的温度场视为稳态温度场。只有在距离活塞顶很近的薄层区域内,温度波动才很大。因此,稳态工况下的活塞热应力也可视为稳态应力,对活塞总体应力的影响主要体现在它影响活塞顶的平均应力,而并不影响应力幅值。

但是,在内燃机工况发生变化时,活塞顶的温度会发生显著变化。内燃机向高负荷工况变化时,活塞顶的温度会升高。这时,高温活塞顶的热膨胀由于受到较低温度的活塞销座和裙部的限制,活塞顶表面通常表现出压应力。当内燃机负荷快速下降时,活塞顶的温度会比活塞销座和裙部的温度下降得更快,这时活塞顶会表现出拉应力。因此,内燃机工况的改变会使活塞顶的热状态发生反复的变化,出现交变热应力。除了工况变化外,内燃机在经历了一次从起动到运行再到停车的过程中,活塞的热应力也会产生一次大的变化历程。在这些情况下的活塞热应力通常会大于机械应力,而且可能会超过活塞材料的屈服极限,但是这种变化的循环次数显著少于机械应力,因此在性质上属于低周热应力循环,如图 9.20 所示。

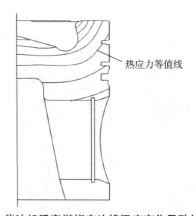

热应力等值线

图 9.20 柴油机活塞燃烧室边缘温度变化导致的热应力

活塞顶的局部受到喷油火焰的局部直接加热,情况更为严重,可能会产生低周热疲劳。柴油机活塞顶的常见的破坏形式之一是在燃烧室凹坑边缘圆角处产生裂纹,这与内燃机工况的反复变化有密切关系。该处应力集中严重,在低周热应力循环和高周机械应力循环的联合作用下,容易产生疲劳裂纹。相比之下,汽油机活塞顶一般不会产生由于低周热疲劳导致的破坏裂纹。

为了考察柴油机活塞顶燃烧室凹坑边缘圆角在低周热疲劳载荷作用下的可靠性,有些厂家开发了活塞顶热疲劳实验台,通过对活塞顶进行循环加热和冷却的方法考察可靠性。在实验台上,可采用燃油或天然气燃烧加热活塞,采用喷水冷却活塞。由于活塞顶的热疲劳为低周疲劳,因此不需要像机械载荷下的高周疲劳那样考察很多的循环次数,只需要较少的"加热—冷却"循环就能够达到考察的目的。图 9.21 展示了某柴油机活塞顶的低周热疲劳实验循环,共计循环 1 500 次。

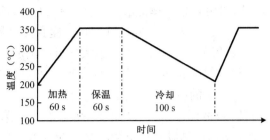

图 9.21　柴油机活塞顶的低周热疲劳实验循环

活塞顶裂纹的产生除与热负荷密切相关外,机械负荷也有重要影响。如图 9.22(a)所示,活塞顶支撑在活塞销孔处,销座两侧的活塞顶面表现为向下弯曲,导致活塞顶面出现拉应力,应力的最大部位发生在图 9.22(b)所示的销座孔对应的活塞顶表面处。另外,由于活塞顶具有很高的温度,活塞材料在高温下的性能会有所下降。

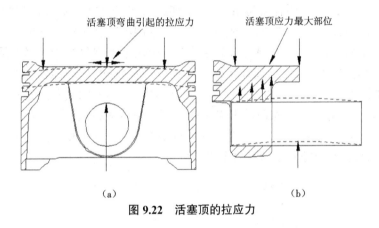

（a）　　　　　　　　　　　　　　（b）

图 9.22　活塞顶的拉应力

图 9.23 为使用有限元法计算的产生疲劳裂纹的某汽油机活塞所对应的应力分布图和温度分布图。结合宏观裂纹观察、电镜扫描、能谱分析、金相分析等手段,并结合活塞毛坯铸造工艺分析,判定沿着活塞销孔轴线走向的裂纹 ABCD 起源于 B 处,并且可以看出,B 处正好位于高温和高应力的区域。

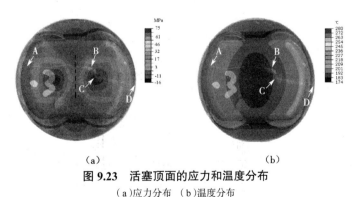

（a）　　　　　　　　　　　　　　（b）

图 9.23　活塞顶面的应力和温度分布

（a）应力分布　（b）温度分布

9.1.3.2　活塞销座

活塞销座用以支承活塞,并传递功率。销座的结构设计必须和活塞销同时考虑。销座应当具有足够的强度和适当的刚度,使销座能够适应活塞销的变形,避免活塞内腔销座孔的上部边缘产生过大的应力集中而导致疲劳裂纹。同时,销座孔要有足够大的承压表面和较高的耐磨性。当缸径确定后,活塞销孔的尺寸范围也大致可以确定。销座孔的直径,即活塞销直径,尽量大一些,这样可以增加销的刚度、强度和销座的承压面积。但是,对于高速内燃机,增大活塞销直径会导致活塞组的质量和惯性力增加。

活塞在缸内的运动分为两种:活塞沿气缸中心线的运动,称为第一运动或一阶运动;活塞在缸套间隙范围内的微小横向运动以及活塞绕活塞销在缸内的微小摆动,统称为活塞的第二运动或二阶运动。活塞的二阶运动与活塞敲击噪声、缸套穴蚀和活塞缸套磨损密切相关。

销座孔中心在裙部的纵向高度位置需要距最下面的环槽一定距离,避免销座孔受力使环槽产生不均匀变形,破坏活塞环的正确配合。销座孔中心的横向位置对活塞侧向力分布和活塞在气缸中的倾斜、磨损和噪声都有影响。在内燃机工作过程中,由于侧向力产生周期性变化,活塞沿气缸滑动时还有横向晃动。特别是在上止点附近的膨胀冲程始点,由于活塞所承受的侧向力的方向突然改变,形成对气缸的剧烈敲击,造成较大噪声。在车用汽油机上,通常利用将活塞销向主推力侧横向偏置的办法解决活塞在气缸中由横向运动所引起的敲击问题。如图9.24所示,当活塞在压缩冲程终点和膨胀冲程始点附近时,侧向力从副推力面换向到主推力面。由于活塞销是向主推力侧偏置的,因此活塞首先在缸内气压作用下产生偏斜,使活塞裙部的底部先横过去与主推力面缸壁接触,然后当活塞通过上止点后,整个活塞才偏过来与主推力面的缸壁接触。在这种情况下,由于活塞不是突然整体变向,而是逐渐变换接触面,就有效控制了活塞敲击现象。

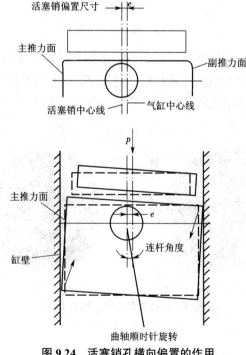

图9.24　活塞销孔横向偏置的作用

图 9.25 所示是某车用汽油机的活塞运动情况。活塞销中心向主推力面方向偏移 1.6 mm。图中展示了在缸内气压作用下,在上止点附近不同曲柄位置处,活塞侧向力的大小和方向的变化规律。

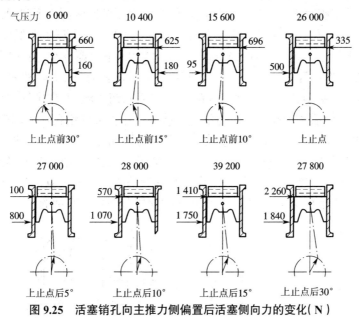

图 9.25　活塞销孔向主推力侧偏置后活塞侧向力的变化(N)

因为在膨胀冲程始点的上止点附近,活塞晃动产生的噪声最大,所以在汽油机中活塞销偏置大多是偏向主推力侧。偏置尺寸是由汽油机的几何尺寸、活塞间隙和实验中的噪声情况决定的,偏置量通常为 1~2 mm。但是,活塞销向主推力侧偏置也会引起一些问题,例如活塞裙部与气缸壁面之间的接触负荷会增加,容易加剧这些部位的变形和磨损。为了应对这一问题,需要一个比较结实的裙部,而结实的裙部容易产生拉缸现象,这就需要对活塞间隙和裙部侧表面的最佳形状仔细设计。对于柴油机,为了改善磨损,可以把活塞销座孔偏置到副推力面一侧。

活塞销和销座孔之间应当具有足够大的接触面积,以便使它们之间的比压力 q_h 不超过允许值,可按下式计算:

$$q_h = \frac{P_z - P'_{Jpin}}{2(d \times L'_h)} \tag{9.4}$$

式中　P_z——最大气体作用力;

　　　P'_{Jpin}——除活塞销之外的活塞组质量在上止点处的惯性力;

　　　d——活塞销直径;

　　　L'_h——销座的工作长度。

q_h 的许用数值可以参考同类机型确定。当销座比压力过高时,或当活塞销的润滑条件较差时(如在二冲程内燃机上),为了减小磨损,可以考虑增大销座直径或在销座中镶入青铜衬套,并注意销座的润滑。

关于销座和活塞顶的连接形式,在过去的设计中,销座和活塞顶部有时通过一条或两条支撑筋连接,使销座具有较好的弹性,能够较好地适应活塞销的弯曲变形,减小销座边缘的集中负荷。但是,这种销座的刚度较差。由于内燃机强化程度的提高,目前已很少采用这种设计。

现在一般采用如图 9.26 所示的整体支撑销座。这种销座具有较大的刚度,虽然活塞销座的变形小,但是销座对活塞销变形的适应性较差。根据销座的剖面形状,其可以分为矩形销座和梯形销座等。矩形销座孔的上下侧厚度一致,适用于缸内压力较低而活塞往复惯性力较大的情况,多用于汽油机。梯形销座的上侧厚度大,下侧厚度小,更适用于柴油机。当四冲程内燃机在工作过程中,活塞销孔和活塞销的接触位置会发生周期性的变化,例如在膨胀冲程上止点附近,缸内压力使活塞销孔的上侧与活塞销接触,而在排气冲程上止点附近,活塞组往复惯性力使活塞销孔的下侧与活塞销接触。这种活塞销孔与活塞销的接触位置发生周期性变化的情况,对于挤压润滑油膜在销孔内的形成是必要的。柴油机的缸内压力较高,活塞组往复惯性力相对较低。如果采用梯形销座,便能降低销孔的上侧比压,使销孔的上侧和下侧的比压分布更为合理。另外,为了与梯形销座形状相适应,连杆小头部分也需要做成梯形,这对减小连杆小头孔的上、下承压面的比压分布也是有利的。

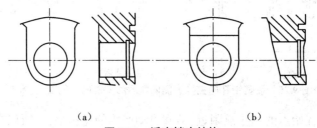

（a）　　　　　　　　　　　　　（b）

图 9.26　活塞销座结构

（a）矩形销座　（b）梯形销座

活塞销座经常出现的故障是产生裂纹。销座孔上方由于缸内气体力的作用而出现很大的径向压力。裂纹大多从销座孔上侧的内缘开始,沿着结构比较薄弱的方向发展,严重时甚至会使活塞顶裂开,或在活塞环槽处断开,产生"掉头"现象。销座产生裂纹的原因是局部接触应力过大。实际上,如图 9.27 所示,活塞在承受气体压力作用时,活塞顶会向内产生弯曲变形,而活塞销产生的弯曲变形使活塞销中部向上弯曲,这两种变形共同作用,使销座孔上侧内缘处的接触应力过大。活塞销受压时还会产生如图 9.28 所示的椭圆变形,进一步增加销座孔处的应力。另外,由于销座孔处的金属温度可达 240 ℃ 或更高,而高温会导致材料性能下降,那么当应力超过材料的强度极限时,就会产生裂纹。

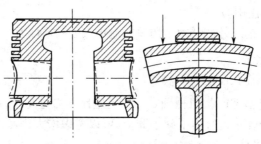

图 9.27　活塞和活塞销的弯曲变形

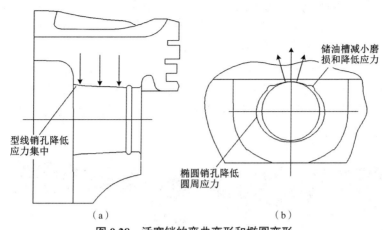

图9.28　活塞销的弯曲变形和椭圆变形

（a）弯曲变形　（b）椭圆变形

　　活塞销座孔下侧承受活塞组往复惯性力的作用。活塞组往复惯性力与内燃机转速呈二次方关系。如果该处过于薄弱,在高转速汽油机上则可能出现由于惯性力造成的活塞销座孔下侧被拉断的故障。柴油机由于转速较低,一般没有这种风险。

　　减轻或防止销座孔上侧内缘裂纹的措施包括以下几种。

　　1）将销座孔内缘加工成圆角或倒角,或将销座部位设计成具有一定弹性的结构,以减小销座孔边缘处的棱缘载荷。修整圆角后能避免产生裂纹的原因在于避免了销座孔与活塞销之间的载荷过于集中,使销座孔和活塞销的接触比压力均匀分布。有时,可以不采用圆角修整,而在销座内侧车削出斜角为 45° 且长度为 3~4 mm 的喇叭口形状的锥面。图 9.29 展示了销座孔内缘形状对应力集中情况的影响。

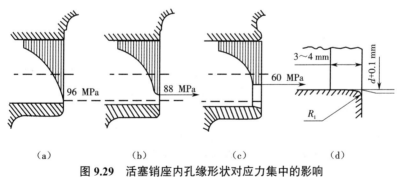

图9.29　活塞销座内孔缘形状对应力集中的影响

（a）锐边　（b）圆角　（c）倒角,弹性销座　（d）喇叭口

　　2）增加活塞销的刚度。采用增大活塞销外径或减小内径的方法,可以增加活塞销的刚度,减小活塞销的变形。这种方法仅在结构尺寸和质量要求允许的情况下才能采用。

　　3）滚压销座孔。例如,对共晶铝硅合金活塞的销座孔采用滚压工艺处理,使其产生残余压应力,可以提升销座抗裂性能 20%~30%。

　　4）采用异形销孔。为了适应活塞销的弯曲变形,某些汽油机的活塞销座孔采用如图9.28（a）所示的型线销孔代替圆柱形销孔,这样可以使活塞销与销孔之间的接触压力分配更为均匀,减缓销座孔内侧上缘的应力集中。为了适应活塞销的椭圆变形,可以采用如图9.28（b）

所示的椭圆形销孔,在销座孔制造微小的椭圆度,使椭圆长轴垂直于活塞的轴线方向。或者,可以在销孔上侧加工出两个很浅的卸载槽,减小销座孔圆周方向的拉应力,而且卸载槽还能够贮存机油,有助于改善销孔润滑,减少销孔拉伤。图9.30为某车用汽油机实验中出现的销孔拉伤情况,上部图片展示销孔拉伤情况,其中喇叭口销孔在实验中出现了明显拉伤;而型线销孔未见明显拉伤;下部图片是通过润滑计算得到的销孔的粗糙点接触压力分布图。当把喇叭口销孔改为型线销孔后,销孔的粗糙点接触压力明显降低,压力分布更为均匀,解决了销孔拉伤问题。

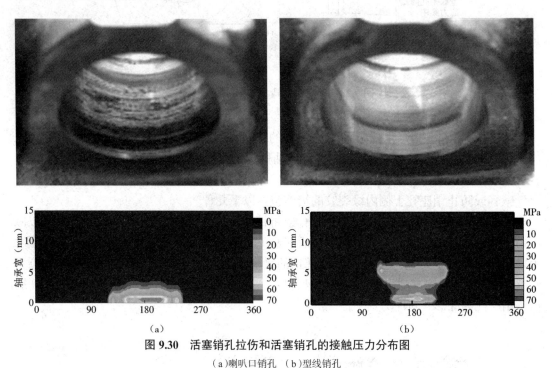

图9.30 活塞销孔拉伤和活塞销孔的接触压力分布图
(a)喇叭口销孔 (b)型线销孔

5)适当加大活塞销与销座之间的配合间隙,要求在冷态时就有大约0.005 mm间隙,目的也是为了改善销座的工作情况。需要注意的是,当销孔间隙增加后,活塞销可能会出现异响或噪声增加的情况。

统计数据表明,车用发动机的活塞销孔的比压一般低于35 MPa,而采用滚压措施可将其提高到50 MPa,增加卸载槽可将其增加到60 MPa,采用型线和椭圆销孔可将其增大到75 MPa。如果销孔比压进一步增加,则需要考虑在销孔处压入青铜衬套。

9.1.3.3 活塞裙部

活塞裙部的主要作用是引导活塞运动,并承受侧向力。设计活塞裙部时,必须保证裙部在工作时具有正确的形状,裙部与气缸之间的间隙要合适,裙部的承载比压要适当。这些是保证活塞在气缸中获得正确导向、减小摩擦及磨损和噪声的重要条件。

在早期的内燃机设计中,活塞裙部通常设计为正圆柱形。这导致在内燃机运转时活塞裙部与气缸在活塞销方向经常发生拉毛现象。通过分析原因,发现主要是由于裙部在工作时发生变形所引起的。因此,在活塞裙部设计中,首先需要分析活塞的变形情况,掌握裙部的变形特点。

图 9.31 展示了活塞在内燃机工作时裙部的变形情况。首先,活塞受到侧向力 N 的作用。承受侧向力的裙部表面一般只是在两个销孔之间的 $\beta = 80° \sim 100°$ 的弧形表面。裙部在主推力侧和副推力侧的方向均有被挤压的倾向,使它在活塞销座轴线方向上的尺寸增大,如图 9.31(a)所示。其次,由于施加在活塞顶上的缸内气压的作用和活塞往复惯性力的作用,使活塞顶在活塞销座的跨度内发生弯曲变形,使整个活塞在销座轴线方向上的尺寸变大,如图 9.31(b)所示。再次,由于温度升高引起热膨胀,而销座部分因壁厚较大,相比于其他部分,热膨胀量比较大,如图 9.31(c)所示。以上三种情况的共同作用,会使活塞在工作时沿着销座轴线方向胀大。在这些因素中,机械变形的影响一般来说并不严重,主要的影响因素是热膨胀产生的变形。如果把活塞裙部加工成正圆形,那么在上述三种作用下,裙部截面会变形为椭圆,而椭圆长轴是在活塞销座轴线方向上,这样可能会造成活塞与缸套之间的间隙局部消失,导致拉毛现象。

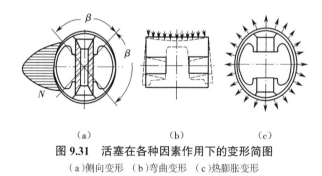

（a）　　　　　　　　（b）　　　　　　　　（c）
图 9.31　活塞在各种因素作用下的变形简图
（a）侧向变形　（b）弯曲变形　（c）热膨胀变形

因此,为了避免拉毛现象,在活塞裙部与气缸之间必须预先留出较大间隙。当然,间隙也不能过大,否则会产生活塞敲击现象。为解决这个问题,比较合理的方法是尽量减小从活塞头部传到裙部的热量,使裙部的膨胀量减至最小;而且活塞裙部的形状应当与活塞温度分布和裙部壁厚大小等因素相适应。例如,在温度较高和裙部壁厚较大的地方应留出较大的间隙。活塞裙部的常用设计措施总结如下。

（1）活塞裙部开槽

在过去的内燃机设计中,曾经采用过在活塞裙部开槽的措施。因为活塞与气缸之间的合理间隙值较难确定,选择小了,会造成拉毛;而选择大了,会造成活塞敲击。因此,可以设法减小裙部的刚度,其方法是在活塞裙部壁面切出宽度为 1.5~2 mm 的横向槽和纵向槽,使裙部成为具有弹性的部件。这样就允许在裙部与气缸之间留有比较小的配合间隙,而不必担心活塞裙部被缸套咬住。

图 9.32 展示了活塞裙部切槽的几种形式。纵向槽应当斜开,它有利于使磨损均匀。切槽应只开在活塞负荷较小的副推力面上。纵槽可以不开到裙底,而只开到距离裙底边缘 10~20 mm 处,这样能够防止裙部的刚度过低。为了防止产生应力集中,在切槽的端部应当钻出一个直径比槽宽稍大的圆孔。

(a)   (b)   (c)

图 9.32　过去采用的活塞裙部切槽的设计措施

(a)形式 1　(b)形式 2　(c)形式 3

活塞裙部的横向切槽有时可以开在油环槽中。它的作用是阻止活塞头部的热量传递到裙部,起到隔热作用,因此又叫绝热槽。由于活塞头部的热量被横向切槽隔断,于是热量会传向销座方向。其结果是能够控制裙部工作面的膨胀,并使膨胀向销座轴线方向发展。而在销座方向上,则可预先制成椭圆形,以留出膨胀间隙。

采用裙部切槽的方法,既解决了活塞受热膨胀的问题,又使在冷车时活塞与气缸之间的间隙不致过大。裙部切槽的缺点是削弱了裙部的刚度,在负荷较大时容易使裙部出现永久变形。随着内燃机强化程度不断增加,裙部开槽的方法在现代内燃机设计中已经不再采用。

（2）采用镶钢片的活塞

在铝合金活塞中镶入热膨胀系数远小于铝合金的材料,借此阻碍活塞裙部的热膨胀,从而减小活塞裙部的装配间隙。这种方法的结构形式通常包括两种:镶有恒范钢片的活塞和镶有双金属片的活塞。恒范钢是一种 Ni 元素质量分数高达 33%~36% 的低碳钢,具有很小的线膨胀系数。镶恒范钢片活塞利用其极低的热膨胀系数限制铝合金的膨胀。由于恒范钢的价格昂贵,而且制造工艺复杂,所以在应用上受到限制,恒范钢片活塞如图 9.33（a）所示。镶双金属片活塞的加工方法是以双金属效应为基础,在活塞的头部和裙部之间镶入互相对称的弯曲钢片,钢片的位置须在销座内腔处,以使钢片和活塞铝合金材料构成双金属片,如图 9.33（b）所示。因为钢和铝合金的线膨胀系数不同,双金属片受热时产生弯曲变形,弯矩使裙部在主、副推力侧方向的尺寸有减小的趋势。镶双金属片活塞的缺点是降低了活塞的结构强度。由于它的成本较低,因此在车用汽油机上应用广泛。

（3）把活塞裙部的横断面设计成与裙部变形相适应的形状

为了使裙部在工作时与气缸之间具有合适的间隙,可以预先把裙部横截面制成长轴垂直于活塞销中心线方向上的椭圆形。具有椭圆形断面的部分最好一直延伸到活塞下缘,而不只限于销座部位。活塞裙部椭圆的长轴直径与短轴直径之间的差值称为活塞的椭圆度 Δ_p。椭圆度的大小在不同的内燃机中有所不同。一般情况下, $\Delta_p = 0.1 \sim 1.0$ mm;对于缸径小于 100 mm 的活塞,通常 $\Delta_p = 0.1 \sim 0.25$ mm。对于有些活塞,裙部被设计成在不同高度具有不同的椭圆度,而且椭圆度随不同高度处热膨胀的大小和方向、刚度以及所承受载荷大小的不同而变化。有时为了控制主、副推力面靠近销座孔部位的那部分热膨胀,活塞裙部横截面也可以设计成双椭圆形,如图 9.34 所示。如果裙部在 ±45° 方向的磨损痕迹较大,则可以尝试采用双椭圆设计。

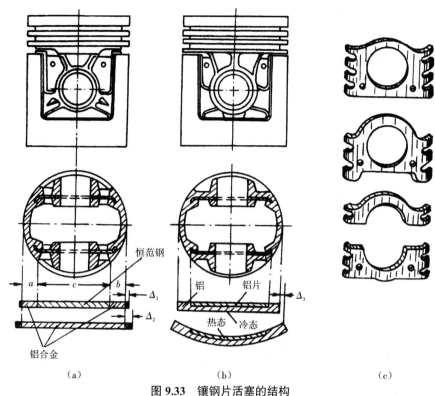

图 9.33　镶钢片活塞的结构

（a）镶恒范钢片活塞　（b）镶双金属片活塞　（c）钢片的结构

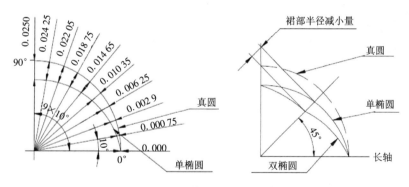

图 9.34　活塞裙部单椭圆和双椭圆设计的示意图

（4）在不同高度处设计不同的直径

因为在内燃机工作时,活塞温度是从顶面到裙部底部不断降低的,为了使活塞各部分与气缸之间都具有适当的间隙,可以将在不同高度处的活塞各部分设计为具有不同的直径,如图 9.35 所示。由于活塞温度从活塞顶到裙部逐渐降低,活塞各部分的直径从活塞顶到裙部逐渐增加。另外,为了让足够的润滑油从裙部底部进入缸套间隙形成油楔,在靠近裙部下部的位置,活塞直径又有所减小。这样,活塞裙部的母线就形成所谓的中凸型线。在活塞设计图中,在裙部沿高度方向的型线一般是以离散点的形式给出的。

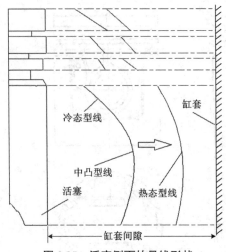

图 9.35　活塞侧面的母线形状

活塞在缸套间隙中的动力学行为非常复杂,不仅具有速度可高达 15 m/s 的称为一阶运动的沿缸套的高速滑动,还存在称为二阶运动的在缸套间隙的横向运动和绕活塞销的转动。在对活塞裙部的二阶运动进行分析计算时,常把润滑油膜在力学上简化为弹簧和阻尼。

研究表明,活塞在工作时,裙部的理想形状并非正圆形,而是复杂的中凸型面。通过对活塞和缸套进行动力学分析,包括使用弹性流体动力润滑模型,可以了解裙部型面的受力和润滑特征。图 9.36 展示了某车用汽油机活塞在侧向力达到最大时的裙部主推力面的油膜压力分布和粗糙点接触压力分布。合理的裙部型面设计能够使裙部与缸套之间的摩擦损失尽量小,而且两者之间的接触受力情况应当以油膜压力承载为主,尽量减少金属粗糙点接触压力,以控制裙部磨损,避免拉伤。

在一般情况下,当活塞头部的工作温度超过 300~350 ℃ 时,就不能保证这一部位能够正常工作。而且,铝合金活塞头部的侧表面在高温下的耐磨性很差。因此,在选择活塞头部与气缸之间的配合间隙时,一般都使活塞顶岸部位不与气缸壁相接触,但是间隙应尽可能小,使其对流向活塞环的气流起到节流作用,减少活塞漏气量,同时也利于控制第一环处的金属温度。

活塞在冷态时的侧表面尺寸和间隙,必须根据在规定工作状态下所需具有的最小热间隙来决定。在设计的初期,可以按照经验参考同类型内燃机确定。但是,在设计定型阶段,为了获得合适的制造尺寸,主要还是需要通过在样机上经过大量实验后逐步予以确定。

活塞裙部长度影响活塞的摩擦损失、噪声和耐磨损特性,裙部长度要适当。如果裙部太短,会使单位面积压力超过许用值,导致磨损加剧,活塞二阶运动的倾斜角度加大,进而加剧活塞噪声和磨损。活塞的晃动、活塞环的磨损以及通过活塞间隙的机油量均与裙部长度有关,它们通常随着裙部长度的增加而减小。在确定裙部长度时,首先需要根据裙部比压的最大允许值确定需要的最小长度,然后按照结构要求加以修改。裙部单位面积压力 q_s(MPa),也称为裙部比压,可以按下式计算:

$$q_s = \frac{N_{max}}{DH_s} \le [q_s] \tag{9.5}$$

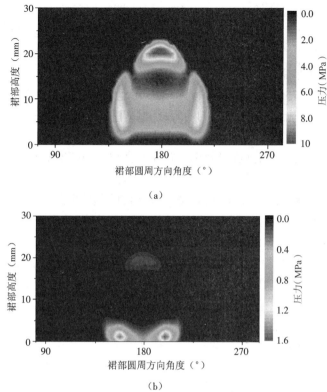

图 9.36　裙部主推力面油膜压力和粗糙点接触压力分布图

（a）油膜压力分布　（b）粗糙点接触压力分布

式中　N_{max}——根据动力学计算求出的最大侧向力；

　　　D——缸径；

　　　H_s——活塞裙部长度。

　　裙部比压的许用值 $[q_s]$ 可以参照同类机型确定。当活塞的侧向力较大，而且活塞与气缸壁面发生严重磨损现象时，需要考虑降低裙部比压。在结构尺寸允许的条件下，适当增加裙部长度。为了减小质量，车用汽油机的活塞倾向于采用较短的裙部，这样既能减小活塞质量，还可以避免活塞裙部在下止点时与曲轴平衡重相碰撞。

9.1.3.4　活塞的表面处理

　　为了提高活塞的可靠性，需对活塞进行表面处理。表面处理的目的包括以下几个。

　　1）加速磨合。新内燃机在刚投入运转时，活塞与气缸之间的接触不很贴合。采用表面处理可以使活塞和气缸配合服贴，并缩短磨合过程。

　　2）在内燃机起动等过程中，由于润滑系统尚未进入正常工作状态，在活塞与气缸之间机油供应不足，为了防止因此而造成的拉缸事故，需要用表面处理方法保护活塞的工作表面。

　　3）表面处理能够提高活塞顶表面的耐热能力。

　　常用的活塞表面处理方法有以下几种。

1）在活塞裙部施加金属保护层。在活塞的外圆表面上附上一层熔点低而塑性大的金属（如锡），则活塞表面上原来不平的地方在磨合过程中就能够被这层塑性金属填平，起到加速磨合的作用。另外，在缺乏机油的情况下，由于干摩擦作用，摩擦产生的热量大，导致这层金属熔化，在短暂的时间内能够起到某些润滑作用。

2）在活塞裙部涂覆石墨。石墨具有良好的润滑特性，抗压强度高，而且能够帮助机油黏附于涂层表面。对于已经加工完毕的活塞，经过清洗和干燥后，把活塞放在易挥发的石墨溶液中浸一下取出，然后把活塞烤干，就能得到一层厚度为 5~8 μm 的石墨敷层。这种活塞称为石墨化活塞，通常仅对裙部进行处理。它在磨合初始期能够减小摩擦损失和拉缸危险。这种工艺应用最为广泛。

3）在裙部涂覆二硫化钼。二硫化钼是一种优良的固体润滑剂，具有良好的减摩作用。在裙部涂覆二硫化钼能够改善磨合，并减少拉缸故障，使缸套的耐磨性能提高 1~2 倍。二硫化钼的涂覆方法包括喷涂法和电泳法，涂层厚度通常为 0.03~0.05 mm。

4）在活塞顶做耐热涂覆。活塞头部容易发生热裂，为此可在活塞顶面进行阳极氧化处理，或镀上一层较厚的阳极氮化膜，也可以采用氧化铝和氧化铁之类的金属氧化物对活塞头部进行喷镀。

5）除了涂覆层外，在活塞裙部一般特意保留如图 9.37 所示的圆周方向的车削刀痕。它有利于存留机油，改善润滑。

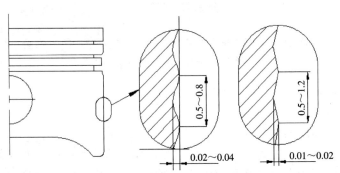

图 9.37　活塞裙部的车削刀痕示意图（单位：mm）

9.1.3.5　活塞的疲劳实验

活塞销座孔部位的主要失效形式为疲劳裂纹。活塞制造商通常采用如图 9.38 所示的装置进行疲劳实验，利用电液伺服机构在活塞顶施加高油压，并在活塞裙部内腔施加低油压，来模拟活塞所受的高周疲劳载荷，考察这些载荷引起的疲劳损伤。由于活塞的铝合金材料性能在高温时会显著下降，在评估活塞的疲劳损伤时，需要注意温度这一关键因素的影响。

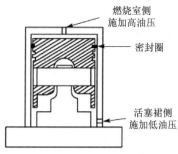

图 9.38　活塞疲劳实验装置

9.2　活塞环

活塞环分为气环和油环。气环的作用是密封气缸中的气体。油环在活塞上行时能够在气缸套壁面涂一薄层机油用于润滑,在活塞下行时能够刮下多余的机油。气环也有辅助刮油的作用。活塞环工作状态的好坏对内燃机性能、工作可靠性和使用寿命具有重要影响。内燃机是否需要拆卸修理,也往往首先取决于活塞环是否需要更换。因此,合理设计活塞环是活塞组设计中的一个重要环节。

9.2.1　气环的作用、工作条件和设计要求

活塞环的结构如图 9.39 所示。活塞环的直径指它在气缸中处于压缩状态时的外径。活塞环的上、下两个平面称为端面。端面之间的距离称为环的宽度或高度。活塞环的外圆柱表面称为工作面,内表面称为背面。工作面和背面之间的距离称为活塞环的径向厚度。当活塞环装在活塞上并放置于气缸内时,切口处环端之间的距离称为工作切口间隙。活塞环在自由状态时的这一间隙称为自由切口间隙。活塞环的变形和弹力大小取决于上述两个间隙之差。

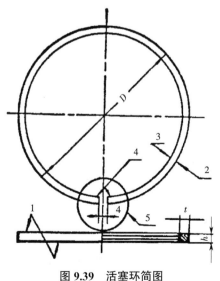

图 9.39　活塞环简图

1—端面;2—工作面;3—背面;4—环端;5—切口。

9.2.1.1　气环的作用

　　气环的作用是密封气缸中的气体,防止气体从活塞与气缸之间的间隙中大量漏掉。同时,活塞环能够散走活塞顶所吸收的热量。气环之所以能起密封作用,是由于环的弹性使环的工作面压紧在气缸壁上,把漏气间隙减至最小,形成所谓的第一密封面。从图9.40可以看出,当气体进入气环的活塞环槽空间后,气体的气压又把气环压紧在环槽的端面上,形成第二密封面。而且,作用在环背上的气体的气压使环的工作面能够压紧在气缸壁上,从而加强了第一密封面的密封作用。气环正是通过这两个密封面而起到了密封作用。但是,气体仍然能够从环的切口间隙和密封面的极小间隙少量漏掉。所以,如果只采用一道气环,密封作用通常是不够的,因此需要安置多道气环,形成所谓的迷宫式通道。这样,泄漏的气体在通道中经过多次膨胀,气压和流速降低,使气体泄漏量能够减至最小。图9.41展示了气体流过各道气环后的气压变化情况。可以看出,当经过第二道和第三道气环后,气体的气压已经大为下降,实现了良好的密封作用。

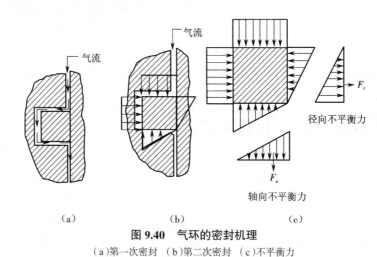

图 9.40　气环的密封机理
（a）第一次密封　（b）第二次密封　（c）不平衡力

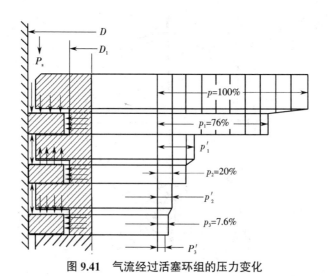

图 9.41　气流经过活塞环组的压力变化

　　环的弹力可以用环压向气缸壁的径向压强表示,通常为 0.1~0.3 MPa。该压强的大小应适当选择。如果过小,初始密封状态不易建立,甚至不能起到密封作用。如果过大,气环与气缸壁之间的接触压力太大,会增加摩擦损失和磨损,而且环的工作应力也会增大,在高温下容易丧失弹性甚至发生折断。为了减小气体泄漏量,气环端面和与之配合的环槽平面应当平整,表面要尽可能光滑,以免由于配合间隙过大而产生漏气。气环装入气缸后的切口间隙也应当小些。

为了保证气环能够实现密封作用和正常工作,一个重要条件是气环在环槽中应当有适当的相对运动,不能卡住。活塞环的运动主要包括以下几个方面。

1)气环随着活塞一起做沿着气缸中心线的轴向运动,并在该运动中受到缸内气压力、气缸壁摩擦力和气环惯性力的作用。在这些力的作用下,气环在随活塞轴向运动的同时,还会在环槽内做上下运动,有时压在环槽上端面,有时压在环槽下端面。

2)由于活塞在气缸间隙内具有微小的横向二阶运动,而气环紧贴在缸套壁面,这相当于环槽相对于气环也存在横向运动。

3)由于振动效应,气环会围绕气缸套的圆周方向做复杂转动。

因此,气环一旦在环槽中卡死,气环在环槽中就失去了相对运动,那么它将随同活塞在气缸中一起晃动,不能保证在任何情况下都能够贴紧气缸壁,从而会失去密封作用;在缸内压力较大时,也不能贴紧环槽断面以确保密封。

气环的散热作用是把活塞顶所吸收的热量通过环与环槽的接触面传给活塞环,然后再通过活塞环与气缸的接触面,将热量传给气缸壁和冷却液,如图 9.42 所示。对于不加特殊冷却措施的非冷却式活塞,大约有 70% 的热量是经由活塞环组传出去的,而其中第一道气环传出的热量又占整个活塞环组传热量的 50%。

从散热的观点来看,活塞环的端面平整不仅有利于密封,而且有利于热传导。活塞环的径向厚度需要比高度大一些。这是由于活塞环外圆表面与缸套内壁接触,两者温差较大,传热较快;而环端面与环槽接触,两者温差较小,传热较慢。因此,活塞环的径向厚度要大于高度,这样可使活塞环的端面散热面积大一些,便于有效散出热量。

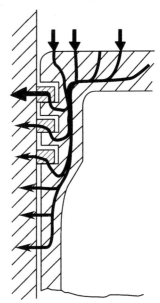

图 9.42 活塞环的散热情况

活塞环的散热作用在活塞环的密封作用实现后才能完成。如果活塞环失去了密封功能,同时也就失去了散热功能。因为气环一旦漏气,燃气会从活塞与气缸壁之间的间隙窜出,导致活塞顶面的热量不能借助气环经由气缸壁传出,而且活塞和活塞环外圆工作面还要承受附加热量,造成活塞和活塞环都被烧坏。

在强化程度较高的内燃机上,仅依靠气环解决活塞的散热问题是困难的,在必要时需要对活塞采用机油冷却。这是因为内燃机的强化程度越高,活塞需要散出的热量就越多。只有当气环比气缸壁的温度高许多时,热量才容易从气环传向气缸壁和冷却液。由于内燃机的强化因素,气缸壁的平均温度有所提高。如果气环的散热面积并未增加,要想把这些热量经由气环传出,就必须让气环和活塞的温度都升高。这样遇到的困难首先是当活塞温度超过 220~260 ℃后,机油容易结焦,从而使环卡死和折断。而且,过高的温度也会使环本身的力学强度下降。因此,一般来讲,内燃机活塞环槽的工作温度应限制在 220~260 ℃以下,否则就需要对活塞采用机油冷却来解决活塞的散热问题。

9.2.1.2　活塞环的工作条件和损坏情况

活塞环,尤其气环,是在很恶劣的条件下工作的。它不仅承受高温高压气体的作用,导致环内具有较高的应力,而且由于其在气缸中做高速往复滑动,从而受到摩擦和磨损的影响。

气环的轴向运动受气缸压力、活塞环与气缸壁之间的摩擦力和活塞环本身的惯性力这三者的合力支配。在进气冲程的开始阶段,活塞加速下行,活塞环与环槽的上端面接触。在接近进气冲程的终点,活塞环的惯性力使其与环槽的下端面接触;在压缩冲程的开始阶段,摩擦力和缸内气压力使活塞环与环槽的下端面接触。在压缩冲程的终末阶段,由于第一道气环所受的气压力大于惯性力,它与环槽的下端面接触。由于在第二道气环上的气压力不够大,而小于惯性力,第二道气环会跳向环槽的上端面。在膨胀冲程的开始阶段,第一道气环被气压力紧压在环槽的下端面;第二道气环所受的气压力也开始大于惯性力,导致活塞环从环槽的上端面运动到环槽的下端面。在膨胀冲程的末段,尽管气压力下降,但是第一道和第二道气环仍然与环槽下端面接触。在排气冲程的开始阶段,第一道和第二道气环由于惯性力和摩擦力的作用,与环槽的下端面接触。在排气冲程的末段,惯性力又把第一道和第二道气环送到环槽的上端面。

在压缩冲程的终末阶段,在气缸压力逐渐增加的过程中,当第一道气环的气压力、摩擦力和惯性力达到平衡时,该环可能会短暂离开环槽的下端面。如果这种情况发生,该环会快速跳向环槽的上端面,这时气压力又把它压向下端面。如此反复多次,称为顶环颤振。如图 9.43 所示,正扭曲环和环槽为线接触,能够增加在环槽底面的接触压强,控制颤振现象。

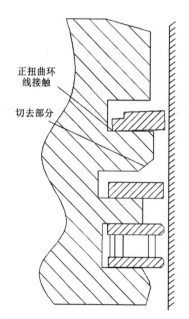

正扭曲环
线接触

切去部分

图 9.43　正扭曲环与环槽的线接触状态

当膨胀冲程开始后,第二道气环运动到环槽的下端面。此时,第一道气环与第二道气环之间的间隙体积突然增加,该空间内的气压力突然下降,导致第二道气环可能会跳回到环槽的上端面,反复多次,产生颤振。解决的措施是把第一道气环和第二道气环之间的环岸切去一部分,增加该部分的体积,减小其压力突降,从而控制第二道气环的颤振。活塞环的颤振现象多发生在高速低负荷工况下。此时,环上的气压力小,而惯性力大,活塞环施加给环槽端面的压力较小,导致容易跳离开环槽端面。

由于活塞环与气缸之间存在摩擦,所以活塞组的运动要消耗内燃机的有效功。据统计,活塞组的摩擦功损失占内燃机全部摩擦功损失的 50%~65%,其中活塞环组占绝大部分。摩擦功会变成热量,加热活塞环组,进一步恶化活塞环的工作状况。第一道气环的温度可高达300 ℃,其余气环的温度也在 200 ℃以上。在这样的高温条件下,环槽中的机油可能会被碳化,从而导致活塞环的传热条件恶化,破坏活塞环在环槽中的活动性。高温作用还会使活塞环的力学性能显著下降。由于这些原因,活塞环是内燃机中最容易发生故障的零件之一。

常见的与活塞环相关的故障包括:活塞环卡死和折断;活塞环磨损;机油消耗量过大。其中,活塞环的过度磨损是经常发生的。研究表明,活塞环的磨损基本上分为下述两种类型。

1)磨料磨损。这种磨损主要是由于在内燃机运转过程中,在气缸、活塞环和活塞环槽之间的摩擦表面进入了坚硬的杂质微粒,如尘埃、积碳、金属磨屑和化学腐蚀生成物等。其结果是活塞环槽或气缸套磨伤,这些微粒磨料还可能嵌入摩擦副表面,产生更剧烈的磨损。第一道环由于工作条件最为恶劣,它所受的磨料磨损最为严重。

2)黏着磨损,又称为拉缸。它是在高温状态下,因油膜破裂出现干摩擦而发生的表面撕裂。发生黏着磨损时,在活塞和气缸套的摩擦表面有条状磨痕存在。黏着磨损常伴有油耗变高和漏气,继而可能发生活塞环卡住等严重事故。黏着磨损大多发生在磨合阶段或早期运行阶段。因此,在这些阶段,内燃机应当避免在重载下运行。黏着磨损也可能出现在润滑不良或冷却液散热不足的情况下。

活塞环卡死、烧坏和折断的故障则是由于活塞环温度过高、积碳和活塞环的力学性能降低等原因造成的。显然,第一道环的工作条件相对来讲最为恶劣,所以大部分故障都是发生在这道气环上。

9.2.1.3　活塞环的设计要求

根据活塞环的作用和工作条件,活塞环的设计应满足以下要求。

1)具有适当的弹力,以利于初始密封。

2)具有较高的力学强度,并且热稳定性好,在受热时能够保持稳定。

3)容易磨合,并具有足够的耐磨性和抗焦结能力。

为了满足这些要求,主要是依靠采用良好的材料和表面处理工艺,正确选择活塞环的截面形状、尺寸、运动间隙、适当的工作应力和安装应力,并采用合理的加工方法。

9.2.1.4　活塞环的材料

活塞环的材料应满足以下要求:在高温下具有足够高的力学强度;耐磨,并且摩擦系数小;不易产生黏着磨损,容易磨合。

活塞环的材料通常采用合金铸铁,即在灰铸铁中加入一些合金元素,如铜、铬、铝等,用以改进铸铁的性能。随着内燃机不断强化,可采用球墨铸铁作为活塞环的材料。这是因为内燃机采用增压和提高转速后,不仅作用在活塞环上的机械负荷和热负荷有显著提高,而且负荷的变化频率也随转速的提高而增加,这些载荷作用的结果可能会造成环的折断,有时甚至碎成很多小块。预防活塞环折断的有效措施是采用坚韧的材料,如球墨铸铁。球墨铸铁的力学强度较高,但润滑性能比合金铸铁差。球墨铸铁活塞环的铸造和表面镀铬技术比较复杂,主要作为高速强化柴油机的第一道气环和对壁面压力要求较高的油环使用。高硅铁素体球墨铸铁可以用于铸造薄截面的活塞环,不会产生白口,也不需要进行热处理,就能获得所需要的强度和耐磨性。用这种材料制造的活塞环,经表面喷钼处理后,用在强化内燃机上效果更好。

可锻铸铁的力学性能比灰铸铁好很多。但是,由于石墨的含量和分布情况比灰铸铁差,它的抗黏着磨损的能力不如灰铸铁,从而限制了其应用范围。可锻铸铁主要用于对环的力学强度要求较高的内燃机中。

钢虽然具有较高的力学性能,但抗黏着磨损能力较差。在车用汽油机上,一般采用钢制活塞环,这是因为车用汽油机的活塞结构紧凑,环槽尺寸小,通常只有钢制气环才能保证强度。另外,在强化内燃机中,由于要求提高活塞环的弹力和抗冲击性能,有些也需要采用钢制气环。钢制气环一般要在滑动表面上镀铬或做氮化处理,以改善滑动摩擦性能。用钢片制造的油环,特别是组合油环,已获得广泛应用,因为它能够产生很高的弹力,刮油能力强。一般的高碳钢、锰钢、氮化钢等都可以用作活塞环材料。

9.2.2　气环的设计

9.2.2.1　气环的断面形状

活塞环的断面形状应当满足密封性能好、磨合迅速、刮油能力强的设计要求。满足这些要求的断面形状有各种形式,常用的主要断面形状包括矩形、梯形、扭曲形和桶面形等。

矩形是最基本的活塞环断面形状,在各种内燃机上被广泛采用。矩形环不仅能够满足密封要求,而且制造简单。其常用车刀加工,使外圆周面留有刀痕,可贮存少量机油,避免磨合时发生拉缸;有时也在环的外圆周面上专门车出细小的螺旋槽,提高贮存机油和润滑的能力。为了密封和散热,对于环的端面要求是粗糙度较小。

为了易于磨合,常在矩形环的圆柱表面设计出微锥度,称为微锥面环,如图9.44(b)和(c)所示。第一道气环通常不带锥面,因为这道环的背面有高压气体,已能保证良好的磨合性能。如果第一道环的外圆表面带有锥度,则当缸内压力达到最大值时,反而可能把环推离气缸壁。虽然微锥面环的磨合性好,但是如果微锥面的角度过小,会造成加工困难。

接触面大而平直的简单矩形断面的环的性能有时不能满足内燃机的要求,所以基于矩形环发展出了许多改进型活塞环,如扭曲环和锥面形环,甚至具有更为复杂环面的活塞环,如桶面形环等。

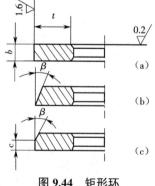

图9.44　矩形环

扭曲环的形式有多种,主要的如图9.45所示。这种环是在矩形断面的适当部位切除一部分材料而形成。当把它们装入气缸后,环的断面能产生一些扭曲,这是因为环的断面是不对称的,环断面的中心面外边和内边所产生的拉伸应力σ_t和压缩应力σ_c的合力不处于同一平面,如图 9.46 所示。于是便产生一个力矩,使截面扭转。因此,扭曲环与气缸内壁和活塞环槽之间的接触都是线接触。

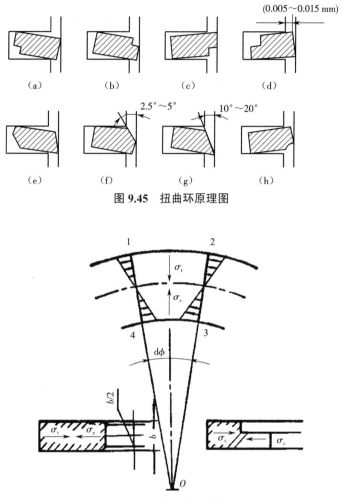

图 9.45　扭曲环原理图

图 9.46　扭曲环的扭曲作用

如图 9.45(c)和(d)所示,如果在活塞环的下外侧或上内侧加工出切口,则全环扭曲成碟形,称为正扭曲环。如图 9.45(a)和(b)所示,如果在相反侧加工出切口,则全环扭曲成盖子形,称为反扭曲环。正扭曲环和反扭曲环与气缸内壁和活塞环槽的接触点完全相反,其作用和效果也不同。由于它们都扭曲了一个很小的角度,因此都具有微锥面环那样良好的磨合性能。因为环与气缸内壁和活塞环槽之间是线接触,密封性能得到改善。而且,如果环的上、下端面与环槽之间的间隙变小,能够减轻环与环槽之间的轴向冲击。环在发生正扭曲的情况下,向下刮油的作用较好,但会有少量机油进入环槽。环在发生反扭曲的情况下,由于倾斜方向相反,当环下行时,可能会引起窜油。如果将反扭曲环与锥面环相结合,即在反扭曲环的外圆工作面上设计锥度[图 9.45(e)],一方面能够有效地向下刮油,另一方面又能防止机油流入环槽,所以它控制机油的效果比正扭曲环更好。扭曲环的扭转角度不宜太大,一般为 15′~30′。图 9.45(f)中的锥面环和图 9.45(g)中的倒角环在本质上也属于扭曲环,具有良好的密封性能,刮油效果也较好,它们的斜角角度比用于改善磨合的微锥面环的角度大得多,锥面环的斜角为 2.5°~5°,倒角环的斜角可达 10°~20°。

对于在环的外圆表面的下缘切槽的正扭曲环来讲,在环的下周边形成一个缺口。为了提高环的密封能力,环的端部一般制成如图9.47所示形状,在环切口处不切通。

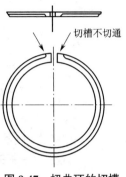

图 9.47　扭曲环的切槽不切通

在热负荷较高的内燃机中,活塞的环带区域温度较高,造成机油容易变质,形成胶状物质或积碳,以致把活塞环卡住而发生故障。为了加强环在环槽中的活动能力,可以采用梯形环。重型车用柴油机由于热负荷较大,第一道气环多采用梯形环。图9.48给出了梯形环的工作原理。当活塞在侧向力作用下改变位置时,梯形环与环槽之间的端面间隙发生变化,因此能把胶状沉积物从环槽中挤出,并促使间隙中的机油更新。与普通矩形环相比,梯形环的标准顶角是15°。梯形环的缺点是加工工艺略复杂。

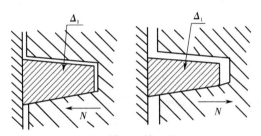

图 9.48　梯形环的工作机理

从内燃机长期运转实践中发现,凡是工作情况良好的活塞环,其表面形状多呈凸圆弧形。因此,可以预先把活塞环表面制成凸圆弧形,形成如图9.49所示的桶面环。桶面环具有以下设计特点。

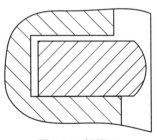

图 9.49　桶面环

1)桶面环能够形成最佳的流体动力润滑状态。因为桶面环的两面均是楔形,使机油的入口间隙较大,机油能以楔形进入并产生一个使环浮起的油压,形成流体动力润滑,因此可以减小磨损。

2)桶面环与气缸之间是线接触,能够适应活塞的晃动。因此,由于接触情况的改善,能够减少黏着磨损。

3)密封性能好。这是因为环与气缸内壁之间是线接触,即使在环表面发生变形时,仍能保持良好的接触状态,使密封性能较好。

4)磨合性能好。这是因为桶面环实质上是双向微锥面环,所以容易磨合,而且比微锥面环更容易加工。

9.2.2.2　切口形状

活塞环的切口形状主要包括三种:直切口,斜切口,搭叠式切口,如图9.50所示。直切口加工简单,得到广泛应用;斜切口与直切口相比,当开口间隙相同时,实际间隙较小,造成气体泄漏的通道变小;搭叠式切口的密封效果好,能够使气体通过曲折的通道把泄漏减至最低限度。但是,搭叠式切口加工困难,而且在安装环时,切口张开的程度需要更大,造成安装应力大,易于折断。因此,搭叠式切口通常只用于低速大型柴油机,不用在高速内燃机上。为了减少气体通过环切口处的泄漏,在安装活塞环组时,应将各道环的切口位置相对错开。

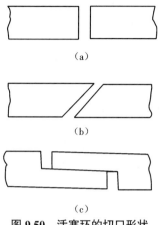

(a)

(b)

(c)

图 9.50　活塞环的切口形状

(a)直切口　(b)斜切口　(c)搭叠式切口

9.2.2.3　活塞环的结构尺寸

活塞环的结构尺寸主要指环的高度、径向厚度、工作状态下的切口间隙、自由状态下的切口间隙。活塞环的高度不宜过大,如图 9.51 所示。因为窄环对气缸的适应性较好,易于磨合,摩擦损失小,而且能够降低整个活塞组的高度和减小质量。另外,活塞环的高度减小后,活塞环背面和环槽间的空间能够变小,容易在背面建立起压力,提高密封效果。由于窄环能够更好地适应气缸不均匀的磨损和变形情况,减小环的棱缘负荷,因此能够提高活塞环的抗黏着磨损能力。但是,活塞环的高度减小后,也会出现一些问题,如磨料磨损增加、易于折断、散热能力差等。这些因素需要在设计时进行权衡。

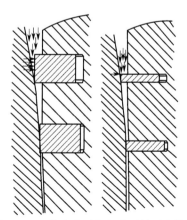

图 9.51　环的宽窄对气缸变形的适应情况

从改善活塞传热、提高环的弹力、增加环的刚度、防止环卡住、不易产生径向振动等方面考虑,适当加大活塞环的径向厚度是合理的设计措施。径向厚度较大的活塞环的缺点是工作应力和安装应力较大、容易折断、过热时弹性降低较大、对气缸横向变形适应性较差。因此,在设计时也要注意权衡各因素。

活塞环的切口间隙包括两种:在工作状态下的切口间隙和在自由状态下的切口间隙。活塞环在工作状态下的切口间隙应当尽量小,以便减少漏气损失,但是也要为热膨胀留有余量。第一道环的切口间隙应最大,其余几道环的切口间隙依次减小;为了便于制造和维修,其他各道环的切口间隙也可以取相同数值。

在自由状态下的切口间隙与环装入气缸后所产生的弹力和环所受的应力大小有关。在相同工作间隙下,自由切口间隙越大,环装入气缸后所产生的弹力就越大,活塞环在气缸中的工作应力就越高。

9.2.2.4　活塞防漏部设计和与活塞环的配合

活塞环与环槽相配合,共同完成密封、散热、刮油和支承的任务。下面就活塞环的数目、活塞环与环槽之间的间隙、活塞环岸厚度、活塞环与气缸之间的间隙、第二环岸处强度校验、活塞环槽护圈这几个关键设计问题进行具体论述。

关于活塞环的数量,根据气环密封机理,理论上通常只需要 2~3 道气环即可满足要求。实际上,应按照内燃机形式、缸径和转速等情况确定活塞环的数目。应当在保证不漏气的情况下尽量减少环数,这样能够使内燃机的高度降低、质量减小。低转速内燃机的漏气情况要比高转速内燃机更为严重,因此增加活塞环的数目有利于密封。汽油机通常有 2 个气环和1 个油环,高速柴油机通常有 2~3 个气环和 1 个油环。柴油机的机械负荷和热负荷通常均比汽油机更大,活塞环的工作条件也更恶劣。在冷起动时,活塞组与气缸之间的间隙较大,空气泄漏量较大,容易造成起动困难。因此,为了保证活塞环组可靠工作并改善冷起动,柴油机的气环数可比汽油机多。

关于活塞环与环槽之间的间隙,由于活塞环在环槽中需要有一定的运动,因此在环槽的轴向和径向均应设有适当的间隙,如图 9.52 所示。环槽端面的间隙不能过大,因为当活塞环在环槽中上下运动时,活塞环与环槽之间会发生撞击。如果间隙太大,撞击会太大,会增加活塞环和环槽所承受的机械负荷,导致磨损增加。另外,间隙太大也不利于密封,因为活塞环在改变运动方向的过程中,总有某一瞬时环是处于环槽的中间位置,这时会形成气体的泄漏通路。如果间隙太大,泄漏持续的时间就会过长。当然,间隙过小也不行,这是由于活塞环和环槽在受热后都会产生热膨胀和变形,如果间隙过小,活塞环容易被卡在环槽内。另外,由于机油产生的积碳颗粒充塞在间隙内,如果间隙过小,会使活塞环失去活动余地,严重时会卡住活塞环,引起故障。需要注意的是,由于活塞的各处温度不同,各道活塞环与环槽之间的端面间隙也需要各不相同。靠上的活塞环靠近燃烧室,温度较高,端面间隙应当取大一些。

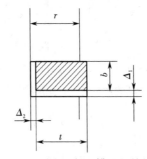

图 9.52　活塞环与环槽之间的间隙

在四冲程内燃机中,由于活塞环在环槽中能够做往复运动,常能抖掉积碳颗粒。对于二冲程内燃机,第一道活塞环始终以同一个方向压在环槽底面上,因而活塞环在环槽中的活动性不如四冲程内燃机。为了弥补这一不足,二冲程内燃机活塞环的环端面间隙要比四冲程内燃机活塞环大一些。

活塞环岸厚度指的是活塞各环岸在轴线方向的厚度,活塞环岸需要具有一定的强度,因此需要合理确定环岸厚度,其应力不能超过许用值。为了保证活塞环岸的疲劳强度,环槽根部的圆角半径不应过小,在活塞环岸外圆边沿通常加工出圆角或倒角,如图 9.53 所示。在活塞内圆面上也需要制出倒角,以保证与环槽正确配合,并且防止在安装时锋利的环边把活塞环槽刮坏。

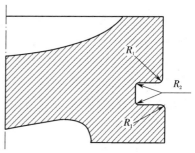

图 9.53 活塞环岸处的圆角

活塞的防漏部与气缸之间需要保留一定的间隙。较小的间隙能够阻止缸内气体泄漏到各道气环处。但是,如果间隙过小,则在活塞过热时容易发生拉缸。最适当的间隙应当是使活塞防漏部在活塞膨胀后正好与气缸内壁接触,而又不发生拉缸。这样,既能减轻各道气环的受热强度,又能降低第一道气环的热负荷。由于活塞各处温度分布不同,可以把防漏部设计成圆锥形等不同的形状和尺寸,通常需要与活塞裙部的形状设计一并考虑。

关于第二环岸处的强度校验,第二环岸是指和顶岸相邻的下面的环岸。由于活塞第一环槽处的温度较高,并承受很高的气体压力,与之相邻的第二环岸的上下表面作用有较大的燃气压差,环岸根部应力集中严重,经常产生裂纹或发生断裂。为此,需要对第二环岸处的受力情况进行强度计算。计算中采用的单位如下:长度 mm,力 N,弯矩 N·mm,压强 MPa,抗弯断面系数 mm³,应力 MPa。

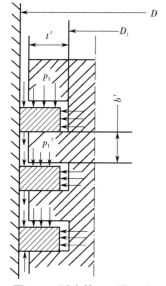

图 9.54 活塞第二环岸强度
计算用图

如图 9.54 所示,可以将第一道环岸看作是一块圆环形平板,其外径为气缸直径 D,内径 D_1 为气缸直径 D 减去两倍的环槽径向深度 t',即 $D_1 = D - 2t' \approx 0.91D$,圆环的内圆周面固定。在其面积 $F = \dfrac{\pi}{4}(D^2 - D_1^2)$ 上,假设上面作用着缸内气压 $p_1 = 0.9p_z$,下面作用着 $p_1' = 0.22p_z$ 的气压。环岸根部受到的弯矩为

$$M_{\mathrm{u}} = (p_1 - p_1')\frac{\pi}{4}(D^2 - D_1^2)\frac{D - D_1}{4} \tag{9.6}$$

环岸根部的抗弯断面系数为

$$W = \frac{\pi D_1 b'^2}{6} \tag{9.7}$$

其中,b' 为环岸高度。环岸根部的弯曲应力为

$$\sigma_{\mathrm{u}} = \frac{M_{\mathrm{u}}}{W} = \frac{0.26(D^2 - D_1^2)(D - D_1)p_z}{D_1 b'^2} \tag{9.8}$$

环岸根部的剪切应力为

$$\tau = \frac{(p_1 - p_1')\frac{\pi}{4}(D^2 - D_1^2)}{\pi D_1 b'}　　　　　　　　　　　　　　　　（9.9）$$

环岸根部的复合应力为

$$\sigma = \sqrt{\sigma_u^2 + 3\tau^2} \leqslant [\sigma]　　　　　　　　　　　　　（9.10）$$

许用应力 [σ] 的数值可参考同类机型确定,但是需要考虑到第二环岸处在高温下的材料强度下降情况,以及环槽根部的应力集中情况和所需的过渡圆角。另外,还要考虑环岸根部的裂纹也与根部加工不良有关。从式(9.8)和式(9.9)可以注意到,增加环岸高度 b' 能够减小环岸根部的复合应力。因此,铝合金活塞的第二环岸比它下面的其他环岸要高一些。钢活塞由于强度较高,在这方面不易出现问题。

关于活塞环槽护圈,它是为了提高环槽的耐磨性而设置。铝合金活塞的环槽,特别是第一环槽,由于承受高温高压气体的作用,其材料硬度在工作时显著降低,变得不耐磨。为了提高环槽的耐磨性,可在第一环槽,有时也在第二环槽上镶嵌各种形状的耐磨护圈。图 9.55 展示了柴油机活塞的环槽护圈结构实例。图 9.56 展示了其他一些柴油机活塞的环槽护圈结构。其中,图 9.56(c)的结构还同时保护了球型燃烧室中最容易出现裂纹的喉口部分。

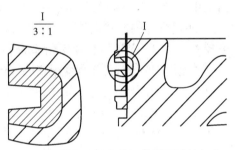

图 9.55　柴油机活塞的环槽护圈结构细节

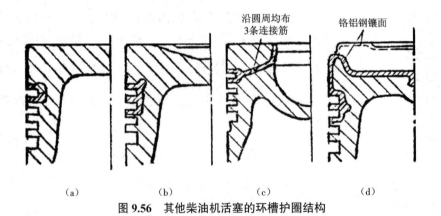

（a）　　　　　（b）　　　　　（c）　　　　　（d）

图 9.56　其他柴油机活塞的环槽护圈结构

为了避免环槽镶圈在活塞运行时发生松动,并防止产生龟裂或剥落,在设计上要求护圈使用热膨胀系数与铝合金相近的材料。一般可以采用镍奥氏体铸铁或锰奥氏体铸铁。锰奥氏体铸铁不仅含镍量低,而且耐磨性高,其耐磨性约为镍奥氏体铸铁的 1.4 倍。

环槽护圈大多用于铸铝活塞中。通常应用 Al-Fin 法工艺进行加工,具体过程如下:首先,将环槽护圈经喷丸、清洗、去油迹锈斑和烘干工序后,放入加热铝槽中渗铝,渗铝厚度为 0.001~0.005 mm;然后,放在铝活塞铸模中,与铝活塞一起浇铸。采用预先渗铝的工艺能够使护圈和活塞材料依靠互相扩散形成金属分子结合层,防止两种金属在接合面处剥离。环槽经加工成型,环槽护圈的截面形状一般为梯形,铝合金冷却时沿径向收缩,以卡紧护圈。

强化柴油机采用锻造活塞时,也可以采用护圈。这时,需将护圈表面制造得很粗糙,使铝合金和护圈之间结合牢固。采用环槽护圈后,环槽的寿命可以提高 3~10 倍。因此,环槽护圈广泛用于缸径 100 mm 以上的高速柴油机的活塞设计中。

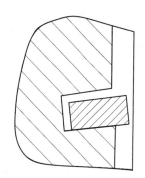

为了改善第一环槽的耐磨性,提高活塞寿命,对于车用汽油机铝合金活塞,通常对第一环槽进行阳极氧化处理,在环槽表面形成一层坚硬的氧化膜,改善耐磨性。另外,为了控制活塞环对第一环槽底面的过度磨损,有时把第一环槽加工成具有一个很小的向上倾角,如图 9.57 所示。

图 9.57 具有向上倾角的第一环槽

9.2.2.5 活塞环制造尺寸的确定和应力测量

活塞环装入气缸后,会产生一定的弹力,以保证环能够压紧在气缸内壁上。这时的活塞环形状是圆形的。将环从气缸中取出后,环即处于自由状态,就不再是圆形,而是一个复杂的几何形状。环在自由状态下的形状就是在设计中所需要确定的制造尺寸。

工厂中对批量生产的活塞环通常采用热定型法。它是将环加工成与缸径相配合的圆环,然后铣出切口,再将此切口扩张到所需的自由切口间隙尺寸,在此状态下放入加热炉中进行稳定处理,在 600 ℃下加热 1 h,消除内应力,使环在此状态稳定下来,成为所需要的自由状态时的形状。

活塞环的制造尺寸参数如下:活塞环的检验直径 D(即缸径),高度 b,径向厚度 t,自由状态切口间隙 S_0,工作状态切口间隙 Δ_0。环的尺寸必须保证环在气缸中能够产生所要求的弹力,并且确保环在工作和安装时的应力在许用范围之内。可以采用力学分析方法确定环的制造尺寸与弹力、工作应力和安装应力之间的关系。关于具体计算过程,读者可以参考相关文献。

下面将活塞环的工作应力、切口间隙、安装应力和弹力检测分述如下。

1)活塞环的工作应力。将活塞环装入气缸后,环发生弯曲变形,并沿整个圆周产生均布弹力 p_0,可据此使用力学分析方法计算环的工作应力。

2)活塞环在自由状态下的形状和切口间隙 S_0。处于自由状态下的活塞环,在承受径向均布压力 p_0 后将闭合成一个圆环。反之,当圆环承受由内向外的径向均布压力 p_0 作用时,环将展开成自由状态形状。由于环本身为一个细环,可用梁的弯曲变形方法求出环的自由状态形状。

3)活塞环的安装应力。为了将活塞环装入活塞,需要将环的自由状态尺寸再扩大,使环的内径比活塞直径大一些才能通过活塞头部装入。这样,便在活塞环中引起与工作应力符号相反的应力,这个应力称为环的安装应力。安装应力与环的材料、结构尺寸和装环方法有关。环的自由状态切口间隙 S_0 越小,安装时需要撑开的量就越大,安装到活塞上时就越费劲,并且在安装时越容易折断。

4)活塞环的弹力检验。对制成的活塞环要进行检验,如弹力检验、密封性检验等。活塞环的弹力指的是活塞环对缸套的平均径向压力 P_o,一般是通过测量活塞环的切向弹力或径向弹力来进行检验。如图 9.58(a)所示,用柔软光滑的带子围绕环的外圆绕一圈,并在与切口相垂直的方向上施加力 Q_1,将环闭合到规定的切口间隙 Δ_o,则 Q_1 称为活塞环的切向弹力(N),此时活塞环的弹力用下式计算:

$$P_o = 2\frac{Q_1}{Db} \tag{9.11}$$

D 为环的半径(mm),b 为环的径向厚度(mm)。如图 9.58(b)所示,力的作用方向与通过切口的直径相垂直,按图中方式施加力 Q_2,将环闭合至规定的切口间隙 Δ_o,则 Q_2 称为活塞环的径向弹力(N),此时活塞环的弹力用下式计算:

$$P_o = 0.76\frac{Q_2}{Db} \tag{9.12}$$

用式(9.11)和式(9.12)计算出的活塞环的弹力是一样的。

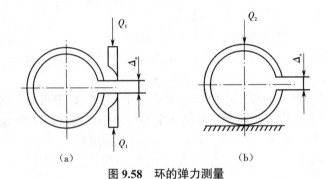

（a）　　　　　　　　　　　（b）

图 9.58 环的弹力测量

9.2.2.6 活塞环的表面覆层

为了提高活塞环的工作能力,如磨合性能和寿命等,改善材料性能是一个重要措施。除了提高活塞环基体材料的性能之外,采用表面覆层是一种最有效的工艺措施。活塞环表面覆层的种类很多,覆层的目的有两个:一是使活塞环易于磨合,提高耐蚀性,如镀锡和磷化;二是增强活塞环的耐磨性,延长工作寿命,如镀铬和喷钼。

（1）镀铬

长期实践经验表明,活塞环表面多孔性镀铬是提高环的耐磨性的最有效措施。其原因如下:与不镀铬的活塞环相比,镀铬层的硬度比铸铁高,能够抵抗磨料磨损;镀铬层的熔点高,有利于抵抗黏着磨损;镀铬层具有良好的抗腐蚀性;多孔性镀铬层表面可储存少量机油,有利于润滑;镀铬层与基体材料的附着力较大,导热性良好;适宜与铸铁或氮化处理的缸套相匹配,但不能和镀铬缸套配用。由于第一道气环的工作条件最恶劣,所以它普遍采用多孔性镀铬。实验表明,镀铬环能够有效提高耐磨性 2~3 倍,还能够保护不镀铬的其他活塞环,同时可使相匹配的气缸的磨损量减小 20%~30%。但是,镀铬环必须经过高精度加工,成本较高。使用镀铬环时,气缸表面宜适当粗糙。

有些强化内燃机的活塞环不仅外圆表面镀铬,而且上下端面也镀铬,甚至对全部环组都镀铬。大型船用柴油机的活塞环一般不镀铬,而缸套用多孔性镀铬与其匹配。

多孔性镀铬对抵抗磨料磨损非常有效。但是,当内燃机强化后,金属黏着磨损成为活塞环的主要磨损形式时,多孔性镀铬就不再那么有效。这种情况促进了人们对镀铬特性的认识。电镀析出的铬与普通铬不同。前者硬而脆,后者软而富于延性。在高温下,镀铬层也会发生不可逆的软化而接近普通铬。镀铬层虽是一种极好的耐磨材料,但它只限于当环与气缸之间具有良好的润滑条件时才会如此。润滑油膜一旦遭到破坏,摩擦产生的高温会使镀铬层软化,导致发生金属黏着磨损。因此,镀铬环对润滑条件的适应性较差,并且对温度非常敏感。

（2）喷钼

喷钼是一种为适应强化内燃机的需要而发展起来的镀层技术。喷钼活塞环抗黏着磨损的性能很好,但机理尚不明确,可能是因为钼的熔点高,整个覆层都呈多孔性。也有观点认为,当将金属钼喷到活塞环上后,已不再是纯钼,而是形成一种特殊的铝钼混合物,它具有良好的耐黏着磨损性能。钼可以采用等离子喷涂,钼层厚度一般在 0.1~0.2 mm。对于重载柴油机,钼层可以稍厚一些,可取 0.15~0.30 mm。

根据镀铬环和喷钼环的实际使用经验,一般认为当磨料磨损是活塞环的主要磨损形式时,宜采用镀铬覆层;当黏着磨损是主要磨损形式时,宜采用喷钼镀层。对于热负荷较高的强化内燃机,如果活塞环的黏着磨损成为问题,则采用喷钼环更为合适。也有在镀铬环的表面再喷钼的做法,其目的是使铬的良好耐磨性与钼的耐黏着磨损性相结合。

（3）镀锡和磷化处理

对于不镀铬和不喷钼的活塞环,可以进行镀锡或磷化处理,这主要是为了改善磨合性能和耐腐蚀性能。可以采用电镀法在活塞环的外圈面上镀锡。锡的熔点低,能够使活塞环易于磨合,并在瞬时缺乏机油润滑的情况下起到某些应急润滑作用。需要注意的是,即使对镀铬环,通常也要附加镀锡处理。

磷化处理是在活塞环的表面生成一层厚度为 0.001~0.003 mm 的磷酸盐薄膜。它具有柔软和存油等性质,能够改善磨合和抗拉缸性能,并且具有防腐蚀和防锈的作用。磷化方法在船用柴油机的活塞环中应用较多,或代替镀软金属使用。

（4）其他覆层

为了进一步提高活塞环的耐磨性和耐热性,可采用物理气相沉积镀膜处理技术,在活塞环的外圆面产生金黄色的 TiN 和银灰色的 CrN 等氮化物涂层。另外,近年来在活塞环上出现了广受关注的类金刚石碳(Diamond-Like Carbon, DLC)涂层。DLC 涂层兼具金刚石和石墨的特性,含有金刚石成分,硬度高,是普通镀铬或 CrN 覆层硬度的 2~3 倍,具有更好的耐磨性;而且 DLC 涂层同时又含有石墨成分,摩擦系数小,能够减小活塞环的摩擦耗功和缸套磨损,在恶劣的润滑条件下,能够提高活塞环的抗拉伤性能。

9.2.2.7 等压环和非等压环

活塞环以一定弹力均匀压在气缸内壁上,保证环和气缸均匀贴合,这就是如图 9.59(a)所示的等压环。初看起来,等压环好像是最理想的设计。但是,活塞环的使用实践表明,活塞环在工作过程中,当产生磨损后,环周压力会发生变化。随着活塞环与气缸之间磨损的增加,原来压力分布均匀的活塞环首先会在切口附近发生压力下降,出现空隙,从而失去密封作用。很明显,当活塞环的弹力改变后,以致不足以使活塞环与气缸保持贴合时,就需要更换了。而且,直径小的活塞环要比直径大的磨损得早。因此,直径小的活塞环对于所用材料和技术的要求都比直径大的活塞环高一些。

　　为了解决这个问题,可以采用在开口处的压力比较高的非等压环,如图9.59(b)所示的高点环。研究表明,活塞环比较合理的径向压力应当是呈梨形分布,如图9.59(b)所示。为了达到这一要求,可以采用特殊加工方法,使环的形状与梨形的压力分布相对应,而且把最大压力设置在切口处。

　　在活塞环不用销钉定位的二冲程内燃机中,为了防止环端跳入气口或撞击气口边缘使环折断,环开口端的压力须低于平均压力,而压力须呈苹果形分布,如图9.59(c)所示的低点环。在某些高负荷四冲程柴油机中,为了避免由于缸套变形等原因造成环开口处的压力过高而引起的拉缸事故,也可以采用这种低点环。

　　另外,还有一种所谓的K形环,如图9.59(d)所示,即预先对环的开口端进行切削加工以消除张力,把环装入气缸后与气缸内壁暂不接触,而在内燃机运转后通过环受热变形,使环与缸壁贴合。K形环主要用于大型二冲程船用柴油机,其优点是开口端不容易插到二冲程内燃机的扫气口中折断。

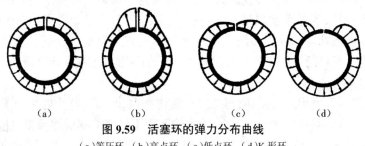

图9.59　活塞环的弹力分布曲线
(a)等压环　(b)高点环　(c)低点环　(d)K形环

9.2.3　油环的设计

　　上述关于气环的设计原则,对于油环的设计完全适用。根据油环的工作特点,在设计上要注意以下问题。

　　在活塞组中,气环主要起密封和散热作用。虽然在设计时也要求气环能够把气缸壁上多余的机油刮下来,但实际上只靠它的刮油作用是不够的。在内燃机中,如果不使用油环,机油就会从曲轴箱大量窜入活塞头部区域和燃烧室。这种现象可以用活塞环的泵油作用来解释。在进气冲程中,当活塞开始从上止点向下运动时,活塞环由于惯性力和摩擦力的作用压向环槽的上端面,导致在下一个活塞环与活塞之间的全部空间都被机油充满,这是由于活塞环从缸壁上刮下机油所致,如图9.60(a)所示。此时,间隙中的压力因活塞的运动引起机油壅塞而升高。当活塞继续向下止点运动时,惯性力的方向发生变化,并克服环在缸壁上的摩擦力,使活塞环在环槽中发生移动,压向环槽的下端面,同时将机油挤入环槽上部压力较小的区域,如图9.60(b)所示。在活塞移向上止点的部分冲程内,活塞环保持这样的位置。当活塞重新接近上止点时,活塞环在环槽内移动,重新压向上端面,并将机油从环槽挤出,如图9.60(c)所示。机油的运动过程按照这一顺序循环往复。这样,机油就逐渐被泵进燃烧室。另外,在进气冲程中,气缸内如果具有一定的真空度,容易把机油吸入燃烧室,加剧活塞环的泵油作用。为了防止过量机油窜入活塞头部区域和燃烧室,需要设置油环,其作用是刮下缸壁上多余的机油,并在缸壁上留下一层均匀分布的油膜,保证内燃机可靠工作。

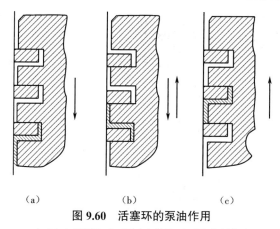

图 9.60　活塞环的泵油作用

（a）上止点附近　（b）下止点附近　（c）上止点附近

在设计油环时,应采取相应措施,消除活塞环的泵油作用。主要措施包括:泄去油压,使回油通路通畅;减小油环与环槽之间的端面间隙,使泵入环槽空间内的机油量减至最少。因此,油环的端面间隙仅为第一道气环的端面间隙的 1/3~1/2。

与气环相比,油环对气缸内壁施加的径向压力应当更大。这是因为油环基本没有环背气体压力的帮助,而全靠自身弹力作用紧紧压在缸壁上,因此需要具有较大的弹力。另外,在高速内燃机上,油环是在有机油润滑的气缸壁上做高速滑动,如果油环的径向压力不足,就会产生漂浮,从而不容易刮油。为了使油环能够产生较高的弹力,需从结构设计和制造工艺上加以考虑。

常见的油环结构形式有三种:普通油环,弹簧胀圈油环,钢片组合油环。普通油环的断面形状可以设计成如图 9.61 所示的各种形式。为了提高表面接触比压,便于磨合,并使油环对气缸内壁具有良好的适应性,常把油环的外缘工作表面减小,以提高单位面积工作表面给气缸壁面施加的径向压力,使油环能够切入气缸上的油层进行刮油。

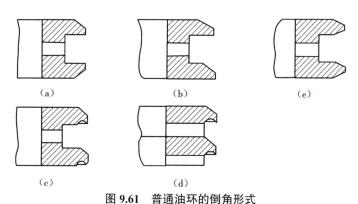

（a）　　　　　　（b）　　　　　　（e）

（c）　　　　　　（d）

图 9.61　普通油环的倒角形式

油环在经过长期使用后,随着磨损量增大,弹性会减弱,这会影响油环的正常工作。因此,常在油环的背面添加各种形式的衬簧,这种油环称为弹簧胀圈油环。它的结构形式很多,典型的三种弹簧胀圈油环结构如图 9.62 所示。衬簧能够增加油环的径向比压,使环压均匀,弹性稳定,从而使气缸套上的油膜均匀,油环磨损下降,内燃机的机油消耗量下降。

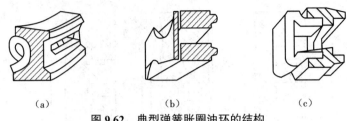

图 9.62　典型弹簧胀圈油环的结构

钢片组合油环的机油密封原理如图 9.63 所示。钢片组合油环由两部分组成,一部分是两片相互独立的刮片 1,另一部分是刮片中间的胀紧元件 2,它将刮片压在环槽端面 3 和气缸内壁 4 上。从图 9.63 中看到,依靠胀紧元件的作用,当活塞做往复运动时,钢片组合油环可以同时把刮片分别向上和向下压向活塞环槽的端面,形成对机油的端面密封,把窜油量减至最小,而且胀紧元件具有较大的回油孔隙截面。钢片组合油环的优点包括以下几点。

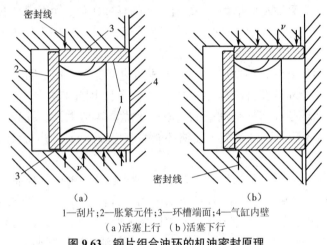

1—刮片;2—胀紧元件;3—环槽端面;4—气缸内壁
(a)活塞上行　(b)活塞下行

图 9.63　钢片组合油环的机油密封原理

1)接触压力高,而且压力分布均匀。普通铸铁油环的比压一般为 0.15~0.3 MPa,钢片组合油环的比压一般高达 1.0~1.5 MPa。

2)由于钢片具有柔软性,各个刮片独立工作,所以能够很好地适应气缸的不均匀磨损以及活塞晃动和变形的影响,实现良好密封,再加上端面的密封效果,刮油能力好,能有效防止窜油。

3)回油通路大。铸铁油环的通路开口比率是 10%~15%,钢片组合油环可高达30%~50%。因此,机油流动通畅,不仅能够降低机油消耗量,而且能够有效防止机油结焦和积碳。

4)钢片组合油环比铸铁油环的质量小。

5)因为端面之间没有撞击,钢片组合油环的环槽磨损大为减少。

在油环的设计中,需要注意油环的高度通常要比气环的高,这是因为在油环中间需要开回油孔。如图 9.64 所示,回油孔可以开在油环的下面和背面。油环与环槽各部分配合的间隙,都比气环的要小。油环刮下的机油通过回油通路流回油底壳。回油通路应当具有足够大的流通面积来保证回油通畅。另外,在活塞中可以开集油腔,其可设置在油环的下方。当采用图 9.64(b)所示的在油环背侧设有回油孔的闭式环槽时,活塞会在气缸中侧向晃动,由于刮下的机油未来得及排走,这些机油对活塞的晃动能够起到缓冲作用。这些设计考量充分体现了活塞环设计的复杂性。

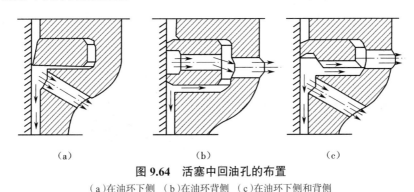

（a）　　　　　　　　　　　（b）　　　　　　　　　　　（c）

图 9.64　活塞中回油孔的布置

（a）在油环下侧　（b）在油环背侧　（c）在油环下侧和背侧

9.2.4　活塞环的组合

把具有不同结构特点和功能的活塞环适当组合并安放在活塞环槽中,才能充分发挥每个活塞环的密封、散热、刮油和支承作用。应根据内燃机的设计和使用要求选择活塞环的数量、断面形状、排列方式和覆层类型。由于机理复杂,活塞环的最佳组合应当通过实验确定。在组合时,应注意以下几点。

1)根据内燃机的类型和使用工况,决定所需活塞环的数量。对于第二道环以下的气环,需要充分考虑它的气密作用的大小。单纯增加活塞环的数量,不一定能够减少活塞漏气量。

2)第一道环的工作条件最为恶劣。第一道环的质量好坏对活塞组的窜气和窜机油都有重大影响。因此,需要强化第一道气环,对其材料、覆层、结构尺寸和断面形状等仔细选定。考虑选用抗机油结焦和抗拉缸性能好的梯形环或桶面环等。

3)气环也应当具有一定的刮油功能。因此,在选定第二道气环和第三道气环的结构形式时,应当兼顾气环的密封和刮油的双重作用。图 9.65 所示为关于气环的机油控制作用的实验结果。从图中可见,在两道气环中,如果不装任意一道,机油消耗量就会增加大约 20%。图 9.66 展示了不同断面形状的第二道气环对漏气量和机油消耗量影响的实验结果。

4)优化中间各道环的配置情况。例如,在四冲程内燃机上,第二道气环的工作条件相对较好,因此它的高度可以比第一道气环小一些。在高速内燃机上,需要兼顾防窜机油的要求,因此环槽的端面要求贴合承压,为此多采用扭曲环结构。

图 9.67 为车用汽油机的活塞环典型组合。第一道气环采用桶面环,易于在润滑油不良的条件下保证润滑效果,而且密封效果好。第二道气环采用正扭曲环,可以起到辅助刮油的作用,控制机油消耗量。油环则为钢片组合油环。

图 9.68 为两种四冲程柴油机活塞环的典型组合。图 9.68(a)所示的活塞由于热负荷较高,第一道气环采用梯形环,且为了改善磨损,活塞环的外圆周面做镀铬处理;第二道气环采用正扭曲环,具有辅助刮油的作用;油环采用带有胀簧的普通槽式油环。图 9.68(b)所示的活塞,第一道气环同样采用了表面镀铬的梯形环;第二道气环采用锥形环,具有辅助刮油的效果;油环采用钢片组合油环。

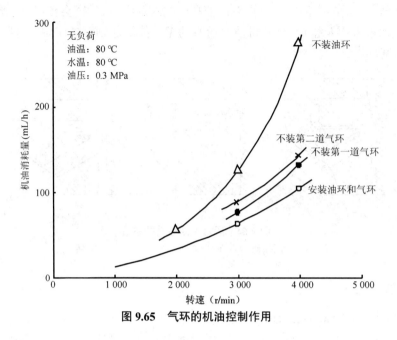

图 9.65　气环的机油控制作用

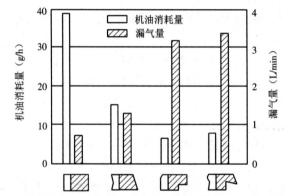

图 9.66　不同断面形状的第二道气环对漏气量和机油消耗量的影响

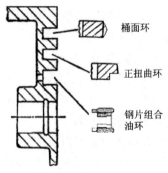

图 9.67　汽油机活塞环的典型组合

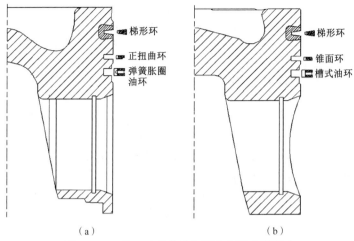

图 9.68　两种四冲程柴油机活塞环的典型组合

（a）组合 1　（b）组合 2

9.2.5　活塞环的摩擦和磨损实验

活塞环与气缸内壁的润滑摩擦特性可以通过以雷诺方程为基础的润滑模型进行分析计算，也可以在如图 9.69 所示的专门的摩擦实验机上进行研究。在实验中，从缸套和活塞环上分别取下小块的缸套样本和活塞环样本，把缸套样本固定在底座上保持不动，把活塞环样本安装在夹具上。实验机的曲柄连杆机构将电机的旋转运动转化为往复运动，带动活塞环样本运动，形成与缸套样本之间的相对运动。实验机的加载系统通过弹簧盘可以调整施加给活塞环的法向载荷。使用的力传感器包括活塞环法向加载力传感器和位于缸套样本下方的摩擦力传感器。利用该装置可以研究活塞环和缸套的材料、涂层、加工纹理、活塞环法向载荷、润滑条件和温度等因素对活塞环和气缸壁在摩擦和磨损方面的影响。

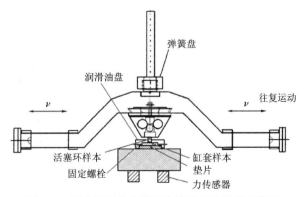

图 9.69　活塞环缸套的摩擦和磨损实验装置示意图

9.3　活塞销

9.3.1　活塞销的工作条件和材料

活塞销是用来连接活塞和连杆的零件。作用在活塞上的气体压力和活塞组惯性力是通过活塞销座和活塞销传递给连杆的。这些力的大小和方向在内燃机工作过程中随曲轴转角发生周期性变化。这种承载情况容易使活塞销发生疲劳破坏。另外,由于活塞销座的温度比较高,并且活塞销在销座中做小幅低速摇摆运动,因此不利于实现良好的流体动力润滑。这样,活塞销容易磨损。因此,在设计时,应当使活塞销具有足够高的疲劳强度,同时还要有较高的耐磨性。

对于高速内燃机,活塞销的质量应当尽量轻,以便减小往复运动惯性力。活塞销的摩擦表面应当具有高硬度,内部应当富有韧性和具有较高的强度。硬质的表面层与内部必须紧密结合,确保活塞销在冲击载荷的作用下不发生金属剥落和金属层分离的现象。活塞销通常采用低合金钢渗碳、渗氮或调质钢制造。在负荷不高的内燃机中,经常采用 15、20、15Cr、20Cr 和 20Mn2 合金钢。在强化内燃机中,经常采用高级合金钢,如 12CrNi3A、18CrMn 和 20SiMnVB,有时也采用 45 号中碳钢。为了使活塞销的外层较硬并耐磨,而内部富有韧性,需要对活塞销进行热处理。对于使用低碳钢材料制造的活塞销,需要进行渗碳和淬火处理。根据活塞销的尺寸,渗碳层的深度一般在 1~1.5 mm。活塞销经过热处理后,外表面硬度通常为 58~65 HRC,内部硬度约为 36 HRC。

9.3.2　活塞销的结构

活塞销的结构是空心圆柱形。为了减小质量并有效利用材料,活塞销都制成空心形的,如图 9.70 所示。由于活塞销的基本变形方式是弯曲,在活塞销中部所承受的弯矩最大,靠近两端则逐渐减小,因此比较合理的结构是把活塞销的内部设计成锥形的空心,如图 9.70（b）至（d）所示。但是这种活塞销的缺点是加工复杂和制造成本较高。

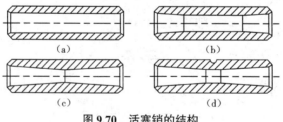

（a）　　　　　　　　　　　（b）

（c）　　　　　　　　　　　（d）

图 9.70　活塞销的结构

活塞销的固定方式有三种:第一种是浮式销,即活塞销在活塞销座和连杆小头中都能够转动,如图 9.71（a）所示;第二种是把活塞销固定在销座上,而在连杆小头中可以转动,如图 9.71（b）所示;第三种是把活塞销固定在连杆小头上,而在活塞销座中可以转动,如图 9.71（c）所示。

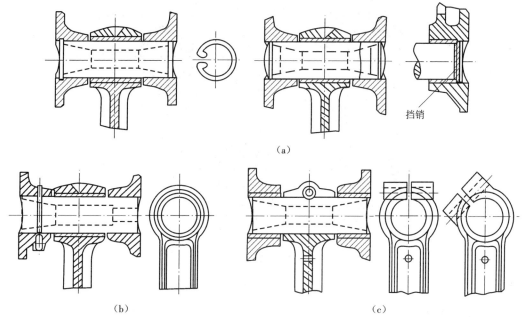

图 9.71　活塞销的固定形式

　　浮式销的应用最为广泛,这是因为浮式销在销座和连杆小头中都可以转动,与半浮式销相比,活塞销的工作表面相对滑动速度较小,摩擦产生的热量也相应减小,磨损较小且均匀,活塞销的寿命较长。另外,浮式销还具有在运转中不易被卡住、装配方便等优点。所以,绝大多数内燃机都采用浮式销。

　　把活塞销固定在连杆小头上的半浮式销在某些汽油机上也有所应用。把连杆小头孔加热后压入活塞销,使活塞销由于过盈效应固定在连杆小头孔上。这样的设计不利于活塞销孔与活塞销之间的润滑,但是可以取消连杆小头衬套和活塞销挡圈,使组件有所简化。

　　为了防止浮式销在销座内有轴向窜动,可采用如图 9.72 所示的轴向固定方法防止活塞销发生窜动。图 9.72(a)所示的采用活塞销挡圈的方法比较简单,在缸径 150 mm 以下的内燃机中采取这种方法是可靠的。挡圈分为圆形截面和矩形截面,用钢丝弯成,或用钢板冲压而成。矩形截面的挡圈强度较高。为了便于拆装,将挡圈端部向内弯曲或在端部制成小孔。有些内燃机为了提高活塞销的径向刚度,使用挡塞对活塞销进行轴向定位,如图 9.72(b)和(c)所示。挡塞用铝合金制成,外表面一般制成球形,球的半径稍小于气缸半径。

　　活塞销的摩擦表面虽然承受很高的负荷,但是由于相对滑动速度很小,所以不需要大量机油进行润滑和带走摩擦热,只需要对它连续供油以便维持正常润滑即可。一般在连杆小头孔处开有油孔,使飞溅的机油流进孔中,即可保证润滑。也有的设计是在活塞销座上开设油孔。

　　在二冲程内燃机中,由于活塞组总是承受方向不变的压力载荷,所以活塞销的润滑条件要比四冲程内燃机差,因此常在销座和连杆小头的衬套中开设油槽,以保证可靠的润滑。

　　在选择活塞销的尺寸时,应当保证活塞销具有足够的强度和适当的刚度,还应当保证摩擦表面的比压不能过大,防止润滑油被挤出。

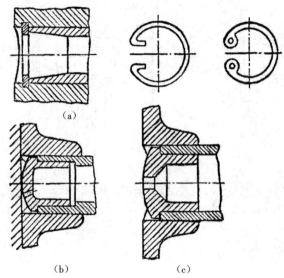

(a)

(b)　　　　　　　　(c)

图 9.72　浮式销的轴向固定方法

9.3.3　活塞销的计算

　　活塞销尺寸的选定应当与活塞销座设计相结合。由于活塞和活塞销的变形并不是协调一致的,这使活塞销和销座之间的接触状态很不均匀,导致在活塞销孔的内侧上缘会出现较大的棱缘载荷,严重时会导致销座上产生裂纹。为了减小活塞组的质量,车用汽油机的活塞和活塞销的刚度都相对较低。而活塞销孔的最大应力和应力分布规律都极大地受到活塞销弯曲变形的影响。另外,活塞销的椭圆变形也对销座应力有重要影响。因此,首先需要从限制活塞销的弯曲变形入手,来确定活塞销的外径;然后再从限制活塞销的椭圆变形考虑,确定活塞销的内径;最后校核计算活塞销的比压和活塞销的总应力。从限制活塞销变形和比压而确定的活塞销尺寸,在大多数情况下,其对应的应力也在允许范围内。

　　活塞销的结构计算方法有很多种。图 9.73 所示是由 Schlaefke 提出的一种常用的活塞销载荷计算方法。图中,$F_{max} = P_z - P_j$;其中,P_z 是缸内气体作用力;P_j 是活塞组往复惯性力;d 是活塞销外径;d_0 是活塞销内径;l 是活塞销长度。力的单位均为 N,尺寸的单位为 mm。

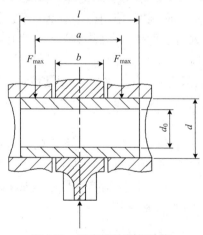

图 9.73　活塞销的载荷计算

活塞销的弯曲变形量可以按下式计算：

$$f_p = \gamma F_{\max} \frac{a^3}{48EJ} \tag{9.13}$$

式中　$\gamma = \dfrac{b}{2a}$——考虑连杆小头孔的比压分布引入的系数，b 为连杆小头宽度（mm），

$a = l - \dfrac{l-b}{2}$；

E——材料的弹性模量（MPa）；

J——活塞销截面惯性矩（mm⁴），$J = \dfrac{\pi \left(d^4 - d_0{}^4 \right)}{64}$。

德国的科尔本施密特（Kolbenschmidt）公司给出的活塞销允许弯曲变形量为

$$f_p = f_0 \frac{D_p}{100} \tag{9.14}$$

式中　f_0——直径为 100 mm 的活塞所允许的活塞销弯曲变形量（mm）；

D_p——活塞直径（mm）。

汽油机活塞销座的刚度小，允许活塞销产生较大的弯曲变形，$f_0 = 0.056$ mm。柴油机活塞销座的刚度大，如果活塞销弯曲变形大，会在销座孔内的上侧产生严重的棱缘载荷，因此允许的活塞销变形量较小，$f_0 = 0.022$ mm。

活塞销的椭圆变形量可以按下式计算：

$$\delta = \frac{r_m{}^3 F_{\max}}{12EJ_w} \tag{9.15}$$

式中　r_m——活塞销截面的平均半径，$r_m = \dfrac{d+d_0}{4}$；

J_w——活塞销壁的惯性矩，$J_w = \dfrac{l}{12} \left(\dfrac{d-d_0}{2} \right)^3$。

活塞销允许的椭圆变形量为

$$\delta_p = \delta_0 \frac{100 + \left(D_p - 100 \right)}{100} \tag{9.16}$$

对于柴油机，$\delta_0 = 0.027$ mm；对于汽油机，$\delta_0 = 0.035$ mm。

活塞销孔的比压或连杆小头孔的比压（MPa）可以按照下式计算：

$$P = \frac{F_{\max}}{A_p} \tag{9.17}$$

式中　A_p——对应的活塞销孔或连杆小头孔与活塞销接触部分的投影面积。

活塞销弯曲变形引起的应力（MPa）可以按下式计算：

$$\sigma_B = \gamma \frac{F_{\max} a}{4Z_B} \tag{9.18}$$

式中　Z_B——活塞销的抗弯截面模量（mm³），$Z_B = \dfrac{\pi}{32} \dfrac{d^4 - d_0{}^4}{d}$。

活塞销椭圆变形引起的应力可以按下式计算：

$$\sigma_{o} = \frac{F_{max} r_{m}}{8W_{o}} \qquad (9.19)$$

式中　W_{o}——活塞销的截面抗弯矩，$W_{o} = \dfrac{J_{W}}{\dfrac{d}{2} - r}$。

在活塞销的实际设计中，通常使用变形能理论确定钢材料的复合应力。因此，活塞销的总应力可以按下式计算：

$$\sigma_{c} = \sqrt{\sigma_{B}^{2} + \sigma_{o}^{2} - \sigma_{B}\sigma_{o}} \qquad (9.20)$$

需要注意的是，不同的活塞制造商给出的计算公式可能会有所不同，在应用时需加以注意。

9.3.4　活塞销的加工和装配

活塞销的加工比较简单，但是在加工精度和表面结构（表面粗糙度）方面要求较高，通常采用车、磨、抛光等工艺过程。为了提高疲劳强度，活塞销表面一般不允许采用钻孔、开槽和其他破坏表面完整性的加工措施。为了提高活塞销的抗疲劳破坏性能，活塞销的外表面甚至内表面需要抛光处理。活塞销的加工可以采用冷挤压工艺。这种工艺具有节省金属、提高劳动生产率、降低成本、力学性能好等优点，因此在大批量生产中应考虑采用。

选好活塞销与连杆衬套、活塞销座之间的间隙，对于延长内燃机寿命、降低工作噪声影响很大。活塞销的配合间隙取决于它与活塞和连杆之间的连接形式。如果间隙选择得过大，运动部件之间会发生撞击，产生较大的机械噪声。如果间隙选择得过小，可能会造成拉伤甚至咬死。

第 10 章　连杆组

10.1　连杆设计概述

　　如图 10.1 所示,连杆组一般由连杆体、大头盖、连杆螺栓、轴瓦、连杆小头衬套等组成。连杆体包括连杆小头、杆身和连杆大头的上部。连杆大头的上部与连杆大头盖一起组成连杆大头。

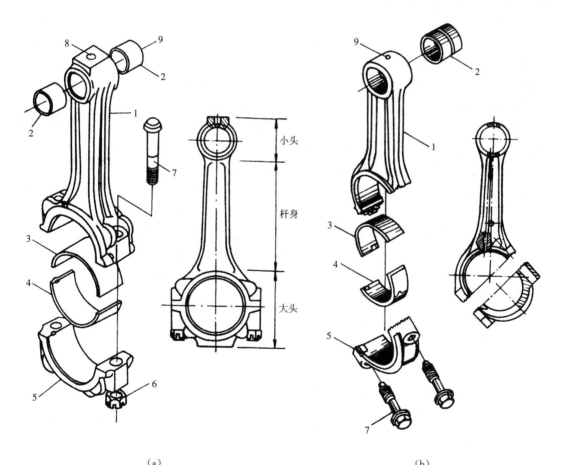

（a）　　　　　　　　　　　　　　　　　　　（b）

1—连杆体;2—连杆小头衬套;3—连杆轴承上轴瓦;4—连杆轴承下轴瓦;5—连杆盖;6—螺母;7—连杆螺栓;
8—集油孔;9—喷油孔

图 10.1　连杆组 [①]

（a）平切口连杆　（b）斜切口连杆

　　连杆把活塞和曲轴连接起来。连杆小头与活塞销连接,并与活塞一起做往复运动。连

---

　　① 图片来源:张俊红. 汽车发动机构造 [M]. 天津:天津大学出版社,2006.

杆大头与曲轴的曲柄销连接,并与曲轴一起做旋转运动。连杆杆身的其余部分做复杂的平面运动。作用于活塞上的力经连杆传给曲轴。连杆在设计上要求具有较小的质量,以减小往复惯性力。

连杆必须具有足够的结构刚度和疲劳强度。在力的作用下,杆身不应被显著压弯。杆身弯曲会使活塞相对于气缸、轴承相对于轴颈发生歪斜。连杆大小头孔不应显著失圆。孔的失圆会使轴承失去正常配合,影响润滑油膜形成。如果强度不足,导致连杆杆身、大头盖或连杆螺栓断裂,会使内燃机遭到严重破坏。

连杆长度指连杆大小头孔中心之间的距离,是设计内燃机时应慎重选择的一个重要结构参数。通常用曲柄连杆比 $\lambda=R/l$ 来表征连杆长度。λ 值越小,连杆就越长,二级往复惯性力和活塞压向气缸的侧向力就越小。但是,连杆长度增加后,连杆的质量会相应增大,而连杆质量对往复惯性力的影响甚至可能比连杆长度的影响更大。另外,当采用长连杆时,内燃机的总体高度和整机质量都要增大,这对于轻量化设计是很不利的。因此,连杆长度的确定,必须与内燃机的整体设计相适应。对于大缸径的中低速内燃机,为了减小活塞侧向力,可以适当加长连杆长度。在完成连杆的尺寸设计后,应进行零件之间的防碰撞校核,核算当连杆处于最大摆角位置时是否与气缸套的下缘相碰,以及当活塞处于下止点附近位置时,活塞下缘是否与平衡重相碰。它们之间的最小距离均不应小于 2~5 mm。

高速内燃机的连杆大多是用 45 号钢或 40Cr 中碳钢制成。连杆在机械加工前经调质处理,能够获得较好的机械性能。碳钢的优点是成本低,而且对应力集中不敏感,所以模锻后非配合表面就不需要再加工。但是应磨光处理锻造毛刺,而且磨削的方向应沿连杆杆身的纵向,而不能沿横向,因为横向磨痕可能会给连杆杆身带来断裂的危险。对于强化内燃机,可以采用 42CrMo、18Cr2Ni4WA 高强度合金钢,或 40MnVB、40MmB 硼钢等材料的连杆。合金钢具有很高的抗疲劳强度,但是对应力集中很敏感。这时,连杆的所有表面都需要光整加工,而且还需要抛光,因为这样可以将强度已降低的脱碳层和细微的锻造裂纹磨去。此外,还可以通过喷丸或表面盐浴氮化工艺处理连杆表面,使连杆强度得到进一步提高。连杆的制造还必须经过磁力探伤检验,以保证连杆的可靠性。

10.2 连杆结构及其强度计算

10.2.1 连杆小头

现代内燃机绝大多数是采用浮式活塞销,即活塞在销座孔中和连杆小头孔中均能自由转动。当采用浮式活塞销时,连杆小头的构造如图 10.2 所示。连杆小头多采用薄壁球型结构。这种结构形状简单,制造方便,受力时应力分布比较均匀。

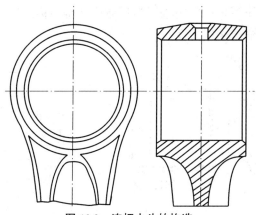

图 10.2　连杆小头的构造

但是,在某些微型车用汽油机中,有时会采用把活塞销固定在连杆小头中的结构。由于取消了连杆小头衬套和活塞销卡环,这种结构是一种低成本方案,另外还具有以下优点。

1)活塞销相对于连杆小头孔无滑动,没有润滑问题,所以承压面积可以减小,连杆小头可以较窄,能够增加活塞销与活塞销座之间的承压面积,而且活塞销承受的弯曲力矩也可以减小。

2)由于活塞销是夹紧在连杆小头中的,它们之间没有间隙,不仅能够消除这个部位的撞击噪声,而且能够减小活塞的晃动。

如果连杆小头和连杆大头采用相同的宽度,对降低加工成本是有利的。在确定连杆小头的宽度时,应使小头与活塞销座之间在每侧都留有 1~2 mm 的间隙,以补偿机体、曲轴、活塞和连杆等零件在轴向尺寸上可能出现的制造误差,以及由于热膨胀引起的轴向相对位置的变化。应使连杆小头具有足够大的承压面积,以便使连杆小头孔与活塞销之间互相压紧的部位上的单位面积压力(即连杆小头孔比压)不超过许用值。这里所说的承压表面积等于活塞销直径与小头宽度的乘积。

对于浮式活塞销,为了减摩,一般在连杆小头孔中压入青铜衬套或覆敷有青铜薄层的钢衬套。衬套的径向厚度大约为活塞销直径的 1/12,最小厚度一般不小于 2~3 mm。衬套与活塞销之间的间隙应尽量小,以便减小噪声,通常需要留有活塞直径 1/1 000 左右的间隙。

由于比压大、滑动速度低,在连杆小头轴承中不能形成理想的流体动力润滑状态。四冲程内燃机的连杆小头多采用飞溅润滑方式,利用连杆小头的油孔进油,或者通过活塞销座与连杆小头的侧面间隙进油。在四冲程内燃机上,由于作用在活塞销上的作用力的方向是反复变化的,在膨胀冲程中,作用在活塞上的气压力会把活塞销压向连杆小头衬套的下表面,而在吸气冲程中,往复惯性力会把活塞销压向衬套的上表面。如此反复挤压存在于零件间隙中的机油,实际上会形成一种承载润滑油膜,具有一定的润滑作用,防止金属之间的直接接触。

但是,在有些四冲程内燃机上,特别是在转速比较低的重载柴油机上,由于作用在活塞销上的气压力远超往复惯性力,使得活塞销上下两边的上述油膜挤压效应很不均匀,这样就难以形成良好的承载润滑油膜,以致引起偏磨现象。解决这一问题的措施是采用如图 10.3 所示的梯形或阶梯形的连杆小头,减小衬套上半部的承压表面积,提高活塞销对衬套上表面的单位面积压力,使上、下两面的润滑油膜挤压效应变得匀称。当然,这种形状的连杆小头要与梯形或阶梯形的活塞销座相配合。

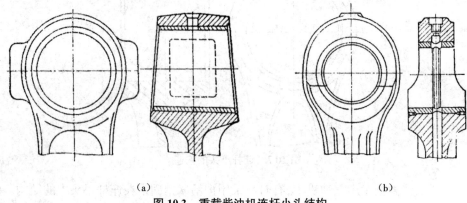

(a)　　　　　　　　　　　　　　　(b)

图 10.3　重载柴油机连杆小头结构

(a)梯形　(b)阶梯形

在二冲程内燃机上,由于没有单独的吸气行程,所以活塞销上所受力的作用方向通常总是向下的,也就是说作用力总是把活塞销压向小头衬套的下表面。这就使得润滑油膜挤压效应难以实现。如何保证活塞销具有可靠的润滑就成为一个复杂问题。为了保证活塞销与小头衬套之间的润滑,通常在小头衬套上制出许多布油槽,如图 10.4 所示,同时依靠钻孔引入机油对摩擦表面进行润滑。在有些设计中,会在连杆小头孔中安装滚针轴承。

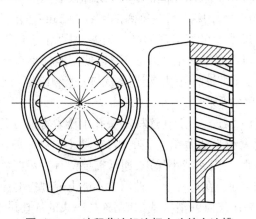

图 10.4　二冲程柴油机连杆小头的布油槽

连杆小头的强度可以按照如图 10.5 所示,对在活塞组往复惯性力作用下的截面 $A—A$ 上的拉应力 σ_p 进行粗略计算。σ_p 的表达式为

$$\sigma_p = \frac{P_j}{2l_x S_x} \qquad\qquad (10.1)$$

式中　P_j——在最大内燃机转速下的活塞组最大往复惯性力;

　　　l_x——小头宽度;

　　　S_x——小头孔壁厚。

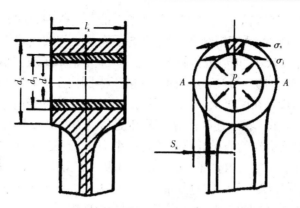

图 10.5　连杆小头的计算简图

因为衬套是通过过盈工艺压入小头孔中的,它使小头壁承受附加应力。内燃机运转时,小头的温度可达 100~200 ℃,由于衬套材料的线膨胀系数较大,所以小头壁承受的附加应力也要随之增加。小头衬套通常是按照公差 H7/r6、H7/u6 过盈配合压入小头孔中的。根据衬套的最大界限外径尺寸和小头孔的最小界限内径尺寸,可以算出最大过盈量。在工作温度下,过盈量的增加可以按下式计算:

$$\Delta_t = d_1 \Delta t (a_c - a_1) \tag{10.2}$$

式中　d_1——小头孔内径;

　　　Δt——小头的温度升高量,即工作温度与装配时的环境温差;

　　　a_c——衬套材料的线膨胀系数;

　　　a_1——连杆材料的线膨胀系数。

在设计连杆时,可以初步假设小头孔与衬套压配表面之间互相压紧的压力是均匀分布的。在过盈装配压力的作用下,连杆小头孔壁厚中所引起的应力沿着截面并不是均匀分布的,而是从内表面向外表面逐步减小的,应力最大可达 100~150 MPa。

为了较精确地计算连杆小头的应力,可如图 10.6 所示,把小头孔壁厚看成是一个固定在小头和杆身衔接处的弯梁。这是一个静不定问题。为了消除静不定,把小头沿对称面 Ⅰ—Ⅰ 切开,切去部分对小头产生弯矩 M_0 和法向力 N_0。

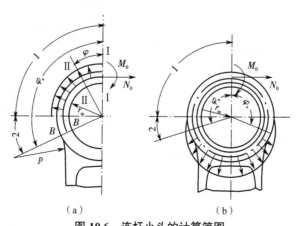

　　　　（a）　　　　　　　　　　　　（b）

图 10.6　连杆小头的计算简图

（a）径向力均匀分布　（b）径向力按余弦规律分布

为了使计算准确,应正确估计作用在小头孔壁上的径向作用力的分布情况。它与许多因素有关,如小头孔壁刚度、活塞销刚度、衬套孔与活塞销之间的间隙等。考虑到小头上半圆的壁厚一般较薄,刚度较小,可以近似假设在拉伸状况下活塞销压在小头孔内表面上的径向力是均匀分布的,如图 10.6(a)所示。而小头的下半圆由于有杆身的加强作用,刚度较大,所以比较合理的假设是在受压状态下,小头孔内表面所受到的径向作用力是按余弦规律分布的,如图 10.6(b)所示。在上述两种情况下,都是假设力的分布范围是180°。

图 10.7 所示是根据这样的假设计算出的连杆小头内、外表面的应力 σ 分布情况,其中下标 a 表示外表面,下标 i 表示内表面。图 10.7(a)所示是在拉伸状态下的应力分布情况;图 10.7(b)所示是在受压状态下的应力分布情况。应力的大小由该点所引出的径向线段的长度表示,代表拉应力的线段向外引,代表压应力的线段向内引。

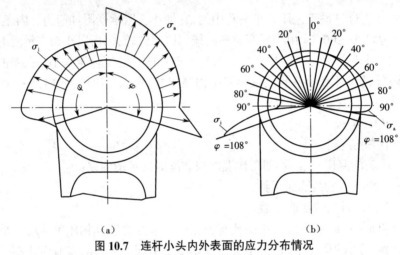

图 10.7　连杆小头内外表面的应力分布情况
(a)拉伸状态　(b)受压状态

由此可以看出,在小头与杆身交接处的应力的绝对值和变化幅度在空间分布中都是最大的。因此,在设计连杆的这一部位时,应注意合理选择连杆杆身的宽度和从杆身到小头外壁的过渡圆角半径。

图 10.8 展示了小头与杆身交接处过渡方式与应力分布情况之间的关系。在图 10.8(a)中,由于小头与杆身连接处过渡圆弧半径小,应力峰值较大,因此需要采用较大的圆弧半径或采用正反两个圆弧实现过渡。图 10.8(c)所示的设计方案一般用在高速强化内燃机上。

10.2.2　连杆杆身

连杆杆身一般采用工字形截面,如图 10.9 所示。工字形截面的长轴位于连杆摆动平面。对于抗压稳定性好的连杆,其杆身也可以采用四角倒圆的矩形截面。因为工字形截面在材料利用上最为合理,所以得到广泛应用。

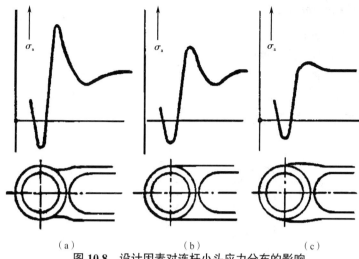

图 10.8　设计因素对连杆小头应力分布的影响

（a）方案一　（b）方案二　（c）方案三

对于图 10.9 的工字形截面形状，从锻造工艺方面看，工字形截面的翼缘过薄或圆角半径过小都是不利的，因为这种连杆在锻造时的变形比较大，有可能产生锻造裂纹，特别是在工字形截面的翼缘处更容易出现裂纹。另外，锻造这种连杆时，模具的磨损也比较大。所以，工字形截面的翼缘一般较厚并倒圆，这样是比较有利的。为了使杆身能与小头和大头圆滑过渡，杆身截面是从上向下逐渐加大的。杆身的最小截面面积与活塞面积之比，对于钢制连杆来讲，在 1/30~1/25 的范围内。

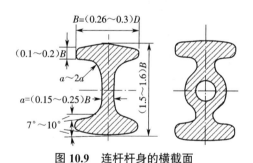

图 10.9　连杆杆身的横截面

连杆杆身在膨胀冲程中承受气压力的压缩作用，在吸气冲程中承受往复惯性力的拉伸作用。当连杆受压时，有可能发生不稳定弯曲。当连杆做高速摆动运动时，还要承受自身横向惯性力的弯曲作用。实验证明，弯曲应力实际上并不大。连杆杆身所承受的压缩作用力 P_c 和拉伸作用力 P_p 可按下式计算：

$$\begin{cases} P_c = p_z A_h + P_j \\ P_p = P_j \end{cases} \tag{10.3}$$

式中　p_z——气压力；

　　　A_h——活塞面积；

　　　P_j——在上止点处包括连杆杆身计算截面以上部分质量在内的全部往复惯性力。

P_j 的值可按下式简化近似计算：

$$P_j = -(m_h + m_L)\omega^2 R(1 + \lambda) \tag{10.4}$$

式中　　m_h——活塞组质量；

m_L——计算截面以上部分的连杆质量；

ω——曲轴的角速度；

R——曲柄半径；

λ——曲柄半径与连杆长度之比。

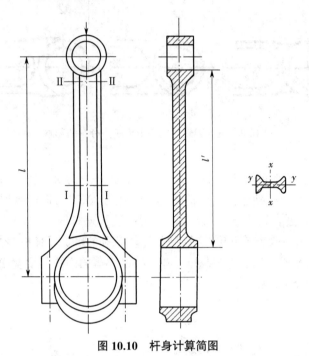

图 10.10　杆身计算简图

对于图 10.10 中靠近连杆小头的杆身截面最小处 f_{min} 的截面 II—II 来讲，可以按下式计算应力：

$$\begin{cases} \sigma_c = \dfrac{P_c}{f_{min}} \\[2mm] \sigma_p = \dfrac{P_p}{f_{min}} \end{cases} \tag{10.5}$$

该截面中的应力幅值和平均应力分别为

$$\begin{cases} \sigma_a = \dfrac{\sigma_c - \sigma_p}{2} \\[2mm] \sigma_m = \dfrac{\sigma_c + \sigma_p}{2} \end{cases} \tag{10.6}$$

该截面的抗疲劳安全系数可按下式计算：

$$n = \dfrac{\sigma_{-1z}}{\dfrac{K'_\sigma}{\beta}\sigma_a + \psi_\sigma \sigma_m} \tag{10.7}$$

式中　K'_σ——应力集中系数,可取 1;

　　　β——考虑零件表面结构(表面粗糙度)影响的系数,对于结构钢,当表面不加工时,
　　　　　　可取 $\beta = 0.4 \sim 0.6$;

　　　ψ_σ——材料的疲劳循环特性系数,可取 0.2;

　　　σ_{-1z}——在对称循环情况下材料的抗拉压疲劳强度。

在近似计算中,对于碳素钢,σ_{-1z} 的取值范围为

$$\begin{cases} \sigma_{-1z} = (0.7 \sim 0.9)\sigma_{-1} \\ \sigma_{-1} = (0.45 \sim 0.55)\sigma_B \end{cases} \tag{10.8}$$

式中　σ_{-1}——在对称循环情况下材料的弯曲疲劳极限;

　　　σ_B——材料的强度极限。

连杆杆身的安全系数许可值可以按以下原则选取

1)高速轻型强化内燃机,$[n] = 1.5 \sim 2.5$;

2)汽车用内燃机,$[n] = 2.0 \sim 2.5$;

3)船用中高速内燃机,$[n] = 2.0 \sim 3.0$。

如图 10.10 所示,对于杆身的中间截面 I — I 来讲,可按下式计算应力:

$$\sigma = \frac{P_c}{f_1} + \frac{P_c}{m\pi^2 E} \cdot \frac{\sigma_e l_0^2}{J} = \frac{P_c}{f_1}\left[1 + \frac{C}{m}\left(\frac{l_0}{i}\right)^2\right] \tag{10.9}$$

在式(10.9)中:第一个等号右侧第一项是在气压力作用下在杆身截面中产生的压应力;第一个等号右侧第二项是由于不稳定弯曲在同一截面中产生的附加应力;f_1 是杆身中间截面的截面积;σ_e 是材料的弹性极限;l_0 是压杆稳定分析中的杆身的有效长度,在摆动平面内取 $l_0 = l$,在轴向平面内取 $l_0 = l'$,而 l' 等于连杆长度 l 减去大头孔和小头孔的半径。此外,m 是考虑杆端固定方式对不稳定弯曲影响的系数;在摆动平面内,可以认为杆端属于铰链式连接,取 $m = 1$;在轴向平面内,可以把杆端看成是被固定住的,取 $m = 4$。J 是截面惯性矩;在摆动平面内,取截面相对于 x-x 轴的惯性矩 J_x;在轴向平面内,取截面相对于 y-y 轴的惯性矩 J_y。i 是截面惯性半径,其值为 $i_x = \sqrt{\dfrac{J_x}{f_1}}$ 和 $i_y = \sqrt{\dfrac{J_y}{f_1}}$。对于各种钢材,数值 $C = \dfrac{\sigma_e}{\pi^2 E}$,在 0.000 2 ~ 0.000 5 的范围内。

利用式(10.9)可以求得连杆杆身中间截面的压应力,并分别得到在摆动平面内(相对于 x-x 轴)和在轴向平面内(相对于 y-y 轴)的应力为

$$\begin{cases} \sigma_x = \dfrac{P_c}{f_1}\left(1 + C\dfrac{l^2}{i_x^2}\right) \\ \sigma_y = \dfrac{P_c}{f_1}\left(1 + C\dfrac{l'^2}{4i_y^2}\right) \end{cases} \tag{10.10}$$

实践表明,连杆的应力 σ_x 和 σ_y 的数值一般在 160 ~ 250 MPa 的范围内。

作用在连杆中间截面上的拉伸应力为

$$\sigma_p = \frac{P_j}{f_1} \tag{10.11}$$

根据应力 σ_x 和 σ_p,以及 σ_y 和 σ_p,可以分别求解得到在摆动平面内和在轴向平面内的杆身中间截面上的疲劳强度安全系数。截面 I—I 和 II—II 的安全系数应接近,以符合等强度特性。

10.2.3　连杆大头

连杆大头的刚度不足是导致发生抱轴、烧瓦、减摩材料疲劳剥落和连杆螺栓断裂等一系列故障的原因之一。因此,连杆大头的设计应使其具有足够的刚度,而且在杆身与大头之间需要平滑过渡。另外,需要尽量减小连杆螺栓之间的跨度,因此通常在连杆螺栓孔与大头孔之间仅留 1.0~1.5 mm 的很薄的壁厚,而螺栓孔外侧的壁厚应较大,一般不应小于 2 mm。

图 10.11 所示是连杆大头最常发生的一种疲劳破坏。为了减小该处的应力集中,在连杆大头上为连杆螺栓或螺母所设的支承面与连杆体之间的过渡圆角的半径不应小于 0.5 mm。但因布置所限,当圆角半径不够大时,可用大半径沉割的方法减小应力集中。设计时需要注意支承面的铣切深度不应太深。

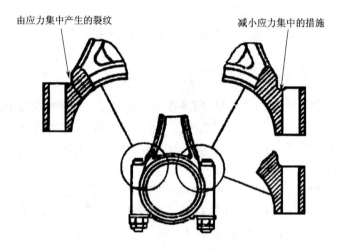

由应力集中产生的裂纹　　　　减小应力集中的措施

图 10.11　连杆设计中的应力集中问题

在四冲程内燃机上,进气冲程始点处的往复惯性力和连杆大头的回转运动惯性力叠加在一起,使连杆大头盖发生弯曲。为了减小连杆大头盖的变形,须设法提高其刚度,一个有效的办法是在大头盖上设置加强肋,如图 10.12 所示。螺孔四周也应布置较多的金属,以提高螺栓支座部分的刚度。而且,加强肋有助于轴承散热。相比之下,二冲程内燃机的大头盖不受载荷,无须加强。

连杆大头与连杆大头盖的分开面大多垂直于连杆杆身轴线。这种连杆大头称为直切口式,如图 10.13 所示。有些内燃机的连杆采用斜切口大头,此时分开面与连杆杆身轴线形成某

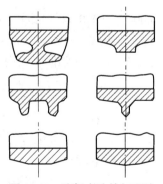

图 10.12　连杆大头的加强肋

一倾斜角,该倾斜角 φ 一般是 30°~60°,如图 10.14(a)所示。一般来讲,只在迫不得已的情况下,才使用斜切口,具体原因如下。

1.由于曲轴的曲柄销较粗,如果采用直切口,大头尺寸会超过气缸孔内径。为了使连杆能够通过气缸孔进行拆装,需要采用斜切口式大头。可以看出,采用斜切口的连杆大头的尺寸要小很多。

2.为了使螺栓偏向一边,这样便于通过曲轴箱侧壁上的窗口来拆装连杆螺栓。

对于直切口连杆,为了保证连杆大头与大头盖在安装时容易对正,并且在力的作用下相互之间不致错位,可以用螺栓定位带来定位图 10.13 和图 10.14(a)所示连杆大头,也可以用定位套来定位。

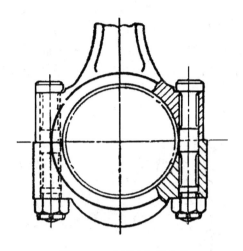

图 10.13　直切口连杆大头

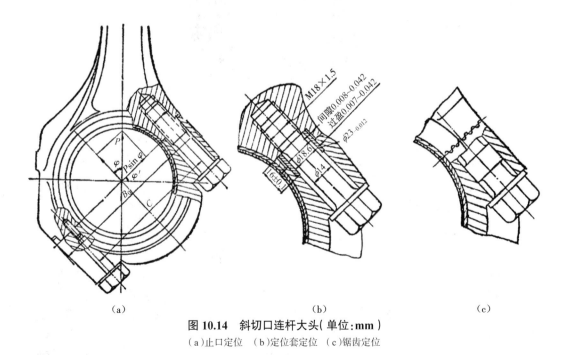

（a）　　　　　　　　　　（b）　　　　　　　　　　（c）

图 10.14　斜切口连杆大头(单位:mm)

（a)止口定位　（b)定位套定位　（c)锯齿定位

对于斜切口连杆,当连杆承受拉伸力作用时,沿剖分面具有很大的横向分力。为了保证工作可靠,通常采用以下方法定位。

1)定位套定位,如图 10.14(b)所示。连杆大头和大头盖的定位孔须分别加工,加工精度要求高。这种定位方法的缺点是抗剪切能力较弱和尺寸不紧凑。

2)锯齿定位,如图 10.14(c)所示。这种定位方式的抗剪切能力好,定位可靠,尺寸紧凑。但是,这种定位对加工精度要求高,齿的节距公差应控制在 0.01 mm 以内,而且齿间表面应能够贴合良好,否则在拧紧螺栓时,大头孔会变形失圆。

近年来,车用汽油机多采用一种将连杆体和大头盖进行分离的新工艺——胀断加工技术。连杆体和大头盖整体加工,并加工出连杆螺栓孔。采用激光加工或其他加工方式,在连杆大头的剖分位置处加工出胀断槽,再用胀断芯轴对大头孔施加一个撑开的力,在胀断槽处形成应力集中,将连杆体和大头盖沿着胀断槽撑断。采用胀断工艺分离的连杆体和大头盖的分离面不再进行加工,通过连杆大头分离面内部互相交错的粗糙断裂面来实现定位,这样可以取消保证螺栓孔精密配合的定位销,如图 10.15 所示。连杆大头的胀断加工技术能够显著降低加工成本,改善连杆大头的定位精度,并提高连杆的承载能力。

图 10.15　胀断式连杆大头

为了不使连杆沿曲轴的曲柄销发生轴向窜动,连杆大头的端面应靠在轴颈凸肩上。对于车用内燃机的连杆,它们之间的间隙一般为 0.1~0.15 mm,如图 10.16 所示。

连杆大头的强度可按图 10.17 所示进行简化计算。可以把整个连杆大头视为一个两端固定的圆环。固定端的位置用图中的角度 φ 表示,假设其为 $40°$。取圆环曲率半径等于两个连杆螺栓的中心距的一半,即等于 $C/2$。取圆环截面面积等于大头盖的中间截面 I—I 的截面面积。除此之外,还做以下假设:

1)连杆轴颈作用在大头盖上的力是按照余弦规律分布的;

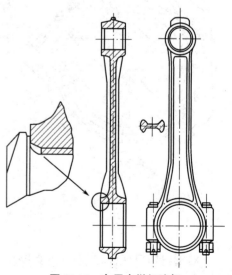

图 10.16　车用内燃机连杆

2）由于轴瓦是过盈安装在大头孔中，所以把轴瓦看成与大头孔壁是一体的。

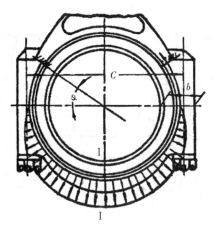

图 10.17　连杆大头计算简图

在上述假设下，可以推导出大头盖的中间截面处的应力（MPa）为

$$\sigma = P'\left[\frac{0.023C}{\left(1+\dfrac{I_c}{I}\right)W}+\frac{0.4}{F+F_c}\right] \tag{10.12}$$

式中　P'——往复运动质量 m_j 在上止点位置时的惯性力 P_j 和连杆回转运动部分质量（扣除大头盖的质量不计）m_2' 的离心惯性力 P_2'（N）之和；

C——连杆螺栓的跨距（mm）；

W——大头盖中间截面 I—I 的抗弯断面系数（mm³）；

I, I_c——大头盖中间截面和轴瓦截面的惯性矩（mm⁴）；

F, F_c——大头盖中间截面的面积和轴瓦截面的面积（mm²）。

P' 可用下式计算：

$$P' = P_j + P_2' = [m_j(1+\lambda)+m_2']R\omega^2 \tag{10.13}$$

根据统计，用上式计算所得的连杆大头盖的中间截面处的应力在下列范围内：

1）对于碳钢，$\sigma = 60\sim200$ MPa；

2）对于合金钢，$\sigma = 150\sim300$ MPa。

根据同样的假设，连杆大头孔横向直径收缩量可以按下式计算：

$$\Delta d = \frac{0.0024P'C^3}{E(I+I_c)} \tag{10.14}$$

为了保证连杆轴承工作可靠，Δd（mm）不应超过轴颈和轴承配合间隙的一半。

10.3　连杆螺栓

把连杆大头和大头盖紧固在一起的措施有很多，可以使用螺栓或螺钉。图 10.18（a）所示的连接结构中,通过双头螺柱拧入连杆大头紧固大头盖;图 10.18(b)所示的结构中,螺柱与连杆制成一体。目前,采用螺栓的紧固方式最为普遍。

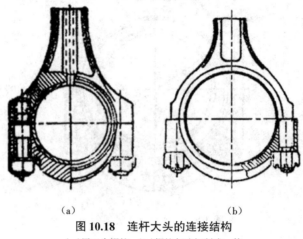

（a）　　　　　　　　　　　（b）

图 10.18　连杆大头的连接结构
（a）用双头螺柱　（b）螺柱与连杆制成一体

　　连杆螺栓在拧紧状态下,必须保证连杆大头和大头盖的对口表面充分互相压紧,这样才能保证在内燃机运转过程中,两对口表面之间不发生互相敲击,从而避免微动磨损。而且,必须使连杆大头孔与连杆轴瓦之间呈过盈配合,保证轴瓦能够很好地紧贴在孔壁上。此时,螺栓承受的力称为螺栓预紧力。在内燃机运转过程中,螺栓还承受往复运动质量在上止点位置时的惯性力和连杆回转运动部分的质量(不计大头盖的质量)的离心惯性力。另外,连杆螺栓还会受到附加弯曲作用。图 10.19(a)展示的附加弯曲是由于连杆大头刚度不足所引起,而图 10.19(b)展示的附加弯曲是由于施加在螺栓上的拉伸力的延长线偏离螺栓中心线所引起。

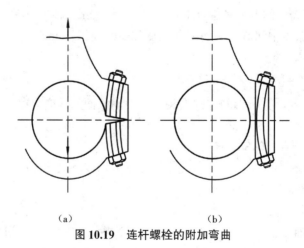

（a）　　　　　　　　　　　（b）

图 10.19　连杆螺栓的附加弯曲

10.3.1　连杆螺栓的强度计算

　　在拧紧连杆螺栓的过程中,反映螺栓本身和连杆大头被紧固部分的受力与变形之间关系的图,称为受力－变形图,如图 10.20 所示。其中,直线 OE 表示在拧紧螺栓的过程中螺栓所受到的拉伸作用力与它的拉伸变形之间的关系;线段 *ABE* 表示在此过程中连杆大头被紧固部分所受到的压紧作用力与它的压缩变形之间的关系。

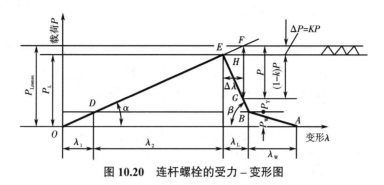

图 10.20　连杆螺栓的受力 – 变形图

由于连杆轴瓦与连杆大头孔之间采用过盈配合,所以在拧紧螺栓时,首先受到压紧的是轴瓦,直到把轴瓦完全压入大头孔并使大头与大头盖的对口表面互相贴合为止。此时,作用在螺栓上的预紧力等于 P_W。这一段拧紧过程是用线段 *OD* 和 *AB* 表示的。该段拧紧过程结束时螺栓的伸长量是 λ_1,而轴瓦的被压缩量是 λ_w。此后,还必须继续拧紧螺栓,使连杆大头与大头盖之间进一步压紧。应把螺栓拧紧到在惯性力 P' 的拉伸作用下,连杆大头与大头盖之间的对口表面不至于分离。这里 P' 是往复运动质量 m_j 在上止点位置时的惯性力 P_j 和连杆回转运动部分质量(扣除大头盖质量不计)m'_2 的离心惯性力之和。如果每个连杆上的螺栓数量等于 i,则每个螺栓所受的惯性力是 $P = P'/i$。

该段拧紧过程是以线段 *DE* 和 *BE* 表示的,与此对应的螺栓伸长量是 λ_2,而连杆大头连同轴瓦一起的被压缩量是 λ_L。此外,点 *E* 反映了由连杆螺栓和连杆大头被紧固部分(包括轴瓦)组成的整个系统在装配状态下的受力和变形情况。由于有螺栓预紧力,所以在装配状态下,螺栓有预拉伸,而连杆大头被紧固的部分有预压缩,它们的预紧力均等于 P_L,但作用方向相反,所以互相平衡。在预紧力 P_L 的作用下,连杆螺栓受拉伸的弹性变形量等于 $\lambda_1+\lambda_2$,而连杆大头部分受压缩的弹性变形量等于 $\lambda_w+\lambda_L$。

下面讨论图 10.20 所示的系统受到惯性力 P 的拉伸作用时的情况。在惯性力 P 的作用下,螺栓沿线段 *EF* 被进一步拉伸。由于螺栓被拉长,压在连杆大头上的力将减小,因此被压紧部分将沿线段 *EG* 卸载,这个过程一直持续到垂直线段 *FG* 在数值上等于惯性力 P 时为止。这时,系统达到一个新的力平衡状态,如图 10.20 中的点 *F* 所示。在这一状态下,螺栓一面受到惯性力 P 的拉伸作用,一面使轴瓦仍然被过盈力 P_w 紧压在连杆大头孔中。除此之外,还能保持连杆大头与大头盖之间的对口表面继续互相压紧,此压紧力在图中用 P_Y 表示。因此,在状态点 *F* 时,连杆螺栓所受到的总拉伸力 P_{Lmax} 为

$$P_{Lmax} = P + P_W + P_Y \tag{10.15}$$

应注意,在任意时刻都必须使对口表面的压紧力 P_Y 大于零,否则对口表面将发生分离,导致轴瓦松弛。在内燃机运转过程中,对口表面的反复分离和闭合意味着对口表面发生反复撞击,造成微动磨损,会引起一系列有害后果。

研究图 10.20 可以看出,对于具有足够预紧力的连杆螺栓来讲,当连杆受到惯性力 P 的拉伸时,螺栓所受拉伸力的增量 ΔP 可用下式表达:

$$\Delta P = kP \tag{10.16}$$

式中 k——基本载荷系数,根据实测资料,基本载荷系数 k 在 0.20~0.25 范围内,在特殊情况下,k 值可以达到 0.15;

P——惯性力。

惯性力 P 中的其余部分 $P - \Delta P = (1-k)P$ 由于连杆大头被紧固部分沿线段 EG 的卸载而被抵消掉。因此,在内燃机运转过程中,作用在连杆螺栓上的拉伸力在 P_{L} 和 P_{Lmax} 之间反复变化,拉伸力变化的振幅是 $\Delta P = kP$,而不是 P。因为拉伸力的振幅减小了,螺栓就不容易产生疲劳破坏,螺栓的疲劳强度从而能够得到提高。

考虑到内燃机可能发生超速和运转过程中活塞可能会发生抱缸现象,这些情况下连杆受到的拉伸载荷要大于惯性力 P,因此每个螺栓的预紧力 P_{L} 通常可以取:

$$P_{\mathrm{L}} = P_{\mathrm{W}} + (2\sim2.5)P \tag{10.17}$$

则每个螺栓的最大拉伸力 P_{Lmax} 为

$$P_{\mathrm{Lmax}} = P_{\mathrm{L}} + kP \tag{10.18}$$

对连杆螺栓进行疲劳分析需要计算最大应力和最小应力。当活塞组往复惯性力最大时,连杆螺栓拉力最大;当活塞组往复惯性力最小(为零)时,连杆螺栓拉力最小,即 $P_{\mathrm{Lmin}} = P_{\mathrm{L}}$。

因此,在螺栓的光杆部分的最小截面处(或在螺纹部分的最小截面处)的最大和最小的极限应力由各自最小截面处的截面面积 A_{L} 确定,可分别表示为

$$\begin{cases} \sigma_{\max} = \dfrac{P_{\mathrm{Lmax}}}{A_{\mathrm{L}}} \\[3mm] \sigma_{\min} = \dfrac{P_{\mathrm{Lmin}}}{A_{\mathrm{L}}} \end{cases} \tag{10.19}$$

为了控制螺栓的预紧力,在装配时需要检验螺栓的预变形量 $\lambda_1 + \lambda_2$,或采用扭力扳手控制螺栓的拧紧力矩。由于在拧紧螺母时所需施加的力矩还与摩擦力矩有关,而后者取决于螺母与螺纹之间以及螺母与支撑面之间的摩擦系数。因此,使用扭力扳手是一种比较方便但却不太准确的方法。

另外,前文中讲到的曲轴和连杆的疲劳强度安全系数公式也可以用于计算连杆螺栓的疲劳强度安全系数。连杆螺栓的安全系数不应低于 2.0。连杆螺栓一般用 35CrMo、40Cr、42Mn2V、40MnB 等中碳合金钢制造。调质处理后,其硬度为 29~39 HRC。对于中碳合金钢材料,疲劳强度安全系数公式中的有效应力集中系数 $K' = 4.0\sim5.5$。

在高速内燃机上,连杆质量和质心位置偏差对内燃机运转时的平衡性和振动是有影响的。因此,在连杆制成后,应进行质量检验和调整。为此,在连杆上设有调整质量用的突出金属块(重量调整块)。重量调整块有的是设在连杆大小头上,有的是设在杆身的质心位置附近,如图 10.21 所示。在高转速车用内燃机上,整个连杆的质量偏差一般需要限制在 ±2 g 左右。

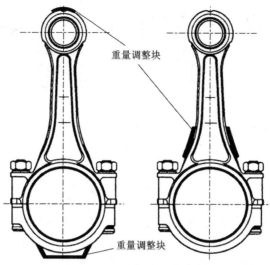

图 10.21　连杆的重量调整

在每一套连杆的大头和大头盖上通常都刻有记号,用来保证在重新安装时能够遵循原有的配对关系,并且不使大头盖装反,以便确保已经调整好的连杆质量偏差不被破坏。尤其重要的是,需要保证已经精确制好的大头孔不会由于装错或转反而失去已有的正确圆形,否则就不能保证薄壁轴瓦的工作能力。

10.3.2　提高连杆螺栓强度的措施

连杆螺栓在工作时受到交变载荷作用,处于疲劳应力状态。一旦连杆螺栓断裂,整个内燃机会被严重破坏。因此,在设计时必须努力提高螺栓的疲劳强度。前文中已经讲到,为了提高螺栓的疲劳强度,就要减小螺栓拉伸力变化的幅度 ΔP,即减小基本载荷系数 k。求解基本载荷系数的方法如下。由图 10.20 可以看出,斜率 $\tan \alpha$ 和 $\tan \beta$ 分别等于螺栓的刚度 K_L 和连杆大头被紧固部分的刚度 K_D。

$$\begin{cases} \tan \alpha = K_L = \dfrac{\Delta P}{\Delta \lambda} = \dfrac{kP}{\Delta \lambda} \\[2mm] \tan \beta = K_D = \dfrac{P - \Delta P}{\Delta \lambda} = \dfrac{(1-k)P}{\Delta \lambda} \end{cases} \tag{10.20}$$

将两式相除,可以得到:

$$k = \frac{K_L}{K_L + K_D} \tag{10.21}$$

根据式(10.21),减小螺栓的刚度 K_L 或增加连杆大头被紧固部分的刚度 K_D,均能使基本载荷系数 k 下降。如需减小螺栓的刚度,可以采用缩小光杆部分直径的办法实现。光杆部分的直径通常等于螺纹根径的 80%~85%。需要注意光杆部分的长度不应小于螺栓外径的一半。细长的光杆部分具有较高的弹性,这样的连杆螺栓具有较小的刚度。

为了提高螺栓的疲劳强度,螺栓各部分的过渡应平滑,以便减小螺栓各处的应力集中。因此,应尽量加大过渡圆角半径,使它不小于杆径的 20%,如图 10.22 所示。

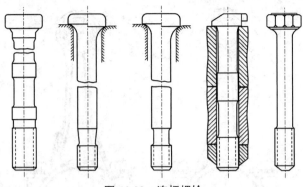

图 10.22　连杆螺栓

为了充分利用材料,还可以把螺纹的头几个牙制出 10°~15° 的倒角。由于螺栓在拧紧后的轴向拉力并不是沿着螺纹平均分布的,而是前几圈螺纹受力严重,将前几圈螺纹顶部切掉一点,可以使载荷分布均匀化,从而减小螺纹根部的最大应力。

另外,还要防止螺栓承受附加弯曲作用。应注意尽量使支承力中心与螺栓中心相重合,避免螺栓产生附加弯曲应力。为了安装方便,有时把螺栓头部制成如图 10.22 所示的形状,以便在拧紧螺栓时螺栓本身不转动。为了消除螺栓中的扭转应力,应在旋紧螺母后,把扭力扳手再稍微反扭一下。

加工工艺对螺栓的疲劳强度也有很大影响。为了合理利用材料,螺纹头部可用镦锻法制造。此时,材料的宏观组织与外形一致,对提高强度有利。螺纹经切削后再经过一次光整滚压加工,表面能够形成预压应力层,其疲劳强度可比用切削法加工的螺栓提高 20%~30%。

10.4　连杆的有限元计算

本节主要介绍有限元法在连杆设计中的使用步骤,包括计算模型的选择和网格划分、边界条件处理和计算结果整理。

10.4.1　计算模型的选择与网格划分

连杆受到的载荷都与连杆的横截面相垂直,并且在截面上大致呈均匀分布。因此,过去常把连杆的计算模型简化为平面问题来处理。随着计算机技术的发展和大型商用有限元软件的广泛应用,为了提高计算精度,目前一般把连杆按照三维问题进行有限元分析。连杆的有限元模型大多采用 10 节点四面体单元或六面体单元。图 10.23 展示了某柴油机斜切口连杆的六面体有限元网格。

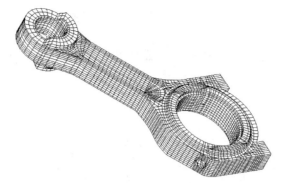

图 10.23　连杆的六面体有限元网格

10.4.2　连杆的载荷处理

连杆所受的载荷包括活塞组往复惯性力、连杆惯性力、缸内气压力、连杆螺栓力，以及连杆小头衬套和大头轴瓦由于过盈而作用于孔径上的均布压力。连杆承受的拉伸载荷来自活塞组往复惯性力。可近似认为当活塞位于进气冲程上止点时，连杆承受最大拉伸载荷；当活塞位于膨胀冲程上止点时，连杆承受最大压缩载荷。

在分析连杆小头衬套和大头轴瓦对孔径施加的压力时，不仅需要考虑衬套和轴瓦都以过盈方式分别压入连杆小头和大头孔中，而且需要考虑由于内燃机工作时温度升高，会使小头孔衬套发生热膨胀，产生附加径向力。

关于连杆惯性力的处理，考虑到连杆小头随活塞在气缸中做往复运动，连杆大头随曲轴做旋转运动，连杆惯性力有以下两种处理方法。第一种方法是在内燃机转速不很高时，把连杆按照两质量法处理，即连杆小头质量随活塞做往复运动，而连杆大头质量随曲柄销做旋转运动。第二种方法是不计算整个连杆的整体惯性力，而是利用有限元法把结构离散化的特点，通过计算每一个单元的体积力方法来得到惯性力。如图 10.24 所示，连杆上任一单元形心处的加速度等于三项加速度的合成，即

$$a = a_j + a_t + a_r \tag{10.22}$$

式中　a_j——随活塞做往复运动的加速度；

　　　a_t——绕小头孔中心点 O 点旋转的切向加速度；

　　　a_r——绕小头孔中心点 O 点旋转的向心加速度。

当连杆在上止点时，这些加速度可以按下式计算：

$$\begin{cases} a_j = R\omega^2(1+\lambda) \\ a_t = 0 \\ a_r = l_i \omega_c^2 \end{cases} \tag{10.23}$$

式中　ω——曲轴的旋转角速度；

　　　ω_c——连杆摆动角速度，$\omega_c = \omega\lambda$；

　　　l_i——单元 i 的形心到小头中心 O 点的距离。

因此，当连杆在上止点时，加速度 a 为

$$a = R\omega^2(1+\lambda) - l_i(\omega\lambda)^2 \tag{10.24}$$

式中　　λ——曲柄连杆比；

　　　　R——曲轴半径。

由于连杆中每个单元所处的位置不同，而且单元大小也不一样，因此每个单元的惯性力均不相同。

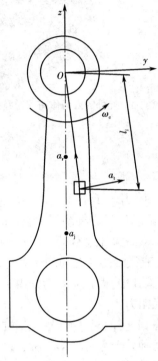

图 10.24　有限元法中单元加速度的合成

关于连杆大、小头孔的载荷处理，由于连杆惯性力处理的方法不同，连杆大、小头孔的载荷处理分为两种方法：把连杆按照两质量法处理；对所有单元的体积力求和，计算连杆惯性力。

（1）把连杆按照两质量法处理

1）连杆的最大受拉工况。

连杆小头孔承受活塞组质量 m_h 产生的惯性力为

$$P_1 = m_h R\omega^2 (1+\lambda) \tag{10.25}$$

连杆大头孔承受活塞组质量 m_h 与连杆小头往复运动质量 m_1 产生的惯性力，以及连杆大头回转部分的质量 m_2 产生的离心惯性力，这两个力的和为

$$P_2 = (m_h + m_1) R\omega^2 (1+\lambda) + m_2 R\omega^2 \tag{10.26}$$

2）连杆的最大受压工况。

连杆小头孔承受的压力是缸内最大气体压力与活塞组往复惯性力之差，即

$$P_3 = \frac{\pi D^2}{4} p_{z\max} - P_1 \tag{10.27}$$

式中　　$p_{z\max}$——一个工作循环中的缸内最高气压，前述已介绍近似认为发生在膨胀冲程上止点时刻；

D——活塞直径。

连杆大头孔承受的力是缸内最大气体压力与活塞连杆组惯性力之差,即

$$P_4 = \frac{\pi D^2}{4} p_{zmax} - P_2 \tag{10.28}$$

(2)对所有单元的体积力求和

1)连杆的最大受拉工况。

连杆小头孔承受活塞组惯性力为 P_1,假设连杆的惯性力之和为 P_5,作用于连杆大头孔的力为 P_6,如图 10.25(a)所示,即

$$P_6 = P_1 + P_5 \tag{10.29}$$

2)连杆的最大受压工况。

连杆小头孔承受缸内气压力 P_{zmax},作用于连杆大头孔的力为 P_7,如图 10.25(b)所示,即

$$P_7 = P_{zmax} - P_5 \tag{10.30}$$

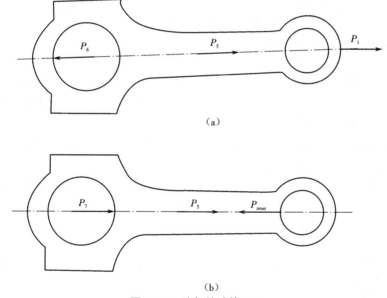

图 10.25 连杆的计算工况

(a)最大受拉工况 (b)最大受压工况

作用于连杆大、小头孔的径向载荷通常按余弦分布规律处理,载荷包角与连杆小头的刚度和配合间隙等因素有关。在受拉工况下,连杆小头孔呈现 120° 或 180° 余弦规律分布,有时也可按 180° 均匀规律分布处理;连杆大头孔呈现 180° 余弦规律分布。在受压工况下,连杆大、小头孔一般均按 180° 余弦规律分布处理。关于连杆螺栓载荷,每个螺栓的载荷可以按照前述公式计算,即 $P_L = P_W + (2 \sim 2.5)P$。其中,$P_L$ 是每个螺栓的预紧力,P_W 是连杆螺栓的预紧力,P 是惯性力。

10.4.3 连杆的位移约束处理

采用有限元法求解时,为了消除整体刚度矩阵的奇异性,必须完全约束结构的刚体运动。由于连杆的分析属于三维问题,需要约束它的 3 个平动自由度和 3 个转动自由度,即需

要约束共计 6 个自由度的刚体运动。如果利用对称性,取连杆的一半建立模型,则需要约束在对称面上的各个节点在垂直于对称面方向的自由度,这样就约束了连杆在对称面垂向的平动自由度和 3 个转动自由度。为了约束其他方向的平动自由度,可在连杆的非关键部位额外添加在该方向上的小弹簧来实现。

10.4.4　连杆载荷和位移约束的其他处理方法

在连杆小头处,小头孔通过活塞销与活塞相连,连杆的大头孔则通过曲柄销与曲轴相连。在使用有限元软件对连杆进行分析时,可以在模型中把活塞销和曲柄销包括进来,并定义小头孔与活塞销之间,以及大头孔与曲柄销之间为接触关系。在连杆工作时,作用在活塞顶上的气压力通过活塞销传递到连杆小头孔。在连杆有限元分析中,其实并不关心活塞销和曲柄销的应力情况。因此,可以根据圣维南原理进行简化处理,即直接把缸内气压力以集中力的形式施加在活塞销上,把位移约束边界条件施加在曲柄销上。这样的处理方式能够简化前述的连杆载荷和约束边界条件的处理。定义接触会大大增加连杆有限元分析的计算量。但是,随着计算机和软件技术的快速发展,这个问题已经不再是障碍。

10.4.5　连杆的有限元分析实例

图 10.26 至图 10.28 分别为用有限元法计算的某斜切口连杆在不同工况下的冯·米塞斯(Von Mises)应力、最大主应力和最小主应力分布图。图 10.29 为某直切口连杆在不同工况下的冯·米塞斯应力和变形示意图。上述图中的数据单位均为 MPa。从图中可见,三维连杆模型的应力分布显然比简化为平面的连杆的二维应力分布更为复杂,因此需要合理确定应力的表达形式,如可以根据需要选择显示连杆大、小头孔的法向应力、切向应力或杆身平面内的应力分量等。此外,也可以根据不同的分析目的,选择冯·米塞斯应力、屈雷斯加(Tresca)应力、最大主应力、最小主应力或其他应力种类。图 10.29 所示的两个连杆都是受力变形后的状态,可以明显看出连杆的大、小头孔处是变形的。

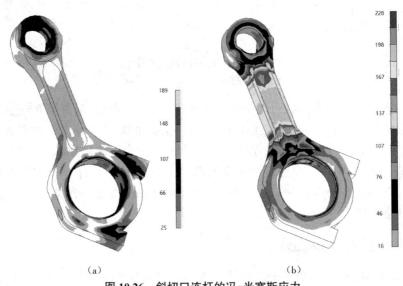

（a）　　　　　　　　　　　　　　　（b）

图 10.26　斜切口连杆的冯·米塞斯应力

（a）最大拉伸工况　（b）最大压缩工况

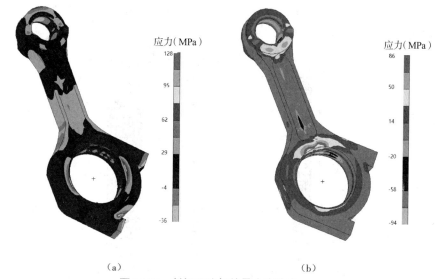

（a）　　　　　　　　　　　　（b）

图 10.27　斜切口连杆的最大主应力

（a）最大拉伸工况　（b）最大压缩工况

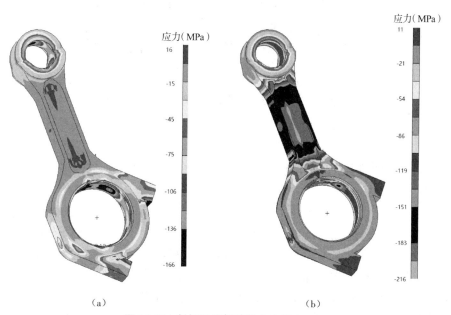

（a）　　　　　　　　　　　　（b）

图 10.28　斜切口连杆的最小主应力

（a）最大拉伸工况　（b）最大压缩工况

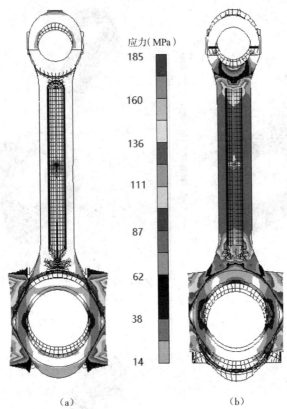

应力（MPa）

185
160
136
111
87
62
38
14

（a）　　　　　　　（b）

图 10.29　直切口连杆的冯·米塞斯应力和变形

（a）最大拉伸工况　（b）最大压缩工况

10.5　连杆的疲劳实验

连杆是内燃机的关键承载零件。根据前述分析，连杆主要承受沿着连杆大、小头孔中心线的抗拉载荷，以及连杆摆动加速度产生的惯性载荷。为了考察连杆的疲劳强度，可在实验台上对连杆进行疲劳实验。图 10.30 是连杆疲劳实验的工装夹具示意图。在实验中，利用电液伺服机构在连杆两端施加交变的拉、压载荷，用该载荷沿连杆大、小头孔连线方向的分量代表连杆所受的抗拉载荷。垂直于该连线方向的分量代表连杆摆动产生的惯性力载荷。除了上述载荷之外，如果曲轴发生弯曲，或者曲柄销中心线与活塞销中心线之间的平行度较差，则会产生如图 10.31 所示的弯矩。图 10.30 中所示的垫块 B 使施加在 A、C 两端的力不共线，其产生的弯矩可以用于模拟图 10.31 所示的弯矩。

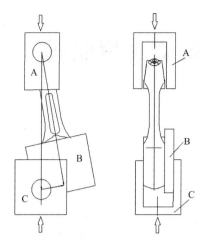

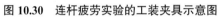

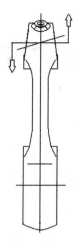

图 10.30　连杆疲劳实验的工装夹具示意图　　　图 10.31　曲柄销和活塞销不平行引起的弯矩

第 11 章　机体、气缸套和气缸盖

11.1　机体

11.1.1　机体的结构

内燃机机体包括气缸体和曲轴箱,通常机体与曲轴箱制成一体。机体是内燃机整台机器的骨架与外壳,各个零部件和辅助系统都安装在机体上。机体各部分的名称如图 11.1 所示。在机体的上部安装气缸盖,下部安装油底壳。曲轴由轴承盖吊挂安装在机体的横壁上,这种曲轴安装方式称为吊挂式。多数汽车内燃机的机体采用图 11.1 所示结构。这种结构的气缸体与上曲轴箱是铸成一体的,内燃机支承座设在上曲轴箱上,下面安装的油底壳只是用来储存润滑油,不承受任何其他作用力。机体的结构形式主要包括平底式机体、龙门式机体、隧道式机体和平分式机体,其特点见表 11.1,结构如图 11.2 所示。

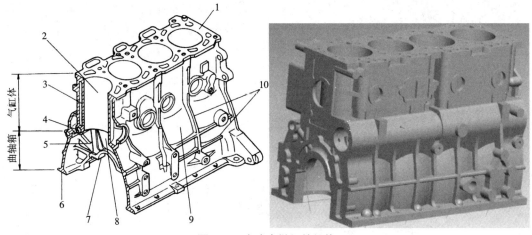

图 11.1　水冷内燃机的机体
1—机体顶面;2—气缸;3—水套;4—主油道;5—横隔板上的加强肋;6—机体底面;
7—主轴承座;8—缸间横隔板;9—机体侧臂;10—侧壁上的加强肋。

表 11.1　各种形式机体的特点

平底式机体	龙门式机体	隧道式机体	平分式机体
机体高度小、质量轻,但刚度较差,油底壳很深,冲压困难,多应用于小排量机	机体曲轴箱刚度稍大,但同时质量也大	机体整体刚度较大,质量也最大,曲轴安装方便,但需保证主轴承孔、主轴承座外圆及内孔的同轴度,要求加工精度高,工艺要求高	机体的横向刚度最大,工作时的振动最小,油底壳的振动相应减小,避免了分体式机体下箱体定位销配合不好造成主轴承孔失圆、机体下箱体的结合面易漏油等问题;同时由于下曲轴箱的结构设计特点,便于搭载平衡轴

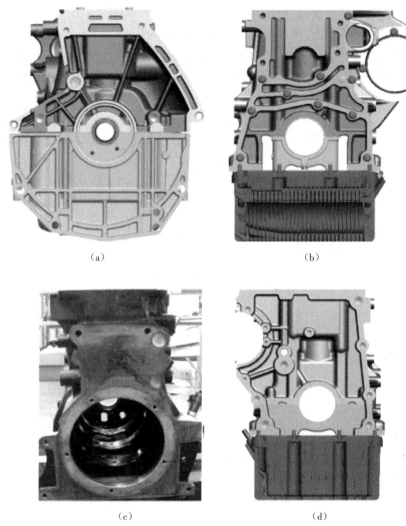

（a） （b）

（c） （d）

图 11.2 机体的结构形式

（a）平底式机体 （b）龙门式机体 （c）隧道式机体 （d）平分式机体

11.1.2 机体的受力和设计要求

内燃机运转时,机体要承受高温高压气体的作用。从图 11.3 可以看出,气体爆发压力作用在气缸盖上的总力 P 通过螺栓传给机体,使机体上端承受拉伸作用。P_h 代表每个气缸盖螺栓的作用力,它的总值等于 P_z。另外,总力 P_z 通过连杆和曲轴也作用在主轴承盖上,并通过轴承盖上的紧固螺栓传至机体下端。主轴承螺栓作用力 P_m 的总值等于 P_z。机体还承受活塞侧向力 N 和由 N 产生的倾覆力矩 $N \times B$ 的作用。因此,在机体的支座上势必有一个反力矩 $P_N \times H$,其大小与力矩 $N \times B$ 相等,但方向相反,用以平衡倾覆力矩。机体还承受惯性力作用和其他诸如支承重量和辅助系统作用力等力的作用。在上述这些力的作用下,机体是在承受拉弯和振动的复杂应力状态下工作的。机体在上述复杂载荷的反复、长期和连续的作用下,必须具有足够的强度才能确保正常工作。

另外,机体还必须具有足够的刚度,以遏制气缸在上述负荷作用下产生变形。当机体变形时首先会使气缸套产生失圆现象,导致气缸密封失效。曲轴的主轴承孔和凸轮轴孔的变形导致各摩擦副的磨损加剧,严重时会影响曲轴和凸轮轴相对于气缸中心线的垂直度,影响内燃机的工作可靠性和使用寿命。当机体上壁(特别是曲轴箱壁面)的刚度不足时,会在上述负荷的作用下,产生过大的变形和振动,从而激发较强噪声。因此,提高机体的刚度是机体设计中极为重要的原则。

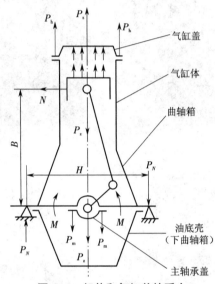

图 11.3　机体和气缸盖的受力

设计机体时需要注意满足以下要求。

1)机体应具有一定的强度和足够的刚度,以保证零部件的正确几何形状和零部件之间的正确配合关系。如果刚度不够,会使气缸孔和主轴承孔发生变形,严重时会导致气缸中心线不垂直于主轴承孔中心线以及各主轴承孔不同心,会引起各有关运动部件之间相互配合关系的改变,加速零件磨损,降低内燃机的性能和寿命,严重时零件会遭到破坏。

2)需要组织好机体的冷却。一方面需要减小机体各部位的热应力,另一方面应当控制机体温度在许可值以下。当采用铸铁材料时,在接近燃烧室的部位,金属温度不得超过 350 ℃;当采用铝合金材料时,不得超过 250 ℃。这是由于当铸铁材料在 400 ℃以上温度或铝合金材料在 250 ℃以上温度时,材料的机械强度会急剧下降。同时,为了防止机油变质,当活塞处于上止点附近时,第一道活塞环处的气缸内壁的表面温度不应大于 180~200 ℃。

3)气缸应当耐磨、耐腐蚀、耐穴蚀,具有较高的使用寿命。

4)机体的外廓尺寸应当紧凑,以减小质量。

5)机体各部接缝处应当严密,防止漏水、漏气和漏润滑油。

11.1.3　机体的设计要点

11.1.3.1　机体的刚度要求

增加刚度的主要方法是使金属分布更合理,适应机体各部位的受力状况,尽可能增加机体在受力和承受弯矩部位的抗拉和抗弯的断面系数。同时,在设计机体结构时,需要尽量避免使机体承受附加弯矩。增加机体刚度的具体措施包括以下几种。

在气缸孔之间,从机体顶面一直延伸到曲轴箱壁的下沿,应设置隔板。由于隔板连接主轴承座,设置隔板可使机体所承受的力和力矩分布得比较均匀。图 11.4 所示是国产 105 系列柴油机的机体内隔板结构(剖面线部分)。在各缸之间的隔板上开有窗孔,供冷却水通过。气缸体顶面需要有足够的厚度,以保持一定的刚度,防止气缸套变形和气缸盖密封不严。

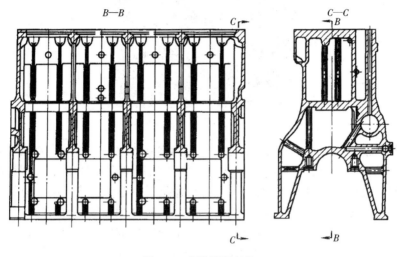

图 11.4　机体隔板结构

在沿机体各受力部位的传力方向上可以设置加强肋,用以增加受力部位的刚度。如图 11.5 所示,在机体上部,沿着受力部位即气缸螺孔的传力方向上,布置有垂直加强肋。肋的设置方向须尽量避免使其传递的力改变方向,需要把加强肋圆滑过渡到机体上。在图 11.5 中,沿主轴孔的传力方向布置有两条水平肋和两条斜置肋。这些肋都与曲轴箱壁相连,从而提高了曲轴箱和主轴承座的刚度。由于这几根加强肋都以螺栓孔为结点,因此当主轴承螺栓的夹紧力传递到机体时,不会产生应力集中。吊挂式曲轴的主轴承盖要求具有一定的刚度,为此主轴承螺孔间的中心距应当尽量小,通常为主轴孔径的 1.5~1.9 倍。铸铁材料的主轴承座和轴承盖的轮毂径向厚度不应小于主轴承座直径的 10%~15%。

当曲轴箱与油底壳的结合面低于主轴承孔的平分面时,机体形成“龙门”形,这种机体称为“龙门”式机体,如图 11.4 和图 11.5 所示。这种设计可能会使机体增加一些质量,但是曲轴箱有更多金属和更大的断面系数来承受力和力矩,因而能够增加曲轴箱下半部分的刚度。

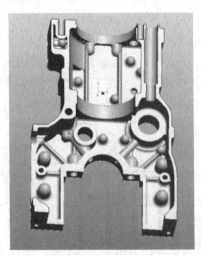

图 11.5　机体的加强肋布置

隧道式曲轴箱如图 11.2(c)所示,这种结构的刚度较大。由于风冷内燃机的缸体和曲轴箱一般是分开的,所以为了提高曲轴箱的刚度,多采用隧道式曲轴箱。同时,在曲轴箱内壁铸有菱形肋,以提高曲轴箱的刚度。当内燃机强化后,有的机型采用在主轴孔两侧加装两个螺柱的办法,预先夹紧轴承座,使轴承产生预压力,提高轴承座的抗拉能力。图 11.6 所示是采用横向螺栓加固主轴承盖的结构。它的优点是把机体侧壁和主轴承盖连成一体,因而大大提高了整个机体的刚度,降低了因机体振动而产生的噪声。

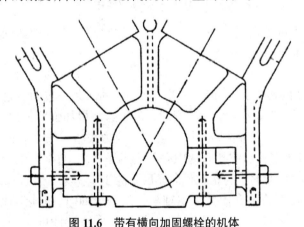

图 11.6　带有横向加固螺栓的机体

在机体设计上需要尽量减小机体所承受的附加弯矩。为此,机体上的螺栓孔与主轴承盖螺栓孔的中心线应当尽量布置在同一垂直横断面上,如图 11.7(a)所示。螺栓孔和螺栓搭子应尽可能与机体壁厚的中心对称,偏移距离 h 应当越小越好,如图 11.7(b)所示。偏移量越大,气缸壁受到的附加弯矩也越大。一般情况下,气缸盖螺栓与主轴承螺栓很难布置在同一中心线上。因此,缸套下支承隔板会承受附加弯矩。在设计时应当加厚下支承隔板,以加强其刚度。在横隔板上布置润滑油道时,应当注意不要妨碍力的传递。当这一点难以实现时,就必须增加油道的壁厚。另外,油管外壁与轴承隔板之间的过渡应当平缓。而且,更重要的是,油孔中心线应当与隔板壁厚的中心线一致,否则会产生严重的应力集中。

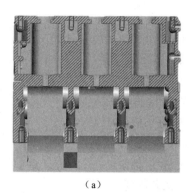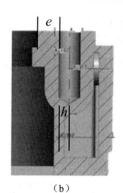

（a）　　　　　　　　　　　　　　　　（b）

图 11.7　缸盖与主轴承螺栓孔布置

（a）螺栓孔与主轴承螺栓在同一截面　（b）螺栓孔到机体壁厚中心的偏移距离

关于气缸盖螺栓数的确定和螺栓孔位置设计,如图 11.8 所示。中小缸径多缸内燃机通常采用每缸六个螺栓近似均布,其中四个螺栓布置在两缸相邻的隔板平面内,螺栓孔搭子须用具有一定高度和宽度的筋条与主轴承盖的螺栓搭子相连;另外两个螺栓分别布置在推杆孔一侧和与之对应的另一侧。对于缸径较大的机型,可以采用七个或八个螺栓。对于缸径小于 90 mm 的两缸、三缸或四缸内燃机,可以采用四个螺栓。如果气缸盖的螺栓分布不均匀,或者螺栓间距过大,内燃机会有窜气和漏油的风险。

缸体上平面的螺孔内的螺纹部分应沉入螺孔一段距离,否则在螺柱拉紧力的作用下,接合面可能会发生凸起变形,妨碍接合面压紧。缸体上的螺纹孔深度不得小于两倍的螺纹直径。当螺纹直径为 D 时,螺纹沉入的距离为 $0.3D$,如图 11.9 所示。

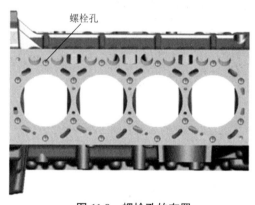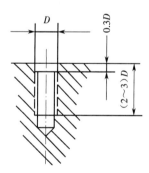

图 11.8　螺栓孔的布置　　　　　　　　**图 11.9　螺纹下沉**

11.1.3.2　冷却水套布置

为了使流向各个气缸的冷却水流量和水温均匀一致,在机体前端入水口处布置纵向进水道,其截面面积应大于流向各个气缸的分水孔面积的总和。水套各部位不应有滞留水或蒸汽的死区存在,以防机体局部过热。如果机体中仍然存在死区,则应当设置专门的水孔将死区与气缸盖相通。这一点对于倾斜的 V 形内燃机机体应当特别注意,因为 V 形内燃机机体的最高点有可能比出水口要高。在活塞主推力面一侧的水套夹层厚度通常不应小于 10 mm,以防穴蚀发生。应当尽量避免采用相邻气缸无水套夹层的结构,因为这种结构会由于冷却不均匀而造成气缸变形。

11.1.3.3 减小质量的要求

除了需要合理设计结构、充分发挥金属材料的抗变形作用以外,在工艺上采用 5 mm 厚度的薄壁铸件,能够减小机体质量。柴油机机体质量通常约占整机质量的 40%。即使 V 形短行程柴油机的机体质量也占到了 25%,而汽油机的占比一般大约是 30%。因此,降低机体质量对于降低整机质量影响很大。采用减薄结构壁厚的办法来减小机体质量是有限的。然而,减小机体外形尺寸则可以使机体质量显著减小。对机体外形尺寸影响较大的参数包括缸心距 L_0、行程缸径比 S/D、连杆长度 l 和活塞压缩高度等。可以通过对机体进行有限元分析来优化设计机体结构,在保证强度和刚度的情况下,减小机体质量。

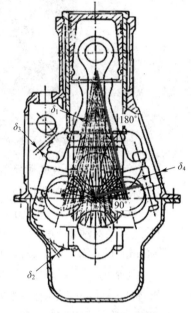

11.1.3.4 机体尺寸的确定

曲轴箱的宽度取决于连杆大头的运动外廓轨迹,如图 11.10 所示。连杆运动轨迹曲线与机体有关部位之间的间隙推荐值见表 11.2。机体壁厚的设置可以参考表 11.3。由于主轴承上的隔板需要承受较大的力,所以要厚一些。如果采用铸铝,因为铝的弹性模量小(铝的弹性模量 $E = 0.7 \times 10^5$ MPa,铸铁的弹性模量 $E = 1.22 \times 10^5$ MPa),为了保证机体的刚度,应使壁厚增加大约 2 mm。

图 11.10 柴油机连杆动轨迹图

表 11.2 连杆运动轨迹曲线与机体有关部位之间的间隙推荐值

参数	符号	间隙范围(mm)		经验公式 (缸径大时取上限, 缸径小时取下限)
		中小型高速柴油机 $D = 85 \sim 160$ mm	中速或高速大功率柴油机 $D = 160 \sim 350$ mm	
连杆与气缸套之间的最小间隙	δ_1	3~11	11~20	$\delta_1 \geqslant (0.03 \sim 0.07)D$
机体壁面、油底壳与连杆轨迹之间的最小间隙	δ_2	5~16	16~25	$\delta_2 \geqslant (0.075 \sim 0.1)D$
凸轮轴最大外圆与连杆轨迹之间的最小间隙	δ_3	4~20	—	$\delta_3 \geqslant (0.06 \sim 0.07)D$
平衡块与活塞运动轨迹之间的最小间隙	δ_4	2~5	5~8	$\delta_4 \geqslant (0.03 \sim 0.07)D$

表 11.3 柴油机铸铁机体的壁厚

气缸直径 D(mm)	机体壁厚(mm)	隔板壁厚(mm)
80~100	4~5	5~6
100~130	5~6	7~8
130~150	6~7	8~10

机体的上顶面应保持一定的强度和刚度,减少因拧紧气缸盖螺栓而产生的变形。汽油

机机体的上顶面壁厚是 10~12 mm,中小型柴油机是 15~25 mm,过厚会影响机体上部的冷却。

机体水套的长度应能保证当活塞位于下止点时,活塞环能得到很好的冷却。现代内燃机的水套长度通常要长一些,以便使溅到气缸壁面的机油得到冷却。

缸心距 L_0 是一个机体的尺寸参数,它直接影响内燃机结构的紧凑性。确定 L_0 大小的因素包括以下几方面:① 两气缸之间的主轴承宽度;② 曲柄销宽度;③ 气缸套形式,即采用干缸套还是湿缸套,由于湿缸套上端有定位凸缘,因此采用湿缸套时 L_0 比干缸套大;④ 主轴承采用滑动轴承还是滚动轴承;⑤ 相邻气缸之间水套的厚度(一般至少 4~5 mm);⑥ 内燃机是风冷还是水冷,风冷机的 L_0 比水冷机大,风冷机的 L_0 取决于相邻气缸之间的散热片高度。

为了实现系列化、标准化、通用化设计,有时将一系列的水冷和风冷内燃机的缸心距设计成一样大,以便用较少的工艺装备生产多种型号的机型,并且增加同一系列不同型号机型之间通用零件的数目。各种内燃机的缸心距通常处于以下范围内。

1)水冷汽油机:$L_0 = (1.2\text{~}1.28)D$。

2)水冷柴油机:汽车 $L_0 = (1.25\text{~}1.35)D$;拖拉机 $L_0 = (1.35\text{~}1.40)D$;二冲程机 $L_0 = (1.58\text{~}1.63)D$,因为要在气缸上布置扫气道;V 形高速大功率机 $L_0 = (1.37\text{~}1.40)D$。

3)风冷柴油机:$L_0 = (1.35\text{~}1.45)D$。

11.1.4 风冷内燃机的气缸体

大多数风冷内燃机的气缸盖、气缸体与曲轴箱是分开的,其连接方式大多使用长螺栓连接。螺栓的强度要高,且细长有柔性。它与刚度较好的气缸体和气缸盖配合使用,可以降低因燃气压力作用而产生的螺栓交变力,同时也可防止螺栓预紧力过度增大。预紧力增大的原因是铝合金气缸盖和机体的热膨胀大于冷却较好的细长柔性螺栓的热膨胀。由于膨胀长度不同而引起螺栓预紧力增大,结果可使螺栓产生塑性变形,气缸盖与气缸体之间的密封压力也大大增加。加上高温时气缸材料强度会降低,使气缸盖密封带处产生凹陷,特别是在温度较高的排气门附近部位,而且气缸盖也会变形。这两种情况会导致冷车时密封带漏气。

风冷内燃机的曲轴箱通常设计成隧道式,使曲轴箱保持一定的刚度。风冷式曲轴箱的设计要点与水冷式曲轴箱没有太大区别。气缸体应当具有足够的刚度,气缸体的上端(与气缸盖结合处)和下端(与曲轴箱结合处)要加大壁厚,这样可以增加刚度,减少上、下端的应力集中。

风冷内燃机的气缸体外壁布置有散热片。当冷却空气流过时,应当保证气缸壁四周的热状态均匀,沿气缸高度方向的温度梯度应尽可能小。如果气缸壁四周的温度分布不均匀,气缸会产生热应力,破坏气缸的正确几何形状。为了保证气缸沿圆周方向的温度分布均匀,并且沿气缸高度方向的温度梯度尽可能小,宜采用空气导流罩,使气流有组织地流过气缸。

在总体设计时,为了缩短风冷内燃机的长度,可以减少两相邻气缸之间的散热片高度。当散热片沿气缸体四周的布置不对称时,沿气缸圆周方向的各处热膨胀就会不同,在高温时易产生不均匀变形,使气缸上部的气缸套失去正确的几何尺寸,增加气缸套的磨损。为了消除上述缺点,可将散热片开出缺口,如图 11.11 所示。这样,当气缸受热时,散热片能够自由变形,气缸壁不致产生不容许的热应力。而且,这种散热片的散热效率比较高,因为气流在通过开缝的散热片时能够产生紊流,导致在相同的空气量下散出的热量会增多。

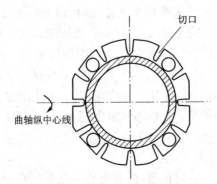

图 11.11　带切口的散热片

风冷内燃机气缸盖材料一般采用铝合金,而缸体材料采用铸铁。铝合金的强度不如铸铁。虽然铝合金的导热性更好,但是反映在缸壁内表面的金属温度上,其实降低幅度不大。不过,良好的导热性能够使壁面温度分布更均匀。另外,铝散热片的高度可以设计得较高,这样可以增大散热面积,提高散热效率。但是,由于浇铸工艺和材料强度的原因,叶片长度不能太长。

目前的一些风冷内燃机采用把带散热片的铝合金筒和铸铁气缸套铸在一起的结构。在这两种金属的分界层中,由于金属的扩散作用,能够产生牢固的接合。这种缸体对传热性能和耐磨性兼顾得比较好。

采用铝合金作为气缸盖材料时,不是必须设置气缸垫。铝合金气缸盖本身能够起到环形垫的作用。密封面须比较光滑,否则由于铝合金气缸盖和铸铁气缸的热膨胀量不一样,当两者的接触表面之间发生相对滑动时,会因摩擦而产生附加机械应力。

11.1.5　机油密封

在下曲轴箱(油底壳)与曲轴箱相结合的平面处和曲轴的前后端,需要注意机油的密封问题。在曲轴的后端即飞轮端,机油密封方式取决于曲轴与飞轮之间的连接方式,也取决于油底壳与曲轴箱之间的接合面的结构形式。曲轴的前端借助甩油盘和橡胶油封实现密封,如图 11.12 所示。在内燃机工作时,落在甩油盘 2 上的机油在离心力作用下被甩到定时传动室盖的内壁上,再沿壁面流回到油底壳。即使有少量机油落到甩油盘前面的曲轴上,也会被安装在定时传动室盖上的自紧式橡胶油封 1 挡住。

曲轴后端的密封装置如图 11.13 所示。由于近年来橡胶油封的耐油、耐热和耐老化性能的提高,现代汽车内燃机的曲轴后端的密封越来越多地采用与曲轴前端一样的自紧式橡胶油封,如图 11.13(d)所示。自紧式橡胶油封由金属保持架、氟橡胶密封环和拉紧弹簧构成。

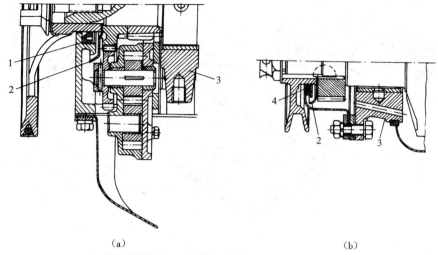

（a）　　　　　　　　　　　　　　　　　　　　　（b）

1—自紧式橡胶油封；2—甩油盘；3—第一主轴承盖；4—密封填料

图 11.12　曲轴前端的密封

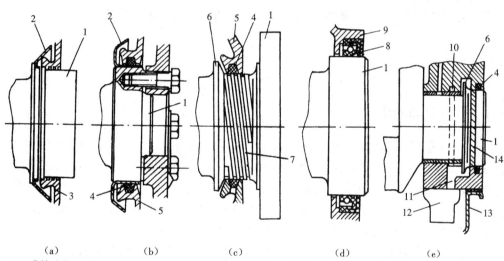

（a）　　　　　　（b）　　　　　　（c）　　　　　　（d）　　　　　　（e）

1—曲轴后端；2—挡油盘；3—回油盘；4—密封填料；5—填料座；6—挡油凸缘；7—回油螺纹；8—橡胶油封；9—油封座；
10—卸油槽；11—回油孔；12—主轴承盖；13—油底壳；14—回油螺旋槽

图 11.13　曲轴后端的密封

（a）挡油盘加回油盘　（b）挡油盘加密封填料　（c）挡油凸缘加回油螺纹和密封填料
（d）自紧式橡胶油封　（e）卸压槽加挡油凸缘、回油螺纹和密封填料

为了保证油底壳与机体之间密封的可靠性，应使油底壳的密封凸缘具有一定的刚度。为此，可将用薄钢板制成的油底壳凸缘冲压成特殊外形，如图 11.14 所示。油底壳紧固螺钉的间距不能太大，一般不宜超过 100 mm，以保证油底壳均匀受压，提高密封可靠性。油底壳与机体之间的垫片材料的残余变形要小，弹性要好，以便补偿油底壳密封面的不平度。同时，要求垫片能够耐受 100 ℃以上的热机油的浸泡而不脆裂。

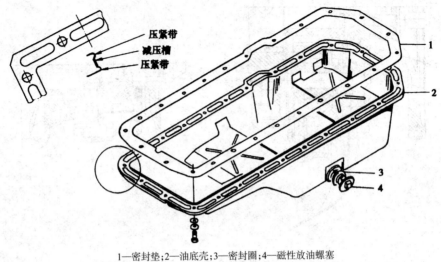

1—密封垫;2—油底壳;3—密封圈;4—磁性放油螺塞
图 11.14　油底壳

油底壳通常为冲压件,有的则为铸铁件或铸铝件。目前,还有一些油底壳选用可降低噪声的减振钢板冲压成型。减振钢板是在两种钢板之间夹有树脂的专用板材。

11.2　气缸套

11.2.1　气缸套的结构

气缸套分为干缸套和湿缸套。如图 11.15(a)所示,干缸套是比较薄的圆筒,壁厚大约为 2 mm,汽车内燃机用的干缸套的壁厚大约为 $0.02D$, D 是气缸直径。干缸套的优点是整个机体可以使用普通材料,而只在干缸套部分使用耐磨性能好的材料,这样可以节省耐磨的稀有金属用量;干缸套的机体刚度比湿缸套的机体刚度要大。干缸套的缺点是加工复杂、拆装修理不方便,而且如果干缸套装配不好,会导致缸套的散热效果差。

湿缸套的结构如图 11.15(b)和(c)所示。湿缸套的制造和修理都很方便,但是机体刚度较差。如图 11.15(c)所示,湿缸套靠 D_3 的圆柱面和凸肩底面来定位,凸肩上平面被气缸盖和气缸盖衬垫压紧。凸肩高度 h_4 很重要。如果 h_4 值选得过大,虽然气缸套上部的刚度会较好,但是气缸套上部的冷却条件会不好。如果 h_4 值选得过小,即造成凸肩过薄,那么当螺栓拧紧后,气缸套上部会产生变形,导致缸套失去正确的几何形状,严重时会使凸肩根部产生裂纹。气缸套上部的受压平面需要比机体上平面高出 Δh 值, $\Delta h = 0.05 \sim 0.15$ mm,以便压紧气缸套。当多个气缸共用一个气缸垫时,各缸的 Δh 值之间不能相差过大,否则气缸套会因为压紧程度各不相同而影响各缸的密封性。一般来讲, Δh 值的公差为 $\Delta \delta_h = 0.03$ mm。另外,凸肩外径 D_4 与机体间须留有间隔 δ_1, $\delta_1 = 0.3 \sim 0.7$ mm,供凸肩上端容纳径向热膨胀之用。

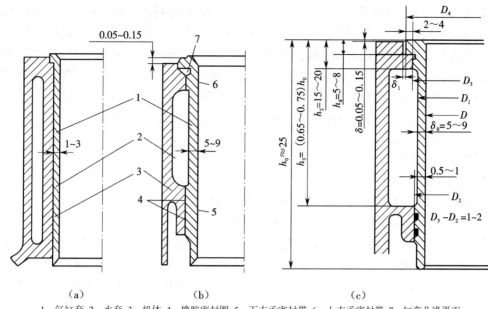

1—气缸套;2—水套;3—机体;4—橡胶密封圈;5—下支承密封带;6—上支承密封带;7—缸套凸缘平面

图 11.15　气缸套的结构(单位:mm)

(a)干缸套　(b)湿缸套　(c)湿缸套结构尺寸

气缸套长度 h_0 应使活塞在下止点时活塞裙部能稍露出气缸套,便于活塞能将缸壁上的脏机油刮下来。气缸套长度 h_0 通常为(1.9~2.1)S,S 是行程。高速二冲程和短连杆内燃机在连杆处于最大摆角时,需要校核连杆是否与气缸套相碰。

常用的几种气缸套材料包括以下几种。

1)普通灰铸铁 HT20~40。它的金相组织是珠光体基体,铁素体含量不大于 10%。灰铸铁是具有片状石墨的铸铁,硬度为 140~220 HB。普通灰铸铁易于铸造,加工性能好,成本低,适用于中低速柴油机。普通灰铸铁的缺点是寿命较低。使用这种材料制造的缸套的使用使命是 1 500~2 500 h。

2)低合金铸铁。这种材料含有少量铬和钼等合金元素,它的金相组织是珠光体基体,硬度是 180~220 HB。由于它的金相组织细化,能够促进生成碳化物,故具有在高温下耐磨的优点。如果采用高频淬火,还可以大大提高使用寿命。目前有些气缸套采用铜铬合金铸铁。

3)高磷合金铸铁。它的含磷量较高,一般可达大约 0.8%。它的珠光体机体中含有较多的磷化物共晶体。经淬火和低温退火处理后,硬度可达 500~550 HB。它的优点是耐磨、耐腐蚀性能好。高磷合金铸铁的缺点是质地较脆。

4)硼铸铁。这种材料的含硼量为 0.04%~0.08%。在珠光体的基体中析出有高硬度碳化物,其硬度超过镀铬层的硬度。含硼铸铁气缸套的耐磨性比高磷铸铁气缸套高 50%,同时具有良好的切削性能和一定的贮油能力。硼铸铁的韧性和强度都很好,材料不脆。这种材料的含硼量应控制适当,否则会使加工性能变坏。

11.2.2　气缸套与气缸盖接合面的密封

保证气缸套与气缸盖之间气密封的措施包括以下几项:① 在气缸套与气缸盖之间安装

气缸盖密封衬垫;② 合理选择气缸盖螺栓数量,并合理布置螺栓位置。在缸径小于 100 mm 的直喷式柴油机中,每缸的螺栓数大约是 4 个。在缸径大于 100 mm 的多缸柴油机中,每缸的螺栓数大约是 6 个。由于大缸径内燃机的气缸盖的底面积较大,如果螺栓数量过少,会使气缸盖衬垫的各部位受力不均匀,导致漏气。在布置螺栓位置时,一方面应使螺栓靠近燃烧室,另一方面应使每个螺栓压紧的面积基本相同,以保证气缸盖受压均匀。另外,作用在每个气缸上的总螺栓预紧力不应小于作用在每个气缸上的气体压力的 3.2 倍。设计螺栓时,应使其工作应力接近材料的屈服点。

气缸衬垫的设计要求如下。

1)在高温高压燃烧气体的作用下不易破损。

2)具有良好的密封性,具有一定的弹性,利用弹性补偿接合面的不平。

3)具有较长的使用寿命,拆装方便,拆装后仍然能够继续使用。

图 11.16 所示是常用的气缸盖衬垫及其密封形式。衬垫内是复合材料,外面包有一层铜皮,铜皮的卷边尺寸应符合一定的要求,衬垫的厚度具有一定的公差。这种衬垫的优点是结构简单,广泛用于汽油机和爆发压力不高的小缸径柴油机。图 11.17 是高增压柴油机采用的一种密封形式。

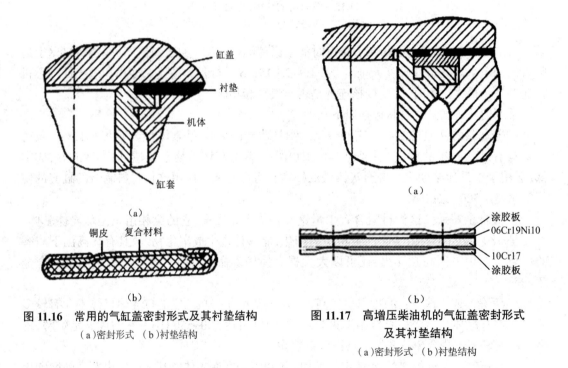

图 11.16　常用的气缸盖密封形式及其衬垫结构
（a）密封形式　（b）衬垫结构

图 11.17　高增压柴油机的气缸盖密封形式
及其衬垫结构
（a）密封形式　（b）衬垫结构

11.2.3　气缸套产生磨损的原因及提高气缸套耐磨性的措施

气缸套的磨损方式包括三种,即摩擦磨损、腐蚀磨损、金属黏着磨损。这三种磨损有时同时出现,而有时对于不同负荷和不同用途的内燃机来讲,其中某种磨损方式可能是主要的。

（1）摩擦磨损

摩擦磨损主要是由进入气缸内的尘埃颗粒所引起的，是一种机械磨损。其磨损的特点是沿着气缸长度方向磨损量比较均匀。减小摩擦磨损的办法是安装阻力小且滤清效果好的空气滤清器，而且在曲轴箱通风装置的吸气通道也需要安装滤清器，防止灰尘进入曲轴箱内。对于在野外工作的拖拉机或矿山工程机械，更要注意防尘问题。气缸套的摩擦磨损情况如图 11.18(a)所示。

（2）腐蚀磨损

汽油和柴油中都含有硫份。在质量好的燃油中，含硫量按质量比须小于 0.5%。在质量差的燃油中，含硫量可高达 1% 或更高。这些硫份在气缸内燃烧时会生成 SO_2 或 SO_3。这些硫化物与燃烧产物中的水蒸气结合后生成亚硫酸或硫酸。由于缸内压力较高，所以缸内水蒸气的露点也较高，这些酸性气体还会凝结在气缸内壁上。当缸壁温度等于或低于露点温度时，H_2SO_3 和 H_2SO_4 气体就会凝结在气缸内壁上，造成对金属的腐蚀，包括直接腐蚀气缸壁。当活塞处于上止点时，在第一道活塞环处的缸壁上，润滑油膜难以形成，因此最容易受到酸的腐蚀。沿气缸长度方向看，气缸内壁磨损量最大的地方是当活塞处于上止点时第一道活塞环所处的位置，这个地方的腐蚀磨损量最大，并形成一个腐蚀磨损肩台，如图 11.18(b)所示。这一现象是腐蚀磨损的特征。

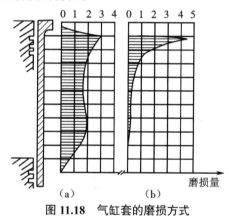

图 11.18　气缸套的磨损方式
（a）摩擦磨损　（b）腐蚀磨损

经常处于低温起动的内燃机最容易发生腐蚀磨损。另外，汽油机的气缸内因汽油将润滑油膜冲洗掉，造成气缸壁无润滑油膜保护时，也容易造成腐蚀磨损。例如，汽油机气缸内的最大径向磨损通常发生在进气门对面，即可燃混合气流入的方向。由于含有汽油雾化小颗粒的进气气流把气缸内壁上的润滑油膜冲掉了，而且气流还把气缸内壁吹冷了，因此会加剧腐蚀磨损。防止腐蚀磨损的措施包括以下几方面：① 在润滑油中加碱性添加剂，以中和酸性物质；② 使气缸套保持一定的温度，在该温度下使酸性气体不能冷凝在气缸内壁上。

图 11.19 展示了四冲程柴油机气缸套的温度分布情况。活塞位于上止点时，第一道活塞环处的温度不能超过 180 ℃，因为超过该温度后，机油会变质，无法保证良好的润滑条件。气缸套接近燃烧室部位的温度可高达 300 ℃。在膨胀冲程中，缸内的压力和温度均在变化，所以沿气缸套长度方向各部位的水蒸气露点温度也各不相同。为了防止发生酸腐蚀，要求气缸套沿长度方向各部位的温度均高于水蒸气的露点温度。例如，当活塞处于上止点时，第一道活塞环处的气缸内壁温度应当高于 140 ℃；当活塞处于下止点时，第一道活塞环处的气

缸内壁温度应当高于 100 ℃。如果缸内某一部位凝结出酸性液体，酸液就会被活塞环带到气缸套顶部而加剧第一道活塞环处的气缸套腐蚀。

中小功率柴油机气缸套的正常磨损率是 0.02~0.03 mm/h。当气缸套的磨损量达到 $D/400$ 时（ D 为气缸直径），气缸会开始窜机油，而且会发生起动困难；当气缸套的磨损量达到 $D/300$ 时，气缸会发生窜气；当磨损量达到 $D/250$ 时，内燃机的性能会严重恶化。

（3）金属黏着磨损

气缸套的黏着磨损俗称咬缸或拉缸。金属黏着是一种金属熔接的过程。当活塞与气缸套之间的润滑油膜遭到破坏时，两个金属表面的尖峰互相接触，产生局部干摩擦，摩擦产生的热量使小面积的金属发生熔化。在活塞的往复运动过程中，在有些瞬间活塞相对于气缸内壁处于相对静止的状态，而就在这一瞬间，两种金属最容易熔接上。当活塞运动时，熔接在一起的金属又被撕裂开，使得原来熔接处的金属表面变得凹凸不平。活

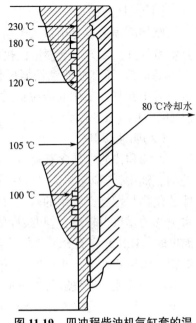

图 11.19　四冲程柴油机气缸套的温度分布

塞和活塞环再次通过这些凹凸不平的气缸内壁部位时，金属熔接现象就会变得更加迅速和剧烈。

当活塞处于上止点时，黏着磨损首先发生在气缸上部第一道活塞环所处的位置。在这个位置，活塞环和气缸内壁的温度较高，机油润滑也最为缺乏。发生拉缸后的气缸、活塞和活塞环的表面磨损量比正常磨损量大许多倍，而且损伤仍呈熔融流动状态，带有不均匀和不规则的沟痕边缘和皱褶。对于高增压柴油机来讲，由于缸内的温度和压力都很高，气缸内壁更容易发生黏着磨损。

造成黏着磨损的因素有很多，主要的防止措施包括以下几条。

1）保证气缸套与活塞组在工作中具有正确的几何形状。气缸套和活塞组需要具有足够的刚度，否则会因变形过大而破坏正常工作所要求的工作间隙。合理布置气缸盖螺栓，使气缸套受力均匀，也是防止气缸套变形的措施之一。

2）使气缸套工作表面具有足够的润滑油量。对于高增压柴油机来讲，由于缸壁温度高，应当使用黏度较高的机油，确保机油能够黏附在气缸内壁上。

3）在材料和工艺上采取措施，提高气缸内壁储存机油的能力，提高耐黏着磨损的能力。

随着内燃机在功率目标上的强化，以及对节能减排的要求越来越高，在性能与磨损耐久性之间的矛盾也越来越尖锐。一个设计趋势是既需要减小活塞与气缸内壁之间的配合间隙，又需要提高气缸内壁的抗拉缸能力和减摩性。很多设计措施是从表面处理和材料选用方面着手来解决问题。

气缸套内壁的表面结构要求（表面粗糙度）一般是在 0.2~0.4 μm 的范围内。气缸套经珩磨后，内表面形成棱形条纹网络，棱纹交角在 120°~160°。棱纹平均宽度为 10~16 μm，深度为 4~9 μm，间距大约为 20~30 μm 最为适宜。这些条纹的作用是贮存机油，减少磨损和咬缸倾向，并加速与活塞环的磨合。近年来，还采用了新的振动加工工艺对大功率柴油机气缸

进行加工,其比珩磨加工获得的表面耐磨性更好。在振动切削时,刀头上强制给予 0.5~50 kHz 的振动频率。振动加工表面布有宽度为 30~50 μm 且深度为 5 μm 的沟槽。这些沟槽具有贮油功能。振动加工的表面摩擦系数比珩磨能够小 10%。

气缸套大多是用铸铁制成的。铸铁中的石墨对贮油和润滑都比较有利。含磷量高的高磷铸铁气缸套的内表面具有网络状蓄油槽。这种气缸套的表面贮油能力较强,对抗黏着磨损很有利。高磷铸铁和加硼铸铁的耐磨性和抗腐蚀性比一般铸铁均有所提高。车用柴油机目前很多采用钢制薄壁干缸套,其内表面经氮化处理后,能够大大提高抗拉缸能力。

为了减轻磨损,在工艺方面采取的措施还包括在气缸内表面多孔镀铬。这个措施能够提高气缸套内壁的硬度和贮油能力,可以提高耐磨性达 50%。但是,由于成本较高,该工艺的推广受到限制。

气缸内壁软氮化是另一种常用的工艺,即将气缸套放入盐炉内,在 460~580 ℃温度下经软氮化处理后,能大大提高抗拉缸能力。软氮化处理会在气缸内壁产生两层硬化层。第一层硬化层是非金属的化合层,其主要成分是氮化铁和碳化物,该层厚度为 10~14 μm,硬度约为 40 HRC 洛氏硬度,而且它的耐磨性比硬度更高的氧化氮化层的耐磨性还要好,因此得名软氮化。化合物氮化铁和碳化物已不是金属状态,它的熔点很高。与镀铬层在 300 ℃时就开始软化相比,该化合层在 900 ℃高温下仍能维持非常稳定的性能。所以,当气缸内壁处于高温并缺乏机油时,软氮化处理过的气缸内壁仍然具有很好的抗黏着磨损的能力,以阻止金属熔接。第二层硬化层是扩散层,这层可以提高耐疲劳能力。经氮化处理后的缸套能够提高抗疲劳能力,化学稳定性高,而且耐腐蚀和耐穴蚀的能力也得到提高。软氮化的成本仅为镀铬费用的 1/5,因此在中小功率柴油机上采用。

目前,国内外十分注意对气缸内壁表面特殊工艺处理方法的研究,线爆喷涂技术就是其中一种。在该技术中,钼和高碳钢制成的金属丝在大电流放电的情况下爆炸,金属微粒以高速击溅在气缸内壁表面,能形成一层钼和钢的复合层。由于燃料中含有硫份,当内燃机运转时,钼层便与燃料中的硫份形成 MoS_2,其本身就是一种金属润滑剂,不会产生金属黏着磨损。这种工艺制成的气缸套内壁的耐磨性好,磨损率仅为普通气缸套的 1/3。线爆喷涂的涂层表面最大厚度为 18~25 μm,其最大特点是随着内燃机运转时间增加,钼层的含硫量也会增多,而减摩性也越好。

11.2.4 湿气缸套的穴蚀

所谓穴蚀,就是内燃机运转一段时间后,气缸套外表面产生许多穴孔。穴孔直径一般是 1~2 mm,穴孔深度一般是 4~5 mm,孔深可以达到气缸套厚度的一半。穴蚀严重时,柴油机工作不到 100 或 200 h,穴孔就能够穿透气缸套,使冷却水进到气缸内。活塞压缩冷却液,会造成连杆被压弯,导致内燃机遭到严重破坏。当穴蚀孔很多甚至彼此连成一片时,看上去就像蜂窝一样。穴蚀产生的部位多位于气缸套承受活塞侧向力的两侧,即主推力侧和副推力侧,但是也不局限于这两侧。上、下定位凸肩处往往也会产生穴蚀损坏。穴蚀比较严重的地方多位于气缸套的上部和下部。穴蚀产生的部位与机体进水口位置的关系不大。图 11.20 展示了某国产柴油机气缸套的穴蚀状况。

图 11.20　柴油机气缸套的穴蚀

高速增压柴油机的气缸套容易产生穴蚀。关于穴蚀产生的机理,目前比较公认的说法认为,穴蚀破坏是机械振动和电化学反应联合作用的结果。当内燃机运转时,由于活塞在上止点附近侧向力改变方向,活塞对气缸套产生撞击,引起气缸套的高频振动。振动的气缸套使冷却水产生冲击波,当冲击波使气缸套外表面附近的冷却液压力降到饱和蒸汽压力以下时,水中会形成直径很小的气泡(一般约为 1.5 mm)。气泡在冲击波的作用下瞬间破灭,产生很高的爆炸压力。目前,尚未用实验方法测出气泡破灭时的压力大小。根据理论公式的推导,该压力可高达 1 000 MPa。这种现象称为空穴或空泡现象,是一个纯物理过程。气缸套外表面在这样高的压力波冲击下,会产生疲劳破坏。如果气缸套外表面的质量不好,有擦伤或裂纹,会助长穴蚀破坏,使表面变得很粗糙。铸铁组织中的石墨会被冲击波冲刷掉,使铁金属的晶格错位并裸露在冷却液中。这些情况会使金属离子的逸出功减小。如果水中含有导电杂质,金属离子很容易溶到水中,形成微电化电池,造成电化腐蚀。

影响穴蚀的因素包括:① 气缸套外表面的振幅和振动频率;② 气缸套外表面的硬度、强度、抗疲劳能力、金相组织的均匀性和硬度、气缸套外表面缺陷、杂质含量等;③ 冷却水的压力、温度、密度、黏度、表面张力和气体含量;④ 冷却水在水套中的流动状况。

冷却水流应当是畅通的,不能存在“死水区”、涡流区和局部狭窄处。最好采用切向进水口,因为冷却水沿切向流动会使空泡离开缸套表面附近的强烈振动区域。由于空泡破灭时已随水流而去,它就没有足够的时间挤入气缸套外壁的微小针孔中,因而不致产生严重的穴蚀。

在上述因素中,影响最大的因素是气缸套振幅值。另外,如果气缸套外表面材质硬度大,会利于增强抗穴蚀能力。在铸铁组织中,石墨形成球状,与形成片状相比,抗穴蚀能力高出 2~3 倍。当缸体和气缸套通过整体铸造时,与冷却液接触的表面是一层密实的金相组织,因此整体式气缸套的抗穴蚀能力比缸体 – 气缸套分置式气缸套的抗穴蚀能力要好。

在气缸套穴蚀中,影响电化腐蚀的因素包括:① 冷却液的浸蚀性、导电性、水中气体含量和 pH 值;② 气缸套外表面的抗腐蚀性能、表面电动势的状况。

减小气缸套穴蚀的措施包括以下几条。

1)减小活塞与气缸之间的配合间隙,以减小活塞对气缸套撞击振动的振幅。

2)气缸套具有足够的壁厚。气缸套壁厚对振动的振幅影响较大。加大壁厚能够提高气缸套的自振频率,避免气缸套产生共振。当气缸套壁厚小于气缸直径的 8% 时,气缸套容易产生穴蚀。

3）内燃机的燃烧过程要柔和，即希望气缸压力的升高率 $dp/d\varphi$ 要小。

4）气缸套外表面覆盖保护层或强化层。对气缸套外表面进行氮化、磷化、镀铬、淬火等处理，可以提高表面材质的性能，获得较为致密的表面处理层，提高抗穴蚀能力。

5）对气缸套外表面进行激光处理。气缸套外表面的硬度和材料韧性是影响金属材料抗穴蚀性能的重要因素。经过激光处理后，金相能够得到硬化或熔化凝固，改变缸套外表面的金相组织结构，使晶体粒变细，提高材料韧性和表面硬度，增强气缸套的抗穴蚀能力。激光处理是一种有效手段，但成本较高。

6）保证冷却水的温度处于正常范围内。最易使柴油机产生穴蚀的冷却水温度是40~60 ℃。应当经常检查内燃机冷却系统的状况，确保冷却水温度处于80~90 ℃。

7）及时清除冷却水套内的水垢，避免水套变窄。当气缸套的水套夹层变窄时，容易产生空气泡。而且，如果水套夹层太窄，空气泡破灭时产生的冲击波可以在狭窄处反复传递，从而加速穴蚀。

8）保持冷却液清洁。如果冷却液中杂质多，便容易形成空气泡。与清洁的软水相比，含有盐类或碱类的硬水所造成的气缸套穴蚀速度会快几十倍。

9）在冷却液中加入乳化型防锈油，能够使气缸套外壁吸附一层油膜，抑制冷却液的电化学作用，从而减少化学腐蚀。

11.3　气缸盖

11.3.1　气缸盖的工作条件

气缸盖的结构形状十分复杂，承受缸内气体压力和气缸盖螺栓的预紧力。在内燃机工作时，气缸盖各部分的温度很不均匀。气缸盖底面与高温燃气接触部位的温度很高，而冷却水套或散热片部分的温度很低，进气道和排气道的温度也很不同。因此，气缸盖的机械应力和热应力都很大。由于高温和温度分布不均匀而产生的热应力的反复作用，在气门座与喷油器（或火花塞）座之间容易出现裂纹，尤其在进气门座与排气门座之间的部位（称为"鼻梁区"）很容易形成热疲劳裂纹。另外，如果气缸盖受热时引起的变形过大，气缸盖与机体的接合面以及气缸盖与气门座的接合面的密封会受到影响，加速气门座磨损，造成气门杆"咬死"，甚至产生漏气、漏水和漏油等现象。

11.3.2　气缸盖的设计原则

由于需要承受燃烧气体产生的高温、高压作用，气缸盖的工作条件非常苛刻。在气缸盖上布置有气门、气门座、进气道、排气道、燃烧室、火花塞或喷油器、冷却水道等，这使气缸盖的结构非常复杂，铸造和加工也困难。在设计气缸盖时，需要遵循以下原则。

1）气缸盖应当具有足够的强度和刚度，以保证在承受机械应力和热应力时能够可靠地工作。工作时变形小，避免气门磨损、气门杆咬死、气缸密封失效等故障。

2）根据燃烧系统的要求，布置合理的燃烧室位置，设计合理的燃烧室形状。

3）设计合理的气门大小和数量，以及进气道和排气道的布置位置，保证较高的充量因数。对于直喷式燃烧室，还要求进气道能够提供合适的进气涡流强度。

4)结构力求简单,铸造工艺性良好,冷却适宜,温度场分布均匀。

5)保证高温部位能够得到较强的冷却,使气缸盖的温度分布均匀,尽可能减小热应力,避免出现热疲劳裂纹。

6)气门机构和喷油器等部件拆卸方便。

11.3.3　气缸盖的结构设计

气缸盖的结构与燃烧室形式、进气道布置和冷却水路组织等因素有关。气缸盖的结构设计应注意以下方面。

设计气缸盖的基本尺寸时,应保证足够的强度和刚度。影响气缸盖刚度的最主要尺寸是气缸盖高度。加大高度,可以增加刚度,改善气缸盖与气缸体之间的密封性,增加气缸盖螺栓孔处的局部刚度、减小螺栓预紧力和气缸盖安装应力能够减小气缸盖的变形。气缸盖高度与进气道和排气道布置、燃烧室形式和冷却水腔高度等因素有关。现代内燃机均采用顶置气门,气缸盖高度一般为 $H = (0.9 \sim 1.2)D$,其中 D 为气缸直径。随着内燃机向高速和大功率方向发展,气缸盖高度有适当增大的趋势,有的高度已达到 $1.5D$,这直接影响内燃机高度。在气缸盖高度一定的情况下,为了增加刚度,有些内燃机采用帽式气缸盖或上部带有凸边的气缸盖,如图 11.21 所示。另外,还可以在气缸盖的内壁设置适当的加强筋,增加受力部位最大处的断面系数;也可以将气缸盖的螺栓孔壁设计成 X 形,以增加螺栓固定时的刚度。

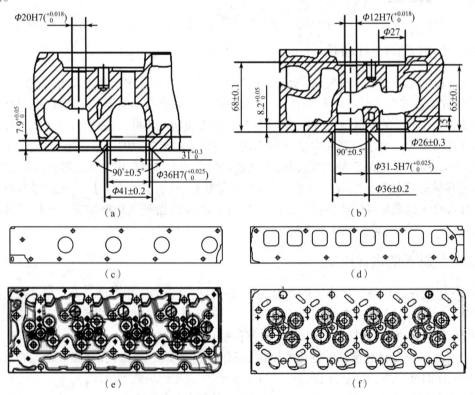

图 11.21　气缸盖结构(单位:mm)

(a)进气门剖面图　(b)排气门剖面图　(c)气缸盖进气侧外形
(d)气缸盖排气侧外形　(e)气缸盖顶面外形　(f)气缸盖底平面外形

气缸盖的最小壁厚取决于铸造的可能性,一般最小为 4 mm。但是,带有气门座圈的气缸盖底面或燃烧室壁面,其厚度需要增加到 10~15 mm,以减小翘曲,保证气门的密封性。气缸盖的刚度和强度通常需要通过有限元计算来进行优化。一般来讲,气缸盖的底面(称为火力面)的壁厚通常为(0.05~0.11)D,顶面的壁厚通常为(0.08~0.095)D,侧面的壁厚通常为(0.055~0.085)D。

在保证必要的刚度和强度的条件下,火力面的壁厚应当尽可能取小一些,以避免发生热疲劳裂纹。但是,需要适当增加顶面和侧面的壁厚。气缸盖其他部分的壁厚主要取决于铸造工艺。在铸造工艺许可的条件下,应尽可能减薄壁厚,一般为 5~6 mm。气缸盖水道的高度取决于冷却需求和铸造砂芯的强度,一般不应小于 4~5 mm;尤其是排气道外壁和气缸盖底板之间的水道高度不能太小,以保证可靠的冷却。

从气缸盖设计的工艺性方面考虑,气缸盖的结构在满足工作要求的条件下,应尽量使工艺性良好,使铸造和机械加工方便。由于气缸盖内部的形状复杂,在设计过程中必须考虑型芯的分模和强度,以及取放型芯的方便性和清除内部型芯的可能性。关于分型面的位置确定,需要既能分型,又不能处在加工面上。为此,在气缸盖的侧壁和上部都要开设一定大小和数量的出砂口,在铸造时还可以作为型芯的支撑孔。为了使这些工艺孔不致过多地削弱气缸盖强度,其直径一般不大于 40 mm,并应尽量避免开在受热严重的部位。

为了使气缸盖便于加工,硬度不能太大,但也不能太小。如果硬度太大,对刀具寿命有影响;如果硬度太小,加工时容易"粘刀"。一般来讲,把气缸盖材料的硬度控制在 80~100 HB 的范围内比较合适。

11.3.4　气道设计

现代内燃机的气道开发通常采用数值模拟计算结合实验手段来寻求最佳的气道设计。目前常用的实验设备包括 AVL、Ricardo、FEV 和 SwRI 公司的气道实验设备。分析方法包括气道计算流体动力学(Computational Fluid Dynamics,CFD)计算和气道芯盒分析。

进气道和排气道的设计对内燃机性能具有很大影响。进气道影响进气阻力和充量因数(又称容积效率),而排气道影响排气阻力和废气能量利用率(如使用废气涡轮增压时)。为了保证内燃机具有尽可能高的充量因数,进气道和排气道需要有足够大的流通面积,而且气道断面须避免突变。比较好的设计是从气道口算起向进气道进口和排气道出口的通道面积分别均匀增大 20% 左右。另外,铸出的气道表面需要尽量光滑。

气道形式包括切向气道和螺旋气道两大类。切向气道比较平直,在气门座前强烈收缩,引导气流以单边切线方向进入气缸。切向气道的结构比较简单,由于在气门口的速度分布不均匀,气门的流通面积不能得到充分利用。当涡流较高时,进气阻力会很快增加。所以,切向气道一般用于对涡流要求不高的内燃机。

螺旋气道是在气门座上方的气道腔内形成螺旋形,使气流在螺旋气道内就形成具有一定强度的旋转运动。螺旋气道对铸造工艺和加工水平的要求比较高。有些柴油机的进气道由螺旋气道和切向气道组成。这种结构能够同时兼顾内燃机在低速和高速时的性能需求,即在低速时产生一定的涡流,在高速时获得足够高的充量因数。

关于带导气屏的气道,它强制空气从导气屏前面流出,依靠气缸壁的约束产生旋转气流。导气屏气道在实验时调整比较容易,但是由于它的流通阻力较大,内燃机的充量因数低,对进气门要装导向装置,以防气门工作时发生转动。这些会导致结构复杂、成本增加,而且气门容易偏磨,密封不好。

11.3.5　冷却水道的设计

在设计气缸盖的冷却水道时,应使冷却水先进入热负荷较高的部位,然后再流向热负荷较低的部位。为此,在有些气缸盖上设置有导水筋片或喷水管。喷水管可埋铸在气缸盖中,或与气缸盖铸成一体。气门座之间的鼻梁区,以及喷油器座或火花塞座与气门之间的区域,或气门与涡流室或预燃室之间的狭壁,是气缸盖中最容易产生热疲劳裂纹的地方,应首先保证这些部位能够获得足够的冷却。冷却水通道的最小半径不应小于 3 mm,狭壁不宜过高,也可以在鼻梁区中钻水孔以加强冷却。

在设计水腔时,水流不应有死区,否则会使局部温度过高。另外,也应防止水流短路,流进水腔的水应经过有组织的冷却后再从出水口流出。布置进水口位置和各股冷却水流时,不应使其互相作用而形成很强的涡流,因为在涡流区容易形成蒸气,引起局部过热。在布置进水口时,必须注意与气缸盖螺栓孔或机油通道保持适当距离,否则不易互相密封。气缸盖顶板应略有倾斜。出水口应当布置在最高处,避免形成空气囊或蒸气囊而影响散热。如果出水口没有布置在最高处,那么为了避免形成空气囊或蒸气囊,则应在水套最高部位加工一个出气口。水腔最热部分的通道不应太窄(不窄于 4 mm),否则会有强烈的蒸气产生,使水垢加速形成而堵塞通道。需要注意的是,过度增加通道断面面积会使冷却水的流速过度降低,影响散热,从而导致局部温度增加。

采用双层水套对气缸盖的冷却具有良好效果如图 11.22 和图 11.23 所示。在双层水套中,冷却水套分为上、下两层。首先,冷却水从机体通过气缸盖底部的进水口进入气缸盖的下水套;在重点冷却气缸盖火力面后,从喷油器衬套处进入气缸盖的上水套;在冷却完气缸盖的上半部分后,再集中流向排气道侧去冷却排气道。然后,从回水孔流回机体上部,完成对整个气缸盖的冷却,回水孔设在气缸盖底面。冷却水的流动走向如图 11.23 所示,图中的箭头指示水流方向。双层水套的铸造和加工难度可能会增加。由于具有双层水套,在上、下两层之间的厚度需要保证达到 4 mm,以避免浇铸时铁水不能顺畅地流到每一个角落。

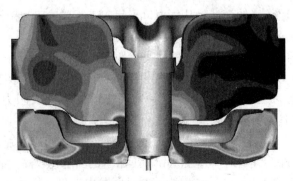

图 11.22　双层水套结构

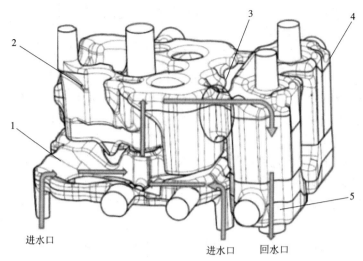

进水口　　　　　　　进水口　　回水口

1—进水下水套；2—进水上水套；3—水流通道；4—回水上水套；5—回水下水套

图 11.23　双层水套结构的水流方向

11.3.6　气缸盖螺栓布置

气缸盖上的螺栓数量和布置不仅关系到气缸盖本身的构造，而且涉及内燃机的长度尺寸和刚度，并对气缸盖和气缸体的受力情况、气缸套与气缸体之间的密封性以及气缸套的变形大小有直接影响。气缸盖的螺栓数量应当尽可能多一些。这是因为气缸盖的总预紧力是一定的，而螺栓数量越多，分配给每个螺栓的预紧力就越小。这样可以避免由于气缸体中产生安装应力而引起气缸盖底面变形和气门座变形。另外，如果螺栓数量较多，螺栓直径就可以减小，相对于气缸盖的柔性就可以变大，这样能够减小螺栓负荷的交变分量，从而减小预紧力。而且，螺栓数量较多能使两个螺栓之间的距离减小，对气缸盖衬垫的压紧力就较为均匀，这样可以保证气缸盖衬垫的密封性。但是，如果螺栓数量过多，不仅会使气缸盖的结构和安装变得复杂，而且螺栓在气缸中的布置也会有困难，因为会受到气道、水道、推杆孔和气缸中心距等诸多条件的限制。每缸的螺栓数量通常在 4~8 个，多数设计为 5~6 个。在气体压力较低或气缸直径较小时，宜采用较少的螺栓数。螺栓数量也可以根据每缸螺栓最小的总横截面面积与活塞面积之间的比值来选择，该比值一般为 0.08~0.1。

气缸盖螺栓的布置应尽量靠近气缸中心线，以减小螺栓之间的距离，从而减小气缸盖的弯曲应力和变形。但是，螺栓位置不能太靠近气缸中心线，因为太近会引起气缸套上部变形。螺栓的布置还应做到相对于气缸中心线是对称的，以减小缸体受力不均匀产生的局部变形，防止油、气渗漏。另外，螺栓的布置还应尽量相对于气缸中心呈均匀分布，否则可能也会使气缸体因受力不均匀而产生局部变形，引起漏水、漏气等现象，导致冲坏气缸盖衬垫。各螺栓所分配的压紧面也需要基本相同，以保证压力的均匀性。在分体式和整体式气缸盖中，由于两缸之间共用的螺栓要比其他螺栓承受更大的力，它们之间的距离应当小一些。现代内燃机气缸盖螺栓的间距一般在（ 0.32~0.875 ）D 的范围内。

气缸盖螺栓的预紧力必须足够大，以保证产生必要的密封压力，并防止长期工作后发生松动。但是，预紧力过大会使气缸盖和气缸体发生过度变形，反而会影响密封。经验表明，当每缸周围所有螺栓的总预紧力等于作用在该气缸的气缸盖上的最大气体作用力的 3 倍以上时,才能获得可靠的密封。

11.3.7 气缸盖的破坏形式

气缸盖产生裂纹是气缸盖较为常见的故障,其是热应力和机械应力周期性作用的结果。在交变的热应力和机械应力作用下,材料中会产生疲劳裂纹。气缸盖产生裂纹的主要原因包括以下几方面。

1)结构设计原因。气缸盖底面的气门孔周围容易产生裂纹,主要是因为该处具有较大的表面积,因此受热膨胀和冷却收缩的速度都较大。所以,气缸盖底板的水套结构应当避免大平板设计方案,而且应避免气缸盖结构设计和制造过程中出现过渡圆角太小或壁厚不均匀等现象。

2)材料和工艺原因。如果气缸盖材料选择不当,质量不符合要求,铸造时没有很好地消除铸造应力,从而导致零件内部有缺陷,会导致气缸盖在工作时容易产生裂纹。

3)装配质量原因。如果不按规定交叉拧紧气缸盖螺栓,或在气缸盖平面发生漏气时依靠拧紧该处的螺母来解决,都会造成气缸盖受力不均匀而产生裂纹。另外,如果喷油器安装不正确,也会引起气缸盖底面发生局部变形,增大喷油器孔处所受的拉应力,使之容易产生裂纹。

图 11.24 展示了某柴油机气缸盖的设计案例。在完成了 400 h 的活塞和气缸盖的开裂实验后,发现在气缸盖的鼻梁区出现了裂纹。经分析确定,裂纹是由于鼻梁区的低周疲劳安全系数不足所引起。根据 Ricardo 公司的设计准则分析,开裂位置的最小低周疲劳安全系数只有 0.45,而设计准则要求在 0.75 以上。同时还发现该鼻梁区的换热系数太低,也会导致气缸盖疲劳开裂。因此,对鼻梁区的水套设计进行了修改,修改部位如图 11.24 所示。经计算,改进后的气缸盖开裂区域的换热系数从 4 000~7 000 W/($m^2 \cdot$ K)提升至 14 000 W/($m^2 \cdot$ K),换热能力得到大幅度改进,解决了气缸盖开裂问题。图 11.25 展示了另一个设计案例,从图中可以看出,进气道裂纹正好发生在壁厚变化分界处。因此,在气缸盖设计中,需要避免壁厚变化过于剧烈。

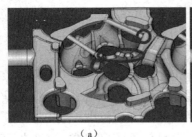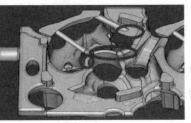

（a）   （b）

图 11.24　鼻梁区气缸盖水套

（a）改进前　（b）改进后

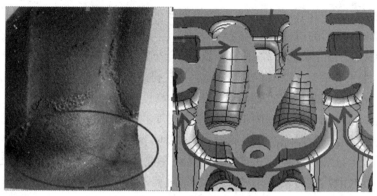

图 11.25　进气道裂纹

11.3.8　气缸盖材料

气缸盖一般都用优质灰铸铁或合金铸铁铸造。轿车用汽油机的气缸盖多采用铝合金材料。铝合金的导热性好,有利于提高内燃机的压缩比。另外,铝合金的铸造性能优异,适于浇铸结构复杂的零件。但是,必须注意铝合金气缸盖的冷却问题,须将其底面温度控制在300 ℃以下,否则底面过热会导致塑性变形,从而发生翘曲变形。

除了铝和灰铸铁材质的气缸盖以外,现代内燃机多使用蠕墨铸铁。蠕墨铸铁气缸盖能够承受较高的热负荷和机械负荷,可以提高可靠性。但是,将蠕墨铸铁作为气缸盖材料,需要其蠕化率达到 80% 才能发挥最佳性能。与球墨铸铁和灰铸铁相比,蠕墨铸铁具有以下特点。

1)蠕墨铸铁的力学性能介于灰铸铁和球墨铸铁之间。例如,蠕墨铸铁的抗拉强度、伸长率和弯曲疲劳强度均优于灰铸铁,而接近于铁素体球墨铸铁。蠕墨铸铁的断面敏感性比普通灰铸铁小得多,故厚大截面上的力学性能仍比较均匀。蠕墨铸铁的耐磨性优于高磷耐磨铸铁。

2)蠕墨铸铁的突出优点是导热性和耐热疲劳性比球墨铸铁好,而且抗氧化性比其他铸铁好。

3)蠕墨铸铁的减振性能比球墨铸铁好,但不如灰铸铁好。

4)蠕墨铸铁的切削加工性能优于球墨铸铁,铸造性能接近灰铸铁,缩孔和缩松的现象小于球墨铸铁,铸造工艺简单。

11.3.9　风冷内燃机的气缸盖

气缸盖是内燃机中受热最严重的零部件之一。在气缸盖上需要安装火花塞或喷油器、气门座和气缸盖螺栓,对于非直喷柴油机还需要安装副燃烧室。这些结构的复杂性给气缸盖的散热片布置带来困难。要想保持风冷式气缸盖的各部位的温度场均匀分布,维持各部位的温度在允许的范围内,是有一定难度的。

一般来讲,气缸盖的散热量占风冷内燃机全部散热量的 55% 左右。在设计中,应当增大气缸盖温度较高的部位的散热表面积。例如,气缸盖最下部接触燃烧气体的部位的温度最高,它的散热面积应占气缸盖总散热面积的 40% 左右,排气门部位应占总散热面积的

30% 左右,而两气门之间的部位则应占总散热面积的 15% 左右。

　　下面总结风冷式柴油机的气缸盖结构设计中应当注意的几个问题。风冷式气缸盖上的散热片布置形式有三种:水平布置,垂直布置,混合布置。

　　1)散热片水平布置。如图 11.26(a)所示,进、排气管路和喷油器的散热片都布置成水平形式。水平布置散热片的优点是沿着气缸盖的高度方向的散热片比较容易布置,并且具有较好的刚度。这种布置形式使喷油器散热片与气缸盖散热片之间的连接变得比较顺利。气门之间的连接部分的壁厚应当设计得厚一些,以便容易散走气缸盖底部的热量,也便于将排气门的热量散走,以减轻排气门的热负荷,防止翘曲变形。散热片水平布置的缺点是气缸盖底部受热部分的散热能力较差。另外,这种气缸盖不能用硬模铸造。

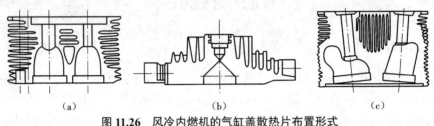

图 11.26　风冷内燃机的气缸盖散热片布置形式
(a)水平布置　(b)垂直布置　(c)混合布置

　　2)散热片垂直布置。如图 11.26(b)所示,从散热角度讲,垂直布置散热片是最合理的,气缸盖底部的热量可以通过散热片传至气缸盖上面较冷的部位。在气缸盖中的进、排气道之间以及两气门座之间,都可以布置垂直的散热片。热流方向与散热片布置方向一致,能够有效地将气缸盖底部的热量传递出去。这种布置适合于侧置式气门的汽油机和回流换气式二冲程内燃机。如果把气缸盖上端安装气门机构的平台设计成与气缸盖分开,则铸造工艺性会大大改善,气缸盖就可以用硬模铸造。在进、排气道之间的散热片的厚度需要设计成不均匀的,即靠近气缸盖的部位要厚一些,以便于传热。靠近气缸盖底部散热片之间的空气通道不能太窄,否则会限制散热片的数量。因此,这种布置形式在小缸径柴油机上应用较少。散热片垂直布置的缺点是空气流动不通畅,容易造成死路,尤其对于在气缸盖上镶入副燃烧室和喷油器座的情形。所以,喷油器的散热片只能水平布置,不能垂直布置。

　　3)散热片混合布置。如图 11.26(c)所示,这种混合布置方式综合了水平布置和垂直布置的优点。为了冷却气缸盖底部,在进、排气道中间布置垂直的散热叶片,而在进、排气道的壁面和喷油器等处布置水平的散热叶片。

　　需要注意的是,进、排气门与喷油器(或涡流室)之间的热应力很大。风冷内燃机的气缸盖温度分布很难控制均匀。选用铝合金作为材料,可以减轻温度分布的不均匀性。风冷式气缸盖的底面应加厚,一般选择厚度为 $0.4D$。适当增加气缸盖底面的厚度,既能增加刚度,又能增大气缸盖底面热流截面面积,以免气缸盖底面变形。

　　另外,可以组织冷却空气直接吹向进气门与排气门之间的散热片。在保证散热片流通阻力不大的情况下,需要增加散热片的数量和长度。为了防止鼻梁区产生裂纹,可以在气缸盖鼻梁区内镶入钢骨。以上这些措施都能够防止气缸盖变形和开裂。

　　风冷气缸盖需要具有足够的刚度。在螺栓预紧力作用下,气缸盖底部的压力分布要均匀,确保气缸盖与气缸之间的密封性。应当尽量克服铸造技术上的困难,将摇臂室、摇臂座、气门间竖向散热片、气门座、螺栓孔壁、喷油器座、进气道和气缸盖底面铸在一起,形成一个刚度良好的箱形结构。固定喷油器用的螺钉孔壁与气缸盖底面相连,防止压紧喷油器时造成气缸盖底面变形。

进气道和排气道需要设计成高而窄,以便布置更多的散热片。为了避免对进气过多预热或给气缸盖传递过多热量,应将进气道和排气道设计得尽量短些。另外,铝合金气缸盖上应镶有气门镶座,镶座材料采用铸铁、合金铸铁或铬硅钢等,并以 0.025~0.035 mm 的过盈量压入气门口内。由于过盈效应,气门座之间的鼻梁区内具有拉伸预应力,对防止该区域开裂具有一定作用。

第 12 章　配气机构

12.1　配气机构的总体布置

　　配气机构的主要功能是保证各气缸换气良好,使发动机的充量因数(又称容积效率或充气效率)尽可能高,同时保证燃烧室的密封性。由于进气门和排气门直接暴露在燃烧室中,并且散热路径受到限制,承受很高的温度,进气门和排气门的快速开启和关闭将导致处于高温下的气门受到很大的冲击载荷。因此,进气门和排气门的工作条件非常恶劣,要求气门和气门座均具有很高的硬度。在现代内燃机上,绝大多数是采用菌形气门式配气机构,因为这种机构比较简单,工作可靠。

　　在回流扫气式二冲程内燃机上,进气和排气是通过设在气缸壁上的气口来实现的,气口的开闭由活塞控制,因此活塞对于气口来讲就是一个滑动的阀门。这类气口属于滑阀式配气机构的一种。本章中只讨论菌形气门式配气机构,因为目前其应用最为广泛。图 12.1 所示是气门顶置式配气机构的简图。

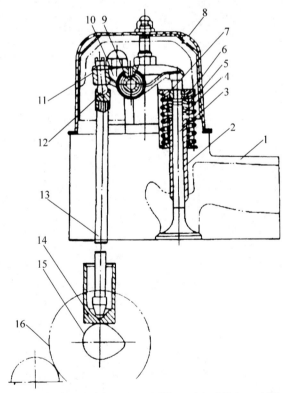

1—气缸盖;2—气门导管;3—气门;4—气门主弹簧;5—气门副弹簧;6—气门弹簧座;7—锁片;8—气门室罩;9—摇臂轴;
10—摇臂;11—锁紧螺母;12—调整螺母;13—推杆;14—挺柱;15—凸轮轴;16—正时齿轮

图 12.1　气门顶置式配气机构简图

12.1.1　气门的布置

根据气门布置在燃烧室中的位置,可将配气机构分为侧置式气门配气机构和顶置式气门配气机构。虽然气门侧置对应的发动机结构和气缸盖形状都比较简单,使用和维修也比较方便,但是由于燃烧室不紧凑、发动机性能指标较差,所以现在已经很少使用。

带有顶置式气门的内燃机,由于燃烧室紧凑,允许采用较高的压缩比,而且进气阻力小,内燃机的动力性和经济性指标得以提高。值得注意的是,柴油机要求具有较高的压缩比,所以必须采用顶置式气门机构。

过去,很多内燃机采用每缸两气门的结构,即一个进气门和一个排气门。为了改善气缸的换气性能,在结构允许的条件下,应当尽量增大进气门头部的直径。气门的排列方式从横向看可以是一列,也可以是两列,如图 12.2 所示。柴油机通常采用各缸的进气门和排气门交替布置的方式,由于相邻两缸的排气门不紧邻,从而使气缸盖的热负荷均匀,有助于减小热变形。把气门排成两列的布置方案多数被风冷发动机采用。这种布置方式可以使气门中心线倾斜,以增大气门直径,这样易于在进气门和排气门之间布置散热片。

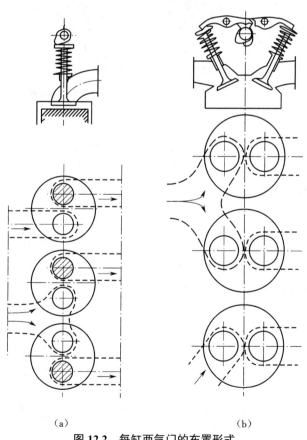

（a）　　　　　　　　　　　　　（b）

图 12.2　每缸两气门的布置形式

（a）两气门排成一列　（b）两气门排成两列

　　当气缸的直径较大或活塞的平均速度较高时,每缸一进一排的气门结构就不能保证良好的换气质量。因此,在新型轿车和运动型汽车的发动机上以及多数现代内燃机上,目前均普遍采用每缸多气门结构。当柴油机的缸径 $D \geqslant 140$ mm 或活塞平均速度 $C_m > 10$ m/s 时,如果每缸采用两个气门仍不能保证良好的换气性能,就需要增加气门数量。图 12.3 是每缸四气门的布置形式。四气门结构使气门的流通面积增加,从而能够改善发动机性能和油耗。而且,四气门设计能使每个气门的直径减小,从而减小气门的受热面积,增大气门刚度;而且可以减小气门最大升程,改善配气机构的动力学性能。

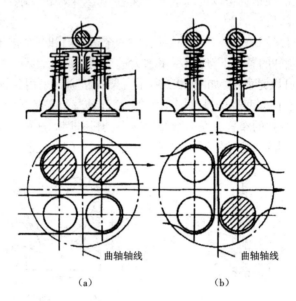

图 12.3　每缸四气门的布置形式
（a）同名气门排成两列　（b）同名气门排成一列

12.1.2　凸轮轴的布置及驱动

　　凸轮轴的布置和驱动方案取决于内燃机的总体布置和机体的外形尺寸,因此在选择总体方案时要周密分析。凸轮轴由曲轴驱动,因此希望尽可能缩短凸轮轴与曲轴之间的距离。有的发动机的凸轮轴布置在接近曲轴的气缸体下部,称为下置式凸轮轴,如图 12.1 所示。这种布置方案的传动机构较简单,最简单的情况是用一对正时齿轮传动,或最多在中间增设一个惰轮。

　　在转速较高的发动机上,为了减小气门传动机构的往复运动质量,增加配气机构的刚度,应使推杆尽量缩短,这时希望把凸轮轴放置得高一些,布置在气缸体上部,如图 12.4 所示。这种方案使得曲轴与凸轮轴之间的距离加大,当用齿轮传动时需要配置中间惰轮,少数设计是采用链条传动。

　　现代高速汽油机越来越多地采用顶置式凸轮轴结构,即把凸轮轴布置在气缸盖上,如图12.5 所示。这样,凸轮就可以直接推动气门,或者最多再通过一个摇臂来推动气门。这种方案把气门传动机构的质量减至最小,并把配气机构的刚度提高到最大,对配气机构动力学非常有利。但是,凸轮轴远离曲轴,使传动机构变得复杂,一般采用以下传动方法。

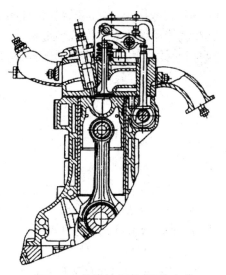

图 12.4　凸轮轴中置式配气机构

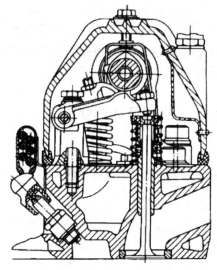

图 12.5　凸轮轴顶置式配气机构

1）采用由一连串齿轮组成的传动机构,如图 12.6(a)所示。为了不使凸轮轴齿轮的旷量过大,每个齿轮的背隙都应当尽量小,而且各齿轮的支承刚度都应较大,所以这是一种成本较高的传动方法。

2）采用链传动,如图 12.6(b)所示。链传动特别适合顶置式凸轮轴配气机构,但其主要问题是工作可靠性和耐久性不如齿轮传动。

3）采用齿形带传动,如图 12.6(c)所示。这种传动方式利于减小噪声、减小机构质量、降低成本。齿形带由氯丁橡胶制成,中间夹有玻璃纤维以增加强度。其主要问题也是工作可靠性和耐久性不如齿轮传动。

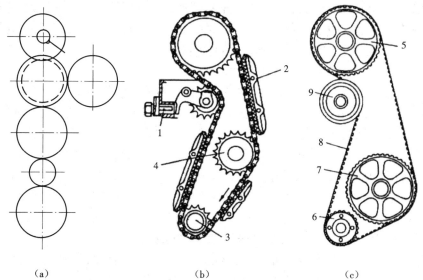

（a）　　　　　　　　　　（b）　　　　　　　　　　（c）

1—液力张紧装置;2—导链板;3—曲轴链轮;4—驱动油泵的链轮;5—凸轮轴正时带轮;6—曲轴正时带轮;
7—中间轴正时带轮;8—齿形带;9—张紧轮
（a）齿轮传动　（b）链传动　（c）齿形带传动

图 12.6　三种顶置式凸轮轴的传动方式

在以上三种传动方式中,链传动和齿形带传动的构造比较简单,是比较容易设计的传动方法。但是,由于凸轮轴的扭矩是剧烈变化的,所以在链传动系统中应设置导链板,防止链条发生抖动。另外,链条或齿形带在使用中会由于磨损而伸长,故应设置张紧装置,防止链条或齿形带变松。

12.2 凸轮型线设计

12.2.1 配气机构设计准则

配气凸轮的设计主要是指其廓形的设计,具体有两种表示方法:一是给出凸轮廓形的几何形状或型线方程,如对于传统的圆弧凸轮或切线凸轮,都是给出组成凸轮廓形的各段圆弧和直线的几何信息;二是给出挺柱升程的型线和对应的凸轮基圆半径。对于第二种方法,以图 12.1 所示的下置式凸轮轴配气机构为例,如果能给出当凸轮转过角度 α 时做一维上,下往复运动的挺柱移动位移 h,即给出函数 $h=h(\alpha)$,并且同时给出凸轮的基圆半径,则凸轮廓形即可确定。

凸轮廓形的这两种表示方法是等价的,即由第一种方法可以推导出第二种方法,反之亦然。从形式上看,第一种方法更为直观。但是,在多数情况下,第二种方法更好,应用也更为广泛,因为它为配气机构运动学和动力学计算提供了方便。因此,后面主要讨论第二种表示方法,即把凸轮设计问题转化成确定挺柱升程函数 $h(\alpha)$ 的问题,其中假设基圆半径已知。

配气凸轮型线对应的挺柱升程函数由两部分组成,即缓冲段和基本段(又称气门工作段)。在理想状态下,气门应在上升缓冲段的终点(即基本段的始点)开启,在基本段的终点关闭。但是,实际的配气机构存在变形和振动,一般不能达到这种理想状态,这就需要使用凸轮设计技术和配气机构动力学分析手段来控制和预测气门开闭的实际时刻,并把配气定时误差控制在可以接受的范围内。由于凸轮是控制配气机构运动的关键部件,在进行凸轮设计前,需要了解配气机构的设计准则,具体阐述如下。

12.2.1.1 配气机构设计准则一:准确的配气定时

气门的开、闭定时须满足发动机性能要求和配气机构动力学要求。配气定时还与气门间隙和间隙调节器的种类有关。如果挺柱(从动件)是机械间隙调节器,气门间隙在冷态和热态是不同的。如果挺柱是液压间隙调节器,那么气门间隙不论在冷态和热态都是零,即间隙可得到自动补偿。由于气门弹簧具有预紧力,气门在打开之前,整个有弹性的配气机构会承受弹簧的预紧力而被压缩。凸轮的开启缓冲段高度需要容纳气门间隙和配气机构预压缩量,这样才能保证气门在开启缓冲段的终点准确开启。气门在凸轮关闭缓冲段上的落座关闭定时更为复杂和不确定,因为与配气机构动力学和气门振动有关。

12.2.1.2 配气机构设计准则二:良好的进气和排气性能

进气充分,排气彻底,是发动机"呼吸"性能对凸轮型线设计的要求。通常以气门开启的截面面积与开启时间的乘积表示配气机构通过能力的时间截面值,如图 12.7(a)所示。在气门头部直径 d 和气门锥面角 γ 确定后,而且气门升程 h_m 不太大时,气门的流通截面面积是一个截锥的侧表面,如图 12.7(b)所示。它的小底直径是 d,大底直径是 $d_1=d+2e$,母线

长度是 $h'=h_m/\cos\gamma$，流通截面面积是 $f=\pi h'\left(\dfrac{d_1+d}{2}\right)$。因为 $e=h'\sin\gamma$，所以可得

$$f=\pi h_m(d\cos\gamma+h_m\sin\gamma\cos^2\gamma)\approx\pi h_m d\cos\gamma \tag{12.1}$$

但是，当气门升程 h_m 变大时，f 的计算公式会有相应的改变。简化处理时，也可以按式（12.1）计算。

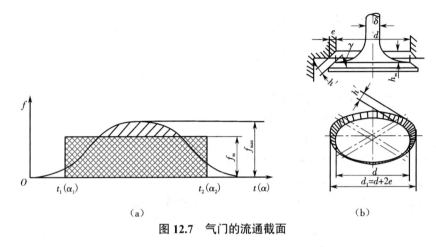

图 12.7　气门的流通截面

为了评价配气机构的时间截面值，引入丰满系数 ξ，用气门的平均流通截面面积 f_m 与最大流通截面面积 f_{max} 之比表示：

$$\xi=\frac{f_m}{f_{max}} \tag{12.2}$$

其中，

$$f_m=\frac{1}{\alpha_2-\alpha_1}\int_{\alpha_1}^{\alpha_2}f(t)\mathrm{d}\alpha$$

$$=\frac{1}{\alpha_2-\alpha_1}\int_{\alpha_1}^{\alpha_2}\pi h_m(\alpha)[d\cos\gamma+h_m(\alpha)\sin\gamma\cos^2\gamma]\mathrm{d}\alpha$$

很明显，丰满系数越大，发动机的"呼吸"性能越好。丰满系数的大小取决于气门升程型线的形状，而气门升程取决于凸轮型线。气门升程 $h_m(\alpha)$ 的推导方法有两种：第一种是把配气机构当作无弹性的刚体处理，即 $h_m(\alpha)=kh_t(\alpha)-x_0$，其中 k 是摇臂比，h_t 是挺柱升程，x_0 是气门间隙，第二种方法是把配气机构当作弹性体处理，此时气门升程需要通过配气机构动力学计算求解得到。

12.2.1.3　配气机构设计准则三：振动和噪声小

由于配气机构的运动是被凸轮型线激发的，在设计凸轮型线后，需要验证配气机构动力学，检查振动情况，观察是否存在飞脱和落座反跳等现象。为了确保凸轮和配气机构具有良好的动力学性能，挺柱升程型线 $h_t(\alpha)$ 需要满足以下要求。

1）$h_t(\alpha)$ 具有连续和光滑的二阶、三阶甚至更高阶导数。

2）挺柱的最大正加速度和最大负加速度不能太大，挺柱升程的三阶导数（即加速度的导数，称为跃度）的最大值不能过大。

3）挺柱的正加速度曲线段的宽度须与配气机构的自振周期相适应,正加速度曲线段的宽度不应太窄。

4）凸轮缓冲段的高度不能太小。

12.2.1.4 配气机构设计准则四:合适的凸轮与挺柱接触应力

如果凸轮与挺柱选取不同的材料,而且相互之间为线接触,那么接触应力为

$$\sigma_c = 0.564 \sqrt{\frac{P_t \left(\dfrac{\rho_1 + \rho_2}{\rho_1 \cdot \rho_2} \right)}{\left(\dfrac{1 - \mu_1^2}{E_1} + \dfrac{1 - \mu_2^2}{E_2} \right) b}} \tag{12.3}$$

式中　E_1, E_2——凸轮和挺柱的弹性模量;

　　　μ_1, μ_2——凸轮和挺柱材料的泊松比;

　　　ρ_1, ρ_2——凸轮和挺柱在接触点的曲率半径;

　　　P_t——凸轮与挺柱之间的法向作用力;

　　　b——凸轮与挺柱之间的接触宽度。

在式（12.3）中,如果从动件是平底挺柱,凸轮的曲率半径为

$$\rho_1 = R_0 + h_t(\alpha) + \frac{d^2 h_t}{d\alpha^2} \tag{12.4}$$

式中　R_0——凸轮的基圆半径;

　　　$h_t(\alpha)$——挺柱的升程。

设计凸轮时,应避免凸轮最小曲率半径过小,因为这样会导致接触应力过大,使得凸轮过早磨损。对于平面挺柱,在设计中需要保证凸轮的曲率半径不能为负值,且 ρ_1 的最小值通常应大于 2 mm,以保证较小的接触应力。

12.2.1.5 配气机构设计准则五:良好的润滑特性

在设计凸轮时,凸轮与挺柱之间的承载润滑油膜对磨损耐久性很重要。凸轮与平底挺柱之间的最小润滑油膜厚度的计算公式为

$$h_{\min} = k'(R_0 + h_t) \sqrt{2 \left(\frac{\rho}{R_0 + h_t} \right)^2 - \left(\frac{\rho}{R_0 + h_t} \right)} \tag{12.5}$$

式中　R_0——凸轮基圆半径;

　　　h_t——挺柱升程;

　　　ρ——凸轮外形曲率半径。

当凸轮旋转角速度确定时,k' 是已知常数。引入无量纲常数,称为流体动力润滑特性判别数,即 $\Gamma = \dfrac{\rho}{R_0 + h_t}$,可以看出,当 $\Gamma = 0$ 或 0.5 时,$h_{\min} = 0$。Γ 和 $h_{\min}$ 是凸轮轴转角 α 的函数。当 α 在凸轮工作段范围内变化时,$\Gamma = 0$ 的情况是不会出现的。但是,$\Gamma = 0.5$ 对加速度连续变化的凸轮是难以避免的,总会在某一时刻出现。为了避免润滑特性恶化,一般希望 Γ 值在 0.5 附近只有短时间停留。为了获得磨损较小的凸轮外形,凸轮尖端部分的流体动力润滑特性判别数可取 0.15~0.25。

12.2.1.6　配气机构设计准则六:气门与活塞不相碰

如果气门升程型线设计不当,会发生活塞与气门相碰的情况。因此,必须进行相关的校核,计算气门底面与活塞顶部的距离 S_v。当 $S_v \leqslant 0$ 时,活塞与气门相撞。假设当气门关闭而且活塞处于上止点时,气门底面与活塞顶部的距离 $S_v = y_0$,y_0 包括压缩余隙高度和气门下沉量。在任意时刻,假设气门位移为 y(气门静止时,$y = 0$),活塞位移为 s(活塞处于上止点时,$s = 0$),可以得到:

$$S_v = s - (y - y_0) = s + y_0 - y \tag{12.6}$$

当 $S_v \leqslant 0$ 时,气门就会与活塞相碰。

气门升程 y 随凸轮轴转角 α 的变化规律 $y(\alpha)$ 可以由配气机构动力学计算得出。简化计算时,可以按照刚体假设取为

$$y = kh_t(\alpha) - x_0$$

式中　k——摇臂比;

　　　h_t——挺柱升程;

　　　x_0——气门间隙。

活塞位移 s 随凸轮轴转角 α 的变化规律为

$$s = R\left[(1 - \cos 2\alpha) + \frac{\lambda}{4}(1 - \cos 4\alpha)\right] \tag{12.7}$$

式中　R——曲柄(或称曲拐)的半径;

　　　λ——曲柄连杆比,$\lambda = R/l$,l 是连杆长度。

上面总结的六条准则,有时会相互冲突,如气门升程型线 $h(\alpha)$ 光滑程度高的凸轮的平稳性很好,但是丰满系数却较低。因此,在凸轮设计中,需要根据发动机的需求和特点,注意协调满足各项准则,不能过度强调某一条而忽视其他方面。

12.2.2　凸轮缓冲段型线设计

12.2.2.1　基本参数选取

如图 12.8 所示,在凸轮外廓上,曲线 BCD 是气门工作段型线。当挺柱与凸轮外廓的其余部分接触时,气门均处于关闭状态。为了保证气门在受热膨胀时还能够关闭,应当在配气机构中留有一定的间隙。如果间隙太小,在发动机工作时,零件受热伸长,会导致间隙消失,气门则无法关闭。如果间隙太大,配气机构零件之间会产生较大噪声和冲击磨损。配气机构的间隙在冷态时通常为气门最大升程的 3%~5%。为此,把凸轮的理论基圆半径减小0.15~0.4 mm,形成凸轮的底圆(又称基圆)。底圆与气门工作段之间用一段曲线光滑连接,这段曲线称为缓冲段(曲线 AB 和 DE)。

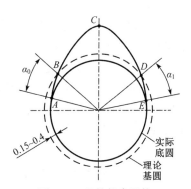

图 12.8　凸轮轮廓形状

为了设计一个良好的缓冲段挺柱升程型线 $h(\alpha)$,需要确定三个基本参数:缓冲段凸轮轴转角 α_0,缓冲段挺柱最大升程 h_0,缓冲段末端挺柱最大速度 v_{0T}。这三个参数中的每一个

参数在凸轮开启缓冲段和凸轮闭合缓冲段上的取值都各不相同。

在从动件(挺柱)的上升段,当凸轮驱动从动件升起来消除掉气门间隙后,由于配气机构具有弹性,气门还不能立即打开。只有当从动件进一步上升,压缩配气机构产生变形,直到压不动为止时(即配气机构由于变形而产生的弹性力等于气门弹簧预紧力),气门才被打开。因此,凸轮开启缓冲段的高度应当等于以下两项之和:换算到凸轮侧的气门间隙;气门弹簧预紧力使配气机构变形的预压缩量。通常可以取凸轮开启缓冲段的最大升程 h_0= 0.15~0.40 mm。

当气门间隙已消失而气门尚未开启时,配气机构除了承受气门弹簧预紧力 F_0 和配气机构弹性恢复力 $cx(\alpha)$ 的作用外,还承受阻尼力 $b\dfrac{\mathrm{d}x}{\mathrm{d}t}=b\omega\dfrac{\mathrm{d}x}{\mathrm{d}\alpha}$ 以及缸内气体和气道内气体作用在气门上的净压力 $F_g(\alpha)$,其中 c 是配气机构的刚度(换算到气门侧),b 是阻尼系数。在气门开启的瞬时,配气机构受力平衡,即在气门侧有

$$c\left[kh(\alpha_0)-x_0\right]+b\omega kh'(\alpha_0)=F_0+F_g(\alpha_0) \tag{12.8}$$

式中 α_0——开启缓冲段凸轮轴转角;

   x_0——气门间隙;

   k——摇臂比。

进气门承受的气压力 $F_g(\alpha_0)$ 比较小,可以忽略;但是排气门在高负荷承受的气体压力往往较大,不能忽略。在式(12.8)等号左侧的两项中,第二项阻尼力通常较小,可以忽略。记 $h(\alpha_0)=h_0$,则 h_0 可由下式计算确定:

$$h_0=\frac{x_0}{k}+\frac{F_0+F_g(\alpha_0)}{kc} \tag{12.9}$$

由此可见,进气门和排气门的凸轮缓冲段在开启侧和关闭侧的高度均各不相同。

缓冲段凸轮轴转角 α_0 的选择应与 h_0 相匹配。随着 h_0 增大,α_0 也应当增大,以便确保合理而不过大的缓冲段速度和加速度。α_0 通常可以取大约 20° 凸轮轴转角,甚至达到 30°~40° 凸轮轴转角。

缓冲段末端速度 v_{0T} 是一个衔接缓冲段和工作段的重要参数,既影响缓冲段设计,也影响工作段设计。v_{0T} 过大会导致气门运动不平稳或气门落座速度太高。v_{0T} 太小会造成缓冲段挺柱升程型线过于平缓,或使气门开启过于缓慢。为了使气门落座时不产生过大的噪声和磨损,对于轿车发动机,v_{0T} 的值通常应在 0.006~0.020 mm/° 凸轮轴转角,在气门开启侧取该范围中的较大值,而在关闭侧取该范围中的较小值;对于重载车辆的发动机,v_{0T} 的值允许达到 0.025 mm/° 凸轮轴转角。

12.2.2.2   余弦缓冲段

余弦缓冲段的挺柱升程型线[图 12.9(a)]可以表示为

$$h=h(\alpha)=H_0\left[1-\cos(q\alpha)\right] \quad (0\leqslant\alpha\leqslant\alpha_0) \tag{12.10}$$

式中 H_0——缓冲段的挺柱最大升程;

   α_0——缓冲段凸轮轴的转角,$q=90/\alpha_0$。

对式(12.10)求导,余弦缓冲段的速度和加速度曲线可分别表示为

$$v = \frac{dh}{d\alpha} \cdot \frac{d\alpha}{dt} = \omega H_0 q \cdot \sin(q\alpha) \qquad (12.11)$$

$$a = \frac{d^2 h}{d\alpha^2}\left(\frac{d\alpha}{dt}\right)^2 = \omega^2 H_0 q^2 \cdot \cos(q\alpha) \qquad (12.12)$$

式中 ω——凸轮角速度。

当余弦缓冲段挺柱升程型线中的 H_0 和 α_0 选定后，v_{0T} 即可确定：

$$v_{0T} = \omega H_0 q \cdot \sin(q\alpha_0) = \omega H_0 q \qquad (12.13)$$

如果计算出来的 v_{0T} 不符合要求，可以调整 H_0 或 α_0，直到 v_{0T} 满足要求为止。

余弦缓冲段曲线的末端加速度为零，因而容易与一般的函数凸轮的气门工作段衔接，保持二阶导数的连续性。但是，它的三阶导数在缓冲段末端是负数，通常不能做到与工作段保持连续相接。

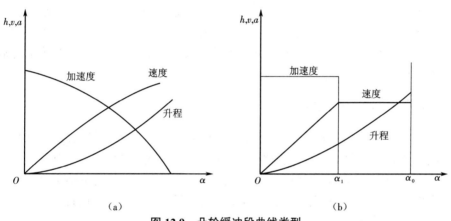

图 12.9 凸轮缓冲段曲线类型

（a）余弦缓冲段曲线 （b）等加速 – 等速缓冲段曲线

12.2.2.3 等加速 – 等速缓冲段

等加速 – 等速缓冲段曲线是由一段二次抛物线（等加速度段）和一段直线（等速度段）所组成。这种缓冲段的挺柱升程、速度和加速度型线如图 12.9（b）所示。其升程型线的表达式为

$$h(\alpha) = \begin{cases} C_B \alpha^2, & 0 \leqslant \alpha \leqslant \alpha_1 \\ E_0 + E_1 \alpha, & \alpha_1 \leqslant \alpha \leqslant \alpha_0 \end{cases} \qquad (12.14)$$

式中 C_B、E_0 和 E_1——常数。

速度和加速度型线的表达式分别为

$$v = \frac{dh}{dt} = \begin{cases} 2\omega C_B \alpha, & 0 \leqslant \alpha \leqslant \alpha_1 \\ \omega E_1, & \alpha_1 \leqslant \alpha \leqslant \alpha_0 \end{cases} \qquad (12.15)$$

$$a = \frac{d^2 h}{dt^2} = \begin{cases} 2\omega^2 C_B, & 0 \leqslant \alpha \leqslant \alpha_1 \\ 0, & \alpha_1 \leqslant \alpha \leqslant \alpha_0 \end{cases} \qquad (12.16)$$

式中 ω——凸轮角速度。

如果缓冲段凸轮轴转角 α_0 和缓冲段挺柱升程 h_0 能够预先选定，那么在这种缓冲段的

设计中需要确定四个参数：C_B，E_0，E_1，α_1。确定这四个参数的条件如下。

1）当 $\alpha = \alpha_0$ 时，缓冲段的挺柱最大升程等于 h_0，即有

$$E_0 + E_1 \alpha_0 = h_0 \tag{12.17}$$

2）在中间分界点 $\alpha = \alpha_1$ 处，两段型线的升程在分界点应当保持连续，即升程 $h(\alpha)$ 相等：

$$C_B \alpha_1^2 = E_0 + E_1 \alpha_1 \tag{12.18}$$

3）在中间分界点 $\alpha = \alpha_1$ 处，两段型线的速度在分界点应当保持连续，即速度 $dh/d\alpha$ 相等：

$$2C_B \alpha_1 = E_1 \tag{12.19}$$

那么，现在只剩下一个自由度需要确定其取值。可以任意给定一个补充边界条件，如规定缓冲段末端的挺柱最大速度 v_{0T} 的取值，即 $\omega E_1 = v_{0T}$。这个补充条件的优点是比较直观，而且 v_{0T} 正是一个需要关注的重要参数。这个补充条件的缺点是，如果 v_{0T} 的取值不合适，容易造成 α_1 过大或过小。如果 α_1 过大，则等速段过短，这样只要配气定时稍有变动，就可能出现气门在等加速段开启的情况，而这是不希望发生的。反之，如果 α_1 过小，则等加速段的加速度容易过大。因此，往往需要对 v_{0T} 的取值经过几次调整，才能凑出满意的结果。为了改变这种试凑的情况，可以将补充边界条件改为 $\alpha_1 = G_1 \alpha_0$，其中 G_1 是任意选定的常数，一般可取 0.4~0.5。

12.2.3 凸轮工作段型线设计

配气凸轮是影响配气机构工作质量的关键零件，而凸轮的工作段型线是凸轮升程型线的主要部分。在内燃机发展的早期阶段，设计配气凸轮的方法是根据一些基本参数和经验，先设计出凸轮的几何形状，然后通过配气机构运动学计算求出从动件的运动规律，并检查是否符合设计要求。显然，这种设计方法带有很大的盲目性和试凑性。而且，由于这种凸轮的外形一般仅由几段圆弧段和直线段组成，虽然这种凸轮具有较大的丰满系数，能够保证充气性能，但是在各线段的交点处经常存在凸轮外形曲率半径发生突变或加速度曲线发生间断的问题，导致配气机构工作的平稳性和耐久性都很差。因此，在现代高速强化发动机上，这种凸轮型线和设计方法已经被逐步淘汰。

目前，设计凸轮的方法是从确定挺柱升程函数 $h(\alpha)$ 出发，一旦 $h(\alpha)$ 确定，凸轮的几何形状即可确定。挺柱升程函数所要求具有的特点是加速度曲线连续并光滑，具有尽可能大的气门流通能力和良好的配气机构动力学性能，这就是所谓的函数凸轮。函数凸轮可以分为组合式凸轮、整体式凸轮、动力修正凸轮。组合式凸轮包括等加速 – 等减速凸轮、复合摆线 II 型（FB2）凸轮、梯形加速度凸轮、修正梯形加速度凸轮、低次方组合式凸轮等。整体式凸轮包括多次项凸轮（如高次方凸轮和低次方凸轮）和 N 次谐波凸轮。如果先设计理想的气门升程型线 $y(\alpha)$，然后根据动力学方程确定挺柱升程型线 $h(\alpha)$，这种凸轮就是动力修正凸轮，常见的一种是多项动力凸轮。N 次谐波凸轮也可以进行动力修正。不同的函数凸轮具有各自的优缺点。在设计凸轮工作段时，应根据配气机构的特定要求，选择合适的凸轮型线和设计方法。下面介绍几种凸轮工作段型线，这里只列出工作段挺柱升程的表达式，如果需要包括缓冲段，再把缓冲段加入，在满足升程、速度和加速度均连续的条件下进行凸轮升程设计。

12.2.3.1　复合摆线Ⅱ型(FB2)凸轮

复合摆线Ⅱ型凸轮又称 FB2 型凸轮,是一种兼顾平稳性和丰满系数的综合性能良好的凸轮型线。近年来,大量实验证明,在转速为 3 000 r/min 的内燃机上,复合摆线Ⅱ型凸轮能使发动机获得较好的整机性能。因而,它在生产实践中应用广泛。

复合摆线Ⅱ型凸轮的加速度曲线是在呈半波正弦曲线的正加速度峰段中间加入一段等加速度峰段,拓展了正加速度峰段的宽度。它的负加速度段由两部分组成,第一段是 1/4 波正弦曲线,第二段是等加速度曲线,如图 12.10 所示。

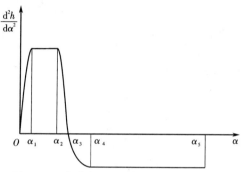

图 12.10　复合摆线Ⅱ型凸轮的加速度曲线

将凸轮工作段的起点设为凸轮轴转角 $\alpha = 0$。此时,取挺柱升程 $h = 0$,则工作段的挺柱升程 $h(\alpha)$ 由五段组成:

$$h(\alpha) = \begin{cases} A_0 + A_1\alpha - A_2 \sin \dfrac{\pi\alpha}{\alpha_3} & 0 \leq \alpha \leq \alpha_1 \\[2mm] A_3 + A_4\alpha + A_5\alpha^2 & \alpha_1 < \alpha \leq \alpha_2 \\[2mm] A_6 + A_7\alpha - A_8 \sin \dfrac{\pi\alpha}{\alpha_3} & \alpha_2 < \alpha \leq \alpha_3 \\[2mm] A_9 + A_{10}\alpha + A_{11} \sin \dfrac{\pi(\alpha - \alpha_3)}{2(\alpha_4 - \alpha_3)} & \alpha_3 < \alpha \leq \alpha_4 \\[2mm] A_{12} + A_{13}\alpha + A_{14}\alpha^2 & \alpha_4 < \alpha \leq \alpha_5 \end{cases} \qquad (12.20)$$

式中　A_0、A_1、$\cdots$、A_{14},α_1、α_2、$\cdots$、α_5——待定常数。

α_5 实际上就是半个工作段的转角,是已知常数,剩下的 19 个待定常数可以根据以下边界条件予以确定。

1)在 $\alpha = 0$ 处,因为 $h(0) = 0$,导出 $A_0 = 0$。

由 $\dfrac{\mathrm{d}h}{\mathrm{d}\alpha}\Big|_{\alpha=0} = \dfrac{v_{0T}}{\omega}$,导出:

$$A_1 - A_2 \frac{\pi}{\alpha_3} = \frac{v_0}{\omega} \qquad (12.21)$$

而 $\dfrac{\mathrm{d}^2 h}{\mathrm{d}\alpha^2}\Big|_{\alpha=0} = 0$ 自动满足。

2)在 $\alpha = \alpha_1$ 处,因为 $h(\alpha)$ 连续,导出:

$$A_0 + A_1\alpha_1 - A_2\sin\frac{\pi\alpha_1}{\alpha_3} = A_3 + A_4\alpha_1 + A_5\alpha_1^2 \qquad (12.22)$$

因为 $\dfrac{\mathrm{d}h}{\mathrm{d}\alpha}$ 连续,导出:

$$A_1 - A_2\frac{\pi}{\alpha_3}\cos\frac{\alpha_1\pi}{\alpha_3} = A_4 + 2A_5\alpha_1 \qquad (12.23)$$

因为 $\dfrac{\mathrm{d}^2h}{\mathrm{d}\alpha^2}$ 连续,导出:

$$A_2\left(\frac{\pi}{\alpha_3}\right)^2\sin\frac{\pi\alpha_1}{\alpha_3} = 2A_5 \qquad (12.24)$$

3)在 $\alpha=\alpha_2$ 处,因为 $h(\alpha)$ 连续,导出:

$$A_3 + A_4\alpha_2 + A_5\alpha_2^2 = A_6 + A_7\alpha_2 - A_8\sin\frac{\pi\alpha_2}{\alpha_3} \qquad (12.25)$$

因为 $\dfrac{\mathrm{d}h}{\mathrm{d}\alpha}$ 连续,导出:

$$A_4 + 2A_5\alpha_2 = A_7 - A_8\frac{\pi}{\alpha_3}\cos\frac{\pi\alpha_3}{\alpha_3} \qquad (12.26)$$

因为 $\dfrac{\mathrm{d}^2h}{\mathrm{d}\alpha^2}$ 连续,导出:

$$2A_5 = A_8\left(\frac{\pi}{\alpha_3}\right)^2\sin\frac{\pi\alpha_2}{\alpha_3} \qquad (12.27)$$

4)在 $\alpha=\alpha_3$ 处,因为 $h(\alpha)$ 连续,导出:

$$A_6 + A_7\alpha_3 = A_9 + A_{10}\alpha_3 \qquad (12.28)$$

因为 $\dfrac{\mathrm{d}h}{\mathrm{d}\alpha}$ 连续,导出:

$$A_7 + A_8\frac{\pi}{\alpha_3} = A_{10} + A_{11}\frac{\pi}{2(\alpha_4 - \alpha_3)} \qquad (12.29)$$

而 $\dfrac{\mathrm{d}^2h}{\mathrm{d}\alpha^2}$ 连续的条件自然满足。

5)在 $\alpha=\alpha_4$ 处,因为 $h(\alpha)$ 连续,导出:

$$A_9 + A_{10}\alpha_4 + A_{11} = A_{12} + A_{13}\alpha_4 + A_{14}\alpha_4^2 \qquad (12.30)$$

因为 $\dfrac{\mathrm{d}h}{\mathrm{d}\alpha}$ 连续,导出:

$$A_{10} = A_{13} + 2A_{14}\alpha_4 \qquad (12.31)$$

因为 $\dfrac{\mathrm{d}^2h}{\mathrm{d}\alpha^2}$ 连续,导出:

$$-A_{11}\left(\frac{\pi}{2(\alpha_4 - \alpha_3)}\right)^2 = 2A_{14} \qquad (12.32)$$

6）在 $\alpha = \alpha_5$ 处，因为 $h(\alpha)=H$，H 为工作段挺柱升程（已知量），导出：

$$A_{12} + A_{13}\alpha_5 + A_{14}\alpha_5^2 = H \tag{12.33}$$

因为 $\dfrac{\mathrm{d}h}{\mathrm{d}\alpha}\Big|_{\alpha=\alpha_5} = 0$，导出：

$$A_{13} + 2A_{14}\alpha_5 = 0 \tag{12.34}$$

7）在复合摆线 II 型凸轮中，可令正加速度上升段和正加速度下降段的宽度相等，即有 $\alpha_1 = \alpha_3 - \alpha_2$。

8）引进三个参数 k、m、n，定义这三个参数如下，并假设它们的值已知（按经验选取）：

① $k = \dfrac{\alpha_1}{\alpha_3}$，表示正加速度上升段宽度与正加速度段总宽度之比；

② $m = \dfrac{\alpha_5 - \alpha_3}{\alpha_3}$，表示负加速度段宽度与正加速度段宽度之比；

③ $n = \dfrac{\alpha_4 - \alpha_3}{\alpha_5 - \alpha_3}$，表示负加速度正弦段宽度与负加速度段总宽度之比。

联立式（12.20）至式（12.34）以及 k、m、n 的表达式（共 18 个方程），并结合 $A_0=0$，即可求解全部 19 个待定常数，确定出复合摆线 II 型凸轮的挺柱升程型线。速度和加速度型线可以通过求导得到。需要注意的是，k、m、n 是三个可以自由选取的参数，它们的取值直接影响配气机构的动力学振动和充气性能。

k 值介于 0~0.5，通常在 0.2~0.3 取值。k 值越小，正加速度的峰值越小，但是加速度上升的速率越大，丰满系数也越大。k 值增大时，情况正好相反。

m 值是对复合摆线 II 型凸轮机构影响最大的一个参数。对于配气凸轮，一般来讲 m 要大于 1，即负加速度段的宽度应当比正加速度段的宽度更大。m 值增大时，正加速度段的宽度变窄，而且峰值增大，而负加速度段的峰值减小，丰满系数将增大，凸轮曲率半径通常也增大，配气机构的动力学平稳性变差，振动更为剧烈。m 值的选择需要密切结合配气机构的振动特性综合考虑。

n 值对凸轮加速度型线的影响也很大，过去认为一般在 0.2~0.4 选取，但近年来的实践和研究发现，n 的取值范围可以增大到 0.5~0.6。n 值减小，丰满系数增大。但是，如果 n 值过小，会造成凸轮加速度曲线由正向负的转折过于迅速，增加了飞脱的危险；如果 n 值过大，会对充气性能造成不利影响。

12.2.3.2　高次方凸轮

高次方凸轮属于整体式凸轮，也是整体式凸轮中应用最为广泛的一种。与等加速－等减速凸轮和复合摆线 II 型凸轮相比，高次方凸轮的特点是曲线连续性好。它的正加速度段和负加速度段均由同一个方程式表述，因此只存在缓冲段与工作段之间的衔接设计问题，而在工作段的正负加速度段之间不存在衔接问题，因而具有良好的动力学振动特性。但是，高次方凸轮的时间－断面特征和充量因数比等加速－等减速凸轮和复合摆线 II 型凸轮要略差一些。

高次方凸轮的挺柱升程型线是一个高次多项式。这里主要介绍五项式的构造（包括常数项）。在凸轮工作段的设计中，暂不考虑缓冲段，仍然令工作段的起始凸轮轴转角为 $\alpha=0$，

假设工作段的起始挺柱升程为 $h(0)=0$，挺柱升程型线可以表示为

$$h(\alpha) = c_0 + c_p x^p + c_q x^q + c_r x^r + c_s x^s \tag{12.35}$$

式中　p、q、r、s——正整数；

　　　　c_0、c_p、c_q、c_r、c_s——五个待定常数。

为了计算方便，令 $x = 1 - \dfrac{\alpha}{\alpha_B}$，其中 α_B 是半个工作段的转角。高次方凸轮的挺柱升程型线如图 12.11 所示，图中只画了上升段，通常可以认为挺柱升程的上升段和下降段是对称的。显然，当 $\alpha = \alpha_B$ 时，$x = 0$；当 $\alpha = 0$ 时，$x = 1$。

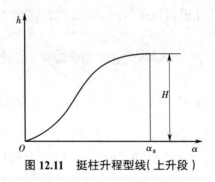

图 12.11　挺柱升程型线（上升段）

在凸轮设计过程中，应选取 p、q、r、s 为已知值，这样尚有五个待定系数需要确定。为此，可以使用以下五个边界条件，建立并求解一个五元方程组。

1）当 $\alpha=0$ 时，$h=0$，即有

$$c_0 + c_p + c_q + c_r + c_s = 0 \tag{12.36}$$

2）当 $\alpha=0$ 时，$\dfrac{\mathrm{d}h}{\mathrm{d}t} = v_{0T}$，$v_{0T}$ 是缓冲段末端的挺柱速度，即基本段起点速度，则有

$\dfrac{\mathrm{d}h}{\mathrm{d}t} = \dfrac{\mathrm{d}h}{\mathrm{d}x} \cdot \dfrac{\mathrm{d}x}{\mathrm{d}\alpha} \cdot \dfrac{\mathrm{d}\alpha}{\mathrm{d}t} = -\dfrac{\omega}{\alpha_B} \cdot \dfrac{\mathrm{d}h}{\mathrm{d}x} = v_{0T}$，即 $\dfrac{\mathrm{d}h}{\mathrm{d}x} = -\dfrac{v_{0T}\alpha_B}{\omega}$，故有

$$pc_p + qc_q + rc_r + sc_s = -\dfrac{v_{0T}\alpha_B}{\omega} \tag{12.37}$$

3）当 $\alpha=0$ 时，令 $\dfrac{\mathrm{d}^2 h}{\mathrm{d}t^2} = \dfrac{\mathrm{d}^2 h}{\mathrm{d}x^2} = 0$，可得

$$p(p-1)c_p + q(q-1)c_q + r(r-1)c_r + s(s-1)c_s = 0 \tag{12.38}$$

4）当 $\alpha=0$ 时，令 $\dfrac{\mathrm{d}^3 h}{\mathrm{d}t^3} = \dfrac{\mathrm{d}^3 h}{\mathrm{d}x^3} = 0$，可得

$$p(p-1)(p-2)c_p + q(q-1)(q-2)c_q + r(r-1)(r-2)c_r + s(s-1)(s-2)c_s = 0 \tag{12.39}$$

5）当 $\alpha=\alpha_B$ 时，$h(\alpha_B)=H$，可得

$$c_0 = H \tag{12.40}$$

在凸轮设计中，如果包括缓冲段，则只需将工作段的挺柱升程始点定为 $\alpha=\alpha_0$，α_0 是缓冲段凸轮轴转角，而 x 的表达式则改为 $x = 1 - \dfrac{\alpha - \alpha_0}{\alpha_B}$，凸轮工作段始点的挺柱升程是

$h(\alpha_0)=h_0$,h_0 是缓冲段的挺柱最大升程。

在设计高次方凸轮时,通常令 $p=2$,而 q、r、s 的取值具有较大的任意性,这三者的取值对配气机构动力学振动特征影响很大。为方便和简化起见,在有些设计中引入参量 m 和 n,并取 $q=2n$,$r=2n+2m$,$s=2n+4m$,其中 m 和 n 是正整数,其取值范围分别是 $n=3\sim9$,$m=1\sim10$。选取的幂指数越高,凸轮的时间 – 截面值越大,充气效果越好。但是,凸轮的最大正加速度峰值会增大,负加速度会降低,配气机构的振动幅度会增大。

高次方凸轮设计的优劣可以用某些凸轮特征参数判定。这些参数通常包括挺柱的最大正加速度、挺柱的最大负加速度、凸轮顶点的曲率半径、凸轮的丰满系数,具体如下。

1)挺柱的最大正加速度:

$$A_{\max}=\left(\frac{\omega}{\alpha_B}\right)^2\left[2c_p+q(q-1)c_q x_m^{q-2}+r(r-1)c_r x_m^{r-2}+s(s-1)c_s x_m^{s-2}\right] \qquad (12.41)$$

而

$$x_m=\left[\frac{q(q-1)(q-2)c_q}{s(s-1)(s-2)c_s}\right]^{\frac{1}{2m}}$$

2)挺柱的最大负加速度:

$$A_{\min}=2c_p\left(\frac{\omega}{\alpha_B}\right)^2 \qquad (12.42)$$

3)凸轮的丰满系数:

$$\xi=\frac{1}{H}\left(H+\frac{c_p}{p+1}+\frac{c_q}{q+1}+\frac{c_r}{r+1}+\frac{c_s}{s+1}\right) \qquad (12.43)$$

12.3 配气机构运动学

12.3.1 从动件的种类

气门的开闭运动是依靠凸轮通过传力机构(即从动件,如挺柱、推杆和摇臂等)来控制的。凸轮型线不仅决定气门的时间 – 截面值,而且决定配气机构各零件的运动规律和承载情况。因此,凸轮设计不仅需要保证尽可能大的时间 – 截面值,而且还应使配气机构在动力学上工作平稳可靠。

当凸轮转动时,凸轮表面与挺柱表面相接触,并推动挺柱运动。图 12.12 展示了内燃机中常用的几种挺柱。挺柱的运动规律取决于凸轮外廓,但也与挺柱自身的构造有很大关系。例如,在图 12.12 所示的四种方案中,虽然凸轮外廓形状相同,但由于挺柱的构造不同,它们的运动规律也各不相同。本节只讨论凸轮与平面挺柱相配合使用时的情况,因为平面挺柱的运动规律最为简单,它在以往的内燃机中也用得最为广泛。需要注意的是,为了减少摩擦和磨损,现代内燃机已经大多改为采用滚轮挺柱(又称滚子挺柱)。

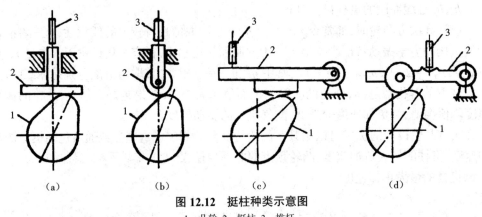

图 12.12　挺柱种类示意图

1—凸轮;2—挺柱;3—推杆。

（a）平面挺柱　（b）滚子挺柱　（c）摆式平面挺柱　（d）摆式滚子挺柱

12.3.2　平面挺柱的运动规律

对于配合平面挺柱工作的凸轮来讲,在凸轮的加工过程中,只需要知道平面挺柱的升程随凸轮轴转角的变化规律以及凸轮的基圆半径。因此,需要研究平面挺柱升程与凸轮轴转角之间的关系,简称挺柱升程型线。图 12.13 是平面挺柱的运动学示意图。在任意凸轮轴转角 α 下,挺柱工作面到凸轮轴线的距离 $S_T = r_0 + h_T$,其中 r_0 是凸轮的基圆半径, h_T 是挺柱的升程。

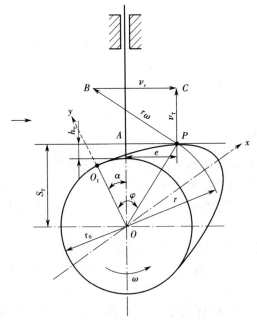

图 12.13　平面挺柱的运动学示意图

如前所述,如果已知凸轮升程 h_T 的型线,则凸轮廓线即可求得。如图 12.13 所示的凸轮轮廓线上任意一点 P,其位置在直角坐标系中可以表示为

$$\begin{cases} x = (r_0 + h_T)\sin\alpha + h'_T\cos\alpha \\ y = (r_0 + h_T)\cos\alpha - h'_T\sin\alpha \end{cases} \quad (12.44)$$

如果用极坐标表示，其坐标则为

$$\begin{cases} \phi = \alpha + \arctan\dfrac{h'_T}{S_T} \\ r = \sqrt{S_T^2 + h'^2_T} \end{cases} \quad (12.45)$$

式中　h'_T——挺柱升程的导数。

由图 12.13 可以看出，挺柱与凸轮在 P 点接触。因三角形 OAP 与由凸轮 P 点速度 $r\omega$ 和挺柱速度 v_T 两个矢量形成的三角形 BPC 具有相似性，因此可得 $\dfrac{v_T}{e} = \dfrac{r\omega}{r}$，即

$$v_T = e\omega \quad (12.46)$$

式中　v_T——挺柱的速度（m/s）；

　　　　e——挺柱与凸轮接触点的横向偏移量（m）；

　　　　ω——凸轮的角速度（rad/s）。

由这两个相似三角形还可知，在接触点 P，挺柱与凸轮的速度矢量差（即挺柱沿凸轮的相对滑动速度 v_r（m/s）与 S_T 成正比，即有 $v_r = S_T\omega = (r_0 + h_T)\omega$。

如果将式（12.46）对时间 t 求导，可得

$$i_T = \frac{dl_T}{dt} = \frac{de}{dt} = \frac{1}{\omega}\frac{dv_T}{dt} = \frac{1}{\omega}\frac{dv_T}{d\varphi}\frac{d\varphi}{dt} = \frac{d^2 h_T}{d\varphi^2}\omega = h''_T\omega \quad (12.47)$$

式中　i_T——接触点沿挺柱表面的移动速度（m/s）；

　　　　l_T——接触点沿挺柱表面的移动距离；

　　　　h''_T——挺柱升程的二阶导数（m/rad²）。

式（12.47）表明，接触点沿挺柱表面的移动速度与挺柱的加速度成正比。挺柱沿凸轮的滑动速度不仅等于在接触点处挺柱与凸轮的速度差，而且还等于接触点沿凸轮和挺柱表面的移动速度之差。接触点沿凸轮表面的移动速度为

$$i_c = \frac{dl_c}{dt} = \frac{dl_c}{d\alpha}\frac{d\alpha}{dt} = \rho\omega \quad (12.48)$$

式中　l_c——接触点沿凸轮表面的移动距离。

可以证明，接触点沿凸轮表面移动速度与接触点处的凸轮廓线曲率半径 ρ 成正比。挺柱相对于凸轮表面的滑动速度为

$$v_r = i_c - i_T = \rho\omega - h''_T\omega = (r_0 + h_T)\omega \quad (12.49)$$

由式（12.49）可导出曲率半径 $\rho = r_0 + h_T + h''_T$。

挺柱沿凸轮的滑动速度与接触点沿凸轮（或挺柱）表面的移动速度之比称为滑动系数，分别用 λ_c（或 λ_T）表示。它们用来评估凸轮与挺柱配合表面的摩擦热状况和磨损倾向。

$$\lambda_c = \frac{v_r}{i_c} = \frac{S_T}{\rho} \quad (12.50)$$

$$\lambda_T = \frac{v_r}{i_T} = \frac{S_T}{h''_T} \quad (12.51)$$

　　从式(12.50)和式(12.51)可以看出,在凸轮曲率半径不是太小的情况下,挺柱的传热条件通常比凸轮差,特别是在挺柱加速度等于零处,λ_T 增大到无穷大。因此,不希望采用挺柱在最大升程处停留一段时间的凸轮型线。在传热条件恶化时,必然带来表面温度的升高。当温度升高到一定程度时,不仅材料硬度会显著下降,而且润滑条件也会被破坏,从而加速磨损。

12.4　配气机构动力学

12.4.1　配气机构动力学特征

　　现代高速内燃机多采用顶置式气门。但是,这种配气机构在高转速时经常会出现一种不正常的现象,如图 12.14 所示的振动失控现象。振动失控具体可以分为三种情况:① 气门型线不跟随凸轮型线;② 飞脱,又称分离,即配气机构部件之间的力为零,如推杆力由于强烈振动在某些时刻变成零;③ 反跳,即飞脱之后经多次碰撞而复位。图 12.14 中的虚线是由凸轮型线确定的气门的理论升程型线(称为当量凸轮升程),实线是气门的实际升程型线。可以看出,在高速下出现了气门不按照凸轮型线确定的路径发生异常运动的情况。具体来讲,气门的开启时刻比理论时刻延后了;在开启的初期阶段,气门的实际升程小于当量凸轮升程,这是由于在高速时的强大惯性力作用下,配气机构受到压缩而产生变形的缘故;然后,在靠近气门全开位置附近,出现了气门实际升程大于当量凸轮升程的情况,说明气门脱离了凸轮的运动轨迹控制;在气门下降行程中,前述振动情况发生了一轮重复,但程度较轻,然后气门落座,但是实际落座时刻比理论落座时刻提前了很多,而且由于振动强烈、落座速度大,气门在撞击气门座后被弹开,在发生多次反跳后才完全落座。

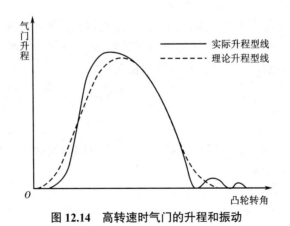

图 12.14　高转速时气门的升程和振动

　　上述这些异常或过度的动力学振动现象会带来一系列有害后果。例如,气门型线严重偏离理论型线时,会影响气门的时间－截面性能和发动机进、排气;配气机构各零件之间会发生剧烈撞击,造成磨损和噪声;气门与气门座之间的反复撞击会加剧磨损,甚至能把气门撞碎或使之产生拉伸变形;在压缩比大的内燃机上,气门反跳有可能造成气门与活塞碰撞。由此可见,为了控制配气机构在高速下的振动,必须系统地研究配气机构动力学和凸轮设计。

12.4.2　配气机构运动质量的换算

当配气机构在凸轮型线的激励作用下运动时,在这个弹性系统中会产生惯性力。惯性力 P_j 的大小与各有关零件的集总运动质量 M(即总换算质量)和加速度 a 成正比,但作用方向与加速度 a 方向相反,即有

$$P_j = -Ma \tag{12.52}$$

在凸轮轴下置式配气机构中(即带有推杆的),气门侧的换算质量 M 为

$$M = m_m + (\mu_t)_m + (\mu_p)_m + (\mu_R)_m + \frac{1}{3}m_s \tag{12.53}$$

式中　m_m——气门(包括弹簧盘和锁夹)的质量;

　　　$(\mu_t)_m$——挺柱换算到气门侧的质量;

　　　$(\mu_p)_m$——推杆换算到气门侧的质量;

　　　$(\mu_R)_m$——摇臂换算到气门侧的质量;

　　　m_s——气门弹簧的质量。

下面证明气门弹簧的换算质量 μ_s 为气门弹簧质量 m_s 的 1/3。气门弹簧在工作时,一端是不动的,另一端是运动的,因此并不是全部质量都参与运动,如图 12.15 所示。假设气门弹簧的换算质量 μ_s 是集中作用在弹簧的运动端上,并且运动端的速度是 v_m,则可得下列关系:

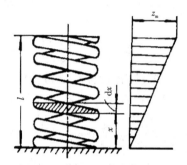

图 12.15　弹簧换算质量的确定

$$\frac{\mu_s v_m^2}{2} = \int_0^l \frac{v_x^2 \mathrm{d}m_s}{2} \tag{12.54a}$$

式中　l——弹簧全长;

　　　$\mathrm{d}m_s$——弹簧上距离固定端 x 处的微元质量。

因此,式(12.54a)等号左边项等于换算质量的动能,右边项是一端固定而另一端以速度 v_m 运动的实际弹簧的动能。假设沿弹簧全长质量是均匀分布的,则有

$$\mathrm{d}m_s = \frac{m_s}{l}\mathrm{d}x \tag{12.54b}$$

假设 v_x 是微元质量的运动速度,而且 v_x 与 x 成正比,则有

$$v_x = \frac{v_m}{l}x \tag{12.54c}$$

把式(12.54b)和式(12.54c)代入式(12.54a),整理后可得

$$\mu_s = \frac{1}{3}m_s \tag{12.54d}$$

根据式(12.54b)和式(12.54c)的假设可知,式(12.54d)实际上只适用于圈距相等的圆柱形螺旋弹簧,并只在略去自然振动影响的情况下是正确的。

当有摇臂时,配气机构的质量换算比较复杂。根据计算目的的不同,可以把整个系统的运动质量换算到挺柱 m_t 上,也可以换算到气门 m_m 上。如果摇臂比是 l_m/l_t(图 12.16),当挺柱的运动参数是 h_t(升程)、v_t(速度)和 a_t(加速度)时,气门的相应运动参数为

$$\begin{cases} h_{\mathrm{m}} = h_{\mathrm{t}} \dfrac{l_{\mathrm{m}}}{l_{\mathrm{t}}} \\[2mm] v_{\mathrm{m}} = v_{\mathrm{t}} \dfrac{l_{\mathrm{m}}}{l_{\mathrm{t}}} \\[2mm] a_{\mathrm{m}} = a_{\mathrm{t}} \dfrac{l_{\mathrm{m}}}{l_{\mathrm{t}}} \end{cases} \quad (12.55)$$

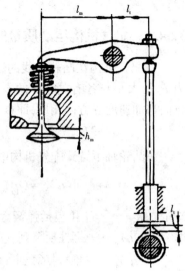

图 12.16　挺柱升程与气门升程之间的关系

由于摇臂两端的运动参数的相应值各不相同,换算质量 μ_{t} 和 μ_{m} 的数值当然也就不同。

作为示例,下面推导把挺柱的质量 m_{t} 与推杆的质量 m_{p} 按照动能相等的原则换算到气门侧。因为有 $\dfrac{(\mu_{\mathrm{t}})_{\mathrm{m}} v_{\mathrm{m}}^2}{2} = \dfrac{m_{\mathrm{t}} v_{\mathrm{t}}^2}{2}$,所以气门侧的挺柱换算质量为

$$(\mu_{\mathrm{t}})_{\mathrm{m}} = m_{\mathrm{t}} \left(\frac{v_{\mathrm{t}}}{v_{\mathrm{m}}} \right)^2 = m_{\mathrm{t}} \left(\frac{l_{\mathrm{t}}}{l_{\mathrm{m}}} \right)^2 \quad (12.56)$$

同理,把推杆质量 m_{p} 换算到气门侧,可得气门侧的推杆换算质量为

$$(\mu_{\mathrm{p}})_{\mathrm{m}} = m_{\mathrm{p}} \left(\frac{l_{\mathrm{t}}}{l_{\mathrm{m}}} \right)^2 \quad (12.57)$$

对于摇臂,同样能够根据动能相等的条件,按下式把它的运动质量换算到气门侧:

$$\frac{(\mu_{\mathrm{R}})_{\mathrm{m}} v_{\mathrm{m}}^2}{2} = \frac{I_{\mathrm{R}} \omega_{\mathrm{R}}^2}{2}$$

式中　I_{R}——摇臂相对于摇臂转轴中心线的转动惯量;

ω_{R}——与气门运动速度 v_{m} 相对应的摇臂摆动角速度。

因此,可得

$$\omega_{\mathrm{R}} = \frac{v_{\mathrm{m}}}{l_{\mathrm{m}}} \quad (12.58)$$

这样,可以把摇臂的质量换算到气门侧,即 $\mu_{\mathrm{R}} = I_{\mathrm{R}} \dfrac{1}{l_{\mathrm{m}}^2}$ 。所以,气门侧的集总质量为

$$M_{\mathrm{m}} = m_{\mathrm{m}} + \frac{1}{3} m_{\mathrm{s}} + \frac{I_{\mathrm{R}}}{l_{\mathrm{m}}^2} + (m_{\mathrm{t}} + m_{\mathrm{p}}) \left(\frac{l_{\mathrm{t}}}{l_{\mathrm{m}}} \right)^2 \quad (12.59\mathrm{a})$$

类似地,如果把整个配气机构的质量换算到凸轮侧,可得凸轮侧的集总质量为

$$M_{\mathrm{t}} = m_{\mathrm{t}} + m_{\mathrm{p}} + \frac{I_{\mathrm{R}}}{l_{\mathrm{t}}^2} + \left(m_{\mathrm{m}} + \frac{1}{3} m_{\mathrm{s}} \right) \left(\frac{l_{\mathrm{m}}}{l_{\mathrm{t}}} \right)^2 \quad (12.59\mathrm{b})$$

因此,对于有摇臂的配气机构来讲,如果把整个配气机构的质量换算到气门侧,根据式(12.52),配气机构的惯性力 $(P_{\mathrm{j}})_{\mathrm{m}}$ 可以写为

$$(P_{\mathrm{j}})_{\mathrm{m}} = -M_{\mathrm{m}} a_{\mathrm{m}} \quad (12.60\mathrm{a})$$

如果把整个配气机构的质量换算到挺柱侧,配气机构的惯性力为

$$\left(P_{\mathrm{j}}\right)_{\mathrm{t}} = -M_{\mathrm{t}}a_{\mathrm{t}} \qquad (12.60\mathrm{b})$$

式中　$a_{\mathrm{m}},a_{\mathrm{t}}$——气门和挺柱的加速度。

12.4.3　配气机构动力学模型

配气机构的动力学问题可以作为一个振动系统来分析,经简化后建立动力学模型,如单自由度模型、多自由度模型(多体动力学模型)、弹性体模型,还可以使用有限元法研究。下面介绍最简单的、但对于配气机构振动问题的抽象本质最具有代表性的单自由度模型。

为了描述配气机构动力学的本质,作为一种简化处理,采用一个刚度为 K_1 但没有质量的假想弹簧来代替原来的配气机构(从推杆经摇臂到气门)。假设气门弹簧的刚度为 K_2,并假设弹簧无质量。用换算质量 M_0 代替整个配气机构在气门侧的等效质量。这样可以得到代表配气机构动力学单自由度模型的简图,如图 12.17(a)所示。可用它来研究配气机构的振动情况。

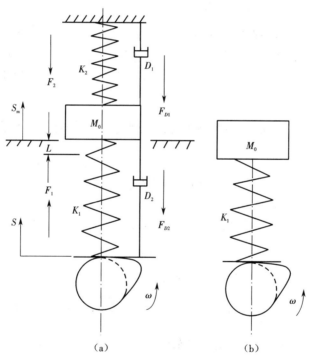

图 12.17　配气机构动力学的单自由度模型
(a)考虑气门弹簧和阻尼　(b)忽略气门弹簧和阻尼

下面讨论如何确定图 12.17(a)中的各个参数。

1)配气机构的换算质量 M_0。根据式(12.59a),在气门侧的换算质量 M_0 的表达式为

$$M_0 = m_{\mathrm{m}} + \frac{1}{3}m_{\mathrm{s}} + \frac{I_{\mathrm{R}}}{l_{\mathrm{m}}^2} + \frac{1}{3}m_{\mathrm{p}}\left(\frac{l_{\mathrm{t}}}{l_{\mathrm{m}}}\right)^2 \qquad (12.61)$$

式(12.61)中不包括挺柱的质量,这是由于考虑到配气机构正常工作时,挺柱不脱离凸

轮轮廓,而且挺柱的刚度又较大,因此可以忽略挺柱的质量对系统的影响。对于推杆的换算质量,其值为 m_p 的 1/3,这是由于在气门振动时,推杆靠近挺柱的一端可以假设是不动的,而推杆的上端则是参与振动的。因此,推杆的换算质量计算方法应该与前面计算气门弹簧的换算质量一样,采用类似的方法。

2)配气机构刚度 K_1。采用实验方法能够测定配气机构的刚度。在摇臂的气门端逐次施加作用力使整个配气机构受压,并在同一位置上测量配气机构的变形量。作用力与变形量之比就是配气机构的刚度 K_1。实验时,所施加作用力的最大值一般取气门弹簧最大弹力 P_{max} 的 2 倍左右。汽车用发动机的配气机构刚度 K_1 一般在 3 500~7 000 N/mm 的范围内。

3)阻尼系数 D_1 和 D_2。D_1 和 D_2 分别为外阻尼和内阻尼系数,目前还无法精确获得它们的取值。在计算中可以粗略估计阻尼系数值,或者通过测量配气机构振动波形的衰减情况来调整推算阻尼系数值。

根据受力平衡关系,用配气机构换算质量 M_0 的运动来描述气门的实际运动规律,可以列出配气机构的动力学方程:

$$M_0 \frac{d^2 S_m}{dt^2} = F_1 - F_2 - D_{1F} - D_{2F} - F_3 \tag{12.62a}$$

式(12.62a)中的各力分别叙述如下。

① 配气机构弹性变形力 F_1。它与配气机构的弹性变形量成正比,即 $F_1 = K_1(S - S_m - L)$,其中 L 是气门间隙,S 是凸轮型线升程换算到气门侧的升程,S_m 是气门的实际升程。

②气门弹簧力 F_2。用 K_2 表示弹簧刚度,由于装配时弹簧有预压缩量 Δ,因此,气门弹簧力 $F_2 = K_2(S_m + \Delta)$。

③外阻尼力 F_{D1}。它与气门速度成正比,即 $F_{D1} = D_1 \left(\dfrac{dS_m}{dt} \right)$。

④内阻尼力 F_{D2}。它与配气机构的变形速度成正比,即 $F_{D2} = D_2 \left(\dfrac{dS_m}{dt} - \dfrac{dS}{dt} \right)$。

⑤气门所受的来自气缸和气道的气压净作用力 F_3。对于进气门,可取 $F_3 = 0$。

把上述各力的表达式代入式(12.62a),得到:

$$M_0 \frac{d^2 S_m}{dt^2} = K_1(S - S_m - L) - K_2(S_m + \Delta) - D_1 \frac{dS_m}{dt} - D_2 \left(\frac{dS_m}{dt} - \frac{dS}{dt} \right) \tag{12.62b}$$

为了计算方便,将时间 t(s)的函数转化为凸轮轴转角 α 的函数,并整理式(12.62b)得到:

$$M_0 \frac{d^2 S_m}{d\alpha^2} = \frac{1}{36 M_0 n^2} \left[K_1(S - S_m - L) - K_2(S_m + \Delta) \right] -$$
$$\frac{1}{6n} \frac{D_1}{M_0} \frac{dS_m}{d\alpha} - \frac{1}{6n} \frac{D_2}{M_0} \left(\frac{dS_m}{d\alpha} - \frac{dS}{d\alpha} \right) \tag{12.63}$$

式中　n——凸轮轴的转速(r/min)。

可以用计算机求解微分方程式(12.63)。为了保证计算精度,步长可以取 0.2°~0.5° 凸轮轴转角。

当配气机构发生飞脱或气门反跳等不正常运动时,换算质量的受力情况将发生变化,计算条件应相应改变。因此,在比较复杂的模型计算中,对这些运动情况应当在每个步长上随时予以判断,及时改变计算公式。

为了分析在高速下气门运动出现如图 12.14 所示的不正常运动的产生机理,忽略气门弹簧和阻尼作用的影响,可以把配气机构动力学系统简化为图 12.17(b)所示的模型。由于它忽略了气门弹簧和阻尼的作用,因此气门弹簧的弹力、阻尼力都为 0,若假设气门间隙 L 也为 0,则式(12.63)变为

$$\frac{\mathrm{d}^2 S_{\mathrm{m}}}{\mathrm{d}\alpha^2} = \frac{K_1}{36 M_0 n^2}(S - S_{\mathrm{m}}) \tag{12.64}$$

因为配气机构的固有频率为 $n_0 = \dfrac{30}{\pi}\sqrt{\dfrac{K_1}{M_0}}$（r/min）,所以得到:

$$S - S_{\mathrm{m}} = 3\,280\left(\frac{n}{n_0}\right)^2 \frac{\mathrm{d}^2 S_{\mathrm{m}}}{\mathrm{d}\alpha^2} = 3\,280\left(\frac{n}{n_0}\right)^2 S_{\mathrm{m}}'' \tag{12.65}$$

由式(12.65)可以看出,换算到气门侧的凸轮升程 S 与气门实际升程 S_{m} 之间的差(即气门偏离预定型线的振幅)与 n、n_0 和 S_{m}'' 有关。如果 n_0 值已给定,则当转速较低时,比值 n/n_0 就小,S 与 S_{m} 之间的差别就不显著,当转速较高时,比值 n/n_0 较大,则 S 与 S_{m} 之间的差别就不能忽视。通过式(12.65),就可以解释在高转速下气门运动容易出现异常的原因,并有助于找出相应的解决措施。下面从两个方面对设计措施进行讨论:提高配气机构的固有频率;采用多项动力凸轮设计方法。

提高配气机构的固有频率 n_0 是解决配气机构振动的最基本措施。提高 n_0 的方法包括提高配气机构的刚度 K_1 和减小配气机构的换算质量 M_0。为了提高配气机构的刚度,需要设法减小推杆的长度、压缩量和弯曲变形量,减小凸轮轴的弯曲变形,减小摇臂和摇臂轴的弯曲变形,减小摇臂支座的变形等。在高速内燃机上,应当尽量使凸轮轴靠近气门,以便缩短推杆长度。可以采用顶置式凸轮轴,把凸轮轴装在气缸盖上,由凸轮直接推动气门,省去所有中间传力零件。这样做有两方面好处:一是可以极大提高系统的固有频率,二是可以减小整个配气机构的运动质量和惯性力。

为了保证发动机在所设计的转速范围内具有良好的动力学性能,在凸轮设计领域有一种重要的设计方法,称为多项动力凸轮。其想法是在多项式型线中增加动力影响项。为此,在凸轮的设计程序上做出以下重要改变。首先,不像以前那样先确定凸轮外廓或与转速无关地确定某条光滑的挺柱升程型线,而是根据内燃机的工作需求,先确定一条在某个"设计转速"时的光滑无振动的气门升程型线,也就是先按照式(12.63),已知该光滑的气门升程型线,求解凸轮(挺柱)升程型线。然后,再根据式(12.63),已知凸轮(挺柱)升程型线,求解在其他各转速时的气门实际升程。在上述某个选定的设计转速时的光滑无振动的气门升程型线 S_{m} 可表示为

$$S_{\mathrm{m}} = S_{\mathrm{m\text{-}max}} + C_2 x^2 + C_a x^a + C_b x^b + C_c x^c + C_d x^d \tag{12.66}$$

式中　$S_{\mathrm{m\text{-}max}}$ ——气门最大升程;

$$x = 1 - \frac{\alpha}{\alpha_{\mathrm{B}}}。$$

式（12.66）中的各系数、幂指数和 x 的意义与多项高次方凸轮 [式（12.35）] 含义相似。采用高次多项式的优点是它的适应性强，而且便于计算，通过适当选择各 x 项的幂指数，能够得到满足各种不同要求的升程型线。在多项动力凸轮设计中，多项高次方凸轮多了一个可以调节的设计参数，即设计转速。它出现在式（12.63）的动力影响项中。它的取值会影响凸轮加速度曲线的形状和光滑柔和程度，类似于上述各系数或幂指数的影响。

由于多项动力凸轮引进了动力性（设计转速）的影响，在设计挺柱升程时已经事先考虑了配气机构的弹性变形，在设计转速下，气门升程达到了理想的光滑无振动的状态，因此对于配气机构的工作平稳性是有好处的。但是，一旦实际转速偏移设计转速，气门的位移升程就要随之产生偏离或振动。所以，在凸轮设计时，需要合理选择设计转速和多项式系数，使凸轮加速度曲线光滑，在整个发动机转速范围内产生可以接受的配气机构振动幅度。

12.4.4　配气机构动力学模拟

在现代发动机设计中，配气机构设计占有很重要的地位。通常采用多体动力学模型对其动力学性能进行模拟分析，计算气门的升程、速度、加速度、凸轮与挺柱之间的接触力、气门落座速度和气门弹簧动态特性等参数，并判断凸轮与从动件是否分离。下面展示一台四缸直列自然吸气汽油机的配气机构的多体动力学分析结果。该汽油机的配气机构为顶置式凸轮轴，无摇臂与推杆，各零件的材料属性见表 12.1。表 12.2 是使用有限元软件计算得到的气门部件刚度。

表 12.1　配气机构的材料属性

零件名称	材料	弹性模量（MPa）	泊松比
气门杆	X45CrSi8	195 000	0.30
进气门阀	X45CrSi8	195 000	0.30
排气门阀	X50CrMnNiNbN219	195 000	0.30
气门座圈	PB 粉末冶金	130 000	0.23
轴承座	铝合金	75 000	0.32

表 12.2　气门部件刚度的计算结果

名称	刚度（kN/mm）
气门杆	105
进气门	183
排气门	236
进气门座圈	340
排气门座圈	275
轴承座	350

图 12.18 至图 12.21 分别是配气机构在曲轴转速为 6 400 r/min 时的气门升程型线、速

度曲线、加速度曲线和凸轮接触力曲线。从气门升程型线看,观察不到明显的剧烈振动,包括在气门落座时,反跳幅度都很小,几乎不可见。气门速度曲线显示在气门落座时,进气门和排气门都有几次小幅度的撞击和反跳,但是最大落座速度都小于 0.5 m/s,远小于 1 m/s 的设计极限值,因此是可以接受的。气门加速度曲线显示排气门比进气门具有更为剧烈的落座加速度变化。凸轮接触力曲线表明进气和排气配气机构都即将发生飞脱,因为接触力在某些凸轮轴转角位置几乎接近零。这说明在现有的配气机构固有频率、气门弹簧预紧力和刚度的情况下,6 400 r/min 已经接近该配气机构的飞脱转速。

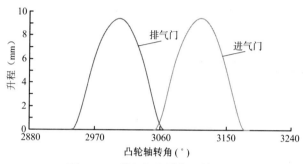

图 12.18　进气门和排气门的升程

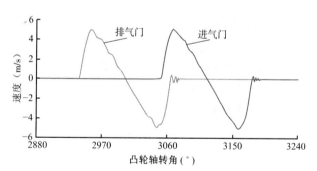

图 12.19　进气门和排气门的速度

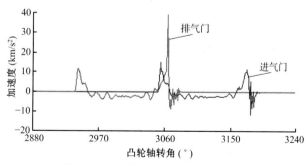

图 12.20　进气门和排气门的加速度

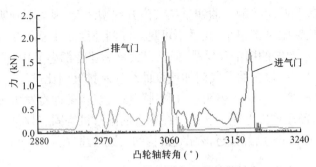

图 12.21　进气凸轮和排气凸轮的接触力

12.5　气门组的结构设计

气门组由气门、气门导管和气门座三部分组成。气门组的设计在于确定各部分的基本尺寸、材料和安装位置。

12.5.1　气门的设计

12.5.1.1　气门的工作条件

气门包括气门头部、杆部和尾端,如图 12.22 所示。气门是在严酷条件下工作的零件。气门在以很高频率做开闭动作的过程中,气门杆与导管之间有摩擦。每次关闭落座时,气门与气门座的座合锥面之间都要发生冲击,冲击的大小决定于气门的质量和落座瞬间气门的运动速度。

气门头部的顶面直接与高温燃气接触,使进气门和排气门都受热,而且排气门在排气过程中还要受到高温排气的冲刷。尤其在排气门刚刚开启时,气缸内的气体压力比较高,而此时气门的开度还很小,高温气体以很高的速度(可达 600 m/s)经气门和气门座之间的缝隙流出,所以排气门受热更为严重。在汽油机中,进气门的温度为 300~500 ℃,排气门温度可达 600~800 ℃。在大功率高速柴油机中,排气门温度也接近上述水平。除此之外,排气门还受到排气的腐蚀作用。

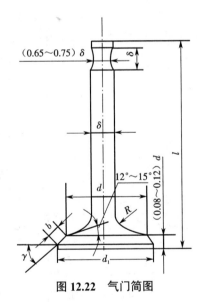

图 12.22　气门简图

图 12.23 所示是排气门受热和散热情况的示意图。图 12.24 所示是汽油机排气门的温度分布图。图 12.24(b)中的虚线表示气门顶部形状为虚线时的温度分布;实线表示气门顶部形状为实线时的温度分布。在气门头部顶面的中心处和背面与杆部相交接处的温度最高。后者是由于受到高速排气的冲刷所造成的。气门所受热量中的大约 76% 是经由气门座散走的,其余的 24% 是经由气门杆部和导管传走的。因此,从气门冷却的角度来讲,必须保持气门与气门座的座合锥面之间接触良好,并保持密封,否则座合锥面就非但不是散热通道,反而会成为受热表面。

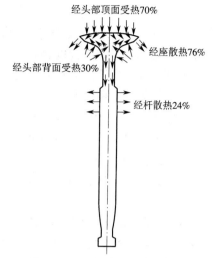

图 12.23　排气门的受热和散热

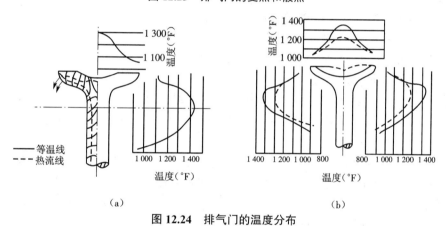

（a）　　　　　　　　　　　　　　　　　（b）

图 12.24　排气门的温度分布

（a)汽油机排气门的等温线和热流线　（b)气门形状对温度分布的影响

　　排气门烧损是一种常见故障。造成烧损的原因主要是密封不良,例如由于气门座扭曲或变形使得气门关闭不严。当座合锥面上积碳过多时,积碳会有小块剥落或出现裂纹而产生漏气,时间一长也会引起烧损。另外,在发动机运转过程中,如果发生气门杆粘死在导管中不能完全落座的情况,也会发生烧损现象。

　　进气门由于受到进气的吹刷,温度比排气门低很多。但是,在高速增压四冲程内燃机上,进气门的座合锥面却经常出现异常磨损现象。这主要是由两方面原因引起的:首先,在燃烧压力的作用下,气门和气缸盖都要反复产生弹性变形,并在气门和座合表面之间引起微小摩擦,燃烧压力越高,或单位时间内的燃烧次数越多,这种摩擦所造成的磨损就越严重;其次,虽然在排气门和在非增压式内燃机的进气门上也有这种摩擦,但为什么通常不会造成大的磨损呢? 这是由于前者在座合表面沉积有一薄层由残留在废气中的机油和碳粒等所形成的非金属物质,而后者在座合锥面上溅有在吸气冲程中被缸内低压从气门导管间隙中吸过来的机油。它们都在摩擦表面之间起到一定的润滑作用,因而不会产生很大的磨损。但在增压内燃机中,由于进气道内的压力高,气门导管中的机油吸不过来,在气门和座合表面上就会缺乏润滑油质,所以摩擦就引起了磨损。

12.5.1.2 气门材料

在设计排气门时,应首先设法改善排气门的冷却条件,降低它的工作温度,并在此基础上寻找合适的材料,保证气门在高温时具有足够的强度、耐磨性和耐腐蚀性。所用材料的临界温度应当高于最高工作温度,保证排气门在反复受热的情况下不产生翘曲或裂纹。

排气门的工作温度较高。在工作强度大的发动机上需要采用奥氏体钢作为材料,例如4Cr14Ni14W2Mo 等。这类钢在高温下的强度、硬度和耐腐蚀性都很好,但是线膨胀系数较大 [(15~18) × 10^{-6}·K^{-1}]。在低温时,它的硬度比其他材料低。而且,由于含有大量贵重元素Ni,所以价格很贵。当工作温度不超过 650 ℃时,排气门可以采用马氏体钢,例如4Cr9Si2或4Cr10Si2Mo 等,这种钢的锻造性和切削性好,线膨胀系数较小 [(11~14) × 10^{-6}·K^{-1}],但是耐热性较差。

当排气门材料采用奥氏体钢时,为了节约贵重材料并使杆部耐磨、线膨胀系数小,杆部通常采用一般的合金钢(例如 40Cr 或 40CrNi)制造,把头部与杆部焊成一体后再进行加工。

相比之下,进气门在较低温度下工作,对材料一般无特殊要求,通常采用 40Cr,在负荷较高时可选用 4Cr9Si2 或 4Cr10Si2Mo。

为了节约贵重的稀有金属 Cr 和 Ni,采用不含铬镍的铁–铝–锰的耐热钢 65Mn18Al5Si2V 制成进气门头部,再与 40Cr 的杆部采用摩擦焊接方法接成一体。

为了提高密封锥面的耐磨性,必要时需在锥面上喷涂一层由铬、钴、镍、钨等元素组成的特种耐热耐磨合金。这种合金具有高的硬度和耐腐蚀性。但是,在选用这种材料时,应注意使材料的抗腐蚀性和排气中的腐蚀性气体的性质相适应,并使堆焊的材料与基体材料之间的线膨胀系数相接近。

渗铝是一种或多种金属原子渗入金属工件表层的化学热处理工艺。渗铝的材料表面在氧化后形成一层紧密的氧化铝薄膜,能够防止金属基体在高温时进一步被氧化,从而大大提高材料的耐热性。材料渗铝后的表面硬度、耐磨性和耐腐蚀性都有所提高。经过渗铝处理后,不论是进气门或排气门都可使寿命延长很多。

有些必须在很高温度下工作的强化内燃机的排气门,有时为了不使头部温度过高,不得已把杆部做成中空的,并把其中约一半的内腔充以金属钠。钠在 100 ℃时熔化,并在空腔内上下移动,把更多的热量由头部传至杆部,再经气门导管散出。这样可以使排气门的温度下降 10%~15%。

气门杆的端部在气门开闭的过程中要受到高频撞击,甚至磨损,故要求其具有较高的硬度,一般要求不低于 50~60 HRC。

12.5.1.3 气门的结构

目前常见的气门头部的底面形状有三种形式,即平底、凸底和凹底,如图 12.25 所示。平底气门的几何形状简单,工艺性好,受热面积小,所以应用广泛。凸底气门能够改善气体流出气缸的性能,并且气门头部刚度好,常用于高速强化发动机的排气门。凹底气门由于杆部是以较大的半径过渡到气门头部,因此可以减小进气的流动阻力,但是工艺性较差,受热面大,只在特殊情况下用作进气门。

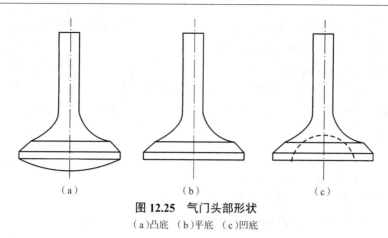

图 12.25　气门头部形状

（a）凸底　（b）平底　（c）凹底

气门头部的背面一般呈圆锥形,锥形角在 $10°\sim15°$,然后用过渡半径 r 与杆部相接,如图 12.26 所示。进气门的过渡半径 r 一般较大,以减小进气阻力。

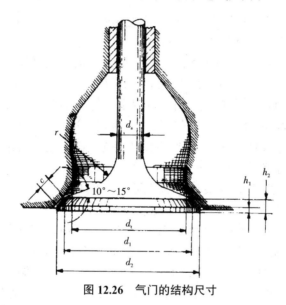

图 12.26　气门的结构尺寸

在确定气门头部的形状时,应当综合考虑质量、刚度、弹性、热应力和减小气体流过气门时的流动阻力等各方面要求,并通过必要的实验,确定较好的设计方案。

气门头部的结构尺寸通常依据气道喉口直径 d_t 确定,如图 12.26 所示,气门头部锥形最大直径 $d_2 = (1.05\sim1.15)d_t$,锥形最小直径 $d_1 = (0.95\sim1.0)d_t$,锥形座宽度 $c = (0.10\sim0.12)d_t$,$h_1 = (0.025\sim0.045)d_t$,$h_2 = (0.10\sim0.14)d_t$,进气门杆部直径 $d_s = (0.18\sim0.24)d_t$,排气门杆部直径 $d_s = (0.22\sim0.28)d_t$。为了改善向气缸盖传热,排气门杆部直径通常比进气门杆部直径大 $10\%\sim15\%$。

为了保证最大新鲜充量或排气流量,气门与气门座之间的环形开启面积应该等于气道喉口截面面积。气门的最大升程一般约等于气门直径的 1/4。如果气门升程低于这个最佳值,充量因数会下降。相反,如果气门升程大于最佳值,惯性力将增大,产生较大的噪声和磨损。

为了使气门座周边的温度均匀,还应注意在它的周围留出适当的冷却空间。发动机气门头部直径一般为(0.32~0.50)D(D 为气缸直径)。

关于气门喉口处的通路截面面积是否足够大,可按进、排气过程中气体流过喉口的平均流速进行校核。假设气体是不可压缩的,并假设活塞是以平均速度 C_m 运动。在单位时间内流过气门的气体体积应与活塞运动时气缸内气体的体积变化量相等,即 $v \cdot i \cdot f = C_m A_h$,或

$$v = \frac{C_m A_h}{i \cdot f} \qquad (12.67)$$

式中　v——气体在气门喉口处的流速;

　　　　i——一个气缸的同名(进气或排气)气门数量;

　　　　f——气门喉口的通路截面面积;

　　　　A_h——活塞面积,$A_h = \dfrac{\pi D^2}{4}$;

　　　　D——气缸直径。

气体流动需要伴随有压力差才能进行。流速越高,这种压力差(也称压力降或压力损失)就越大。这样,在进气过程中,气缸内的气体压力须低于外界气压。而在排气过程中,气缸内的气压须高于外界气压。流过气门时的气体流速越高,这种压力差就越大。

进气门直径通常比排气门直径大 10%~20%,这是由于在排气过程的末尾,残留在气缸内的废气是由活塞排出的。排气门喉口直径取得小一些,对性能没有太大影响,却能在某种程度上有利于气门散热。但是,如果排气门太小,也是不适当的。因为它会使排气压力增高,从而使活塞排气所消耗的机械功增加,也使残留在气缸中的废气量增多。另外,气门越小,气体流速就越高,气门和气门座的受热和受腐蚀情况就越严酷。

对于现代高速内燃机来讲,在最大功率工况下按式(12.67)估算出的平均流速,对于进气门在 40~80 m/s 的范围内,对于排气门在 70~100 m/s 的范围内。

在采用脉冲式废气涡轮增压系统的内燃机上,为了减小排气流过气门时的能量损失,排气门应当取得大一些。此时,进气门和排气门的尺寸应当接近或相等。

气门的锥面角 γ 对气体的流通截面面积、流动阻力、气体密封锥面比压等都有影响。当气门升程 h_m 的数值一定时,由式(12.1)可以看出,随着 γ 角加大,流通截面面积减小。现代内燃机的气门锥面角 γ 一般是 30° 或 45°。当气门升程 h_m 开大到某个值时,气门侧面的流通截面面积等于喉口截面面积,此时如果再增大升程,对气流的流通能力将不再有显著影响。这个升程值 h_m 分别为当 $\gamma = 30°$ 时,$h_m = 0.26d$;当 $\gamma = 45°$ 时,$h_m = 0.31d$。在现代内燃机上,气门的最大升程一般取 $0.25d$ 左右,而且进气门和排气门的升程一般取同样的数值。

为了保证密封和传热,在气门与气门座的座合表面之间应当具有足够大的座合压力。由于沿轴向作用在气门上的关紧力 P 与由此产生的环绕锥面分布的法向力 N 之间具有下列关系 [图 12.27(a)]:

$$N = \frac{P}{\cos\gamma}$$

所以,当 P 值一定时,气门锥面角越大,座合表面上的座合压力就越大。

采用大锥面角有利于清除沉积在密封表面上的积碳和杂质。这是由于气门落座时的轴

向位移 h_m 可以看作是两个分位移之和,即两表面之间相互接近的位移 $h_\alpha = h_m \cos\gamma$ 和两表面之间的相对平移 $h_t = h_m \sin\gamma$,如图 12.27(b)所示。后者随 γ 角增大而增大,它起着去除上述积碳和杂质的作用。

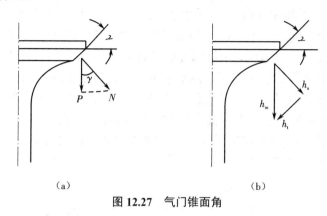

（a）　　　　　　　　　　　（b）

图 12.27　气门锥面角

但是,对于缸内气压比较高的增压内燃机来讲,气门所受到的轴向载荷也很大。在这种情况下,选用较小的锥面角比较合适,以便减小座合面的磨损和由此产生的气门下陷。增压内燃机的进气门多采用 30° 锥面角。

有时,气门座锥面角设计得比气门角稍大一些,例如大 0.25°~1°,如图 12.28 所示。这种角度上的差别称为干扰角。采用干扰角的目的是保证气门与气门座之间在燃烧室一侧能够很好地接触并密封,减小气门受热面积,并使气门与气门座之间能够很快磨合相配。

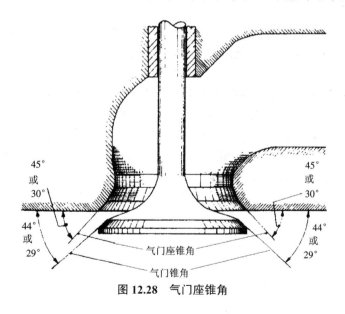

图 12.28　气门座锥角

12.5.2　气门座

为了不使气门座在工作中产生过大的扭曲和变形,气缸盖应有足够的刚度,并尽量使气门座周围的壁厚和冷却均匀,还应注意使气缸盖螺栓布置合理,拧紧度均匀。

在一般情况下,气门座是直接安置在气缸盖上的,因为气缸盖一般是合金铸铁件,这种材料本身就有足够的耐磨性和耐腐蚀性。为了进一步提高气门座的使用寿命,也可以在铸件上对气门座局部实施高频淬火。气门座的材料一般采用合金铸铁、青铜、可锻铸铁、球墨铸铁和奥氏体钢等。

为了延长气缸盖的使用寿命,可以采用镶块式气门座,目的是让镶块采用更耐磨和耐腐蚀的材料。但是,随之也带来许多缺点,因为使用镶块后,气门座和气缸盖成为两个物体,导热性能会变差,从而使气门温度有可能因此而增高 45~70 ℃。另外,制造成本也要增加,如果装配不佳,导致镶块在工作过程中发生松动和脱落,还会造成很大事故。

图 12.29 所示是镶块的大致尺寸比例。镶块材料的热膨胀系数应尽量与气缸盖材料的相接近,并且具有较高的屈服极限。由于镶块的工作温度比气缸盖的高,所以镶块要承受很大的压缩应力。如果镶块材料发生屈服,会出现松弛现象。镶块的高度应略小于镗孔深度,使镶块的尖角能够埋入气缸盖内,避免额外受热。

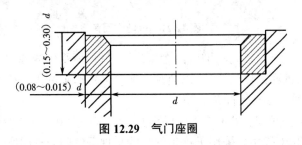

图 12.29　气门座圈

12.5.3　气门导管

气门杆在导管中做上下滑动。有时气门还要承受由于摇臂端对气门杆端的摩擦所产生的侧向力作用。导管外径一般是气门杆直径的 1.4~1.6 倍。为了能够很好地引导气门,导管长度最好是杆径的 8~10 倍。

在排气门侧,为了减轻排气对杆部的冲刷,导管和气缸盖上的相应凸台应当尽量靠近气门头部,但又不能因此使气道堵塞。考虑到这一互相矛盾的要求,凸台顶端与气门座顶端之间的距离宜取喉口直径的 3/4,如图 12.30 所示。导管最好不从凸台中伸出,以免过热。如果为了减轻气门杆的受热而必须把导管伸出,导管端部的内孔与气门杆之间应有较大的间隙,以便防止由于热变形发生卡住现象,如图 12.31 所示。在图 12.31 所示的情况下,尺寸 l 应小于气门升程,以防在导管内形成积碳。

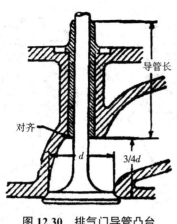

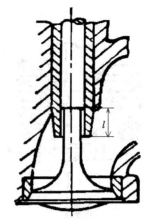

图 12.30　排气门导管凸台　　　　　　　　图 12.31　伸出的排气门导管

　　导管一般是过盈压入气缸盖的导管孔中,压入后再加工导管内孔至规定尺寸。导管与气门杆之间的配合间隙应适当。如果间隙过小,容易卡住。如果间隙过大,则不利于气门杆与导管之间的热传导。关于气门杆与导管之间的间隙,进气门可取气门杆直径的0.5%~1%,排气门可取气门杆直径的 0.8%~1.2%。

　　导管与气门杆之间应有机油润滑,但机油量不能过多,以免由于积碳把气门粘住。尤其在汽油机的进气门侧,由于在进气过程中气道内的气压低于大气压,会把过多的机油经导管与气门杆之间的间隙吸进来。为了防止过多的机油由气门杆部与导管之间进入气缸,通常采用密封圈进行密封。另外,气门导管大多是用灰铸铁、球墨铸铁或铁基粉末冶金制造。

12.5.4　气门旋转机构

　　经验表明,使气门在每开闭一次的同时也做一些旋转,能使寿命提高 2~5 倍。这是由于旋转有利于清除座合表面上的积碳。而且,由于座合面上相接触的表面之间经常变换位置,气门头部的温度也可以更为均匀。气门旋转还可以防止气门杆被粘死在导管中。

　　有两种方法能够使气门旋转:自由式和强制式。图 12.32(a)是自由式旋转器的构造。自由式旋转器的结构特点是多了一个脚帽,脚帽套在气门杆的杆端上,脚帽的内孔深度比杆端长大约 0.1 mm。因此,当气门位于关闭位置时,在脚帽的孔底与杆端之间具有如图 12.32(a)所示的脚帽间隙。因此,在挺柱顶开气门的过程中,挺柱的作用力是经由脚帽、锁夹和弹簧盘压缩弹簧,但是气门杆却不受什么力。所以,在机器振动的作用下,气门就会产生自由旋转。

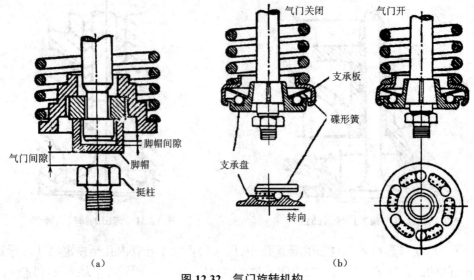

图 12.32　气门旋转机构

（a）自由式旋转器　（b）强制式旋转器

图 12.32（b）所示是强制式旋转器。它的构造特点是弹簧不是直接作用在支承盘上，而是经过支承板和碟形弹簧作用在支承盘（即弹簧盘）上。在支承盘上还有几个沿圆周均匀布置的槽，槽内放有钢球和小弹簧，小弹簧把钢球顶向槽的一端。当气门在关闭位置时，气门弹簧放松，而碟形弹簧翘起，使钢球不受压。当气门被顶开时，碟形弹簧先被压扁，并压在钢球上，把钢球压紧在槽底。由于槽底是倾斜的，因此当钢球受压时，它将推动支承盘，使支承盘连同气门一起旋转一个角度。当气门关闭落座后，碟形弹簧又翘起，钢球被放松，在小弹簧的作用下，钢球又恢复到原来的位置，准备再次受压和推动支承座。这样，气门每开闭一次，就转一定的角度，通常转速为 1~2 r/min。这种强制式旋转器可以装在气门端原来装弹簧盘的位置上，也可以装在弹簧与气缸盖的支承面之间，原理是一样的。

12.6　气门弹簧设计

12.6.1　气门弹簧的作用

气门弹簧用来保证气门在需要关闭的时候保持紧闭。气门弹簧的另外一个重要用途是保证整个配气机构按照凸轮所规定的规律运动。

当凸轮旋转时，挺柱先在凸轮开启工作段的初始部分推动下，克服气门弹簧的弹力，向上做加速运动。这时，配气机构的惯性力和弹簧力的作用方向是相同的，都是把挺柱压紧在凸轮型面上。随后，在凸轮顶部段的推动下，挺柱改为向上做减速运动。因此，惯性力的作用方向发生了改变，变成要使挺柱离开凸轮型面。如果挺柱离开凸轮型面，那就意味着配气机构的运动失去控制。为了防止这种情况发生，就需采用弹力足够大的弹簧，确保在负加速度段的气门弹簧弹力大于配气机构的惯性力，不使挺柱离开凸轮型面。但是，弹簧的弹力也不能过大，否则会增加配气机构中所有受力零件的工作应力、变形和磨损。同理，在气门的关闭行程中,气门应当在气门弹簧的控制下,按照凸轮外廓所规定的规律运动。

12.6.2　气门弹簧特性参数的确定

气门弹簧的特性参数是指弹簧的预紧力 P_0 和刚度 K。刚度越大,弹簧就越硬。下面叙述确定预紧力和刚度的方法。首先绘出惯性力 $(P_j)_m$ 随气门升程 h_m 变化的关系曲线 $(P_j)_m = f(h_m)$。在图 12.33 上,把该曲线和气门弹簧力 P 随气门开度 h_m 变化的特性曲线 $P = f(h_m)$ 绘在一起。

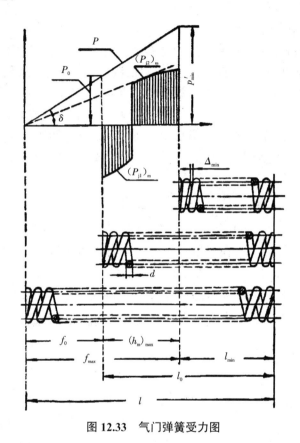

图 12.33　气门弹簧受力图

弹簧特性曲线与惯性力曲线之间的垂直距离表示两者之间的合力。配气机构的各受力零件之间就是靠这个合力保持互相压紧的。为了使配气机构总是能够在凸轮的控制下运动,上述合力必须是正值,即在图 12.33 上的 P 曲线必须永远是位于 $(P_j)_m$ 曲线之上。但是,它们之间的差别也不能过大。这就需要恰当地选择弹簧的预紧力 P_0 和刚度 K。刚度由特性曲线的斜率 $\tan \delta$ 表示。

弹簧的预紧力 P_0 用来保证气门与气门座之间的密封。内燃机在压缩和膨胀冲程时,进气门和排气门都是关闭的,气缸内的气体压力较大,对气门密封有利;在进气冲程时,排气门是关闭的,为了使排气门不离座,弹簧预紧力应当为

$$P_0 = \frac{\pi d^2}{4}\left(P_r - P_g\right)$$

式中 d——气门直径；

　　　P_r——排气道中的气体压力；

　　　P_g——气缸内的气体压力。

对于增压内燃机，在排气冲程中，进气门是关闭的，如果增压压力较大，则作用在进气门背面的压力有可能大于作用在气门底面的压力。此时，为了使进气门不离座，弹簧预紧力应当为

$$P_0 = \frac{\pi d^2}{4}(P_k - P_g)$$

式中 P_k——进气道中的增压压力。

在气门最大升程时，负加速度的绝对值达到最大，这时要求气门弹簧具有最大弹力 P_{max}。应注意在负加速度区域的开始段，虽然负加速度值及其产生的惯性力并非最大，但是由于此时气门开度较小，弹簧力也较小，配气机构容易在此区段发生飞脱现象。因此，在确定弹簧力时，除了要注意保证在气门最大升程处的弹簧力外，还应注意在整个负加速度区域的弹簧力。由于内燃机的转速在实际运行中有时会超过额定转速，因此弹簧力必须留有余量。相对于凸轮顶部段的惯性力 $(P_{j2})_m$ 来讲，通常取弹簧力 $P = \beta(P_{j2})_m$，其中 β 是安全系数，一般 $\beta = 1.25 \sim 1.6$。因此，弹簧刚度为 $K = \dfrac{P_{max} - P_0}{(h_m)_{max}}$。

在图 12.33 的下侧，对照绘出了弹簧长度尺寸的变化示意图。弹簧在自由状态下的长度等于 l。为了产生预紧力 P_0，在安装弹簧时需要有预压缩量 f_0。因此，弹簧的安装长度 $l_0 = l - f_0$。当气门处于最大开度时，弹簧的工作压缩量等于 $(h_m)_{max}$。所以，弹簧的最小长度是 $l_{min} = l_0 - (h_m)_{max}$，弹簧的最大压缩量为 $f_{max} = f_0 + (h_m)_{max}$。如果所需的预紧力 P_0 和工作压缩量 $(h_m)_{max}$ 已给定，则所选的预压缩量 f_0 越大，弹簧就越软，弹簧的特性曲线就越平坦。

12.6.3　气门弹簧设计

在内燃机配气机构中，通常采用等螺距圆柱形螺旋弹簧。但是，在某些高速内燃机中，为了减小配气机构振动，变螺距螺旋弹簧日益得到广泛应用。本小节讨论前一种弹簧。这种弹簧是用钢丝冷绕制成。为了防止弹簧歪斜，两支承端应磨平，并且磨平的部分应当大约有 3/4 周长。为了使支承可靠，弹簧两端在自由状态下应当有大约两圈是互相靠紧的。冷绕后经热处理消除内应力，有的还进行喷丸处理和强压处理，以便提高工作可靠性；并且进行发蓝和镀锌等防锈处理，以免在使用中因锈蚀而降低疲劳强度。常用的弹簧材料包括 65Mn 和 50CrVA 等。

螺旋弹簧的基本尺寸包括：弹簧中径（又称平均直径）D_s，钢丝直径 d_s，自由圈距 t，有效圈数 i_e，总圈数 i。弹簧中径 D_s 是根据总体布置情况确定的。当一个气门采用两个弹簧时，为了保证内弹簧与外弹簧及内弹簧与气门导管互相不碰撞，一般取外弹簧的 $D_s = (0.3 \sim 0.35)D$，取内弹簧的 $D_s = (0.2 \sim 0.25)D$，D 是气缸直径。

钢丝直径 d_s（m）是根据弹簧最大弹力的强度条件确定的：

$$d_s = \left[\frac{kP_{max}D_s}{125\pi[\tau]} \right]^{\frac{1}{3}}$$

式中　P_{max}——最大弹簧力（N）；

　　　D_s——弹簧中径（m）；

　　　$[\tau]$——弹簧钢丝的许用剪应力（MPa），一般来讲，$[\tau] = 350 \sim 600$ MPa；

　　　k——考虑到弹簧曲率和剪应力分布不均匀的修正系数。

k 与弹簧圈绕比 $c = D_s/d_s$ 有关，按下式计算：

$$k = \frac{4c-1}{4c-4} + \frac{0.615}{c}$$

其中，$c = 6 \sim 8$。由上式计算出弹簧钢丝直径后，应圆整到标准尺寸。当每个气门配两个弹簧时，内、外弹簧的载荷分配可以按等强度原则设计。

有效圈数 i_e 可以根据弹簧刚度确定，$i_e = \dfrac{Gd_s^4 f_{max}}{8 \times 10^6 D_s^3 P_{max}}$，其中 G 是弹簧钢丝的剪切弹性模量（MPa），f_{max} 是弹簧最大压缩量（m）。弹簧的总圈数为 $i = i_e + (1.5 \sim 2.5)$。

自由圈距 t 的选择应使气门在全开时弹簧工作圈之间保持最小间隙 $\varDelta_{min}$ 不小于 0.5 mm，因此 $t = d_s + \dfrac{f_{max}}{i_e} + \varDelta_{min}$。

在高速内燃机上，当气门弹簧是由 2 个或 3 个弹簧套装在一起时，内、外两个相邻弹簧的卷绕方向应当相反，以免某个弹簧折断时卡入另一个弹簧中。

12.6.4　气门弹簧的共振

内燃机的气门弹簧也有共振问题。在出现共振时，会引起气门动作异常和弹簧折断等现象。在设计高速内燃机的配气机构时，必须注意这一点。

如果把弹簧放松，圈与圈之间就变稀疏。如果把弹簧压紧，圈与圈之间就变密集。当气门很快地开启和关闭时，实际上所有各圈并不是同时变密或变疏的，而是前面几圈首先被压缩或被放松，形成一个密波或疏波。这个波以很高的速度向弹簧的固定端传播，然后再被反射回来。这个疏密波在弹簧中传播一个来回的时间称为一个周期。在单位时间内完成的周期数称为自振频率 n_0。因此，弹簧的自振频率 n_0（r/min）可近似按下式计算：

$$n_0 = 2.17 \times 10^7 \frac{d_s}{D_s^2 i_e} \tag{12.68}$$

式中　d_s——弹簧丝直径（mm）；

　　　D_s——弹簧中径（mm）。

气门的开闭运动也是一个可以分解成 1、2、3 等阶次的简谐分量的周期性函数。因此，在内燃机的运转过程中，如果出现凸轮的转速 n，或 n 的整数倍 $2n$ 或 $3n$ 等与弹簧的自振频率 n_0 相等时，弹簧就会发生共振。在共振时，弹簧钢丝所承受的扭转剪切应力会超出正常值很多，这是造成弹簧折断事故的重要原因。在发生共振时，弹簧的弹性力 P 也发生波动。因此，图 12.33 所示的弹簧特性线将不再是一条直线，而是有可能出现弹簧弹性力 P 瞬时小于惯性力 P_j 的情况。这样将导致配气机构出现过大的噪声、磨损和气门动作异常等有害现象。

当共振谐量高于 11 次时,弹簧的振幅能够减小很多。所以,为了减轻弹簧共振的有害影响,弹簧的自振频率 n_0 应大于凸轮轴最高转速 n 的 11 倍,即 $n_0 \geq 11n$。当 $n_0 < 11n$ 时,可以改变弹簧的基本尺寸,以便提高弹簧的自振频率。

如果各种措施都不能使弹簧的自振频率提高到所要求的数值,就必须采取减振措施,例如采用变圈距弹簧。随着气门的开启,这种弹簧的下面几圈依次靠紧,使有效圈数和刚度依次改变,从而改变弹簧的自振频率,消除产生共振的条件。或者可以采用双弹簧,两个弹簧的自振频率互不相同,就不会同时产生共振,实现互为阻尼。另外,也可以用扁钢制成的阻尼片以过盈方式套在气门弹簧的内面,通过摩擦阻尼减小振动。

12.7　配气机构中驱动件的设计

12.7.1　凸轮轴

凸轮轴的结构形式包括两种,一种是凸轮和凸轮轴制成一体的整体式凸轮轴,另一种是凸轮和凸轮轴可以拆装的组合式凸轮轴。高速发动机通常采用前一种结构。对于下置式凸轮轴来讲,支承凸轮轴的最简便方法是在曲轴箱的横壁上开设轴承孔,在孔中压入覆有减摩合金的薄壁钢套。凸轮轴从曲轴箱的一端插入轴承孔。为了使整根凸轮轴能够通过轴承孔,轴颈就需要做得很粗,轴颈半径一般至少应比凸轮顶端半径大 1 mm。为了防止凸轮轴在工作时前后窜动,在凸轮轴上应设定位装置。定位的方法很多,图 12.34 所示是其中常用的一种,它是在机体的前端面固定止推片。此止推片是夹在凸轮轴的第一轴颈与定时齿轮之间的。凸轮轴的允许轴向窜动量是 0.08~0.2 mm,该量由定距环的厚度来保证。

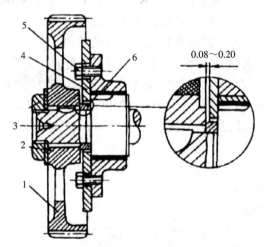

1—正时齿轮;2—正时齿轮轮毂;3—锁紧螺母;4—止推板;5—止推板固定螺钉;6—定距环

图 12.34　齿轮轴的轴向限位装置

凸轮轴上各同名凸轮之间的相位关系取决于气缸数、气缸排列方式和发火顺序。例如,对于直列四冲程六缸发动机,发火间隔角是 120° 曲轴转角,如果发火顺序是 1—5—3—6—

2—4,则第五缸的排气凸轮应在第一缸排气凸轮后 60° 凸轮轴转角处。

　　同一气缸的进气凸轮与排气凸轮之间的夹角决定于配气定时和挺柱之间的相对位置。如果挺柱是安排在同一平面上的,则可以根据图 12.35 所示的气门升程 – 曲轴转角图,先找出进气门和排气门达到全开位置时的间隔角 φ(曲轴转角),则进气凸轮相对于排气凸轮应该错后的角度 α 为

$$\alpha = \frac{\varphi}{2}$$

由图 12.35 可以看出:

$$\varphi = \overline{C_p C_j} = \overline{A_p E_j} - \overline{A_p C_p} - \overline{C_j E_j}$$

$$= \left(360° + \mu_1 + \nu_2\right) - \frac{1}{2}\left(180° + \mu_1 + \mu_2\right) - \frac{1}{2}\left(180° + \nu_1 + \nu_2\right)$$

$$= 180° + \frac{1}{2}\left(\mu_1 - \mu_2 - \nu_1 + \nu_2\right)$$

即

$$\alpha = 90° + \frac{1}{4}\left(\mu_1 - \mu_2 - \nu_1 + \nu_2\right) \tag{12.69}$$

式中　　μ_1, μ_2——配气相位中的进气门早开角和晚关角;

　　　　ν_1, ν_2——排气门早开角和晚关角。

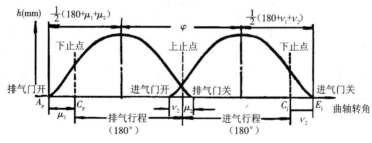

图 12.35　进气凸轮与排气凸轮之间夹角的确定

　　为了保证配气定时正确,必须使凸轮轴相对于曲轴的相位关系正确。为此,在正时齿轮或链轮上设有啮合记号,在装配时按照记号进行安装。另外,在凸轮轴上各凸轮相对于正时齿轮键槽的角度偏差,对柴油机来讲应小于 ±1°,在汽油机上应小于 ±2°,以保证配气定时的偏差在允许的范围内。

　　在选择凸轮轴材料时,必须考虑与挺柱材料的匹配问题。目前,高速柴油机的凸轮轴一般采用稀土镁球墨铸铁制造,而汽油机的凸轮轴一般采用 45、45Mn2 等中碳钢或 20、20Mn2、20MnVB 等低碳渗碳钢制造。为了使凸轮型面耐磨,通过热处理后,应当使表面硬度达到 52~56 HRC 或更高值。加工后的表面粗糙度(Ra 值)不应高于 0.4 μm。

　　当凸轮与挺柱的材料为钢时,凸轮型面与挺柱底面之间的挤压应力 σ 可按下式计算:

$$\sigma = 590 \sqrt{\frac{P_t\left(\dfrac{1}{\rho} + \dfrac{1}{R}\right)}{b\left(\dfrac{1}{E_1} + \dfrac{1}{E_2}\right)}} \tag{12.70}$$

式中　P_t——作用在凸轮上的力（N）；

　　　b——凸轮宽度（mm）；

　　　ρ，R——凸轮型面和挺柱表面的曲率半径（m），滚子式挺柱的 R 等于滚轮半径，平面
　　　　　　挺柱的 $R = \infty$；

　　　E_1，E_2——凸轮和挺柱材料的抗拉弹性模量（MPa）。

另外，对于凸轮轴还要进行扭转应力和凸轮轴挠度计算。

凸轮轴的轴颈采用压力润滑的方式，而且凸轮型面与挺柱底面之间依靠曲轴箱中的激溅机油润滑。

12.7.2　挺柱

挺柱的结构形式如图 12.36 所示。在顶置式气门机构中，在挺柱的内部设置球面座，推杆的球头装在座中 [图 12.36（a）]。球座半径（r）比球头半径（n）大 0.2~0.3 mm，以便在表面之间能形成承载油膜。

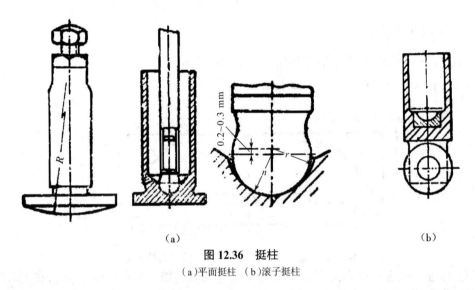

（a）　　　　　　　　　　　　　　　　　　（b）

图 12.36　挺柱

（a）平面挺柱　（b）滚子挺柱

凸轮型面和挺柱底面是一对摩擦副，其磨损情况与凸轮型面和挺柱底面的表面粗糙度、材料性质、热处理方法和润滑状况有关。经验表明，合理匹配材料是减小磨损的措施之一。当采用冷激铸铁凸轮时，挺柱以采用铸铁为宜。如果采用钢制凸轮，则挺柱以冷激铸铁与之匹配较好。

在平面挺柱中，如果挺柱底面是一个平面，则常常由于载荷集中作用在挺柱边缘而出现异常磨损。这是由于零件加工有误差，而且凸轮轴有弯曲变形，使得在工作中常常不能保证凸轮型面以全宽度与挺柱表面相接触，如图 12.37（a）所示。为了避免出现这一有害后果，有时把平面挺柱表面制成具有很大曲率半径的球面（$R = 0.7~2.5$ m），而凸轮型面则相应地制得略有锥度，使型面有些倾斜，斜度 $\beta = 4' \sim 14'$，如图 12.37（b）所示。这样的设计虽然看起来好像会造成点接触，但由于在载荷作用下，表面会产生弹性变形，所以实际还是能形成较好的表面接触状况。这种凸轮与挺柱之间的接触点是偏离挺柱中心线的，偏离的距离 $a = R\sin\beta$。这样，挺柱就将具有缓慢的旋转运动，有助于减小磨损，并使磨损均匀。

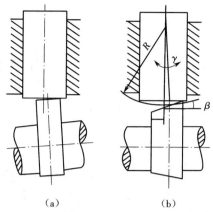

图 12.37　凸轮与挺柱之间的表面接触状态

（a）产生偏磨　（b）较好的接触

　　由于配气机构中带有间隙,所以在运转中会产生撞击噪声。为了消除这一噪声,有些内燃机采用液力挺柱(又称液压间隙调节器)。图 12.38 所示是液力挺柱的工作原理图,它具有多种多样的设计构造。挺柱体 1 中有柱塞 3。由于弹簧 5,柱塞顶端的球面座 2 一直保持与推杆接触。当气门关闭时,挺柱和柱塞上的油孔与润滑系的油路相通,油路中的机油进入柱塞并顶开单向阀 4 进入柱塞下面的油腔,把油腔填满。当挺柱受到凸轮推动时,油腔中的油受到挤压,单向阀关闭,封闭在油腔中的油就托着柱塞,使柱塞与挺柱体一起向上运动,并经推杆和摇臂顶开气门。在顶开气门的过程中,不可避免地会有一些机油从油腔中漏出,例如经过单向阀的不严密处。因此,柱塞 3 在挺柱体 1 中就要相对向下移动一小段距离。当气门落座后,依靠弹簧 5,柱塞 3 上的球面座 2 仍保持与推杆相接触,所漏失的机油则经单向阀从润滑系中重新补足。所以,在采用液力挺柱时,依靠弹簧 5 的作用经常保持配气机构中的间隙等于零,从而避免撞击噪声。在工作过程中,配气机构各零件的长度会发生热胀冷缩的变化,这些变化会依靠每次气门落座后向油腔中补充油量来自动得到补偿。

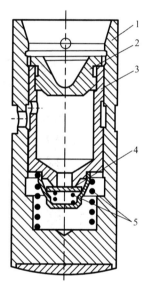

图 12.38　液力挺柱

1—挺柱体;2—球面座;3—柱塞;4—单向阀;5—弹簧。

　　为了防止工作时凸轮被卡住,应当使凸轮在任意位置时都以全宽度与挺柱的底面相接触。挺柱底面的最小曲率半径 r_{min} 为

$$r_{min} = \sqrt{\left(\frac{v_{max}}{\omega}\right)^2 + \left(a + \frac{b}{2}\right)^2} \tag{12.71}$$

式中　v_{max}——挺柱的最大速度;

　　　ω——凸轮轴旋转角速度;

　　　a——挺柱与凸轮中心线的偏心距;

　　　b——凸轮宽度。

12.7.3 推杆

推杆用钢管或实心材料制造,结构简单,是一根细长杆,在上端和下端有凹凸的球头,如图 12.39 所示。推杆应当质量轻、刚性好、稳定性好。设计推杆时,应当进行稳定性安全系数校核。

12.7.4 摇臂

柴油机目前绝大部分采用模锻或铸造的摇臂,最近也开始广泛采用高韧性球墨铸铁(如 QT40-10)铸造。这种摇臂的构造如图 12.40(a)和(b)所示。摇臂的推杆端设有螺孔,带球头座的调整螺钉拧在螺孔中,用以与推杆的球头相连接。用调整螺钉调整气门间隙,然后用锁母锁紧。摇臂的气门端具有圆柱表面,用以推动气门,该表面需淬硬以求耐磨。摇臂中部设有轴孔,孔中压嵌减摩衬套,使摇臂能够绕轴摆动。

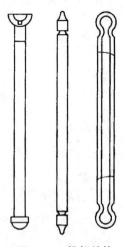

图 12.39 推杆结构

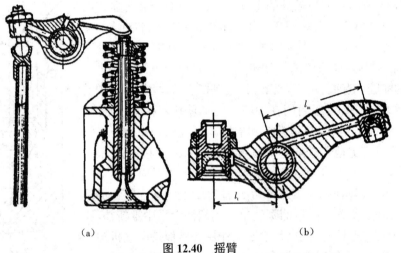

（a）   （b）

图 12.40 摇臂

（a）摇臂与推杆、气门的位置关系 （b）摇臂的结构

设计摇臂时,应尽量使配气机构的整套机构,包括挺柱、推杆、摇臂和气门都位于同一平面内,并使摇臂轴与摇臂垂直,这样才能避免在力的作用下产生附加变形。

摇臂气门端的圆柱表面在推开气门的过程中沿气门杆的端面既有滚动又有滑动。滑动运动是造成磨损的原因。当摇臂与气门之间按照图 12.41 所示关系布置时,可以使滑移量最小,因此由滑移所造成的磨损也较小。

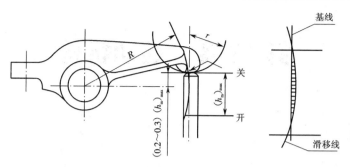

图 12.41　摇臂与气门的相对位置

12.7.5　气门与活塞的碰撞校核

柴油机的压缩比很高。活塞在排气冲程终点位置时,活塞顶面与气缸盖底面之间的距离只有 1~2 mm,而这时进气门已经开启,而排气门尚未关闭。因此,设计时必须校核气门与活塞之间是否会发生碰撞,校核方法如下。

如图 12.42 所示,绘坐标系 φ-x,其中 φ 是曲轴转角, x 是活塞位移,坐标原点 P 代表在压缩冲程终点时活塞顶面的位置。用放大的比例尺(如放大 10 倍)在 P 点两边绘出上止点前后 40° 曲轴转角的活塞位移曲线 $x=f(\alpha)$。如果当气门关闭、活塞在上止点时,排气门(或进气门)底面与活塞顶面之间的最小距离为 K(或 K'),则用同样的比例尺在 P 点上方距离 K(或 K')处标出原点 O 或(O')和坐标 φ-h_m,在这里 h_m 是气门开度。由点 O 向右量取排气门滞后关闭角得到 g 点,由 g 点向左按同样的比例尺绘出排气门开度随曲轴转角变化的曲线 $h_m = f(\varphi)$。由点 O' 向左量取进气门的提前开启角得到 l 点,由 l 点向右绘出进气门的开度曲线 $h_m = f(\varphi)$。

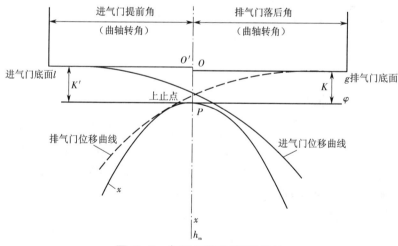

图 12.42　气门与活塞碰撞的校核

如果上述 $x = f(\varphi)$ 曲线与 $h_m = f(\varphi)$ 曲线不相交,则表示活塞与气门不会相撞,否则需要修改设计。例如,要么把气门座凹入气缸盖内,要么在活塞顶上设计防撞凹坑,或者修改凸轮型线设计或配气定时等。

在图 12.42 上,尺寸 K 是个变量,它决定于一系列有关零件的相关尺寸的制造精度。因此,在进行校核时,应当做尺寸链计算,以便求出尺寸 K 的界限值。

第 13 章　起动机构

13.1　起动方法

　　内燃机的起动过程是一个复杂的瞬态过程如图 13.1 所示。内燃机起动机构的设计涉及起动方法、起动磨损、起动性能。起动方法包括无辅助起动和带辅助起动两种。起动性能是内燃机可靠性的重要标志之一。起动磨损占据了内燃机磨损的主要份额,是内燃机耐久性的重要影响因素。对于常用的电力起动方式而言,起动性能的好坏取决于内燃机、起动机、蓄电池之间的匹配。起动机构分析式设计中的关键课题包括内燃机摩擦力矩计算、缸内热力学过程计算、起动过程瞬态扭矩和转速计算、性能匹配图、一体式起动发电机(Integrated Starter and Generator, ISG 或 Integrated Starter and Alternator, ISA)等。本章将简要论述这些内容。

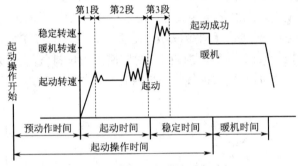

图 13.1　内燃机起动的瞬态过程

13.1.1　内燃机的无辅助起动方式

　　按照不同的分类标准,内燃机的起动方式分为常温起动和低温起动、冷起动和热起动、无辅助起动和带辅助起动、传统电力起动和 ISG 起动。内燃机的无辅助起动方式包括人力起动、电力起动、机械起动。无辅助起动方式以电动机为主,并向混合动力 ISG 方向发展。内燃机的带辅助起动方式包括辅助汽油机起动(使用先起动的小汽油机起动大功率柴油机)、起动预热、起动减压、压缩空气起动、起动液喷射等。

　　人力起动最为简单,通常包括手拉绳索等方式,用于小型内燃机的起动。人力起动的优点是简单可靠。但是,由于人力能够提供的力矩较小,这种方式不能起动大排量内燃机。

　　机械起动包括惯性轮盘起动器和弹簧起动器。随着远离电力地区对起动机可靠性要求的不断增长,能够有效代替人力起动的弹簧式机械起动器被日益重视。弹簧式起动器结构紧凑、质量轻、储能方便、起动转速高、不受环境温度影响、不产生电火花、可靠性强、寿命长,广泛用于发电机组、矿用机械、化工机械、船舶机械、建筑机械、农用和排灌机械等主机的起动。作为备用起动机的弹簧式起动器还可以与电力起动机一起安装在柴油机上。其中,使用储能较大的手摇碟形弹簧的弹簧式起动器能够起动 30 kW 以上功率的内燃机,如图 13.2 所示。使用储能较小的平面涡卷弹簧的弹簧式起动器能够起动 30 kW 以下功率的内燃机如图 13.3 所示。弹簧式起动器的免摇特征指的是用人力对弹簧进行一次储能后即可自动循环起动,具有自动减压分离、自动储能、储能后自动脱离和自锁连锁等特点,使起动和储能多次循环运作。

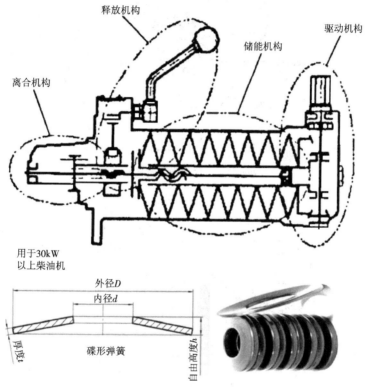

图 13.2　碟形弹簧式起动器

电力起动目前用于绝大多数车用内燃机,包括传统起动机和 ISG 混动一体机。电力起动装置包括自动离合机构、起动电动机、蓄电池和充电发电机等部件,如图 13.4 所示。这种起动方法普遍用于汽车和拖拉机,在船舶和固定式内燃机上也有很多应用。电力起动机在我国已形成标准化。电力起动机的传动机构包括驱动齿轮的单向离合器。驱动齿轮与飞轮的啮合一般是依靠拨叉强制拨动完成的,如图 13.5 所示。减速起动机的传动机构还包括减速装置,如图 13.6 所示。减速起动机的基本结构与电磁强制啮合式起动机相同,只是在电枢和驱动齿轮之间装有减速机构。起动机的转速经过减速机构降低后,带动驱动齿轮。由于运用了减速机构,它能够采用小型、高速、低扭矩的电动机。例如,减速起动机的电动机转速能够高达 15 000~20 000 r/min,在相同的输出功率下,比普通起动机的质量降低20%~40%,体积减小约 50%,扭矩增大。这不仅提高了起动性能,而且也减轻了蓄电池的负担。

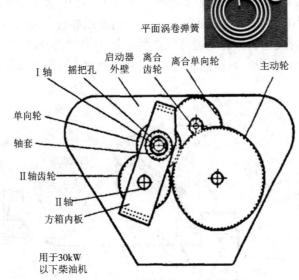

图 13.3　平面涡卷弹簧式起动器

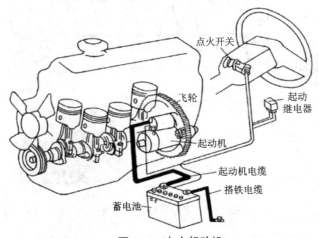

图 13.4　电力起动机

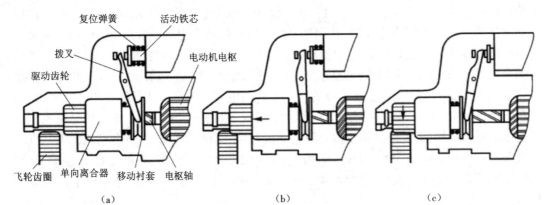

图 13.5　电力起动机驱动齿轮的啮合过程

（a）静止未工作　（b）电磁开关通电推向啮合　（c）主开关接通接近完全啮合

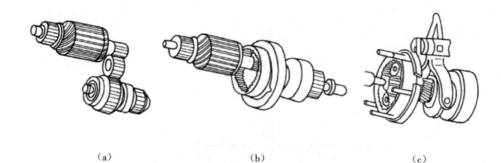

（a）　　　　　　　　　（b）　　　　　　　　　（c）

图 13.6　电力起动机减速机构的结构形式

（a）外啮合齿轮式　（b）内啮合齿轮式　（c）行星齿轮式

13.1.2　内燃机的带辅助起动方式和低温起动

在 -15 ℃以下（含 -15 ℃）的环境气温中的起动称为低温起动；在 -15 ℃以上的环境气温中的起动称为常温起动。低温起动有时需要采用辅助起动装置。内燃机的辅助起动装置包括以下几种：起动预热装置（进气预热器，图 13.7；冷却水预热；润滑油预热；电热塞，图 13.8）；起动液喷射装置（图 13.9）；起动减压装置（图 13.10）；压缩空气起动装置（图 13.11）；辅助汽油机起动。

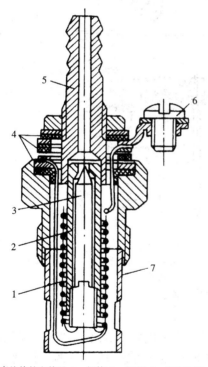

1—外壳绝热的电热丝；2—阀体；3—阀芯；4—绝缘垫圈；
5—油管接头；6—预热开关接线螺钉；7—稳焰罩

图 13.7　进气预热器

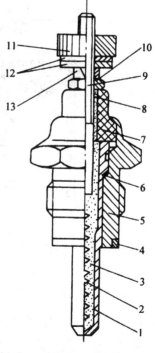

1—发热体缸套；2—电阻丝；3—填充剂；4、6—密封垫圈；
5—外壳；7—绝缘体；8—胶合剂；9—中心螺杆；10—固定螺母；
11—压紧螺母；12—压紧垫圈；13—弹簧垫圈

图 13.8　电热塞

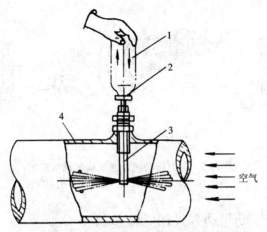

1—起动液喷射罐;2—单向阀;3—喷嘴;4—内燃机进气管

图 13.9　起动液喷射装置

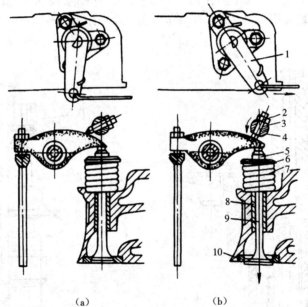

（a）　　　　　　　　　　　　（b）

1—转换手柄;2—锁紧螺母;3—调整螺钉;4—轴;5—气门顶帽;6—气门弹簧座;7—气门弹簧;
8—气门导管;9—气门;10—气门座

图 13.10　起动减压装置

（a）非减压位置　（b）减压位置

　　辅助起动装置能够用于低温起动或常温起动。内燃机的压缩比通常需要按照在某个环境温度下满足无辅助起动能力而设计。在无辅助预热装置时,内燃机的设计通常需要满足 -15 ℃的起动要求。在带辅助预热装置时,内燃机的设计通常需要满足 -35~-15 ℃的起动要求。

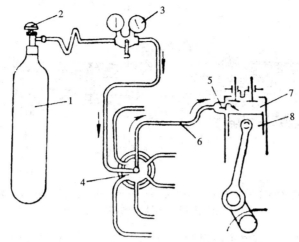

1—空气瓶；2—空气起动开关；3—气压表；4—空气起动器；5—空气起动阀；
6—高压空气管；7—气缸；8—活塞

图 13.11　压缩空气起动装置

在低温起动时，如果柴油机用电动机起动，需要使用大容量蓄电池，确保起动电机具有足够大的扭矩。如果在燃烧室中安装电热塞（图 13.8），当起动时，电热塞通电后，电阻丝烧热变成热源（可达 800 ℃），可以加速燃料的自燃着火。当柴油机在 -25 ℃起动时，冷却水中要加入 40% 的乙二醇（甘醇），机油中需加入一些添加剂；在 -40 ℃起动时，内燃机可以装有乙醚汽化器等起动液喷射装置（图 13.9），因为乙醚燃料易挥发，自燃点低，容易着火。乙醚是易燃物，为了安全，需要将乙醚装入密闭罐内。在 -40 ℃起动时，还要安装冷却液加热器，一般称为预热锅炉。它利用柴油燃烧产生的热量来加热冷却液和机油冷却器。当环境温度达到 -50 ℃时，燃料改用喷气内燃机用的煤油来代替。

为了减小起动阻力，可以用预热冷却水或机油的方法减少内燃机的起动阻力，也可以采用起动减压阀装置（图 13.10）。在起动时，排气门在压缩冲程时开启，能够减少内燃机的压缩功，从而减小起动阻力矩，便于起动。

低温起动时常用的一种预热装置是空气加热器。它将空气加热后流过整个内燃机，加热各个部位，对蓄电池、曲轴箱、机油冷却器和燃料滤清器等进行预热（图 13.7）。图 13.12 所示是一种起动空气加热器。加热器安装在进气管内，靠电热丝将燃料点燃后，燃烧产生的热量预热进气管内的空气。加热装置所用燃料来自内燃机的燃料箱。加热线圈绕在阀体外圈上，线圈的延伸部分是点火线圈。与阀杆相连的球阀将进口密封住。当通电后，电阻丝线圈 1 发热，空心杆 2 受热膨胀伸长，并带动球阀杆 3 一起移动，使球阀 4 离开阀座，打开进油道。柴油经球阀 4 流出，并由球阀杆 3 端部的缝隙流出。流出的柴油接触炽热的电阻丝后被点燃。当起动内燃机时，进气管内的空气不断流入气缸，燃料就不断在空气中燃烧。一般情况下，加热 10~20 s 即可起动内燃机。当内燃机工作起来后，将线圈电流切断，进气管内的冷空气很快能将阀体冷却，球阀关闭，供油停止。这种加热器在电压为 12 V 以及电流强度为 18 A 时，可以在环境气温为 -15 ℃时帮助内燃机起动。

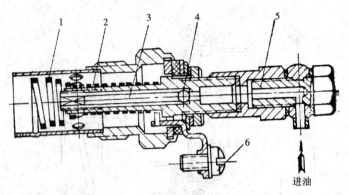

1—电阻丝线圈；2—空心杆；3—球阀杆；4—球阀；5—进气管接头；6—接线螺钉

图 13.12　起动空气加热器

压缩空气起动是以高压气为能量起动内燃机(图 13.11,图 13.13)。这种方式多用于高速大功率内燃机和船用固定式内燃机。它的主要优点是起动扭矩大；缺点是设备多,需要有空气瓶、起动分配器、起动阀和空气压缩机。在起动过程中,起动空气进入气缸时有强烈的冷却作用,当内燃机处在冷状态时会造成起动困难；而当内燃机在热状态起动时,进入气缸的空气容易引起受热零件的热裂。

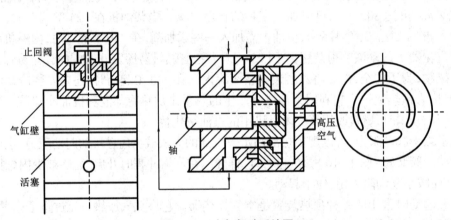

图 13.13　空气起动系统图

起动时,按照内燃机各气缸的工作顺序,在膨胀冲程上止点附近(上止点后 $20° \sim 30°$ 曲轴转角),依次将高压空气送入各气缸内。四冲程内燃机吸进高压空气的持续时间为 $140°$ 曲轴转角；二冲程的持续时间为 $120°$ 曲轴转角。如果要使内燃机在任意位置时都能起动,则多缸内燃机各缸之间的工作间隔角(按曲轴转角计)应小于起动空气的进气持续角。因此,为了保证空气起动的内燃机能在任意位置都能起动的最少气缸数,对于四冲程内燃机来讲应大于 720/140 = 5.14,即最少气缸数应为 6；对于二冲程内燃机来讲应大于 360/120 = 3,即最少气缸数应为 4。

在图 13.13 所示的起动分配器中, 5 为分配圆盘,由曲轴驱动旋转,轴与凸轮轴相连,保证按点火顺序通过圆盘 5 定时供给各缸高压空气。当圆盘上的孔 7 与通道 1 相通时,高压空气经止回阀流进气缸内。当空气通道 1 与分配圆盘 4 相通时,止回阀内的高压空气从孔

2 通到大气。止回阀应保证当气缸压力 $p_0 \geqslant 2$ MPa 时能够自动关闭。当气缸内的压力达到 2 MPa 时,燃料有可能着火,如果不关闭或不切断进气通路,燃烧火焰有可能会倒流到止回阀和空气管内,引起空气管路中的机油蒸发爆炸。

在使用小型汽油机起动大型柴油机的起动方式中,一些重型拖拉机和工程机械(例如推土机)采用的柴油机是用小型二冲程汽油机来进行起动的。这种起动方式的优点是可以借小汽油机的排气管通过柴油机进气管来预热柴油机进气,小汽油机的水路与主机柴油机的水套相通,利用小汽油机的热循环水预热柴油机。在寒冷的野外,当小型汽油机运转 15~25 min 后,柴油机即可暖车起动。这种起动方法的缺点是起动装置较大,成本较高。

13.2　起动磨损

内燃机的起动按照内燃机冷却液或润滑油的温度分为冷起动和热起动。冷起动是当内燃机的温度等于环境气温时的起动。热起动是当内燃机的温度高于环境气温时的起动。注意冷起动不是低温起动。由于缺乏润滑油膜,内燃机的磨损有一半以上来自冷起动,尤其是低温起动。在热起动时,由于润滑条件改善,内燃机磨损比冷起动时少得多。起动预润滑技术对于延长内燃机使用寿命和一体式起动发电机(ISG)起停技术很重要。深入计算分析低温起动、冷起动、热起动的磨损量对于内燃机耐久性很重要。

内燃机起动时的磨损大于工作运行时的磨损。在 5℃环境气温时起动一次内燃机造成的气缸磨损量相当于汽车行驶 30~40 km 的磨损量;在 -18℃环境气温时起动一次相当于行驶 250 km 的磨损量。磨损量可以用 Archard 磨损模型计算。磨损量正比于载荷和磨损系数,反比于材料硬度。

从磨损时间长度来看,冷起动和热起动的磨损量区别主要源于起动循环数不同。从磨损位置来看,冷起动和热起动的磨损量区别主要在于气缸套的上沿(活塞上止点)和下沿(活塞下止点),源于活塞环 – 缸套之间的摩擦系数有所不同。

减小起动磨损的主要措施是用热起动代替冷起动,即采用机油预热技术,或者用预润滑起动代替无润滑起动。由起动机或电机驱动的起动预润滑装置(机油泵)能在起动前给内燃机摩擦副充满机油,减小摩擦和磨损,成倍延长内燃机的使用寿命。

13.3　起动瞬态过程

内燃机的起动过程是一个复杂的瞬态过程,包括起动加速过程、起动转速稳定过程、点火加速过程、怠速稳定过程,涉及摩擦学、热力学、动力学和电控策略等。在内燃机循环平均值和瞬时最大值意义上深入计算分析摩擦阻力矩、压缩阻力矩、惯性阻力矩,研发瞬态燃烧模型,对于开发精确的分析式起动匹配方法很重要。

分析研究内燃机起动的瞬态过程特征(图 13.1),不仅能够了解影响起动性能的因素,而且能够有针对性地提出设计改进措施。内燃机起动是从静止状态到起动转速、再到怠速状态稳定运行的复杂瞬态过程。从瞬态起动过程的时间要求,能够自上向下地优化确定拖动转速(又称起动转速)要求和起动机扭矩要求,以便在后续的稳态计算中优化确定蓄电池容量等要求。我国国家标准对内燃机大修后的起动性能的评定条件如下：对于冷机起动来讲，在环境温度不低于−5℃时能够顺利起动，连续起动不多于 3 次，每次起动不多于 5 s。相比之下，带有一体式起动发电机(ISG)电机的混合动力汽车通常要求内燃机从起动到800 r/min 的时间小于 0.4 s。

　　内燃机的起动装置不仅需要克服静态阻力矩，使得内燃机曲轴能够从静止状态开始加速转动，而且需要克服动态阻力矩，使得曲轴能够持续加速。静态阻力矩受环境温度、机油黏度、曲轴位置、附件设备的转动惯量等因素影响。动态阻力矩受上述因素以及与曲轴转角有关的动态因素(如缸内气压)影响。压缩阻力矩是动态阻力矩(图 13.14)。多缸内燃机的压缩阻力有时仅作用在起动开始的瞬间。当活塞完成第一次压缩和膨胀后，由于其中一缸的压缩冲程与另一缸的膨胀冲程相重叠，压缩阻力矩能够相互抵消。活塞在气缸中所处的位置影响压缩阻力矩的大小，而且飞轮转动时所储存的能量能够帮助克服一部分压缩阻力矩。在考虑起动机功率时，应考虑最大的压缩阻力。

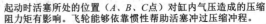

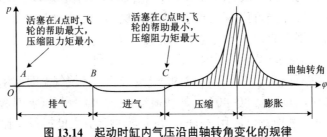

图 13.14　起动时缸内气压沿曲轴转角变化的规律

　　起动机扭矩需能克服静态阻力矩的稳态方程可以表述为

$$J_S \geq \frac{k J_{s,max}}{i_S \eta_S} \tag{13.1}$$

$$N_S = i_S N_E \tag{13.2}$$

式中　J_S——起动机扭矩；

　　　$J_{s,max}$——内燃机最大静态阻力矩；

　　　k——整车匹配裕度系数，$k = 1.25 \sim 1.30$；

　　　i_S——起动机与飞轮之间的齿轮传动比；

　　　η_S——起动机扭矩传动效率，为 85%~90%。

　　起动机扭矩需能克服动态阻力矩的稳态方程可以表述为

$$J_S \geq \frac{k J_{d,max}}{i_S \eta_S} \tag{13.3}$$

$$J_{d,max} = J_{f,max} + J_{c,max} + J_{I,max}$$
$$= f_1(v, V_E) + f_2(p_{2a}, \Omega, B_E, L_{CR}) + f_3(I_{ES}, N_S, t_S) \tag{13.4}$$

式中　$J_{d,max}$——内燃机最大动态阻力矩；

　　　J_f——摩擦阻力矩，主要与机油运动黏度 v 的乘方和内燃机排量 V_E 的乘积有关，摩擦阻力矩包括内燃机辅助附件耗功；

J_c——压缩阻力矩,与压缩始点压力 p_{2a}、压缩比 Ω、缸径 B_E 和曲柄半径 L_{CR} 有关;

J_1——惯性阻力矩,与内燃机和起动机的转动惯量 I_{ES}、起动转速 N_S、拖动时间 t_S 有关。

关于惯性阻力矩与起动时间之间的关系,假设曲轴做加速度递减的旋转运动,则瞬态惯性阻力矩可以简化为下式,注意该阻力矩与转速成正比:

$$J_1(t) = \frac{I_{ES}N_S}{t_S}\left(1 - \frac{t}{t_S}\right) \qquad (13.5)$$

可见,瞬态惯性阻力矩在 $t = 0$ 时最大,而当曲轴转速达到起动转速 N_S 时等于 0。

从静止到起动转速再到怠速转速的瞬态动力学方程可以按照以下两个阶段表述如下(图 13.15)。

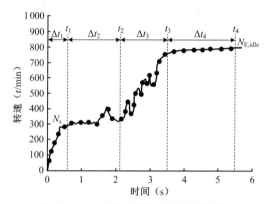

图 13.15　内燃机起动过程的阶段划分

1)起动阶段初期从静止到加速段末尾 t_1(用下标 1 表示)。从静止状态加速到拖动转速 N_S:

$$\begin{cases} I_{ES}\dot{N}_{E1} = J_{S1}i_S\eta_S - J_f - J_c \\ N_S = \displaystyle\int_0^{t_1} \dot{N}_{E1}\mathrm{d}t \end{cases} \qquad (13.6)$$

式中　J_{S1}——起动机起动扭矩。

2)稳定阶段初期的加速段(用下标 3 表示)。从拖动转速 N_S 点火加速到怠速 $N_{E,idle}$:

$$\begin{cases} I_{ES}\dot{N}_{E3} = J_E + J_{S3}i_S\eta_S \\ N_{E,idle} = N_S + \displaystyle\int_{t_2}^{t_3} \dot{N}_{E3}\mathrm{d}t \end{cases} \qquad (13.7)$$

式中　J_{S3}——起动机助力扭矩。

3)总起动时间。它是拖动加速时间、加速到怠速时间和两段稳态转速时间的总和:

$$\sum_{i=1}^4 \Delta t_i \leqslant t_{req} \qquad (13.8)$$

根据给定的起动时间 t_{req} 要求,可以求解其他参数(如所需的起动机扭矩)或预测瞬态起动过程。对于非混合动力的内燃机,要求的起动时间是几秒。例如,规定通常不超过 3 s,柴油机转速须达到起动转速。对于带有一体式起动发电机(ISG)的混合动力型内燃机,由于起停频繁,要求起动时间很短(0.5 s),而且用电动机把内燃机加速达到的拖动转速能更高,甚至能用大功率电动机直接快速拖动到怠速后再点火燃烧。

13.4　起动性能和匹配

13.4.1　内燃机实现起动的条件

为了使内燃机工作起来,必须预先依靠外界的能量转动曲轴,使在内燃机的气缸内出现最初的可燃混合气,并进行最初的压缩过程和燃烧过程,从而使内燃机运转起来。

由于柴油机和汽油机工作过程的特点有所不同,因此保证内燃机起动的条件也不同。柴油机所要求的起动转速比汽油机高。在柴油机的压缩过程中,空气被急剧压缩产生高温,只有当压缩终点的空气温度高于柴油的自燃温度(200 ℃)的情况下,燃料才能着火。

当内燃机在低速运转时,活塞的平均速度相应较低,空气容易通过活塞环和气门的不严密处泄漏。而且,由于转速低时的压缩过程的时间相应增大,空气传给气缸壁的热量会增加。所有这些因素都会使得压缩终点的缸内温度偏低,造成起动困难。

当采用高十六烷值柴油时,由于自燃温度低,容易着火,所以柴油机的起动转速可以相应下降。采用不同形式的燃烧室的柴油机对起动转速的要求是不一样的。带有预燃室的燃烧室单位容积的散热面积比较大,被压缩的空气传递给燃烧室的热量也相应增多,因而会降低压缩终点时的空气温度,造成起动比较困难。所以,预燃室式柴油机的起动转速要求是200 r/min 左右,而涡流室式柴油机的起动转速要求是 150 r/min 左右。直喷式燃烧室的单位容积散热面积较小,所以这种柴油机的起动转速可以低至 120 r/min 左右。

柴油机起动时通常需要向气缸中喷入较多燃料。因为当喷入气缸内的燃料增多时,燃料的雾化品质会得到改善。由于喷入气缸内的燃料占据了一部分压缩容积的空间,所以柴油机的压缩比会相应提高。当气缸内的燃料增多后,活塞环的密封性得到改善,减少了漏气损失。上述几个方面的作用都能提高压缩终点的气体压力和温度,有助于实现最初的着火。但是,不宜向气缸内喷入过多燃料,因为燃料在蒸发时要吸收热量,这会降低混合气温度,使燃料自行着火困难。

汽油机是依靠电火花的能量点燃气缸内的可燃混合气来实现着火的。所以,只要气缸内的可燃混合气浓度适当,而且火花塞能够发出足够强的火花,就可以使汽油机起动。因此,汽油机的起动转速要比柴油机的起动转速低一些。

内燃机的整机温度对起动性能有重要影响。当整机温度比较低时,机油的黏度比较大,引起各运动件的运动阻力加大。当外界给内燃机的起动能量不足时,内燃机就达不到起动所要求的转速,内燃机就不能着火。如果想要达到起动所要求的转速,起动时所需的功率就必须增大。图 13.16 表示柴油机起动阻力与整机温度之间的关系。当整机温度在 0 ℃以下时,柴油机的起动阻力增加得很快。

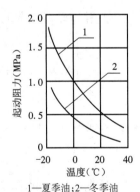

1—夏季油;2—冬季油

图 13.16　柴油机起动阻力与整机温度之间的关系

图 13.17 表示内燃机起动阻力与机油黏度之间的关系。在内燃机起动过程中,起动功率大约有 60% 消耗在克服活塞、连杆、曲轴等零件的摩擦阻力上,消耗在压缩缸内空气上的只占一小部分。整机温度低会导致机油黏度增大,并引起各摩擦副的阻力增大。因此,内燃机起动时应设法减少阻力,尤其是在低温时起动的阻力。图 13.16 和图 13.17 中的阻力值为换算到单位活塞面积上的平均起动阻力(MPa)。图中曲线给出的这些阻力数值,可供确定中小型柴油机的起动阻力矩时参考。汽油机的起动阻力一般比柴油机的起动阻力小 0.1 MPa。

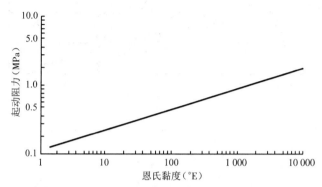

图 13.17　内燃机起动阻力与机油黏度之间的关系

内燃机起动装置的起动扭矩应该按照可能遇到的最低温度状况下的起动阻力矩进行选择。车用柴油机在露天情况下的起动阻力通常为 $p_r = 0.8$ MPa,此值相当于在 -15 ℃大气温度时的平均起动阻力。起动装置应给出的起动扭矩 M(N·m)按下式计算:

$$M = \frac{31.83 V_h p_r}{\tau} \qquad (13.9)$$

式中　　V_h——气缸总工作容积(L);

　　　　p_r——单位活塞面积的平均起动阻力(MPa);

　　　　τ——冲程数。

如果考虑起动机与内燃机之间的传动比,则将式(13.9)除以传动比系数 ϕ,得到下式:

$$M = \frac{31.83 V_h p_r}{\tau \phi} \qquad (13.10)$$

图 13.18 是起动电动机的特性曲线。曲线中的符号 U 是起动机的端电压,N 是电动机转速,M_d 是电动机扭矩,P_e 是起动机功率。曲线中的四组曲线表示当采用不同容量的蓄电池时起动机的特性曲线。当电动机刚开始起动内燃机时,电动机转速接近零,此时的起动电流最大,发出的起动扭矩也最大。当内燃机被电动机带动起来后,由于所需扭矩降低、电流减小,所以蓄电池的端电压增大。当内燃机着火运转起来后,又反拖电动机转动,当电动机达到一定转速时(如 5 000 r/min),自动脱合机构起作用,使起动电动机齿轮脱开飞轮上的齿圈,起动任务即告完成。

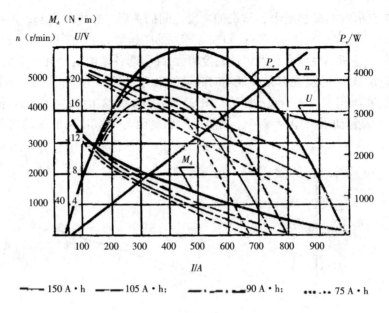

图 13.18　起动电动机的特性曲线

在低温条件下,蓄电池的放电能力会下降很多。所以,在选择蓄电池时,应注意使蓄电池的容量能够保证在 -18~-15 ℃的条件下可靠带动内燃机转动。表 13.1 给出了内燃机在不同排量时所要求的起动功率和电池容量。

表 13.1　内燃机在不同排量时所要求的起动功率和电池容量

电机功率(kW)	电压(V)	内燃机排量(L)	蓄电池(A·h)
0.73~1.1	12	2(汽油机)	大约 15
1.5~2.2	12	2~2.5(柴油机)	大约 100
3.5~5.0	24	5~8(柴油机)	大约 120
7~11	24	10~15(柴油机)	150~200

13.4.2　内燃机的起动性能

起动性能变坏的原因包括以下因素:环境温度较低,内燃机压缩比偏小,气缸漏气量较大,气缸传热损失较大,机油黏度较大,内燃机摩擦力较大,燃料不容易混合或雾化,蓄电池电量不足,蓄电池供给起动机的电流不够大,火花塞点火能量不足。当内燃机转速较低时,气缸漏气量大、散热多,压缩终点时缸内空气的压力和温度低,进气流速低,涡流或滚流运动不足,喷油压力低,燃料雾化蒸发不良,缸内混合气不易着火。因此,内燃机转速必须足够高,才能稳定着火起动。能使内燃机起动的最低曲轴转速称为最低起动转速。最低起动转速越低越好,表示对起动设备的要求越低。在 0~20 ℃时,汽油机起动转速为 30~40 r/min, 高速柴油机为 80~150 r/min,中速柴油机为 60~70 r/min,低速柴油机为 25~30 r/min。环境温度越低,要求的无辅助冷起动转速就越高,这是为了使燃料能够容易着火。柴油的自燃点是220 ℃。缸内气温必须比自燃温度高 150~200 ℃,才能着火起动。汽油机低温起动困难的原因包括以下因素:混合气雾化差,要求火花塞点火电压增大、火花塞濡湿。

起动传动比的作用是改变转速和扭矩。汽油机的起动传动比为 13~17,柴油机为 8~10。起动机扭矩必须能够克服最大静态阻力矩和最大动态阻力矩,以便能够把内燃机拖动到起动转速开始点火。在提高拖动转速时,须注意勿使喷油系统过度限制油量。

起动机功率 $\dot{W}$(kW)等于扭矩 J(N·m)乘以转速 N(r/min),用于选择电动机:

$$\dot{W} = \frac{JN}{9549.3} \tag{13.11}$$

汽油机的起动机功率一般小于 1.5 kW,电压为 12 V。柴油机的起动机功率较大,可达 5 kW 或更高;为了使电动机的电流强度不过大,电压多为 24 V。

蓄电池容量可按下式计算:

$$C = (610 \sim 810)\frac{\dot{W}}{U} \tag{13.12}$$

式中　U——起动机额定电压(V);

　　　$\dot{W}$——起动机额定功率(kW);

　　　C——蓄电池额定容量(A·h)。

蓄电池在起动过程中主要影响起动机的起动扭矩和汽油机火花塞的跳火能量。温度降低时,蓄电池的电解液黏度增大,向极板的渗透能力下降,内电阻增加,造成蓄电池容量、电流强度和电压减小,输出功率下降,使得起动机拖动乏力。

为了求解缸内压缩终点的气体温度 T_2,可以采用缸内过程热力学计算方法。记 1 是压缩始点,2 是压缩终点,T 是缸内气体温度,P 是缸内压力,m 是缸内气体质量,则有:

$$\frac{P_2}{P_1} = \frac{V_1}{V_2} \cdot \frac{m_2}{m_1} \cdot \frac{T_2}{T_1} = \varepsilon_r(1-\beta)\frac{T_2}{T_1} \tag{13.13}$$

式中　β——漏气率,$\beta = \dfrac{m_1 - m_2}{m_1}$;

　　　$\varepsilon_r = \dfrac{V_1}{V_2}$。

如果简化假设漏气率为 0,即 $\beta = 0$,可得

$$P_2 = P_1\left(\varepsilon_r^{\gamma} - 1\right) \tag{13.14}$$

$$T_2 = T_1\frac{\varepsilon_r^{\gamma} - 1}{\varepsilon_r} \tag{13.15}$$

13.4.3　内燃机与起动机和蓄电池的性能匹配图

低温起动比常温(25℃)起动要求起动机提供更大的起动扭矩,以克服增大的阻力矩,并要求提供更高的起动转速,以利于燃料着火。而蓄电池在低温时容量下降,提供的电流强度和起动扭矩均显著降低。在匹配内燃机、起动机和蓄电池时,需针对最恶劣的起动工况进行设备选型,并预留足够的设计裕度,同时也要避免过度设计、浪费硬件能力。

内燃机与起动机的性能匹配图如图 13.19 所示。起动机在全制动($N_S = 0$)和空载($J_S = 0$)时,功率均为 0,而在接近全制动电流强度的一半时,输出功率最大。为了能有足够的裕

度,通常将常温匹配点置于起动电机功率曲线的左侧(L 点)。从冷起动数据获取蓄电池放电电流后,能够进行蓄电池容量匹配计算。起动机在低温时的功率曲线会下移变坏。从匹配图上能够看出以下三种情况。

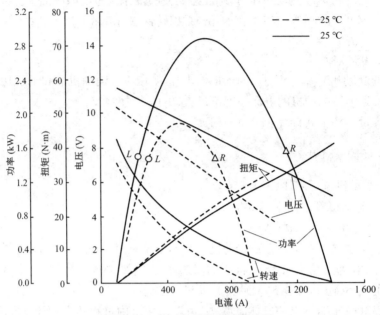

图 13.19　起动机性能曲线和匹配

1)匹配起动失败。用常温(25℃)时的起动扭矩和起动转速选择起动机在 R 点工作(实线)。在低温时,内燃机阻力矩增大,要求的起动转速提高,起动机扭矩不足,不能起动。

2)匹配起动浪费。用低温时的起动扭矩和起动转速选择起动机在 L 点工作(虚线)。在常温时,内燃机阻力矩减小,要求的起动转速下降,能用 L 点左边的实线工作点很轻松地起动内燃机,造成“大马拉小车”的现象。

3)匹配起动恰当。常温在 L 点工作,低温在 R 点工作。用常温起动需要把起动机匹配在 L 点工作(实线),用低温起动需要匹配在 R 点工作(虚线),这样能够避免匹配不足和过度匹配,兼顾常温和低温的需求,确保随时能够可靠起动。

13.5　混合动力 ISG 起停技术

怠速油耗占乘用车总油耗的 5%~15%,而在反复起停的工作车辆中占比能够高达 35%。起停技术是指车辆在怠速时熄火、起动时迅速起动的技术,其节能减排效果非常显著如图 13.20 所示。在内燃机的传统起动方式中,由于着火转速低,混合气浓度大,起动时间长,造成起动过程的排放、油耗和动力性均较差。使用一体式起动发电机(ISG)能解决这些问题。在传统车辆中,起动电动机和发电机是分开的。ISG 是混合动力汽车技术中制造成本最低、最易量产而节能减排效果非常显著的成熟集成技术,属于微混或轻混。在汽车起动时,ISG 作为起停技术的核心部件,能够避免内燃机工作在怠速和低效率区域,实现显著的节能减排效果,并以大扭矩电动机改善起动性能,避免失火,减少起动排放。

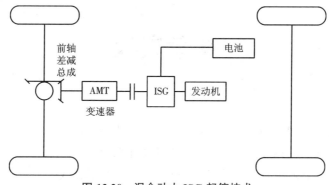

图 13.20　混合动力 ISG 起停技术

在 ISG 起动方式中,着火转速大幅提高(如从 200 r/min 提高到 350 r/min 或 800 r/min),燃料容易着火,无须加浓喷油,起动扭矩大,加速快,起动时间短(<1 s),排放、油耗和动力性都很好,甚至能用 0.2 s 将内燃机加速过怠速然后点火。ISG 电机先采用转速控制模式使内燃机达到起动转速点火,然后用扭矩控制模式补充内燃机点火扭矩,直到快速平稳加速到稳定怠速,才退出或转为发电模式。

在低温环境下起动时,ISG 电机能够持续输出大扭矩,使内燃机转速达到最低稳定转速之上,实现快速低温起动。ISG 不仅能够省去传统低温起动方案中的加热器和循环泵等设备,而且能够极大缩短低温起动时间,实现车辆在低温状态下的快速起动。

在汽车停车时,ISG 能够作为电动机驱动空调等车辆附件设备工作。在汽车行驶时,ISG 作为高效率大功率发电机向蓄电池充电,功率能够高达 4~35 kW,远大于传统发电机的 1.5~2.5 kW。ISG 的效率在全转速范围内高达 80%,高于传统的 70%。在汽车急加速或低速爬坡时,ISG 作为电动机为内燃机提供辅助动力,使内燃机排量能够小型化,提高内燃机负荷率,使其在高效率区域运行,增强节能减排和动力性。在汽车减速或制动时,ISG 依靠再生制动机理回收刹车能量,转化成电能给蓄电池充电。

ISG 有利于实现内燃机附件全部电动化,能省掉皮带和齿轮组,便于灵活布置附件。德国零部件制造商 Continental 公司下属的 Tocher 公司首先开发了 ISG 系统,于 1997 年装机实验,并获得 1997 年度工业革新奖,于 1999 年首次亮相国际展会。需要注意的是, 42 V 电源和曲轴式直接传动是 ISG 系统的发展方向。ISG 能够用于 42 V、14 V 和 14 V/42 V 混合电源系统中。由于 ISG 使用较大的起动扭矩,起动电流强度大,采用较高的 42 V 电压更适合提高工作效率和安全性。另外,间接式皮带传动的成本低,内燃机结构改动少,但电机输出功率有限。直接式曲轴传动能使 ISG 输出大功率。

综上所述,单一用途的传统起动机的使用效率不如多用途的混合动力 ISG 一体机高。轻度混合动力 ISG 技术依靠其多用途、集成化、结构小型简单化等优势,不仅能够消除怠速排放和减少油耗,而且能够依靠大扭矩电机大幅度改善内燃机的起动性能。

参考文献

[1] 万欣, 林大渊. 内燃机设计 [M]. 2 版. 天津：天津大学出版社, 1989.

[2] 杨连生. 内燃机设计 [M]. 北京：中国农业机械出版社, 1981.

[3] 吴兆汉, 汪长民, 林桐藩, 等. 内燃机设计 [M]. 北京：北京理工大学出版社, 1990.

[4] 陆际清, 孟嗣宗. 汽车发动机设计 [M]. 北京：清华大学出版社, 1990.

[5] KEVIN HOAG, BRIAN DONDLINGER. Vehicular Engine Design[M]. 2 版. Vienna：Springer-Verlag, 2016.

[6] 吴兆汉, 蔡坪, 陈深龙. 内燃机可靠性设计 [M]. 北京：北京理工大学出版社, 1988.

[7] 长尾不二夫. 内燃机原理与柴油机设计 [M]. 北京：机械工业出版社, 1984.

[8] HEYWOOD J B. Internal combustion engine fundamentals [M]. McGraw-Hill, Inc, 1988.

[9] 周龙保. 内燃机学 [M]. 3 版. 北京：机械工业出版社, 2011.

[10] 魏春源, 张卫正, 葛蕴珊. 高等内燃机学 [M]. 北京：北京理工大学出版社, 2001.

[11] 朱仙鼎. 中国内燃机工程师手册 [M]. 上海：上海科学技术出版社, 2000.

[12] 柴油机设计手册编辑委员会. 柴油机设计手册 [M]. 北京：中国农业机械出版社, 1984.

[13] 侯天理, 何国炜. 柴油机手册 [M]. 上海：上海交通大学出版社, 1993.

[14] 符锡侯, 杨杰民. 车辆用柴油机总体设计 [M]. 上海：上海交通大学出版社, 1992.

[15] 辛千凡. 柴油发动机系统设计 [M]. 上海：上海科学技术文献出版社, 2015.

[16] XIN Q F. Diesel Engine System Design[M]. Cambridge, UK：Woodhead Publishing, 2011.

[17] 汪长民, 杨继贤, 孙业保, 等. 车辆发动机动力学 [M]. 北京：国防工业出版社, 1981.

[18] 尚汉冀. 内燃机配气凸轮机构：设计与计算 [M]. 上海：复旦大学出版社, 1988.

[19] 陈传尧. 疲劳与断裂 [M]. 武汉：华中科技大学出版社, 2001.

[20] 程育仁, 缪龙秀, 侯炳麟. 疲劳强度 [M]. 北京：中国铁道出版社, 1990.

[21] 张俊红. 汽车发动机构造 [M]. 天津：天津大学出版社, 2006.